위대한 꿈의 유산, 7개월간의

주안이네 세계 일주

위대한 꿈의 유산, 7개월간의
주안이네 세계 일주

초판 1쇄 발행 2021년 5월 28일

지은이 김인혜, 강세환, 강주안
펴낸이 이기봉
편집 좋은땅 편집팀
펴낸곳 도서출판 좋은땅
주소 서울 마포구 성지길 25 보광빌딩 2층
전화 02)374-8616~7
팩스 02)374-8614
이메일 gworldbook@naver.com
홈페이지 www.g-world.co.kr

ISBN 979-11-6649-807-7 (03980)

The Great Legacy of Our Dream, Around the World in 7 months

위대한 꿈의 유산, 7개월간의 주안이네 세계 일주

김인혜, 강세환, 강주안 지음

좋은땅

프롤로그

7개월간의 세계 일주를 마치고 이 책을 출간하기까지 3년 가까운 시간이 걸렸다. 여행 후 세계 일주 경험을 책에 담기로 하고, 주말이면 동네 카페를 집필 장소로 삼아 2년 반이 넘는 시간을 책 쓰기에 할애했다. 무려 10만 장이 넘는 세계 일주 사진들 중에서 책의 내용에 적합한 것들을 꼼꼼히 골라내고 여행을 하면서 매일 기록한 방대한 분량의 여행 블로그를 다시 현장감 있는 언어로 써 내려갔다. 책이 나오기까지 시간은 걸렸지만 그사이 세계 일주를 꿈꾸는 분들에게 실질적으로 도움이 될 수 있는 여행 계획 수립에 대한 알찬 정보가 추가되었고, 여행 후 더욱 정교해진 주안이의 멋진 그림들도 더해져서 책의 내용이 더욱 풍성해졌다.

코로나19로 인해 예정됐던 해외 출장과 가족 여행이 모두 취소됐지만, 오히려 책을 좀 더 가다듬을 수 있는 시간을 벌 수 있었다. 계속 원고를 보면서 아이러니하게도 여행을 전혀 떠날 수 없는 상황이지만, 세계 일주의 감동을 계속 느낄 수 있었다. 코로나19와 같은 뜻밖의 상황을 겪다 보니 우리 가족이 용기 내어 세계 일주를 다녀온 것은 정말 잘한 결정이었고 더욱더 여행의 소중함과 감사함을 느끼게 되었다.

이 책을 읽는 독자분들께 마치 함께 세계 일주를 하는 듯한 여행의 감흥이 전달될 수 있길 바라며, 나아가 가까운 미래에 세계 일주를 직접 도전하시는 분들이 많이 나오길 기대해 본다. 7개월이 어쩌면 짧은 기간일 수도 있지만, 세계 일주는 우리 가족에게 평생 언제든지 꺼내 볼 수 있는 소중한 추억의 보물 상자를 선물해 줬다.

끝으로, 부모로서 자녀에게 물려줄 수 있는 가장 큰 자산은 물질이 아니라, 세상을 무대로 당당하게 살아갈 수 있는 열린 시야와 용기를 심어 주는 것이라는 평소 소신을 실천할 수 있어 감사하다. 부모와 함께 세계 일주를 하면서 경험하고 느낀 모든 것들이 아들 주안이가 앞으로의 삶을 펼쳐 나가는 데 든든한 버팀목이자 자양분이 될 수 있기를 바라 본다.

이 책이 나오기까지 기도해 주시고 응원해 주신 사랑하는 양가 부모님과 가족들, 그리고 우리 가족의 세계 일주를 응원해 주신 모든 분들께 감사드린다.

주안이네 가족 드림

들어가면서…

행복한 경험의 조각들은 삶을 굳건히 지탱해 줄 든든한 정신적 자양분이 되어 준다. 행복한 순간들을 되새기며 용기를 얻게 되고 작은 일에도 감사함을 느끼게 된다. 또한, 보다 좋은 사람이 되고자 노력하게 되어 삶이 더욱더 긍정적으로 변화하게 된다.

세계 일주는 우리 가족에게 수많은 행복의 조각을 선물해 주었다.
세상을 다양한 시각에서 바라볼 수 있게 해 주고 인종, 종교, 문화에 대한 편견을 없애 주고 이해와 생각의 그릇을 키워 주었으며 행복한 삶의 기준을 다양한 시각과 관점으로 넓혀 주었다.

인생의 중반을 넘어서면서 응당 갖게 되는 후회와 미련의 감정들을 세계 일주라는 멋진 방법으로 리셋(Reset)해 주었다. 다시 설레는 마음으로 새롭게 뛸 수 있는 에너지를 충전해 주었으며 행복은 결과뿐만 아니라 과정 속에서도 느낄 수 있다는 어쩌면 평범한 진리를 여행 내내 몸소 누릴 수 있었다.

코로나19로 전 세계가 어려움을 겪고 있다. 바이러스가 아니었으면 평범하고 행복한 일상을 누리고 있을 사람들이 생활에 제약을 받고 직장을 잃고 심지어는 사랑하는 가족들을 떠나보내고 있다. 정말 안타깝고 가슴 아픈 일이다. 만약 우리 가족이 세계 일주를 하는 중에 이러한 팬데믹이 발생했다면 어떡했을까? 아찔함과 안도감으로 세계 일주를 준비했을 때를 떠올려 본다. 사실, 우리 가족이 세계 일주와 같은 놀라운 결정을 하게 된 배경에도 나름의 이러한 위기 상황이 우리 가족에게 닥쳐왔을 때였다.

세계 일주를 결정할 무렵 17년 차 직장인이자 외국계 기업에서 인사팀장이었던 나는 그동안 회사를 위해 최선을 다해 일해 왔다고 자부했었다. 하지만 매일같이 반복되는 야근과 과중한 업무로 심신이 지칠 대로 지쳐 있었고 급기야 몸에도 무리가 왔다. 남편도 이런 나의 건강이 걱정이 돼 사람이 먼저니 직장 생활을 잠시 멈추고 우선 건강을 회복하는 데에 집중하자고 했다. 하지만 17년 동안 매일같이 다녔던 회사를 하루아침에 그만두기란 쉽지 않은 결정이었다. 그러던 어느 날, 남편이 퇴근하고 돌아와서 세상 행복한 표정으로 우리 가족을 위해, 그리고 아들 주안이를 위해 정말 좋은 아이디어가 생각이 났다고 했다. 세계 일주를 하면서 다시 건강도 회복하고 자동차 디자이너가 꿈인 주안이의 꿈의 그릇도 키워 주고 그동안 고생한 우리 부부를 위해 멋진 추억을 만들자는 이야기를 꺼냈다. 막연히 너무나 원했던 일이지만, 막상 남편이 세계 일주 얘기를 꺼냈을 때, 설렘보다는 오히려 겁이 덜컥 났다. 지금 생각해 보면 세계 일주 자체보다는 세계 일주 후의 모습과 미래가 그려지지 않았던 것이 두려웠던 것 같다. 남편은 아들에게 전 세계를 보여 주는 것, 또 그 시간 동안 우리 가족이 오롯이 함께하는 시간들이 주안이에게 평생 남을 값진 경험이 될 것이라 자신했다. 남편은 나의 건강이 많이 걱정이 되었지만 내가 쉽게 직장을 내려놓지 않을 거란 걸 잘 알기에 그만큼의 가치가 있는 무언가를 고민하다가 세계 일주란 어마어마한 제안을 내게 한 것이다. 이렇게 우리는 세계 일주란 모험을 떠나기로 결정했다.

여행 중에 알게 된 사실이었는데 남편은 평소 가장으로서 책임과 역할에 대해 두 가지의 확고한 신념이 있었다고 했다. 첫째, 가족을 위해 중요한 결정이 필요한 순간이 찾아오게 되면 가장으로서 냉정하게 상황을 판단해서 가족을 잘 이끄는 것과, 둘째는 가족이 함께하는 매 순간을 소중히 여기고 가족과 함께하는 행복한 시간을 많이 갖도록 노력하는 것이다. 아마도, 돌아가신 아버님의 영향이 컸던 것 같다. 직장 생활 초기에 갑자기 아버님이 의료사고로 돌아가시면서 남편은 아버님과 더 많은 시간을 보내지 못한 것에 대해 항상 가슴 아파했다.

이렇게 우리 부부는 그동안 잊고 있던 소중한 가치를 위해 세계 일주를 떠나기로 결단하고 남편은 항공과 교통 등 세계 일주의 큰 루트를 결정했고, 세세한 일정 및 예산은 내가 담당하며 짧은 시간 동안 세계 일주를 계획했다. 7개월이라는 장기간의 여행 계획을 짜는 것이 생각보다 쉽지 않았지만, 원하는 장소를 함께 결정하는 즐거움과 설렘에 시간 가는 줄 몰랐다.

남편의 버킷리스트인 네팔 안나푸르나 트래킹, 아프리카 마사이 마라 사파리, 북극의 오로라 보기, 세계적인 자동차 디자이너가 꿈인 아들을 위해서는 유럽에 있는 세계적인 자동차 브랜드의 본사 둘러보기와 피라미드 보기, 그리고 나의 오랜 꿈인 남미의 마추픽추와 우유니 사막을 가는 일정을 주요 일정으로 포함시켰다. 우리는 이렇게 각자의 버킷리스트를 주요 일정에 포함해서 흥미롭고 기대되는 7개월간의 세계 일주 여행 루트를 확정하고 힘차게 세계 일주 대장정에 나섰다.

여행이 시작되면서 그동안 운동 부족이었는지 하루에 1만 보에서 많게는 3만 보 이상 걸어야 하는 일정을 소화하는 것이 처음에는 쉽지 않았다. 하지만 차츰 체력과 근육이 붙고 몸도 가벼워지기 시작했다. 한참 성장기의 주안이는 어느 나라에 가든지 가리는 것 없이 현지 음식을 맛있게 잘 먹었고 힘든 이동 일정이 있어도 투정 없이 잘 따라 주는 등 여행 기간 동안 키도 마음도 쑥쑥 자랐다.

말로 표현할 수 없이 아름다운 자연경관, 사람이 만들어 낸 기적 같은 건축물 등 하루하루 우리가 보고 경험했던 모든 것들이 놀라움과 감사함의 연속이었다. 쫑알쫑알 수다가 많은 주안이와 하루 종일 떠들고 얘기해도 7개월 동안 이야깃거리가 마르지 않았다. 우리가 이 장거리 여행을 하지 않았다면 이렇게 많은 주제로 아들과 얘기할 기회가 없었을 거고 초등학교 5학년, 6학년을 지나고 있는 아들이 어떤 것에 관심이 있고 어떤 생각을 하고 있는지 잘 알 수 없었을 것이다. 여행의 시간들이 도움이 되었을까? 이제 사춘기를 지나고 있는 중학생 주안이와 여전히 많은 얘기를 나누고 있다.

7개월의 꿈 같은 시간을 완성하고 돌아와서 주안이는 바로 학교에 잘 적응을 했다. 나도 돌아와서 새로운 업계의 회사로 이직을 해서 임원이 되었고, 남편은 세계 일주 동안 조금씩 정리했던 글을 모아 〈세일즈 펀더멘탈〉이라는 책을 출간한 후, 역시 다른 분야의 임원으로 이직을 했다. 세계 일주를 다녀온 후 어김없이 다시 평범한 일상은 계속되었지만, 이후 우리 가족의 대화에는 늘 세계 일주의 이야기가 빠지질 않게 되었다.

남편이 여행을 떠나기 전에 한 이야기가 있다. 아마도 이 결정이 우리가 나중에 나이 들어서 생을 마무리하는 순간이 찾아오게 되면 우리 생에 가장 잘한 결정 중에 하나일 것이라고….

세계 일주를 떠나기로 결정을 하고 여행이 끝날 때까지 우리 부부를 믿고 끝까지 응원해 주시고 지원해 주셨던 양가 부모님께 인사말을 빌려 진심으로 존경과 감사함을 전한다.

끝으로 사랑이 많고 가족을 위해 늘 헌신하는 남편과 자신의 꿈을 위해 열심히 도전하는 아들 주안이에게 무한한 사랑과 고마움을 전한다. 멋진 우리 가족, 사랑합니다.

세계 일주를 다녀와서…

강주안

부모님께서 가족이 7개월 동안 함께 세계 일주를 떠날 거라고 하셨을 때 설렘도 있었지만 여행을 가 있는 동안 친구들과 선생님이 보고 싶을 것 같은 걱정도 있었다. 그런데 막상 세계 일주가 시작되니 가는 곳마다 새로운 풍경과 좋은 사람들을 만날 수 있어서 하루하루가 새롭고 행복한 시간이었다.

특별히 네팔에서 안나푸르나 트래킹을 할 때 3박 4일간 나를 도와주신 비카스 아저씨, 포카라 호수 옆 한식당인 제로 갤러리 사장님, 에티오피아에서 자주 들렀던 블랜 피자집 누나, 케냐의 마사이 마라에서 만난 친절한 추장 아들과 동네 아이들, 이집트 사막투어 때 사막에서 맛있는 저녁을 만들어 준 모하메드, 핀란드 산타마을에서 만난 두 분의 산타 할아버지, 독일 BMW 박물관을 갔을 때 내게 하얀 장갑을 선물로 주시며 꼭 디자이너가 돼서 다시 만나자고 하셨던 BMW 투어 가이드님, 포르투갈에서 새로 사귄 친구 숀과 덴마크에서 온 친구들, 스페인에서 처음 만난 백승호 형과 고모, 고모부, 뉴욕에서 만난 아빠의 사촌동생인 선영이 고모 식구들, 체코 프라하에서 맛있는 체코 음식을 사 주신 감독님, 뉴질랜드 남섬 일주 투어 때 함께했던 분들 등 많은 좋은 분들을 만났다.

여행을 통해 이렇게 좋은 분들을 많이 만날 수 있어서 좋았다. 또한, 전 세계의 각기 다른 지역과 환경, 그리고 문화 속에서 각자 다양한 모습으로 살아가는 사람들을 보면서 다른 문화와 인종에 대한 편견이 없어지고 누구와도 친구가 될 수 있다는 자신감이 생겼다.

아직도 아름다운 안나푸르나의 만년설과 웅장한 아르헨티나의 모레노 빙하, 하늘을 커튼처럼 수놓은 핀란드 오로라, 끝없이 펼쳐진 아프리카 마사이 마라 초원과 야생 동물들의 대이동, 찬란하고 눈부시게 떠오른 모뉴먼트 밸리의 아름다운 일출, 이집트 사막의 양탄자에 누워 바라본 수많은 밤하늘의 별 등 직접 현장에서 보았던 수많은 광경들이 생생하게 떠오른다. 아마도 평생 못 잊을 것 같다. 무엇보다도 부모님과 함께 여행하면서 아름다운 자연을 함께 바라보고 느낄 수 있어서 너무 행복했다.

세계 일주를 하면서 페라리, 람보르기니, 포르쉐, BMW, 아우토슈타트 등 내가 좋아하는 자동차들이 전시된 유럽의 여러 자동차 박물관을 둘러보고 백 년이 훨씬 넘은 올드카부터 최신형 슈퍼카까지 수많은 자동차들을 둘러보면서 자동차가 어떻게 발전해 왔는지 역사를 알게 되고 특히, 내가 좋아하는 차종의 다양한 자동차들을 직접 눈으로 볼 수 있어서 너무 좋았다. 이런 체험을 통해서 미래에 세계적인 자동차 디자이너가 되고 싶은 나의 꿈 또한 더욱더 확고해지게 되었다.

여행을 다녀와서 종종 여러 분들이 내게 어디가 가장 좋았냐고 물어보신다. 참으로 대답하기 어려운 질문이다. 방문했던 모든 곳이 제각각의 매력들을 지니고 있어서 좋았던 곳이 너무나도 많았기 때문이다. 심지어 하루에 12시간 넘게 안나푸르나를 트래킹 했을 때나 페루에서 고산병을 앓았을 때와 같이 그 당시에는 정말 너무나 힘들게 느껴졌던 순간들도 여행을 다녀와서 다시 떠올려 보니 그 또한 너무 소중한 경험이자 좋은 추억이 되었다. 그리고 여행 중 여러 번 마주쳤던 힘든 순간들을 잘 이겨낸 경험들을 통해서 나 자신도 전보다 많이 성숙해진 것 같다.

앞으로 살아가면서 힘든 일을 마주치게 되더라도 물러서거나 포기하지 않을 것이다. 여행에서 힘든 순간들도 돌이켜 봤을 때 뿌듯함과 성취감이 되어 돌아온 것처럼 어려운 상황에서 인내심을 갖고 잘 이겨낸 경험들이 쌓이게 되면 꿈을 향해 더 가까이 다가갈 수 있는 발판이 될 거란 것을 깨닫게 되었다.

아빠가 여행 중에 자주 하셨던 말씀이 있다. '시간에 끌려다니는 사람이 되지 말고, 시간을 지배하는 사람이 되라.'란 말씀과 '용기는 가장 위대한 정신적 자산이다. 용기를 내는 것도 습관화돼야 하며 이러한 용기가 쌓이게 되면 꿈은 더 점점 가까워질 것이고 결국에는 반드시 꿈을 이루게 될 것이다.'라는 말씀이었다. 앞으로 살아가면서 힘든 일이 생기더라도 회피하지 않고 맞설 것이고 세계 일주에서 경험한 것들을 매 순간 떠올리며 용기와 자신감을 갖고 꿈을 향해 열심히 노력할 것이다.

끝으로, 무엇보다도 내게 이렇게 최고의 경험을 선물해 주신 부모님께 진심으로 감사드린다는 말씀을 전해드리고 싶다. "엄마, 아빠! 제가 나중에 세계적인 자동차 디자이너가 돼서 다시 세계 일주 시켜드릴게요. 감사하고 존경하고 사랑해요!"

목차

세계 일주 계획 수립 가이드

아시아

아프리카

유럽

남미

북미

오세아니아

The Great Legacy of Our Dream, Around the World in 7 months

세계 일주 계획 수립 가이드

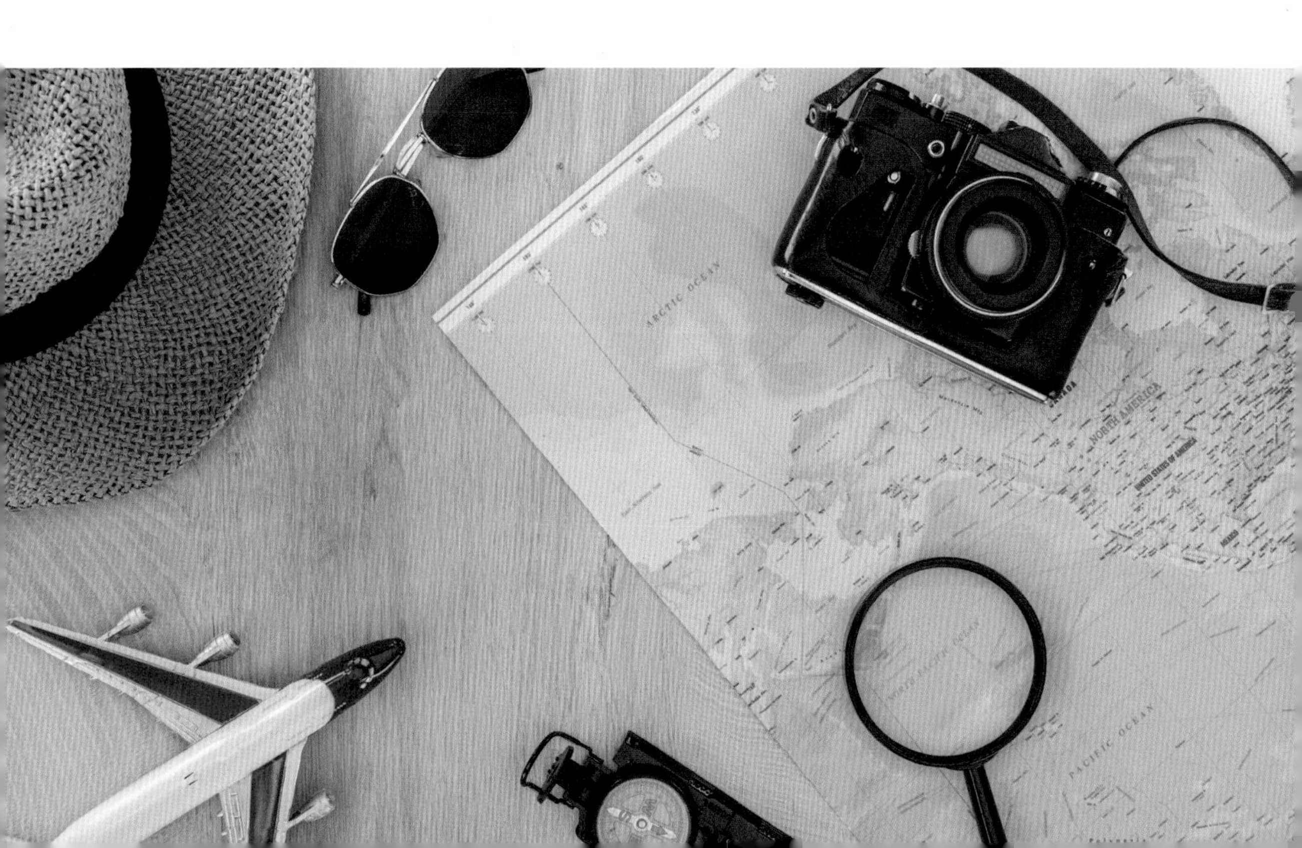

세계 일주 계획 수립 시 고려 사항

돈이 있다고 세계 일주를 할 수 있는 것은 아니다. 용기, 결단, 계획, 실행 모든 것이 종합적으로 이루어져야 한다. 가족 모두에게 도움 되는 여행이 되기 위해서는 구체적인 일정 계획 수립이 중요하다. 세계 일주를 떠나기 위해서는 휴직이나 직장을 내려놓아야 해야 할 수도 있다. 정말 쉽지 않은 결정이며 굉장한 용기와 결단이 필요하다. 하지만, 세계 일주는 끝이 아니라 이후의 삶을 더 멋지게 살기 위한 새로운 에너지를 얻는 여행이다. 인생에서 가장 의미 있고 최고의 선택이 될 수 있도록 출발 전 철저한 준비를 해야 한다.

세계 일주 목적과 의미

여행을 통해 무엇을 얻고 싶은가?
여행의 목적과 기대, 의미 등에 대해 정립

총 예산 결정

- **순수 여행 비용** 교통비, 숙박비, 생활비, 체험 활동비 등
- **여행 외 고정비** 고정비: 세금, 보험료, 관리비 등

총 여행 기간

- **여행 후 업무 재개 일정 고려** 구직, 복직, 창업 등 일정 고려
- **자녀 학사 일정 고려** 학년 필수 수업일수 확인(2/3)

여행 루트 짜기

- **가고 싶은 국가/여행지 List-Up** 여행 동선계획시 버킷 리스트 장소 고려
- **여행 방향(출발지 기준 좌 · 우 방향)** 여행 피로도를 고려 좌(시계 반대)방향 추천
- **여행지의 최적 방문시기 체크** 건기, 우기, 여름, 겨울 등 반드시 목적지의 최적 방문 시기를 체크

세계 일주 항공권 예매

- **세계 일주 항공권 Planning** Sky Team, Star Alliance, Oneworld

전 세계 주요 운항 도시
Stop-over/횟수제한/1년 이내 사용

대륙별 일정/교통편

- **대륙 별 체류 일정 및 세부 동선 결정**
  세부일정을 출발 전 모두 확정하는 것은 불가능하므로, 큰 틀에서 대륙별로 In/Out 일정 결정 후 세부 여행 동선 결정
- **세부 동선 계획 시 교통편 결정**
  대륙 내 여행시 항공편, 자동차, 크루즈 등의 교통편을 어떻게 할지 고려(출발 전 예약할 것과 여행 중 예약할 것을 구분)

비자/보험/자금계획

- **입국 시 비자 필요 국가 List-Up** VISA/e-Visa(인도)/도착 비자(On arrival VISA)/쉥겐조약 적용국가(유럽)/ESTA(미국) 등
- **보험/비상약/안전 용품** 세계일주 용 여행자 보험 가입, 주요 비상약 준비(병원 비보험 처방), 휴대용 정수기(트래킹 용) 등
- **계좌/신용카드/국제 체크카드/PP카드** 페이지 29 참조

❶ 나만의 여행 목적과 의미를 먼저 정립하라

왜 세계 일주를 떠나고 싶은지 여행의 목적과 의미, 그리고 여행을 통해 무엇을 얻고자 하는지에 대해 먼저 선명한 생각의 정립이 필요하다. '여행'은 생각만으로도 설레는 일이기에 특별한 목적 없이 떠나는 여행이라도 처음엔 마냥 좋을 수 있지만, 중간에 힘든 일이 생기게 되면 이내 회의감이 들거나 중도에 포기하게 되기 쉽다. 평소에 일상적으로 떠나는 여행도 이러할진대, 장기간 많이 비용이 드는 세계 일주를 계획하는 데 있어서 왜 여행을 떠나야 하는지에 대한 명확한 여행 목적에 마음속으로 확고히 세워져 있지 않다면, 중도에 쉽사리 포기하기 쉽게 된다.

세계 일주를 떠나기에 앞서 우리 가족이 세운 여행 목적은 다음과 같았다.

1. 부부의 건강 회복과 인생의 후반전을 힘차게 달리기 위한 충분한 쉼을 누리고 건강한 에너지를 충전해 오기
2. 세계적인 자동차 디자이너가 되는 것이 꿈인 아들 주안의 '꿈의 그릇'을 키워 주기 위해서 세계적인 자동차 회사와 자동차 박물관을 직접 둘러 보기
3. 외아들인 주안이가 평생을 당당하게 살아갈 수 있도록 '용기'라는 위대한 정신적 자산을 심어 주기
4. 여행 후반부에 양가 부모님을 여행지로 초대해서 여행하면서 부모님께도 잊지 못한 추억을 선사해 드리기
5. 세계 일주를 마치 체험적인 글로벌 MBA 이상의 가치가 있다는 생각으로 다양한 세계 문화를 적극적으로 체험하고 배우기

세계 일주는 중간에 출구가 없는 고속도로와 같다. 일단 진입하게 되면 중도에 무작정 쉬면 안 되고 중간에 옆길로 샐 수도 없기 때문에 성공적인 완주를 위해서 여행을 마칠 때까지 일정한 루틴과 템포로 계속 이동해야 한다. 이를 가능하게 하기 위해서는 중간에 가족 한 명이라도 건강을 해치지 않도록 절대 무리하지 않고 페이스를 꾸준하게 잘 유지해야 한다.

지구를 어떤 방향으로 돌 것인가? 시계 방향? or 반시계 방향?

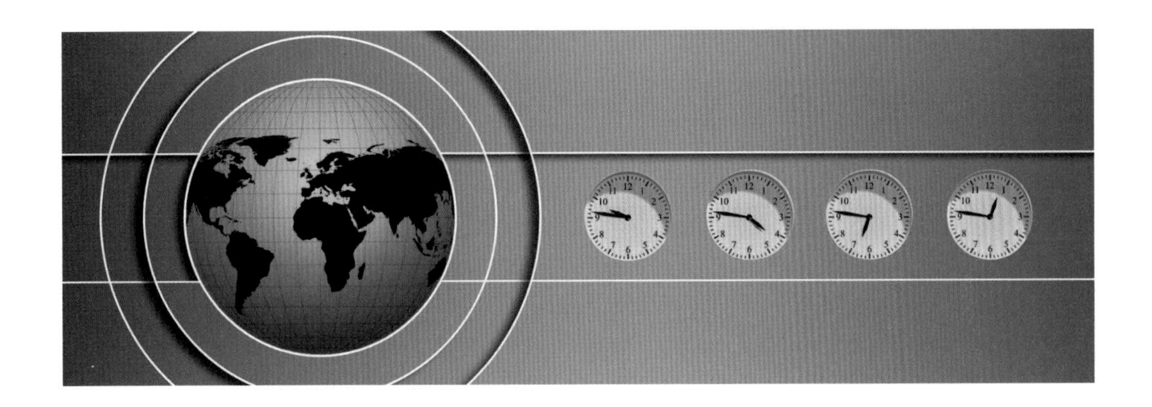

지구의 시간대(Time Zone)는 시계방향(동쪽)으로 갈수록 한 시간씩 빨라지고 반시계 방향(서쪽)으로 갈수록 한 시간씩 느려진다. 따라서, 생리학적으로 빠른 신체 적응을 위해서 대한민국을 기준으로 동쪽보다는 서쪽으로 여행할 때 한 시간씩 늦게 일어나도 되므로 신체 적응 시간을 벌게 되어 상대적으로 여행 피로도가 덜하다. 이는 세계 일주를 위한 대륙 간 여행 동선을 짤 때 가장 첫 번째로 고려되어야 할 사항이다.

효율적인 여행 동선을 위한 고려 사항

버킷 리스트, 대륙별 방문하고 싶은 국가, 관광지, 체험 활동 등을 나열해 보자

세계 일주 여행 루트를 짜면서 제일 먼저 마주하게 되는 고민이 '어떻게 하면 가장 효율적으로 여행 동선을 짤 수 있을까'하는 고민이다. 세계 일주를 위한 대륙 간 이동 동선을 정했다면, 다음으로 가족 개개인의 의견이 반영된 꼭 방문하고 싶은 장소에 대한 버킷 리스트를 나열해 보고 방문 우선 순위를 정한다. 곧, 가족 모두가 만족할 수 있는 여행이 될 수 있도록 각자의 버킷 리스트와 각 대륙별로 꼭 가야 되는 나라, 장소, 여행지, 체험 활동 등에 대해 나열해 보고 의견을 모아서 이동 동선을 계획한다.

한편, 장소에 따라 계절별로 방문하기 좋은 최적의 방문 시기가 정해져 있는 곳이 있다. 북극의 오로라를 보고 싶다면 백야가 있는 여름이 아닌 늦가을부터 겨울 사이 방문하는 것이 좋고, 아름다운 우유니 소금사막의 거울 같은 최고의 반영(Reflection)을 보고자 한다면 반드시 우기 시즌에 방문해야 한다. 물론, 박물관, 역사적인 건축물, 문화 유적지 등의 경우에는 상대적으로 어느 계절에 방문해도 큰 차이가 없다. 이처럼 최고의 자연 경관을 보고자 할 경우에는 대부분 최적의 방문시기가 있기 때문에 세계 일주를 여행 동선을 짤 때 각 여행지 별로 최적의 방문 시기를 먼저 확인해보고 여행 계획 수립에 반영해야 한다.

세계 일주 주요 방문지의 최적 방문 시기 및 유의 사항

남반구 여행

북반구와 계절이 정반대임을 고려해서 남미, 오세아니아, 아프리카 남반구를 여행할 때는 계절에 맞는 옷을 함께 준비해야 한다. 여행 짐을 줄이기 위해서 꼭 필요한 옷 위주로 최소한으로 꾸린다. 또한, 중간에 버려도 부담 없는 옷을 준비하거나 그때그때 기후에 맞게 현지에서 필요한 옷을 구매하는 것도 방법이다.

마추픽추: 11월~3월(우기)를 피할 것

우기 시즌이 되면 마추픽추의 관문인 오얀따이땀보에서 마추픽추까지 가는 기사 노선이 종종 폭우와 산사태로 인해 폐쇄되거나 궂은 날씨와 짙은 안개로 인해서 정작 마추픽추를 보지 못하는 경우가 있다. 따라서, 변화무쌍한 날씨가 특징인 우기 시즌을 피해서 방문하는 것이 좋다.

우유니 소금 사막

우유니 소금 사막은 3600m가 넘는 높은 지역에 위치해 있어서 고산병으로 고생할 수 있으니 미리 고산병 약을 준비해 가는 것이 좋다.

* 12월~4월(우유니의 우기) 하늘과 땅이 붙어 있는 것 같이 마치 거울에 투영되는 듯한 환상적인 우유니의 반영을 보고자 한다면 우기 시즌에 방문해야 한다. (다만, 우기 시즌에는 날씨가 수시로 변해 여유 있게 일정을 잡는 것이 좋다. 저녁 시간대에 비가 오는 경우가 많아 환상적인 밤하늘의 별 감상을 위해서는 늦은 시간에 방문하는 것도 하나의 팁이다.)
* 9월~10월(우유니의 건기) 건기 시즌의 우유니는 소금사막 특유의 아름다운 반영(Reflection)은 감상하기 어려우나 대신에 쏟아지는 밤하늘의 별을 감상할 수 있다.

남미 대륙 최남단 파타고니아(토레스 델파이네/엘 칼라파테)

파타고니아 지역은 여름 시즌인 11월~3월 사이에 방문하는 것이 좋다. 남극과 가까운 남미대륙 최남단에 위치해 있어서 여름에도 기온이 쌀쌀한 편이라 바람막이 점퍼를 준비하는 것이 좋다.

캐나다 벤쿠버, 휘슬러

10월~3월(우기) 벤쿠버는 세계에서 살기 좋은 도시로 손꼽히는 곳이다. 하지만 우기 시즌인 겨울에 방문하면 흐리고 비 오는 날이 많아 아름다운 벤쿠버를 즐기기 어렵다. 가급적 날씨가 화창한 6월~8월 사이에 방문하면 좋다.

뉴질랜드

남반구에 위치한 뉴질랜드는 3월~5월 사이가 가을 시즌으로 아름다운 가을 단풍의 초 절정 시기이다. 8월~10월 사이는 봄 시즌으로 새싹이 피어나고 형형색색의 야생화로 뒤덮인 아름다운 산과 들판을 볼 수 있다.

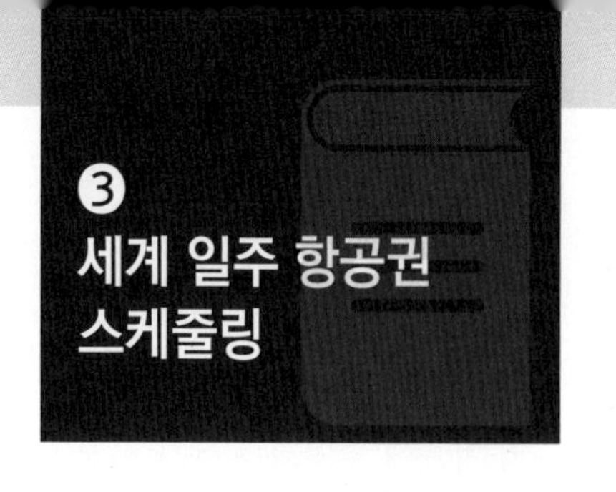

③ 세계 일주 항공권 스케줄링

세계 일주 일정을 계획하는 데 있어서 항공편 스케줄링은 여행의 큰 그림을 그리는 것과 같다. 세계 일주 항공권 스케줄링은 국제 항공사 연합체 Big3(Star Alliance, Sky Team, One World)의 세계일주 항공권 프로그램을 활용하는 것을 추천한다. 해당 사이트에서 제공되는 항공권 스케줄링 프로그램으로 직접 여행 루트를 짜볼 수 있고 항공권 구매시 여행 경비도 절약할 수 있다.

· 요금 및 클래스

1) 세계 일주 항공권은 항공 연맹체의 마일리지를 유료로 구매하는 개념으로 클래스별로 요금 및 스톱오버(Stopover) 등의 조건이 다르다.
2) 항공권 요금은 항공 연합체의 세계 일주 항공권 시뮬레이션 프로그램으로 스케줄링을 완료하면 조회 가능하다.
3) 항공권 구입은 해당 사이트에서 가능하다. Star Alliance의 경우에 대한민국을 출발/도착 국가로 지정하면 아시아나 항공, Sky Team의 경우 대한항공 티켓팅 오피스에서 발권이 가능하다. 세계일주 프로그램으로 시뮬레이션을 한 후 해당 항공사의 세계일주 항공권을 취급하는 지점을 내방하여 발권을 할 수 있다.

(예시) Star Alliance Round The World 항공권 스케줄링

Cabin Class	Maximum Mileage	Minimum Stopovers	Maximum Stopovers
FIRST			
Normal	39 000	2	15
BUSINESS			
Normal	39 000	2	15
PREMIUM ECONOMY			
Normal	39 000	2	15
ECONOMY			
Normal	39 000	2	15

(예시: Star Alliance Round The World, 자세한 내용은 홈페이지 참조)

· 출발과 도착 지정

1) 출발과 도착은 동일한 국가이어야 함(단, 동일 국가 내 같은 도시일 필요는 없음)

2) 지구를 한쪽 방향으로 이동해야 하며, 아래 IATA에서 정한 3개 운송지역그룹(Traffic Conference)을 한 번씩 통과할 수 있다.
- TC1: 북미, 중앙 아메리카, 남미, 그린란드, 카리브해, 하와이 제도
- TC2: 유럽(우랄의 서쪽), 아조레스, 아이슬란드, 중동, 아프리카, 세이셸 제도
- TC3: 아시아(우랄의 동쪽), 오세아니아, (호주, 뉴질랜드 및 남태평양 제도)

3) 대서양과 태평양은 한 번 건널 수 있으며, 유럽, 아프리카/중동, 아시아를 가로지는 것도 1회 허용된다.

· 스톱오버 및 경유

1) 스톱오버는 24시간 이상 체류를 뜻함
2) 최대 스톱오버 횟수는 15회로 한 함
3) 기타 세부 내용은 사이트 참조

Big3 항공사 연합체 소개-세계 일주 항공권 프로그램 예약 사이트

Star Alliance
https://roundtheworld.staralliance.com/staralliance/EN/round-the-world

Sky Team
https://www.skyteam.com/ko/round-the-world-planner

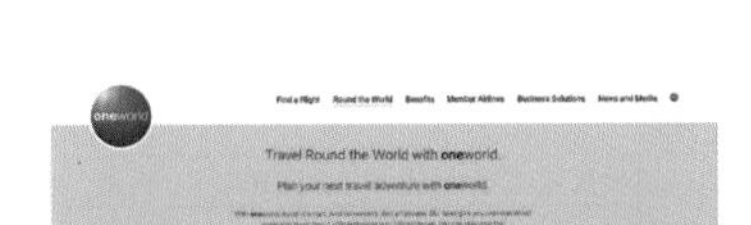

ONEWORLD
https://www.oneworld.com/world-travel

④ 세계 일주 예산 책정 예시 및 고려 사항

장기간 떠나는 세계 일주를 위해서 돈, 시간, 직장 등 많은 것을 포기하거나 내려 놓아야 하지만, 세계 일주가 인생의 끝이 되서는 안 된다. 세계 일주를 다녀 온 후에도 우리 삶은 여전히 계속될 것이며, 세계 일주의 경험을 통해서 더욱 더 행복한 삶이 되어야 한다. 세계 일주를 다녀온 후 가계의 재정이 파탄 나고 세금이 연체되며 장기 금융 상품이 실효 되는 등과 같이 소위 가계 살림이 거덜나게 된다면 결코 바람직한 여행이 아니다. 세계 일주를 통해 얻은 좋은 에너지를 이후의 삶에 연결시켜 멋지게 펼쳐 나가기 위해서는 세계 일주 여행 경비 외에도 세금, 관리비, 보험료 등 고정으로 드는 생활비에 대한 부분에 대해서도 출발 전 세밀한 자금 집행 플랜을 세워 놓아야 한다.

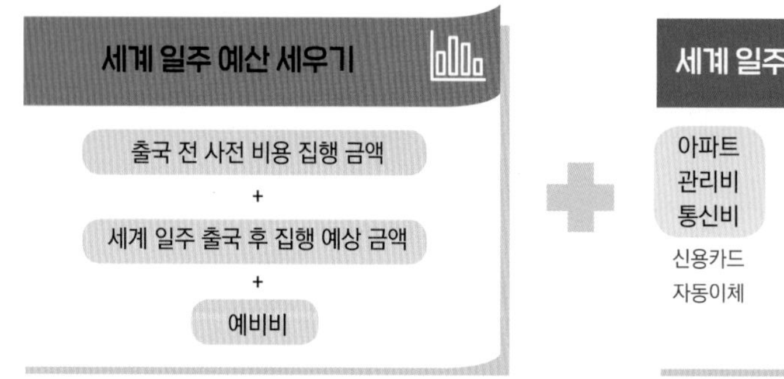

Cf) 세계 일주에 적합한 신용카드와 국제 체크카드를 신규로 발급 받고 자금 보호를 위해 신규 계좌를 개설함

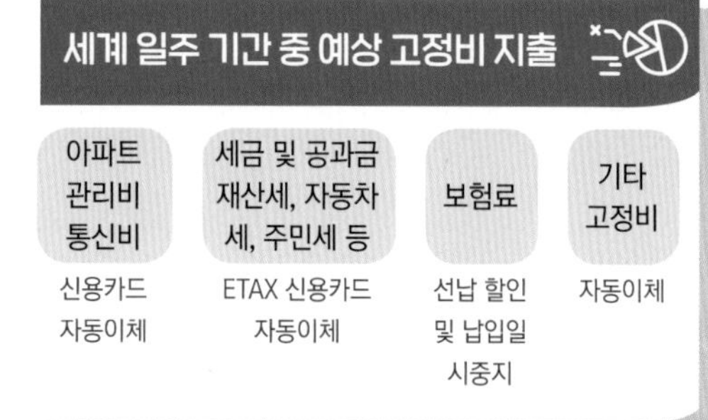

Cf) 여행 기간이 7개월인 관계로 집(아파트)은 여행 기간 중 비워 둠

· 세계 일주 예산 책정(출국 전)

구분	Detail	출국 전 집행 금액	여행 중 집행 예상 금액	Remarks
예방접종비용	전자수입인지세	97,380		인당 32,460 (X3)
	예방접종비용	144,190		황열병, A형 간염 등 방문지별 황토병 참고
비자발급비용	인도	175,728		e-VISA 인당 USD $51.5 (X3)
	네팔		85,000	USD $25 * 3명 (도착비자/On-Arrival Visa)
	미국	30,000		ESTA발급: 인당 USD $14 (X2) 기보유자 1명 제외
	캐나다	20,000		eTA(전자여행허가) 인당 CAD $7 (X3)
	볼리비아		170,000	VISA(쿠스코 볼리비아 영사관 발급)
	케냐		170,000	도착비자 인당 USD $50 (X3)
	에디오피아		170,000	도착비자 인당 USD $50 (X3)
	이집트		85,000	도착비자(30일) 인당 USD $25 (X3)
교통비	세계일주항공권	18,438,500		3인 합계(11세 미만 아동은 정상가의 75%)
	유럽자동차 리스비용	528,000	2,127,312	시트로엥 C4 Catus4(60일/총 1,971 유로)
	Local 교통비	436,150	9,563,850	영국-프랑스 왕복 비행기 (325유로) 선결제
	자동차 렌트비용		3,500,000	미국 동부, 서부, 하와이, 캐나다 서부
	유류		3,406,188	
숙박 및 식사	1일당 평균 20만원	222,642	39,777,358	첫 방문국(태국) AirBnB 숙소 선결제
Activity	박물관, 체험비, 마사지 등		10,000,000	
생필품비용	옷, 물품구매 등		3,000,000	
통신비	와이파이, 유심 등		1,500,000	
예비비			5,000,000	
Sub-Total		20,092,590	78,554,708	
세계 일주 총 예산			98,647,298	

⑤ 세계 일주 중 카드 및 계좌 관리 방법 예시

· 계좌 관리 및 신용카드, 국제 체크카드 발급 (부부 각각)

분실, 도난에 대비해 부부 각각 동일하게 Main 계좌 와 Sub 계좌를 개설하고 및 여행에 적합한 신용 카드를 발급 받는다. 현금 인출을 위한 국제 체크카드 발급

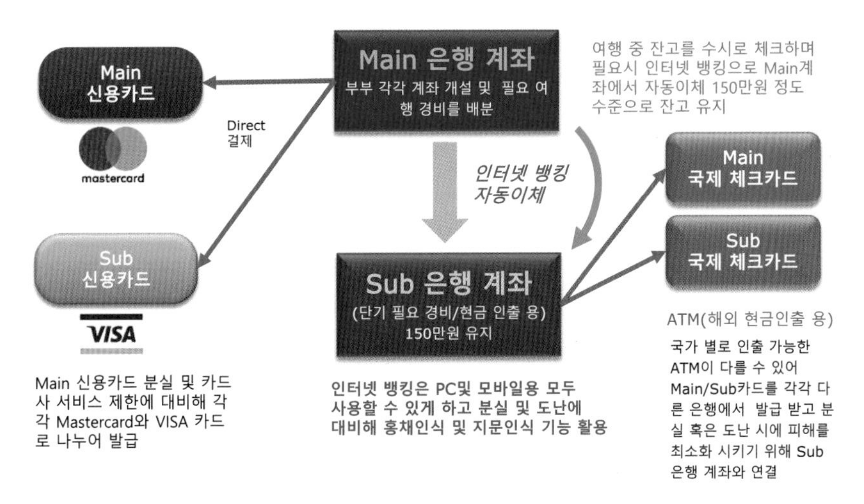

Tip: 해외에서 신용카드 분실 시 카드를 단순히 해지하는 방법 외에 해외에서 이루어지는 결제만 선택적으로 사용중지 시킬 수도 있다. 만약, 신용카드에 공과금, 세금 등 매월 정기 결제가 연결되어 있다면, 연체가 될 수 있으니 선택적으로 해외 사용 중지를 하는 것이 좋다.

신용카드 발급 및 해외 사용 Tip

1) 항공사 마일리지가 적립되며 전 세계 Priority Pass와 연계된 공항 라운지를 이용 할 수 있는 카드로 발급 받는다.(세계 일주 중 라운지를 이용하면 여행으로 인한 피로도를 줄이는 데 도움이 된다. (라운지 이용 시 자녀 이용 요금은 별도 결제)
2) 해외 사용시 마일리지 적립에 이점이 있는 카드를 선택한다.
3) 위 2가지 종류의 카드를 부부 각각 발급 받으며, 해외 사용 건에 대해 마일리지가 많이 쌓이는 카드를 주(Main) 카드로 쓰고, 전 세계 공항 라운지 무료 이용 혜택이 있는 카드는 Sub카드로 사용.
4) 신용카드로 결제 시 현지 통화로 결제(원화로 결제 시 별도 수수료 외에도 추가 환전 수수료까지 붙어 최대 10%까지 추가 비용 발생)

· 국제 체크카드 발급 및 해외 사용 Tip

1) 여행 중 분실, 도난에 대비해 부부 각각 주거래 은행 이외에 추가로 다른 은행에서 Sub 계좌(단기 필요 경비 관리용)를 개설한다.
2) 해외 ATM에서 현금인출이 가능한 국제체크 카드를 각기 다른 은행에서 각각 2개씩 발급 받고 Sub 계좌에 연결 시킨다.

⑥ 세계 일주 중 환전 및 현금 인출 팁

· 환전

1) 세계 일주를 하면서 현금을 많이 지니고 있으면 상시 분실 및 도난의 위험이 있고 출입국시 매번 세관신고를 해야 되는 번거로움이 있다. 따라서, 긴급 상황 대비용으로 현금은 가급적 USD 2,000 정도를 소지하고 여행 중 신용카드를 주로 사용하며 현금이 필요할 때마다 ATM 통해 인출 하는 것을 권한다
2) 출국 전 달러 환전(예비자금으로 USD $3000): 환전 후 부부 각각 $1500씩 나누어 소지한다.
3) 첫번째 방문국(태국)은 현지 통화를 최소한으로 환전하고 가급적 신용카드를 사용한다.
4) 아시아, 남미, 아프리카 국가의 경우 대부분 현지 도착 후 미화(USD)를 현지 통화로 환전하는 것이 환전 수수료 측면에서 유리하다.
5) 2-3일 단위로 국가가 자주 바뀔 경우 현지통화를 인출하는 대신 달러를 환전소에서 조금씩 현지화로 환전해서 쓰는 것이 편리하다.
6) 여행 중 ATM 달러 출금: 여행지에 따라 신용카드 결제가 잘 안 되거나 현금으로 지불시에도 관광객에게는 현지 통화 보다는 달러 결제를 요구하는 경우가 종종 있다. 따라서, 여행 중간 중간에 기회가 될 때마다 달러 인출이 가능한 현지 은행이나 ATM이 있는지 확인하고 적당한 금액의 달러를 미리 인출해 놓는 것이 좋다.

(참고) 다음의 경우 ATM에서 현지통화와 달러를 함께 인출할 수 있다.

예) 볼리비아 우유니: Mercantil Santa Cruz 은행, 케냐 나이로비: KCB은행

Cf) 같은 브랜드의 은행이라도 지점에 따라 달러인출 가능 여부가 다를 수 있으니 현지 호텔에 문의 또는 네이버 주안이네 세계일주 블로그 혹은 네이버 블로그 참고하기 바란다.

⑦ 세계 일주 여행자 보험 예시

- 보장기간: 2017.09.26 - 2018.04.09
- Coverage: 여행지 전역 커버(예, H 화재보험)
- 보험료: 702,830원(3인 가족)

▶ 담보내역

담 보 명	담보구분	화폐	보험가입금액	자기부담금	인원수
상해사망·후유장해	후유장해만의 담보	WON	200,000,000	0	1
여행중배상책임담보		WON	30,000,000	10,000	1
특별비용담보		WON	5,000,000	0	1
여행중항공기납치담보		WON	1,400,000	0	1
연수생실손의료비(상해_해외의료기관)		WON	20,000,000	0	1
연수생실손의료비(질병_해외의료기관)		WON	20,000,000	0	1
해외장기체류기본실손의료비(상해입원)	선택형III(입원_급여10%, 비급여20% 면책)	WON	30,000,000	0	1
해외장기체류기본실손의료비(상해통원_외래)	선택형III(통원_정액형 및 정률형 면책)	WON	250,000	0	1
해외장기체류기본실손의료비(상해통원_처방조	선택형III(통원_정액형 및 정률형 면책)	WON	50,000	0	1
해외장기체류기본실손의료비(질병입원)	선택형III(입원_급여10%, 비급여20% 면책)	WON	30,000,000	0	1
해외장기체류기본실손의료비(질병통원_외래)	선택형III(통원_정액형 및 정률형 면책)	WON	250,000	0	1
해외장기체류기본실손의료비(질병통원_처방조	선택형III(통원_정액형 및 정률형 면책)	WON	50,000	0	1
실손비급여의료비_도수, 체외충격파, 증식치료		WON	3,500,000	0	1
실손비급여의료비_비급여주사료		WON	2,500,000	0	1
실손비급여의료비_자기공명영상진단		WON	3,000,000	0	1

세계 일주를 하다 보면 어떠한 상황에 처할지 장담할 수 없기 때문에 여행 출발 전에 미리 여행자 보험에 가입할 것을 권한다. 여행자 보험은 실비 보장이 되는 화재보험 상품으로 가입하기 바라며, 모든 보험사가 세계 일주 여행자 보험을 취급하지 않으니 반드시 시간을 두고 상품을 알아보기를 바란다. (가급적 실손 의료비 보장 한도 금액을 최대로 설정하기를 바란다.)
한편, 보험 상품에 가입하게 되면, 보험사에서 제공하는 해외 긴급 연락처 및 보험금 청구 방법에 대해 충분한 숙지가 필요하다. 가급적 핸드폰으로 사진을 찍어 두는 것이 좋다.

⑧ 세계 일주 여행 짐 싸기 (Packing List 예시)

품목	세부 품목	수량
필수 서류	여권	3
	황열병 접종 확인 카드	3
	각종 비자서류	3
	여권사진	10장 X 3
	호텔 예약확인서	태국, 네팔
카드 및 현금	현금 (USD+THB 태국 바트)	$3,000+a
	국제 체크카드(KB 하나은행)	2
	국제 체크카드(씨티은행)	2
	신한카드(해외 마일리지 적립우대)	2
	씨티 프리미어 신용카드	2
	PP(Priority Pass)카드-라운지	2
	보안카드(송금)	2
전자 기계	노트북	1
	미러리스 카메라	1
	외장하드, SD 카드	2
	보조배터리	2
	충전잭	2
	해외여행 만능 어답터	2
	핸드폰	2
	핸드폰 셀카봉/카메라 삼각대	각1개
	S 미밴드 시계 및 충전기	1
	미니 드라이기	1
	USB(공인인증서)	2
비상약	테이핑	1
	리도맥스	3개
	갤포스	30포
	타이레놀	50정
	눈물약(안구건조)	50개
	지사제	30정
	소화제	30정
	맨소래담	1
	근육통약	1
	마데카솔/후시딘	각1개
	버물리/벌레천연퇴치제	각1개
	상처밴드	2곽
음식 관련	라면스프	대형 2팩
	믹스커피	30포
	맛소금	1
	비닐 롤	1
	사골 액상	6
	짜 먹는 고추장	2
	깻잎 통조림	3
	어머님이 주신 멸치, 청태	3
	꿀 작은거	2
	야미얼스 사탕 (멀미 대비)	2
	야채스프/3분짜장	각9개
	햇반	9
	밥이랑(밥에 뿌려 먹는 가루)	3
	휴대용 칼	1

품목	세부 품목	수량
의류	속옷	4 X 3인
	양말, 트랙킹양말	각 3/2
	트랙킹 복 상·하의	인당 1벌
	긴팔 츄리닝 상·하의(여름,겨울)	인당 2벌
	바람막이 잠바	1 X 3인
	초경량 자켓	1 X 3인
	한겨울 패딩	1 X 3인
	티셔츠 긴팔, 반팔	2 X 3인
	청바지 긴 것, 여름 반바지	1 X 3인
	편한 바지	1 X 3인
	수영복, 물안경	각1 X 3인
	볼캡(야구모자)	1 X 3인
트래킹 용품	등산용 스틱 3세트	1세트 X 3인
	트래킹 장갑	1 X 3인
	트래킹용 모자	1 X 3인
	버프(Buff)	1 X 3인
	미니 랜턴	2
	경량 침낭	1 X 3인
	스포츠 타올	2
	풋파우더(Foot Powder)	2
	소이어(Sawyer) 미니 정수기	2
	에어 목베개	1 X 3인
잡화	손톱깍이	1
	미니 가위	1
	이발용 가위(커트용, 숱가위)	각1
	필기구 및 필통 세트	1
	계산기	1
	반짇고리	1
	귀 면봉	15
	얇은 머리띠 2	2
	휴지, 물티슈	각1
화장품	미니 기초세트 (한달치)	1
	선크림	1
	마스크 팩(트래킹 대비)	9
	색조 화장품 세트	각1
세면 및 세탁	치약/면도기/머리빗	각1
	칫솔	3
	샴푸 미니 및 샘플	1
	바디샴푸 미니	1
	일반타올	1
	한입세제, 액상세제	1
신발	트래킹 신발	1켤레 X 3인
	여름 신발	1켤레 X 3인
주안이 용품	문제집(수학)	2
	그림 그리기용품(색연필 등)	1
가방	여행 캐리어	2(대형)
	배낭 3개/배낭커버	각3 X 3인
	에코백 등	2
	크로스백	1

세계 일주 중 자녀 학사관리(초등학생)

세계 일주는 일반적으로 해외 교육 기관에 등록해 교육 받는 교환 학생프로그램이나 해외 어학연수와 달라서 해외 체류 기간이 결석으로 처리된다. 따라서, 여행 후에 자녀가 상급 학년으로 진급하는 데 지장이 없도록 반드시 학사일정 관리에 유의해야 한다. 자녀의 학년 누락을 피하기 위해서는 반드시 법정 수업일수 2/3 이상(190일 이상) 출석 규정을 준수해야 한다. (초 · 중 · 고 동일)

우리 가족의 경우, 필수 학사 일정과 여행 일정을 함께 고려해서 겨울 방학과 봄 방학을 중간에 끼워 자녀의 5학년 가을 학기 중간에 출국하여 6학년 봄 학기 중간에 귀국하는 일정을 택했다.

(참고) 초등학교 학년 유급 규정

유급: 유급은 수업일수 부족으로 인해 해당 학년의 교육과정을 수료하지 못해 상급학년으로 진학하지 못하는 것으로 다음 학년도 1학기 시작일부터 다시 학업을 수행해야 한다.

① 수업일수 부족은 당해 학교 수업일수 3분의 2 이상을 출석하지 않은 것을 말함. 예) 수업일수가 191일인 경우 191의 3분의 2는 127.33… 으로 계산되나 소수점 이하를 올림하여 128일 이상 출석하지 않은 경우 학년 말에 유급대상자로 선정된다.)

② 유급대상자는 학년도 말에 [학적]-[반편성선행작업]-[입학/조기진급/유급자관리]의 {유급자관리} 탭에서 등록하여 진급처리에서 제외된다.

③ 유급으로 인해 중복된 기간 동안의 내용은 학교생활기록부 정정대장으로 삭제된다.(학년 이력 · 인적사항 · 학적사항 · 학교폭력 관련 조치사항은 제외함).

초 · 중등교육법 시행령 제45조(수업일수)

① 법 제24조제3항에 따른 학교의 수업일수는 다음 각 호의 기준에 따라 학교의 장이 정한다. 다만, 학교의 장은 천재지변, 연구학교의 운영 또는 제105조에 따른 자율학교의 운영 등 교육과정의 운영상 필요한 경우에는 다음 각 호의 기준의 10분의 1의 범위에서 수업일수를 줄일 수 있으며, 이 경우 다음 학년도 개시 30일 전까지 관할청에 보고하여야 한다.

1. 초등학교 · 중학교 · 고등학교 · 고등기술학교 및 특수학교(유치부는 제외한다): 매 학년 190일 이상

세계 일주 중 사용한 어플 및 유용한 웹사이트 소개

공항/비행시간/공항 라운지/세계 날씨 검색 관련 웹사이트

항공사와 공항 아이디/코드 조회 사이트(IATA)
https://www.iata.org/publications/Pages/code-search.aspx

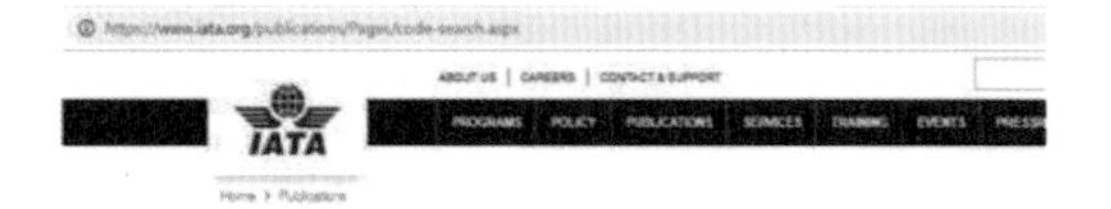

비행시간 조회 사이트(Travelmath)
https://www.travelmath.com

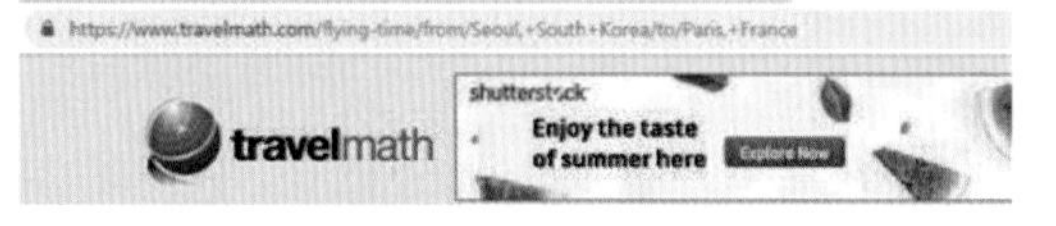

전 세계 Priority Pass 라운지 검색
https://www.prioritypass.com/en/airport-lounges

세계 날씨 검색 사이트
https://www.accuweather.com

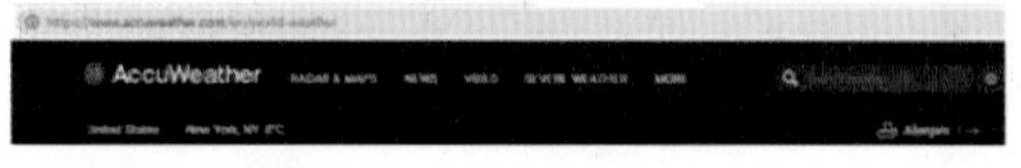

세계 일주 중 이용한 숙소 예약 사이트 비교 소개

주요 예약 사이트	AirBnB 에어비앤비	Expedia 익스피디아	Booking.com 부킹닷컴	Hotels.com 호텔스닷컴
장 점	• 비교적 저렴한 가격에 집 전체 대여가 가능 (거실 등 별도 휴식 공간이 있어 덜 답답함) • 주방 시설 및 소금, 후추, 식용유 같이 간단하게 요리를 할 수 있도록 대부분 주방 시설 외 기초 조미료 등이 구비되어 있음 • 숙소 예약 옵션에서 세탁기/건조기가 구비된 숙소를 선택해 조회 할 수 있음(대부분 세제도 제공됨)	• 예약하고자 하는 지역에 있는 숙소의 위치와 가격을 지도검색에서 한눈에 확인할 수 있어 매우 편리함 (가독성이 좋음)	• 숙소 세부시설 (주방, 주차 등)에 대한 설명이 비교적 자세히 제공됨 • 아파트 및 아파트형 호텔 등에 대한 정보가 잘 나와 있음	10박당 1박이 무료 (무료숙박 기준: 10박 평균금액 기준, 유효기간 1년)로 장기 숙박 시 활용하기 좋음
단 점	• 대부분의 숙소가 일반 주택가에 있어서 예약 및 체크인 할 때 정확한 위치 정보 확인이 필요함 • 국경을 넘는 국가 간 이동을 할 경우 간혹 호스트와의 핸드폰 연결이 안돼서 체크인이 지연되는 경우가 발생될 수 있음 • 가짜 호스트 혹은 호스트의 급작스런 예약 취소 등의 위험이 있음 • AirBnB 숙박 이용 횟수가 많아도 별도의 추가 혜택이 없음 • AirBnB가 활성화 되지 않은 지역은 숙소 선택의 폭이 제한적일 수 있음 • 급작스런 예약 취소 발생시 피해에 대한 AirBnB 측의 적극적인 대응이 다소 미흡함	• 세부 시설에 대한 설명이 상대적으로 부족함 • 자주 이용해도 추가 혜택이 크지 않음	• 숙박을 많이 해도 추가 혜택이 크지 않음 • 지도상 위치와 가격을 해당 건별로 확인해야 함	• 세부 시설에 대한 설명이 부족 • 아파트 및 아파트 호텔 형태의 숙소를 찾기가 힘듦
기타	• 슈퍼호스트나 평점이 높고, 특히 최근 평가가 좋은 호스트 위주로 예약하는 것을 권함(AirBnB라고 전부 시설이 좋지는 않음), 반드시 예약 전 관심 있는 숙소에 대한 사용자 리뷰 및 평점 확인해 볼 것. • 숙박요금과 별개로 별도의 청소 비용이 추가로 부가되는데, 숙소마다 청소비용이 상이하고 때론 지나치게 비싼 경우가 있으니 꼭 확인해 볼 것 • 비교적 치안이 좋지 않은 국가에서는 비추천 • 최소한 2박 이상 머무는 경우에 추천	• 렌터카와 호텔을 패키지로 함께 예약할 때 편리 함	• 고객 서비스 피드백이 신속함 • 숙소에 대한 고객 리뷰가 잘 정리되어 있어 예약 시 참고할 만함	• 숙박 횟수 누적 시 무료 숙박 혜택이 제공
추천 지역	• 추천: 유럽, 미국, 캐나다, 일부 아시아 국가 • 비추천: 남미, 아프리카)	전 세계	전 세계	전 세계

세계 일주 숙소 예약 팁

1) 숙소 위치 결정 시 고려해야 할 점

① **주요 관광지와의 도보 접근성 및 대중교통 접근성**: 주요 관광 랜드마크에 도보 이동이 가능하거나 숙소에서 지하철역(Metro), 트램, 버스정류장 등 대중 교통을 이용하기 편한 곳인지 여부

② 주변 마트 및 식료품점과의 접근성: AirBnB, 아파트형 호텔과 같이 주방 시설이 구비된 숙소 예약 시 주변에 마트나 식료품점이 있으면 매우 편리하다.

③ **주차시설 보유 여부**: 직접 자동차를 운전해서 여행할 경우에 주차 시설 보유여부와 주차 시 별도의 주차비를 받는지 확인한다. 한편, 이탈리아를 여행할 경우 ZTL(Zone a Traffic Limitato)과 같이 운전 제한구역이 지정된 곳이 많으니 사전에 숙소 예약 시 이동 동선 중에 ZTL이 포함되어 있는지 미리 확인하는 것이 좋다.

④ **공항 접근성 및 호텔 셔틀서비스**: 심야 항공편으로 출·도착하는 일정이 있는 경우 숙소와 공항까지의 소요시간 확인 및 공항 셔틀 서비스(호텔 이용 시) 혹은 픽업 서비스가 있는지에 관해 사전 확인 필요(인도와 아프리카 같이 대중 교통 시설이 열악한 곳을 여행 할 경우 미리 공항과 숙소와의 교통편을 확인해 두면 편리함)

(Tip) 우버와 같은 승차 공유 서비스 또는 대중교통이 활성화 되어 있는 나라를 여행할 때는 숙박 위치가 꼭 주요 관광지 근처가 아니어도 상관 없다.(브라질, 이집트, 태국, 칠레 등)

2) 숙소 예약 시 고려 사항(숙소 요금 및 부대 시설 조건 확인)

① 대략적인 숙소 위치가 결정되면, 숙소 예약 사이트의 검색 필터를 사용해서 원하는 숙박시설의 요금 및 부대시설을 검색한다.

② 숙박 기간을 고려해서 숙박시설 타입을 선택한다.

* 1-2박(단기숙박-이동 편리성 고려): 호텔 혹은 아파트형 호텔

* 3박 이상(취사 및 세탁 시설 구비 여부 고려): 에어비앤비, 아파트형 호텔, 아파트

③ 부대 시설 확인 시 주요 체크 리스트: 침대 수(소파겸용 침대 포함), 주방시설, 세탁기, 건조기 시설(내부 혹은 공용 인지 확인), 와이파이, 소음, 온수, 엘리베이터 유무, 체크인 시간, 주차 시설(실내, 길거리 주차, 무료여부)

3) 기타 체크 사항

① 치안이 좋지 않은 국가일수록 안전을 위해서 가급적 중급 이상의 호텔에 숙박할 것을 권한다.

② 아파트 혹은 아파트 호텔의 경우, 직원이 24시간 상주하지 않고 별도의 체크인 가능 시간이 정해져 있는 경우가 많다.

- 체크인 방법에 대해 숙소예약 시 예상 도착 시간을 고려해 반드시 사전에 확인을 하고 필요 시 숙소에 문의를 해 둘 필요가 있다.(간혹, 심야 입국 후 바로 에어비앤비 숙소를 체크인 해야 할 경우 인터넷 혹은 전화 연결 문제로 숙소 주인과 연락이 안되는 경우가 발생)

③ 아프리카, 인도, 네팔, 이집트와 같이 비교적 물가가 저렴한 국가를 여행할 때 만약 체류 기간에 여유가 있다면, 호텔 세탁서비스가 비교적 저렴한 편이기 때문에 호텔 세탁 서비스를 이용해 보는 것도 좋다.(단, 반드시 세탁물 개수 및 돌려 받는 일정 확인 필요)

주안이네 세계 일주 여행 루트

207일 5대양 6대주 37개국 105도시 22언어 35비행 5크루즈

한국-태국-네팔-인도-케냐-에티오피아-이집트-터키-스웨덴-핀란드-에스토니아-영국-프랑스-룩셈부르크-벨기에-네덜란드-독일-체코-오스트리아-슬로바키아-헝가리-크로아티아-슬로베니아-스위스-이탈리아-바티칸시국-모나코-스페인-포르투갈-브라질-페루-볼리비아-칠레-아르헨티나-미국-캐나다-중국-호주-뉴질랜드-한국

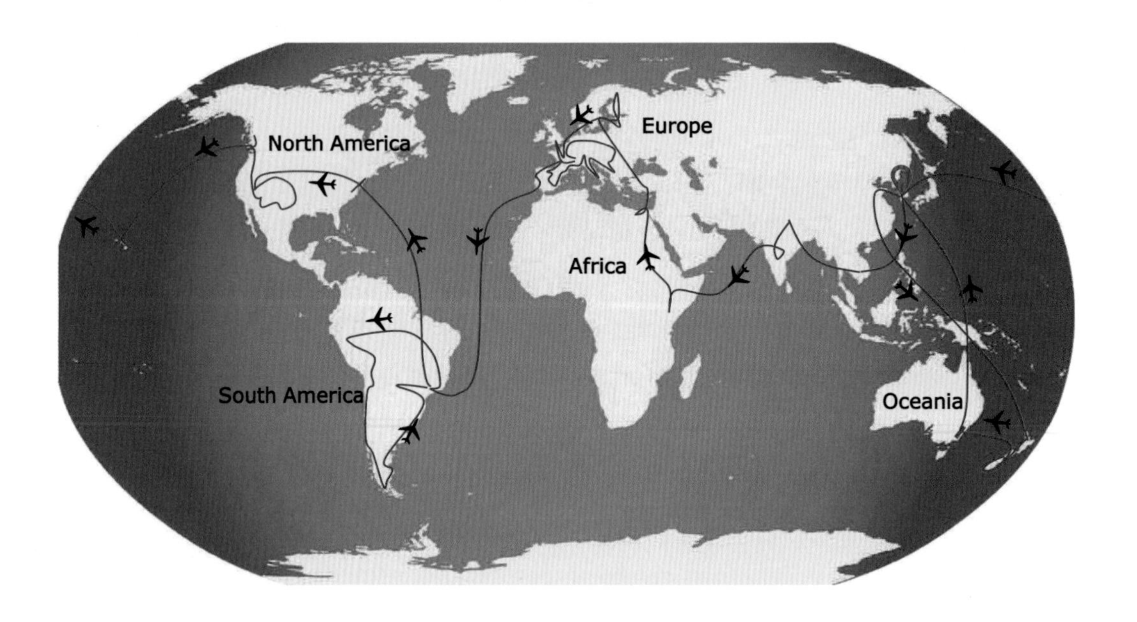

207 Days 5 Oceans 6 Continents 37 Countries 105 Cities
22 Languages 37 Flights 5 Cruises

Asiana Airlines, Thai Airways, Air India, Ethiopian Airlines, Turkish Airlines, Scandinavian Airlines, Tap Portugal, Finnair, United Airlines, Air Canada, British Airways, JetSmart, Air China, Jetstar, Emirates Airline, Hawaiian Airlines, Norwegian Air, Avianca Airline, Aerolineas Argentian, LATAM Airlines, Amazonas Airline, JetSmart, Viking Line, Silja Line

세계 일주 시 이용한 항공 루트 및 기타 교통수단

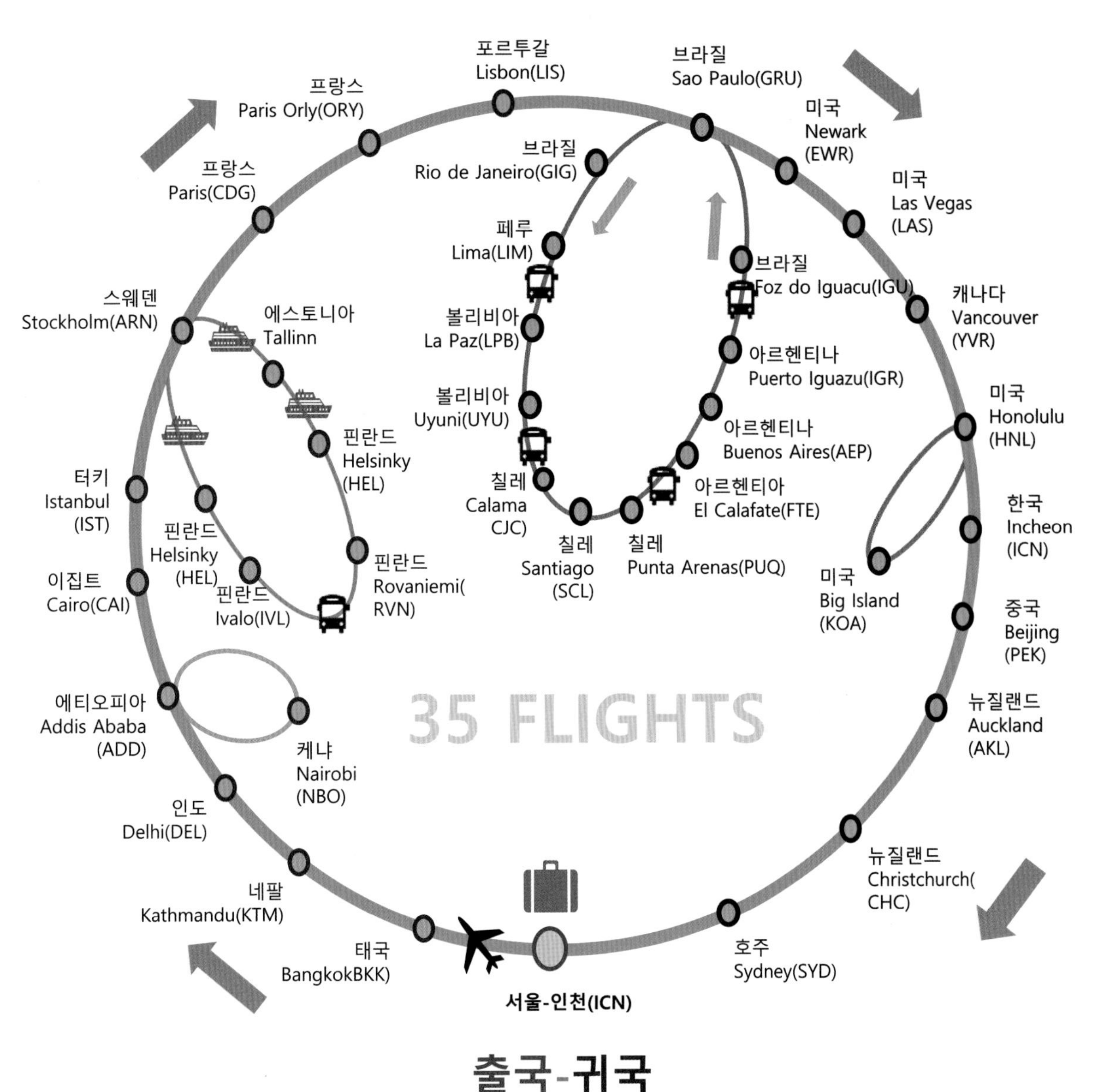

출국-귀국

세계 일주 중 방문한 여행 도시 및 총 이동 거리

세계 일주 총 여행 거리: 114,450km (지구 2.85바퀴-적도 기준)

출발	도착	국가	교통편	이동 거리(Km)
Incheon	Bangkok	태국	flight	3,720
Bangkok	Katumandu	네팔	flight	2,209
Katumandu	Pokhara	네팔	bus	200
Pokhara	Annapurna	네팔	taxi	46
Annapurna	Pokhara	네팔	taxi	46
Pokhara	Katumandu	네팔	bus	200
Katumandu	New Delhi	인도	flight	800
New Delhi	Agra	인도	taxi	212
Agra	Jaipur	인도	taxi	239
Jaipur	New Delhi	인도	taxi	261
New Delhi	Addis Ababa	에티오피아	flight	4,565
Addis Ababa	Nairobi	케냐	flight	1,165
Nairobi	Masai Mara	케냐	bus	310
Masai Mara	Nairobi	케냐	bus	310
Nairobi	Addis Ababa	에티오피아	flight	1,165
Addis Ababa	Tiya	에티오피아	taxi	100
Tiya	Addis Ababa	에티오피아	taxi	100
Addis Ababa	Cairo	이집트	flight	2,456
Cairo	Bahariya	이집트	taxi	400
Bahariya	Cairo	이집트	taxi	400
Cairo	Istanbul	터키	flight	1,235
Istanbul	Stockholm	스웨덴	flight	2,177
Stockholm	Helsinki	핀란드	ferry	486
Helsinki	Ivalo	핀란드	flight	953
Ivalo	Rovaniemi	핀란드	bus	288
Rovaniemi	Helsinki	핀란드	flight	705
Helsinki	Tallinn	에스토니아	ferry	82
Tallinn	Stockholm	에스토니아	ferry	379
Stockholm	Paris	프랑스	flight	1,544
Paris	London	영국	flight	344
London	Paris	프랑스	flight	344
유럽 자동차 일주	프랑스 > 룩셈부르크 > 벨기에 > 네덜란드 > 독일 > 체코 > 오스트리아 > 슬로바키아 > 헝가리 > 크로아티아 > 슬로베니아 > 스위스 > 이탈리아(바티칸) > 모나코 >프랑스 >스페인 >프랑스 > 포르투갈		car(시트로엥 리스)	10,636
Paris	Lisbon	포르투갈	flight	1,453
Lisbon	Sao Paulo	브라질	flight	7,944
Sao Paulo	Rio de Jeneiro	브라질	flight	340
Rio de Jeneiro	Lima	페루	flight	3,775
Lima	Cusco	페루	flight	573
Cusco	Machu Picchu	페루	taxi, train	231
Machu Picchu	Cusco	페루	taxi, train	231
Cusco	La Paz	볼리비아	bus	653
La Paz	Uyuni	볼리비아	flight	461
Uyuni	San Pedro(Atacama)	칠레	bus	314
San Pedro(Atacama)	Calama	칠레	bus	101
Calama	Santiago	칠레	flight	1,221
Santiago	Punta Arenas	칠레	flight	2,190
Punta Arenas	Puerto Natales	칠레	bus	248
Puerto Natales	El Calafate	아르헨티나	bus	274
El Calafate	Buenos Aires	아르헨티나	flight	2,081
Buenos Aires	Puerto Iguazu	아르헨티나	flight	1,072
Puerto Iguazu	Foz do Iguacu	브라질	taxi	15
Foz do Iguacu	Sao Paulo	브라질	flight	834
Sao Paulo	New York	미국	flight	7,688
New York	New Haven	미국	car(렌터카)	135
New Haven	Boston	미국	car(렌터카)	225
Boston	New York	미국	car(렌터카)	355
New York	Washington DC	미국	car(렌터카)	364
Washington DC	New York	미국	car(렌터카)	364
New York	Las Vegas	미국	flgiht	3,593
Las Vegas	Zion Canyon	미국	car(렌터카)	258
Zion Canyon	Bryce Cnayon	미국	car(렌터카)	117
Bryce Cnayon	Page, AZ	미국	car(렌터카)	264
Page, AZ	Monument Valley	미국	car(렌터카)	205
Monument Valley	Grand Canyon	미국	car(렌터카)	255
Grand Canyon	Las Vegas	미국	car(렌터카)	410
Las Vegas	Vancouver	캐나다	flight	1,591
Vancouver	Victoria	캐나다	car(렌터카), ferry	115
Victoria	Nanaimo	캐나다	car(렌터카)	113
Nanaimo	Vancouver	캐나다	ferry, car(렌터카)	110
Vancouver	Honolulu	미국	flight	4,357
Honolulu	Kona, Big Island	미국	flight	268
Kona, Big Island	Volcano park	미국	car(렌터카)	135
Volcano park	Kona	미국	car(렌터카)	135
Kona, Big Island	Honolulu	미국	flight	268
Honolulu	Seoul	한국	flight	7,307
Seoul	Beijing	중국	flight	952
Beijing	Auckland	뉴질랜드	flight	10,400
Auckland	Christchurch	뉴질랜드	flight	763
Christchurch	뉴질랜드 남섬일주	뉴질랜드	bus	1,675
Christchurch	Sydney	오스트레일리아	flight	1,070
Sydney	Blue Mountains(왕복)	오스트레일리아	bus	130
Sydney	Port Stephens(왕복)	오스트레일리아	bus	430
Sydney	Incheon	대한민국	flight	8,310
		총 여행 거리(Km)		114,450

세계 일주 총 여행 경비는?

총 87,345,681원(3인/207일)

	숙박비	식비	교통비	Activity	생필품	통신비	비자	TOTAL
전체예산		40,000,000	38,000,000	10,000,000	3,000,000	1,500,000	1,000,000	93,500,000
남은 예산		8,183,396	- 4,161,775	1,674,409	- 559,560	755,718	262,131	6,154,319

	숙박비	식비	교통비	Activity	생필품	통신비	비자	TOTAL
세계일주공통			18,438,500					18,438,500
태국	222,642	194,532	74,575	68,949	36,430	13,629	-	610,757
네팔	235,244	396,222	270,102	304,225	77,879	32,654	84,900	1,401,226
인도	298,761	157,266	22,640	394,284	136,693	27,865	178,856	1,216,365
케냐	272,295	84,966	838,494	876,641	47,687	9,891	113,200	2,243,174
에티오피아	481,824	129,092	17,415	191,918	7,619	44,409	169,800	1,042,077
이집트	80,995	131,379	157,481	420,172	48,276	21,974	84,900	945,177
유럽공통			2,646,180			220,219		2,866,399
스웨덴	625,637	323,430	430,386	70,625	140,403			1,590,481
핀란드	649,212	296,174	1,513,236	500,294	58,701			3,017,617
에스토니아	194,839	224,132	258,819	16,009	248,706			942,505
영국	898,195	337,176	580,062	190,512	185,444			2,191,389
프랑스	483,315	291,760	139,765	58,235	103,762			1,076,837
룩셈부르크	247,798	72,160	53,175	9,059	5,112			387,304
벨기에	199,675	151,334	8,153	31,059	15,529			405,750
네덜란드	268,581	102,844	102,882		39,924			514,231
독일	407,401	260,532	162,088	91,882	124,611			1,046,514
체코	278,576	119,005	61,818		51,112		-	510,511
오스트리아	350,004	53,809	25,753	142,676	2,588			574,830
슬로바키아		18,752	12,941		5,953			37,646
헝가리	160,694	47,812	103,306		14,235			326,047
크로아티아	89,682	15,900	59,743		5,565			170,890
슬로베니아	165,044	53,447	58,659	71,176	53,835			402,161
오스트리아2	278,898	103,659	48,788	647	23,812			455,804
독일2	462,840	202,918	163,835	153,224	98,741			1,081,558
스위스	765,659	158,667	178,000	381,111	16,111			1,499,548
이탈리아	832,314	438,835	400,271	312,012	261,412			2,244,844
모나코	251,700	65,612	177,812	9,059				504,183
프랑스2	160,692	140,671	171,082	77,647	18,118			568,210
스페인	494,661	288,459	446,212	226,729	178,588			1,634,649
프랑스3	815,033	203,704	278,395	150,741	308,272			1,756,145
포르투갈	131,768	429,136	14,938	54,321	86,914			717,077
브라질1	304,001	133,375	354,063	102,094	1,719	17,188		912,440
페루	346,156	146,300	1,982,783	303,531	142,313	24,063	6,875	2,952,021
볼리비아	220,000	65,838	575,946	181,176	15,368	9,706		1,068,034
칠레	795,646	397,993	1,709,691	706,852	7,778	41,667		3,659,627
아르헨티나	384,013	234,095	1,696,603	307,889	173,347	12,161		2,808,108
브라질 2	365,031	176,667	1,047,313	45,667	14,667	6,667		1,656,012
미국	2,644,670	1,425,600	1,449,800	874,500	596,200	101,200	30,800	7,122,770
캐나다	1,753,527	156,911	1,195,903	240,900	40,531	47,385	17,769	3,452,926
하와이	1,536,003	759,836	1,744,233	27,500	72,710	69,124		4,209,406
뉴질랜드	2,618,625	217,643	1,314,935	168,929	57,357	44,480		4,421,969
호주	577,541	259,769	1,174,999	563,346	35,538		50,769	2,661,962
TOTAL	22,349,192	9,467,412	42,161,775	8,325,591	3,559,560	744,282	737,869	87,345,681

D-DAY
2017.9.26

세계 일주 시작 - 출국

용기, 배려, 감사

7개월간의 세계 일주를 준비하면서, 이 기간 동안 우리 가족이 꼭 기억하고 지켰으면 하는 가족 KEY WORD가 '용기, 배려, 감사'이다.

새로운 것을 배우고 경험하고, 어려움을 극복해 나갈 수 있는 **용기,**

누구라도 지치고 힘들어질 수 있는 상황이 될 수 있기에 힘든 일을 할 때 서로를 위해 주는 **배려,**

세계 일주를 할 수 있는 기회를 갖게 된 것, 그래서 가족이 함께 평생 잊지 못할 경험을 하게 된 것에 대한 **감사.**

세계 일주를 준비하면서 가장 고민된 것 중 하나가 '짐을 어떻게 가져갈까?'였다. 고민 끝에 결국 캐리어 2개와 각각 멜 배낭 하나씩을 갖고 가기로 했는데, 짐을 쌀 때도, 공항에서 무거운 배낭을 멜 때도 남편도, 아들(주안)도 서로 힘든 것을 하겠다고 자청하는 모습에서 준비하는 것 자체도 배움이고 경험이라는 생각이 들었다. 캐리어 2개 각각 23kg, 배낭 무게 각각 8.5kg, 입국 수속을 하고 공항 안으로 들어가는데 미지의 세계로 떠나는 기대감과 걱정이 함께해서일까? 8.5kg짜리 배낭이 주는 무게감이 생각보다 크게 느껴졌다. 그때 주안이가 엄마 배낭이 무거운 줄 알고 내 배낭을 뺏어 메고는 내가 다시 배낭을 뺏을까 봐 부랴부랴 아빠에게 뛰어간다. 뒤따라가면서 아들과 아빠가 손을 잡고 걸어가는 뒷모습이 왜 이리 가슴 찡하고 고마운지….

그래! 이제부터 시작이다.

ICS & PERFUMES
LANCOME
ESTEE LAUDER

아시아

아시아

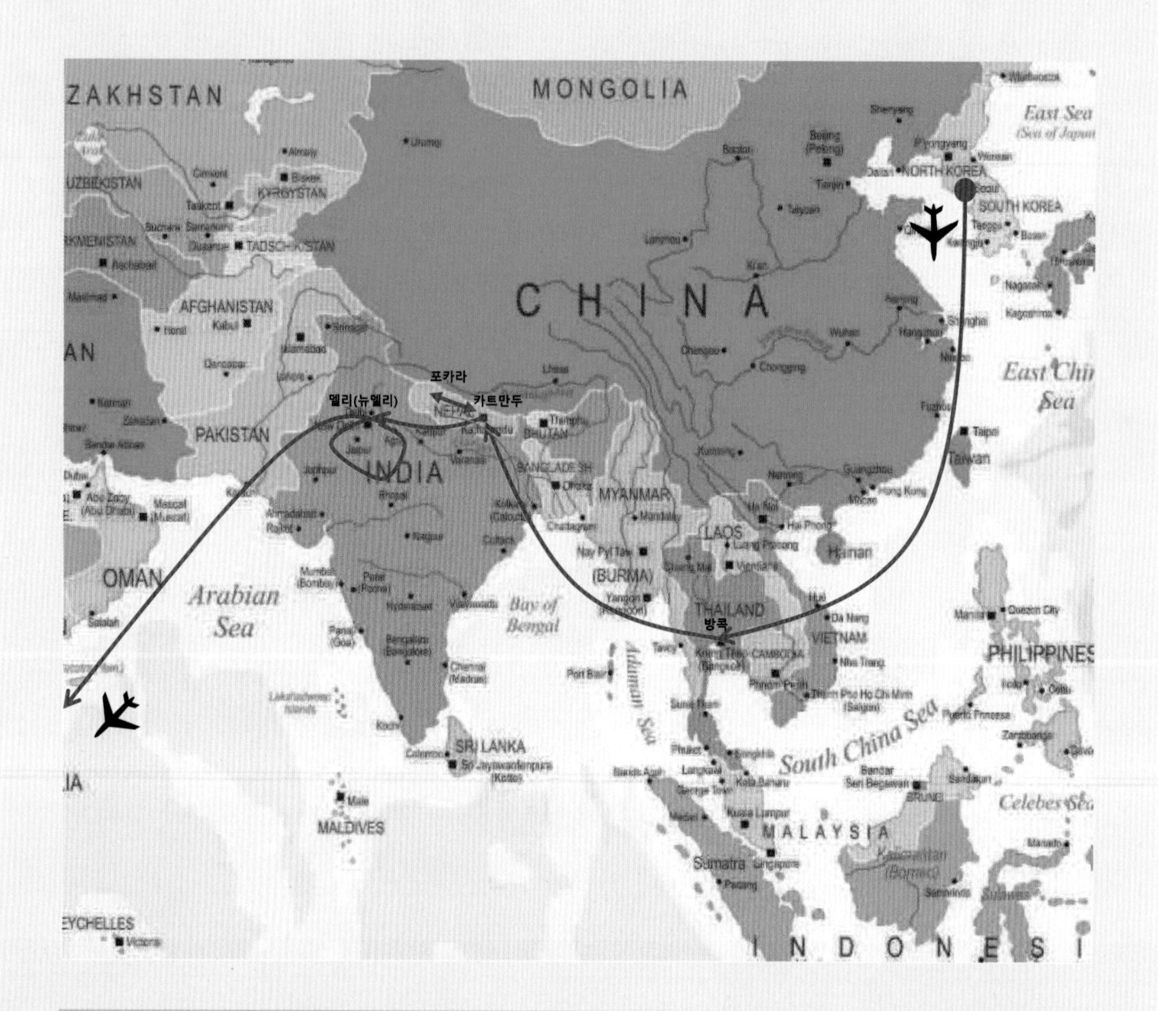

아시아 여행 기간(총 18일)

2017년 9월 26일: 태국 IN

→ 2017년 10월 14일: 인도 OUT

방문국가/도시(3개국/6개 도시)

태국1, 네팔2, 인도3,

방콕 → 카트만두 → 포카라 → 델리(뉴델리) → 아그라 → 자이푸르 → 델리(뉴델리)

참고) 과거 개별 여행을 통해서 이미 대부분의 아시아 국가를 방문한 관계로 이번 세계 일주의 아시아 여행 루트는 버킷 리스트가 있는 인도와 네팔을 경유하는 코스로 일정을 계획

아시아 여행의 주요 테마

① 주안이 아빠의 인생 버킷 리스트, 네팔 히말라야의 안나푸르나 트래킹
② 아시아에 있지만 멀게 만 느껴졌던 인도, 신비로운 타지마할과 골든 트라이앵글 여행

주요 Activities 및 이동 수단

• 히말라야 안나푸르나 트래킹(3박 4일)
버스 이동(카트만두 ↔ 포카라)

• 인도 골든 트라이앵글 투어(1박 2일)
택시 여행: 타지마할(아그라), 암베르성(자이푸르), 델리(뉴델리)

세계 일주 시작인 아시아 지역의 여행 루트를 계획하면서 네팔과 인도를 메일 방문국으로 정했다. 왜냐하면, 가까운 거리에 있는 아시아 국가들은 이미 대부분 수차례 방문했었기 때문에 이번 세계 일주 여행 일정에서는 그동안 한번쯤 가보고 싶었지만 선뜻 방문할 엄두가 나지 않았던 네팔과 인도를 방문하기로 정했다. 특히, 네팔의 히말라야 안나푸르나 트레킹은 주안이 아빠의 버킷리스트였고 타지마할 방문은 주안이 엄마의 버킷리스트 중 하나여서 자연스럽게 결정이 됐다.

◈ **태국**: 세계 일주를 위헤 구매한 스타얼라이언스 세계 일주 항공권과 연계된 항공사 중에는 인천에서 네팔의 카트만두를 왕래하는 직항 노선이 없다. 그래서 차선책으로 태국을 경유해서 네팔로 들어가는 일정을 택했다. 출국 전 세계 일주를 여행 준비와 함께 퇴직 준비를 병행하다 보니 출국 전까지 빠듯한 일정을 소화하느라 충분히 쉬지 못하고 바로 출국을 했어야 했다. 첫 번째 여행지인 태국 일정은 본격적인 네팔 안나푸르나 트래킹을 앞두고 그동안 여행 준비로 피곤했던 심신을 회복하고 에너지를 충전할 수 있도록 여유 있게 일정을 잡았다. 덕분에 태국에서 충분한 휴식을 취하면서 세계 일주의 생활 규칙을 세우고 본격적인 여행을 위한 워밍업을 할 수 있었다.

◈ **네팔**: 카트만두에서 안나푸르나가 있는 포카라까지 이동 방법은 비행기와 버스를 이용하는 방법이 있다. 교통편은 시간과 예산을 고려해서 결정하면 되는데, 우리 가족의 경우 중간에 자연 경관도 둘러보고 경비도 절감하는 차원에서 버스를 이용했다. 만약, 여행 기간이 충분치 않다면 항공편을 이용할 수 있다. 항공편은 버스에 비해 많이 비싸지만, 카트만두에서 포카라까지 비행시간이 1시간밖에 안 걸린다. 카트만두와 포카라는 약 200km 거리지만 비포장 도로

구간이 많고 도로가 좁고 구불구불하며 중간 중간에 교통 체증도 있어서 버스로 이동시 최소한 7~8시간을 염두해야 하는데 교통상황에 따라서 훨씬 더 걸릴 수도 있다. (실제로 포카라에서 카트만두로 돌아올 때 엄청난 교통체증으로 인해 12시간이 소요됐다.) 참고로, 포카라와 카트만두를 왕복하는 버스에는 금액에 따라 여러 종류가 있는데, 우리 가족은 현지에서 가장 고급버스에 속하는 자가담바 회사의 럭셔리 버스를 이용했다. (버스 요금: 왕복 USD 50/중간 식사 포함). 포카라에서 식당 및 액티비티 이용 시 대부분 현금 결제만 되는데, 어렵지 않게 환전소를 찾을 수 있다.

◈ **인도**: 인도는 광활하고 다양한 매력을 지닌 국가지만 인도를 여행하는 방문자들의 가장 큰 걱정은 아무래도 치안문제일 것이다. 복잡한 도심 거리를 다녀야 할 경우 가급적 혼자 다니거나 특히 밤에 이동하는 것을 자제하는 것이 좋다. 특히, 길을 걷다 보면 말을 걸어오는 사람들을 쉽게 마주치게 되는데, 관심을 보이지 말고 그냥 지나치거나 모르는 사람의 호의는 무시하는 것이 좋다. 인도는 다양한 매력이 있어서 일정에 여유가 있다면 시간을 갖고 곳곳을 자세히 둘러보면 좋겠지만, 일반 여행이 아닌 세계 일주의 경우 한 곳에 오래 머물며 둘러보기에는 시간적인 제약이 있어서 우리 가족은 가장 핵심적인 여행 코스인 골든 트라이앵글 코스를 택했다.

- **골든 트라이앵글(Golden Triangle) 코스**: 뉴델리를 중심으로 삼각형 모양의 꼭지점에 해당하는 <뉴델리(델리)-아그라(타지마할)-자이푸르(암베르성)>을 둘러보는 여행 코스다. 이동방법으로는 기차 또는 버스를 이용하는 방법과 여행사와 연결된 택시를 대절해서 여행하는 방법이 있다. 우리 가족은 호텔 내 여행사를 통해 1박 2일간 택시를 대절해서 여행했다. 가족단위 여행객일수록 비용이 조금 더 들더라도 몸이 편하고 안전하게 호텔을 통해 신원이 보장된 택시를 대절해서 여행하는 방법을 추천한다. 택시 여행의 장점으로는 긴 이동거리 동안 편하게 휴식을 취할 수 있고, 큰 여행짐을 들고 다니지 않아서 편리하고 비용 또한 저렴한 편이다. (2017년 기준 총 이용 비용 USD $100+팁/택시 기사의 숙박은 택시 기사가 알아서 해결함)
- **인도 비자**: e-Visa로 1회 방문 시 최대 60일까지 체류 가능하고 비자 발급 후 120일 이내에 사용해야 한다. (비자발급 비용: 135,000원(USD $51.5, 2017년 기준)
- **환전**: 현지에서 필요할 때마다 미화(USD)를 루피로 환전하거나 현지 ATM기에서 현지 통화 인출.
- **팁 문화**: 식당 이용 시 봉사료가 포함되어 있지 않을 경우 약간(3~5%)의 팁을 주면 좋다.

DAY1 2017.9.27

[태국]

세계 일주 베이스캠프 방콕-여행 규칙 세우기

태국 방콕은 여러 번 온 적이 있어서 우리 가족에겐 친근하고 편한 곳이다. 세계 일주 떠나는 전날까지도 늦은 시간까지 예약하고, 자료 찾고, 집 안 정리 정돈하고, 짐을 꾸리면서 남편과 나는 몸이 많이 지쳐 있었다. 여행 첫날은 욕심 내지 않고 충분히 휴식하면서 세계 일주 동안의 생활 규칙을 세우고, 두 번째 방문국인 네팔의 히말라야 트래킹을 위해 체력을 보강하기로 했다.

우리 가족이 해야 할 MUST TO DO LIST

1. 영어 성경 읽고, 쓰고 암송하기
2. 하루 30분 아빠가 리드하는 스트레칭 따라 하기
3. 주안이 하루에 4~8page 수학 연산 및 문제집 꾸준히 풀기

출발 전, 여행 기간이 길다 보니 주안이 교과서를 다 가져갈 수 없어서 고민이었는데, 다행히 담임선생님께서 가족과 세계 일주하는 것 자체가 어디서도 배울 수 없는 살아 있는 배움이니 충분히 즐기다 오라고 하신다. 다만 수학의 경우 5학년 2학기와 6학년 1학기 문제집을 준비해서 매일 저녁 아빠와 함께 꾸준히 수학 공부를 하기로 했다. 엄마, 아빠와 함께하는 세계 일주 경험을 통해서, 매일 꾸준히 공부하는 동안 주안이는 더 많이 배우고 성장하리라 기대해 본다.

DAY2 2017.9.28

[태국]

금빛 가득한 방콕 왕궁 Grand Place

오늘은 태국에 오면 꼭 가야 한다는 방콕 왕궁을 다시 찾기로 했다. 5년 전에도 방문을 했지만, 주안이가 7살 때라 왕궁에 대한 기억이 별로 없어서 가 보기로 한 것이다. 숙소 근처에 BTS 지상 전철이 있어 오늘 여행은 로컬 교통을 이용해 보기로 했다.

BTS On Nut 역에서 승차하여 Siam에서 환승해 Saphan Taksin에서 하차하여 바로 Express Boat로 이동하니 방콕 왕궁까지 대략 1시간 남짓 걸렸다. Express Boat에서 내리니 곧 방콕 왕궁이다.

오전 9시도 되기 전에 도착하였지만 왕궁은 이미 단체 관람객으로 어마어마한 인파가 붐볐다. 선글라스를 썼는데도 눈이 부셔서 보이는 대로 셔터를 막 눌렀는데 맑고 푸른 하늘빛과 왕궁의 표면을 휘두르고 있는 황금빛의 왕국이 대조를 이루어 색감이 장난이 아니다.

더위에 약한 주안이는 금방 시친 모습이 역력했다. 그런 와중에도 "와 여긴 에메랄드로 장식했네.", "와 여긴 무늬가 참 특이하네." 등 내가 미처 보지 못하는 건물의 디테일을 보고 이야기해 주는 모습이 너무 귀여웠다.

5년 전 찍은 사진에는 주안이랑 같이 찍으려고 무릎을 꿇었었는데 이제는 허리를 펴서 주안이 옆에 서도 전혀 어색하지 않다. 그 사이 우리 아들이 참 많이 컸구나.

방콕 왕궁을 다 돌아본 후, 더위에 지친 몸을 끌고 숙소 근처에서 발 마사지를 받으러 갔다. 1시간 발 마사지에 인당 150바트, 우리 돈 5,000원이다. 지난 밤 카오산에서 발 마사지를 받으려고 했었는데 관광지가 아닌 숙소 근처에서 받길 훨씬 잘한 것 같다(카오산은 30분에 200바트였다).

다음으로 바로 옆에 있는 현지 재래시장을 방문했다. 이전에 방콕에 왔을 때는 늘 호텔에만 있

었던 터라 이런 재래시장은 들른 적이 없었는데 이번 숙소는 위치가 약간 방콕 외곽이라 물가도 정말 싸고, BTS가 있어 교통도 편하다. 오이 2개 300원, 양배추 300원, 라임 5개 350원 등 가격이 정말 착하다. 돼지고기를 한 근 조금 넘게 샀는데 2천 원 정도다. 그리고 주안이가 좋아하는 잘 익은 망고도 빼놓지 않고 샀다.

재래시장에서 싸게 산 재료들로 오늘 저녁은 집밥으로 결정했다. 예전엔 해외여행을 하게 되면 늘 외식이었는데, 이렇게 긴 장기 여행에서는 현지 시장에서 산 재료들로 직접 해 먹는 것도 하나의 즐거움이 되었다.

어제 산 쌀로 냄비밥을 짓고, 시장에서 산 싱싱한 야채를 씻은 후 생고기 삼겹살 구이와 함께 먹었다. 그리고 후식으로 잘 익은 망고도 한 개씩! 비록 숙소 주방 시설이 그리 좋지는 않았지만, 시장에서 사 온 싱싱한 재료로 소박하지만 훌륭한 저녁 만찬이 되었다.

오늘 하루도 건강하고 즐겁고 행복한 하루였음에 감사한다.

DAY3
2017.9.29

[태국]

방콕에서 재충전(짜뚜짝 시장, 바이욕 타워)

내일이면 태국을 떠나게 된다. 사실 태국이 세계 일주 첫 번째 여행 나라가 된 것은 남편의 버킷리스트 중 하나인 히말라야 트래킹을 위해 네팔에 가는 것 때문이었다. 스타얼라이언스 세계 일주 항공권으로 크게 지구 한 바퀴를 도는데, 네팔의 경우 바로 들어가는 직항이 없어서 중국이나 태국을 통해 네팔로 들어가야 한다. 이미 3번이나 다녀온 태국이었지만, 갈 때마다 느낌이 참 좋았고 무엇보다 사람들이 너무 친절하고 좋았던 기억이 있기에 이번 세계 일주 중 첫 번째 여행지가 된 것이다. 태국에 와서 내내 잘 먹고 잘 쉬는 일정이었지만, 오늘 오전은 더 격렬히 쉬기로 하고 우리 숙소 내에 있는 수영장에서 시간을 보내기로 했다.

세계 일주 중 주안이가 첫 번째로 하고 싶은 것이 수영이었는데 태국에서 바로 소원 성취를 하였다. 어린이 주안이의 꿈, 이루어 주기 참 쉽다. 에어비앤비(Airbnb)로 빌린 아파트 내 수영장이지만 관리가 정말 잘되어 있었다.

오전 수영 후 숙소에서 간단히 점심을 해결하고 오후에 방콕의 유명한 재래시장인 짜뚜짝 시장으로 향했다. 짜뚜짝은 원래 주말 시장이라고 들었는데, 평일에도 꽤 많은 가게가 영업 중이었다. 5년 전에 갔을 때는 주로 길거리 가게들이 대부분이었는데 에어컨 빵빵 나오는 큰 몰이 생겨서 구경하는데 전혀 덥지 않았다.

싸고 이쁜 물건이 너무 많아 쇼핑 참기가 힘들었던 짜뚜짝 시장! 짜뚜짝 시장에서 주안이에게 선글라스를 하나 사 주었다. 이번 세계 일주에서는 짐 무게 때문에 No Shopping이 원칙이지만, 어제 왕궁을 방문했을 때 눈을 뜰 수 없을 정도로 눈이 부셔서 추후 방문할 네팔, 인도, 아프리카를 생각하니 미리 태국에서 주안이를 위한 선글라스를 구매하는 것이 나을 것 같았다. 5천 원짜리 선글라스지만 제법 그럴듯하다.

태국에서의 마지막 저녁은 어떤 걸로 할까 남편과 고민하다가 13년 전 신혼여행 때 묵었던 바이욕 타워에서 타이 뷔페를 먹기로 결정하였다. 신혼여행 때 방문했던 곳을 주안이랑 같이 가면 어떤 기분일까? 그때는 막 결혼한 신혼부부였는데 이제 한 가족을 이루고 함께 방문하게 되니 기분이 남달랐다. 맛있게 저녁을 먹고 있는데 공연팀이 테이블 사이를 돌면서 춤을 보여 주었다. 직접 자리에 와서 사진도 찍어 주고 무대로 나오라고 해서 같이 사진도 찍는 등 팬 서비스가 정말 좋았다. 마치 우리 여행을 축하해 주는 공연 같아서 괜스레 기분이 더 좋아졌다. 흡족한 저녁 이후 다시 숙소로 돌아왔다. 다시 여행 짐을 싸니 진짜 장기 여행이 시작한 것이 더욱 실감이 난다.

우리에게 좋은 휴식과 추억을 남겨 준 태국, 굿바이.

DAY4 2017.9.30

[태국/네팔]

히말라야의 나라 네팔 입성

오늘은 우리의 세계 일주 첫 나라인 태국을 떠나 네팔로 이동하는 날이다. 아시아에 있는 다른 나라들은 세계 일주 이전에도 대부분 다 가 보았기 때문에 이번 세계 일주에서는 아시아 대륙에서 우리가 제일 방문하고 싶은 나라로 네팔을 중심에 놓고 일정을 짜게 되었다. 오래전부터 남편의 버킷리스트 중 하나가 안나푸르나 트래킹. 남편의 오랜 버킷리스트를 이루기 위해 드디어 오늘 네팔로 떠난다.

아침 10시 15분 비행기로 출발하게 되면 비행 시간은 약 2시간 30분 정도 걸리지만, 도착하자마자 공항에서 도착 비자를 발급받고 반나절 이상을 이동하는 데 시간을 써야 한다. 공항 라운지에서 간단히 조식을 먹고 네팔의 수도 카트만두로 이동하는 비행기에 올랐다. 우리 가족이 처음 방문하는 네팔. 아름다운 안나푸르나 트래킹에서 어떤 경험을 할지 기대도, 걱정도 많이 된다. 보통 안나푸르나로 트래킹을 오는 사람들은 오기 전 연습 삼아 등산을 여러 번 다녀온다는데, 남편은 세계 일주 출발 전까지 회사를 다녔고, 난 퇴사 이후 긴장이 풀렸는지 2주 동안 아파서 아무것도 못 했던 터라 지금 우리 부부 체력이 어느 정도인지 가늠하기가 어렵다. 아마도 우리 중에 주안이가 제일 잘할 것 같다.

카트만두 공항에 내리니 눈이 부시게 푸르고 깨끗한 하늘이 제일 먼저 우리를 반겨 준다. 마치 우리나라 70년대로 돌아간 듯한 착각이 들게 한다. 소박한 사람들과 낮고 오래된 건물들이 주는 묘한 편안함이 있다. 여기서는 모든 것이 느리고 천천히 움직이는 게 정상으로 보였다. 참으로 오랜만에 느껴 본 느림이다.

공항에서 유심을 만드는 시간만 1시간. 한국에서 이렇게 느리면 난리가 날 텐데 여기서는 누구 하나 재촉하는 이가 없다. 유심을 넣고 공항 앞에서 택시를 잡아타서는 한국에서 미리 예약한 호텔로 출발했다. 내일 아침에 바로 안나푸르나가 있는 포카라로 버스를 타고 이동하는데, 버스 정류장까지 도보로 이동할 수 있는 거리에 위치한 Yellow Pagoda Hotel을 오기 전 미리 예약을 해 두었다. 안나푸르나 트래킹을 준비하면서 가장 골치 아픈 것이 이 많은 여행 짐을 보관할 방법을 찾는 것이었다. 그래서 호텔에 도착하자마자 우리가 내일부터 포카라로 트래킹을 하러 가는데, 다시 돌아올 때까지 우리 캐리어 2개를 맡아 줄 수 있는지부터 확인해 보았다. 오늘 하루 숙박하고, 트래킹 후 다시 돌아와서 네팔 출국 전에 하루를 더 이 호텔에서 숙박할 예정인데 짐을 맡겨야 하는 기간이 8일이나 돼서 혹시 거절을 할 수도 있겠다는 생각에 걱정이 됐다. 혹여 안 된다고 하면 비용을 추가로 지불하고 부탁할 생각을 하고 조심스레 물어보니, 의외로 호텔 직원이 바로 웃으면서 "No Problem!"이라며 선뜻 허락해 주었다.

체크인 후 호텔에서 잠시 휴식을 취하고 오후에는 여행자의 거리인 타멜 거리로 구경을 나갔다. 현재 네팔의 다사인 축제 기간이라 많은 사람들이 고향에 내려가서인지 카트만두의 거리는 한산하고 조용했다. 호텔에서 타멜 거리까지는 도보로 10분 남짓 걸렸다. 타멜 거리는 명동의 좁은 골목과 같이 좁은 길 사이에 다양한 상가들이 마주 보면서 이어져 있었다. 골목을 걸으면서 짙은 골목의 건물 색과 대조를 이루는 푸르른 하늘빛이 참 아름다웠다. 그리고 알록달록한 색상의 기념품을 진열한 일렬로 서 있는 자그마한 상가들의 조합이 이국적이고 정겹게 느껴졌다. 기내에서 간단한 샌드위치를 하나 먹은 것 이외에는 늦은 오후까지 식사를 제대로 하지 못한 우리에게 밝은 황토색 벽돌로 지어진 식당이 눈에 띄었다. 2층 테라스에는 하얀색 파라솔들이 펴져 있었는데 벽돌색과 파라솔, 그리고 자리를 메운 여행객들의 알록달록한 옷 색깔들이 멋들어지게 어우러져 있는 레스토랑은 멋스럽고 매력적이었다. 자연스럽게 우리 가족은 레스토랑으로 이끌렸고 그곳에서 맥주와 함께 맛있는 파스타와 피자를 먹었다. 언젠가 TV에서 보았던 타멜 거리에 우리 가족이 와 있다니…. 2층 레스토랑에서 내려다본 거리의 풍경은 TV에서 보았던 바로 그 모습이었다. '우리가 진짜 네팔에 왔구나.'

DAY5
2017.10.1

[네팔]

안나푸르나의 품속 포카라로 가는 길

카트만두에서 포카라는 총 154km 정도 되는 거리인데, 비행기로 가면 30분, 버스로 가면 보통 7시간이 소요된다고 한다. 서울에서 대전까지 가는 거리인데도 버스로 7시간이나 걸린다는 게 잘 이해가 되지 않았다. 세계 일주를 준비하면서 처음 소요 시간만 듣고서는 당연히 비행기로 이동하려고 생각을 했으나, 비행기로 이동을 하면 우리 가족 세 식구 왕복 비용이 70만 원이나 되는 데 비해, '자가담바'라는 럭셔리 버스를 이용하면 비록 시간은 걸려도 편도에 인당 $25로 총 $150이면 3명 모두 왕복이 가능하다. 긴 이동 시간이 많이 부담스러웠지만, 시간적 여유가 있다면 차창 밖의 풍경을 보며 여행하는 것도 묘미라는 여행 정보를 보고 버스 이동도 여행의 일부라는 생각이 들어 자가담바 버스로 결정하게 되었다. 보통 네팔 사람들은 일반 버스를 많이 이용하는데 가격이 매우 저렴한 장점도 있지만, 버스 내 에어컨이 없어 창문을 열고 다니기 때문에 이동 중 내내 먼지를 뒤집어쓰는 것을 감수해야 한다. 그에 비해 자가담바 럭셔리 버스는 에어컨도 있고 무엇보다 와이파이에 안락한 의자까지 있어 더 고민할 것도 없었다.

아침 7시. 포카라행 버스를 타기 위해 서둘러 안나푸르나 호텔 앞으로 향했다. 이른 아침이지만 이미 거리는 전 세계에서 온 트래커들로 붐볐다. 길거리 곳곳마다 서 있는 트래커들의 모습을 보는 것만으로도 설레었다. 분명 7시 출발이라고 했는데, 버스는 느긋하게 7시 30분이 넘어서 도착했다. 그리고 한참 동안 표랑 좌석을 확인하느라 시간이 소요돼서 결국 8시가 넘어 버스가 출발을 하게 되었다.

좌석은 원래 앞자리로 예약을 했었는데 버스 안내원이 갖고 있는 번호판에는 가장 뒷자리로 바뀌어 있었다. 공교롭게도 뒷좌석의 안전벨트가 모두 고장이 나서 가는 내내 버스가 심하게 꿀렁거려 발에 힘을 주지 않으면 버스가 덜컹할 때마다 좌석 아래로 몸이 미끄러져 내려갔다. 주안이는 여러 번 버스 바닥에 엉덩방아를 찧었다. 그렇게 한국에서는 타 볼 수도 없는 놀이기구 같은 버스를 타고 9시간을 달려 드디어 오후 5시 포카라에 도착했다. 손목에 차고 있던 샤오미 미밴드에서 만보기 기능을 확인해 보니, 하루 종일 버스에만 있었는데도 이미 걸음 수가 7천 보 넘게 나왔다. 다소 아쉬웠던 무늬만 럭셔리 버스였지만, 그럼에도 창밖 모습이 정겹고 아름다워서 비행기 대신 버스를 택하길 잘한 것 같다. 중간에 정겹고 순박한 모습의 버스 안내원이 제공한 간식도 먹고 휴게소에 들러 소박한 현지식 뷔페도 먹었다. 9시간 가까이 걸려 포카라에 도착하니 우리 가족 모두 조금은 수척해진 모습이다. 카트만두로 돌아가는 버스가 벌써 걱정이지만, 비포장도로에서 덜컹거리는 버스를 타는 것 자체도 경험이고 이런 경험을 위해 우리가 세계 일주를 온 것이라고 생각하니 또 별거 아닌 것 같기도 하다.

버스 안내원이 우리가 예약한 숙소를 확인하더니 걸어가기 편한 곳에 우리 가족을 내려 주었다. 많은 한국인 트래커들, 특히 사전에 세밀한 준비 없이 장기 여행을 하다가 트래킹을 위해 네팔의 포카라를 찾는 사람들이 많이 들르는 Windfall이란 게스트 하우스가 있다. 한국 부부가 운영하시는 게스트 하우스인데 트래킹 정보도 얻고 도움을 받기 위해서 한국인 여행자들이 많이 묵는 곳이다. 페와 호수 옆에 자리 잡은 Windfall 게스트 하우스는 블로거들 사이에는 인심 좋은 곳으로 소문난 곳이기도 하다. 우리 가족도 안나푸르나의 전초 도시인 포카라에 머무는 동안 도움을 받고자 사전에 Windfall에 이메일로 예약을 요청했었다. 하지만 난감하게도 우리가 방문하는 기간이 네팔의 축제 기간인 데다가 한국의 추석 연휴와도 날짜가 겹친 관계로 한국인 관광객이 몰려서 게스트 하우스가 모두 Full Booking 되어 있었다. 다행히 Windfall 게스트 하우스 사장님이 근처에 있는 제로 갤러리(Zero Gallery)라는 한인 식당을 안내해 주셨다. 우리는 포카라에 도착하자마자 트래킹 정보를 얻기 위해서 일단 제로 갤러리에 가 보기로 했다.

간절한 염원이 통했을까? 제로 갤러리에 도착하니 여사장님께서 정겹게 맞아 주셨다. 사장님은 한국에서 동화 작가로도 활동하셨는데 네팔 여행을 왔다가 네팔이 좋아서 정착하신 분이다. 다행히 사장님의 도움을 받아 트래킹 일정과 루트뿐만 아니라 우리가 그렇게 원하던 믿을 만한 가이드 겸 포터까지 구할 수 있었다. 처음 트래킹 짐을 꾸렸을 때 4박 5일 일정 동안 필요한 옷, 침낭, 랜턴, 우비, 비상식량 등 각종 준비물을 배낭 세 개에 나누어 담으니 제법 무게가 나가서 아이와 나누어 들 생각을 하니 조금 걱정이 됐었다. 하지만 다행히 짐 중 10kg 정도를 포터가 들어 주기로 해서 안심이 되었다. 게다가 중간에 롯지(숙소, Lodge)를 구하는 것과 같은 일이나 혹여 위급한 상황이 발생하더라도 믿을 만한 현지인 포터가 옆에 있으니 마음이 편해졌다. 우리 가족은 주안이의 나이를 고려해서 다소 무리한 코스인 ABC 코스로 가기보다는 3,200m 정도에 위치한 푼힐 전망대까지 3박 4일 일정을 염두에 두고 왔는데 사장님이 아이가 있는 데다가 오고 가는 경관이 너무 아름다우니 천천히 음미하며 다녀오는 게 좋을 것 같다고 하시면서 일정에 약간 여유를 두어 4박 5일 일정으로 추천해 주셨다. 4박 5일 코스인데도 하루에 4~6시간은 걸어야 한다고 하니 원래 계획이었던 3박 4일로 걸었다면 큰 무리가 될 뻔했다. 또한 안나푸르나 자연 보호구역을 트래킹 하기 위해서는 반드시 필요한 팀스(TIMS)와 퍼밋(PERMIT) 발급도 사장님이 도와주시기로 하고 내일 아침 10시에 트래킹 비용과 서류에 붙일 사진 등을 가지고 다시 제로 갤러리에 모이기로 했다. 내일 아침에 들르게 되면 트래킹을 함께 할 가이드 겸 포터도 소개받기로 해서 마음의 큰 짐을 덜게 되었다. 여행 출발한 이후 줄곧 네팔 트래킹만 생각하면 좀 막막했는데 오늘은 두 다리 쭉 뻗고 잘 수 있을 것 같다.

DAY7
2017.10.3

[네팔]

안나푸르나 트래킹 1일 차-끝없는 오르막길과 두메산골 롯지

오늘은 드디어 우리 가족의 안나푸르나 등반이 시작되는 날이다. 설렘과 기대, 부푼 마음과 약간의 걱정 등 여러 감정들이 한 번에 몰려와 잠을 설쳤다. 아침 8시, 우리와 4박 5일 함께 등반할 가이드이자 포터인 비카스와 안나푸르나 등반을 시작하는 동네인 나야 풀이란 곳으로 이동했다. 제로 갤러리 사장님께서 미리 예약해 주신 택시를 타고 나야 풀로 이동한 지 1시간쯤 지나니 저 멀리 안나푸르나 설산이 또렷이 우리 눈앞에 펼쳐진다.

우리 가족의 이번 트래킹 목표는 푼힐(Poon Hill) 전망대(3,198m)를 고점으로 하여 시계 방향으로 트래킹 코스를 도는 것이다. 푼힐 전망대는 히말라야의 8,000m급 봉우리인 다울라기리(8,167m)와 안나푸르나(8,091m), 그리고 마차푸차레(6,993m)까지 병풍처럼 펼쳐진 수십 개의 히말라야 설산들의 장관을 한눈에 담을 수 있는 세상에서 가장 아름다운 전망대이다. 전문 산악인들처럼 안나푸르나 정상까지 오르는 것은 아니지만 4박 5일 내내 안나푸르나를 감싸 안은 트래킹 코스를 따라 대자연을 느끼며 걷는다는 것 자체가 꿈만 같다. 한편 이런 벅찬 마음과 더불어서 살짝 걱정이 되기도 하였다. 보통 안나푸르나로 트래킹을 하러 온 사람들은 몇 달 전부터 산에 오르면서 연습한다고 하는데 우리 가족은 출발하기 전에 고작 동네에 있는 200m밖에 안 되는 우면산에 오른 것이 전부였다. 따라서 연습 없이 한 번에 3,200m에 위치한 푼힐 전망대까지 올라간다는 것이 체력적으로 괜찮을까 염려가 되었다. 차창 밖의 멋진 광경을 보면서도 계속 마음속으로는 우리 가족이 4박 5일 일정 동안 무탈하기를, 그리고 주안이와 우리에게 소중한 경험이 될 수 있길 내내 기도했다.

안나푸르나 트래킹이 시작되는 마을에 도착하자 세계 각국에서 모인 트래커들로 붐볐다. 네팔이 중국과 맞닿아 있어서 그런지 중국인처럼 보이는 사람들이 제일 많았는데 주안이만 한 나이의 아이는 찾아볼 수 없었다. 택시에서 내려 마을 어귀를 따라 30여 분을 넘게 안쪽으로 걸어 들어가니 안나푸르나 보호구역 표지판이 보이기 시작했다. 그리고 잠시 후 보호구역 관리소에 들러 트래커 관리 카드인 팀스(TIMS)와 입산 허가증인 퍼밋(Entry Permit)을 모두 제출했다.

이제 본격적인 안나푸르나 트래킹 시작이다!

오랜만에 하는 운동이라서 그런지 강하게 내리쬐는 뙤약볕에 트래킹을 시작한 지 얼마 되지 않아 이미 땀범벅이 되었다. 어깨에는 벌써부터 묵직한 배낭의 무게감도 느껴졌다. 하지만 동시에 '우리 가족이 진짜 세계 일주를 왔구나.'라는 생각과 'TV로만 보던 안나푸르나를 오르는구나.'라는 생각이 교차하면서 마음은 붕 떠 있었다. 오르막길이 시작이 되니 본격적으로 더위와의 싸움이 시작됐다. 그래도 우리가 얼마나 기다렸던 트래킹인가? 조금씩 힘이 들기 시작하지만 웃으면서 이런저런 이야기를 나누며 즐겁게 산길을 걸어 나갔다.

1시간여쯤 걸었을까? 발목 정도까지 오는 냇가가 길을 막았다. 트래킹화를 신고 걸어갈 수도 있지만 신발이 젖게 되면 남은 시간 걷는 내내 불편하게 될까 봐 모두 양말을 벗고 맨발로 냇가를 건너기로 했다. 남편과 주안이가 먼저 앞서서 건넜고, 뒤이어 평지에서도 워낙 잘 넘어지는 나는 바닥을 보며 조심조심 천천히 냇가를 건넜다. 무사히 건널 수 있어 다행이다 싶었는데, 이미 냇가를 건너간 남편이 주안이 발을 보는 눈이 심상치가 않았다. 사실 카트만두에 도착했을 때부터 주안이가 엄지발가락이 조금 아프다고 했고, 약간 생발을 앓는 듯한 느낌이 있어서 약을 발라 주고 밴드를 붙여 주었었다. 그런데 오늘 오르락내리락을 반복하며 산길을 걷다 보니 아무

래도 엄지발가락에 힘이 많이 들어가게 돼서 살짝 곪았던 부위가 터져 고름이 나오고 있었다. 남편이 손으로 주안이 발에 고인 고름을 눌러서 여러 번 짰다. 고름과 피가 같이 섞여 나왔다. 많이 아플 텐데도 주안이는 눈만 몇 번 찡긋하더니 그래도 기특하게 잘 참아 냈다.

"주안아, 다리가 아프면 참지 말고 말해야 한다. 힘들면 쉬었다가 가도 되니까 천천히 걷자. 힘들면 참지 말고 꼭 말해." 몇 번을 당부하였고 주안이는 내가 걱정을 하고 있는 것을 잘 안다는 듯, 오히려 웃으면서 "엄마, 고름 뺄 때는 아팠는데 나 지금 진짜 안 아파." 하면서 비카스 뒤로 바짝 붙어 우리보다 빨리 걷는다.

10월 안나푸르나의 날씨는 건기에 들어서면서 태양빛이 무척이나 따갑다. 그래서 트래킹 하기에는 덥고 힘든 면이 있지만 대신에 구름 한 점 없이 하늘을 맑게 열어 주니까 걸으면서 보는 주변의 풍광이 매우 또렷하고 설산도 눈에 잘 들어와서 눈이 호강하는 것 같다. 하지만 계속 뜨거운 뙤약볕을 걷다 보니 비록 챙이 넓은 트래킹 모자가 있긴 하지만 더운 것은 어쩔 수 없는 것 같다. 주안이는 원래부터 더위에 많이 약한 아이인데 이미 등은 온통 땀으로 젖어 있었고 조금만 걸어도 머리에서 땀이 뚝뚝 떨어지는 게 보인다. 더구나 만 11살 꼬맹이가 팔 토시를 하고 긴 바지를 입고 무거운 트래킹 신발에 모자까지 쓰고 걸으려니 물어보나 마나 엄청 힘들 거라는 걸 잘 아는데, 그래도 티 안 내고 열심히 걷고 있는 주안이가 고맙고 대견하다. 주안이는 한 번도 뒤처지지 않고 아픈 발로 우리보다 앞서 걸어 나간다.

평소에 등산을 그리 즐겨 하지 않았던 우리 부부는 세계 일주를 떠나기 직전이 돼서야 등산 스틱을 구매하여서 유튜브를 통해 사용법을 배운 게 전부이다. 등산 스틱을 잡는 법은 오르막, 평지, 내리막일 때 제각각 다른데 트래킹을 막 출발했을 때는 스틱 잡는 것도 어색해서 오른팔과 오른발이 동시에 나가기도 하더니만 1시간쯤 지나니 스틱이 내 몸의 일부가 된 것같이 편해졌다. 트래킹 시작한 지 3시간쯤 지나서 비카스가 점심 식사를 위해 작은 마을 어귀의 식당으로 안내했다. 나지막한 지붕 아래 차려진 식탁에 앉아서 네팔식 볶음밥을 먹는데, 오는 내내 스틱으로 계속 땅을 짚었더니 손이 벌벌 떨린다. 한국에서부터 싸온 깻잎 통조림 한 통을 꺼내 볶음밥과 함께 싸 먹었다. '세상에 이렇게 맛있는 점심이 또 있을까?'

점심 식사 후 1시 반쯤 다시 등반을 시작했다. 이제부턴 그늘 한 점 없는 뜨거운 태양 아래 끝도 없는 돌길을 오르고 또 오르는 길이다. 비카스가 10kg 정도의 가방을 들어 주지만 남편 역시 더 크고 더 무거운 가방을 지고 있기 때문에 갈수록 힘이 벅찬 남편이 점점 말이 없어진다. 부끄럽게도 세계 일주를 떠나오기 전까지 최근 몇 년간 우리 부부가 한 운동이라곤 숨쉬기 운동이 다였기에 오전 구간보다 더 힘들다는 오후 구간을 지나는 게 걱정이다. 내 짐은 7kg 정도였음에도 시간이 흐를수록 오르막이 주는 고통이 더해지니 나중엔 누가 뒤에 매달려 있는 느낌이 들었다. 남편도 점점 처지는 모습이었다. 얼굴을 봐도 급격하게 수척해 있었고 몇 시간 사이 살이 쭉쭉 빠지는 것 같았다. 아침에 내가 주안이에게 했던 이야기를 주안이가 아빠에게 한다. "아빠, 힘들면 쉬면 되니까 무리하지 말고 걸어. 힘들면 꼭 말해, 내가 가방 들어 줄게." 아무리 힘들어도 주안이에게 가방을 들라고 할 리 없지만 이렇게 배려하는 말에는 강한 힘이 있다. 힘든 남편이 주안이의 말을 듣더니 미소를 짓는다.

점심 이후 2시간 정도를 계속 걸어 올라가니 드디어 첫날 숙박할 롯지에 도착했다. 이 롯지는 허름하게 나무로 지어진 2층 건물로 소박한 60~70년대 한국의 시골 가옥을 떠오르게 했다. 주인이 말하기를 저녁 6시가 되어야 뜨거운 물이 나오고 전기도 들어온다고 한다. 아마도 롯지가 너무 외진 곳에 있다 보니 자체 발전기를 돌려 전기를 만드는데 이따가 저녁 시간에 맞추어 한꺼번에 돌리려고 하는 것 같았다. 이미 땀범벅인 우리는 저녁까지 기다릴 수가 없었다. 얼음같이 찬물로 빠르게 씻고, 오늘 입은 옷과 양말이 마르기 위해서는 조금이라도 햇볕이 있을 때 옷가지를 빨아서 널어야 돼서 땀으로 범벅이 되었던 옷과 양말을 서둘러 손으로 빨았다. 빨래를 다 한 후 방 앞에 있는 빨랫줄에 널려고 나오니, 그제야 마음에 여유가 생겼는지 주변의 멋진 풍경이 눈에 들어왔다. 겹겹이 쌓여 있는 가파른 골짜기 사이에 아담하게 위치한 롯지는 마치 안나푸르나 품속에 있는 듯한 느낌을 주는 정감 있는 곳이다.

숙소 앞 마당에 나와 롯지 사장님과 얘기를 하다 보니 숙소의 네팔 사장님은 전에 한국에서 일했던 적이 있고 그때 알뜰하게 모았던 돈으로 이 롯지를 샀다고 했다. 그래서 그런지 더 친근하게 우리 식구를 대해 주었고 롯지는 우리 말고도 각국에서 온 외국인들로 붐볐다.

저녁 식사를 하고 우리 가족은 자그마한 나무 의자에 앉아서 칠흑 같은 계곡 위를 비추는 밤하늘의 별들을 한참 바라보았다. 안나푸르나의 산중에서 바라보는 수많은 별들. 평생 가슴속에 간직할 만한 소중한 추억이 하나 더 생긴 것 같아 행복했다. 높은 산에 올라와서 그런지 별이 더 가까이 선명하게 보이고 마음이 정화되는 것 같았다.

별을 한참 보고 있자니 피로가 몰려오기 시작한다. 방에 들어와 내일 트래킹을 위해서 서로의 다리에 맨소래담을 발라 주며 마사지를 해 주었다. 마사지는 내가 하는 것보다는 남이 해 줘야 더 시원한 법! 남편의 묵직한 손으로 퉁퉁 부은 다리를 눌러 주니 아프지만 정말 시원했다. 내가 주안이 다리를 만져 주자 주안이도 내 다리를 눌러 주는데 꼬맹이인 줄 알았던 주안의 손힘도 꽤 좋다. 돌아가며 서로 다리를 눌러 주고 뭉친 곳을 풀어 주고 나니 슬슬 잠이 절로 온다. 내일은 7시간 이상 오르막길이라고 한다. 이 다리로 오늘보다 더 많이 걸어야 하지만 힘든 만큼 더 큰 성취감도 느낄 수 있으리라 기대한다.

DAY8 2017.10.4

[네팔]

안나푸르나 트래킹 2일 차-서서히 얼굴을 내미는 설산과 고산마을 고레파니

어제는 4시간 넘게 500m 고지를 올라가는 일정이었다면, 오늘은 7시간 동안 1,000m를 올라가야 한단다. 안나푸르나 등반은 계속 올라가기만 하는 것이 아니라 오르락내리락을 반복하면서 올라가야 하므로 비카스 말로는 4박 5일 일정 중 오늘이 가장 힘들 것이라고 한다.

오늘은 시작 구간부터 매우 가파른 돌계단이 이어진다. 끝도 없는 돌계단이 제각각 크기가 달라서 종아리와 허벅지에 엄청난 압박을 더해 준다. 게다가 바람 한 점 없는 쨍한 뙤약볕을 그대로 받으니 시작한 지 10분도 되지 않았는데도 이미 등은 땀범벅이 되었다. 어제 장시간의 트래킹 탓에 종아리에 온통 알이 배었는데 다시 걷기 시작하니 근육에 피로감이 더 빨리 찾아오는 것 같다. 앞서 걷던 주안이도 얼마 걷지 않았는데도 힘들다고 한다. 힘들어하는 주안이를 위해 10분 걷다가 쉬고 가고를 반복하였다. 그늘도 없는 곳에서 쉬는 것도 쉽지 않다. 지친 주안이가 자기 때문에 계속 쉬게 되어 미안해한다. 그래도 비카스는 괜찮다면서 계속 "Slowly, Slowly."를 외쳐 주고 천천히 가도 된다면서 고맙게도 템포를 주안이에게 맞춰 준다. "엄마, 우리 언제까지 이렇게 계속 힘들게 올라가야 돼요?" 주안이가 묻는다. 차마 7시간 내내 올라가야 한다고 말하지는 못하고, "응. 힘들 때마다 쉴 거니까 힘들면 꼭 말해."라고만 답변해 주었다. 이렇게 힘들게 올라가다가도 주변 풍경을 돌아보면 또 우와 소리가 절로 나니 이런 게 안나푸르나 트래킹의 매력이 아닌가 싶다.

2시간 넘게 올라가다 보니 잠시 쉬어 갈 수 있는 롯지에 도착하였다. 의자에 걸터앉아 있으니 산바람이 시원하게 불어오고 바로 앞에는 안나푸르나 설산이 보인다. 잠시 쉬는 동안 벗어둔 주안이의 버프와 트래킹 모자는 이미 땀으로 흠뻑 젖어 있다. 정말 힘이 들고 다리는 빠질 것같이 아픈데, 또 묘하게 이런 상황이 재밌고 신기하다. 나중에 한국에 가서도 산에 올라 봐야겠다.

쉬는 것도 잠시, 다시 트래킹을 시작해서 1시간 넘게 급경사를 타고 올라가 작은 롯지에 도착했다. 마침 점심시간이 다 되어 롯지에서 점심을 해결하고 출발하기로 했다. 계속 땀을 흘리며 많이 걸었으니 밥이 꿀맛일 줄 알았는데, 너무 많이 걸어서일까? 참 이상하게도 우리 셋 모두 입맛이 없다. 더욱이 오늘은 고산병 증세가 나타나기 시작한다는 2,500m 고도를 뚫고 2,880m까지 올라가야 한다고 하니 슬슬 고산병도 신경이 쓰이기 시작한다. 배불리 먹고 몸이 무거워 더 힘든 것보다는 적당히 먹고 지속적으로 물을 마시고 수분을 보충해 주는 것이 지금은 더 중요하다.

점심 식사 후 다시 출발이다. 오후에는 다행히 나무가 우거진 곳을 지나가는 코스다. 그늘이 있으니 훨씬 수월하고 숲속의 풍경도 너무 아름답다. 여전히 힘은 들지만 확실히 그늘 속에서 걸으니 버틸 만하다. 오전에 힘든 오르막 코스를 통과했더니 조금은 수월하게 느껴지는 오후 트래킹이다. 이젠 좀 할 만하다는 생각으로 계속 오르막을 걷고 있는데, 조금씩 숨쉬기가 힘들어지는 것을 느낀다. 계속 고도가 올라가니 산소가 조금씩 희박해져서 조금만 걸어도 숨이 쉽게 가파 온다. 고도 때문에 다시 몸이 더 힘들어지는 상황이 되었는데 희한하게도 주안이는 오전보다 컨디션이 좋아졌다. 어제도 그랬듯이 주안이는 트래킹 초반에는 많이 힘들어하다가도 그걸 잘 이겨내고 나면 곧 적응해서 잘 다닌다. 언제 힘들었냐는 듯이 늘 우리를 앞질러 올라가서 바위에 걸터앉아 우리를 기다린다.

오후 5시 드디어 오늘의 목적지인 고레파니(2,880m) 도착!

아이와 함께 하는 트래킹이고, 고산병이 염려되었던 터라 어제보다 좀 더 천천히 올라와서 아직은 몸이 잘 적응하고 있는 것 같다. 고산병 증상은 고도 2,500m부터 오기 시작한다고 하는데 다행히 모두 두통이나 구토와 같은 고산지대의 증상은 없고 오늘도 해냈다는 즐거움에 들떠 있다. 드디어 내일 새벽이면 우리의 최종 목적지이자 세상에서 가장 아름다운 전망대인 푼힐 전망대에서(3,210m) 일출을 보게 된다.

DAY9

2017.10.5

[네팔]

안나푸르나 트래킹 3일 차-푼힐 전망대와 파노라마 같이 펼쳐진 만년설

4박 5일 일정으로 출발해서 3일째 새벽에 푼힐을 올라가는 날이다. 원래 일정대로면 새벽에 푼힐 전망대에서 일출을 보고 다시 고레파니로 내려와 식사를 하고 다시 이틀에 걸쳐서 내려가는 일정이다. 생각보다 컨디션도 좋고, 내려가는 것이 올라가는 것보다 쉬울 것 같아 내려가는 일정을 2박까지 하지 않아도 될 것 같은 생각이 든다. 비카스와 상의해서 오늘, 내일 이틀 동안 좀 더 많이 걷는 걸로 조정해서 3박 4일로 일정을 마치기로 했다. 이렇게 일정을 줄이면 사실 오늘 일정이 어제보다 더 힘든 일정이 될 것이다. 2일간 내려갈 분량을 오늘 다 마쳐야 하기 때문이다. 그래도 어제 7시간 넘게 올라왔는데 내려가는 건 더 쉽겠지 하는 마음에 일정을 단축해서 남은 하루 동안 포카라 페와 호수 주변을 하이킹하기로 했다.

새벽 4시 30분. 드디어 이번 트래킹의 하이라이트인 푼힐 전망대로 새벽 등반을 떠날 시간이다. 롯지가 어딜 가나 그렇지만 방음이 전혀 되지 않아 위층에서 쿵쾅거리는 소리에 이미 새벽 3시 반부터 깨어 있었다. 잠에 취해 있는 주안이를 깨워 옷을 단단히 입히고 출발 지점에 나가니, 이미 많은 트래커들이 등반을 위해 나와 있었다. 다들 손전등을 하나씩 들고 한 줄로 서서 푼힐로 등반을 시작했다. 등반은 1시간 정도 숲길을 뚫고 올라가야 한다.

등반을 시작한 지 30분쯤 되었을까? 평소 씩씩하던 주안이가 갑자기 복통과 두통, 어지럼증을 호소하면서 너무 힘들다고 했다. 비단 주안이뿐만이 아니다. 올라가는 중에 주저앉아 숨을 고르는 사람들을 쉽게 볼 수 있었다. 어른도 힘든데 12살 꼬마가 어제 7시간 넘게 걷고 오늘 새벽 4시에 일어나 오르려니 어려운 게 당연하다.

속이 울렁거려 구토를 하고 싶다고 하니 고산병이 의심되어 비카스와 상의를 하자 고산병 약도 부작용이 있을 수 있으니 하산해서도 같은 증상이면 그때 약을 먹이는 것으로 하고 버텨 보기로 했다. 주안이 손을 잡고 천천히 천천히 한 계단씩 오르는데 조금씩 해가 뜨려는지 주변이 밝아지기 시작했다. 힘들어서 포기할 만도 한데 비록 천천히 올라가서 일출은 못 보더라도 푼힐 전망대에서 바라본 새벽 안나푸르나의 모습은 너무나 아름다울 거라며 포기하지 않고 주안이가 힘을 내어 주었다. 드디어 전망대에 도착했다. 순간 주안이가 올 때까지 기다렸다는 듯이 일출이 시작되었다!

전망대에 오른 사람들이 동시에 탄성을 질렀다. 이른 새벽 고요한 안나푸르나의 설산을 보랏빛으로 물들이더니 이내 눈을 뜨지 못할 정도로 찬란한 빛이 안나푸르나를 병풍처럼 휘감기 시작했다. 정말 뭐라 표현할 수 없을 만큼 벅차오름과 뜨거운 감동이 밀려들어 왔다. 이틀 동안 포기하는 사람 없이 힘든 과정을 뚫고 올라온 성취감과 나 혼자가 아닌 '우리 가족 모두'가 함께 여기에 왔다는 사실이 정말 감동이었다.

남편과 내가 일출로 들떠 있는 사이, 주안이의 얼굴은 여전히 많이 불편하고 아파 보였지만, 주안이도 중간에 포기하지 않고 올라왔다는 것에 대해 기쁘고 뿌듯해했다. 주안이를 의자에 앉

히고는 나는 쉬지 않고 이 멋진 안나푸르나의 일출을 사진에 담았다. 사진 찍기에 정신이 팔려 한참을 찍고 있는데, 힘든 표정으로 옆에 앉아 있던 주안이가 갑자기 배가 아프다며 화장실을 찾았다. 자연의 섭리였을까? 푼힐 전망대까지 올라온 만 11살 꼬마를 기특해하는 안나푸르나의 선물이었을까? 화장실을 다녀온 주안이는 이후 거짓말처럼 컨디션이 회복됐다. 그렇게 아파했는데 화장실 한번 갔다 왔다고 이렇게 멀쩡해지다니! 고산병 증상도 화장실에 내려놓고 왔나 보다. 놀랍기도 하고 재밌기도 하다. 주안이의 컨디션이 다시 좋아진 덕분에 계획대로 안나푸르나를 배경으로 한 우리 가족 점프샷도 멋지게 완성되었다. 주안이를 힘들게 했던 것이 고산병이었는지 아닌지는 여전히 미스터리다.

일출을 보고 내려가는 길은 참 쉽다. 1시간을 올라왔는데 내려갈 땐 30분도 채 걸리지 않았다. 올라올 때는 힘들게 한 발씩 올라왔지만 언제 그랬냐는 듯 성큼성큼 먼저 내려가는 주안이의 뒷모습이 예쁘고 참 고맙다.

아침 7시에 롯지에 돌아와서는 나갈 채비를 마치고 간단히 아침 식사를 했다. 어제도 참 힘들었는데 오늘이 더 힘들 거라니 각오를 단단히 해야겠다. 야외 테이블에서 빵 몇 조각과 수프를 곁들인 소박한 식사지만 우리 바로 옆에 펼쳐진 웅장하고 아름다운 안나푸르나의 설산을 바라보면서 먹는 최고로 황홀한 식사였다.

식사를 마치고 다시 본격적인 3일 차 트래킹을 나섰다. 이젠 익숙해질 만도 한데 여전히 배낭은 무겁다. 푼힐에서 시계 방향을 그리면서 내려가는 코스인데 비카스가 내려가는 경관도 아름다울 거라고 했다. 하지만 내려가는 와중에도 어제와 마찬가지로 산을 오르락내리락하는 구간을 반복해야 한다고 했다. 오늘도 시작부터 1시간 넘게 가파른 상승 구간이 있다고 하니 절로 한숨이 나오지만 '그래도 언제 다시 이런 경험을 해 보겠나?' 하는 생각으로 우리 가족 버킷리스트이니 기쁜 마음으로 오르자고 마음을 다잡았다. 다행히 오전은 대부분 숲길 구간이고 그늘과 바람이 많아서 어려운 구간도 생각보다 수월하게 넘어갔다. 아마도 지난 이틀 동안 열심히 걸어서 체력도 조금 올라오기도 했고 요령도 생긴 듯하다.

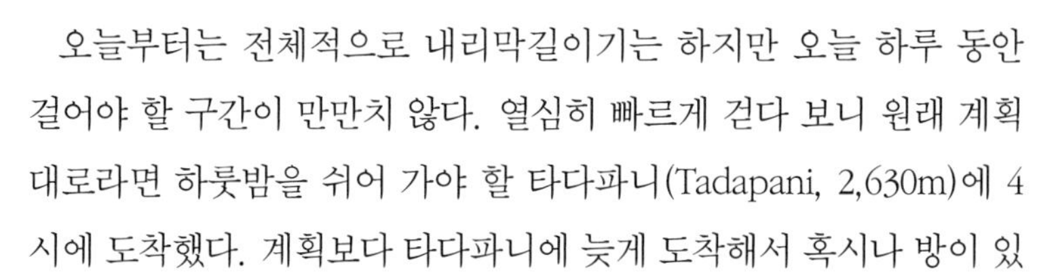

오늘부터는 전체적으로 내리막길이기는 하지만 오늘 하루 동안 걸어야 할 구간이 만만치 않다. 열심히 빠르게 걷다 보니 원래 계획대로라면 하룻밤을 쉬어 가야 할 타다파니(Tadapani, 2,630m)에 4시에 도착했다. 계획보다 타다파니에 늦게 도착해서 혹시나 방이 있으면 원래대로 하루 더 묵고 갈까 하고 방을 알아보았는데 마을 전체의 롯지에 방이 없었다. 그래서 하는 수 없이 지체하지 않고 다음 마을인 간드룩까지 이동하기로 했다. 비카스에게 간드룩까지 가려면 얼마나 걸리냐고 하니 3시간을 걸어야 하는데 이제부터는 계속 내려가는 구간이라 컨디션이 괜찮으면 조금 무리해서라도 간드룩까지 가는 게 좋을 것 같다고 했다.

다시 마음을 다잡고 쉼 없이 바로 간드룩으로 출발했다. 출발해서 1시간 동안은 쭉 편안하게 내려가는 구간이라 꽤 빠른 속도로 시원한 바람을 맞으며 안나푸르나의 원시림 숲길을 헤치고 내려왔다. 그런데 문제는 한 시간 이후부터였다. 숲이 우거진 산속은 평지보다 해가 빨리 지는 관계로 6시 이후부터는 산속이 빨리 어두워지기 시작한다고 해서 조금 더 속도를 내고 걸음을 재촉하려고 하였는데 급격한 하강 구간이 기다리고 있었다. 바닥이 울퉁불퉁한 자갈과 돌로 되어 있고 바닥에 물기까지 있어서 발 한 번 잘못 디디면 그대로 넘어지기 쉬운 어려운 코스였다. 산을 내려가는 코스라고 해서 슬슬 걸어가면 되는 줄 알았는데 내 생애 가장 어려운 난코스였다. 500m가량을 가파르게 내려가는 구간인 데다가 돌계단 모양과 크기도 제각각이고 물기가 있어서 미끄럽기까지 하니 도무지 속도가 나질 않았다. 게다가 점점 어두워져서 잘못 발을 디디면 발목을 삐거나 부러질 수도 있기에 마음은 급하지만 더욱 천천히 안전하게 이동했다. 내가 시력이 제일 좋기도 하고 점점 약해지는 마음을 감추기 위해 제일 앞에 서서 숲길 상황을 뒷사람에게 알리며 씩씩하게 걸어 나갔다.

"앞에 돌이 미끄러워요, 스틱을 먼저 짚고 갑니다." "물이 나와요. 천천히 건습니다." 마치 군인처럼 찬찬히 상황을 알려 주면서 정말 열심히 걸었으나 목적지를 한 시간여 남겨 둔 6시 10분쯤 되니 해가 완전히 지고 숲에 칠흑 같은 어둠이 깔렸다. 생각지도 못한 안나푸르나의 야간 산행을 하게 된 것이다. 랜턴과 핸드폰 손전등을 의지해서 걸었지만 여전히 울퉁불퉁한 돌길은 위험천만이었다. 가파른 계단 구간은 끝이 났지만 자갈밭처럼 뾰족하고 울퉁불퉁한 돌이 발을 너무 고통스럽게 하는 데다 냇가가 계속 나오니 속도는 뒤처지기 시작했고 마음 또한 점점 약해지기 시작했다. 발이 아파서 쉬고 싶다는 주안이를 붙잡고 조금만 더 가면 숙소니까 그때 쉬자고 타일렀다. 12시간을 넘게 걷고 있으니, 평지를 걷는다고 해도 다리가 풀릴 수 있는데, 칠흑 같은 어둠 속에서 미끄럽고 울퉁불퉁하기까지 한 돌길을 계속 걷다 보니 체력 좋은 주안이도 다리가 풀리기 시작했다. 주안이가 몇 발자국 걷다가 발이 꺾여 넘어지기를 반복했다. 주안이가 넘어질 때마다 내 가슴이 철렁철렁 내려앉았다. 넘어져도 잘 참고 일어나서 다시 걷는데, 여러 번 같은 다리로 넘어지니 이젠 너무 아픈가 보다. 아프다고 말은 하지 않지만 조용히 손으로 눈물을 닦는 주안이를 보니 순간 억장이 무너지는 느낌이었다. 같이 울고 싶은데 내가 눈물을 흘리면 나무너질까 봐 주안이 손 한번 꽉 잡아 주고 마음속으로 눈물을 삼켰다.

원래대로 4박 5일로 했다면 중간에 하룻밤을 더 묵는 일정이라서 비록 타다파니에 숙소가 없었다고 해도 다른 대안을 찾아보았을 것이고 그랬다면 이렇게 야간 산행하는 일은 없었을 텐데. 너무 우리 스스로를 과대평가한 것은 아닌지 많이 후회되고 주안이에게 미안한 마음이 들었다.

캄캄한 밤길에 마음으로, 입으로 계속 기도하며 우리의 일정에 사고가 없길 기도하고 또 기도하며 길을 걷고 있는데 반대편에서 누군가 랜턴을 들고 우리 쪽으로 오고 있었다. 비카스가 내게 오더니 지금 온 사람은 오늘 묵을 숙소 주인 아들인데 주안이 손을 잡고 먼저 가도 되겠냐고 했다. 6시가 넘어가면서 산속이 어두워지니까 비카스가 미리 전화를 해서 숙소 주인 아들에게 마중 나와 달라고 부탁했던 것이다. 속이 깊은 비카스의 배려가 눈물 나도록 고마웠다.

주안이가 양손에 쥐던 등산 스틱 하나를 내게 건네고 생전 처음 보는 삼촌뻘 되는 네팔형 손을 잡고 내 앞을 걸어가는데 앞에 가는 주안이 뒷모습에 마음이 울컥했다. 그렇게 30여 분을 더 걸어서 저녁 7시 10분쯤에 드디어 간드룩이란 작은 마을에 있는 롯지에 도착했다. 숙소에 들어가서 앉자마자 안도감에 나도 모르게 눈물이 흘러내렸다. 새벽 4시 30분부터 저녁 7시까지 걸었던 오늘 코스. 웬만한 어른도 쉽지 않을 이 코스를 이제 만 11살인 주안이가 씩씩하게 잘 이겨냈다. 그리고 숙소에 도착해서는 오히려 엄마 아빠는 무거운 가방을 종일 들고 걸었으니 하나 남은 컵라면은 엄마 아빠가 더 많이 드시라고 배려하는 아들을 보니 미안하고 기특하고 고마웠다.

발가락마다 물집이 잡히고 허벅지와 종아리 모두 알이 단단히 들어찼지만, 무사히 오늘 일정을 잘 마쳤음에 참으로 감사한 밤이다. 비록 오늘 예상치도 못했던 야간 산행을 하게 됐지만 오늘의 경험이 앞으로의 주안이의 인생에서 혹여 힘든 일이 생기더라도 헤쳐 나갈 수 있는 자신감을 주었을 거라 생각한다. 오늘은 우리의 세계 일주 키워드인 용기, 배려, 감사가 충만한 하루였다.

DAY10
2017.10.6

[네팔]

안나푸르나 트래킹 4일 차-평생 살아갈 용기를 준 안나푸르나 안녕!

아침에 눈을 떠 밖을 나와 보니 어제 늦게 도착해서 전혀 몰랐던 우리 숙소의 멋진 풍경이 들어왔다. 오늘은 포카라로 돌아가는 날이니 남은 아침 시간에 이 멋진 안나푸르나를 우리 눈과 마음에 꾹꾹 눌러 담아야겠다.

휴식을 취하고 다시 하산을 위해 길을 나설 준비를 하는데, 다리 상태가 계단 하나 내려가는 것도 쉽지 않은 상황이었다. 평지를 걸어도 내 다리가 내 마음대로 움직여지지가 않았다. 조식을 먹고 숙소 주변을 천천히 걸으며 몸을 풀고 있는데 쪼리를 신고 있는 비카스가 보였다. 왜 쪼리를 신고 있냐고 하니 운동화가 낡았었는데 어제 내려오다가 운동화 바닥이 찢어져서 신을 수가 없다고 했다.

비카스에게 오늘 일정을 물어보니 어제 엄청 고생한 덕분에 오늘은 오후 2시면 트래킹의 출발지인 나야풀에 도착할 수 있다고 했다. 그런데 우리 가족의 다리 상태나 비카스의 신발 상태를 봤을 때 5~6시간을 걷는 것은 무리가 있어 보였다. 더구나 나야풀에 도착하기 3시간 전부터는 거의 평지이고 먼지가 날리는 자갈길이어서 이 상태에서 뙤약볕에 자갈길을 걷는 것이 쉽지 않아 보였다. 그런데 마침 어제 주안이 손을 잡고 데려온 분이 자갈길이 시작되는 아랫마을부터는 지프차로 이동할 수 있게 소개해 준다고 했다. 원래 지프를 대절하는 요금이 대당 보통 5000루피(원화 5만 원가량)인데 절반 가격에 해 주기로 했다. 그리고 지프차 타는 데까지 가려면 간드룩에서 2시간 정도 걸어서 내려가면 된다.

어제 우리와 같이 무리해서 걸었던 비카스가 본인은 괜찮다고 하지만 쪼리를 신고 가방을 메고 내려가는 것도 무리일 것이고 우리의 발 상태를 고려할 때도 그러하거니와, 안나푸르나 오프로드에서 지프차를 타 보는 것도 또 하나의 추억이 되겠다 싶어 중간에 지프차를 이용하기로 했다. 덕분에 지프차 이동으로 시간을 벌게 되어 1시간 동안 예쁜 롯지에서 기념사진도 찍고 오랜

만에 여유로운 자유 시간을 보낼 수 있었다.

10시쯤 롯지를 출발해 마지막 트래킹을 시작했다. 어제 10시간도 걸었는데 2시간은 너무 쉽겠구나 하면서 내려갔는데 오늘 트래킹은 둘째 날 아침처럼 햇볕이 머리를 때리듯 내리쬈다. 풍경은 너무 아름답지만 너무나 뜨거운 햇살을 한 몸에 받으며 자갈밭같이 모나고 딱딱한 길을 계속 걸어 내려가려니 발바닥에서 연기가 나는 것 같았다. 오늘 지프차를 타지 않았으면, 이런 길을 5시간 넘게 내려갔어야 한다고 생각하니 지프차를 타기로 한 것은 정말 잘한 결정인 것 같다.

지프차로 나야풀로 이동하여 대기하고 있던 택시를 타고 오후 2시쯤 되어 포카라에 있는 제로 갤러리에 도착했다. 3박 4일 동안 정든 비카스와 제로 갤러리에서 함께 삼겹살로 마지막 점심을 먹었다. 6살짜리 아들이 있는 비카스가 트래킹을 하는 내내 주안이를 따뜻하게 잘 챙겨 주고 맞춰 주었기에 정말 큰 도움이 되었다. 주안이도 비카스 삼촌과의 작별을 많이 아쉬워했다. 비카스는 하루를 쉬고 또 다른 팀과 등반을 한다고 했다. 한 가정의 가장이니 일이 많으면 좋은 거지만 매일같이 짐을 들어 주고 함께 안나푸르나를 등반하는 게 얼마나 힘든 일인지 잘 알기에 고맙고 안쓰러웠다. 묵묵히 3박 4일을 함께해 준 비카스를 통해 참 많은 것을 생각하게 되었다. 너무 고마워서 비카스에게 새 신발을 살 수 있도록 성의 표시를 했다. 비카스, 참 고마웠어요!

안나푸르나 등반이 쉬울 것이라고는 생각하지 않았지만, 그럼에도 막상 해 보니 어려움이 많았다. 예상보다 훨씬 약했던 40대의 저질 체력과 주안이의 아픈 발, 무거운 배낭이 주는 고통, 고도가 올라갈수록 숨이 가빠지는 상황, 고산병에 대한 막연한 걱정 등. 등반 첫날 저녁때 심하게 부은 다리와 짓눌린 어깨, 그리고 주안이의 아픈 발을 보면서 끝까지 갈 수 있을까 걱정을 했지만 매일 욕심내지 않고 한 계단씩 천천히 오르다 보니 우리의 목표인 푼힐까지 무사히 오를 수 있었다. 그 과정에서 남편, 나, 주안이 모두 서로를 배려하고 응원하고 격려하면서 어려운 상황을 잘 이겨낼 수 있었다. 안나푸르나에서 우리 가족은 스스로에 대한 인내, 서로에 대한 배려를 한층 더 깊게 경험하였고 짧은 3박 4일이었지만 이 경험은 향후 주안이가 성장하는데 단단한 토양이 될 수 있길 바라본다.

DAY11 [네팔]
2017.10.7

포카라에서 달콤한 휴식

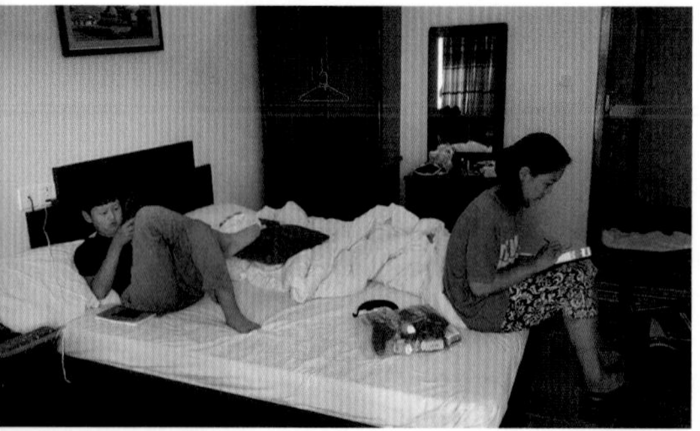

3박 4일간의 안나푸르나 등반 이후 오늘은 포카라에서 편히 쉬기로 했다. 내일이면 다시 카트만두로 돌아가고 그다음 날 아침 인도로 이동을 해야 하기 때문에 트래킹 이후 네팔에서 여유 있게 보낼 수 있는 마지막 날이다. 안나푸르나에서 매일 새벽 5~6시쯤 기상을 해서인지 늦잠을 자려고 아침 알람을 하지 않았는데도 저절로 눈이 떠졌다. 트래킹 때 입은 옷을 모두 우리 숙소 앞 세탁소에 맡겼는데 12시쯤 끝난다고 했다. 갈아입고 나갈 옷이 없어 아침 시간에는 그동안 밀린 블로그도 쓰고, 숙소 안에서 뒹굴뒹굴 잘 쉬었다.

정오가 되어 빨래를 찾고 간단히 식사를 한 후 페와 호수를 따라 산책을 나섰다. 자전거를 탈까도 생각했지만 퉁퉁 부은 다리로 걷는 것도 힘이 들길래 가볍게 산책하며 다리를 풀어 주기로 했다.

여행 와서 우리 가족은 '요일'에 대한 개념이 없어졌다. 예전에는 빨리 주말이 오기를 기다렸고, 일요일 저녁이 되면 또 한 주를 어떻게 보내나 하는 부담감이 들었는데 여행을 하면서 요일이 주는 부담이 전혀 없다 보니 매 순간순간을 진심으로 즐기고 소중히 생각하게 되는 것을 배우고 있다.

페와 호수를 걸으면서 주안이에게 물었다. "주안아. 지금까지 세계 일주하면서 한 것 중에 뭐가 가장 좋아?" 주안이가 1초의 망설임 없이 대답한다. "엄마 아빠랑 하루 종일 같이 있는 게 제일 좋아." 안나푸르나 등반이라고 대답할 것이라 기대했는데, 뜻밖의 대답을 들으니 가슴이 뭉클해졌다.

DAY12
2017.10.8

[네팔]

카트만두로 돌아가는 12시간의 버스 여행

정든 포카라를 떠나 다시 카트만두로 이동하는 날이다. 포카라에 왔을 때 탔던 자가담바 버스를 타고 다시 카트만두로 향했다.

트래킹 기간 내내 우리가 걷는 동안에는 다행히 단 한 번도 비가 오지 않았다. 포카라는 마지막 날까지도 우리에게 최고의 날씨를 선물해 주었다. 포카라에 도착한 날에는 구름이 있어 보이지 않았던 안나푸르나의 설산이 가는 버스 안에서 너무 선명하게 보였다. 트래킹 중 많이 보았던 설산의 모습이었지만 포카라 시내를 감싸는 듯한 모습은 다시 봐도 멋지다. '또 우리가 언제 다시 올 수 있을까?' 마음속 버킷리스트에만 있었던 안나푸르나! 또 보자고 인사하지만 정말 다시 올 수 있을까 하는 마음이 드니 버스 창밖으로 보이는 풍경 하나하나를 놓치고 싶지 않다.

카트만두에서 포카라에 왔을 때는 9시간이 걸렸는데 다시 카트만두로 갈 때는 12시간이 넘게 걸렸다. 저녁 7시가 넘어 도착한 우리는 숙소로 가기 전 KFC에 들러서 주안이가 먹고 싶어 한 치킨을 맛있게 먹고 내일 아침 인도로 가기 위해 짐을 꾸렸다. 앞으로의 세계 일주 여정에서도 힘이 들 때마다 우리가 함께 걷고 응원했던 안나푸르나를 생각할 것이다. 좋은 추억을 준 네팔, 고마워요.

네팔(Nepal) & 안나푸르나 트래킹 정보

총 체류 비용: 1,401,226원(10일/3인 가족)
주요 목적: 안나푸르나 트래킹

1. 네팔 비자(On Arrival: 도착 비자) 발급

15일(USD25), 30일(USD40), 90일(USD100)
도착 직후 짐 찾기 전에 공항 내에서 발급(구입)

2. 네팔 통신사 유심칩(SIM 카드+유심) 구입

공항 출구 앞에 Ncell에서 구입. 구입 시 증명사진 1장 필요
가격(예): 데이터 2.5GB(800Rs), 5GB(1300Rs)

참고) 네팔의 와이파이와 데이터의 속도 및 접속률은 한국에 비해서 많이 떨어지는 편이다. 특히 산악 지역 트래킹 중에는 데이터 수신이 아예 안 되는 곳이 많다.

3. 네팔 내 교통편

카트만두(Kathmandu)
카트만두 공항 → Yellow Pagoda Hotel(타멜 거리 근처) 20~30분 소요, 공항 내 Pre-paid 부스에서 택시요금을 선지급하고 정해 준 택시에 탑승(택시요금: 700Rs)
Yellow Pagoda Hotel → 카트만두 공항(택시요금: 500Rs)

카트만두에서 포카라로 버스 이동
자가담바(Jagadamba) 버스: 카트만두와 포카라를 왕복하는 최고급 버스를 운영하는 네팔 회사로 카트만두-포카라 구간의 항공권 요금이 비싼 편이어서 시간에 여유가 있는 분에게는 중간중간에 네팔의 아름다운 경치도 감상할 수 있는 자가담바 버스를 왕복 혹은 편도 구간으로 이용해 볼 것을 추천.
소요 시간: 보통 6~7시간 걸리나 교통 사정에 따라 달라질 수 있다(대부분의 도로가 편도 1차선이

고 구불구불한 산길이어서 주말 혹은 축제 기간에는 12시간 넘게 걸릴 수도 있음).

자가담바 버스 요금: 왕복 1인(성인/아동 동일) USD50/출발 후 안내양이 간단한 샌드위치와 차/커피를 제공해 주고 중간에 휴게소 식당에서 소박한 뷔페식으로 중식을 제공.

자가담바 버스 예약: 자가담바 사이트가 있으나 예약하기가 불편해 한인 여행사를 통해 예약하는 것을 추천.

(자가담바 사이트: http://www.pkrjagadamba.com)

현지 한인 여행사 문의: 에베레스트 아리랑 여행사(MEA)

Meattt8848@hanmail.net, 카카오톡 ID: meattt8848

승차(카트만두): Hotel Annapurna 앞마당

→ 하차(포카라): 숙소 혹은 숙소 근처에 내려줌

승차(포카라): Hallan Chowk(시내 중심가)

→ 하차(카트만두): Hotel Annapurna 앞마당

포카라(Pokhara)

포카라 → 나야풀(안나푸르나) 이동, 택시 편도 요금: 2,500Rs

4. 카트만두 & 포카라 호텔 위치 추천

카트만두 숙소 위치 추천

- 타멜(Thamel) 지역: 시내 중심가에 있으며 카트만두의 대표적인 관광 거리로 쇼핑 및 식당의 이용이 편리하고 트래킹 등 관광에 대한 다양한 정보를 얻을 수 있는 여행사들이 많이 위치해 있다. 카트만두는 교통이 좋은 편이 아니라서 가급적 타멜 지역 쪽에 숙소를 잡으면 편리하다. 전반적으로 카트만두의 호텔 시설은 타 도시에 비해 좋지는 않지만 대신 비용도 높지 않은 편이다.

포카라 숙소 위치 추천

- 페와 호수 주변: 포카라에서 관광객들이 가장 많이 찾는 지역은 페와 호수를 둘러싸고 놓여 있

는 Lakeside Road이다. 각종 트래킹 용품점, 식당, 카페, 기념품 가게, 호텔, 한인 식당 등이 즐비해 있으며 도보로 산책하기가 좋다. 가급적 레이크 사이드에 위치한 숙소를 잡으면 편리할 것이다.

5. 안나푸르나 트래킹 코스 추천 및 가이드/포터 고용 Tip

동서로 가로질러 있는 히말라야산맥에는 3대 트래킹 코스가 있다. 안나푸르나, Mt. Everest가 있는 쿰부 히말라야, 랑탕 지역이 그것이다. 이 중 초보자들에게 가장 인기 있고 접근성이 좋은 곳은 네팔 제2의 도시인 포카라 인근에 있는 안나푸르나 트래킹 코스다. 안나푸르나는 히말라야 트래킹의 꽃으로서 푼힐(Poon Hill) 코스, ABC 코스 등이 있다. 일정을 잡을 때 포카라 출발 기준으로 푼힐 코스는 최소한 3박 4일, ABC 코스는 최소한 6박 7일 정도 일정을 잡아야 무리가 없다.

트래킹을 할 때는 반드시 가이드나 포터를 고용해야 한다. 산세가 험하고 인적도 드물기 때문에 현지 상황에 해박한 가이드/포터의 도움이 없이는 트래킹이 거의 힘들다고 할 수 있다. 포터와 가이드는 역할이 구분되지만 소수의 인원이 갈 때에는 가이드와 포터를 별도로 고용하는 것은 비효율적이다. 그래서 현지 지리를 잘 알고 경험이 많은 포터를 가이드 겸 포터로 고용해도 좋다. 단, 흔치는 않겠지만 간혹 자질이 안 되는 가이드/포터에 의한 절도나 강도도 발생하는 경우가 있다고 한다. 따라서, 가능하다면 조금 더 돈을 주더라도 신원이 확실한 가이드/포터를 고용하는 것이 현명한 방법일 것이다. 우리 가족은 한인 식당인 제로 갤러리의 사장님을 통해서 신분이 확실하고 경험 많은 가이드와 포터 역할을 함께 해 줄 수 있는 분을 소개받았다. 더구나 영어도 잘해서 소통하는 데 지장이 없어서 굉장히 만족스러웠다.
포터 고용 비용은 사람마다 약간의 차이가 있을 수 있겠지만 대략 하루에 USD20 정도가 된다(2017/2018년 기준). 포터 비용은 출발 전에 모두 지불하기도 하지만 가급적 출발 전에 반을 지불하고 트래킹을 다 마치고 나머지 반을 지불하는 것이 좋다. 그리고 포터만 할 경우에는 10~15kg까지 짐을 맡기기도 하지만 가이드 겸 포터를 같이 해 주실 경우에는 1인당 대략 10kg 이하로 짐을 맡기고 하루 일과를 마칠 때마다 감사의 표시로 약간의 팁을 주기를 권장한다. 특히, 트래킹을 하다 보면 십대로 보이는 포터들이 엄청나게 큰 짐을 짊어지고 가는 것을 쉽게 보게 되는데 참 힘들어 보인다는 생각이 들어 안타까웠다. 짐이 많을 경우에는 무리하게 맡기기보다는 추가로 포터를 고용해야 한다. 경험이 많은 가이드/포터는 지리를 안내하고 짐을 들어 주는 것 이외에도 숙소와 식당을 함께 알아봐 주고 예기치 않은 일이 발생했을 때 도움을 줄 수 있다.

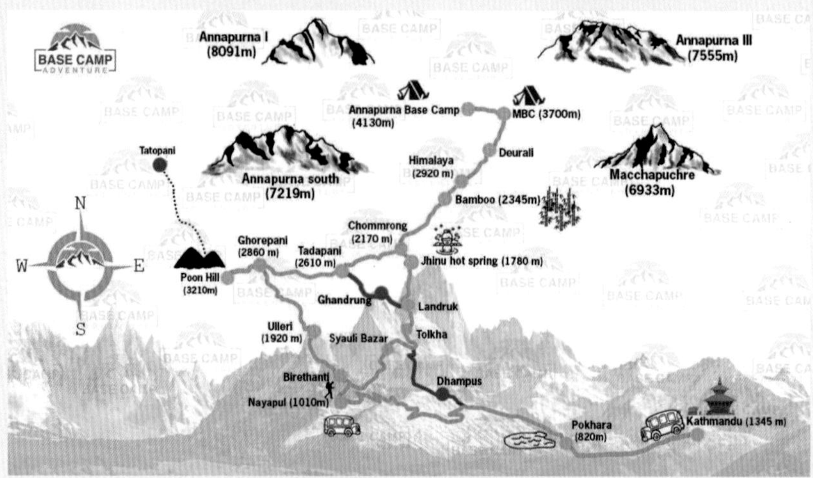

〈출처: https://basecampadventure.com〉

6. 안나푸르나 트래킹 적정 시기

네팔에는 우기와 건기가 있다. 따라서, 좋은 시기에 맞추어 방문하게 되면 최고로 아름다운 안나푸르나의 풍경을 경험할 수 있을 것이다(건기: 10월~5월/우기: 6월~9월).

10월~11월(매우 좋음) 1년 중 가장 날씨가 좋은 트래킹 최적기로 트래커들이 몰리는 시기라서 물가가 비쌀 수 있다. 특별히 네팔의 최대 명절인 다사인 축제가 대개 9월 말에서 10월에 열리는데(네팔 달력에 따라 기간이 변동) 축제 기간에 네팔을 방문할 경우에 교통편을 구하기가 어려울 수 있으니 사전에 일정 확인 후 서둘러서 예약을 해야 한다. 또한, 다사인 축제는 15일간 진행되는데 자칫 이 기간 동안에 붐비는 사람들로 인해서 트래킹 롯지 예약이 어려울 수 있으니 가이드/포터에게 사전에 숙소 예약 상황을 반드시 확인하도록 부탁해야 한다.

12월~1월(보통) 겨울 시즌으로 날씨는 화창하지만 상당히 쌀쌀하고 ABC로 가는 코스에는 눈이 쌓일 수 있어서 눈길을 조심해야 한다. 하지만 설산의 풍경을 제대로 감상할 수 있는 장점이 있다.

3월~5월(좋음) 봄 시즌으로 들판에 야생화가 만발하는 시기라 볼거리가 많다. 다만, 우기에 가까워지는 5월 중순 넘어서는 맑은 날에도 구름이 끼는 날이 많다고 한다.

6월~9월(나쁨~보통) 우기 시즌으로 트래킹 비추천 시즌이다. 구름과 안개 때문에 히말라야 설산을 보기 힘들뿐더러 잦은 비로 산사태가 일어날 수 있고 계곡물이 불어날 수 있어서 트래킹 하기에는 적합하지 않은 시기이다.

7. 트래킹을 하기 위해 반드시 필요한 팀스[TIMS]와 퍼밋[PERMIT] 준비

팀스/TIMS(Trekkers' Information Management System) 트래커 정보관리 시스템으로 일종의 트래킹 허가 카드이자 보험과 같은 역할을 한다. 비용은 1인당 USD20 수준(환율에 따라 변동, 수수료 별도)으로 퍼밋과 함께 트래킹을 어레인지 해 주는 여행사 또는 가이드/포터에게 부탁하면 된다(증명사진 1장 필요).

퍼밋/Entry Permit(자연보호구역 입산허가증) 팀스를 발급받을 때 함께 받으면 비용은 2,000Rs(증명사진 1장 필요).

8. 트래킹 준비물

1) 등산 스틱 한 쌍: 정확한 사용 방법 숙지 및 연습 필요
2) 등산 배낭: 어깨끈에 쿠션이 들어간 전문 등산 배낭 준비(용량 체크)
3) 팔 토시: 트래킹 중 모기나 거머리로부터 팔을 보호해 주고 햇볕에 팔이 타는 것을 예방해 준다.
4) 소형 침낭: 대개의 롯지의 경우 이불이 준비되어 있지만, 자칫 찝찝할 수 있어서 잠자리만큼은 포근하게 자길 원한다면 휴대하기 편한 소형 침낭을 준비하면 좋음.
5) 에어 베개: 롯지가 저렴하다 보니 침구의 청결도를 기대하기가 어려움. 따라서, 가능하면 에어 베개를 준비하면 좋음.
6) 소형 랜턴 혹은 손전등: 새벽 일출 산행이나 숙소 정전에 대비해서 소형 손전등을 준비한다.
7) 바람막이 점퍼
8) 우비
9) 다운재킷
10) 버프: 낮 시간 흘러내리는 땀을 막아 주고 아침, 저녁 체온 유지
11) 등산 모자: 챙이 넓은 것으로 준비
12) 등산 장갑: 물집 방지 및 상처 예방
13) 등산 양말: 잘 마르는 소재로 된 양말 2~3켤레 준비
14) Foot 파우더: 장시간 트래킹 시 발 컨디션 유지

15) 휴대용 미니 정수기: 트래킹 시 유용(추천: 소이어(Sawyer) 정수기)

16) 간식, 컵라면, 커피믹스 등: 당을 보충할 수 있는 초콜릿이나 사탕 등을 준비. 롯지에서 1,000원 정도 지불하면 뜨거운 물을 살 수 있음.

17) 세면도구 및 수건: 기본적인 세면도구와 잘 마르는 소재의 수건을 1인당 한 장씩 준비

18) 현금: 숙박비나 식사비 결제 시 현금만 사용 가능

19) 비상약: 소염진통제, 타이레놀, 벌레 물린 데 바르는 약 등

20) 고산병 약: 네팔에서 고산병 약은 약국에서 쉽게 구할 수 있으며 출발 전 가이드 혹은 포터에게 구입 요청(10알에 대략 5,000원 정도)

21) 충전기, 건전지, 보조배터리: 네팔 전압 200V, 콘센트 한국과 유사

9. 롯지 이용(숙박비와 식사비)

네팔의 롯지는 대부분 숙박과 식사를 함께 제공. 대부분 숙소에서 식사를 하는 조건으로 매우 저렴한 가격에 묵을 수 있음(예, 첫째 날 롯지 비용: 숙박비(1,000원, 1박), 식사비(인당 3,000~7,000원), 트래킹 기간 중 제일 비싼 롯지 가격도 인당 1만 원 정도).

DAY13
2017.10.9

[네팔/인도]

인도로 가는 길-창 너머로 에베레스트 정상이?

세계 일주를 시작한 지 벌써 2주가 되었다. 오늘은 세 번째 나라인 인도로 가는 날이자 남편의 생일날이기도 하다. 하필 국가를 이동하는 날이라 마땅히 식사할 곳을 찾기가 쉽지 않았는데 남편은 기내식이 생일상이라며 하늘에서 먹는 생일상이 더 의미가 있다고 했다.

비행기가 이륙하고 얼마 지나지 않아 비행기 날개 저 멀리 히말라야 에베레스트의 정상이 보였다. 이렇게 높이 날고 있는데 구름 위로 솟아 있는 히말라야의 웅장한 모습에 눈을 뗄 수 없었다. 네팔에서 인도 뉴델리까지 약 1시간 30분 비행인데 30분 이상 이렇게 웅장한 히말라야 모습이 우리를 반기다니…. 그러고 보니 남편 생일 선물이 히말라야가 되었다.

오후 1시쯤 도착한 인도는 매우 더웠다. 호텔에서 제공하는 픽업 서비스를 신청했던 터라 편하게 호텔로 이동이 가능했다. 우리 호텔은 여행자의 거리로 유명한 메인바자 로드와 3분 거리에 있는, 위치가 참 좋은 곳이었다. 포카라에서 카트만두로 돌아올 때 남편 바로 뒷자리에 한국 분이 앉았었는데 지금껏 인도만 수십 번 다녀왔을 정도로 인도 마니아였다. 그래서 고맙게도 인도 여행 정보를 얻게 되어 그분이 추천해 준 델리-아그라-자이푸르 동선인 골드 트라이앵글 루트를 알아보기 위해 호텔에 체크인하고 바로 로비에 있는 현지 여행사를 찾아갔다. 호텔 근처에 뉴델리 기차역이 있던 터라 기차여행을 염두에 두고 예약을 요청하니 혼자 여행이면 기차가 싸지만 세 명이 가는 거면 1박 2일 택시투어가 더 저렴하고 편리하다고 했다. 우선 내일 택시로 우리 가족만 진행하는 8시간 시티투어를 3만 원 좀 넘게 주고 예약을 완료했다. 인도 체류 일정이 5일로 길지가 않은데, 빠르고 편하게 골드 트라이앵글 투어가 결정되어 마음이 편해졌다.

시티투어를 예약한 후 호텔 근처에 있는 메인바자 로드의 상점들을 구경하면서 값싸고 예쁜 인도 스카프를 150루피(원화 2,600원)에 하나씩 구매했다. 햇빛이 강한 인도와 아프리카에서는 햇빛을 피하는 용도로, 추운 유럽에서는 보온 용도로 요긴하게 쓰임이 있을 것 같다.

'자! 내일부터 인도 여행 신나게 해 봅시다!'

DAY14 [인도]

2017.10.10

델리, 화려하고 유서 깊은 옛 인도를 만나다

택시를 타고 8시간 동안 진행되는 델리 시티투어. 2,000루피(원화 34,000원 정도)로 8시간 동안 델리 시티투어가 가능하다. 과거 영어교사였다는 택시 기사분이 영어를 꽤 잘해서 설명을 알아듣는 데 큰 어려움은 없었다.

첫 번째 방문지는 700년 전에 지어졌다는 지하 건물 Agrasen ki Baoli이다. 밖에서 보기엔 평범한 건물이었는데 들어가 보니 너무 근사한 건물이 눈앞에 펼쳐졌다. 우리에게 사진을 찍어 달라고 부탁한 인도 커플한테 이 건물이 어떤 용도냐고 물어보니 사진 찍는 목적이 아니겠느냐고 해서 한바탕 웃었다. 나와서 입구 설명 자료를 읽어 보니 과거 이곳은 물 저장고(Step Well)였다고 한다.

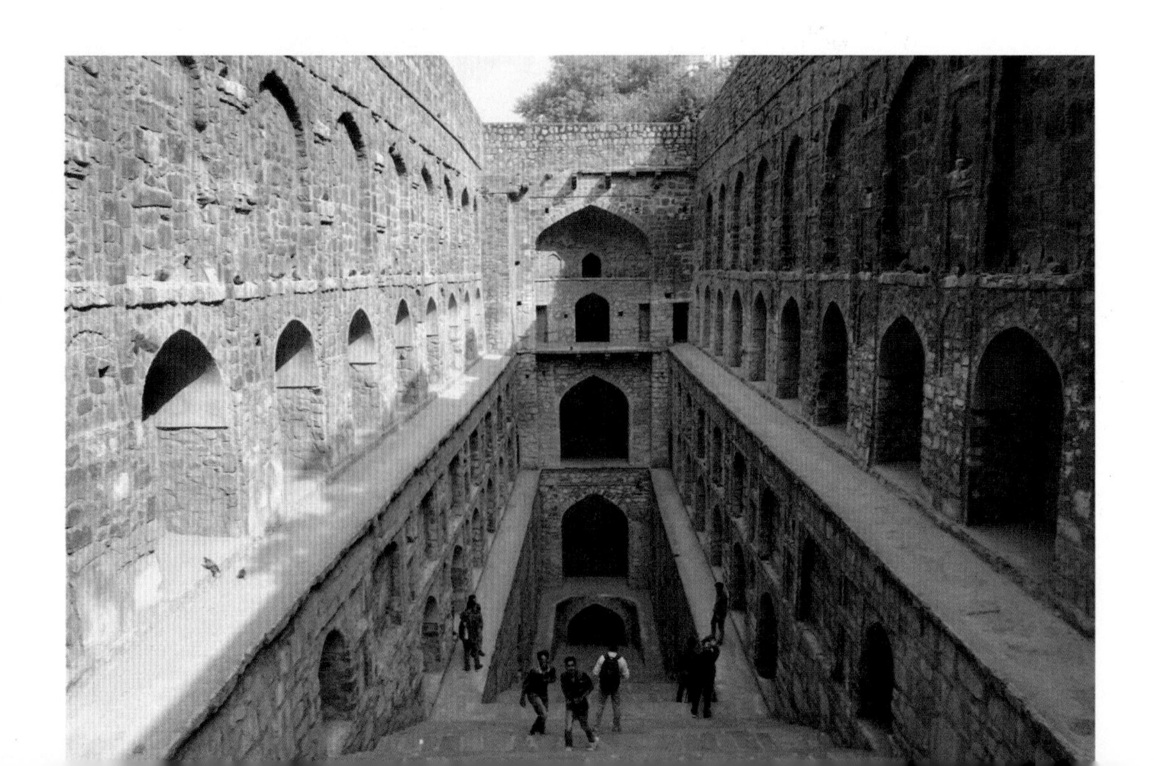

구트브 미나르(Qutub Minar) 승전탑, 바하이 사원, 인도 대통령궁과 의회(Parliament) 주변을 차례로 둘러보니 벌써 점심시간이 되었다. 택시 기사분이 소개한 식당은 이미 단체 예약으로 자리가 없길래 우리끼리 주변 로컬 식당을 찾아 먹기로 하고 인도 사람이 북적이는 식당으로 들어갔다. 카레와 탄두리 치킨을 주문했는데, 훨씬 인도 향신료 향이 강해서 나와 남편은 대충 먹는 둥 마는 둥 했는데 주안이는 맛있다고 순식간에 다 해치웠다.

한 시간여 점심시간을 보내고 난 이후 다시 시티투어가 이어졌다. 오후에는 우리 가족이 가고 싶은 장소가 있으면 데려다준다고 해서 기사분께 인도국립박물관을 가자고 했다. 세계 일주 중 주안이를 데리고 여러 나라의 박물관을 가 보고 싶었는데 인도에서 첫 박물관을 가 보게 되었다. 박물관 안에는 진귀한 고대 유물들이 유리도 없이 그냥 복도에 진열되어 있었다. 혹시 진품이 아닌가 싶어 직원에게 물어보니 모두 진품이었다. 최소 몇백 년에서 최대 천 년도 넘는 작품들이 복도에 줄지어 전시가 되어 있었고, 주안이가 제일 좋아했던 그림관에는 다양한 세밀화가 전시되어 있는데 그림마다 색상이 정말 화려하고 정교했다.

오후 마지막 일정으로 시크교(Sikh) 사원을 둘러보고 호텔로 돌아왔다. 내일과 모레는 아그라와 자이푸르로 넘어가야 하기에 델리에서의 시간은 많지 않았지만, 짧은 시간 동안 여러 곳을 경험할 수 있어서 좋았던 하루였다. 내일부터 이틀 동안은 델리-아그라-자이푸르 일정을 소화해야 한다. 짐을 다시 꾸리려고 오늘 저녁은 간단히 룸서비스로 해결하기로 했다. 우리가 묵은 호텔의 룸서비스는 워낙 저렴해서 치킨 볶음밥과 탄두리 치킨을 시켜서 배불리 먹었다. 만 원이 조금 넘는 가격인데 양도 많고 맛도 훌륭했다. 가끔 이런 호사를 누리는 것도 여행 중 큰 즐거움인 것 같다. 내일은 드디어 우리 인도 여행의 하이라이트 타지마할이다.

DAY15
2017.10.11

[인도]

타지마할, 그 형언할 수 없는 찬란함

인도에 대해 잘 몰라도 인도 하면 떠오르는 명소는 단연 타지마할이다. 17세기 무굴제국의 수도였던 아그라(Agra)에 자리 잡은 타지마할은 사랑하는 아내의 죽음을 추모하며 22년 동안 2만 2천 명의 사람이 동원되어 모두 핸드메이드로 지어진 궁전형 무덤이다. 인도 일정에서 가장 기대되는 타지마할! 드디어 오늘 가 보는구나.

아침 7시 반에 1박 2일 동안 우리와 함께할 기사님을 호텔 로비에서 만나 약 4시간을 달려 아그라에 도착했다. 택시에서 내려 타지마할 내부를 안내할 현지 가이드를 만나서 현지 교통수단인 툭툭으로 갈아타고 바로 타지마할로 향했다. 비좁은 골목을 지나서 드디어 저 멀리에 타지마할이 눈에 들어왔다. 아이보리 대리석의 우아하면서 웅장한 타지마할은 보는 순간부터 큰 전율을 느끼게 했다. 타지마할에는 매일 5천 명이 넘는 외국인 방문객과 4천 명이 넘는 현지인이 방문한다고 한다.

4백 년 전 이 큰 건물을 기계도 없이 모두 사람 손으로 만들었다고 하니 보면서도 놀랍고 또 놀라울 따름이다. 타지마할은 무굴제국 5대 황제인 샤자한 황제가 출산 후 사망한 아내의 유언을 기리며 만들었다는데 어떤 사랑이었길래 22년이라는 시간 동안 이렇게 아름다운 묘당을 만들었을까? 타지마할은 분명 인도 최고의 문화재이다. 하지만 아이러니하게도 토착 인도인에 의해 건설된 건축물이 아닌 당시 이슬람 침략국이었던 무굴제국에서 만든 문화유산이다. 장엄하면서도 정교하고 세련된 디자인과 짜임새 있고 웅장한 정원을 갖추고 있는데, 타지마할의 웅장하고 아름다운 설계를 위해 페르시아인과 이탈리아인, 프랑스인이 공동으로 디자인을 맡았다. 또한, 세밀한 조각과 세공을 위해 바그다드나 유럽 등에서 최고의 장인을 초빙해서 공사를 진행하였으며 토착 인도인들의 참여는 단순한 현장 노무자로 제한적이었다고 한다.

더 가까이 보기 위해 타지마할 안으로 이동했다. 타지마할의 벽면은 눈이 부실 정도로 하얀 대리석으로 이루어져 있다. 실제 타지마할에 들어가 보니 생각한 것보다 훨씬 더 웅장하고 아름다웠다. 우리 가족은 강렬한 태양빛을 받고 화려한 빛을 반사해 내는 타지마할의 찬란한 아름다움에 흠뻑 빠지게 되었다. 벽도 만져 보고 앉아도 보고 수없이 사진을 찍으며 타지마할을 우리의 눈과 마음 모두에 담으려 노력하였다. 눈부시게 아름다운 타지마할. 사연을 알고 보면 더 슬프고, 그래서 더 아름다운 곳이었다.

타지마할 관람을 마치고 다시 차로 4시간 넘게 달려 라자스탄 지역에 위치한 자이푸르로 향했다. 자이푸르는 핑크시티(Pink City)라고도 불리는데, 과거 라자스탄 지역을 진입하기 위해서 반드시 통과해야 하는 협곡에 자리 잡은 암베르(Amber)성과 자이푸르 궁전으로 유명한 도시이다. 아침에 델리를 출발하여 하루 만에 아그라를 거쳐 다시 자이푸르로 총 500km가 넘는 거리를 달렸다. 자이푸르의 숙소는 네팔에서 우연히 만났던 인더월드 사장님이 소개해 준 호텔을 예약했는데, 가격 대비(원화 5만 원) 쾌적한 방과 조식이 정말 마음에 들었다. 세계 일주 기간 동안 워낙 많은 곳을 다녀야 하기에 모든 일정을 사전에 완벽히 준비하지 못하고 그때그때 찾아보고 결정해서 다녀야 하는데, 여행 중 우연히 만난 분의 소개로 최적화된 인도 여행 코스와 숙박까지도 도움을 받게 되니 참 감사한 마음이 든다. 나중에 우리 가족도 여행 중 만나게 되는 누군가에게 기꺼이 도움을 주어야겠다.

세계 일주 중 주안이가 그린 타지마할

DAY16
2017.10.12

[인도]
핑크시티 자이푸르와 유니크한 매력을 지닌 암베르성

어제 본 타지마할의 감동을 잊지 못한 채 오늘은 자이푸르의 암베르성을 방문하는 날이다. 자이푸르 New City는 여러 색상으로 덮여 있지만 Old City 쪽은 분홍빛을 띠는 건물로만 되어 있어 핑크시티(Pink City)라고도 불린다.

암베르성까지 올라가려면 화려하게 치장된 코끼리를 타거나 택시로 올라가야 한다. 코끼리를 타는 것도 색다른 경험이지만 코끼리를 타기 위한 대기 시간이 30분 넘게 걸린다고 해서 시간 관계상 타고 있던 택시로 암베르성 입구까지 올라갔다.

4백 년 전에 지어진 암베르성은 라자스탄 지역으로 진입하는 협곡의 길목에 자리 잡고 있어 요새(Fort)로도 불리는데 웅장하고 아름다울 뿐만 아니라, 춥고 더운 날씨에 대비하기 위해 건축 구조학적으로 쿨링(Cooling)과 히팅(Heating)이 잘될 수 있도록 지어졌다고 한다.

성 내부의 아름다운 꽃문양 벽면들은 보석을 갈아서 파우더로 만들어 색을 입혔다. 그중 햇빛을 받아 유달리 반짝이는 천장 무늬가 있었는데 진짜 금으로 색칠해져 있다.

왕비가 주로 거닐었다는 궁전 내 정원을 거닐어도 보고 아기자기한 실내 구조물들을 둘러보니 어느덧 떠날 시간이 되었다.

이렇게 타지마할과는 또 다른 느낌의 암베르성 관람을 마치고 자이푸르에서 유명하다는 염색, 카펫 직조 공장과 보석의 원석을 가공하는 젬스톤(Gemstone) 공장을 잠시 들렀다. 택시 기사 겸 가이드분께 우리가 세계 일주 중이라 쇼핑을 하게 되면 짐이 되어 구입하지 않는다고 정중히 말씀드렸지만, 보는 것도 공부라는 기사님의 간곡한 요청으로 방문하게 되었다. 아마도 손님을 데리고 간 대가로 일정의 수수료를 받는 듯했다. 그런데 의외로 생각보다 훨씬 예쁘고 저렴한 스카프와 젬스톤을 구매할 수 있었다. 아름다운 색으로 염색된 스카프는 단돈 5천 원으로 유럽을 여행할 때 멋 내기 아이템이 될 것 같다. 예쁜 보석에 관심이 많은 주안이에게 젬스톤이 종류별로 다 달려 있는 팔찌를 사 주었다. 만 원도 하지 않는데 알록달록 십여 가지의 젬스톤이 주렁주렁 달렸다. 저렴하지만 아름다운 젬스톤을 보면서 소소한 행복을 선물 받은 느낌이었다.

이후 다시 5시간 동안 달려 델리로 돌아왔다. 1박 2일의 바쁘고 짧은 일정이었지만 수백 년 전으로 시간 여행을 다녀온 것같이 인도에서의 시간이 꿈처럼 지나간 것 같다.

호텔에 도착해서는 밀린 옷을 빨고 내일 출발하는 아프리카 일정을 점검했다. 아프리카에서는 또 어떤 일들이 기다리고 있을까? 처음 여행을 기획할 때 다소 두려움이 앞섰던 아프리카. 드디어 내일이면 아프리카로 떠나는구나.

DAY17
2017.10.13

[인도/에티오피아/케냐]
델리의 마지막 하루와 아프리카로 떠나는 야간 비행

인도에서 마지막 날이다. 오늘은 자정이 넘어 새벽 비행기로 에티오피아행 비행기를 타야 하기 때문에 숙소에서 쉬면서 짐도 재정비하고, 큰 쇼핑몰에 가서 점심을 먹기로 했다. 우리 호텔 앞은 나서기만 하면 현지인들이 달라붙어 이동에 어려움이 있기에 오늘은 우버를 이용해 쇼핑몰로 향했다. 현지 유심(USIM)을 쓰면 한국 전화와 문자가 안 되는 불편함은 있지만, 현지 핸드폰 번호가 생기니 이동할 때 우버를 사용하면 안전하고 편리하며 요금 바가지를 피할 수 있어 좋다. 대형 쇼핑몰에 간 이유 중 하나가 카메라 렌즈 커버를 안나푸르나에서 잃어버려 새로 구입하기 위해서였는데, 델리에서 제일 크다는 쇼핑몰이지만 판매하는 곳을 찾을 수 없었다. 그래도 세계 일주를 하면서 처음 온 대형 쇼핑몰이니 온 김에 점심을 해결하기로 했다. 조금 걷다 보니 버거킹이 보였다. 우연히 들른 버거킹 매장이었는데 이 매장이 인도 1호점이라고 한다. 남편이 주안이에게 살아 있는 인도 영어 체험도 해 볼 겸 주문을 대신 부탁했다. 처음에는 멈칫하더니 이내 주안이가 또박또박 영어로 주문했다. 작은 경험이지만 이렇게 하나씩 새로운 것을 도전하다 보면 어느새 주안이의 언어능력과 낯선 사람을 대하는 것에 대한 자신감도 점점 더 늘어나게 될 것이다. 예쁜 꼬마 친구가 계속 눈만 마주치면 웃어 주길래 그 아이랑 주안이랑 나란히 사진도 찍고 버거킹에서 오래간만에 맛있는 햄버거를 먹었다.

점심을 마치고 호텔로 돌아왔는데 비행기 탑승 시간까지는 여전히 시간이 많이 남아 있었다. 새벽 2시 비행기라 체크아웃 후 탑승 시간까지 12시간 넘게 밖에 있어야 한다. 하지만 궁하면 통하는 법! 남편이 호텔 지배인과 협의해서 하루 호텔 방값의 절반도 안 되는 금액으로 밤 9시까지 머물기로 했다.

숙소에서 휴식 후 9시 반쯤 공항에 도착해서 출국 수속을 마치고 라운지에 도착하니 그 사이 자정이 넘었다. 잠시 후 뉴델리를 출발해서 에티오피아의 아디스아바바로 이동 후 비행기를 갈아타기 위해 4시간 정도 머문 다음 다시 최종 목적지인 케냐의 나이로비로 가는 일정이다. 우리 가족의 첫 아프리카 여행! 아프리카에서는 어떤 재미난 일들이 있을지 벌써부터 기대된다.

아프리카

아프리카

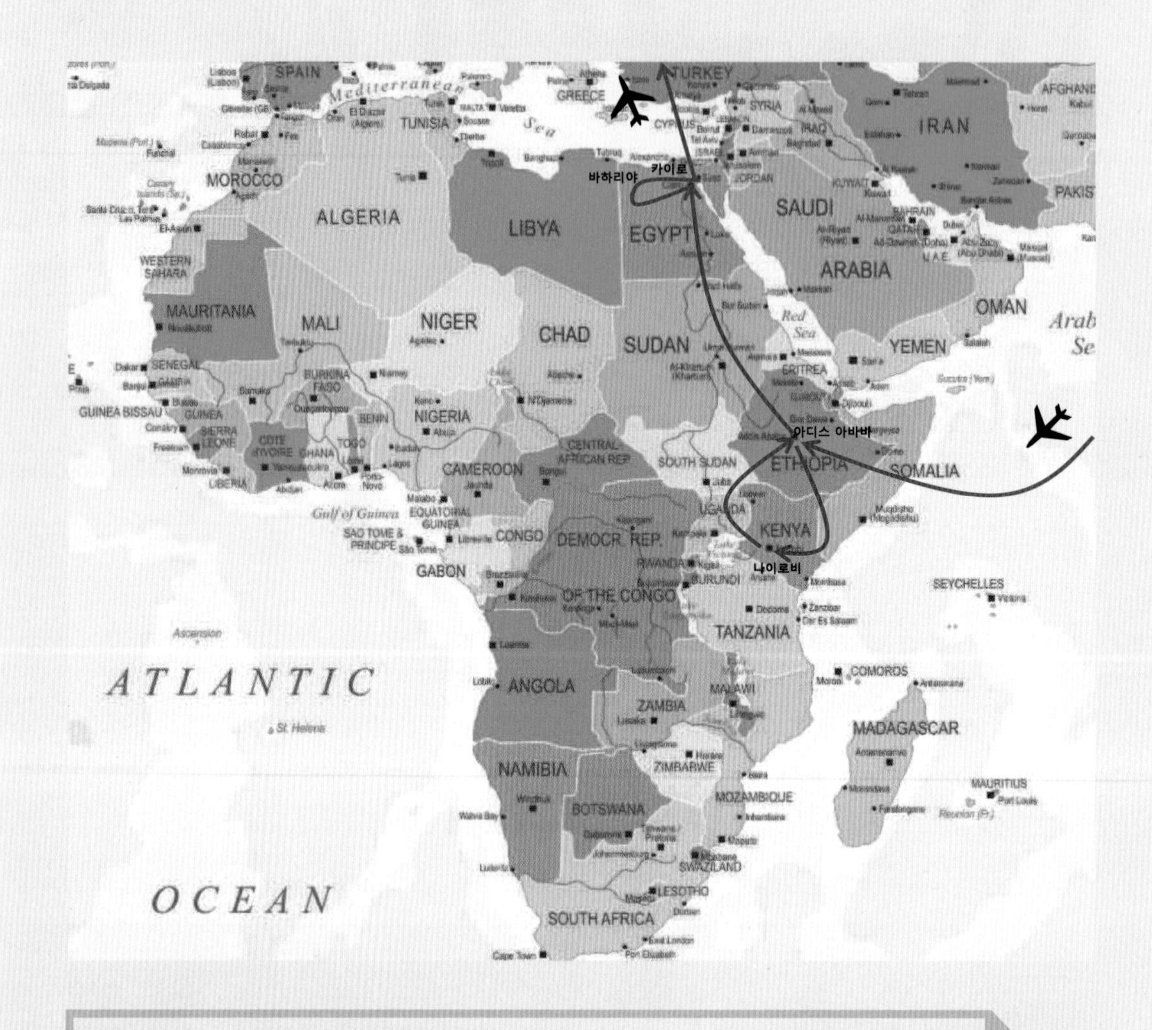

아프리카 여행기간(총 18일)

2017년 10월 14일: 아디스아바바 IN

→ 2017년 10월 31일: 카이로 OUT

방문국가/도시(3개국/6개 도시)

에티오피아2, 케냐2, 이집트2,

아디스아바바 → 나이로비 → 마사이 마라 → 나이로비 → 아디스아바바 → 카이로 → 바하리야 → 카이로

아프리카 여행의 주요 테마

① 광활한 아프리카 초원과 동물의 왕국, 마사이 마라 사파리
② 고대 역사 유적지 피라미드, 스핑크스, 이집트 박물관
③ 바하리야 사하라(사막)의 4가지의 종류 사막 투어와 사막에서의 야영(밤 하늘의 별 보기)
④ 커피의 본 고장 에티오피아의 전통 커피 체험과 역사, 문화 유적지 방문

주요 Activities 및 이동 수단

- **마사이 마라(Masai Mara) 사파리(2박 3일)**

마사이 마라 투어(나이로비 ↔ 마사이 마라)

- **아디스아바바 및 티나(Tina), 마리암 (1일 투어)**

택시 투어(요금은 택시 기사에 따라 다름)

- **바하리야 사막투어(1박 2일)**

바하리야까지 택시로 이동(왕복/USD $100, 2017년 기준) 후 현지 전용 투어 합류

아프리카 대륙은 적도를 중심으로 북반구와 남반구에 반반씩 걸쳐 있다. 이렇게 길게 늘어선 아프리카 대륙을 자세하게 둘러보기란 쉽지 않다. 특히, 황열병, 말라리아와 같은 풍토병을 조심해야 하고 정치적으로 불안정하거나 치안이 안 좋은 국가는 피해야 하며 여행 동선을 짤 때 사막, 정글, 밀림 등 다양한 자연환경도 함께 고려해야 한다. 이외, 교통 인프라와 국가별 치안 정도가 다르기 때문에 아프리카 대륙 내에서 여행 루트를 정할 때 이러한 부분을 종합적으로 고려해서 교통 편을 결정해야 한다.

◈ **풍토병 예방 접종**: 일부 아프리카 국가를 입국할 때 해당국에서 요구하는 풍토병 예방 접종 확인서가 반드시 있어야 한다. 접종 후 항체가 생기는 데 시간이 걸리므로 적어도 여행 한달 전에 접종을 완료해야 한다.

(풍토병 접종 문의) 국립중앙의료원 홈페이지 www.nmc.or.kr, 감염병 센터 해외여행 클리닉, 1588-1775)

◈ **주요 액티비티 및 방문 루트 결정**: 우리 가족이 아프리카 여행을 계획할 제일 하고 싶은 액티비티는 아프리카의 광활한 초원과 야생동물을 볼 수 있는 케냐 마사이 마라 국립공원의 사파리 투어와 이집트의 피라미드와 스핑크스, 이집트 박물관 방문, 그리고 4가지 종류의 사막을 둘러보는 사막투어에 참여하는 것이었다.

아프리카 대륙 최남단에 있는 남아프리카 공화국까지 방문하는 일정도 고려했지만, 케냐에서 시작해 아프리카 대륙을 종으로 횡단해서 남아프리카 공화국을 찍고 다시 대륙의 제일 위쪽에 있는 이집트까지 지그재그로 올라오는 것은 여행 동선과 비용, 시간 면에서 효율적이지 않다. 그래서, 가장 효율적인 여행으로 가족 모두가 원하는 액티비티를 모두 할 수 있는 〈케냐-이티오피아-이집트〉루트로 정했다.

참고로, 아프리카 초원과 야생동물을 볼 수 있는 사파리 투어의 경우, 영화 라이언 킹으로 가장 많이 알려진 곳인 탄자니아의 세렝게티 국립공원과 케냐의 마사이 마라 국립공원이 유명하다. 실제로 두 공원은 국가는 다르지만 남북으로 붙어 있어서 계절 별로 동물들이 남쪽의 탄자니아 세렝게티 지역과 북쪽의 마사이 마라를 오르락내리락 하기 때문에 방문 시점에 따라 동물을 볼 수 있는 최적의 장소가 다르다. 우리가 방문했던 10월은 북쪽의 마사이 마라에서 탄자니아의 세렝게티로 동물 대이동(Grand Migration)이 시작하는 시기로 마사이 마라가 세렝게티에 비해 면적은 작지만 대신에 동물들의 밀도가 높아서 더 많은 개체수의 동물을 볼 수 있는 장점이 있다. 따라서, 우리는 세렝게티 대신에 동물 대이동을 더 잘 볼 수 있는 마사이 마라를 방문하게 됐다.

◈ **케냐**: 케냐는 아프리카 국가 중 인터넷 이용 환경이 상대적으로 좋은 편이다. 공항에서 유심칩을 구입하여 바로 우버를 불러서 시내로 이동이 가능하나. 사파리 투어는 나이로비에서 출발하는데, 현지에서 사파리(Safari)는 게임 드라이빙(Game Driving)이라고도 불린다. 사파리 투어는 차량의 크기에 따라 출발 인원(팀)이 정해지게 되며, 사전에 인터넷 혹은 이메일을 통해 여행사에 예약해 두는 것이 좋다. 참고로, 사파리 투어 비용은 탄자니아의 세렝게티 투어보다는 마사이 마라 투어가 조금 더 저렴한 편이다.

다음은 아래는 세계 일주 때 이용한 케냐의 사파리 투어 업체에 대한 정보다. (2017년 10월 기준)

〈Big Time Safaris〉

• 홈페이지: bigtimesafaris.co.ke • email: info@bigtimesafaris.co.ke

Big Time 사파리(2박 3일): 인당 USD $310(인원에 따라 요금 협의도 가능)

- Day1: 나이로비(08:00am출발/5-6시간 소요) - 마사이 마라(오후 게임 드라이빙)

- Day2: 마사이 마라 전일 사파리/ 오후 사파리 후 마사이 부족 마을 방문(별도)

- **Day3**: 새벽 타임/오전 타임 사파리 후 나이로비로 이동
- **포함 서비스**: 숙소, 전일 식사, 생수, 호텔 픽업/드롭 서비스, 여행 짐 보관, 공항 픽업/드롭 서비스(별도요금)
- **숙소**: 마사이 마라 자연보호 구역 부근 캠프(Miti Mingi Camp/텐트 숙박)

◈ **에티오피아**: 에티오피아의 인터넷 인프라는 매우 낙후되어 있다. 공항에서 웃돈을 받고 유심칩을 파는 호객꾼들이 많으니 주의할 필요가 있다. 또한 에티오피아에서 인터넷 데이터를 이용하고자 할 경우 공항에서 핸드폰을 등록하는 절차를 밟아야 하는데 시간도 많이 걸리고 번잡하다. 또한, 도심에 있는 통신사 매장에서도 유심칩과 데이터를 구매할 수 있는데, 데이터 감도와 접속 속도가 기대 이하이다. 한마디로, 다른 국가에 비해 스마트 폰 이용 환경이 매우 불편하고 열악하다. 택시 요금은 현지 물가를 고려했을 때 비싼 편이고 택시의 차량 모델도 적어도 30-40년 이상은 되어 보일 정도로 낙후됐다. 치안은 비교적 안전한 편이고 여행객들에게도 친절하다. 그래도 가급적 밤에 다니는 것은 삼가하는 것이 좋다.

◈ **이집트**: 이집트의 카이로 공항에 도착하면 공항 곳곳에 공식 관광 안내원 임을 강조하며 호텔과 교통편을 안내하는 호객꾼들을 많이 볼 수 있다. 그 중 진짜 안내원도 있겠지만, 누가 진짜인지 판단하기가 어렵기 때문에 호객꾼을 뿌리치고 공항에서 유심칩을 구입한 후 바로 우버를 불러 시내로 이동하는 것을 추천한다. 이집트는 기대 이상으로 우버 서비스가 활성화 되어 있고 이용요금도 저렴한 편이어서 카이로 시내를 이용할 때 기사의 신원이 보장되고 편리한 우버 서비스를 이용하는 것을 추천한다.

(Tip) 이집트 바하리야 사막투어 문의: 이경미 대표
(네이버 카페: "바하리야 경미네 사막투어" 또는 https://cafe.naver.com/bahariya)

DAY19 [케냐]

2017.10.15

드디어 동물의 왕국 마사이 마라(Masai Mara)에 가다

오늘부터 2박 3일간의 마사이 마라(Masai Mara) 사파리 투어 시작이다. 아프리카 하면 막연히 떠올랐던 곳이 동물의 왕국에서 보았던 세렝게티였다. 이번 아프리카 여행의 핵심이 바로 탄자니아에 있는 세렝게티 방문이었다. 사파리 투어를 알아보던 중 세렝게티 북쪽 지역은 케냐의 마사이 마라와 연결되어 있다는 것을 알게 되었고 세렝게티는 우기인 11월~5월까지 동물들이 많이 머무는 반면, 물이 부족한 6월~10월 건기에는 케냐의 마사이 마라로 수십, 수백만 마리의 동물이 이동한다는 것을 알게 되었다. 이런 이유로, 우리는 방문 시기를 고려해서 탄자니아의 세렝게티 대신 동물들을 더 많이 볼 수 있는 케냐 마사이 마라로 행선지를 변경했다.

〈라이언킹〉의 배경이었던 마사이 마라!

드디어 오늘 가족과 함께 마사이 마라 게임 드라이브(Game drive)를 떠나게 된다. 나이로비에서 마사이 마라까지 차로 4시간 반 정도 소요되었다. 짧지 않은 이동 시간이지만 덜컹거리는 차에서 보이는 멋진 아프리카의 풍경에 가는 길이 전혀 지루하지 않았다.

오후 3시 반, 드디어 마사이 마라 캠핑장에 도착했다. 여기서 2박 3일간 머물며 마사이 마라 게임 드라이브를 할 예정이다. 캠핑장에서 게임 드라이브를 위해 오리엔테이션을 하였는데 우리 조는 캐나다인 2명, 영국인 2명, 그리고 우리 가족 3명으로, 총 7명이다. 숙소인 텐트 안에는 나무 침대와 소박한 화장실과 샤워 시설이 준비되어 있었다. 아주 외진 곳에 있는 탓에 전기는 오후 5시 반부터 10시까지 들어오고 10시부터는 캠핑장 내 모든 전기가 꺼진다고 한다. 숙소에 짐을 풀고 오후 4시부터 6시까지 진행되는 오후 타임 게임 드라이브를 나섰다.

게임 드라이브는 동물원의 사파리처럼 차량에 탑승하여 동물들을 찾아다니며 보는 것을 말하는데, 동물원과 다른 점이라면 게임 드라이브는 특수 제작된 지프차를 타고 아프리카의 광활한 초원을 제한 없이 거침없이 다니며 자연 그대로의 동물들을 보기 위해 찾아다니는 것이다. 참고로 특수 제작된 지프차는 천장이 위로 열리게 되어 있어서 서서 동물들을 감상할 수 있다.

드디어 광활한 케냐 마사이 마라 국립보호구역 입장!

제일 먼저 얼룩말들이 우리를 반겼다. 곧이어 보기 쉽지않다는 치타 역시 첫날 바로 만나는 행운을 얻었다. 마사이 마라 국립자연보호구역의 초원이 워낙 광활하다 보니 지프차 기사들끼리 무전으로 통신하며 주요 동물들이 발견되는 위치를 서로 알려 준다.

이름 모를 들소와 평화로운 하마 가족들, 그리고 해 질 녘 만난 수십 마리의 코끼리 가족은 붉게 물들어 가는 아프리카의 광활한 초원과 조화를 이루며 신비한 느낌을 자아냈다.

비록 오늘은 2시간 정도만 게임 드라이브를 해서 많은 종류의 동물을 만나지는 못했지만 대신 늦은 오후부터 시작되어 아프리카 대평원에 드리워진 아주 멋진 노을과 일몰 풍경을 선물로 받았다. 어떤 동물을 만나게 될지에 대한 기대감, 그리고 야생 그대로의 동물을 바로 코앞에서 만난다는 떨림과 전율을 느낄 수 있었던 마사이 마라의 첫날이었다. 동물을 보는 것만큼이나 즐겁고 설레었던 마사이 마라의 아름다운 풍경들을 보면서 새삼 아프리카의 초원에 올 수 있게 된 것에 대해 깊은 감사함이 들었다.

숙소로 돌아와 저녁을 먹고 아프리카 초원의 쏟아지는 별을 감상했다. 그리고 아침 일찍부터 하루를 시작해서 그런지 이내 잠이 쏟아졌다. 우리는 아프리카의 캄캄하고 긴 밤 속으로 들어갔다. '꿈에서 다시 만나자, 마사이 마라!'

DAY20
2017.10.16

[케냐(1)]

숨이 막힐 듯한 감동! 초원을 가로지르는 수십만 마리의 동물 대이동

마사이 마라 2일 차 아침이다. 동이 트자 아침 일찍부터 길을 나서는 마사이족 아이들의 모습이 인상적이다.

첫날, 마사이 마라 사파리 투어는 우리가 기대한 그 이상이었다. 벌써부터 내 나이 50이 되기 전에 꼭 다시 방문하고 싶은 장소가 되었다. 이 놀라운 경험을 가족이 함께 할 수 있어 너무 행복하다.

사파리 투어 둘째 날에 처음 만난 동물은 바로 기린이다. 기린이 걷는 걸 오랫동안 봤는데 정말 우아한 동물이란 걸 처음 알았다. 서로 쓰다듬는 모습이 마치 구애하는 것 같았다.

이리저리 사방을 분주하게 뛰어다니는 누떼, 자주 만났지만 볼 때마다 카메라를 들게 만드는 얼룩말, 머리에 뿔이 달린 들소, 두더지같이 생긴 몽구스, 초원 벌판 위를 사뿐사뿐 걷고 있는 타조, 발레리나와 같이 경쾌한 움직임의 임팔라…. 이렇게 광활한 대자연에서 차로 조금만 움직이면 보이는 야생 동물을 보면서 감탄하지 않을 수 없다.

게임 드라이브 중 갑자기 암사자와 새끼들이 눈앞에 나타났다. 새끼들은 누워 있고 어미 사자는 주변 동물들을 잡기 위해 조용히 몸을 세워 주변을 두리번거리며 응시하고 있었다. 모두 숨죽여 이 모습을 지켜보았다. 이때 어미 사자의 시선을 피해 새끼들 주변을 서성거리는 하이에나들이 보인다. 잠시 후 어미 사자가 하이에나 쪽으로 고개를 돌렸다. 그리고 이내 하이에나를 향해 뛰어가는 시늉을 하자 빠른 속도로 하이에나가 냅다 도망친다. 짧은 시간이었지만 동물의 왕국 속에 들어온 우리들은 모두 긴장과 놀라움에 할 말을 잊었다.

점심시간이 되어 초원 한가운데 덩그러니 서 있는 나무 아래에 차를 세웠다. 조금 전에 사자를 보았던 곳에서 불과 얼마 떨어지지 않은 곳이다. 다른 그룹과 어울려 함께 초원에 둘러앉아 가이드가 미리 준비해 온 샌드위치와 과일을 먹었다. 그야말로 무방비 상태에서 스릴 있게 점심을 먹고 있는 것이다. 혹여 점심을 먹는 동안 사자가 나타나면 어쩌나 싶었는데, 다행히 동물들은 사람이 모여 있는 쪽으로 일부러 오지는 않는단다.

스릴 만점의 점심 식사 후, 이번 게임 드라이브 중 가장 생생한 장면이 펼쳐졌다. 주안이가 그토록 보고 싶어 했던 먹이사슬의 모습을 바로 1미터 앞에서 볼 줄이야! 우리 눈앞에 사냥을 마친 암사자와 죽어 있는 들소가 보였다. 피 냄새가 강하게 난다. 불과 10여 분도 안 되는 시간에 벌어진 일인 것 같다. 먹는 장면은 사진으로 찍지는 않았지만 주안이가 사자가 들소를 뜯어먹는 장면을 보고 정확히 설명해 주었다.

누워 있는 들소 옆으로 피 냄새를 맡고 날아든 독수리 떼가 마치 순번을 기다리듯 무리 지어 서 있고 암사자의 뒤쪽 수풀 속에는 아기 사자들이 옹기종기 모여 있다. 그리고 그 옆에는 멋진 아우라를 뽐내며 수사자가 새끼들을 지키고 있다.

들소의 죽음이 안타깝지만 한편으로는 이러한 사냥이 이 사자 가족에게는 푸짐한 식사가 될 것이고, 아기 사자들이 자라는 데 필요한 영양분을 공급해 줄 것이다. 이것이 자연의 법칙인가 보다. 우리가 본 수사자는 이 구역의 왕이라고 했다. 여러 암사자를 거느리고 있는데 암사자가 헌팅을 할 동안 새끼 곁을 지키는 모습이 참 인상적이었다.

한참을 사자 가족에 빠져 넋을 놓고 있다가 다시 게임 드라이브가 시작됐다. 이번엔 앙상한 나무 위에 올라가 쉬고 있는 표범(Leopard)을 만났다. 마치 보호색을 띤 것처럼 나무색과 잘 어울려 자세히 보아야 알 수 있다.

새파란 하늘과 어울려 마치 한 폭의 그림 같았다. 그러다 또다시 놀라운 광경이 펼쳐졌다. 수십 마리의 기린이 무리 지어 걸어가는 모습이 보이더니 잠시 후 우리 차는 수십만 마리의 누떼와 얼룩말 무리 속으로 들어와 있었다. 말로만 듣던 아프리카 초원의 동물 대이동(Grand Migration)의 현장에 우리가 들어와 있는 것이다.

6월에 탄자니아에서 케냐 마사이 마라로 이동한 동물들이 계절이 바뀌려는 시기에 풀을 찾아 다시 탄자니아 세렝게티로 대이동을 시작하는 모습이다. 초원에 펼쳐져 있는 수십만 마리의 누떼와 더불어 저 멀리 언덕 위를 유유히 걸어가는 기린 떼의 모습이 보인다. 마치 〈라이언킹〉에서 보았던 장면과 같았다. 평생 잊을 수 없는 경이롭고 장엄한 광경이었다.

게임 드라이브의 막바지가 되었다. 어느새 아프리카 초원도 어두워져 간다. 돌아가는 길에 어미 사자와 바로 뒤를 따르는 세 마리의 아기 사자 가족과 마주쳤다. 다리가 불편한 듯 보이는 아픈 형제 사자를 위해 다른 새끼 사자 한 마리가 천천히 보조를 맞추며 걸어가고 있었다. 어미 사자는 멀리 서서 가만히 이를 지켜보고 있는데 보는 내내 무엇이라 설명할 수 없는 울컥함이 올라왔다.

5시간이 어떻게 지나갔는지 모를 정도로 멋진 시간이었다. 이로써 2일 차 게임 드라이브가 끝났다. 오전에 암사자가 들소를 헌팅하는 장면을 유심히 보던 주안이가 가만히 내 곁에 와서 나와 남편에게 뽀뽀를 해 주었다. 그러면서 "엄마, 내가 살다 살다 이런 명장면을 보네요. 감사합니다." 하는데 만 11살인 주안이에게 평생 잊지 못할 추억을 만들어 준 것 같아 나도 함께 벅찼다.

세계 일주 중 주안이가 그린 마사이 마라

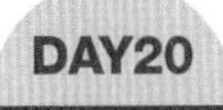

[케냐(2)]

마사이 부족의 특별한 환영식

감동적인 게임 드라이브를 마치고 4시 반에 숙소로 복귀했다.

7시 저녁 전까지 자유 시간을 보내거나 10불을 내고 근처에 있는 마사이족 마을을 방문할 수 있는 옵션이 있다. 마사이 마라에 살고 있는 마사이족! 여기까지 왔는데 당연히 가야지. 주안이에게 마사이족 살고 있는 모습을 보여 주는 것도 큰 산 교육이 될 것이기 때문이다. 부족 일원 한 명이 우리 가족을 데리고 마을로 안내했다. 마을에 도착하니 마을 안내를 해 줄 족장의 아들 르메인이 나와 인사하며 마음껏 사진 찍고 편하게 있으라며 우리를 맞아 주었다. 아담해 보이는 마을에는 200여 명의 부족원이 살고 있다고 했다.

마을 입구에는 여느 동네처럼 아이들이 천진난만하게 놀고 있었고 우리를 환영하는 노래와 춤을 선물한다고 여러 명의 마사이 부족원들이 모였다. 주안이에게도 부족의 화려한 옷과 목걸이를 걸어 주고 같이 춤을 추었다. 마사이족은 밝은 색 옷을 좋아하는데 특히 빨간색을 좋아한다고 했다. 멋진 환영식 이후에는 부족원들이 직접 기르는 새끼 양들을 보여 주었고 라이터나 성냥 없이 불을 피우는 법도 알려 주었다.

마지막으로 족장 아들 르메인이 사는 집을 방문했다. 집에 들어가자마자 정중앙에 부엌이 있고 부엌을 중심으로 왼쪽에는 아이 방, 오른쪽에 부부 방이 있었다. 집은 부족 여자들이 3개월에 걸쳐 지었는데 벽은 모두 소똥으로 만든다고 했다. 집은 매우 작았지만 생각보다 훨씬 아늑하고 따뜻했다.

마을 구경을 마치고 잠시 주변을 둘러볼 수 있는 시간이 주어졌다. 마침 아이들이 모여서 공놀이를 하고 있어서 르메인이 아이들을 불러 주안이랑 함께 놀아 보고 사진도 찍게 해 줬다. 티 없이 맑은 아이들이 주안이랑 서 있는데 갑자기 배낭에 들고 다니는 막대사탕이 생각났다. 차, 버스, 비행기 이동 시간이나 트래킹 등 힘들 때 먹으려고 사탕 큰 봉지 하나를 통째로 들고 다녔는데 주안이가 참 좋아하는 사탕이다. 마사이 아이들은 자주 먹지 못하는 거니 남편이 아이들에게 선물하자고 제안했다. 주안이도 흔쾌히 동의했다. 사탕을 먹는 아이를 보고 다른 아이들도 멀리서 뛰어왔는데 사탕이 부족해 속상해하는 아이들이 보였다. 꽤 많은 양이었는데 사탕이 금방 없어졌다. 아이들이 이렇게 많을 줄 알았더라면 더 많이 가져왔을 텐데…. 아쉬워하는 아이들에게 급한 대로 가방에 있던 큰 껌 통을 건네주었다. 어느새 저 멀리 하늘 위로 노을이 붉게 물들고 있었다.

DAY23
2017.10.19

[에티오피아]

커피의 나라 에티오피아 도착

에티오피아에 도착해서 도착 비자(On-Arrival Visa)를 발급받고 짐 찾고 환전까지 30분도 채 걸리지 않았다. 생각보다 너무 금방 입국 절차가 끝나서 가벼운 마음으로 유심을 사기 위해 공항을 둘러보았는데 판매하는 곳이 보이질 않는다. 호텔 안내하는 여자분이 다가와서 호텔을 찾냐고 해서 유심칩을 살 거라고 하니, 우선 다시 공항 안에 있는 핸드폰 등록 부스로 가서 핸드폰을 등록해야지 유심이 작동을 할 거라고 한다. 세상 처음 듣는 이야기에 어리둥절했지만 유심을 끼운 후 호텔 픽업 관련해서 전화를 해야 했기에 서둘러 핸드폰을 등록하러 다시 공항 안으로 들어갔다. 여자분이 얘기했던 곳으로 가 보니 조그마한 창구 앞에 사람들이 핸드폰을 들고 길게 늘어서 있었다. 창구에 핸드폰과 여권을 들이밀면 그걸 자리로 가져가서 컴퓨터에 입력하고 돌려주는데, 중간에 새치기하는 사람도 많고 직원들 일하는 속도가 너무 느려 1시간을 넘게 창구 밖에서 사람들에게 밀리며 기다리다가 겨우 핸드폰 등록을 마쳤다. 밖에는 우리를 픽업하러 호텔에서 온 직원이 기다리고 있을 텐데 핸드폰 등록 하나에 시간을 너무 많이 보냈다. 우여곡절 끝에 공항으로 픽업을 나온 호텔 직원을 만나 오후 늦게 호텔에 도착했다.

공항에서 긴 시간을 보내고 호텔 체크인을 하니 긴장이 풀어져서인지 많이 피곤했지만, 더 어두워지기 전에 동네 한 바퀴 둘러보고 저녁 먹을 곳을 찾기로 했다. 동네에는 학교가 하나 있었고 작은 가게와 커피숍이 꽤 많이 있었다. 그중 가장 에티오피아 느낌이 나는 커피숍으로 들어갔다. 커피 한 잔에 10비르. 원화로 400원 정도이다. 커피를 주문하자 마음씨 착해 보이는 직원분이 직접 숯불로 커피콩을 볶은 후 다시 숯불 위에 주전자를 놓고 물을 끓였다. 진한 커피 향이 진동한다.

숯불로 정성스럽게 데운 따뜻한 커피를 직접 테이블로 오셔서 따라 주시는데 향이 너무 좋았다. 커피의 본고장 에티오피아에서 만난 깊은 내음의 첫 번째 커피! 커피를 마시려고 하니 작은 통에 숯과 허브 가루를 넣고 불을 피워 향을 맡게 한다. 왜 그러냐고 물어보니 커피 세리머니라고 한다. 우연히 들른 카페였지만 운 좋게도 처음부터 제대로 된 에티오피아 커피를 맛보게 되었다. 남편과 나는 눈을 감고 풍미를 느껴 보았는데 절로 미소가 번졌다. 비록 가격은 400원밖에 안 되는 커피지만 향기와 맛, 그리고 엄청난 정성이 더해져서 평생 잊을 수 없는 커피를 맛보게 되었다.

커피를 마시고 메뉴판을 찬찬히 살펴보니 커피 말고도 음식 메뉴가 많았다. 직원이 추천해 줘서 에티오피아의 대표적인 음식 인제라(injera)를 주문했다. 인제라는 우리나라 전병처럼 생겼는데 여기에 각종 채소, 고기 등을 넣고 손으로 싸 먹는 음식이다. 우리가 시킨 인제라는 Beef & Spicy Chicken 인제라로 밀전병과 같은 랩(Wrap)에 같이 싸 먹으면 된다. 피자 한 판보다 훨씬 큰 인제라 역시 잘 먹는 주안이! 주안이가 먹는 모습을 유심히 지켜보던 직원이 우리에게 다가와서는 맛있게 먹어 줘서 고맙다고 했다.

운 좋게도 첫날부터 생각지 못했는데 우연히 들른 티하우스에서 풍미 가득한 에티오피아 커피와 맛있는 에티오피아 전통음식을 맛볼 수 있었다. 맛있는 저녁 후 호텔로 돌아와서 주안이는 케냐에서부터 그리던 BMW 콘셉트카를 완성했다. 주안이의 멋진 그림처럼 아직 미정인 우리의 에티오피아 일정도 멋지길 바란다.

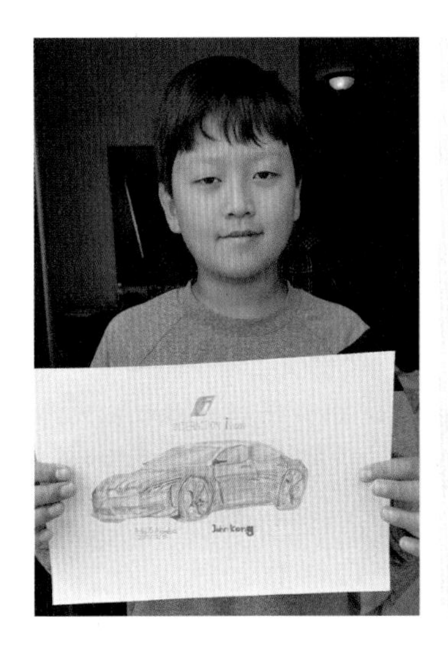

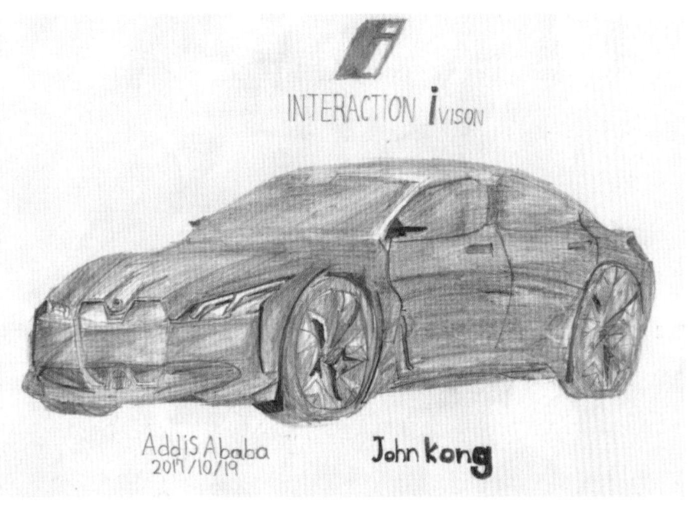

DAY24 [에티오피아]
2017.10.20

고고학계의 성지 에티오피아 국립박물관과 한국전쟁 참전용사 기념관

어젯밤 툭하면 끊기는 호텔의 열악한 와이파이 상태 때문에 오프라인 지도인 맵스미(MAPS.ME) 어플을 다운로드하기를 반복했지만 결국 공항에서 구입한 유심의 데이터도 모두 소진되었다. 호텔에도 지도가 없고 우리가 에티오피아에 대해서 알고 있는 건 인류 최초의 유골인 'Lucy'가 있는 국립박물관과 1931년 설립된 트리니티 교회였다. 호텔 리셉션에다 시티투어를 하는 방법을 물어보니 보통 USD 100불을 주면 택시를 8시간 빌려 시티투어를 할 수 있다고 했다. 에티오피아 물가를 고려했을 때 택시 투어비가 지나치게 비싸다는 생각이 들었다. 그래서 아직 5일의 시간의 여유가 있으니 좀 더 아디스아바바를 연구한 후 최후의 보루로 택시투어의 옵션을 남겨 두기로 했다.

조식을 먹으며 핸드폰을 보았는데 남편 핸드폰에 미세하게 잡혔던 호텔 와이파이로 아디스아바바 지도가 다운이 되어 있는 것이 아닌가! 이로써 우리는 다운로드 받은 지도를 통해 우리가 가야 할 곳의 정확한 위치를 파악하였고 100불짜리 택시투어가 없이도 우리끼리 충분히 걸어서 시티투어를 할 수 있다는 것도 알게 되었다.

오늘의 일정은

1. 아디스아바바 대학 및 대학 내 있는 민족학 박물관 방문
2. 에티오피아 국립박물관 방문
3. 트리니티 교회 방문 일정이다.

이 세 군데는 모두 도보로 갈 수 있는 거리이니 우리 호텔에서 가장 먼 아디스아바바 대학까지만 택시로 가고 이후에는 모두 걸어서 이동하는 일정이다. 에티오피아 파란색 택시는 미터기가 없고 모두 흥정이다. 호텔 직원이 알려 준 가격의 절반 가격으로 택시비를 흥정한 후 아디스아바바 대학으로 출발했다. 아디스아바바 대학 내 위치한 민족학 박물관(Ethnological Museum)은 원래 에티오피아 궁전이었던 건물을 박물관으로 개조했고, 여기서는 에티오피아의 역사, 문화, 기독교 작품 등을 볼 수 있다. 또한 박물관 내 과거 왕과 왕비가 사용한 침실이 그대로 보존되어 있다. 박물관도 가 보고 에티오피아 최고의 대학 캠퍼스도 가 볼 수 있으니 1석 2조다.

대학 내 박물관 입장료는 성인 100비르, 약 4천 원이고 어린이는 무료다. 박물관에는 6·25 한국전쟁 때 황실의 친위대인 강뉴(Kagnew)부대를 파병했던 하일레 셀라시에 황제 부부의 침실도 그대로 보존이 되어 있었다. 참고로, 하일레 셀라시에 황제는 에티오피아 사람들이 공통적으로 존경하는 인물로서 레게의 전설인 밥 말리(Roberta Nesta 'Bob' Marley)가 생전에 가장 존경하던 분이었다고 한다. 이 밖에 박물관에는 에티오피아 사람들의 문화, 사람, 역사, 커피에 대해

알 수 있는 소중한 물건들이 전시되어 있었다. 그중 가장 눈에 띄었던 것은 오래된 기독교 관련 예술 작품과 전시물들이었다. 거의 대부분 예수님의 탄생부터 십자가 죽음, 부활에 대한 내용들이었는데 전시된 모든 그림에서 예수님이 흑인으로 묘사된 것이 인상적이었다.

박물관을 나와서 대학 캠퍼스를 둘러보았다. 지나가는 길에 만난 사람들마다 동양 사람을 처음 보는 듯이 우리를 신기하다는 듯 뚫어지게 쳐다보았다. 근데 그 시선이 나쁜 느낌이 아니었다. 우리를 보는 사람들에게 우리가 먼저 미소를 보이면 그들은 하얀 이를 드러내며 큰 미소로 화답해 주었다. 허기지던 차에 조금 걸어가다 보니 교내 카페테리아가 보였다. 카페테리아는 학생과 교직원이 함께 이용하는 식당으로 비록 시설은 허름했지만 정감 있는 모습이었다.

인제라 20비르(약 800원), 음료수 7비르(약 240원)로 역시 학교 안에 있는 식당이라 그런지 가격이 매우 쌌다. 야외 테라스의 라운드 테이블에 앉아 다른 분들과 함께 앉아서 먹는데 정말 우리 가족만 동양인이다. 다들 우리를 보고 웃고, 어떤 분은 우리에게 와서 상냥하게 인제라 맛있냐고 물어보기도 했다. 대학교 안에서 동양인이 자신들과 같은 음식을 먹고 좋아하는 모습이 인상적이었나 보다.

기분 좋은 학교 방문을 마치고 국립박물관으로 가는 길에 옥수수를 팔고 있었다. 옥수수 한 개에 4비르(약 160원)로 2개를 사서 맛있게 먹으며 10분 거리에 있는 에티오피아 국립박물관까지 걸어갔다. 국립박물관의 입장료는 인당 400원이다. 아디스아바바는 고고학계에서 인류 최초의 유골이 전시된 박물관으로 유명한 곳이다. 가장 흥미로웠던 점은 세상에 많이 알려진 유골 '루시

(Lucy)'가 지금까지 발견된 인류 최초의 유골인 줄 알았는데 루시보다 훨씬 앞선 여자아이 유골이 전시되어 있다는 것이다. 박물관을 둘러보던 중 미국인 그룹 투어가 있길래 가이드분의 설명을 가만히 들어 보니 루시의 발견이 가져다주는 가장 큰 의미는 고고학자들 사이에서 최초의 인류에 대한 여러 가설들이 난무했었는데 온전한 상태로 발견된 '루시'의 발견으로 인해 여러 추측과 논란이 정리가 되었다고 했다. 작고 아담한 박물관이었지만 하나씩 설명된 내용들을 읽고 주안이에게 해석해 주다 보니 금방 1시간 30분이 흘렀다. 주안이는 연신 박물관이 재밌다고 했고 한국에 돌아가서도 박물관에 자주 가 보기로 약속했다.

박물관을 둘러본 후 오늘 마지막 일정으로 트리니티 교회(Holy Trinity Cathedral & Museum)와 한국전쟁 때 참전하여 전사한 강뉴부대 군인들을 위한 추모관을 방문했다. 여행 전 〈알쓸신잡〉이라는 프로그램 춘천 편에서 에티오피아 참전용사에 대한 설명을 들으면서 여행 일정 중 에티오피아에 가게 되면 꼭 들르려고 했던 곳이다. 교회 도착 전 거리는 매우 분주하고 복잡했는데 한 블록 안으로 들어와 도착한 교회는 매우 차분하고 경건한 느낌이었다.

교회의 경건하고 엄숙한 분위기와 탄성이 나올 정도로 아름다운 스테인드글라스를 보며 사진을 찍고 있는데 주안이가 조용히 혼자 앉아서 기도를 한다. 무엇을 위해 기도했냐고 물어보니 우리 가족의 건강과 안전한 여행 일정, 한국에 있는 가족들의 건강과 행복, 마지막으로 선생님과 친구들을 위한 기도를 했다고 했다. 관람을 다 마치고 교회를 떠나기 전 우리 가족은 함께 조용히 기도를 했다.

교회 바로 뒤에 마련된 한국전쟁 참전용사 추모관을 찾았다. 추모관 입구는 160cm 남짓의 높이로 매우 아담한데 문을 열면 바로 지하계단이 나오고 그 아래에 조그만 추모관이 자리 잡고 있었다. 추모관에는 전사한 군인들의 사진, 군번, 이름이 벽마다 적혀 있었다. 한국에 대해 잘 알지도 못했을 젊은 군인들이 한국전쟁에 와서 귀한 목숨을 잃었으니…. 잠시 눈을 감고 기도를 하는데 마음이 뭉클해지며 눈물이 핑 돌았다. 주안이가 방명록에 '잊지 않겠습니다.'라고 적었고 남편은 '주안이네 가족 일동'이라고 적었다.

추모관까지 둘러보고 나오니 오후 3시가 조금 넘었는데 교회 앞에 있는 학교에서 하교하는 아이들과 마주쳤다. 우리를 보고 유쾌하게 연신 "Hi!" "Hello!"를 외치며 신기한 듯 바라보며 웃는다. 사진을 찍고 있는데 아이들이 우르르 나온다. 서슴없이 우리 옆으로 와서 같이 사진을 찍고 간다. 너무나 사랑스러운 눈빛과 에너지를 갖고 있는 아이들이었다.

무엇인가 가슴 찡하고 감동적인 하루였다. 어젯밤만 해도 오늘 이런 하루를 보낼 거라고는 생각도 못 했는데 오늘은 대학교, 박물관, 교회, 추모관 그리고 에티오피아 아이들까지 참 귀한 시간이었다. 어떤 상황에서든 감사하는 마음을 잊지 말아야겠다.

DAY26

2017.10.22

[에티오피아]

신비한 기독교 유적지, 암굴 교회 (Rock-Hewn Church)

행동파 남편에겐 더 이상 답답한 기다림은 없다! 호텔에 택시투어를 신청했지만 담당자가 없다는 이유로 지지부진하던 차에 어제저녁 남편이 우리 호텔 앞에 늘 대기하고 있는 택시 기사들에게 가서 우리가 방문할 장소를 알려 주고 One Day 투어 비용을 흥정했다. 원래 택시투어의 현지 시세가 아디스아바바 도심 기준으로 100불이라는데 우리는 아디스아바바를 80km 벗어난 지역을 하루 종일 다녀오는데도 100불로 협상을 완료했다. 호텔 직원들도 100불이면 싸게 잘 협상한 거라고 했다.

오늘 우리가 갈 방문지는 유네스코 세계문화유산 지역(UNESCO World Heritage Site)으로 지정된 티야(TIYA)인데 가는 길에 Adadi Mariam 교회를 들러서 갈 예정이다. 앞에 앉은 남편이 젊은 기사와 이야기를 나누어 보니, 올해 22살이고 건축을 전공하는 대학생인데 본인 차가 있어서 이렇게 택시 아르바이트를 하고 있는 것이었다. 에티오피아 대학 졸업자들의 평균 한 달 수입이 100불 정도 된다고 하는데 오늘 하루 택시 운전으로 100불을 버는 거니 참 괜찮은 아르바이트다.

오늘은 마침 마을에 일요 장터가 서는 날이라고 했다. 우리는 세계 일주 중 현지 사람들의 일상적인 모습을 보는 것을 정말 좋아하는데 택시 안이지만 시골 장터의 풍경을 볼 수 있어 좋았다. 이렇게라도 볼 수 있으니 이런 게 여행 아니겠는가? 시끌벅적한 마을 장터. 중간중간 동물 무리들이 길을 막기도 하고 당나귀, 말, 염소, 사람이 모여 장사진을 이루었다. 장 서는 모습보다 더 좋은 건 지나가는 사람들의 밝은 모습이었다. 특히 아이들은 케냐에서도 그랬지만 차 안의 우리들에게 웃으며 손을 흔들어 주었다.

첫 번째 방문지인 Adadi Mariam Church에 도착했다. 오늘은 일요일로 주일에 맞추어 교회에 와서 더 뜻깊었다. 이 교회는 900여 년 전에 라리벨라(Lalibela) 암굴 교회를 지은 건축가가 3년에 걸쳐 돌을 깎아 만든 암굴(Rock-Hewn) 교회다. 교회에 갈 때에는 남녀 모두 흰옷을 입는다고 한다. 오늘이 일요일(주일)이니 많은 성도들이 흰옷을 입고 기도하러 와 있었다. 교회는 지하에 있는데 아래로 내려가기 전 신발과 양말은 벗어야 하고 남녀가 동굴로 내려가는 길이 달랐다.

비록 화려한 모습은 아니었지만 땅굴을 파서 만든 교회의 모습은 원시적인 고대 기독교의 모습을 간직한 것 같아 더 신성한 느낌이 들었다. 또한, 주일을 맞이해 하얀 옷을 차려입고 경건하

게 기도드리는 교인들의 모습을 보니 초대 교회의 교인들도 아마 이런 모습이지 않았을까 하는 생각이 들었다.

암굴 교회를 다 둘러보고 에티오피아의 고대 문화 유물로 가치를 인정받아 유네스코 세계문화유산 지역으로 지정된 티야로 향했다. 여기는 커다란 신비한 문양이 새겨진 26개의 돌판들이 발견된 곳이다. 돌판에는 칼, 나무, 동그라미, 새, 기둥 등 다양한 문양들이 새겨져 있는데 그 자세한 의미와 기원에 대해서는 아직까지 정확하게 밝혀내질 못하고 있다고 했다.

티야 방문을 마지막으로 One Day 투어 일정을 마쳤다. 비록 방문한 곳은 2곳이었지만 오가는 길에 정감 있는 에티오피아 농촌 마을의 풍경과 아름다운 벌판과 산야를 볼 수 있어 좋았다. 어제 오전만 해도 예정에 없던 오늘 일정이었지만 오늘도 역시 완벽한 하루였다. "우리 내일은 또 뭐 할까?"라고 남편에게 물어보니 내일 되면 알 거라고 답한다. 마음에 쏙 드는 답이다.

DAY28 2017.10.24

[에티오피아]

소박하고 정감 있는 풍경과 사람들, 에티오피아 안녕!

5일간의 에티오피아 일정이 끝나는 날이다. 벌써 아프리카의 두 번째 나라가 끝나는데 기분이 이상하다. 태국이나 인도의 경우에는 마음만 먹으면 나중에 또 올 수 있는 곳이지만 아프리카는 다시 오기 쉽지 않은 나라라서 더 그런가 보다. 와이파이가 잘 안되는 것 빼고는 다 좋았던 우리 숙소, 우다시 캐슬 호텔. 여전히 저렴한 숙소이지만 네팔 안나푸르나 산중에 있었던 천 원짜리 롯지 생활에 비하면 우리에겐 최고급 럭셔리 호텔이었다. 에티오피아에서는 줄곧 한 호텔을 이용했고 호텔에 있었던 시간이 많아서 그런지 정이 참 많이 들었다. 세계 일주를 시작하고 지난 한 달 동안 2~3일 간격으로 짐을 싸고, 이동해야 돼서 알게 모르게 피로가 누적되었는데, 한 숙소에 머무르면서 피로가 싹 가셨다. 더구나, 밤에는 밖이 위험해 호텔에만 주로 있었는데 방의 와이파이 연결 상태가 좋지 않아 그나마 조금 더 잘되는 로비에서 매일 저녁 인터넷으로 여행 일정도 짜고 로비 옆 작은 카페에서 커피도 마시고 주안이랑 공부도 했다.

그렇다 보니 덕분에 호텔 직원들과 더 친해지고 정도 들었다. 그리고 운 좋게도 호텔 바로 옆에 위치한 아프리카 최고의 수제 피자 가게를 발견하여 매일같이 맛있는 피자를 먹을 수 있었다. Ben Burger & Pizza란 곳으로 테이블도 없이 셰프 혼자서 운영하는 소박한 피자 가게인데 너무 맛있어서 지난 5일간 자주 이용하다 보니 젊은 사장님과도 많이 친해지고 정도 많이 들었다. 아쉬운 마음에 떠나기 전 마지막 피자를 먹기 위해 들러서 오늘이 마지막이라고 말하는데 마음이 찡했다. 특히나 주안이를 예뻐했던 셰프는 처음 만난 날 주안이에게 “You are so beautiful.”이라고 했는데, 마지막 날 주안이가 작별 인사를 하니 “You know what? I really loved you.”라고 말해 주었다. 그러자 주안이가 “Me, too.” 하면서 수줍게 대답했다. 셰프는 솜씨 좋고 마음씨가 좋은 사람이었다. 주안이는 5일 내내 목을 빼고 셰프가 반죽을 해서 피자를 만드는 모든 장면을 쭉 지켜보았었다. 우리 가족은 매번 오븐에서 나오는 뜨끈뜨끈하고 구수한 향기가 나는 피자를 보고 박수를 쳐 주었다. 그리고 남편이 "Best Pizza in the world."라고 칭찬해 주고 주안이가 엄지 척을 해 주면 셰프는 수줍은 듯 미소를 지어 주었다.

난 우리 가족들의 이런 솔직한 감정 표현이 참 좋다. 언어는 달라도 감정은 서로 교감을 할 수 있다는 것을 주안이가 배우고 있는 것이 참 좋다. 셰프는 우리 가족이 떠나는 날이라고 하니 그동안 표현하지 않았던 아쉬움을 표현하였다. 우리 가족은 나란히 셰프와 함께 기념사진을 찍었다. 그리고 그 자리에서 셰프에게 사진을 전해 주려고 했는데 이메일도, 핸드폰도 없다고 해서 아쉽게도 함께 찍은 사진을 전해 주질 못했다. 나중에 한국에 가게 되면 주소를 알아내 인화해서 우편으로 보내 줘야겠다.

에티오피아 거리를 걷다 보면 커피숍만큼 많이 볼 수 있는 게 신발 닦는 사람들이다. 아마도 비포장도로가 많다 보니 자연스럽게 생긴 직업인 것 같다. 마지막 날인 만큼 그동안 트래킹과 오랜 여행으로 더러워진 운동화를 모두 닦기로 했다. 우리 호텔 앞에는 항상 신발을 닦아 주는 청년이 있었는데 한 켤레를 닦는데 400원이다. 남편은 아직 앳돼 보이는 청년이 조금 안쓰러워 보였던지 구두를 닦으면서 청년과 친근하게 이런저런 얘기를 나누며 두둑하게 팁을 주었다.

이렇게 에티오피아의 마지막 날은 편히 쉬면서 주안이는 밀린 수학 공부를 하고 나는 블로그를 정리하고 남편은 다음 일정을 짜는 등 휴식을 하며 보냈다. 에티오피아에서 소중한 만남과 추억을 안고 이제 우리는 이집트로 떠난다. 에티오피아 고마웠어. ☺ 이제 이집트로 출발!

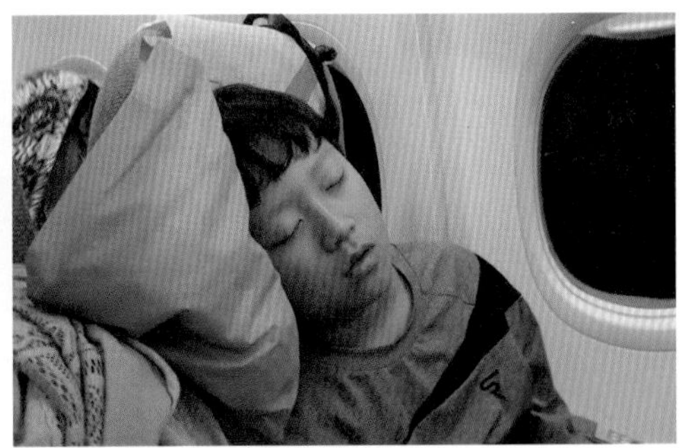

DAY30

2017.10.26

[이집트]

신비로운 바하리야 사하라-사막 밤하늘의 쏟아지는 별과 함께 보낸 꿈같은 하룻밤

오늘은 우리 가족이 세계 일주를 시작한 지 꼭 한 달이 되는 날이다. 여행 출발 전에 한 달 후, 두 달 후 우리는 어디서 무엇을 하고 있을까 남편이랑 상상을 했었는데 한 달이 되는 오늘, 우리는 이집트 바하리야(Bahariya) 사막으로 떠난다.

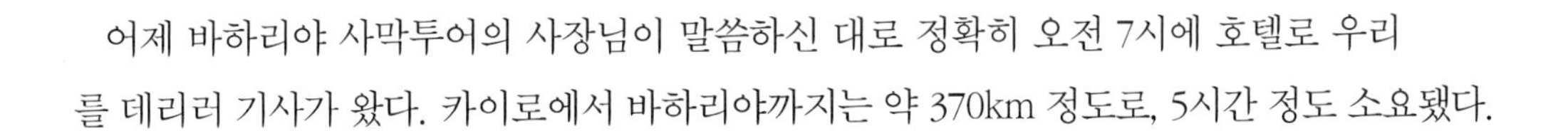

어제 바하리야 사막투어의 사장님이 말씀하신 대로 정확히 오전 7시에 호텔로 우리를 데리러 기사가 왔다. 카이로에서 바하리야까지는 약 370km 정도로, 5시간 정도 소요됐다.

전날 새벽에 이집트에 도착해서 박물관까지 다녀온 우리는 차 안에서 몇 번 자다 깨다를 반복하니 어느새 바하리야에 도착해 있었다. 바하리야에 도착하니 어제부터 통화했던 이경미 사장님이 우리를 반겨 주었다. 여행을 좋아하셨던 사장님은 이집트가 너무 좋아 바하리야에 정착하신 지 10년이 되었다고 했다. 아이와 사막여행을 온 가족은 몇 번 있었지만 가족이 세계 일주로 방문한 것은 흔하지 않은 일이라고 하며 우리 가족 이야기를 흥미롭게 들으셨다. 사장님은 바하리야 지역에 거주하는 유일한 한국 사람이었다. 이집트인 친구 별장으로 우리를 초대해 주었고 그곳에서 생각지도 못하게 바하리야 전통음식으로 점심을 대접받았다.

식사를 마치고 차 트렁크와 지붕에 짐을 싣고 사막으로 출발했다. 사막투어는 1명의 가이드가 운전, 안내, 식사 등 모든 것을 전담하며 1박 2일간 우리 가족과 함께하는 일정이다. 바하리야 지역은 4가지 종류의 사막을 모두 볼 수 있는 곳이기에 사막투어를 위한 최적의 장소이다. 참고로 아랍어로 사막을 '사하라'라고 부른다. 우리 가족은 오늘 사하라를 경험하게 되는 것이다.

첫 번째 행선지는 검은 사막(Black Desert)이다. 수백 년 전 화산 폭발로 퍼진 마그마와 화산재로 인해서 사막 모래가 검은색이다. 정말 조용하고 광활한 사막. 사막엔 우리 가족뿐이다. 큰 소리로 말하는 것이 괜히 미안할 정도로 고요했다.

두 번째로 방문한 사막은 크리스털 사막(Crystal Desert)이다. 크리스털 사막은 이름처럼 크리스털 같은 결정체가 있는 바위들이 여기저기 널려 있어서 마치 사막에 핀 크리스털 꽃과 같은 느낌을 주는 곳이다. 처음엔 왜 여기가 크리스털 사막이냐며 묻던 주안이가 주변 곳곳에 있는 돌들이 크리스털과 비슷한 것을 보고는 나중에는 정신없이 돌 구경하기에 바빴다.

크리스털 바위는 반짝이는 크리스털 모양의 보석과 같은 돌들이 촘촘히 박혀 있는데 멀리서 보는 것과 가까이서 보는 것이 달라서 더 큰 신비로움을 주었다.

다음에 들른 행선지는 아가밧(Agabat)이라는 곳이다. 아가밧은 웅장하고 독특한 모양의 거대한 바위산으로 이루어진 독특한 곳이다. 우주의 이름 모를 행성에 온 듯한 착각을 일으킬 정도로 신비한 느낌을 주었다.

아가밧을 조금 벗어나게 되니 전통적인 사막(Desert) 벌판과 모래언덕들을 마주하게 되었다. 쉼 없이 불어오는 바람으로 가루같이 부드러워진 모래는 태고의 신비를 느낄 만큼 사람의 손이 타지 않은 순수한 모습이었다. 이러한 사막 벌판과 언덕을 뚫고 가야 되니 자연스럽게 우리가 타고 가던 차는 춤추듯이 다이내믹한 오프로드를 달리는 기분을 선사했다. 주안이가 소리치며 좋아하자 가이드인 모하메드가 더욱 핸들을 좌우로 틀며 짜릿한 느낌을 선물해 주었다.

우리는 실크와 같은 부드러운 황금빛 색깔의 모래로 되어 있는 사막 언덕에 차를 세우고 샌드 보드(Sand Board)를 탔다. 남미에서 할 줄 알았는데 여기서 해 보게 될 줄이야. 흘러내리는 듯한 부드러운 모래와 상당한 높이의 언덕 덕분에 샌드 보드는 스릴 만점이었다.

즐거운 샌드 보드를 끝내고 사막에 드리워진 노을을 바라보며 오늘 숙박할 화이트 사막 지역으로 이동했다. 화이트 사막(White Desert)은 지구의 지각 변동으로 인해 아주 오래전에 바다였던 곳이 사막으로 변했고 바다를 뒤덮고 있던 석회질이 굳어서 오늘날의 하얀 사막이 되었다고 했다. 과거에 여기가 바다였다는 것을 증명하듯이 화이트 사막의 곳곳에서는 조개 모양의 화석들을 볼 수 있었다.

화이트 사막에서 우리 가족은 멋진 광경의 사막 일몰을 볼 수 있었다. 문득 생텍쥐페리가 사하라에서 겪은 영감을 바탕으로 쓴《어린 왕자》가 떠올랐다. '사막이 아름다운 건 어딘가에 샘이 숨어 있기 때문이야.'

우리가 일몰을 구경할 동안 모하메드는 더 바빠졌다. 우리가 앉아 저녁을 먹고 쉴 자리와 저녁 식사를 준비해야 하기 때문이다. 후다닥 짐을 내리는 모하메드와 함께 돕는 남편 덕분에 어느새 우리가 타고 온 지프차를 지지대로 멋진 병풍이 세워졌고 전통 아랍 문양의 카펫이 깔렸다. 오늘 밤 우리 가족은 사막의 유목민인 베두인족이 되었다.

모하메드가 요리하는 동안 주안이가 옆에 앉아 요리하는 모습을 지켜보고 있으니 손질하던 야채를 하나씩 주안이에게 먹여 주었다. 아랍 사람 하면 매우 가부장적이고 요리와는 거리가 멀 것 같았는데 정감 있게 생긴 모하메드는 친절하고 정이 많았다. 오늘의 메뉴는 감자 토마토 스튜, 이집트 밥, 토마토 라임 샐러드, 치킨이었다. 보기엔 평범한 스튜인데 이렇게 맛있을 수가! 밥도 쌀을 불리지 않고 바로 기름에 볶다가 물을 넣고 끓였는데 간이 잘된 밥이 되었다.

주안이도 지금까지 먹어 본 치킨 중 사막에서 먹은 치킨이 최고라고 연신 감탄을 했다. 저녁을 맛있게 먹은 후 모닥불 앞에 두런두런 앉아서 모하메드가 끓여 준 베두인족 전통차를 마시며 이런저런 얘기를 나누었다.

끝없는 지평선과 맑은 공기 덕에 머리 위만이 아니라 지평선 위에도 마치 반구처럼 수없이 많은 별들이 떠 있었다. 그리고 저 멀리 머리 위로 하얀 우유를 뿌린 듯 희미하게 떠 있는 은하수! 우리 모두 양탄자에 누워 떨어지는 별똥별을 함께 바라보았다. 카메라에 담고 싶었지만 도저히 카메라로 담을 수 없는 풍경이었다. 우리는 밤하늘의 별 무리들을 모닥불이 꺼져갈 때까지 눈으로 담고 가슴으로 새겼다. 사막에서의 멋진 하루. 우리 가족은 오늘 또 이렇게 평생 잊지 못할 추억 하나를 만들었다.

DAY31 2017.10.27

[이집트] 우주 행성에 온 듯한 화이트 사막의 환상적인 일출

아침 6시, 사막 일출을 보기 위한 알람 소리에 깨어 눈을 떴다. 텐트 밖을 나와 보니 꽤 쌀쌀했지만 맑은 공기와 솔솔 부는 바람 덕에 상쾌했다. 어제 늦은 밤까지 별 구경을 한다고 11시 넘어 잠들었는데 맑고 시원한 공기 덕에 숙면해서 그런지 전혀 피곤하지가 않았다. 얼마 지나지 않아 사막 저편 하늘이 분홍빛으로 물들더니 드디어 일출이 시작됐다.

어제 어둑할 때 도착한 관계로 제대로 감상하지 못한 화이트 사막의 모습이 새파란 하늘과 대조를 이루어 아주 희고 선명하게 파노라마처럼 펼쳐졌다. 사막은 그냥 황톳빛 모래만 있는 곳인 줄 알았는데 전혀 아니었다. 화이트 사막 한가운데 있으니 여기가 지구가 맞나 하는 생각이 들었다.

우리가 사진을 찍고 있는 동안 모하메드가 맛있는 아침을 준비해 주었다.
단출한 음식이지만 고요한 사막 한가운데서 먹는 우리 가족만의 아침 식사, 정말 특별해서 오래오래 기억에 남을 거 같다. 식사 후 어제저녁에 잠시 보았던 화이트 사막의 시그니처인 'Chicken under the tree'와 토끼 모양, 버섯 모양 바위 등 다양한 천연 조형물들을 감상하러 둘러보았다.

원래 투어 프로그램에는 없지만 마지막 일정으로 모하메드가 우리 가족에게 보여 주고 싶다고 사막 지형에서는 보기 드문 언덕 위에서 풍성하게 자란 아카시아 나무가 있는 곳으로 데리고 갔다. 사막이란 척박한 땅에서 꿋꿋하게 자란 아카시아 나무라니 볼수록 신기한 생각이 들면서 앞으로 힘든 일이 생기더라도 사막 아카시아 나무처럼 멋지게 이겨내자고 다짐을 했다.

사막투어를 모두 마치고 다시 바하리야의 출발지로 돌아가서 모하메드와 아쉬운 작별을 나누었다. 넓은 사막 한가운데 우리 가족만을 위한 식사를 만들어 주어 마치 우리를 왕처럼 대접해 준 친절한 모하메드. 고마웠어요!

DAY32
2017.10.28

[이집트]

4500년 전 이집트를 만나다(피라미드와 스핑크스)

아침에 일어나 호텔 커튼을 열고 창밖을 바라보니 저 멀리 피라미드가 눈에 들어온다. 오늘은 이집트 박물관에서 보았던 거대한 유물을 품었던 피라미드와 피라미드를 지킨 스핑크스를 둘러보는 날이다. 아는 만큼 더 많이 보이는 법! 조식 전 남편과 주안이는 피라미드 건축과 관련된 동영상을 보며 피라미드에 관련된 공부를 했다. 호텔에서 기자(GIZA) 피라미드 지구로 들어가는 정문까지는 걸어서 20분 정도 걸렸다. 정문 매표

소에서 안내원이 피라미드 안에 있는 유물들은 모두 박물관에 있고 피라미드 내부에는 아무것도 없다고 했지만 그래도 피라미드 안은 어떤 느낌일지 궁금해서 멘카우레왕의 피라미드 내부를 둘러볼 수 있는 입장권을 추가로 구매했다.

대 피라미드(Great Pyramid)

우리 호텔에서 아침, 저녁으로 보던 Great Pyramid는 쿠푸왕의 피라미드로 높이가 137m나 되는 가장 큰 피라미드다. 피라미드 중 가장 커서 대 피라미드라고도 불리는데, 가까이 다가가서 보니 돌 하나하나의 크기가 엄청났다. 평균 무게 2.5t인 돌을 230만 개나 쌓아 올렸고, 내부 구조도 엄청 복잡해서 아직까지 건축에 대한 의문이 풀리지 않아서 더 신비로운 피라미드이다.

문득, 20년 전 중국 유학 때 다녀온 만리장성이 생각났다. 당시 중국 친구가 만리장성의 돌 하나에 사람 목숨 하나였다고 했는데…. 고대 사람들은 돌 운반부터 건축까지 어떻게 했을지 새삼 경이로운 마음이 들었다.

카프레왕 피라미드(Khafre Pyramid)

쿠푸왕 피라미드를 지나 카프레왕의 피라미드로 넘어갔다. 카프레왕 피라미드는 대 피라미드 바로 옆에 위치해 있고, 쿠푸왕의 아들인 카프레왕의 무덤이다. 쿠푸 피라미드보다 3m 낮지만 지형이 높아 멀리서 보면 더 커 보였다. 카프레왕의 피라미드는 건물 꼭대기 삼각형 모양의 화강암 외장석이 아직 남아 있다. 아마도 최초 건축되었을 때에는 매끄럽고 빛나는 화강암으로 전체가 둘러싸여 있었을 텐데 지금은 대부분 유실되고 건물 꼭대기에만 남아 있었다.

멘카우레왕 피라미드(Menkaure Pyramid)

피라미드 내부가 궁금했던 우리는 멘카우레왕 피라미드의 내부에 들어가기 위해 이동하였다. 입장 티켓을 내고 입구를 들어가자마자 낮고 좁은 계단이 이어졌다. 내려가서 좁은 길을 걷다 보면 다시 다른 계단과 마주친다. 그 계단을 내려가 보니 왕의 미라와 유물들이 있었을 법한 공간이 나타났다. 내려가면서 돌도 만져 보고 위도 올려다보면서 다시 한번 피라미드 구조에 놀라지 않을 수 없었다. 그 옛날 이렇게 완벽한 구조물을 만들 수 있었다니…. 한때 이렇게 세계 최고의 창의적인 건축물을 만들 정도로 번성하고 발전했던 이집트였는데 지금은 과거의 영화를 따라가지 못하니 한편으로 안타까운 생각이 들었다.

스핑크스(Sphinx)

기자(GIZA) 피라미드 지구의 마지막 방문지는 피라미드와 함께 이집트를 상징하는 대표적인 건축물 중의 하나인 스핑크스다. 카프레왕 피라미드를 지키는 스핑크스는 길이가 대략 70m 정도 되는데 그 인기를 증명하듯 스핑크스 앞은 단체 관람객으로 엄청 붐볐다.

피라미드와는 달리 별도의 입장하는 문이 있었는데 사람들이 많으니 우선 우리는 스핑크스 뒤태부터 살펴보고 들어갔다. 스핑크스를 정면으로 볼 수 있는 장소에는 역시나 많은 관람객들이 여러 포즈로 인증샷을 찍는다고 엄청 몰려 있었다. 많은 사람들이 스핑크스를 배경으로 뽀뽀샷, 눈싸움, 귓속말 등 다양한 포즈의 재미있는 사진들을 연출하고 있었다.

스핑크스를 마지막으로 기자에 있는 피라미드 지구를 모두 둘러 보았다. 피라미드를 둘러보면서 우리 가족은 사방에서 함께 사진을 찍자는 현지 사람들에 둘러싸이기도 했다. 이곳에도 한류의 열풍이 불고 있는 것일까? 아이, 학생, 여성, 할머니 등 한 번에 다 찍을 수 없어서 단체로도 여러 컷 함께 사진을 찍었는데 아마도 100명은 족히 넘는 사람들과 사진을 찍은 것 같다. 경이로운 피라미드와 우리를 좋아했던 이집트 사람들과의 재미있는 경험이 더해져 앞으로도 오랫동안 피라미드가 생각날 것 같다.

비록 강렬하게 내리쬐는 태양 아래에서 4시간이 넘게 걸어 다니느라 힘들었지만 수천 년의 역사가 깃들어 있는 이곳에서 피라미드와 스핑크스를 볼 수 있어서 조금도 피곤하지 않았다.

호텔에 돌아와서 창문 너머로 해 질 무렵 일몰이 감싸 안은 피라미드를 다시 바라보았다. 책과 TV 등으로만 보아왔던 피라미드를 직접 가 보다니. 저녁 내내 주안이가 4~5천 년 전에 어떻게 이렇게 큰 피라미드를 만들었는지 알고 싶다고 유튜브를 찾아본다. 오늘은 5천 년의 역사 속으로 잠시 다녀올 수 있었던 뜻깊은 하루였다.

DAY33
2017.10.29

[이집트]

아기 예수님과 초기 기독교의 흔적이 고스란히 남아 있는 구(舊)카이로

이집트 시내 관광을 알아보다가 카이로 구시가지에 초대 기독교 유적지가 잘 보전된 곳이 있다는 것을 알았다. 무슬림 국가에서 소수의 기독교인들이 살고 있다는 구카이로(Old Cairo) 지역은 과연 어떤 모습일까?

우리 숙소가 있는 기자 지구의 호텔에서 구카이로까지는 우버로 20분도 채 걸리지 않았다. 구카이로 지역은 초기 기독교 유적지가 있는 곳인데 이집트에서 극소수이자 초기 기독교인 콥트교인들이 거주하는 지역으로 마치 이슬람 문화권 안에 있는 섬과 같은 지역이다. 그래서 안전을 위해서 구카이로 지역으로 들어가기 위해서는 보안 검사(Security Check)를 받아야 한다. 구카이로 지역으로 들어가기 위해 지하 연결통로를 지나 처음 방문한 곳은 St. George Church이다. 전통적인 교회 건물 양식과 기독교 역사를 그린 성화가 인상적이었다.

골목을 따라 두 번째로 방문한 곳은 Cavern Church인데 이 교회는 유대 헤롯왕의 핍박을 피해 애굽(이집트)으로 피신한 요셉, 마리아와 어린 예수님이 3개월 동안 숨어 지냈던 곳 위에 세운 교회이다.

교회 안에는 지하로 내려가는 좁은 통로가 있는데 이곳이 실제로 아기 예수님이 3개월간 지냈던 장소라고 했다. 좁은 통로를 따라 계단을 내려가 보았다. 아기 예수님께서 3개월간 계셨던 곳에 직접 와서 둘러보니 몸이 찌릿하고 무엇이라고 표현할 수 없는 뜨거움이 올라왔다.

아래 팻말에는 다음과 같은 문구가 쓰여 있었다. 〈Here Jesus Christ slept while he was child(아기 예수가 잠을 잤던 곳)〉 우리 세 식구는 조용히 손을 잡고 기도했다. 감사한 기도가 절로 나왔다.

Cavern Church를 나와 다른 곳도 둘러보았다. 구 카이로의 골목은 참 예쁘고 정겨웠다. 다음 방문지는 Saint Barbara Church로 교회 입구에서 5파운드(원화 300원 정도)에 판매하는 빵을 사서 나왔다. 단맛은 없지만 오래 씹으면 고소하다. 주안이는 오병이어의 기적 때 나온 빵 같다고 좋아했다.

마지막으로 방문한 곳은 Hanging Church라는 곳으로 교회 건물이 옛 바벨론 성채의 두 요새로 통하는 길에 얹혀 지어져서 Hanging Church, 곧 공중 교회라고 불린다. 이곳 역시 오래된 성화와 건물들을 보면서 유구한 역사를 느낄 수 있었다. 공중 교회를 끝으로 구 카이로를 모두 둘러보았다.

피라미드에서 볼 수 있듯이 태양신을 비롯해서 수많은 신들을 숭배했었고 강력한 이슬람 문화의 중심지라고 할 수 있는 이곳 이집트의 카이로 한복판에 수천 년의 역사를 이어온 기독교 구역을 직접 둘러보고 아기 예수님의 발자취를 느낄 수 있어서 좋았다.

DAY34
2017.10.30

[이집트]

이집트 박물관, 찬란했던 고대 이집트 문화를 느끼다 (투탕카멘과 미라관)

이집트 마지막 날인 오늘 다시 한번 이집트 박물관을 찾았다. 첫날 이미 다녀온 박물관이지만, 지난번 방문했을 때 저녁 7시까지 오픈인 줄 알고 1층부터 천천히 둘러보다가 박물관 끝나는 시간이 되어 주안이가 제일 기대했던 미라관과 투탕카멘의 황금 가면을 보지 못했었다. 이집트 일정이 6일밖에 안 돼 갔던 곳을 또 가는 것이 쉽지 않은 일인데 주안이가 너무 가고 싶어 하니 기꺼이 오늘 하루 다시 박물관을 둘러보기로 했다. 박물관에서 사진기로 사진을 찍으려면 추가로 50파운드(약 3,200원)를 내야 한다. 핸드폰 사

진기로 찍으면 무료라서 처음 방문했을 때는 핸드폰으로만 찍었는데 오늘은 다시 방문하는 만큼 추가 금액을 내고 카메라로 더 자세하게 찍기로 했다.

박물관에 들어가자마자 규모로 압도하는 이집트 박물관!

이집트 박물관에는 책이나 TV에서 보던 수천 년 된 피라미드 유물들이 복도 곳곳에 여기저기 놓여 있는데 제대로 감상하려면 하루에 다 볼 수 없다. 그래서 오늘 다시 방문하길 잘한 것 같다. 주안이가 제일 기대하고 궁금해하는 미라를 보기 위해 서둘러 2층으로 올라갔다.

주안이가 미라 만드는 법을 책에서 읽었다면서 제법 상세하게 알려 주었다. 또한 왕의 사망 후 왕을 미라로 만드는데 미라를 넣는 관들은 그 왕의 얼굴과 비슷하게 만들었기 때문에 미라관에는 얼굴이 똑같은 게 없다는 것도 알려 주었다.

미라 전시관과 더불어 2층엔 투탕카멘 무덤에서 나온 금으로 된 유물들이 어마어마하게 많았다. 18세 어린 왕자의 무덤 하나에서 이렇게 셀 수 없는 유물들이 보존이 잘된 상태로 나왔다는 게 믿기질 않았다. 더구나 지금부터 3천여 년 전 이런 유물을 만든 이집트의 문명과 기술력에 또 한 번 감탄하였다. 주안이가 학교 도서관에서 《이집트의 역사》라는 책을 읽었는데 투탕카멘의 이야기도 읽었다며 책에서 보던 내용을 직접 와서 보니 엄청 신기해했다.

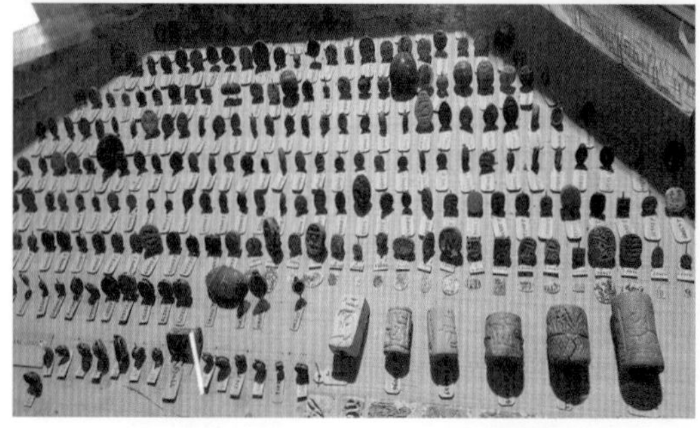

모든 전시품들에 대한 설명을 하나씩 읽으며 보았다. 전시물들은 투탕카멘과 아내가 같이 새겨져 있는 황금 의자, 발 받침대, 황금 신발, 가면 등 투탕카멘 무덤 안에서 미라인 투탕카멘과 함께 발견된 것들이었다. 특히, 투탕카멘 미라 얼굴에 씌워진 황금 가면과 미라를 보관한 금으로 된 미라관들, 그리고 미라 몸 전체를 장식한 금으로 세공된 보석들도 전시되어 있었는데 3500여 년 전 만들어졌다는 것이 믿을 수가 없을 만큼 정교하고 아름다웠다. 주안이는 사면에서 감상하며 너무 대단하다며 전시룸을 나올 생각을 하지 않았다.

투탕카멘 전시를 다 보고 나서 2층에 있는 다른 전시관을 들르니 파라오 가면과 유품들이 전시되어 있었다. 도대체 미라를 얼마나 많이 만들어 보존한 것일까? 복도를 따라 조금 더 지나가니 주안이가 또 꼭 봐야 한다고 찜해 둔 미라 전시실이 보였다.

미라 전시실에서는 4000년~3500년 전의 실제 미라를 볼 수 있는데 추가 입장료를 내야 들어갈 수 있다. 처음 미라를 볼 땐 약간 무서운 느낌이 들었는데 계속 보면 볼수록 신기하고 또 신기했다. 미라 전시실은 2개가 있었고 전시실마다 12구의 미라가 전시되어 있었다. 미라마다 차이가 있었지만 손발톱도 있고 치아도 너무 잘 보존되어 있었고 무엇보다 수천 년이 흘렀음에도 머리카락이 한 올 한 올 그대로 보존되어 있다는 것이 놀라웠다. 미라를 만들어 보존하려면 얼마나 높은 수준의 문명이었을까? 2층에 있는 투탕카멘과 미라 관람에만 거의 세 시간이 걸렸다.

미라 전시관을 끝으로 박물관을 나오는데 "엄마, 오늘 박물관 다시 오기로 한 결정은 정말 잘한 결정이었어." 하며 손을 꼭 잡아 주었다. 우버를 타고 호텔로 돌아가는 길에 나일강이 보였다. 수천 년 전에도 이 나일강은 지금 모습 그대로 흐르고 있었겠지? 새삼 온 도시가 문화재인 카이로를 내일 떠나야 된다고 하니 아쉬움이 남았다.

출발 전 기대도 많았지만 걱정도 참 많았던 아프리카 대륙이었다. 비록 일정 관계상 모든 국가를 방문하지는 못했지만, 처음 세계 일주를 계획하게 된 계기 중 하나였던 아프리카 초원의 대자연과 유구한 문화유산들을 직접 체험할 수 있었다. 오히려 출발 전에 우려했던 일들은 없었고, 기대 이상으로 훨씬 더 좋았다. 간혹 해 준 것도 없이 팁을 요구하거나 외국인인 우리에게 바가지를 씌우려는 사람도 있었지만, 그보다 더 큰 호의를 베풀어 주거나 따뜻하고 재미있는 사람들이 훨씬 더 많았다.

우리에게 특별한 경험을 준 아프리카, 다음에 다시 올 것을 약속하며
'이제 안녕!'

유럽

유럽

유럽 여행기간(총 88일)

2017년 10월 31일: 스톡홀름 IN

→ 2018년 1월 26일: 리스본 OUT

방문국가/도시(21개국/55개 도시)

스웨덴1, 핀란드3, 에스토니아1, 영국2, 프랑스9, 룩셈부르크1, 벨기에1, 네덜란드1, 독일5, 오스트리아2, 체코2, 슬로바키아1, 헝가리1, 크로아티아1, 슬로베니아1, 스위스3, 이탈리아8, 바티칸시국1, 모나코1, 스페인8, 포르투갈2

유럽 여행의 주요 테마

① 아들의 꿈의 그릇을 키우기
(자동차 디자이너가 꿈인 아들을 위해 유럽에 있는 유명한 자동차 회사 본사와 박물관 견학)
② 꿈에서 그리던 핀란드 북극권의 신비한 오로라를 보고 동화 속 산타 마을에서 산타 할아버지 만나기
③ 유럽 대륙을 자동차로 일주하면서 다양한 국가에 유럽 살이 체험하기
④ 유럽의 문화와 예술, 역사의 현장을 둘러 보기(중세 역사 유적지, 올드 타운, 박물관, 미술관 방문)
⑤ 세계 일주의 단초가 된 액자 속 풍경의 스톡홀름 방문
⑥ 유럽에 살고 있는 친구, 지인, 가족 만나기

주요 Activities 및 이동 수단

- **자동차 여행**
(시트로엥 신차 리스 프로그램 이용): 파리에서 리스 차량 인수 후 시계방향으로 유럽 일주
- **크루즈 여행**(바이킹 라인, 실자 라인 해운사 이용): 스톡홀름 → 헬싱키, 헬싱키 → 탈린 → 스톡홀름
- **비행기 여행**(별도 항공권 구입): 헬싱키키이발로(사리셀카), 로바니에미 → 헬싱키, 스톡홀름 → 파리 → 런던, 런던 → 파리, 파리 → 리스본

[이집트/터키/스웨덴]

여름에서 겨울로, 유럽 여행의 시작 스웨덴으로!

올해 우리 가족은 참 긴 여름을 보냈다. 가을로 접어드는 9월 26일에 세계 일주를 떠났지만 이후 줄곧 적도에 인접해 있는 국가들을 여행하다 보니 10월 마지막 날까지 우리에겐 한여름이었다. 하지만 오늘부터는 바로 겨울이다. 유럽 일정이 시작되는 스웨덴은 이미 초겨울로 접어들었기 때문이다. 가을을 못 느끼는 건 많이 아쉽지만 더운 날씨보다 추운 날씨를 잘 견디는 남편과 주안이에겐 좋은 일인 것 같다. 유럽은 늘 꿈에 그리던 곳이니 걱정 대신 즐거운 추억을 만들 생각을 더 해야겠다.

오늘은 하루 종일 이동하는 날이다. 이집트 카이로를 출발해 터키의 이스탄불을 경유하여 스웨덴의 수도인 스톡홀름으로 들어가는 일정이다. 오전 6시에 호텔을 출발해 아침, 점심은 기내식으로 해결하고 스톡홀름에 도착해서는 어젯밤 어플을 통해 미리 예약한 공항버스를 타고 스톡홀름 시내로 들어가 우버로 호텔에 도착하는 것이 오늘 이동 계획이다.

오늘 탑승하는 모든 항공편은 터키항공(Turkish Airlines)이다. 비행기에 오르니 오랜만에 50~60편 되는 영화를 골라볼 수 있어서 주안이가 신이 났다. 카이로에서 이스탄불까지 2시간 30분, 트랜짓(Transit) 2시간, 다시 이스탄불에서 스톡홀름까지 3시간 40분을 비행해 드디어 긴 일정을 마치고 스톡홀름의 Arlanda 국제공항에 도착했다. 비행기에서 내리는데 순간 찬 기운이 쌩하니 느껴졌다.

여름 왕국에서 겨울 왕국으로 입국! 세계 일주 기간에는 필연적으로 경험할 수밖에 없는 기후 변화다. 공항을 나오기 전 스웨덴 국민 편의점인 Pressbyran에서 유럽 전역에서 쓸 수 있는 핸드폰 심 카드와 데이터 12GB를 충전했다. 공항버스를 타러 버스 터미널로 이동했다. 표지판이 잘되어 있어서 찾는 데 어려움이 전혀 없었다. 우리가 타고 갈

Flygbuss는 10분에 한 대씩 출발하는 버스라 금방 탈 수 있어 좋았다. 버스 종점인 스톡홀름 중앙역에 도착해 다시 우버를 타고 15분 거리의 숙소로 이동했다. 이케아(IKEA)의 나라답게 이동하는 동안 보이는 건물 하나하나가 실용적이고 독특한 모습이었다. 스톡홀름 시간으로 저녁 7시가 넘어가고 있는데 이렇게 멋진 건물 사무실에 사람이 아무도 없어 보였다. 저녁 시간을 누릴 수 있는 직장 생활. 나도 나중에 이런 곳에서 행복하게 다시 일하고 싶다. 우버 기사에게 스웨덴의 퇴근 시간을 물어보니 정부에서는 4시로 하라고 하지만 보통 6시까지 근무한다고 한다.

'세계 일주 전 회사 다닐 때 저녁 7시면 간단히 저녁 먹고 다시 일 시작하던 시간이었는데….' 하며 생각에 잠시 잠겼다. 특히나 하반기로 접어들면 매일같이 밤 11시가 넘어 퇴근해 지친 몸으로 집에 가서 자는 주안이 얼굴 보고 다시 회사에서 가져온 서류를 뒤척이다 잠들었던 것이 얼마 전까지의 내 모습이었는데, 그때 모습이 떠올라 서글퍼졌다. 그러다 바로 내 옆에서 재잘거리는 주안이를 보니 다시 금방 지금의 현실로 돌아와 세계 일주라는 큰 결심을 한 것이 얼마나 잘한 일이었는지 다시금 생각났다.

15분 정도 후에 도착한 우리 숙소! 아파트형 호텔이라 삼시 세끼 다 해 먹을 수 있는 곳이다. 물가가 비싼 스톡홀름이지만 마트 물가는 한국과 크게 차이 나지 않으니 외식을 줄이면 여행경비도 줄이고 우리 건강도 챙길 수 있어 일거양득이다. 체크인하면서 우리가 3일 후 핀란드와 노르웨이로 여행을 가는데 8~9일 이후에 돌아올 테니 그동안 캐리어 2개를 보관해 줄 수 있냐고 물어보니 쿨하게 가능하다고 했다. 핀란드와 노르웨이를 비행기가 아닌 배나 기차로 다니려고 하다 보니 여행용 캐리어를 가지고 다니기가 너무 번잡스러울 것 같았는데 오자마자 고민이 해결되었다.

피곤한 하루였지만 기내식으로만 배를 채운 우리는 간단히 해 먹을 저녁과 내일 아침밥을 위해 근처 마트에 가서 장을 봐왔다. 오늘 메뉴는 주안이가 먹고 싶어 하던 연어와 야채를 곁들인 연어 야채볶음이다. 이렇게 상을 차려 먹어 본 게 얼마 만인지 모르겠다. 오랜만에 한국 라디오 음악방송을 들으면서 잘 차려진 식탁에서 현지에서 나온 싱싱한 연어를 썰어 먹는 맛이란! 행복은 별게 아닌 것 같다. 지금 이 순간을 감사해하고 소중히 여기는 데서 행복이 시작한다는 것을 매 순간 느끼고 배우게 되는 것 같다.

DAY36
2017.11.1

[스웨덴]

북유럽의 정취가 가득한 곳, 스톡홀름 감라스탄(노벨 박물관, 바사 박물관)

11월의 시작은 스톡홀름이다. 지난 10월의 첫날은 네팔 카트만두에서 포카라로 이동한 날이었는데 다음 달 12월 1일에는 어느 나라에 가 있을까? 기분 좋은 상상을 하며 스톡홀름의 첫 아침을 맞이했다. 오늘은 감라스탄 지구에 있는 구시가지와 노벨 박물관, 유르고르덴에 있는 바사(VASA) 박물관을 관람할 예정이다. 워낙 교통비가 비싸니 우리는 72시간 동안 지하철, 트램, 버스, 페리를 이용할 수 있는 SL 카드를 구매하기로 했고 마침 호텔에서도 판매를 하고 있다. 우리 셋 72시간 교통카드가 640크로나, 원화로 85,000원 정도이다.

호텔 근처에서 트램을 타고 20분쯤 지나 스톡홀름의 대표적인 구시가지 거리가 모여 있는 감라스탄역에 도착했다. 감라스탄은 전형적인 예전 유럽의 거리와 건물들의 모습을 그대로 간직하고 있는 아름다운 스톡홀름의 구도심이다. 감라스탄역에 내려 유서 깊은 골목을 가로질러 올라가니 오늘 첫 번째 목적지인 노벨 박물관에 도착했다.

노벨 박물관의 입장료는 성인 120크로나이다. 원화로는 16,000원 정도인데 어린이는 무료이다. 입장하면 정중앙에 분야별 노벨상에 대해 알아볼 수 있도록 원형 모양으로 검색대가 있고, 그 뒤로 연도별 노벨 수상자들을 검색해 볼 수 있는 검색대가 일렬로 도열해 있다. 우리나라에서 유일하게 노벨 평화상을 수상하신 김대중 대통령을 주안이에게 보여 주기 위해 1991~2000년도 검색대에서 노벨 평화상 수상자를 검색해 주었다. 주안이는 연도별로 수상자를 쭉 보더니 우리나라에 아직 한 분밖에 안 계시다며 아쉽다고 했다. 노벨 박물관은 그리 크지는 않지만 인테리어나 공간 활용이 인상 깊었다. 천장에 역대 수상자의 사진과 이력이 레일을 따라 움직이게 되어 있는데 역대 노벨상 수상자가 이렇게 많았나 하는 생각이 들 정도로 많은 노벨상 수상자분들의 얼굴을 한눈에 확인할 수 있었다.

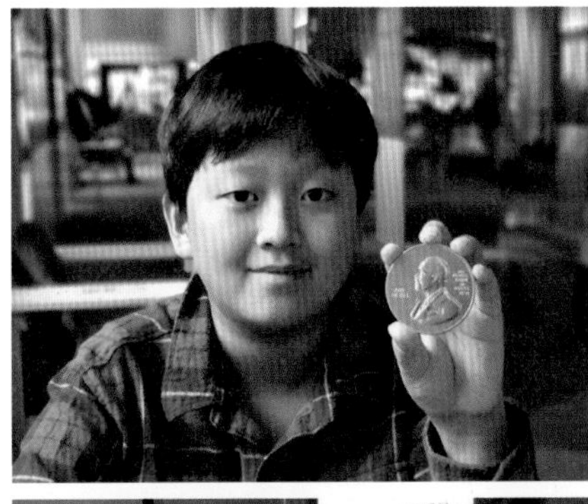

박물관 한쪽에는 김대중 대통령의 옥중서신과 이희호 여사가 만드신 털신이 진열되어 있었다. 깨알같이 써 내려간 김대중 대통령의 옥중서신을 스웨덴에서 볼 줄이야. 남편은 어릴 적부터 이곳에 꼭 와 보고 싶었다고 했다. 주안이와 함께 와서 남편에겐 더 의미 있는 방문이었을 거다.

박물관 주변으로는 오래전 지어진 운치 있고 아름다운 건물과 거리들이 이어져 있으며 골목 곳곳에는 예쁘게 장식된 상점들이 정말 많이 있었다. 골목을 따라 건너편으로 내려오니 페리 터미널이 보였다. 더 늦기 전에 페리를 타고 유르고르덴에 있는 바사 박물관으로 출발했다.

바사 박물관은 보통 5시에 끝나는데 오늘은 수요일이라 밤 8시까지 하는 날이다. 여기도 노벨 박물관처럼 어린이는 입장료가 무료다. 바사 박물관에는 세상에 현존하는 유일한 17세기 전함 VASA호가 전시되어 있다. 스웨덴의 해군력을 과시하기 위해 화려하고 아름답게 만들어진 VASA호는 1628년에 안타깝게도 출항한 지 10분 만에 침몰했다고 한다. 무리하여 과도하게 실은 대포와 포탄의 무게로 인해 균형을 잡지 못한 VASA호는 많은 사람들이 지켜보는 가운데 바다 아래로 가라앉았는데, 침몰한 지 333년 후가 되어서야 발견되어 1961년에 인양되었다고 한다.

박물관에 전시된 VASA호는 원형의 98%가 보존되어 있었는데 실물 크기의 배가 전시되어 있다 보니 배의 크기가 너무 커서 카메라의 한 앵글에 들어가지 않았다. 박물관은 VASA호 주변으로 7층으로 된 전시관으로 구성되었는데 각 층을 돌아다니면서 높이별로 배를 감상하고 배의 각 부위를 자세히 볼 수 있도록 각종 영상 자료 및 체험할 수 있는 액티비티 공간 등을 잘 꾸며 놓았다.

한참을 구경하다가 7시가 넘어서 박물관을 나오니 어느새 밖은 캄캄하고 겨울비가 오기 시작했다. 트램 창문 밖으로 보이는 비 오는 스톡홀름의 밤거리는 따뜻한 오렌지빛 가로등 불빛이 더해져 더욱 운치 있게 느껴졌다. 아름다운 스톡홀름의 밤이다.

DAY37 [스웨덴]

2017.11.2

세상에서 가장 아름다운 도서관, 스톡홀름 도서관

모처럼 푹 자고 일어났다. 오늘 아침 메뉴는 따뜻하게 데운 크루아상, 애플망고, 계란 프라이, 베이컨, 소시지, 옥수수에 우유 한 잔씩! 호텔 조식이 안 부럽다.

오전에는 외출에 앞서서 1층 세탁실에서 추워져서 못 입을 여름 옷들과 밀린 빨래를 했다. 그동안 아시아나 아프리카의 숙소는 세탁 시설이 좋질 않아서 하는 수 없이 손빨래를 해야만 했는데 세탁기가 있으니 어찌나 편한지. 세탁과 건조를 모두 마치고 11시쯤 되어 숙소를 나와 다시 스톡홀름 탐방을 시작했다. 자동차 디자이너가 꿈인 주안이를 위해서 유럽에서는 대표적인 자동차 박물관이나 전시장을 방문하는 것이 여행의 주요 테마 중 하나였는데 오늘 일정은 스톡홀름 시내에 있는 볼보(Volvo) 스튜디오를 들르는 것이다.

오늘도 트램을 타고 감라스탄으로 가서 동네를 둘러보고 이후 걸어서 볼보 스튜디오까지 이동할 예정이다. 날씨는 초겨울로 접어들었는데 다행히 아직도 단풍으로 물든 가로수에는 붉은색과 갈색으로 물든 낙엽들이 남아 있어서 짙은 가을 느낌이 물씬 난다.

볼보 스튜디오는 가을 단풍이 멋들어지게 물들어 있는 공원 옆에 위치해 있는데 규모는 크지 않지만 전시장과 미니 관람시설을 예쁘게 잘 꾸며 놓은 곳이었다. 1층에는 신형 볼보를 전시해 두었고 한 층 내려가면 볼보 디자인, 역사 등을 간략히 볼 수 있다. 남편이 스튜디오 직원들에게 주안이를 소개했고 미래 꿈이 자동차 디자이너라며 그동안 그린 핸드폰 속 자동차 그림을 보여 주었다. 주안이가 그린 그림을 보여 주자 진짜 주안이가 그렸냐고 다들 관심 있게 보더니 직원이 직접 온라인으로 본인이 원하는 대로 차를 주문하는 법을 시연해 주었고, 주안이가 볼보 중 가장 관심 있는 XC40 시승도 해 주었다. 직원은 XC40 모델이 출시된 지 2주밖에 안 돼서 아직 3개국 쇼룸에만 전시되어 있다고 했다. 한국은 2018년 4월에 출시 예정이란다. 마지막 인사를 하니 주안이에게 설명을 잘해 준 직원이 주안이 꿈을 응원한다며 나중에 디자이너가 되어 함께 볼보에서 일할 수 있으면 좋겠다고 말했다.

간단히 점심을 먹고 스톡홀름에 있는 세계에서 가장 아름다운 도서관인 스톡홀름 도서관으로 발길을 옮겼다. 스톡홀름 도서관은 1920년대에 지어졌는데, 죽기 전 봐야 할 건축물 1001개 중 하나로 꼽히기도 한 건물이다. 지금은 도서관 고유의 기능 이외에도 아름다운 도서관 내부가 유명해져서 많은 방문객들이 방문하는 곳이 되었다.

스톡홀름 도서관은 신분증 검사나 보안 검사 없이 누구에게나 오픈되어 있다. 심지어 여행객에게도 도서 대출이 가능하다고 한다. 입구에 들어서서 10개 남짓한 계단을 올라서니 원형의 멋

진 도서관이 눈앞에 들어왔다. 절로 감탄사가 나오지만 모두 조용히 책을 보고 있으니 우리도 소리 나지 않게 조용히 도서관 내부를 둘러보았다. 그리고 휴식을 취할 겸 각자 관심 있는 책을 찾아 책을 읽기로 했다. 주안이도 열심히 1층부터 책을 찾아다니더니 만화책 한 권을 들고 왔다. 역시 만화는 언어가 달라도 만국 공통으로 볼 수 있는 책인 것 같다. 꽤 긴 시간 동안 머물면서 보니, 어린아이부터 할머니, 할아버지까지 책을 빌리거나 편한 의자에 앉아서 읽다가 가시는 분들이 참 많았다. 우리 동네에도 이런 도서관이 있다면 자주 오고 싶은 마음이 들 것 같다. 도서관은 흡사 우리나라 코엑스에 있는 별마당 도서관이랑 느낌이 비슷했다. 세계 일주 후 별마당 도서관에 주안이를 데리고 가 봐야겠다. 예전에 친구들이랑 별마당 도서관에 갔을 땐 왜 주안이랑 가 볼 생각을 안 했을까? 세계 일주를 하면 할수록 한국에서 가고 싶은 곳도 늘어나는 것 같다.

DAY38
2017.11.3

[스웨덴/핀란드]

스웨덴에서 핀란드로, 오버나이트 크루즈 여행

오늘은 스웨덴에서 핀란드로 이동하는 날이다. 오늘 일정은 스톡홀름항에서 오후 4시 반에 출발하는 크루즈를 타고 다음 날 핀란드 헬싱키에 오전 10시에 도착하는 일정으로 배에서 이동과 숙박을 해결할 예

정이다. 내일 오전은 헬싱키에 도착하여 헬싱키 시내를 둘러본 후 당일 오후 4시 반 비행기로 핀란드 최북방 북극권에 있는 이발로(Ivalo) 공항을 통해 사리셀카로 이동하는 일정이다.

사리셀카는 북극권에 있는 도시라 매우 추울 텐데 세계 일주를 위해서 제한된 짐을 가져오게 되다 보니 모자, 목도리, 장갑 등 겨울 용품은 현지에서 구입할 생각이었다. 출발 전 감라스탄에 있는 겨울 용품 상점에 들러서 각자 취향에 맞는 겨울 용품을 구입했다.

큰 짐은 호텔에 맡겨 놓고 승선을 위해 선착장에 도착했다. 우리가 탈 배는 바이킹 라인(Viking Line) 해운사 소속의 '가브리엘라'라는 이름의 배로 초대형 크루즈선이다. 세계 일주 중 배로 이동하기는 이번이 처음이다. 선실 내부는 기대했던 것보다 훨씬 안락하고 깔끔했다. 화장실, 샤워실도 방 안에 있으니 배가 아니라 호텔 같다. 배가 출발하기에 앞서 우리 가족은 스톡홀름 전경을 바라볼 수 있는 갑판 위로 올라갔다.

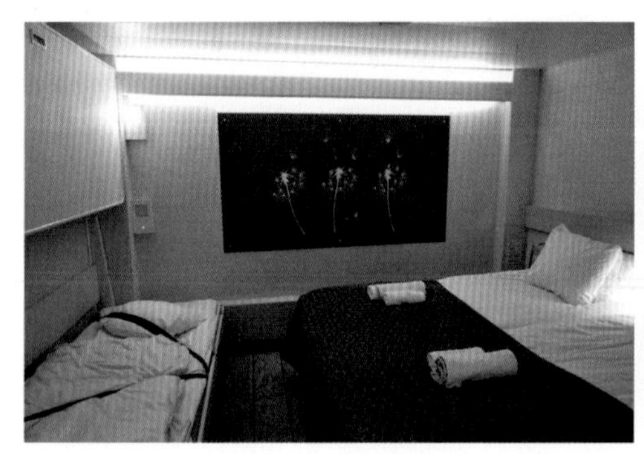

우리 집에는 아주 예전, 내가 남편과 결혼하기 전에, 시아버님께서 스웨덴 여행 시 사 오신 사진이 있다. 남편은 그 사진이 좋아서 오래 간직하기 위해 액자로 표구하였고, 10년이 훨씬 넘은 지금도 우리 집에서 제일 잘 보이는 곳에 걸려 있다. 우리 결혼 1년 전에 아버님이 갑자기 돌아가셔서 뵌 적은 없지만, 사진을 볼 때마다 참 자상한 분이시라는 생각을 많이 한다. 헬싱키로 떠나는 배 갑판 위에서 바로 그 사진 속 풍경이 남편 눈에 들어온 것이다. 남편의 세계 일주 꿈은 그 사진에서부터 시작되지 않았을까…. 남편이 스톡홀름에 와서 노을 진 바다 사진을 많이 찍었는데 그 사진의 느낌을 찍고 싶어서였나 보다.

갑판 위에서 남편이 돌아가신 아버님을 떠올리며 생각에 잠겨 있는 것 같아 주안이를 데리고 잠시 자리를 비켜 주었다. 아름다운 스톡홀름 사진을 다 찍은 남편은 주안이에게 우리 집 액자에 있는 사진 장소가 여기 같다고 말하며 할아버지께서 보셨던 풍경을 다 같이 볼 수 있어 행복하다고 했다. 문득 '어쩌면 우리 집에 걸려 있는 스톡홀름 풍경 사진이 세계 일주를 떠나게 만든 연결고리가 된 것은 아닐까?'란 생각이 들었다.

DAY39 2017.11.4 [핀란드]
헬싱키 나들이와 북극권 사리셀카로 이동

지난밤 크루즈에서 푹 자고 아침에 일어나니 어느새 헬싱키항에 거의 도착했다. 오늘은 헬싱키 시내를 둘러본 후 오후에 사리셀카로 가기 위해 비행기 시간에 맞추어 헬싱키 중앙역에서 기차를 타고 공항으로 이동할 예정이다. 다행히 헬싱키 중앙역이 있는 헬싱키 중심가는 그리 넓지 않아서 항구에서 주요 관광지를 둘러보면서 도보로 천천히 이동하면 되는 거리이다.

안나푸르나에서 우리 가족은 매일 산길을 4만 보 이상 걸었다. 안나푸르나 트래킹을 세계 일주 초반에 한 건 참 잘한 일인 것 같다. 조금 힘든 상황이나 오래 걸어야 할 상황이 생기면 '이게 안나푸르나 등반보다 힘들까?'를 묻게 되고 안나푸르나의 힘들었던 트래킹을 생각하고 매 순간 잘 이겨내게 됐기 때문이다. 지난 한 달간 늘 만 보 이상 걷다 보니 이제 하체도 많이 단련되었다.

바다에 인접해 있어 헬싱키가 스톡홀름보다 조금 더 추운 것 같았다. 그런데 부두와 붙어 있는 바다 수영장에서 수영하는 사람들을 보고 깜짝 놀랐다. 부둣가 주변에 길게 늘어서 있는 장터를 지나 나지막한 언덕 위에 서 있는 아름다운 성당에 가 보았다. 동화 속 궁전같이 성당이 화려하고 이쁘다.

동화 속 성당을 지나 새하얀 색의 웅장한 헬싱키 대성당도 둘러보았다. 짙푸른 하늘색과 대비

가 되어 헬싱키 대성당이 더욱 멋있어 보였다. 헬싱키 시내를 돌아다니며 간단히 식사를 하고, 북극권을 대비해 남편 모자를 하나 산 후 중앙역에서 VR 고속 열차를 탔다. 중앙역에서 공항까지 30분 만에 도착했다.

공항에서 비행기가 40분 정도 지연되어 핀란드의 최북단 북극권에 있는 이발로 공항에는 저녁 7시 40분쯤 도착했다. 아직 11월 초라 기온이 영하 1~2도로 생각보다는 그렇게 춥지는 않았다. 호텔로 가는 버스를 타고 눈 덮인 숲길을 지나 동화같이 예쁜 홀리데이 클럽 호텔에 도착했다.

사리셀카는 핀란드에서 오로라를 보기 위해 찾는 마을로 유명한데 매일 저녁 오로라를 보기 위한 오로라 헌팅 투어가 있다. 하지만 오로라 헌팅을 나간다고 항상 오로라를 볼 수 있는 것은 아니다. 전자기장이 강하고 하늘이 맑고 기온이 낮아야 오로라를 잘 볼 수 있는데 겨울철이 오로라를 볼 수 있는 최적기이다. 사리셀카의 호텔에서는 매일 오로라의 세기를 알 수 있는 오로라 지수(Index)를 업데이트해서 투숙객들에게 제공한다. 체크인을 할 때 호텔 직원에게 물어보니 오늘 마침 오로라 세기가 밤 11시쯤 매우 강해져서 아마도 호텔에서도 볼 수 있을 것 같다고 했다. 비행기가 지연된 관계로 오로라 헌팅 투어에 합류하지 못해 아쉬웠는데 첫날부터 오로라를 볼 수 있다니 우리 가족은 매우 들떴다. 오로라는 맑은 날에만 볼 수 있는데, 내일은 눈 예보가 있어서 오늘이 오로라를 볼 수 있는 적기인 것이다. 정말 운 좋게도 제때에 온 것이다.

체크인을 하고 방에서 오로라 지수를 체크하는 어플을 설치했다. 11시가 가까워지자 호텔 직원의 말처럼 오로라 지수가 서서히 올라가기 시작했다. 어플의 오로라 지수가 점점 강해지자 점점 가슴이 콩닥콩닥 뛰기 시작했고 시간이 되어 단단히 중무장을 하고 호텔 밖을 나섰다.

"오 마이 갓!" 수많은 별들이 떠 있을 것 같은 하늘이 온통 하얗다. 하늘이 맑아야 오로라를 볼 수 있다는데 호텔에 도착할 때만 해도 맑았던 하늘이 어느새 아주 짙은 안개로 덮여 있었다. 도무지 오로라를 볼 수가 없는 상황이었다. 호텔 로비에서 상황을 물어보니, 지금이 겨울이 시작되는 절기라 늦은 밤이 되면 온도차에 의해 근처 호수에서 비롯된 짙은 안개가 자주 생긴다고 한다. 더군다나 호텔 근처 스키장에서 개장을 앞두고 오늘 저녁부터 눈을 만들기 시작해서 그것 때문에 더욱더 안개가 자욱하단다. 일기예보상 맑은 날씨와 오로라 지수도 높은 완벽한 타이밍인데, 예상 밖의 밤안개가 발목을 잡을 줄이야….

하지만 여기서 포기할 우리가 아니다. 11시가 넘었지만 택시가 있냐고 물으니 호텔에서 불러 줄 수 있단다. 어차피 내일은 눈이 예보되어 있어서 방법이 없다. 잠시 남편이랑 상의 후 택시 기사를 불러 안개가 없을 법한 지역으로 이동해 보기로 했다. 5분 만에 달려온 택시를 타고 호텔에서 추천해 준 곳으로 이동했다. 하지만 여기도 역시나 안개가 자욱했다. 택시 기사는 이 정도면 오늘은 도저히 볼 수 없을 것 같다고 했다. 그때 남편이 아까 공항 부근에서는 하늘에 구름이 없었다고 하면서 100유로를 더 줄 테니 공항이 있는 이발로까지 가서 30분 정도 보고 다시 호텔로 오자고 택시 기사와 협상했다. 간절함이 통했을까? 기사도 흔쾌히 동의해서 우리는 다시 공항 쪽으로 이동했다. 다행히 이 지역 토박이인 택시 기사는 이발로 공항 근처에서 오로라를 잘 볼 수 있을 법한 장소로 우리를 데려다주었다. 오로라를 찾아 다시 이동하는데 왜 이리 심장이 떨리던지…. 우리의 간절함을 느낀 기사분은 운전하는 중에도 고개를 숙여 하늘을 체크하였고, 침엽수가 우거진 길을 따라 이동한 지 20분 만에 차를 한쪽으로 세웠다. 그리고 기사가 내려 준 곳에서 우리는 그렇게 원하던 오로라를 드디어 보게 되었다. 비록 옅은 구름이 있어서 또렷한 오로라는 보지 못했지만 그럼에도 불구하고 구름 사이로 새어 나오는 오로라를 볼 수 있었다.

평생 처음 보는 광경이라 말문이 막혔다. 오로라는 어두운 하늘에서 순간 초록빛을 여기저기서 내뿜었다. 주안이가 팔딱팔딱 뛰면서 “와~ 내가 오로라 보고 있다!” 소리쳤다. 젊은 기사는 구름이 있는데도 보일 정도면 진짜 강한 오로라인데 옅은 구름이 있어 좀 아쉽다고 했다. 그래도 긍정적으로 생각하기로 했다. 우리는 엄청 강한 오로라와 하얀 구름을 동시에 보았노라고! 정말 신비로웠던 오로라야, 잠깐이라도 와 줘서 고맙다.

DAY40 2017.11.5

[핀란드]

눈 내리는 사리셀카 숲속의 아름다운 천연 눈썰매장

어젯밤 오로라를 보고 12시가 넘어 호텔로 와서는 바로 잠들었다. 한숨 푹 자고 눈을 뜨니 밤부터 내린 눈이 소복하게 쌓여 있었다. 땅도, 하늘도 모두 하얗다. 오늘 같은 날씨엔 오로라를 볼 수 없으니 어제 우리가 오로라를 보러 간 것은 참 잘한 결정이었다.

눈이 오니 주안이가 너무 좋아했다. 겨울만 되면 늘 언제 눈이 오냐고 매일같이 물었던 아들. 매년 12월만 되면 이번 크리스마스에는 눈이 오냐고 매일 물었었는데 올해는 벌써 크리스마스 시즌을 시작한 기분이다. 호텔 조식을 든든히 먹고 오늘은 느긋하게 호텔에서 눈썰매를 빌려 타기로 했다.

호텔 뒤편은 북극권 특유의 침엽수림이 멋지게 우거져 있다. 아직 누구의 발자국도 없는 곳에 남편이 주안이를 썰매에 태우고 끌다 보니 50m 길이의 천연 슬로프를 발견했다. 일직선으로 쭉 내려가지 않고 중간중간에 낮은 언덕이 있어 스릴 있는 썰매 타기 장소다. 숲길 사이를 썰매를 타고 수십 번 오르락내리락하는데 지나가는 사람이 한 명도 없다. 사리셀카 홀리데이 클럽 호텔 뒤 숲은 우리 가족이 접수한 것이다. 우리가 이번 세계 일주 중 가장 아쉬운 점이 한국에서 개최하는 평창 동계올림픽을 못 가 본다는 것이었는데 우리나라에선 못 보지만 평창 동계올림픽의 성공적인 개최를 기원하는 마음으로 축하 메시지를 담아 동영상을 찍어 보았다.

오전, 오후 내내 시간 가는 줄 모르고 썰매를 탄 후 어둠이 깔리고서야 호텔로 복귀했다. 오늘은 동심으로 돌아가서 눈썰매 하나로도 참 즐거웠던 하루였다.

DAY42

2017.11.7

[핀란드]

북극권 로바니에미 산타마을과 환상적인 오로라의 향연

어제 눈길을 뚫고 4시간에 걸쳐 산타마을이 있는 로바니에미로 버스로 이동했다. 핀란드 정부가 공식으로 인정한 로바니에미에 있는 산타마을은 외신에도 종종 나오는 곳으로 전 세계 아이들의 로망인 산타가 사는 곳이다.

우리 숙소는 산타마을 안에 있는 산타빌리지 호텔로 방은 한 채씩 별채로 구성되어 있고 숙소마다 주방 시설 및 전용 핀란드 사우나 시설이 설치가 되어 있으며, 실내의 모든 장식은 산타마을답게 크리스마스 분위기가 물씬 나는 인테리어로 되어 있다.

9시쯤 조식을 먹으러 나오면서 어제는 어두워서 제대로 못 본 산타클로스 빌리지 곳곳을 볼 수 있었다. 든든히 배를 채우고 기념품 가게를 지나 나가려고 하는데 'Meet Santa'라는 표지판이 눈에 들어왔다. 오기 전에 성수기 때는 산타를 만나려는 줄이 길어서 사진을 못 찍고 나왔다는 글을 봐서 바로 가서 만나 보기로 했다. 아직 산타클로스를 믿는 주안이는 갑작스러운 산타와의 만남이 너무 떨린단다. 조심스럽게 들어가서 조명이 어두운 구불구불한 길을 지나가니 멀리 앉아 계신 산타 할아버지가 보인다! 우리 가족이 들어가니 엄청 반갑게 맞아 주시는 산타클로스 할아버지…. 동화, 영화에서만 보았던 바로 그 산타클로스였다. 대기자가 아무도 없어서인지 모르지만 우리들과 참 오래 대화를 나누었다. 우리가 대한민국에서 왔다고 하니 평창에 대한 질문을 많이 하셨다. 사리셀카에 있을 때에도 핀란드 TV에 '평창 동계올림픽 D-80' 이렇게 방송에 나오곤 했는데 아무래도 겨울이 긴 나라이다 보니 동계올림픽에 관심이 더욱 많은 것 같았다. 우리의 세계 일주 이야기, 주안이가 선물을 받을 만큼 착한 아이인지 등 여러 대화를 나누었다. 산타클로스는 자기 중국인 친구를 보여 주고 싶다고 본인 핸드폰에 있는 시진핑 주석과 함께 찍은 사진도 보여 주셨다! 산타클로스가 있는 방은 카메라나 핸드폰 등 개인 사진 촬영이 불가한 지역인데 주안이가 예뻐서 주는 선물이라며 특별히 우리의 핸드폰으로 주안이와의 사진을 찍으라고 하셨다.

산타 할아버지와 즐거운 만남을 마치고 오로라 헌팅, 허스키 썰매, 순록 썰매 등 체험할 수 있는 액티비티들을 알아보러 인포메이션 데스크에 들렀다. 허스키 썰매를 알아보니 어제 내린 비가 밤새 얼어서 안전상의 문제로 오늘은 허스키나 순록 썰매 모두 운영하지 않는다고 했다. 대신 오로라 헌팅에 대해 물어보니 오늘 로바니에미 하늘이 맑고 마침 오로라도 이 지역을 지나가고 있어 오로라 헌팅을 추천해 주었다. 허스키 썰매를 타지 못하는 건 아쉽지만 오늘 다시 오로라 보기를 도전하기로 결정했다. 숙소로 돌아와 오로라 헌팅 에이전시를 여러 군데 확인해서 제일 좋은 곳으로 전화예약을 했다. 라플랜드(Lapland)라는 업체인데 무엇보다 오로라 헌팅 시간이 제일 긴 것이 마음에 들었고, 우리 호텔까지 픽업도 다 해 주는데 가격은 또 가장 합리적이었다. 저녁 7시 20분 호텔로 픽업하러 오기로 하고, 그 사이에 우리는 산타클로스 빌리지를 마음껏 즐겨 보기로 했다.

산타빌리지는 빌리지 내에 있는 모든 건물과 장식들이 크리스마스를 느낄 수 있게 아름답게 장식되어 있다. 빌리지 안에서 즐겁게 놀고 여기저기 구경하고 있는데 다른 건물에도 'Santa is Here'라는 표지판이 보였다. 분명 오늘 조식을 먹었던 상점에서 산타를 만났는데, 여기에 다른

산타 할아버지가 있는 걸까? 뭐든 궁금하면 물어보면 되지! 내일 로바니에미에서 공항 가는 방법도 물어볼 겸 근처 인포메이션 센터로 들어갔다. 인포메이션 센터 직원에게 산타에 대해 물어보니 깜짝 놀랄 답변을 받았다. 지금 이 건물에 있는 산타가 핀란드 정부의 공식 인증을 받은 Real Santa이고 아까 아침에 뵌 분은 선물가게에서 고용하신 분이라고 한다. 그리고 여기가 진짜 산타인 이유는 산타 할아버지가 5개 국어를 할 수 있어서인데 아쉽게도 한국어는 못 한다고 했다. 하지만 오늘 아침에 우리가 만난 산타 할아버지는 한국어로 인사도 해 주시고 시진핑 주석과도 사진을 찍었는걸? 우리가 오늘 아침에 만난 산타 이야기를 해 주니 순간 인포메이션 직원과 우리는 서로 웃음이 터져 나왔다.

누가 진짜인지가 뭐가 중요한가? 여기는 산타마을이니 여기 계신 산타는 형님 산타, 아침에 만난 산타는 동생 산타인 걸로 정리하고 우리는 이번엔 형님 산타를 만나러 갔다. 산타클로스 빌리지 공식 인증 산타클로스 할아버지가 계신 곳은 아까 오전에 만난 산타 할아버지가 계신 곳보다 훨씬 근사한 곳이었다. '여기 계신 분이 오피셜 산타가 맞구나.'

우리 가족이 세계 일주 중이라고 하니 산타 할아버지가 크리스마스 때는 어느 나라에 있을 거냐고 물어보신다. 아직 모르지만 아마도 스위스일 것 같다고 하니 주안이에게 스위스에서 만나자고 하셨다. ☺

산타 할아버지는 주안이에게 꿈에 대해서도 물어보시고 꼭 될 수 있을 거라고 용기를 주셨다. 인자하신 산타 할아버지와 함께 사진을 찍고 나오는데 주안이가 자기 심장을 만져 보라고 한다. 콩닥콩닥 뛰는 심장! "엄마! 나 여기서 진짜 산타 만났어!" 아침에 산타를 만났을 땐 이 정도로 흥분하지 않았는데 이번엔 얼굴이 매우 상기되었다. 왜 이번 산타가 진짜냐고 물어보니 형님 산타 할아버지 콧속에서 진짜 흰 수염이 나와서 그렇다고 한다. 아직 예쁜 동심의 소유자 우리 아들답다. ☺

산타 할아버지를 만나고 이번에는 산타 오피스를 둘러보았다. 여기에서는 엽서와 우표를 사서 크리스마스카드를 각 나라에 보낼 수 있다. 네팔 트래킹 시작하기 전날, 포카라에서 부모님들께 엽서를 보냈는데 얼마 전 엽서를 받으셨다는 연락을 받았다. 부모님들 모두 깜짝 엽서에 감격하셔서 우리 또한 기분이 좋았었다.

이번에도 크리스마스 때 받으실 수 있도록 양가 부모님들께 엽서를 썼다. 작성된 엽서를 빨간 우체통에 넣으면 올해 크리스마스에 맞춰 배송되고, 주황 우체통에 넣으면 오늘 바로 배송이 시작된다고 한다. 우리는 빨간 우체통에 엽서를 넣고 적절한 시기에 배송이 잘되도록 직원분께 부탁했다.

슬슬 산타클로스 빌리지에 어둠이 깔리기 시작했다. 점점 더 오로라 헌팅 시간이 다가오고 있다. 7시 20분에 맞춰 리셉션 건물 앞에서 오로라 헌팅 픽업 차를 기다리며 하늘을 보는데 와! 벌써 오로라가 떴다! 오로라를 보려면 어둠에 눈이 익숙해져야 하고 불빛이 없어야 육안으로 보인다고 들었는데 오늘 오로라는 이렇게 조명이 밝은 곳에서도 보이니 기대를 넘어서 흥분이 되고 가슴이 뛰었다.

픽업 차량을 타고 에이전시에 가서 방한복과 방한 신발로 갈아 신고 1시간을 달려 주변에 빛이 없고 지대가 높은 곳으로 이동했다. 이동하면서도 남편은 핸드폰 어플로 계속 오로라 지수 상황을 체크했다. 이틀 전 사리셀카에서보다 몇 배 강한 오로라가 이 근방으로 다가오고 있음이 분명했다. 지난번 사리셀카 때는 오로라를 나타내는 색깔이 초록색으로 가득했는데 지금은 온통 진한 붉은색이다. 붉은색이 많을수록 오로라 세기가 높다는 뜻으로 오로라를 볼 확률이 높아진다는 얘기다. 며칠 전 사리셀카에서 오로라를 봤을 때는 8%였는데 지금은 34%다. 밤이 깊어지면서 점점 오로라를 볼 수 있는 확률이 올라갔다. 오로라 지수(KP) 7단계에 가능성 66%. 참고로 KP는 9가 최고인데 이때는 전자기장이 너무 강해서 오히려 7~8단계일 때가 오로라가 가장 잘 보인다고 한다.

드디어 오로라 헌팅 베이스캠프에 도착했다. 베이스캠프에 도착해서는 오로라 헌팅 온 사람들의 짐을 모두 내려 두고 나눠 준 손전등과 트래킹 스틱을 짚고 15분간 산으로 이동해야 한다. 우리와 함께 오늘 오로라 헌팅을 온 사람은 대략 20명으로 한 줄로 서서 함께 등반을 했다. 산으로 올라가서 각자 자리를 잡고 모두 조용히 하늘을 응시했다. 시원시원한 오로라는 아니지만 처음 멈춘 포인트보다는 좀 더 선명한 오로라를 볼 수 있었다. 시간이 벌써 10시가 넘어가고 있고 날씨는 매우 추웠지만 오로라 보는 재미와 따뜻한 방한복 덕분에 시간 가는 줄 몰랐다.

우리 가이드는 원뿔형 천막(Tepee)에서 모닥불을 지핀 후 잠시 추위를 녹이고 허기를 달랠 수 있게 소시지 바비큐와 따뜻한 커피를 준비해 줬다. 소시지와 커피, 따뜻한 코코아를 한 잔씩 마시고 다시 나와 하늘을 본 지 얼마 지나지 않아 드디어 그토록 보고 싶었던 대형 오로라가 하늘에 나타나기 시작했다.

일순간 함께 온 사람들이 소리를 지르며 사진기로 오로라를 찍기 바빴다. 뭐라고 설명해야 제대로 표현이 될지 모를 정도다. 오로라가 한쪽에서 보이기 시작하면 생각보다 빠른 속도로 움직이면서 부드럽게 춤을 추다가 사라지고, 또 다른 편에선 다른 모양의 오로라가 생겨나면서 너울너울 파도처럼 넘어오며 지나간다. 실크 커튼 같기도 하고 파도 같기도 한 신비로운 오로라 쇼가 밤하늘을 스케치북 삼아서 30분이 훨씬 넘도록 멈추지 않았다.

사진을 찍다가도 이 순간을 놓치지 않기 위해 큰 돌 위에 누워서 하늘만 바라보다가 나중에 잊을까 봐 사진기를 또 들었다가…. 정말 신비롭고 신기한 경험, 잊지 못할 경험을 했다. 계속 같은 곳을 찍었는데 오로라의 모습은 계속 변했다. 육안으로도 정말 선명하고 생생하게 보였던, 한밤중의 스펙터클한 오로라 쇼였다. 새벽 1시가 되어 구름이 다시 덮이니 마침내 오로라 쇼가 끝이 났다. 우리 가이드 말로는 거의 매일 오로라 헌팅 가이드를 하러 오지만 최근 몇 달 동안 본 오로라 중에 오늘이 최고라고 했다.

호텔로 돌아오니 새벽 2시가 넘었다. 사리셀카의 첫 오로라 이후 이틀 만에 제대로 마주친 오로라에 대한 감격과 기쁨 때문인지 하나도 피곤하지 않았다. '초자연적인 오로라와의 만남! 오로라, 오늘 밤 꿈에서 다시 만나자.'

DAY44
2017.11.9

[핀란드/에스토니아]
발트해 숨은 진주 에스토니아 탈린

북유럽 여행을 계획했을 때 스웨덴, 핀란드, 노르웨이 이 세 국가를 가는 것을 염두에 두고 2주 정도 일정을 잡았는데 막상 와서 여행 일정을 확정하려고 알아보다가 사리셀카 마지막 날에 노르웨이에서 에스토니아로 여행지를 변경했다. 노르웨이를 가려고 했던 건 온전히 송네 피오르드 때문이었다. 로바니에미에서 베르겐으로 이동해서 베르겐에서 오슬로 방향으로 송네 피오르드를 보려고 했었는데, 11월 중순인 지금은 해가 너무 빨리 져서 피오르드 관람 시간 타이밍을 못 맞추면 제대로 보지 못할 리스크가 있다는 걸 알게 되었다. 또한 로바니에미에서 베르겐까지 가려면 〈로바니에미-오슬로-베르겐〉 순으로 갔다가 바로 다음 날 아침 기차로 다시 베르겐-오슬로 방향으로 되돌아 올라오는 일정을 2일 안에 끝내야 하는데 비용과 시간 대비 피오르드를 감상할 수 있는 시간이 길지 않고 이 일정대로라면 나와 주안이 체력이 너무 떨어질 것 같았다. 그래서 송네 피오르드는 아쉽지만 다른 계절에 다시 오기로 했다. 대신에 로바니에미에서 헬싱키까지는 비행기로, 다시 헬싱키에서 에스토니아 탈린까지 크루즈로 가는 일정으로 변경했다. 급격히 추워진 날씨로 가벼운 감기 몸살을 북유럽 여행 내내 달고 있었기에 여행의 템포를 잠시 늦춰서 체력도 보강할 겸 중세의 멋이 고스란히 담겨 있는 에스토니아의 수도 탈린을 여유롭게 구경하기로 한 것이다. 발트해 숨은 진주라는 에스토니아 탈린은 어떤 곳일지 궁금하다.

헬싱키와 탈린 사이는 2~3시간 걸리는 쾌속정도 운항하지만, 숙박도 해결할 겸 여유로운 야간 크루즈를 추천합니다.

어젯밤 헬싱키에서 저녁 9시 반에 출발하는 크루즈를 타고 아침 7시에 발트해의 숨은 진주라고 하는 에스토니아의 수도 탈린에 도착했다. 원래 헬싱키와 탈린은 쾌속정으로 2~3시간 거리이지만 우리는 숙박도 해결할 겸 편한 크루즈를 이용하였다. 하루 숙박료가 그리 비싸지 않아서 예약을 해 보았던 프리미엄 방은 생각 외로 매우 훌륭했다. 배의 맨 정면 앞쪽에 있어서 커다란 창문을 통해 시원한 바다 전경을 볼 수 있고 냉장고 시설과 간단한 음료, 와인 및 다과가 준비되어 있어서 예상치도 않게 호사를 누릴 수 있었다.

11월 탈린의 일출 시간은 오전 8시경이라서 아직 밖이 어둑했다. 터미널 내 카페에서 커피 한잔하면서 탈린 여행에 대해 알아보기로 했다. 에스토니아는 핀란드만을 사이에 두고 북유럽에 인접해 있는데 북유럽보다는 확실히 물가가 싸다. 터미널 카페에서 카푸치노 2잔, 소시지빵 3개를 시켰는데 8.4유로로 11,000원 정도 나왔다. 우리가 예약한 숙소는 탈린 올드타운(Old Town, 구시가지) 안 광장 옆에 있는 아파트형 호텔로 체크인이 오후 4시부터라서 우선 호텔에 들러 큰 짐을 맡기고 오전에 천천히 걸어서 탈린 구시가지를 돌아보기로 했다. 탈린 올드타운은 중세 시대 때 지어진 건물들이 큰 훼손 없이 잘 보존되어 있어서 유네스코 세계문화유산으로 지정된 곳이다. 탈린 여행 시 가장 많은 사람들이 찾아오는 곳인데 그 중심 지역에 숙소가 있으니 기대가 된다.

터미널을 나와 올드타운으로 이동했다. 올드타운에 들어선 지 얼마 안 돼서 조금 걸었음에도 구시가지가 왜 유네스코 세계문화유산으로 보호받고 있는지 금방 알 수 있었다. 너무 아름답고 멋진 파스텔톤의 건물들을 보니 동화 속 마을에 들어와 있는 느낌이 들었다. 골목 이곳저곳 예쁜 거리 구경을 하며 천천히 걷다 보니 금세 호텔에 도착했다.

우리가 묵을 곳은 1400년대에 만들어져 지어진 지 500년이 넘은 아파트다. 오전 9시를 갓 넘은 이른 시간 큰 짐을 맡기고 체크인이 되는 오후 4시에 다시 오겠다고 하니 감사하게도 숙소가 이미 준비가 되었으니 바로 숙소로 안내해 준다고 했다. 직원을 따라 숙소인 근처 아파트로 가니 큰 주방에 방 2개, 욕실 2개가 딸린 30평 가까이의 근사한 아파트였다.

짐을 풀고 본격적으로 올드타운을 돌아보기로 했다. 탈린의 올드타운에는 펍(Pub)들이 많이 있다. 천천히 올드타운을 구경하면서 사진을 찍으며 숙소가 있는 광장 쪽으로 들어서니 그 사이에 시청 앞에 거대한 크리스마스트리를 설치하고 있다. 이제 곧 크리스마스 시즌이네. 1월까지 유럽에서 지낼 거라서 유럽에서 보내는 크리스마스가 더 기대가 된다. 탈린에서 가장 유명한 광장 옆에 숙소가 있으니 숙소로 들어가는 길이 마치 박물관에 들어가는 기분이었다.

아파트에서 간단히 저녁을 먹고 탈린의 야경을 보기 위해 전망대로 향했다. 아직 이틀이나 더 있을 예정이지만 내일부터 비 소식이 있어 날씨가 좋을 때 나가 보는 게 좋을 것 같아 오늘 야경 구경까지 하기로 했다.

전망대 위에 올라와 보니 아기자기한 탈린 올드타운이 한눈에 들어온다. 밤이 되니 따뜻한 오렌지빛 가로등과 붉은색 지붕이 조화를 이루어 더 운치가 있다. 너무 예뻤던 전망대라 내일 날 밝으면 다시 오기로 했다. 야경을 보고 돌아와서 우리 아파트에서 찍은 광장 모습도 정말 멋졌다. 아파트는 난방 시설이 잘되어 있어 매우 따뜻했고, 창밖 풍경은 정말 아름다웠으며, 남편이

타 준 카푸치노 커피는 향기로웠다. 오랜만에 느껴 본 여유. 탈린에 오길 참 잘했다.

DAY45
2017.11.10

[에스토니아]

중세 모습이 가장 잘 보존된 도시, 탈린 올드타운

아침에 눈을 뜨니 비가 온다던 탈린에 해가 반짝 떴다. 오늘은 걷기 참 좋은 날씨다. 숙소를 나와서 뒤편 성곽을 따라 놓여 있는 중세 시대에 만들어진 돌담길을 걸었다. 조금 걸어가니 덴마크 왕의 정원이라는 곳이 나왔다. 예쁜 돌담길 안으로 들어가니 중세 시대 분위기가 물씬 난다.

군데군데 얼굴 없는 수도사들이 서 있고 가파른 성벽 계단을 따라 성곽 위로 올라가니 좁은 성벽 길을 따라 근사한 카페가 있었다. 우리는 여기서 성벽 밖을 바라보면서 여유롭게 따뜻한 모닝커피와 함께 티타임을 가졌다. 카페에서 차를 마시는데 아래 정원 마당에서 어떤 아저씨 손 위에 비둘기가 올라가서 먹이를 먹는 모습을 보더니 주안이가 "저 아저씨 좋겠다. 저 아저씨 부럽다."를 중얼거렸다. 어떤 게 부럽냐고 물어보니 자기도 손 위에 비둘기를 올려 보는 게 소원이란다. 우리 아들의 소박한 소원, 엄마가 들어주마! 정원으로 내려가 가방에 있던 땅콩을 몇 개 꺼내 주안이 손 위에 올려 주고 남은 부스러기를 주안이 주변에 뿌려 주니 금세 비둘기가 날아든다. 주안이가 처음엔 당황하더니 금세 적응했다. 나중엔 땅콩 없이도 비둘기가 주안이 손등에 살포시 앉았다. 엄마의 Mission Completed!

탈린 올드타운은 작은 마을 같은 곳이라 조금만 걸어도 아름다운 풍경, 멋진 건물, 예쁜 상점들이 참 많았다. 보통 북유럽 여행 온 사람들이 탈린에 아침 배로 와서 당일치기로 관광을 하고 가는 곳인데 우리는 이곳에서 2박 3일 머물 예정이라 시간적인 여유가 많아 편하고 좋았다. 예전에는 짧은 휴가로 여행 가면 무엇인가를 하고, 보고 와야 한다는 생각에 여유를 느끼기 힘들었는데, 탈린에서의 여유롭고 한가로운 산책 같은 여행이 정말 마음에 든다.

어젯밤에 올라갔던 전망대에 다시 올라갔다. 야경도 아름다웠지만 아기자기한 탈린 올드타운의 예쁜 색감을 보고 싶었다. 우와~ 역시! 전망대에 올라서 본 탈린 구시가지는 낮에도 정말 그림 같았다.

전망대 한쪽 벽에는 “The Times We had.”라는 글씨가 쓰여 있었다. 짧지만 뭔가 여운이 남는 글귀다. 나중에 한국에 돌아가서도 탈린에서 보았던 이 문구가 오랫동안 머리에 남을 것 같다. 우리가 함께한 이 추억들, 행복했다고 기억할 것이다.

시간이 훌쩍 지나 늦은 점심을 하기로 했다. 어제 오고 가는 길에 보았던 고풍스러운 느낌의 올드한자(Old Hansa) 레스토랑으로 들어갔다. 멋진 외관만큼 레스토랑 내부도 중세풍으로 고풍스럽고 멋있다. 음식과 함께 핫 와인(Hot Wine)을 주문했는데 와인에서 풍기는 시나몬 향이 향긋했다. 따뜻한 와인을 홀짝홀짝 마시니 살짝 취기가 돌면서 기분이 좋아졌다. 밥 먹는 내내 기분이 좋아 방실방실 웃고 있으니 남편이 그만 마셔도 될 것 같다고 했다. 우리 남편은 나를 잘 안다. 원래도 잘 웃는 나는 살짝만 술에 취해도 많이 웃는다는 것을…. ☺

올드한자에서 든든히 점심을 먹은 후 다시 시작된 골목 투어. 또 몇 걸음 걷다 보니 지하 상점 창문에 예쁜 기념품들이 전시되어 있어 구경하러 내려가 보았다. 그리 비싸지도 않고 예쁜 소품이 많았지만, 세계 일주하는데 짐이 많이 늘면 안 되기에 그냥 구경만 하고 나왔다. 상점을 나온 주안이가 내 팔을 잡더니, "엄마, 3유로면 얼마예요?" 하는데 내 귀에는 '엄마, 3유로짜리 기념품 하나 사 주세요.'로 들린다. 왜 그러냐고 물어보니 유리 공예품 중 푸른 말 미니어처를 봤는데 디테일이 살아 있어 이건 꼭 사야 한다나…. 그럼 5유로를 줄 테니 주안이가 혼자 내려가서 얼만지 다시 물어보고 원하는 물건을 사서 잔돈을 받아오라고 했더니 바로 할 수 있단다. 물건을 사는 아들을 내내 지켜보았는데 거리낌 없이 척척 잘 해낸다.

오늘의 마지막 방문지는 유럽에서 가장 오래된 약국인 Raeapteek이다. 10대째 이어받아 아직도 영업을 하는 곳으로 약국을 오픈한 지 600년이 넘었다고 한다. 고풍스러운 인테리어가 눈에 띈다. 영업하는 곳인데 사진만 찍고 나오기 미안해서 감기약을 하나 샀다. 그동안 앓던 감기 몸살이 이 약으로 뚝 떨어지길 바라본다.

골목 곳곳을 둘러보고 돌아오니 광장 앞에 어제 세워진 크리스마스트리 주변으로 조립식 상점들이 한가득 놓여 있었다. 크리스마스 때면 유럽에서 가장 큰 트리 주변으로 아름다운 크리스마스 마켓이 열린다고 들었는데 바로 그 마켓 공사 중인 것 같았다. 우린 내일 떠나는데…. 못 보고 가서 아쉽지만, 앞으로 우리가 마주할 무수한 유럽 나라들의 크리스마스 마켓을 실제로 볼 수 있게 된다니 상상만으로도 행복하다.

아파트에 돌아와 휴식 후 오늘도 여느 날처럼 열심히 수학을 푸는 주안이. 남편과 내가 일대일

로 매일 꼼꼼히 가르쳐 주니 주안이가 어떤 걸 잘하고 어떤 부분을 보완해야 할지 잘 보인다. '주안아, 여행 중 공부는 하기 싫겠지만, 나중에 크면 세계 일주 중에 수학 공부한 것도 재밌는 추억이 되어 있을 거야.' 오래간만에 핸드폰 어플로 한국 라디오에서 흘러나오는 음악을 들으며 오늘 하루도 이렇게 마무리를 한다.

DAY47
2017.11.12

[에스토니아/스웨덴]

크루즈를 타고 다시 스웨덴으로(feat. 주안이 이발)

탈린에서 스톡홀름으로 돌아가는 배는 스톡홀름 시간으로 오전 10시에 도착하는 일정이다. 8시 넘어서까지 푹 자고 일어나 미리 예약해 둔 Grand Buffet Restaurant에서 바다를 감상하며 맛있는 아침 식사를 했다. 든든한 아침을 하고 다시 방으로 돌아가는 길에 배 안에 있는 면세점에 들렀다. 유럽에서 지내는 동안 좀 더 프레시한 생활을 위해 남녀 함께 사용할 수 있는 CK ONE 향수를 사서 남편과 같이 쓰기로 했다. 대학교 입학 후 생애 첫 향수였던 CK ONE을 마흔 살이 넘어 다시 살 줄은 몰랐네.

오전 10시가 조금 넘어 다시 도착한 스톡홀름. 북유럽 첫 도시가 스톡홀름이었고, 이미 며칠 지냈다고 이젠 여기가 집같이 편하다. 익숙한 지하철과 트램을 타고 우리가 처음 숙박했던 아파트형 호텔로 향했다. 아파트에 도착하니 며칠 전부터 만실이라 방 준비가 조금 늦을 것 같다고 했다. 방이 준비되는 동안 우리가 매일 갔던 Coop 마트에 다시 가서 장을 본 후 2시 넘어 체크인을 했다. 9박 10일 동안 맡겨 둔 캐리어를 찾아 방으로 들어가니 피곤이 몰려왔다. 점심 후 방에서 쉬다가 그래도 아무것도 안 하기는 아쉬워 우리가 좋아하는 이케아를 가 보기로 했다.

지하철과 버스를 타고 40분 정도 걸려 세계에서 제일 큰 이케아 매장에 도착했다. 여행 중인 우리는 이케아에서 물건을 살 수는 없으니 북유럽 감성이 충만한 인테리어와 소품을 구경하며 나중에 우리 집과 주안이 방을 꾸며 줄 아이디어를 얻기 위해 열심히 사진을 찍었다. 주안이는 이케아에는 앉을 의자가 많아 좋다면서 의자만 보면 앉는 걸 보니 좀 피곤했나 보다. 큰 규모의 이케아를 둘러본 후, 1층에 있는 카페에서 빵이랑 커피, 음료수를 마시고 나왔다. 이케아 쇼핑은 나중에 한국에서 해야겠다.

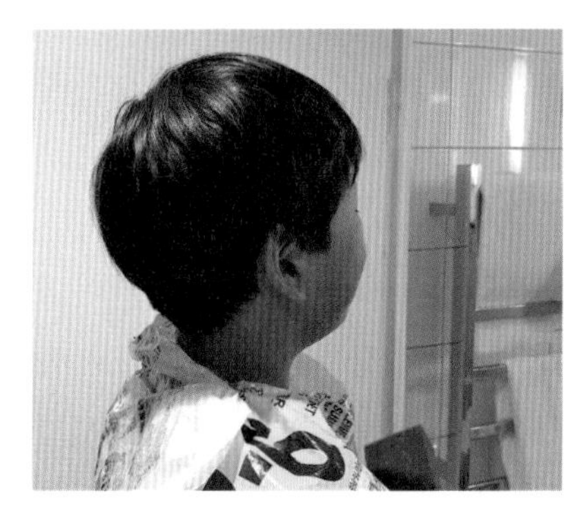

이케아에 갔다가 집에 돌아오니 8시가 되었다. 나는 배낭여행을 하며 입었던 옷을 모조리 빨기 위해 1층 세탁기와 건조기를 왔다 갔다 하기 바빴고, 남편은 오늘 주안이 머리를 예쁘게 다듬어 주기로 했다. 주안이 머리가 아주 긴 건 아닌데 원래 한국에서 자르고 온 모양대로 다듬어 주려면 더 길기 전에 잘라야 한다. 한국에서 사 온 이발기와 이발 가위, 숱가위를 꺼내서 머리를 자르기 위해 남편은 준비를 하고 있고 주안이는 상의를 벗고 비닐봉지를 목에 두르고 대기 중인데 자꾸 아빠한테 자신 있냐고 묻는 모습이 귀엽다. 이런 여행 중이 아니면 언제 아빠가 직접 머리를 잘라 줄까? ☺ 능력자 남편은 주안이 머리 다듬기에 성공을 하였고, 주안이 머리 스타일이 전체적으로 많이 가벼워졌다. '좀 더 실력이 늘면 내 머리도 부탁해요!'

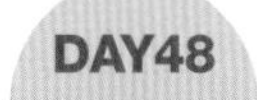

[스웨덴]

스웨덴 마지막 날-액자 속 풍경을 찾아서

오늘은 스톡홀름 마지막 날이자 북유럽 여행을 마무리하는 날이다. 내일 다시 짐 싸서 프랑스를 거쳐 영국에 밤늦게 도착하는 일정이기 때문에 오늘은 무리하지 말고 스톡홀름 주변을 둘러보기로 했다.

오늘의 메인 일정은 Skinnarviksberget과 스톡홀름 시청, 세르겔 광장이다. 이름도 어려운 Skinnarviksberget은 잘 알려진 명소는 아닌데 어제 남편이 스웨덴 사진을 보다가 예전에 시아버님이 스웨덴에 가셨을 때 사 오신 사진과 너무 똑같은 사진을 보고 구글 지도를 보면서 정확한 뷰 포인트(View Point)를 찾아낸 것이다. 지난번 스톡홀름에서 헬싱키로 가는 바이킹 라인 배에서 본 뷰는 우리 집에 있는 사진과 비슷한 느낌을 주는 곳이라면, 여기는 우리 집 액자 속 사진을 찍은 바로 그 장소라고 했다. 남편은 지도를 참 잘 보는데, 주소도 나오지 않은 구글 이미지 사진과 지도를 보고 이 지점을 찾아내다니…. 길치인 난 도저히 할 수 없는 일을 참 잘한다.

세상 어떤 스웨덴 여행 가이드북에도 없는 생소한 이곳을 가기 위해 지하철을 타고 예쁜 아파트를 지나 공원 입구에 도착했다. 그리고 공원 안쪽으로 이어진 좁다란 길을 따라 언덕 위로 올라가다 보니 어느새 정상에 도착했다. 정상 너머로 시원하게 펼쳐진 스톡홀름 전경! 바로 우리 집 액자 속 사진에 있는 풍경과 정말 똑같았다. 바람이 강하게 불어 꽤 추운 날씨였지만 추위에도 이 순간을 오랫동안 간직하고 싶은 마음에 남편은 열심히 사진을 찍고 주안이는 그 틈을 타 바위의 오목한 부분에 얼어 있는 얼음을 깨며 신나게 놀았다. 뷰 포인트에서 내려오는데 주변 동네가 참 아름다웠다. 문득 이렇게 아름다운 곳에서 한 달만 살아 보고 싶다는 생각이 들었다.

다시 지하철을 타고 스톡홀름 중앙역에 내려 시청 주변을 구경했다. 스톡홀름 중앙역 앞은 벌써부터 크리스마스가 느껴진다. 스톡홀름 시청으로 걸어가는데 어디서 맛있는 냄새가 솔솔 난다. 냄새를 따라가 보니 중국집 점심 뷔페였다. 중국 음식을 좋아하는 우리 가족은 고민할 것도 없이 바로 레스토랑으로 직행했다. 여러 메뉴가 다 알차고 맛있었고, 배불리 점심을 한 후에는 스톡홀름 시청으로 이동했다. 교회 같은 느낌의 시청 건물은 바다와 맞닿아 있어 더욱 운치가 있었다. 오래 지나지 않아 노을빛으로 시청 벽면이 붉게 물들기 시작했다.

시청 구경 후 세르겔 광장으로 이동했다. 이제 오후 3시밖에 안 됐는데, 벌써 날이 어둑해지기 시작했다. 18세기 조각가인 Johan Tobias Sergel의 이름을 따서 만든 광장으로 스톡홀름 중심에 위치한 광장이다. 광장을 구경하다가 우연히 들러 본 장난감 가게에서 주안이가 제일 좋아하는 핫 휠(Hot Wheel) 자동차를 득템했다. 우리나라에는 없는 모델이라면서 즐거워하는 아들. '그래, 아직 초등학교 5학년이니 여행 중 잘 가지고 놀아라~'

저녁에 숙소에 와서 북유럽에서 쓴 비용을 모두 정리해 보니 북유럽에 있었던 2주 동안 교통비는 비행기도 많이 타고 배도 여러 번 타서 지출이 꽤 있었지만, 교통비를 제외하고는 마트 물가나 숙박 비용은 오히려 한국보다 더 저렴했다.

한국 물가를 생각하면 교통비 빼고는 딱히 더 비싼 줄 모르겠다. 남편도 나중에 주안이 다 키우고 나서 둘이 오붓하게 북유럽에서 한두 달 살아 보고 싶다고 했다. 주안이는 가족은 같이 있어야지 엄마 아빠만 다시 오는 건 반칙이란다. ☺

여행 시작 전 막연히 춥고 비싼 곳이라고 생각했던 북유럽은, 따뜻하고 친절한 사람들과 봐도 봐도 아름다운 그림 같은 풍경과 동화 속 산타와의 만남과 잊을 수 없는 오로라의 기억으로 우리의 생각을 바꾸어 주었다.

가장 오래 있어서 정이 많이 들었던 스웨덴 스톡홀름, 눈의 도시로 기억되는 핀란드 북극권 사리셀카, 핀란드 로바니에미의 산타빌리지, 동화마을 에스토니아 탈린, 가장 잊을 수 없는 선물인 로바니에미에서의 오로라…. 남편 말대로 언제 한번 와서 살아 보고 싶은 북유럽을 마무리하고 우리는 이제 서유럽으로 떠난다.

DAY50 2017.11.15

[영국] 스케일이 남다른 대영 박물관

영국에서의 첫날이 밝았다. 영국에서의 첫 번째 일정으로 세계 3대 박물관(이집트 박물관, 루브르 박물관, 대영 박물관) 중 하나이고 주안이가 가장 가고 싶다고 한 대영 박물관(British Museum)을 방문했다.

대영 박물관은 역시 규모 면에서도 엄청났다. 박물관에 대한 사전 지식이 충분하지 않아서 오디오 가이드를 대여해서 필요할 때마다 설명을 들으며 관람을 시작했다. 한국어 설명이 나오니 주안이 혼자서도 얼마든지 들을 수 있어 좋았다. 박물관에 입장을 하고 제일 먼저 이집트관이 눈에 띄었다. 보름 전 이집트에서 이집트 박물관을 두 번이나 다녀왔으니 아직도 기억이 생생한데 대영 박물관에서도 보니 참 반가웠다. 전시물의 종류나 수는 이집트 박물관이 비교도 할 수 없을 만큼 많았지만 대영 박물관은 시대별로 정리되어 있었고 설명도 훨씬 잘되어 있었다. 유물마다 자세한 설명과 오디오 해설을 같이 들으니 이집트에서 몰랐던 내용도 알게 되었다. 입구 전체를 꽉 채운 거대한 크기의 날개 달린 황소 조각 두 개가 눈길을 끌었다. 이 거대한 조각은 메소포타미아 티그리스강의 고대국가 아시리아의 입구를 지켰다고 한다. 앞에서 보면 다리가 4

개인데 옆에서 보면 다리가 5개로 만들어졌다. 영어 이름은 Human-Headed winged lion. BC 865~860년에 제작되었다.

아시리아관에는 사자 사냥에 관한 부조가 많았다. 과거 아시리아 시대에 사자는 모든 악하고 나쁜 것의 상징이어서, 왕의 중요한 역할 중 하나가 사자를 사냥하여 죽이는 것인데, 이는 백성들을 악에서 지켜낸다는 의미였다고 한다. 케냐의 마사이 마라에서 여러 번 보았던 사자를 아직도 너무 좋아하는 주안이는 사자 부조 설명을 듣다가 사자를 잡아 죽였다는 말에 화가 난다고 했다. 사자를 보호해야지 왜 죽이냐고 하길래 그 시대에는 사자가 귀한 동물이 아니었고, 사자로 인해 피해를 보는 사람들이 많았기 때문에 사자가 나쁜 악을 상징해서 그렇다고 설명을 해줘도 자기는 사자가 너무 좋단다. 귀여운 아들. ☺

다음은 그리스 로마 시대 조각상과 파르테논 신전을 관람했다.

유네스코 세계문화유산으로 지정된 파르테논 신전에 있는 대부분의 조각상이 바로 여기 대영 박물관에 있다. 그리스에는 파르테논 신전의 기둥만 있고 조각과 부조들은 거의 다 이 박물관에 있다니…. 주안이가 제일 좋아하고 제일 많이 읽은 책이 그리스 로마 신화인데 여러 권으로 된 책을 도서관에서 빌려서 총 9번 정도 읽었다. 그래서 그런지 이번 대영 박물관에 파르테논 신전 구조부터 그리스 로마 신화에 나오는 신들의 조각들이 전시되어 있어 더욱더 유심히 살펴보는 것 같았다.

멋진 아프로디테와 비너스 조각상을 지나 그리스 파르테논 18번 방으로 들어가니 새하얀 벽에 조각상들이 멋있게 자리 잡고 있었다. 파르테논 신전 제일 상단 부분에 있던 실제 조각상들이 진열되어 있었다. 조각상에 대한 설명이 있어 들어 보니 기원전에 세워진 파르테논 신전은 당시 사람들도 높은 지붕에 올려져 있던 조각상이라 자세히 못 본 건데 대영 박물관에서는 눈높이에 맞게 전시되어 있어 고대 사람들도 자세히 못 본 걸 잘 볼 수 있게 전시한 거라고 한다. 돌로 깎아 만든 조각상인데 정말 옷자락, 다리의 근육 등이 너무 섬세하게 표현되어 있었다.

다음은 한국관이다. 세계 3대 박물관 안에 있는 한국관은 어떤 모습일지 궁금했다. 한국관은 규모는 작았지만 꽤 많은 외국인들도 관람을 하고 있어 무척 자랑스러웠다. 한국의 도자기는 화려한 서양의 것과는 달리 우아하고 은은하다. 다른 관에 비해 작은 규모가 조금은 아쉬웠지만 그래도 영국에 와서 한국 문화를 잠시 볼 수 있어 좋았다.

2층 일부에도 이집트관이 또 있는데 미라들을 중심으로 전시가 되어 있었다. 이집트관과 파르테논 신전이 관람하러 온 사람들한테 제일 인기가 좋았다. 이집트 박물관에는 전시된 미라들이 대부분 누워 있었는데 이곳에서는 세워서 전시를 해 주니 보기가 훨씬 편했다.

2층에는 이 외에도 시계관, 화폐관, 유럽관 등 여러 전시실이 있었다. 오래 관람해서 힘들 텐데도 오디오 가이드를 놓지 않는 아들이 기특하다. 2층을 다 둘러보고는 다시 1층으로 와서 1층 1관의 계몽주의에 대한 설명을 들었다. 세계 최초 국립 박물관인 대영 박물관의 시작도 계몽주의 사상의 영향으로 시작된 것이라고 한다. 한스 슬론이라는 의사 겸 과학자가 자신이 소장한 8만 점의 수집품을 국가에 기증하면서 현재의 대영 박물관이 설립되었다고 한다. 그는 보고 싶어 하고 배우고 싶어 하는 사람들이 작품을 무료로 볼 수 있게 해 달라고 요청을 했다고 한다. King's Library에 들어가니 엄숙한 도서관 같은 느낌이었다. 그리스 로마 신화 중 주안이가 제일 좋아하는 헤라클레스 조각이 보인다. 주안이는 헤라클레스는 의리가 있어 좋단다.

시간이 많이 지나 관람을 마치고 나가려고 하니 옆방이 번쩍번쩍해서 들어가 보았다. 로열 알버트 찻잔이 생각나는 화려한 장식품들이 보인다. 그 옆방에 전시된 목조 조각품도 엄청났다. 15세기에는 목조 조각 기법 중 마이크로(Micro) 조각이 유행했는데 주로 기독교를 전파하기 위해 예수님에 대한 이야기가 조각되어 있었다. 동전만 한 크기의 조각들…. 사진으로는 커 보이지만 실제 어린이 손바닥 정도의 작은 사이즈. 믿을 수 없을 만큼 정교함에 놀랐다. 이 작은 사람들이 입은 옷의 구겨짐까지 표현을 하다니!

하나씩 설명을 들으면서 보니 5시간이 훌쩍 지났음에도 박물관을 다 둘러보지 못해 아쉬웠다. 그래도 보고 싶었던 유물은 잘 챙겨 보고 나왔으니 나중에 주안이가 학교에 돌아가서 세계사를 배울 때 우리가 직접 눈으로 보았던 이곳을 기억하겠지?

DAY51 2017.11.16

[영국]

런던 나들이(빅벤, 국회의사당, 웨스트민스터 사원, 타워 브리지)

런던 하면 가장 먼저 떠오르는 건물이 빅벤과 국회의사당이다. 많이 기대하고 갔는데 아쉽게도 빅벤이 올해 8월부터 4년 일정으로 시계 및 건물 보수 공사에 들어간 상태였다. 그래서 간단히 빅벤과 국회의사당 구경을 마치고 웨스트민스터 사원으로 향했다. 이곳은 왕실의 결혼식이나 장례식이 거행되는 곳으로 다이애나비의 장례식도 여기에서 거행되었다. 수도원 중의 수도원이라서 Abbey라고 불린다고 한다. 웅장하고 장엄한 외관, 많은 사람들이 추모하고 있는 모습을 보기만 해도 같이 경건하고 엄숙해졌다. 웨스트민스터 사원 앞 잔디에는 전쟁에 참전하여 희생된 분들을 위한 추모 십자가가 세워져 있었다. 나무 십자가에 고인들의 이름이 적혀 있다. 두 손을 모으고 조용히 추모 십자가를 보면서 걷고 있는데 태극기가 눈에 들어왔다. 자세히 보니 한국전쟁에 참전하여 희생하신 분들을 추모하는 내용이었다. 에티오피아에서 한국전쟁 추모관에 가서 묵념하고 마음이 찡했는데, 영국에도 이렇게 많은 참전용사가 계신지 몰랐다. 정말 지금의 대한민국이 저절로 이루어진 게 아니라 누군가의 아들이었고 아빠였을 전 세계의 수많은 분들의 귀중한 헌신으로 이루어졌다는 것을 계속 느끼면서 무한한 감사함을 느끼게 된다.

'British Korean Veteran Association'이라 쓰여 있는 팻말과 수백 개의 작은 십자가 앞에서 남편과 주안이와 잠시 두 손 모으고 묵념을 했다. 웨스트민스터 사원 입구 옆에 십자가 나무판이 있는 부스가 있길래 찾아가서 물어보니 이곳에 기부를 하면 나무 십자가에 추모 내용을 적어 잔디에 꽂을 수 있다고 했다. 너무 의미 있는 일이라 기쁜 마음으로 기부를 하고 나무 십자가를 받아 고인들을 추모하는 글을 적었다.

"한국전쟁 참전용사분들을 추모합니다. 주안이네 가족 일동."

관계자분이 망치를 건네주며 잔디에 박으라고 알려 주었다. 남편과 주안이가 조심스레 잔디 속으로 나무 십자가를 박았다. 주안이도 매우 진지하게 나무 십자가를 박으며 묵념을 하는 모습을 보니 마음이 뭉클해진다. 웨스트민스터 사원에 와서는 다들 말이 없어졌다. 우리뿐만 아니라 여기 관람 온 사람들이 묵념하는 마음으로 관람 중인 것 같았다. 웨스트민스터 사원 밖은 매우 시끄럽고 정신없었는데 문 하나를 사이에 두고 다른 세상이었다.

웨스트민스터 사원을 나와 세인트 제임스 파크로 이동했다. 친한 친구가 영국에 있을 때 굉장히 좋아했던 공원이라고 알려줬는데 잠시 공원에 들러 차 한잔하기로 했다. 우리가 여행 중 긴 여름을 보내고 바로 겨울을 맞이했는데 이제 다시 가을로 돌아온 느낌이다. 공원 곳곳에 있는 단풍 진 나무들이 가을의 정취를 더해 준다. 카페에서 커피를 테이크아웃하여 호숫가 벤치로 걸어 나오는데 오리 떼와 비둘기 무리가 우리를 반긴다.

주안이는 비둘기 무리를 만나 신이 났다. 비둘기 먹이 주시던 분이 감사하게도 주안이게 먹이를 나눠 주셔서, 탈린에 이어 주안이는 오늘도 비둘기 아빠가 됐다. 주안이가 한참 동안 비둘기, 오리 떼와 시간 가는 줄 모르고 즐거운 시간을 보내는 동안, 나와 남편은 카푸치노를 마시며 가을 멋진 풍경 속 해맑은 주안이를 바라보았다. 참 아름다운 풍경이다.

공원을 나와 트라팔가 광장(Trafalgar Square)으로 이동했다.

트라팔가 광장은 런던의 주요 관광 코스 중의 하나로 1805년 트라팔가 해전을 기념하여 만든 곳이다. 광장에는 다양한 행위예술가들이 공연을 하고 있고 전 세계에서 몰려온 관광객들이 계단 곳곳에 앉아 휴식을 취하고 있다. 광장 옆에는 국립 미술관(The National Gallery)도 보였다.

광장에서 사진을 찍고 있는데 오후 4시가 넘으니 슬슬 어둠이 깔리기 시작했다. 북유럽도 그랬지만 늦가을, 겨울의 유럽은 유달리 밤이 긴 것 같다. 오늘은 특별히 런던의 야경을 보기로 한 날이라서 숙소로 돌아가서 잠시 휴식을 취하고 저녁 식사를 한 뒤 마지막 코스인 타워 브리지로(Tower Bridge)로 향했다.

저녁 조명이 드리워진 타워 브리지는 빅벤과 더불어 영국의 대표적인 랜드마크답게 너무 멋졌다. 또한, 런던을 흐르는 템스강과 주변 야경은 화보와 같이 몽환적이고 낭만적이었다.

오늘 걸은 횟수를 보니 2만 5천 보를 넘게 걸었다. 날씨도 좋고, 풍경은 더 좋았던 오늘 하루 런던 나들이, 너무 즐거웠던 하루였다.

세계 일주 중 주안이가 그린 타워 브리지

DAY52 [영국]
2017.11.17

버킹엄 궁전 근위병 교대식

오전에 영국 대사관에 들러 급한 일을 처리하고 나서 11시가 다 되어 버킹엄 궁전에 도착하니 어마어마한 인파가 이미 좋은 자리를 다 차지하고 있었다. 버킹엄 궁전에서는 보통 매주 3~4번 오전 11시에 근위병 교대식을 거행한다. 근위병 교대식은 그 유서 깊은 역사와 근위병과 기마병들의 화려한 세리머니로 영국을 찾은 관광객들에게는 대표적인 볼거리 중의 하나이다. 다행히 버킹엄 궁전 맞은편 앞자리에 사람들이 빠지면서 운 좋게 제일 앞자리에 설 수 있게 되었다. 11시가 되니 드디어 근위병, 기마병, 그리고 군악대들의 입장 세리머니가 시작되었다. 멋진 군악대의 연주에 맞추어 절도 있는 근위병들의 교대식이 진행된다. 근위병들은 시그니처 모자인 높은 곰 가죽 모자(Bearskin Hat)를 쓰고 있다. 곰 가죽 모자는 과거 수백 년간 실제 곰 가죽과 모로 만들었는데 최근에는 동물보호 차원에서 현대화된 디자인과 재질로 개량되어 사용하고 있다고 한다.

45분 정도 진행된 인상 깊은 근위병 교대식을 마치고 시내를 둘러본 후 숙소로 돌아왔다. 오늘은 한인 민박에서 에어비앤비로 숙소를 옮기는 날이다. 영국에 입국하기 전 숙소를 알아보던 차에 한인 민박의 식사가 좋다는 글을 보고 한인 민박을 예약했었는데, 우리같이 가족 단위 여행객이 사용하기에는 불편함이 너무 많았다. 다행히 3박만 예약을 해서 남은 런던 일정 동안에는 에어비앤비를 통해 근처 아파트를 렌트했다. 새로운 숙소는 한인 민박에서 걸어서 10분 내외인 아파트로 구했는데, 한인 민박집에서 방 하나를 사용하는 것에 비해 비슷한 가격으로 방 2개의 아파트 전체를 사용할 수 있어서 훨씬 더 가성비가 좋았다. 게다가 지하철을 타면 20분 내외에 한인마트가 있으니 오랜만에 한국 음식을 직접 요리해서 먹을 수 있는 장점도 있어서 우리 가족에게 훨씬 더 어울리는 숙소다.

추운 날씨에 밖에서 오래 서 있어서였는지, 숙소를 옮기고 나니 너 나 할 것 없이 피곤함이 몰려와서 오랜만에 30분 정도 낮잠을 자기로 했다. 꿀맛 같은 단잠을 자고 일어나니 이미 해가 졌다. 시계를 보니 저녁 6시. 영국에 온 후 며칠 동안 열심히 돌아다니기도 많이 다녔지만, 한인 민박 숙소도 불편했었고 영국에 온 둘째 날 지하철에서 소매치기당한 것 때문에 카드와 신분증들을 처리하느라 신경을 많이 썼었는데 오늘 모든 게 다 해결되니 긴장이 풀렸나 보다. 알람도 못 듣고 다들 정말 푹~ 잤다.

가뿐한 마음으로 근처 한인마트인 H마트에서 식재료를 사다가 저녁을 해 먹었다. 불짬뽕에 고향만두를 튀기고, 김치까지 곁들이니 여기가 한국인가 싶다. 맛있는 음식에 마음도 편하니 기분이 한결 가뿐해지고 남은 일정도 기대가 된다.

DAY53 2017.11.18

[영국] 영국 디자인 박물관과 Ferrari UNDER THE SKIN 전시회

며칠 전 지하철에 붙어 있는 빨간색 바탕의 페라리 포스터를 보고 주안이가 여긴 꼭 가야 한다고 여러 번 부탁해서 오늘은 이번 주부터 Ferrari UNDER THE SKIN 전시회가 열리는 영국 디자인 박물관으로 일정을 잡았다.

페라리 전시회 오픈 첫 주말이라 그런지 행사장에는 생각보다 사람이 많았다. 12시 50분쯤 티켓을 구매하니 1시 30분부터 입장이 가능하다고 했다. 시간에 맞춰 입장하니 강렬한 빨간색 벽들이 우리가 페라리 전시회에 온 것을 상기시켜 줬다. 난 아무리 봐도 이게 저 차 같고 저게 이 차 같고 잘 알지 못해서 자동차 박사 아들의 설명을 들으면서 관람했다. 오늘만큼은 주안이가 엄마의 선생님이다. 관람 중 페라리 한 모델이 눈에 많이 익은데 디자인은 최근 것이 아니길래 10년쯤 된 모델인가 하고 아래 설명을 봤더니 1987년 모델이었다. 1987년도에 이렇게 멋진 차를 디자인했구나. 중간중간 영상이나 체험공간들이 마련되어 있다. 페라리 의자에 앉아 봤는데 편하긴 참 편하네. 주안이는 핸들도 다 돌려 보고 페라리의 역사가 담긴 영상도 보았다.

오늘의 하이라이트 Ferrari THE FUTURE. 주안이가 엄청 기대하던 라페라리를 여기서 보았다! 아들이 좋아하는 차니 나도 덩달아 페라리가 좋아진다. 자동차를 좋아하는 어른이나 아이들이 오면 엄청 좋아할 곳이다. 난 자동차는 잘 몰라도 주안이 좋아하는 모습 보는 걸로도 즐거웠다.

관람을 마치고 디자인 박물관 상설 공간을 둘러보았다. 널찍한 책상에 모두 다르게 디자인한 의자에 앉아서 잠시 쉬려는데 그 사이에 끼어서 주안이가 열심히 퍼즐을 맞춘다. 그러고 보니 아직 장난감 가지고 한참 놀 나이인데 여행 중 마땅한 장난감이 없긴 했구나. 오늘은 주안이가 좋아하는 페라리도 보고, 오랜만에 퍼즐 게임도 한 일석이조의 하루였다.

DAY54 2017.11.19

[영국] 케임브리지 대학 펀팅 투어와 영국에서의 마지막 밤

영국에서의 마지막 날인 오늘은 케임브리지 대학을 방문하기로 했다. 숙소 근처 King's Cross St. Pancras 역에서 케임브리지까지 왕복 기차표를 구입했다. 1시간마다 1~2대씩 밤 11시까지 기차가 있고 아무 좌석이나 앉을 수 있어 우리가 편한 시간에 갔다가 돌아올 수 있는 점이 편리하다.

기차로 1시간을 달려 케임브리지에 도착했다. 오늘 우리는 케임브리지 대학을 둘러보고 케임브리지를 가로지르는 캠강에서 배를 타고 45분 정도 대학을 구경하는 펀팅(Punting)을 할 예정이다. 케임브리지 대학까지는 기차역에서부터 30분 정도 걸어가거나 버스를 타면 되는데 워낙 걷는 건 자신 있는 우리 가족은 동네 구경도 할 겸 걸어서 케임브리지에 가기로 했다.

가는 길에 펀팅 에이전시 직원들이 안내판을 들고 서 있었다. 그리고 원래 예상했던 가격보다는 좀 더 저렴하게 1인당 29유로에 하는 것으로 흥정을 마쳤다. 매시 정각에 펀팅이 시작한다고 하고 첫 시작이 오전 11시부터라고 했다. 지금이 10시 30분이니 이왕이면 11시 시작을 하고 남은 시간은 우리끼리 시간을 보내는 게 좋을 것 같아 빠른 걸음으로 킹스칼리지 앞으로 갔다.

10시 55분에 킹스칼리지 앞에 도착해서 우리가 케임브리지역 앞에서 예약한 펀팅 에이전트를 찾아 표를 주니 11시 출발은 우리 3명뿐이라고 했다. 운 좋게도 배 한 대를 통째로 전세를 낸 셈이다. 뛰다시피 빨리 걸어온 보람이 있다. 이미 11시에 우리는 만 보를 넘게 걸었다. 오늘 우리 배의 펀팅을 해 줄 사람은 독일에서 왔다는 프렛이다. 강이 허리에서 가슴 정도 오는 깊이라서 프렛은 긴 막대기로 강바닥을 짚으며 강을 따라 케임브리지 대학을 안내해 주었다.

케임브리지 대학은 수십 개의 칼리지로 되어 있는데 칼리지 중 한 곳에 합격을 하면 케임브리지 대학에 합격한 거라고 한다. 케임브리지는 칼리지들도 멋졌지만 풍경도 공원처럼 아름다웠다. 오기 전 가장 궁금했던 〈수학의 다리〉가 보였다. 뉴턴이 나사나 못 없이 설계한 다리로 유명하다고 들었다고 프렛에게 물어보니 정말 놀랄 답변을 한다. 프렛에 따르면 소문과 달리 수학의 다리는 뉴턴이 설계한 다리가 아니라고 했다. 원래 이름은 Wooden Bridge(나무다리)인데 뉴턴의 다리라고 잘못 알려져서 이곳 사람들은 Bridge of Lies(거짓의 다리)라고 부른다 한다. 프렛 말대로 다리를 자세히 보니 나무다리에는 나사와 못이 엄청 많았다.

케임브리지와 옥스퍼드가 영국 대학들 중 양대 산맥인데 영국에서는 어느 대학이 어떤 분야에서 유명하냐고 물어보니 케임브리지는 사이언스 분야에 강점이 있고 옥스퍼드는 인문학이 강한 곳이라고 했다. 케임브리지에서 80명의 노벨상 수상자를 배출했는데 트리니티에서만 32명의 노벨상 수상자가 나왔다. 영국의 황태자인 찰스 황태자도 여기 출신이고 뉴턴도 트리니티 출신으로서 26세에 최연소 트리니티 칼리지 교수가 되었다고 했다. 내가 좋아하는 곰돌이 푸우의 첫 스케치도 트리니티 칼리지에서 되었다고 하니 흥미로웠다. 또다시 멋진 풍경을 지나니 이번에는 〈탄식의 다리〉가 나타났다. 이탈리아 베네치아의 탄식의 다리를 본떠 만들었다는데 시험을 망치면 여기 와서 탄식하는 다리냐고 남편이랑 농담을 주고받으며 웃었다.

재미있는 에피소드, 기숙사 이야기, 학생들 시험 보는 이야기, 영화 배경이 된 칼리지 이야기 등으로 어느새 예정된 펀팅 시간 45분이 모두 흘렀다. 고마운 마음에 친절하게 설명해 준 프렛에게 팁을 주고 이제 걸어서 케임브리지 곳곳을 돌아보았다. 케임브리지 대학은 도시 내에 여러 칼리지 건물들이 곳곳에 위치해 있어서 전형적인 대학 도시 느낌이다. 또한, 유서 깊고 고풍스러운 칼리지 건물들이 성당이나 궁전 같았다. 따라서, 자연스럽게 도시가 너무 예뻐서 사진을 많이 찍게 된다.

마지막으로 케임브리지 주변 상점과 마켓을 둘러보고, 주안이에게 기념으로 케임브리지 후드티를 사 주고 다시 런던으로 향하는 기차에 올랐다.

저녁이 되어 영국에서의 마지막 날 저녁을 보내기 위해 런던 중심가인 Oxford Circus로 이동했다. 거리는 온통 크리스마스 장식과 조명으로 활기찼다. 예쁜 카페에서 차 한잔하면서 도란도란 대화를 나누었다. 첫날 한인 민박집 시설에 대한 실망과 둘째 날 소매치기로 영국 일정 시작이 순조롭지 못했지만 이후 모든 것들이 잘 해결되고 결론적으로 훨씬 더 좋은 추억을 쌓을 수 있어서 좋았다. 또 어려움 속에서 가족이 더 똘똘 뭉치게 되니 이젠 이후 다른 나라에서도 문제없을 것이란 생각이 들었다.

드디어 내일이면 12년 전 주안이를 임신하고 방문했던 프랑스를 주안이 손을 잡고 간다. 주안아, 튼튼한 다리로 엄마 손 꼭 잡고 같이 걸어 보자.

DAY55
2017.11.20

[영국/프랑스]

이제 프랑스로! 자동차 유럽 일주 시작

영국에서의 6일간의 일정을 모두 마치고 프랑스로 가는 날이다. 세계 일주 항공권을 프랑스에서 IN/OUT 하는 것으로 끊어서 2개월 남짓 우리가 리스할 차도 프랑스 샤를 드 골 공항 근처에서 픽업하게 된다.

한 시간 남짓 비행 후 파리 샤를 드 골 공항에 도착했다. 공항에서 미리 예약한 리스차를 찾아 숙소로 이동하면 되는데 파리 직원이 영어를 잘할까 염려를 했는데 괜한 걱정이었다. 공항에 도착해서 바로 전화를 하니 픽업 장소를 알려 주었고 그곳에서 직원을 만나 렌터카 회사에 와서 일사천리로 인수까지 착착 완료되었다. 우리가 약 2개월 남짓 리스한 차는 Citroen C4 Cactus이다. 세계 일주를 하기 전 유럽에서 차를 빌릴 때 렌트와 리스 중 어떤 것이 유리할지 비교해 보았는데, 다행히 시트로엥에서 외국인을 대상으로 하는 차량 리스 프로그램이 있는 걸 찾아냈다. 그길로 바로 예약을 해서 리스로 차를 이용하게 되었는데, 인수받은 차는 공장에서 바로 출고된 신차다. 이제 유럽에 있는 동안은 차에 짐을 싣고 다니니 당분간 짐 싸는 수고를 좀 덜 수 있을 것 같다.

프랑스에서 첫날은 도착 시간이 저녁 시간이라 혹여 차량을 인수하는 데 문제가 있을 것을 대비해 공항 근처 호텔로 1박만 잡았다. 생각보다 수월하게 차 인수를 받으니 한시름 놓였다. 이제 내일부터 본격적인 유럽 대륙 자동차 여행 시작이다.

DAY57
2017.11.22

[프랑스]

파리 나들이(에펠탑, 개선문, 노트르담 성당)

오늘은 파리 시내를 둘러볼 예정이다. 아침 먹고 나가서 야경까지 보고 들어올 거라 오늘은 종일 움직이는 날이다. 12년 전 주안이를 임신하고 파리에 처음 왔을 때 감격스러웠던 에펠탑의 야경을 주안이랑 같이 볼 생각을 하니 벌써 기쁘다. 우리가 에어비앤비를 통해 빌린 아파트는 파리 중심부에서 시내까지 지하철로 20~30분 정도 걸리는 곳에 있다. 차를 가지고 이동하게 되면 교통체증도 있을 수 있고, 파리 중심가에 있는 주차장을 찾기도 쉽지 않으니, One day pass를 사서 종일 마음껏 지하철이나 RER을 타는 게 좋을 것 같아 숙소 앞 RER 역에서 하루 통합권을 구매했다.

첫 방문지는 에펠탑!

오늘 저녁에 야경을 보러 다시 올 예정이지만 주안이에게 디테일한 에펠탑의 모습을 보여 주고 싶어 오늘의 첫 방문지이자 마지막 방문지로 에펠탑을 정했다. 12년 전 회사 행사 참석차 함께 온 부부 가족과 나와 남편은 에펠탑이 멀지 않아 보이길래 호텔을 출발해서 산책 겸 걸었다가 1시간 30분 넘게 걸어 도착했었다. 그때 에펠탑의 크기에 놀랐었고, 반짝이는 에펠탑의 멋진 조명의 모습에 반했었다. 당시 거의 만삭으로 주안이를 임신 중이었는데 무슨 임산부가 이렇게 잘 걷냐며 주변 사람들을 놀라게 했던 일이 생각났다. 당시에 아기가 태어나면 함께 다시 오자고 남편과 약속했는데, 이렇게 세계 일주를 통해 함께 올 수 있어서 감사하다.

에펠탑의 낮 모습을 둘러본 후 에펠탑과 함께 파리를 상징하는 개선문에 도착했다. 12개 도로가 방사형으로 지나가고 있는 이곳에서 개선문의 모습을 동서남북으로 보기 위해 우리는 계속 건널목을 건너면서 360도 둘러보았다.

빙글빙글 개선문 주위를 돌면서 구경하고 사진 찍고 시간을 보내니 벌써 2시다. 간단하게 점심을 먹고 다음으로 노트르담 대성당으로 이동했다.

주안이에게 《노트르담의 꼽추》를 혹시 들어보았냐고 물어봤더니 이미 학교에서 책으로 다 읽었다면서 줄거리를 말해 준다. 회사 다니면서 집에 책만 많이 사두었지 아들이 무슨 책 보는지도 잘 모르고 있었는데 여행 중 하루 종일 주안이와 이런 이야기, 저런 이야기 나누다 보니 내가 몰랐던 아들에 대해 더 잘 알게 된다.

주안이에게 여행지를 다니면서 설명해 주려면 내가 먼저 공부하고 알아봐야 하는데 그래서인지 예전에 여행 와서 못 보던 것들이 이번 여행에서는 보인다. 간단한 짐 검사 후 노트르담 성당 안으로 입장했다. 주안이와 노트르담 성당 안을 말없이 보고 있는데 주안이가 나에게 와서 귓속말로 "엄마, 이거 대박이에요."라며 노트르담 대성당 미니어처를 가리켰다. 주안이 눈에는 어떤 게 대박이냐고 물어보니 미니어처로 제작된 성당 안을 보라고 했다. 세심하게 나무로 작은 모형까지 다 잘라낸 것도 대단한데 이 건축물 아래 빨간 카펫으로 빛이 들어와서 지금 우리가 있는 이 내부의 모습과 비슷하다는 것이다. 주안이는 정말 관찰력이 좋다. ☺

2019년 4월 15일 발생한 화재로 인해 볼 수 없게 된 노트르담 성당 내부의 훼손 전 모습

노트르담 대성당을 나와 근처 카페에 들렀다. 숙소를 나와 종일 걸었더니 다리가 아파 좀 쉬고 가야겠다. 게다가 기왕 여기까지 온 거 노트르담 대성당 야경도 보고 에펠탑에 가면 더 좋을 것 같았다. 30분 정도 휴식을 취하고 나오니 벌써 어둠이 내렸다. 기대했던 노트르담 대성당 야경은 생각대로 참 근사했다.

우리는 다시 오늘의 마지막 코스인 에펠탑의 야경을 보기 위해 이동했다. 지하철에서 내려 오른쪽으로 돌자마자 눈에 확 들어오는 에펠탑의 멋진 모습! 오늘 오전에도 보고 왔건만 다시 봐도 처음 본 사람처럼 입을 떡 벌리고 보게 만드는 에펠탑의 야경에 넋이 나갔다. 주안이도 조용히 "우와…." 하면서 말없이 바라보았다. 우리가 연신 사진을 찍는 동안 주안이는 앞에 난간에 앉아서 가만히 에펠탑을 보고 있었고 우리는 주안이가 오랫동안 감상할 수 있도록 멀리서 지켜봐 주었다.

숙소로 돌아오는 길에 근처 한인마트에 들러 장을 보고 숙소로 와서 오랜만에 삼겹살 파티를 했다. 그동안 소고기가 한국보다 싸고 맛도 좋아 소고기를 주로 먹었는데 오랜만에 삼겹살을 먹으니 쑥쑥 잘도 들어간다. 저녁 후 설거지를 하고 나오니 주안이가 식탁에 앉아 열심히 에펠탑을 그리고 있다. 피곤할 텐데 오랜만에 그림을 그리니 말리고 싶지 않아 가만히 지켜보았다. 주안이가 그린 에펠탑. 내 눈엔 그동안 보았던 에펠탑 그림 중에 주안이 그림 속 에펠탑이 제일 멋있다. 에펠탑에서 주안이와 또 하나의 추억을 만든 날이었다.

세계 일주 중 주안이가 그린 에펠탑

DAY58 2017.11.23

[프랑스]

프랑스의 자부심, 루브르 박물관

오늘은 루브르 박물관 가는 날이다. 12년 전에도 루브르 박물관에 갔었는데 표 사는 줄이 너무 길어서 임산부가 오랫동안 줄을 서 있기에는 무리가 있어 보여 루브르 대신 오르세 박물관을 갔었다. 이번 세계 일주 동안 세계 3대 박물관을 다 가 보고 싶기도 하고 우리도 아직 못 가 본 곳이라 오늘 일정은 고민할 것도 없이 루브르 박물관으로 결정했다. 이번엔 지난번과 달리 피라미드 입구 쪽 매표소로 가지 않고 지하철역에서 백화점 지하에 연결된 입구로 가서 표를 샀는데 우리 앞에 사람이 아무도 없어 도착하자마자 바로 표를 살 수 있었다.

루브르 박물관에도 스톡홀름 노벨 박물관 때처럼 한국어 안내서가 있다. 루브르 박물관은 작품이 워낙 많아 한 작품을 1분씩만 감상해도 4일이 걸린다고 한다. 현실적으로 모든 작품을 다 감상하기는 힘들어서 〈모나리자〉와 같이 유명한 작품을 우선적으로 골라 보기로 하고 1인당 오디오 가이드 한 대씩을 대여했다. 박물관에는 중국 관광객이 어마하게 많은데 아이러니하게도 중국어 오디오 가이드는 아직 없다. 신기하면서도 자랑스럽다.

첫 감상은 드농관부터 시작이다. 루브르 박물관 입구를 지키고 있는 사모트라케의 니케는 루브르 박물관을 상징하는 대표적인 조각품 중 하나인데 배 앞머리에서 막 내리려고 하는 듯한 승리의 여신 니케 조각상은 기원전 190년 작품으로 추정된다. 작가 미상이라 발견된 장소의 이름을 때 사모트라케의 니케라고 한다. 돌로 만들었는데 배꼽이 비치는 얇은 옷의 표현이 섬세하게 표현되었다. 처음 발견되었을 때 산산조각이 난 걸 루브르에서 다시 복원 작업을 해서 지금의 니케가 되었다고 한다. 승리의 여신 몸은 아이보리이고 배는 회색인데 이것도 복원을 통해 원래 색상으로 돌아왔다고 한다. 스포츠 용품인 나이키 브랜드의 어원이 바로 승리의 여신 니케에서 따온 것이다.

니케 감상 후 이젠 〈모나리자〉를 찾아가는데 벽에 붙은 어마어마한 작품들을 보다가 우리가 알고 있는 작품이 보이면 그냥 지나치기 아쉬워 자꾸 찍게 된다. 보티첼리 작품도 보고, 주세페 아르침볼도의 〈사계〉, 앞뒤로 전시되어 신기했던 〈다윗과 골리앗〉을 감상하며 이제 드디어 〈모나리자〉를 보러 들어간다!

〈모나리자〉가 있는 곳은 사람들이 엄청나게 북적였다. 방탄유리와 더 이상 접근을 할 수 없도록 세워진 바리케이드가 있어 다른 작품들처럼 바로 눈앞에서 볼 수 없는 게 아쉬웠지만 한참을 보고 있으면 모나리자의 미소에 빠져든다. 더 이상 설명이 필요 없는 레오나르도 다빈치의 〈모나리자〉. 구도에서 주는 느낌 때문에 관객들이 편안하다는 생각을 하게 되는데 이것은 다빈치의 고도의 계산이 들어간 것이라고 한다. 왼쪽 눈이 캠퍼스의 정중앙에 위치하게 하고 가슴을 보는 이를 향해 오픈하고 있어 그렇다.

〈모나리자〉의 반대편 벽에는 루브르에 소장된 작품 중 가장 큰 그림인 이탈리아 화가 베로네제의 〈가나의 결혼식〉(1562~1563)이 걸려 있다. 가나의 결혼식에 포도주가 떨어져 물이 포도주로 변하는 기적을 표현한 작품으로, 이 그림은 수도원 식당에 전시할 목적으로 주문되었다고 한다. 해설에 의하면 정중앙의 예수님 앞에서 흰옷을 입고 악기를 연주하는 사람이 이 작품을 그린 베로네제로 추정된다고 한다. 〈모나리자〉를 보러 온 사람이면 이 그림도 꼭 같이 보게 된다.

프랑스 들라크루아의 민중을 이끄는 자유의 여신(1830)

프랑스 혁명을 주제로 한 그림으로 프랑스 국기를 들고 있는 여신을 중심으로 여러 계층의 인물을 묘사한 그림이다. 여신 옆에 총을 들고 있는 어린아이는 추후 〈레미제라블〉에 나오는 어린 코제트에 영감을 주었다. 역동적으

원작을 그리는 모사 화가

로 표현하기 위해 여신을 중심으로 피라미드 구도를 사용했는데 이건 바로 근처에 전시된 제리코의 〈메두사의 뗏목〉의 피라미드 구도에서 영향을 받은 것이다.

프랑스 작가 제리코의 메두사의 뗏목(1818~1819)

고전주의에서 낭만주의로 넘어가는 시기의 낭만주의 작가인 제리코의 다소 무섭고 충격스러운 작품이다. 난파된 뗏목에 죽은 사람과 죽어 가는 사람, 멀리 구조하러 오는 배를 보고 살려 달라는 사람을 통해 삶의 고통과 희망을 표현했다고 한다. 이 작품은 방금 전에 보았던 〈민중을 이끄는 자유의 여신〉에 영향을 끼쳤다.

황제 나폴레옹 1세의 대관식(1806~1807)

〈가나의 결혼식〉보다 크기는 약간 작은 작품이지만 이 작품 또한 어마어마하게 컸다. 실제 노트르담 대성당에서 거행된 나폴레옹 1세의 대관식을 기념하기 위해 대관식 상황을 보고 그리라고 주문하여 완성한 작품이다. 나폴레옹이 왕비 조세핀에게 왕관을 수여하는 모습으로 당시 실제 상황을 그대로 그린 것 같지만 몇 가지 왜곡이 되어 있다고 한다. 그중 하나는 아들을 낳지 못하는 조세핀을 못마땅하게 생각한 나폴레옹의 어머니는 실제 대관식에 참석하지 않았지만 그림 정중앙 2층에서 대관식을 보고 있는 것으로 그려졌다. 이는 후세에 이 그림을 볼 사람들을 생각해 나폴레옹이 특별히 지시했다고 한다.

이탈리아 카라바조의 성모의 죽음(1601~1605)

맨 앞에 앉아서 울고 있는 소녀가 막달라 마리아이다. 이탈리아 성당에 전시할 목적으로 성모마리아상을 그려 달라고 주문받은 카라바조는 이 그림으로 당시 사람들에게 큰 충격을 주어 결국 그림을 주문한 사람이 이 그림을 보고 주문을 취소했다고 한다. 그 이유는 그림에서 마리아가 빨간 옷에 신발도 신지 않고 지극히 평범한 일반인의 모습으로 죽은 점, 마리아가 죽었는데 천사가 오지 않은 점, 게다가 마리아의 죽은 모습을 표현하기 위해 관찰했던 실제 시체가 창녀였던 점 때문이라고 한다.

이탈리아 프라 안젤리코의 성모의 대관식(1430~1435)

파스텔톤 색감이 눈에 확 들어오는 작품이다. 그림에서 카펫을 보면 당시 시작되었던 원근법 표현 기법이 잘 적용된 그림이라고 한다. 앞사람은 크게 뒷사람은 작게 그려 그림 전체에 원근법이 잘 표현되어 있다.

봐도 봐도 끝이 없는 작품들을 감상하다 보니 시간이 금방 지나 벌써 2시다. 아직 더 봐야 하는데 점심 먹으러 왔다 갔다 하다가 시간이 다 갈까 봐 박물관 내의 카페에서 간단히 빵과 음료를 먹으며 잠시 휴식을 취했다. 어제 하루 종일 돌아다닌 후 늦은 밤까지 그림 그리느라 좀 힘들어 보이는 아들에게 맛있는 빵과 음료를 사 주니 또 금세 활기를 되찾았다.

자, 이제부터는 조각상을 감상할 시간이다!

큐피드와 프시케의 조각상 앞에서 우리 가족은 또다시 오디오 가이드를 들으며 감상을 하고 있는데, 주안이가 헤드폰을 끼고 오디오 가이드 설명을 듣더니 나한테 쪼르르 달려와 해설이 잘

못되었다고 지적해 주었다. 해설에서는 프시케가 열지 말라는 상자를 열어서 죽었다가 큐피드의 입맞춤으로 살아났다고 하는데 프시케는 원래부터 죽은 게 아니라 깊은 잠에 빠진 거였고, 프시케가 연 건 판도라의 상자인데 그냥 상자라고 하면 안 된다나…. 그러더니 덧붙여 프시케는 사람이고 에로스(큐피드)는 신이라서 나중에 프시케가 넥타를 마시고 신이 되었다는 친절한 부연 설명도 해 주었다. 역시 그리스 로마 신화 팬답다. 나중에 한국 가면 다른 버전의 그리스 로마 신화 책을 사 주기로 약속했다.

이번에는 조각상 중 제일 기대되는 밀로의 비너스를 감상했다. 역시 미의 여신답게 조각상이 참 아름답다. 작자 미상의 기원전 130~100년 전 작품이고 한 농부가 우연히 발견했는데 그 지역이 밀로라는 곳이라서 밀로의 비너스라고 불린다. 오디오 가이드가 시키는 대로 비너스 조각상을 360도로 회전하며 관람을 했더니 정교한 앞모습과는 달리 뒷모습은 대충 만든 것이 확연히 보이는데 이것을 통해 비너스 뒷면은 사람이 관람하지 않는 벽에 고정했을 것으로 유추된다고 했다. 친절한 해설을 들으니 더 기억에 오래 남는다.

비너스상을 감상하고 우리에게 친숙한 조각상들이 눈앞에 펼쳐졌다.

제우스와 에로스 조각상은 나도 안내판을 보지 않고도 단번에 알아맞혔다. 갑자기 주안이가 멀리서 포즈만 보고 "아르테미스다!" 하고 뛰어갔다. 어떻게 알았냐고 하니 "아르테미스가 사냥의 여신이니까~"라며 시크하게 대답했다. 이 엄마도 대학 시절 영문학 시간에 심도 있게 그리스 로마 신화를 배웠는데 아들에 비하니 무식쟁이 엄마가 된 거 같다. 근데 왜 기분이 좋지? ☺

이후로도 여러 조각상들과 나폴레옹 3세의 거처를 둘러보니 벌써 밖에 어둠이 내렸다. 7시간이 넘게 루브르에 있었는데도 다 보지 못했다. 그래도 중요한 작품들은 눈에 담고 왔으니 수백 장 찍은 박물관 사진들을 잘 정리해 둬야겠다. 박물관을 나오니 멋진 유리 피라미드에 조명이 들어왔다. 어제 본 에펠탑과 또 다른 느낌의 장관이 펼쳐졌다. 파리의 밤은 늘 멋있다.

DAY59 [프랑스/룩셈부르크]

2017.11.24

베네룩스 3국 중 첫 번째 나라 룩셈부르크

우리의 유럽 대륙 자동차 여행 일정은 프랑스를 중심으로 유럽을 시계 방향으로 한 바퀴 도는 것이다. 그래서 프랑스 다음으로 프랑스 위쪽으로 인접한 벨기에로 이동할 예정인데 벨기에에 간 김에 남편이 참 좋아하는 친구 짐(Jim)을 만나기로 했다. 짐에게 연락해 보니 지금은 딸을 만나기 위해 남아프리카에 있다고 해서 일요일 오후에 벨기에에서 만나기로 일정을 확정했다. 그리고 파리에서 벨기에까지 2일 정도의 시간이 있기에 벨기에로 가기에 앞서서 일정을 수정하여 프랑스의 오른편에 있는 작은 나라인 룩셈부르크에 들러서 2박을 하고 일요일에 벨기에로 넘어가기로 했다.

이제부터 본격적으로 유럽 자동차 일주가 시작되니 편의를 위해서 캐리어 하나에는 당분간 사용하지 않을 옷가지와 물건들을 따로 넣었고 제일 큰 배낭과 함께 차 트렁크 깊숙이 넣어 꺼내지 않도록 했다. 다른 캐리어 하나에는 그때그때 필요한 짐을 다 싸서 숙소가 바뀔 때마다 캐리어 하나와 배낭 2개만 메고 다닐 수 있도록 짐을 꾸렸다. 남편은 나보고 나중에 여행 가방 잘 싸는 강의 있으면 꼭 해 보라고 했다. ☺

룩셈부르크를 가게 되면서 우리는 베네룩스 3국을 다 돌아보게 된다.

베네룩스는 유럽의 벨기에, 네덜란드, 룩셈부르크 세 나라를 통틀어 부르는 말로, 1944년 세 나라가 관세 동맹을 맺으면서 각 나라의 이름을 따서 만든 이름이다. 베네룩스 3국에 대해서는 학창 시절 세계사 시간에 배우고 한동안 잊고 있었는데 이후 유럽연합을 만드는 시발점이 되었다고 한다. 이제 차로 다니니까 숙소를 고르는 제일 중요한 기준이 주차가 가능한 곳이 되었다. 룩셈부르크가 우리나라 경상도만 한 작은 나라다 보니 에어비앤비 중에서는 주차까지 되는 숙소를 찾지 못해서 호텔 쪽으로 알아보았는데, 마침 더블트리 바이 힐튼 호텔이 가격이 저렴하게 나와서 바로 예약을 했다. 3년 전 인도네시아 자카르타에 갔을 때 더블트리 바이 힐튼에서 참 편하고 좋았던 기억이 있던지라 기대감을 안고 룩셈부르크로 출발했다.

4시간 동안 달려 룩셈부르크에 도착하니 이미 해가 떨어졌다. 호텔에서 저녁 후 호텔 내 수영장에서 오래간만에 수영과 핀란드식 사우나를 하며 하루의 피로를 풀었다. 세계 일주를 시작한 이후 태국에서 한 번 수영을 하고 이번이 두 번째다. 겨울이라 수영할 일이 없었는데 오늘은 그동안 수영하고 싶다고 외치던 주안이의 소원이 이루어진 날이다.

DAY60
2017.11.25

[룩셈부르크]
중세 요새 도시의 멋을 간직한 룩셈부르크

룩셈부르크에 대한 정보가 많지 않아 호텔 프런트에 물어보니 우리가 꼭 봐야 할 곳들이 한 곳에 모여 있었다. 게다가 주말엔 주차비가 무료라서 근처 주차장에 차를 주차할 수 있어 오늘 하루 정도면 충분히 룩셈부르크 시내를 다 볼 수 있을 것 같다.

룩셈부르크 시내로 내려오니 크리스마스 마켓이 한창 오픈 준비 중이었다. 겨울의 유럽 여행 중 가장 좋은 점은 바로 각 나라의 크리스마스 마켓을 볼 수 있다는 점이다. 크리스마스 마켓 근처 인포메이션 센터에서 우리가 꼭 봐야 하는 장소들이 표시된 지도를 받아 들고 나와 이제부터 올드타운을 걸어볼 예정이다.

룩셈부르크는 계곡을 끼고 있는 천연의 요새 도시다. 그렇다 보니 올드타운으로 가려면 지금 서 있는 장소를 기준으로 미로처럼 난 길을 따라 내려가야 한다. 위쪽에서 아래쪽 도시를 내려다보는 것이 참 인상적이고 멋있었다. 룩셈부르크 올드타운은 흡사 에스토니아 탈린과 비슷한 느낌을 주면서도, 요새 도시가 주는 느낌이 더해져 더욱 중세 시대에 온 것 같았다. 룩셈부르크의 올드타운은 동화마을 같아서 보자마자 탄성이 나올 만큼 아름다웠다. 일정을 변경해서 룩셈부르크에 오길 잘했다는 생각이 들었다.

예쁜 도시를 따라 걷다가 다시 위로 올라가는 엘리베이터를 타고 나가니 노트르담 성당이 나왔다. 파리의 노트르담보다는 작고 수수했지만 도시와 참 잘 어울리는 모습이다. 올드타운 관람을 마치고 다시 마켓으로 돌아오니 오후 4시쯤 되었다.

숙소로 돌아가는 길에 크리스마스 마켓에 다시 들렀다. 오전과 달리 사람들로 붐비면서 활기

가 넘쳤다. 여기서 가게마다 특색 있는 음식들을 먹으며 마켓 안의 분위기를 한껏 느껴 보았다. 탈린에서 마시고 반했던 핫 와인이 눈에 띄었다. 추운 날씨에 소시지와 함께 마시는 핫 와인의 맛은 정말 최고다. 이렇게 핫 와인을 마시며 흥겨운 크리스마스 마켓 분위기를 즐기며 하루가 마무리된다. 벨기에로 가기 전 급히 일정을 변경해서 오게 되었는데 하루라는 짧은 시간 동안 룩셈부르크의 매력에 푹 빠졌던 하루였다.

DAY61
2017.11.26

[룩셈부르크/벨기에]
짐(Jim)과 함께한 브뤼셀 관광

어제 하루 룩셈부르크 여행을 마치고 오늘은 벨기에 브뤼셀로 이동하는 날이다. 브뤼셀까지는 2시간 30분 정도 걸리는 거리여서 오전에 짐 챙기고 호텔에서 10시쯤 나오면 브뤼셀에서 점심을 먹을 예정이다.

룩셈부르크에서는 호텔에서 머문 관계로 매 끼니를 외식을 했는데 벨기에에서는 아침, 저녁 해 먹을 수 있어 좋다. 여행을 짧게 다닐 때는 각 나라별 음식이나 디저트는 최대한 많이 먹어 보려고 했다면, 세계 일주처럼 장기 여행에서는 각 나라별 마트를 돌아보며 장바구니 물가를 체험해 보고, 또한 음식 재료나 도구가 충분하지 않은 상황에서 맛있는 음식을 해 먹는 것이 새로운 즐거움이 되었다.

오늘 브뤼셀 일정은 오후에 잠시 휴식을 취한 후 남편 친구인 짐이 우리를 숙소에서 픽업해서 주요 브뤼셀 관광지를 구경시켜 주기로 했다. 약속 시간에 맞춰 짐이 도착했다. 남편과 짐은 서로 무척 반가워했고 짐은 우리를 따뜻하게 반겨 주었다. 짐의 차는 신형 테슬라인데 자동차를 좋아하는 주안이는 오늘 테슬라를 처음 타 본다고 무척 좋아했다. 키가 무척 큰 짐은 남편이 친구라고 해서 남편 또래인 줄 알았는데 장성한 두 자녀를 둔 50대 후반의 아저씨였다. 짐의 차로 다운타운까지 이동한 후, 브뤼셀의 주요 명소들을 걸으면서 돌아보았다.

첫 번째 방문지는 브뤼셀 노트르담 샤블롱 교회다. 교회에 들어가 보니 기둥마다 세워진 조각상들과 아름다운 스테인드글라스가 참 멋있었다. 교회를 나와 브뤼셀의 명소인 그랑플라스 광장으로 가기 위해서 아케이드를 지나는데 고급스럽고 예쁜 초콜릿 가게와 명품숍들이 정말 많이 보였다. 역시 초콜릿으로 유명한 나라답다. 아케이드를 구경하고 나와서 골목길을 걷다 보니 어느새 그랑플라스에 도착했다. 그랑플라스는 빅토르 위고가 세계에서 가장 아름다운 광장이라고 칭찬을 했던 곳이다. 직사각형 모양의 광장 주위를 돌며 사진을 찍었는데 어느 각도에서든 찍기만 하면 멋진 엽서 같은 사진이 나왔다. 전 세계에 있는 광장을 다 가 보지는 못했지만 소문처럼 아름다웠다.

다음으로는 브뤼셀의 또 다른 명소인 오줌싸개 동상을 보러 갔다. 자그마한 오줌싸개 동상을 보러 온 사람들로 붐볐는데 각 나라의 국빈들이 브뤼셀을 방문할 때 이 동상의 옷을 선물하는 것으로 더 유명해져서 선물 받은 옷만 해도 300벌이 넘는다고 한다.

벨기에는 맥주로도 유명한 나라인데 광장에 있는 맥주 가게에 가 보니 정말 많은 종류에 깜짝 놀랐다. 진열된 수십 종류의 맥주에 맥주 종류만큼 전용 컵의 종류도 다양했다. 맥주와 매칭되는 세트 컵이 있다는 건 전혀 생각도 못 했었는데 신기했다. 짐이 맥주 고르는 법을 알려 주었다. 병 레이블의 숫자가 높을수록 도수가 높은 맥주이고 색깔로 구분된 술의 경우엔 파란색이 가장 알코올 도수가 센 술이라고 했다.

저녁이 되니 여기에도 광장 근처에 룩셈부르크 처럼 크리스마스 마켓이 열리고 있었다. 짐이 핫 와인을 파는 가게로 안내했다. 우리가 이미 탈린과 룩셈부르크에서 먹어 봤다고 하니 여기서도 한 잔해 보라고 따뜻한 와인을 사 주었다. 역시 벨기에의 핫 와인도 훌륭했다. 핫 와인을 마시고 와플의 원조인 벨기에 와플을 먹으러 갔다. 가게에서 바로 와플을 구워 주었는데 바로 우리 앞에서 구워내는 와플을 보기만 해도 침이 돈다. 캐러멜로 코팅된 느낌의 바삭하고 촉촉한 와플! 짐은 플레인으로 주문했고 우리는 제대로 먹어 볼 마음으로 딸기와 바나나 와플을 주문했는데 그 위에 누텔라 초콜릿을 듬뿍 얹으니 진짜 맛있었다. 주안이가 나가면서 계산대에 계신 직원분께 "It's really delicious. Thank you!"라며 인사했다. 얼마나 맛있었으면 시키지도 않았는데 영어로 인사를 하다니!

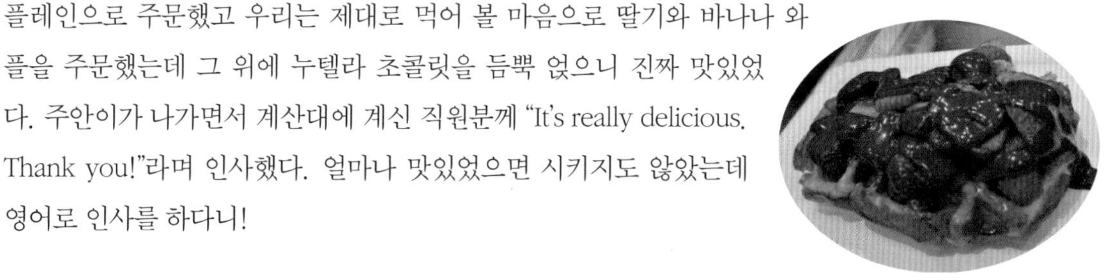

마지막으로 다시 광장에 오니 신나는 음악이 나오면서 그랑플라스 시청 건물을 중심으로 멋진 라이트 쇼(Light Show)가 시작되었다. 형형색색의 불빛들이 건물들을 비추며 아름다운 불빛 쇼를 감상할 수 있었다.

숙소로 돌아가기 전에 짐이 차로 EU 본사와 생캉트네르 공원을 둘러보고 내일 우리가 가 보면 좋을 장소들도 세심하게 알려 주었다. 얼마나 감사한지 모르겠다. 또한, 생캉트네르 공원 오른편에 오토월드(Auto World)라는 클래식 자동차 박물관이 있으니 자동차 디자이너가 꿈인 주안이와 꼭 가 보라고 알려 줬다. 그러곤 우리를 숙소까지 데려다주고 아쉬운 작별 인사를 했다. 주안이가 짐 아저씨에게 테슬라 차를 그릴 거라고 하니 주안이와 같이 차 앞에서 사진을 찍고 싶다고 하며, 자기에게도 나중에 그림을 보내 달라고 했다.

오후에 짐과 함께 걸으며 대화를 나누는 중에 와이프가 2년 전 암으로 세상을 떠났다는 사실을 알게 되었다. 남편도 미처 몰랐던 일이다. 짐은 우리에게 이번'여행 결정을 참 잘했다고 하며 남은 일정도 계속 페이스북을 통해 볼 테니 꼭 기록으로 잘 남기라고 했다. 짐의 응원의 말에 마음이 찡했다. 회사 생활할 때는 '나중에 시간이 나면….'이라는 핑계 아닌 핑계로 정작 나에게 제일 중요한 가족들과의 시간을 미뤄 왔었다.

함께 있는 이 시간, 바로 지금이 제일 중요한 시간이라는 너무 당연한 사실을 짐을 통해 다시 한번 깨닫게 되어 감사하다.

DAY62
2017.11.27

[벨기에]

작지만 매력 가득한 브뤼셀 (EU, Auto World, 그랑플라스)

아침부터 바람이 불고 비가 내리기 시작한 브뤼셀….

비는 세지 않지만 종일 비 소식이 있는 날이다. 브뤼셀은 벨기에의 수도지만 크기는 서울의 강남구보다 작은 도시다. 어제 짐을 만나 중요한 곳을 대부분 둘러봐서 다행이다. 오늘 종일 비가 내린다니 어제 짐이 추천해 준 오토월드가 답일 것 같다. 브뤼셀은 유럽연합의 본부(EU Headquarter)가 있어서 벨기에의 수도이면서 유럽의 수도로 불린다. 유럽연합 본부도 가 보고 싶었는데 EU와 오토월드가 있는 생캉트네르 공원이 다 근처라서 오늘의 메인 일정은 EU와 오토월드로 결정했다.

20분여를 걸어서 유럽연합 본부 앞에 도착했다. 바람이 세서 우산을 놓치지 않으려고 꽉 잡고 사진을 찍는데 바람 때문에 비가 얼굴로 떨어지니 찍는 주안이도 이 상황이 웃긴가 보다.

EU 건물을 둘러보고 개선문을 지나니 오른편에 오토월드가 눈에 들어왔다. 오토월드는 대부분 클래식 자동차들이 전시되어 있는 곳이다. 1910년대부터 최근까지의 차 400여 대가 전시되어 있는데 지금까지도 유명한 부가티, 벤츠, 벤틀리와 같은 명차부터 과거에는 있었지만 지금은 사라진 차들도 볼 수 있었다.

오토월드에서 2시간 반 정도 시간을 보내고, 나오는 길에 약속한 대로 기념품 가게에서 주안이에게 예쁜 미니카를 선물로 사 주었다. 그리고 다음 행선지로 어제 짐이 알려 준 홍합요리로 유명한 레스토랑으로 가기 위해 나섰다. 밖은 여전히 비가 부슬부슬 내리고 있어 그랑플라스까지 지하철로 이동했다. 도착하니 짐이 알려 준 레스토랑은 아쉽게도 쉬는 날이었다.

그래서 주변 레스토랑을 둘러보니 다행히 바로 근처에서 홍합요리로 유명한 또 다른 레스토랑 'LEON'을 찾았다. 12년 전 프랑스에서 정말 맛있게 먹었던 홍합요리를 주안이에게 맛보여 주고 싶었는데 벨기에에서 결국 먹게 되었다. 어제가 우리가 세계 일주를 시작한 지 딱 2개월 된 날이라 점심 식사를 하면서 조촐하게 기념하였다.

식사를 맛있게 하고 다시 찾은 그랑플라스, 5시가 되니 음악과 함께 라이트 쇼가 시작됐다. 순식간에 변하는 여러 가지 색의 불빛들이 어제와 마찬가지로 멋스러웠다.

숙소로 돌아오기 전 짐이 알려 준 곳에서 초콜릿을 샀다. 벨기에에 이틀 동안 있었는데 꽤 오래 있었던 기분이다. 다시 정비하고 내일은 네덜란드로 떠난다.

DAY63 2017.11.28

[벨기에/네덜란드]

암스테르담 에어비앤비 숙소 해프닝

오늘부터 네덜란드에서 묵을 곳은 에어비앤비로 예약한 숙소인데 주차장과 세탁기, 건조기가 있고 위치도 좋은 곳이다. 출발 전 네덜란드 숙소를 내비게이션에 입력했는데 주소 검색이 안 됐다. 여러 번 시도해도 안 돼서 숙소 호스트에게 전화를 했지만 통화 연결이 안 된다는 메시지뿐이고 어젯밤 남편이 메시지와 이메일을 남겼는데 아직 답이 없다. 조금 이상했지만 내비게이션에 우리가 묵을 숙소 근처에 있는 이케아를 입력하고 우선 네덜란드 암스테르담으로 출발했다. 2시간 반을 달려 네덜란드 암스테르담에 도착하였지만 여전히 숙소 주인과 전화 연결이 안 됐다. 우리 핸드폰으로 호스트와의 통화가 연결이 되지 않으니 이게 혹시나 우리 유심 문제인가라는 생각이 들어 우선 이케아에 들어가서 현지 전화기로 통화를 시도해 보기로 했다. 이케아에서 만난 직원분께 도움을 요청하니 감사하게도 흔쾌히 본인 핸드폰으로 전화를 해 주었다. 역시 통화가 안 되어 이번에는 이케아 고객센터 전화기로 통화를 시도해 보았지만 연결이 안 되었다. 직원분 말로는 통화 중은 아니고 이상한 연결음만 들린다는 것으로 봐서는 숙소가 뭔가 정상적이지 않다는 생각이 들었다. 한마디로 사기를 당한 것이다. 우선 남편은 이케아 카페에 앉아 에어비앤비 고객서비스센터에 연락을 취한 후 급하게 새 숙소를 알아보기 시작했고, 숙소가 정해질 때까지 기다려야 하니 나는 간단히 먹을 빵과 음료를 사 왔다. 세계 일주를 하다 보니 이런 일도 생기는구나.

에어비앤비에 이번 상황에 대해 알리고 조치를 요청한 후, 비슷한 위치에 있는 호텔로 급히 예약을 했다. 조용하고 아담한 호텔인데 급하게 예약 후 4시쯤 호텔에 체크인을 했다. 원래는 에어비앤비를 통해 집을 렌트해서 요리도 해 먹고 밀린 세탁도 하려고 했는데 어쩔 수 없이 계획이 틀어졌지만 그래도 빨리 대처를 잘했다.

우여곡절 끝에 호텔에 와서 한숨 돌리고 나니 어느새 어둑어둑해지는 시간이 되어 오늘 오후 암스테르담의 다운타운을 둘러보기로 한 계획은 접고 내일 일찍부터 하루를 시작하기로 했다. 대신 우리가 즐겨 하는 '현지 마트 구경하기'를 하고 간단히 먹을 음식을 사 오기로 했다.

숙소 근처에 있는 Voordeel Market에 도착했다. 그동안 유럽 여러 나라의 마트를 갈 때마다 느끼는 건 외식은 정말 비싸도 마트 물가는 우리나라랑 비교했을 때 비슷하거나 더 저렴한 경우가 대부분이었다. 특히 네덜란드 마트 물가가 참 저렴한 거 같다.

에어비앤비 숙소에 도착하면 빨래를 하려고 룩셈부르크와 벨기에 때 빨래를 하지 않고 모아서 왔는데 오늘 갑자기 호텔로 숙소를 바꾸게 돼서 더 이상 입을 옷이 없으니 욕조에서 급한 대로 손빨래를 한 후 빨랫줄을 연결하고 옷을 걸었다. 네팔, 인도, 아프리카 때 마땅한 세탁 시설이 없어서 종종 이렇게 빨래하고 널곤 했는데, 생각해 보면 한두 달 전인데도 벌써 까마득한 옛날 같다.

자기 전쯤 에어비앤비 고객센터에서 이메일이 왔다. 이런 말도 안 되는 일이 발생한 점에 대해 사과를 하며, 우리가 결제한 금액은 전액 환불이 된다는 내용이었다. 이틀에 한 번씩 계속 새로운 숙소를 찾고 옮기다 보니 이런 일도 생기나 보다. 그래도 벨기에에서 일찍 출발해서 이른 오후에 이 상황을 알고 바로 숙소도 잡았으니 참 다행이다. 내일은 일찍부터 암스테르담 곳곳을 다녀 봐야겠다.

DAY64
2017.11.29

[네덜란드]

아름다운 풍차 마을 잔세스칸스와 암스테르담 나들이

호텔 조식이 7시 시작인데 오늘 하루를 일찍 시작하기 위해 7시 조식 시간에 맞춰 식사를 하러 나왔다. 남편이 식사를 하면서 주안이에게 네덜란드에 대한 이야기를 해 주다가 히딩크 감독을 아냐고 물어봤다. 주안이는 고개를 갸우뚱하더니 히딩크 감독은 잘 모르겠고, 봉준호 감독은 안다고 해서 밥 먹다가 한참을 웃었다. 우리에겐 잊지 못할 2002년 월드컵이지만, 2006년에 태어난 주안이는 모르는 게 당연했다. ☺

오늘 오전에는 차를 가지고 암스테르담 근교에 있는 잔세스칸스의 풍차 마을을 방문하기로 했다. 어렸을 적부터 네덜란드 하면 떠오르는 이미지가 풍차였는데 잔세스칸스에 가면 풍차를 볼 수 있다 하니 풍차를 실제로 가까이서 보는 건 처음이라 무척 기대가 된다.

9시 조금 넘어 도착한 잔세스칸스는 아직 관람객이 많지 않아 조용하다. 동화책 속에 나올 법한 아름다운 집들과 푸른 하늘에 뭉게뭉게 떠 있는 구름이 고스란히 잔잔한 호수 위에 투영되어 아름다운 풍경을 자아냈다. 마을에는 총 8대의 풍차가 있는데 호숫가를 따라 목가적인 풍경의 풍차의 모습은 정말 장관이었다.

자그마한 마을 곳곳에 기념품 가게가 많았는데 치즈를 파는 곳이 눈에 띄었다. 우리가 가게에 들어간 시간이 마침 치즈 만드는 것을 시연하는 시간이라 치즈 만드는 법을 구경하고 치즈도 맛볼 수 있었는데 치즈 인심이 후해서 다양한 종류의 치즈를 맛볼 수 있었다. 마음 같아서는 컬링공 크기의 커다란 치즈를 사고 싶었지만 크래커와 궁합이 잘 맞는 찍어 먹는 치즈를 샀다.

잔세스칸스 풍차 마을을 나와 호텔에 다시 차를 주차하고 호텔 바로 옆에 있는 전철을 이용해서 암스테르담 시내로 출발했다. 우리가 묵고 있는 호텔이 지하철 종점에 있어서 타고 내리는데 정말 편리했다. 시내까지 지하철로 20분 정도 거리다. 오늘 둘러볼 곳은 국립 미술관 앞 아이 암스테르담(I Amsterdam)과 담 광장 부근이다. 국립 미술관 앞에는 'I Amsterdam'이라는 큰 조형물이 있는데 듣던 대로 많은 사람들이 이 앞에서 사진 찍기 바빴다.

유럽의 건물들은 건물끼리 다닥다닥 틈도 없이 붙어 있는 게 참 신기하다. 국립 미술관에서 담 광장까지 30분 정도 걸어가야 하는데 걷는 길이 예뻐 도시 구경을 하면서 천천히 걸었다.

탈린 때부터 워낙 예쁜 광장을 다녀서 막상 담 광장에 와 보니 감탄할 정도는 아니었지만 암스테르담의 가장 중심가이니 꼭 와 보고 싶었다. 담 광장에서 사진을 찍고 치킨 러버인 주안이를 위해 근처 KFC에 들러 치킨세트를 시켜 간단히 저녁을 해결했다. 여행 중 틈만 나면 치킨을 먹었는데도 여전히 치킨이 좋은가 보다.

내일은 독일 볼프스부르크로 가는 일정이라 5시간 정도 운전을 해야 하는 남편이 너무 힘들면 안 되기에 오늘은 여기서 암스테르담 나들이를 마무리했다. 네덜란드에서 독일 베를린까지는 거리가 너무 멀어 중간 지점에서 한번 멈춰야 하는데, 우리는 폭스바겐 그룹에서 운영하는 세계 최대 자동차 테마파크 아우토슈타트(Autostadt)를 가기 위해 볼프스부르크에서 2박을 하기로 했다. 오로지 자동차 디자이너가 꿈인 주안이를 위한 결정이었다. 숙소로 돌아가는 길에 내일 독일에 간다고 하니 주안이가 신나서 내 손을 잡고 팔딱팔딱 뛰었다. '독일에서도 또 멋진 추억 만들자!'

DAY66

2017.12.1

[네덜란드/독일]

아들의 꿈과 세계 최대의 자동차 테마파크 아우토슈타트

우리가 이번 여행을 기획함에 있어서 아들의 꿈을 미리 경험하게 하고자 특별히 자동차 산업이 발달한 독일과 이탈리아에서는 자동차 박물관이나 공장 방문을 계획했었다. 주안이는 어려서부터 그림 그리는 재주가 남달랐다. 태어난 지 22개월 즈음 남편 직장의 행사에 초대되어 일본 오다이바를 갔을 때 도요타 전시장을 데리고 갔는데 그때부터 주안이의 일방적인 자동차 사랑이 시작되었다. 5살 때부터 자동차를 입체 모양으로 그리기 시작하더니 유치원 때에는 너무 그림을 많이 그려 스케치북으로는 감당이 되지 않아 그때부터 A4용지를 늘 챙기고 있어야 했다.

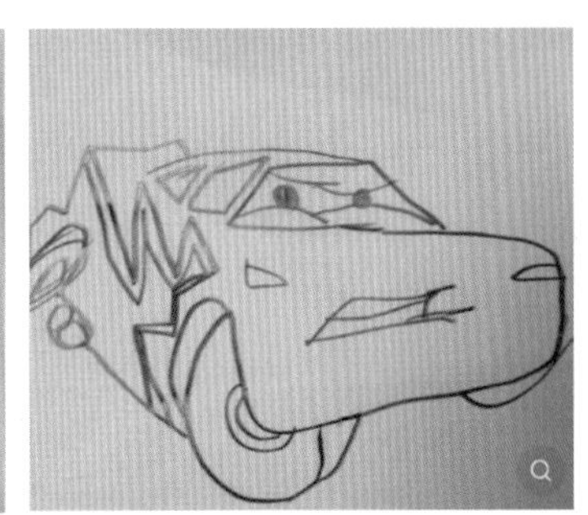

주안이가 초등학교에 들어가서도 늘 바빴던 나는 퇴근하면 자고 있는 주안이를 한번 안아 주고 나서, 줄곧 알림장, 숙제와 공책들을 챙겨 보곤 했다.

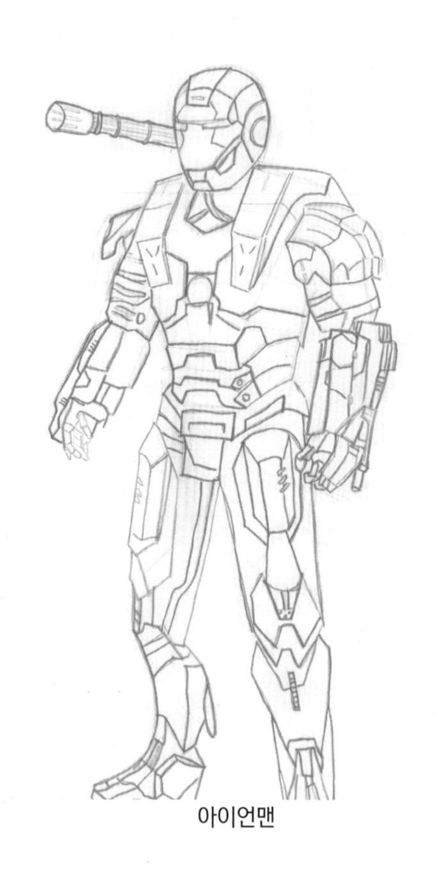

아이언맨

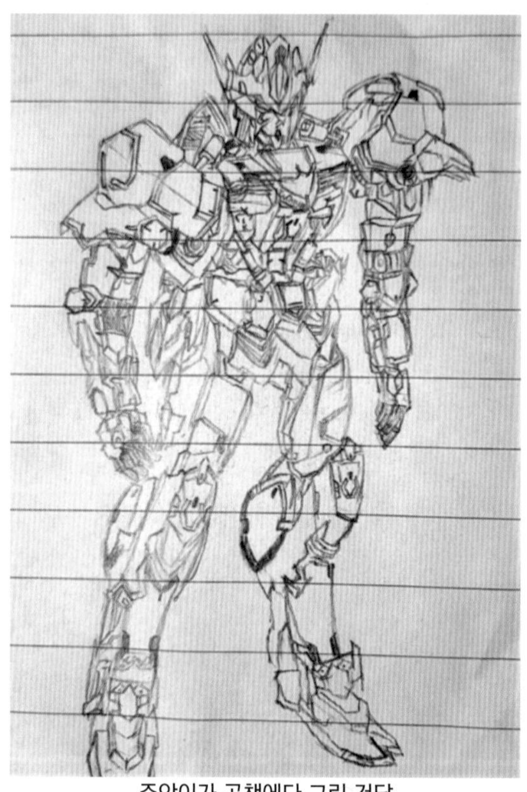

주안이가 공책에다 그린 건담

예사롭지 않은 초등학생 낙서 클래스

2017년 2월에 그린 호랑이와 5월에 그린 부엉이. 그림이 더 정교해졌다.

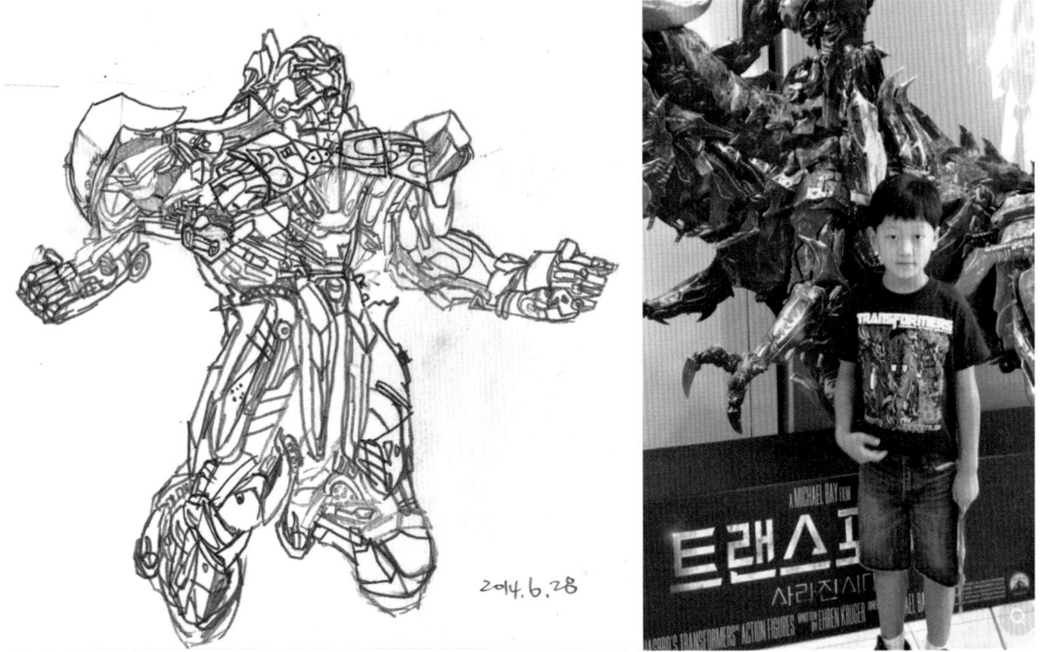

2014년 영화 〈트랜스포머〉를 보고 온 후 주안이가 포스터를 보고 두 시간 동안 그렸는데 지금도 어떻게 이런 그림을 그렸는지 신기할 따름이다.

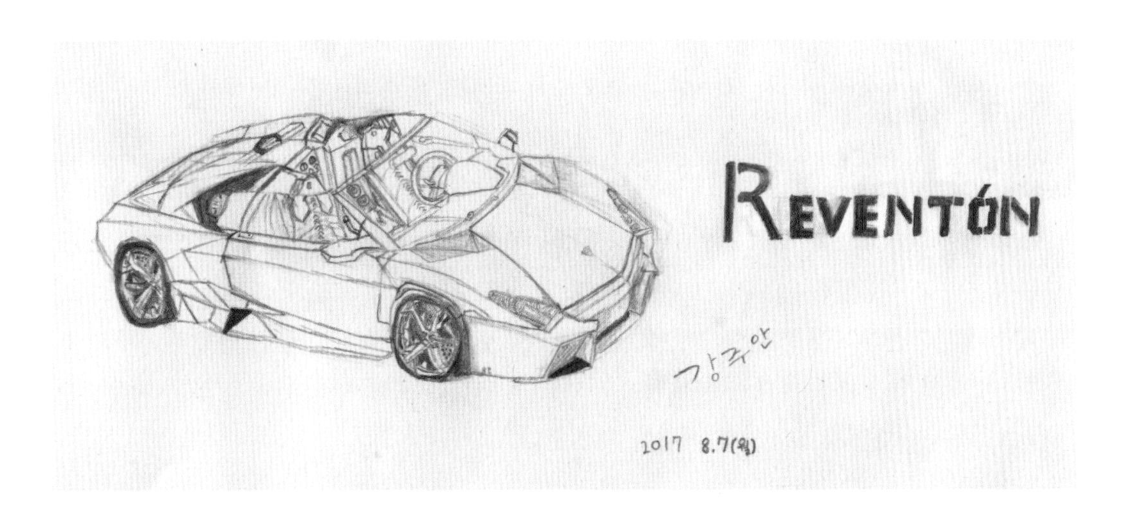

자동차라면 자다가도 벌떡 일어날 주안이에게 오늘은 정말 행복한 날이 될 것임에 틀림없다. 볼프스부르크는 우리에게 구자철 선수가 있던 곳으로도 유명하지만, 이곳은 폭스바겐 그룹에서 운영하는 자동차 테마파크가 있는 곳이기도 하다. 처음엔 폭스바겐 그룹에서 운영한다고 해서 폭스바겐 자동차만 있는 곳인 줄 알았는데 폭스바겐이 여러 자동차를 인수해서 주안이가 좋아하는 많은 브랜드 자동차를 한곳에서 볼 수 있었다.

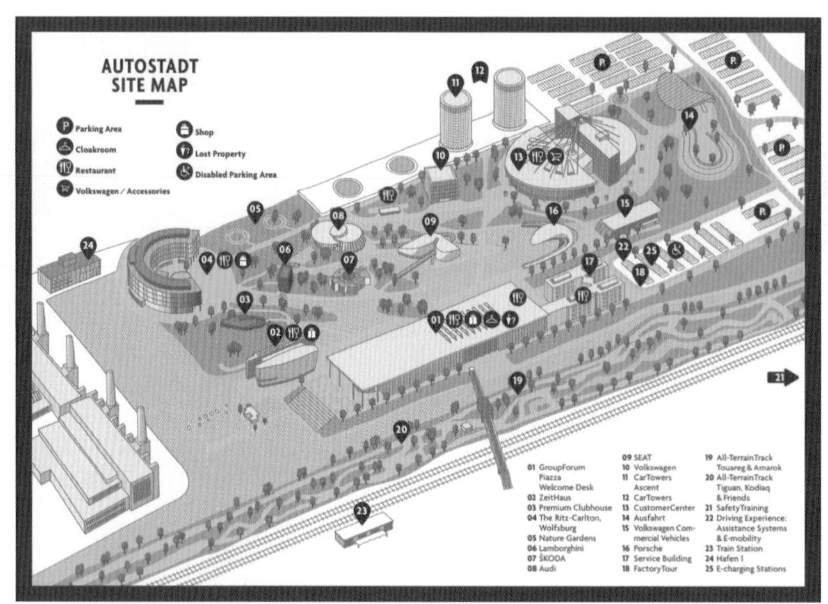

아우토슈타트 지도, (출처) Autostadt visitors Guide(Jan 2020)

아우토슈타트에는 어린아이들을 위한 체험장, 카페, 레스토랑 등이 있고, 위층에는 폭스바겐 그룹 자동차들이 만들어지는 과정을 상세히 보여 주는 곳이 있다. 여러 연령대를 고려하여, 어린이부터 어른들까지 모두 즐길 수 있도록 잘 배려한 흔적들을 곳곳에서 느낄 수 있었다. 그룹 포럼부터 시작해서 건물별로 관람을 할 건데 오늘 제일 처음 관람할 곳은 폭스바겐 브랜드 자동차들의 단면을 잘라서 전시한 곳이다. 차를 분해해서 보여 주는 것이 아니라 앞부터 뒤까지 식빵 썬 듯 수직으로 자른 단면을 볼 수 있어서 더 인상적이었다. 어떻게 이렇게 자동차의 단면을 자를 생각을 했는지…. 정말 대단했다. 폭스바겐 그룹의 자동차의 우수성에 대해 구구절절 말하지 않아도, 잘린 단면의 모습만 봐도 회사가 갖고 있는 제품에 대한 자부심이 느껴졌다. 단면을 보니 차 한 대를 만드는 데 얼마나 많은 수고가 들어가는지 조금은 더 이해할 수 있었다.

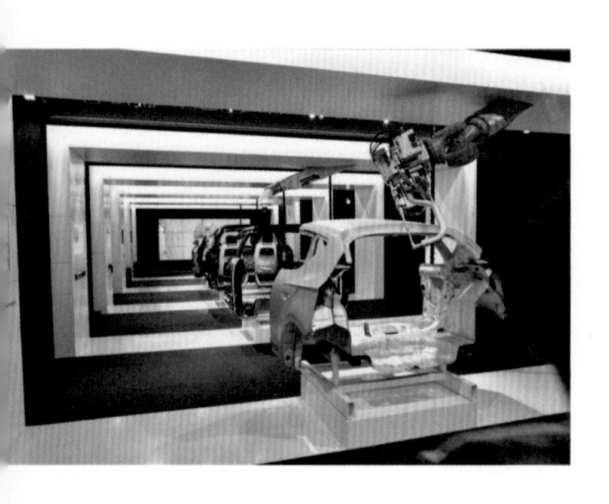

우리가 관람을 하는데 직원들이 뭐 궁금한 거 없냐고 물어보러 왔다. 남편이 주안이가 미래의 자동차 디자이너가 꿈이라 오늘 우리가 여기에 왔다고 하면서 주안이가 그린 자동차 그림 몇 개를 보여 주었다. 직원들은 대단하다고 하면서 나중에 폭스바겐 그룹에서 보기를 기대한다고 했다.

그룹 포럼 건물을 나와 폭스바겐의 역사를 한눈에 볼 수 있는 ZeitHaus로 이동했다. 곳곳에 미래의 고객인 어린이들에 대한 배려가 참 멋졌다. 이런 경험을 한 어린이들은 훗날 폭스바겐의 충성고객이 되지 않을까?

ZeitHaus 자동차 박물관

이곳은 폭스바겐의 역사를 볼 수 있는 자동차 박물관이다. 폭스바겐의 올드 카(Old Car)를 볼 수 있는 곳인데, 여기에는 폭스바겐 브랜드뿐만 아니라 다른 경쟁사 자동차들도 전시가 되어 있었다. 폭스바겐 브랜드가 아닌 경쟁사 차들을 전시하는 모습에서 폭스바겐의 자신감을 볼 수 있었다. 동시에 경쟁사를 뛰어넘어 객관적인 시각에서 자동차의 역사를 보여 줌으로써 자동차에 대한 무한 애정을 느낄 수 있었다. 이 외에도 층마다 많은 차들이 전시되어 있었다. 오래된 차도 많았는데 차의 보관 상태가 매우 좋았다.

Premium Clubhouse 프리미엄 클럽하우스

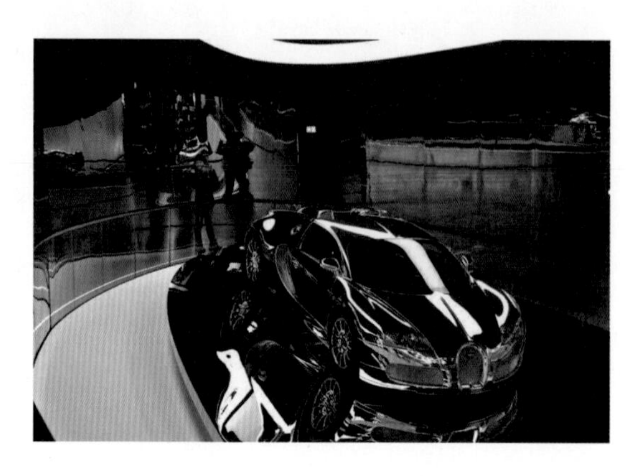

Premium Clubhouse는 부가티 한 대가 전시되어 있는 곳이다. 이렇게 큰 곳에 부가티 한 대만 전시되어 있고 직원 5명이 차 주변을 지키고 서 있다. 한 대에 30억이라는 대단한 몸값의 부가티 베이론! 부가티는 실제로 본 적은 없었고 구글 이미지나 주안이가 그린 그림으로만 봤던 차였다. 들어가서 부가티를 보자마자 “우와~ 우와~ 대박 사건!”이라고 주안이가 중얼거렸다. 부가티는 거울처럼 반사되어 보이는데 전체적으로 블랙과 메탈 실버로 되어 있어 더욱 신비로운 느낌을 주었다. 옆에서 주안이가 크롬으로 래핑이 되어 반짝이는 것이라고 알려 주었다.

Lamborghini 람보르기니

이곳은 람보르기니의 사운드에 대한 영상을 보고 듣는 곳이라 관람 시간이 정해져 있는데, 우리가 도착을 하니 10분 후 입장이 가능하다고 했다. 정중앙에 큰 원형판이 있고 사이드에 두 대씩, 총 네 대의 화면에서 람보르기니 영상이 나온다고 했다. 저 원형판에서 람보르기니가 어떻게 나올지 궁금했다. 람보르기니가 달리는 짧은 영상과 함께 시원하면서도 묵직한 사운드가 들렸다. 마치 람보르기니를 타고 달리는 느낌이었다. 그러더니 갑자기 연기가 올라오고 주인공 람보르기니가 나왔다. 잠시 후 정면 벽에 있는 커다란 원형판이 한 바퀴를 획 돌더니 람보르기니가 벽에 붙어서 등장을 한다! 벽에 착 달라붙은 상태로 나올 거라곤 상상을 못 해서 그런지 원형판이 돌 때 여기저기서 감탄사가 쏟아졌다.

SKODA 스코다

한국에는 아직 수입되지 않은 차라서 우리에겐 생소했던 브랜드였다. 관람하는 사람도 우리밖에 없어 조용히 한 바퀴를 돌아보았다. 한 바퀴를 거의 다 돌아보고 있는데 벽에 칠판이 있었고 그 위에 아이들의 낙서가 보였다. 잠시 벤치에 앉아 쉬는 동안 남편이 주안이에게 “여기에다 스코다 자

동차 한 대 그려 보면 어떻겠니?"라고 하자 주안이가 빙그레 웃으며 고개를 끄덕였다. 주안이에게 생소한 차라서 직원에게 브로슈어를 받아와서 건네주자 브로슈어를 본 주안이는 거침없이 스코다를 그리기 시작했다.

주안이가 그리고 있는데 지나가던 직원분께서 주안이 그림을 보시고는 걸음을 멈추고 우리에게 물었다. 우리는 한국에서 왔고, 세계 일주 중에 아들 꿈이 자동차 디자이너라서 여기에 왔다가 스코다 브랜드를 처음 알게 돼서 칠판에 그렸다고 하니 너무 기뻐했다. 직원분은 주안이의 꿈을 진심으로 응원한다며 여기에 그림을 그려 준 기념으로 주안이에게 작은 선물을 주고 싶다며, 스코다에서 제일 인기 모델인 SUPERB 다이캐스트를 선물로 줬다. 주안이가 뜻하지 않은 선물에 너무도 기뻐했다. 선물을 받은 것도 기뻤지만 외국에 나와서 주안이의 그림을 보고 감동하는 사람들을 만나는 것이 주안이에게는 더 놀랍고 행복한 경험이었을 것이다.

스코다에서의 경험 때문에 그 이후 도로에서 스코다가 엄청나게 눈에 띄었다. 참 신기하다. 알고 나니 눈에 이렇게 많이 보이는데 그 전에는 봐도 몰랐었나 보다. 특히 스코다 SUPERB가 지나갈 때면 주안이는 자기가 선물 받은 차라고 좋아했다. 차를 파는 것이 아니라 경험을 판다는 폭스바겐 철학을 경험했던 시간이었다.

SEAT 세아트

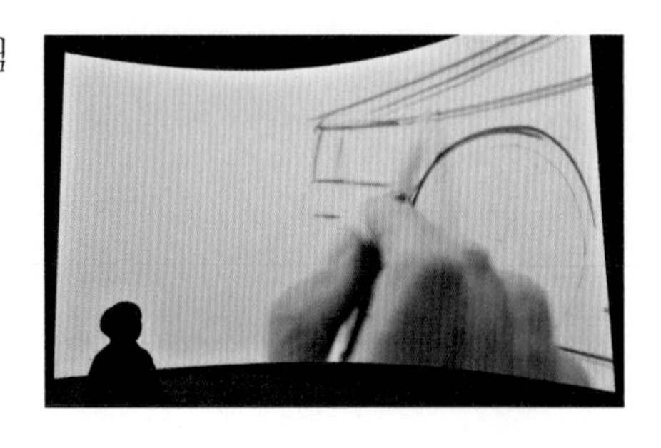

처음 자동차 단면을 관람할 때 직원들이 주안이의 그림을 보고선 꼭 가 보라고 추천해 준 곳이 바로 세아트 전시장이었다. 스코다처럼 세아트도 한국에 수입이 되지 않은 차라서 아우토슈타트에 와서 처음 알게 된 생소한 브랜드였다. 우리가 세아트 전시장에 들른 가장 큰 이유는 바로 세아트 차의 색상이 바뀌는 매핑 쇼(Mapping Show)를 보기 위해서다. 흰 색상의 세아트가 여러 가지 색상으로 변하는 건데 순식간에 변하는 색상들을 보는 것이 신기했다. 매핑 쇼를 관람하고 나가는 길에 대형 스크린에 세아트 홍보 영상을 보여 주니 주안이가 제일 앞자리에 앉아서 진지하게 영상을 감상한다.

뒤에서 주안이 뒷모습을 찍었는데 마치 주안이가 세아트 디자이너들과 직접 만나서 그들을 보는 듯한 느낌이 들었다. 아직 어린 나이지만 자동차에 관한 것이면 늘 진지하게 관찰하고 보는 아들의 뒷모습을 보니 오늘따라 내 마음이 뭉클해졌다.

Porsche 포르쉐

포르쉐 전시장의 입구는 포르쉐 자동차를 닮았다. 포르쉐 전시장으로 입장을 하면 위에서 아래로 쏟아져 내리는 듯한 물결 같은 실 위에 포르쉐 축소 모델들이 물 흐르듯 전시되어 있어 입장하자마자 시선을 압도했다.

전면에 설치된 대형 스크린에 나오는 포르쉐 영상이 멋지길래 사진으로 찍고 있는데 주안이가 쓱 지나갔다. 사진 속 주안이 얼굴은 그 누구보다 행복한 얼굴이었다. 포르쉐 e-hybrid를 시승한 후 VR 체험을 했다. VR 체험은 마치 e-hybrid를 운전하는 차를 실제로 타고 있는 것 같았다.

Customer Center 폭스바겐 고객센터

폭스바겐 브랜드 차량을 구매한 고객 중 30%가 직접 아우토슈타트로 와서 차량을 인수해 가는데, 바로 폭스바겐 고객센터가 차를 인수하는 장소다. 고객센터에는 실제로 차량을 인수하러 온 사람들을 곳곳에서 볼 수 있었다. 어느덧 시간이 2시가 훌쩍 넘어 고객센터 2층 레스토랑에서 간단히 점심을 먹었다. 대부분의 사람들이 소시지와 프렌치프라이 세트를 주문하길래 우리도 같은 메뉴로 3개를 주문했는데 정말 잘한 결정이었다. 쫀득쫀득 오동통한 소시지, 식감도 맛도 정말 최고였다.

Car Tower 카 타워

점심을 먹은 후 아우토슈타트 하면 가장 먼저 떠오르는 카 타워(Car Tower)로 이동했다. 아우토슈타트에서 차를 직접 인수하는 고객의 차량은 인도 전 최대 2일 동안 이 카 타워에 보관되다가, 고객이 인수하기로 약속한 시간 한 시간 전에 폭스바겐 고객센터로 보내진다. 안으로 들어가면 카 타워 내부를 볼 수 있는데 곧 주인을 만날 차들이 밖으로 이동하는 모습을 볼 수 있었다. 여러 종류의 차들이 주인을 기다리고 있다. 차를 고객센터로 이동하기 위해 차량을 빼내는 모습이 곳곳에서 보이는데, 옮기는 작업은 100% 기계로 작동한다. 카 타워까지 가 보니 아우토슈타트에서 우리가 꼭 봐야 하는 전시관은 다 둘러본 셈이다. 다시 처음 방문했던 그룹 포럼으로 돌아가서는 따뜻한 차 한잔을 하며 오늘 일정을 마무리했다.

하루를 꼬박 아우토슈타트에서 보낸 주안이는 다음에도 꼭 다시 오고 싶다고 했다. 나중에 디자이너가 돼서 다시 여기에 주안이가 방문하는 상상을 해 본다. 주안이가 성장하면서 꿈이 바뀔 수도 있을 것이다. 지금 남편과 나는 이 꼬마의 6년째 변하지 않는 꿈을 응원하고 있는데, 진짜로 주안이가 크면 어떤 일을 할지, 어떤 사람이 되어 있을지 참 궁금하다. 엄마 아빠와 함께하는 세계 일주를 통해 마음의 그릇이 더 커지고 다양한 사람들을 품을 수 있는 멋진 아들로 성장하길 매일 기도한다. '강주안! 엄마 아빠가 늘 뒤에서 응원하고 있다. 파이팅!'

DAY67
2017.12.2

[독일]

아우토반을 달려 볼프스부르크에서 베를린으로 Go Go!

오늘은 볼프스부르크에서 아우토반을 타고 베를린으로 간다. 베를린에는 남편의 친한 친구가 주재원으로 있어서 그런지 베를린으로 향하는 마음이 더 편하다. 세계 일주 항공권을 예매하면서 큰 동선을 짰을 때에는 막연하게 유럽 일정이 다른 대륙보다 여유가 있을 것이라 생각했었다. 유럽에 세 달 가까이 있고, 자동차도 있으니 우리가 원하는 만큼 각 나라별 일정을 그때그때 상황에 맞게 조율할 수 있어 여유가 있겠다 생각했었다. 하지만 막상 유럽을 일주하면서 세부적인 일정을 짜다 보니 북유럽과 영국을 제외한 유럽 대륙을 2달 동안에 다 돌아보려면 한 곳에서 평균적으로 2일 정도 머물러야 우리가 가고 싶은 나라와 도시, 하고 싶은 것들을 모두 할 수 있다는 결론이 나왔다. 초반이라 다소 빡빡하게 다니고 있는 지금, 그래도 베를린에서만큼은 남편 친구도 만나고 우리도 좀 쉬는 일정으로 3박을 머물기로 했다.

베를린으로 가는 고속도로로 진입을 하니 널찍하게 뻗어 있는 도로, 속도 무제한의 아우토반을 달리게 되었다. 말로만 듣던 아우토반. 남편이 점점 속도를 내기 시작했는데, 다른 차들과 속도를 맞춰 나가려면 적어도 140km/h 이상은 달려야 도로의 흐름을 막지 않는다. 점점 속도를 내는 남편 옆에 있는 나는 무섭다고 하는데, 뒤에 앉은 주안이는 "아빠, 더 빨리!"를 외친다. 170km/h! 우리 가족 인생에서 최고의 속도를 경험할 수 있었다.

고속도로를 달려 베를린 시내로 진입했다. 그동안 워낙 중세 시대 모습을 간직한 곳이나 크리스마스 느낌이 나는 곳 등을 다녀서 그런지 독일 베를린의 첫 느낌은 상대적으로 어둡고 무거웠다. 오늘부터 베를린에서 3박을 할 숙소는 남편 친구로부터 소개받은 아파트먼트 호텔이다. 주방이 잘 갖춰져 있고 세탁 시설이 잘되어 있는 베를린 근교의 아파트인데 친구네 집하고도 가깝고 조용한 주택가에 있었다.

4시쯤 남편 친구분이 찾아와 1시간 정도 즐거운 담소의 시간을 보냈다. 내일 저녁 초대를 해 주셨는데 혹시 당장 우리 먹을 것이 마땅치 않을까 봐 감이랑 한국 만두를 챙겨 오셨다. 세심한 배려를 감사히 받았다. 밤에 주안이 수학 푸는데 출출하다고 해서 감을 줬는데 진짜 맛있었다. 지난번 프랑스에서도 감을 먹고 홀딱 반했는데 독일에서 먹은 감도 역시 맛있다. 오늘 하루 이동하느라 피곤했었는데 남편 친구분네 가족분들도 근처에 계시고 비록 3일이지만 아늑한 숙소에 머물 수 있게 되어 마음이 한결 편한 밤이다.

DAY68 2017.12.3

[독일]

베를린 나들이 1(독일 통일의 상징 브란덴부르크, 유대인 추모비, 티어가르텐 공원, 샤를로텐부르크성)

오늘 베를린의 첫 방문지는 통일 독일의 상징적 의미를 지닌 브란덴부르크 문이다. 독일이 분단되었을 당시에는 양옆으로 베를린 장벽이 세워져 동서를 가르는 경계선이 되었었다고 한다. 동독이 무너진 후 서독의 수상 헬무트 콜이 이 문으로 걸어 들어가 동독의 총리 한스 모드로우의 환영을 받았던 곳이다. 분단국가에서 통일된 독일의 상징이 되는 문이다. 통일 전에는 허가를 받은 사람만 통행이 가능했던 곳인데 우리나라도 어서 빨리 통일이 되었으면 하는 마음으로 다 같이 손잡고 브란덴부르크의 문을 통과했다.

다음으로 베를린의 차가운 겨울바람을 맞으며 10분쯤 걸어가 제2차 세계대전 중 나치에 의해 학살된 유대인들을 추모하는 Memorial to the Murdered Jews of Europe으로 갔다. 600만 명의 유대인을 학살한 독일의 수치스러운 과오를 반성하고, 이것을 잊지 않기 위해 베를린 중심부에 이렇게 큰 기념비를 세워 두었다고 한다. 회색빛 콘크리트 추모비가 주는 무겁고 슬픈 의미와 세찬 베를린의 바람이 더해져 우리 마음을 더욱 쓸쓸하고 아프게 했다.

공원에는 모양은 같지만 높이가 다른 사각기둥 모양의 기념비들이 들쭉날쭉 배치되어 있다. 남편에게 왜 이렇게 크기가 다를까 물어보니 아마 학살된 유대인 중에 아기나 어린이도 있으니 그렇지 않겠냐고 하는데 갑자기 눈물이 왈칵 올라왔다. 축구장 세 개만 한 크기의 엄청난 공원 전체를 꽉 채운 추모비. 조금 더 걸어 들어가면 내 키보다 훨씬 높은 추모비들이 빽빽하게 자리하고 있었다. 계속 추모비 사이를 걷다 보니 갇혀 있는 느낌이 들고 가슴이 답답해졌다. 마치 추모비들이 그 당시 유대인들의 마음속 답답함과 두려움을 표현하는 것처럼 느껴졌다.

주안이에게 유대인 추모비에 대한 배경 설명을 해 주었다. 다 듣더니 주안이가 여기에선 떠들거나 장난치면 안 되겠네 하더니 끝까지 조용히 나를 따라다녔다.

유대인 추모비에서 시간을 보내고 바로 옆에 있는 티어가르텐 공원에 들렀다. 공원 안에는 괴테, 모차르트, 베토벤, 하이든 등 유명한 예술가의 동상이 군데군데 있었다. 방금 전 추모비를 보고 와서인지, 아니면 늦겨울이 주는 계절의 정취 때문인지 공원은 고요하고 쓸쓸하게 느껴졌다.

다시 자리를 옮겨 차를 타고 프리드리히 3세가 왕비 샤를로테를 위해 지은 궁전인 샤를로텐부르크성으로 이동했다. 지금 시즌이면 유럽 어느 곳에서나 볼 수 있는 크리스마스 마켓이 샤를로텐부르크성 입구에도 열리고 있었다. 맛있는 간식거리도 먹고, 예쁜 마켓 구경을 하고 나니 다시 기분이 좋아졌다.

저녁에는 남편 친구분 집에 저녁 식사 초청을 받아 갔다. 주안이가 초등학교 들어가기 전에 친구들 부부끼리 모임에서 뵙고 한참 만에 보는 반가운 얼굴들이다. 주안이도 동생들을 만나 아이들끼리 신나게 놀았고 우리는 부부끼리 세계여행, 독일 생활 등 오랜만에 만난 친구와 시간 가는 줄 모르게 오랜 대화를 나누었다. 우리가 온다고 직접 담근 김치에, 엄청난 양의 샤부샤부, 해물파전까지…. 그리웠던 한국 집밥을 원 없이 먹었다. 숙소로 돌아갈 때는 친구분 아내분이 김치와 전을 싸 주며, 내가 추위를 잘 타는 걸 어찌 아셨는지 겨울 여행 대비 기모 바지까지 챙겨 주었다. 마치 친정집에서 엄마가 이것저것 싸 주시는 것처럼 감사했다. 여행 떠난 지 두 달 반 만에 모처럼 맛있는 저녁에 따뜻한 마음까지 받아왔다. 3년 후 한국에 다시 돌아오시면, 그때는 우리가 멋지게 대접할게요! 세계 일주 중 잊지 못할 저녁이다.

DAY69
2017.12.4

[독일]
베를린 나들이 2(포츠담 광장, 체크포인트 찰리, 베를린 돔, 이스트사이드 갤러리)

오늘은 어제에 이어 베를린에서는 역사적으로 의미 있는 곳을 다녀 보기로 했다. 베를린은 제2차 세계대전, 냉전시대와 통일 등 근현대사에 있어 역사적 사건이 많았던 도시인 만큼, 책에서 배웠던 장소들을 실제로 가서 보고 싶었다. 〈포츠담 광장-체크포인트 찰리-베를린 돔-이스트사이드 갤러리〉를 메인 방문지로 잡았고, 내일 프라하로 이동하는 길에 포츠담 회담을 했던 체칠리엔호프성을 둘러볼 예정이다.

포츠담 광장은 어제 방문한 브란덴부르크 근처에 위치해 있다. 제2차 세계대전 이전에는 광장히 혼잡한 곳이었지만, 세계대전과 냉전시대를 겪으면서 베를린 장벽이 세워진 이후에는 과거의 모습이 자취를 감추고 황량하게 방치되었다고 한다. 그러다 1989년 베를린 장벽의 붕괴와 함께 재개발되어 오늘날은 신도시의 중심으로 부상했고, 베를린을 대표하는 상징적인 장소가 되었다고 한다. 포츠담 광장 옆에는 비교적 큰 규모의 소니센터가 있었다. 알고 보니 여기가 소니의 유럽 본사가 입주한 곳이었다. 네팔에서 카메라 덮개를 분실한 이후로 방문하는 나라마다 소니 매장만 있으면 구입하러 들렀지만 매번 같은 제품을 찾질 못했었는데 다행히 소니센터 안에 있는 매장에서 우리 카메라에 맞는 덮개를 찾을 수 있었다. 고작 카메라 덮개 하나 산 것뿐인데 마음이 홀가분하고 기분이 뛸 듯이 기뻤다. 거의 두 달 동안 덮개가 없어 남편이 늘 닦고 또 닦으며 사용했고, 목에 카메라를 걸지 못하고 카메라 가방에 넣다 뺐다 하면서 사용한다고 불편했었다. 이렇게 덮개가 있어 이제 안심이다.

포츠담 광장으로 나와 보니 베를린을 반으로 갈랐던 장벽의 일부가 남아 있었다. 분단의 상징인 베를린 장벽이 지금은 예술 작품처럼 전시되어 있다. 안내글을 보고 주안이에게 설명해 주었다. 과거 분단 당시 베를린을 동-서로 가로막고 있던 벽이었다고 생각하니 기분이 묘했다. 그때는 그렇게도 부수고 싶었던 이 벽이 이젠 그때를 잊지 않기 위해 이렇게 남아 있구나. 유일한 분단국가인 우리 대한민국. 언젠가 통일이 되어 서로 왕래할 수 있는 날이 어서 왔으면 좋겠다.

체크포인트 찰리로 이동 중에 마침 주안이 겨울 바지도 하나 사야 해서 잠시 베를린 몰에 구경하러 들어갔다. 규모가 어마어마한 이 몰은 이미 크리스마스 분위기가 물씬 풍겼다. 여행 출발 전 짐 부피를 줄이려다 보니 주안이 가을용 청바지를 하나만 가져왔는데 겨울이 되어 바람이 차가워지니 허벅지가 많이 시린가 보다. 청바지는 봄이 되면 다시 입기로 하고 몰에서 기모가 들어간 따뜻한 바지에 노란 셔츠를 세트로 사 주고 나오니 한결 마음이 든든해졌다.

체크포인트 찰리는 포츠담 광장에서 약 1km 정도 떨어져 있어 충분히 걸을 수 있는 곳에 위치해 있다. 도착을 하니 대형 트리에 여러 나라 국기가 걸려 있는데, 멀리서도 대한민국 국기가 제일 먼저 보였다. 체크포인트 찰리는 1961년부터 1990년까지 외교관, 외국인, 여행객들이 동베를린과 서베를린을 드나들 수 있었던 유일한 관문이었다고 한다.

베를린 장벽이 무너지자 이 검문소도 철거가 되었지만, 당시의 검문소를 재현해 둔 곳이 있었다. 예전에 검문소가 있었을 때는 아무것도 없었던 이곳을 이제는 KFC와 맥도날드가 둘러싸고 있다. 체크포인트 찰리 옆에 과거 사진들과 실제 장벽이 전시된 곳이 있었다. 베를린 자체는 동독 영역인데 베를린을 동독, 서독 영역으로 구분하고 그 안에서 네 구역(소련, 미국, 영국, 프랑스)으로 구분이 되어 있어 도대체 독일이 분단이 되었을 때 어떻게 동독과 서독이 갈라졌는지 찾아보았다. 단순히 베를린 장벽으로만 알고 있었는데 지도와 설명을 자세히 보니 서독(영국, 프랑스, 미국)과 동독(소련)으로 나뉘고, 동독 영역에 속한 베를린은 다시 서베를린, 동베를린으로 나눈 것이었구나. 서베를린은 동독 영역에 있으면서 서독 영역권에 있으니 서베를린 주변을 에워싸는 장벽을 세워 정말 섬 같은 곳이었다는 것을 이제야 제대로 알게 되었다.

체크포인트 찰리가 더욱 유명해진 것은 피터라는 청년의 죽음 때문이었다. 당시 18세였던 청년은 서베를린으로 넘어가기 위해 친구와 함께 장벽을 넘으려 했다가 보초가 쏜 총에 맞고 쓰러졌는데 일촉즉발의 긴장감이 감도는 경계구역이었기 때문에 누구도 이 청년을 돕지 못하고 방치해 두었다가 결국 1시간 후 과다출혈로 사망한 사건이었다. 이 일로 서독에 수백 명의 시위대가 형성되었다고 한다. 불과 몇십 미터 거리인 벽을 사이에 두고 못 만났을 가족들…. 현재 우리가 겪고 있는 현실이라 더욱 마음이 아프다.

체크포인트 찰리를 나와 잠시 크리스마스 마켓에 들러 맛있는 간식을 먹고 베를린 돔으로 이동했다. 베를린 돔은 지난주 베를린 일정을 짤 때 주안이가 제일 가 보고 싶은 곳으로 꼽은 곳이다. 제2차 세계대전 때 엄청난 폭격을 당해 다시 재건된 건물로, 원래 성당의 모습보다는 간소화되어 다시 지어졌다는데 웅장하고 화려했다.

성당 내부를 보고 제일 꼭대기 층으로 올라갔다. 벌써 5시가 다 되어 밖은 어둑해지기 시작해서 베를린 돔에서 보는 시내 야경은 멋질 것이다. 건물 제일 꼭대기 부근에 있는 관람 포인트까지는 꽤 많은 계단을 올라가야 하는데, 관람 포인트에서 바라본 베를린의 밤은 기대한 것처럼 정말 아름다웠다. 베를린 여행 이후 줄곧 무겁고 어두운 역사의 한쪽을 바라보았다면, 오늘 저녁은 베를린의 멋진 야경을 선물로 받은 느낌이었다.

베를린 돔에서 야경을 충분히 감상하고 나오니 그새 6시다. 날씨도 춥고 비도 중간중간 와서 따뜻한 숙소로 돌아가고도 싶었지만, 이왕 나온 김에 지하철로 2정거장만 가면 실제 베를린 장벽 위에 여러 나라 화가들이 그림을 그린 이스트사이드 갤러리가 있으니 다리

가 아픈 주안이를 소시지 빵으로 달래고 이스트사이드 갤러리로 향했다. 이스트사이드 갤러리는 총 1.3km에 달하는 베를린 장벽 갤러리이다. 평화, 통일에 대한 그림부터 여러 캐릭터 그림까지 다양한 그림들이 베를린 장벽에 그려져 있었다.

이스트사이드 갤러리에서 가장 인기 있는 작품은 〈형제의 키스〉다. 동독 수립 30주년을 기념하는 행사에서 당시 동독 서기장이던 호네커와 소련 서기장인 브레즈네프가 실제로 입맞춤한 장면을 모티브로 그린 그림으로 당시 냉전 시대의 상징이었던 이 사진을 이미 무너진 베를린 장벽 잔해 위에 그린 것이 인상 깊었다. 냉전의 상징인 이 벽과 공산주의와 사회주의의 결속을 다지는 지도자들의 키스. 그러나 결국 장벽은 무너졌다! 이스트사이드 갤러리를 마지막으로 숙소로 발길을 돌렸다. 오늘도 2만 보 넘게 걸었다. 우리 가족 모두 수고 많았어요!

형제의 키스

DAY70
2017.12.5

[독일/체코]

포츠담 회담의 역사적인 장소 체칠리엔호프 궁전

오늘 오전에는 포츠담에 있는 체칠리엔호프 궁전을 방문하여 실제 포츠담 회담이 열렸던 장소를 둘러볼 예정이다. 우리나라가 독립할 수 있었던 계기가 된 회담이니 의미가 있는 방문이 될 것이다. 주안이에게는 다소 어렵고 무거운 내용이겠지만, 나중에 학교에서 포츠담 회담을 배울 때 직접 와 본 이곳을 기억하겠지…. 오전에 체칠리엔호프 궁전을 관람한 후 바로 체코 프라하로 이동을 할 계획이라 짧게 둘러보고 나오려고 했는데, 겨울 시즌에는 자유 관람은 불가하고 가이드를 따라 함께 이동하는 그룹 투어만 가능하다고 했다. 소련군의 상징인 붉은 별이 포츠담 회담 때 가꾼 정원 한가운데 보존되어 있었다. 봄에는 정원 정중앙에 빨간 꽃을 별 모양으로 심는다던데 지금은 겨울이라 흔적만 남아 있다.

체칠리엔호프 궁전 안으로 들어가서 표를 구입했다. 사진을 찍기 위해서는 따로 돈을 내야 하고 입장료를 내면 오디오 가이드를 무료로 대여해 준다. 가이드가 있지만 따로 설명을 해 주는 것은 아니고, 가이드를 따라 체칠리엔호프 궁전 내부를 따라 들어가면 각 방마다 번호가 있는데 우리는 한국어 오디오 가이드에 방 번호를 누르고 설명을 들으며 따라다니기만 하면 된다. 시간이 되어 우리 가족 포함 대략 10명 정도의 인원이 같이 방을 옮겨 다니며 각국의 말로 된 오디오 가이드를 들으며 관람을 시작했다. 체칠리엔호프 궁전은 황태자의 아내 체칠리엔의 이름을 따서 만들어진 성이다. 1914년 건립을 시작하였으나 제1차 세계대전 발발로 건축이 지연되었고, 1918년 황태자는 추방되었지만 그의 아내는 이 왕궁에서 1945년까지 살았다고 한다. 포츠담 체칠리엔호프 궁전은 베를린에서 꽤 떨어지고 외진 곳에 위치해 있다. 이렇게 외진 곳에서 포츠담 회담을 했구나 생각했는데, 당시 베를린이 너무 참담하게 파괴가 돼 있던 상황이라 세 나라의 정상이 만나는 장소를 우선 베를린에서는 찾을 수가 없었고, 세 대표가 모이는 자리인 만큼 함께 수행하는 많은 사람들을 모두 수용할 장소가 없었기에 상대적으로 덜 피해를 입은 체칠리엔호프 궁전에서 포츠담 회담이 개최가 되었다고 한다.

제일 처음 관람한 곳은 성의 응접실이다. 이곳은 포츠담 회담 당시 회담 전 대기실로도 사용했고 밤에는 음악회 장소로 사용했다고 한다. 각국을 대표하는 음악가들이 이곳에 와서 연주를 했는데 이것도 나라별로 경쟁이 되어 서로 최고의 연주가를 데려다가 연주회를 했다는 것도 참 놀라웠다. 아직 전쟁이 다 끝난 것도 아닌데, 여기에서는 연주회가 있었다는 건 상상도 못 했던 일이었다. '이 성에 있는 방 중 제일 아름다웠던 응접실에서 그들은 어떤 이야기를 나누었을까?'

응접실을 지나 다음 방은 황태자비의 서재인데, 포츠담 회담 당시 소련 스탈린이 사용하였다. 그 당시 스탈린이 사용한 가구가 그대로 전시되어 있었다.

그다음 들어간 곳이 포츠담 회담이 진행되었던 역사적인 장소다. 회담에는 영국의 처칠(이후 애틀리로 교체), 미국의 트루먼, 소련의 스탈린이 참석하여 독일의 전후 처리 방침에 대해 논의하였고, 포츠담 회담 중 발표된 포츠담 선언에는 일본의 무조건적인 항복을 요구하는 내용이 담겨 있었으나 일본이 이를 받아들이지 않았다고 한다. 이에 8월 8일 히로시마와 나가사키에 원자폭탄을 투여한 후에야 일본이 항복하여 그 이후 포츠담 선언문에 대한 내용을 수락하기까지의 자세한 상황에 대한 설명이 있었다. 각국의 정상이 앉은 자리에 그 나라의 국기가 위치하고 있었다. 포츠담 회담 당시 각국을 대표하는 통역사들 역시 이 테이블에서 회담 내용을 통역을 했는데, 세 나라의 정상들의 너무나 다른 스피치 방식이나, 말하는 느낌을 최대한 살려서 통역하기 위해 무척 애를 썼다는 점도 흥미로웠다. 처칠은 잘 짜인 각본처럼 말을 하였고, 스탈린은 말수는 적었지만 하고 싶은 말은 매우 단호하고 정확하게 말했고, 트루먼은 웅변가 같았다고 한다. 포츠담 회담 중 미국이 핵실험에 성공을 했었고, 그랬기 때문에 미국에서 일본의 무조건적인 항복을 요구하는 협상 내용을 주도했었다는 것도 여기 와서 알게 되었다. 실제 협상했던 자리가 그대로 보존되어 있었는데 보는 동안 살짝 소름이 돋았다.

대한민국의 독립 배경에는 이러한 역사적인 사건들이 연결되어 있구나 하는 생각에, 전쟁의 시대가 아닌 지금의 평화의 시대를 살고 있음에 감사한 마음이 들었다. 실제 회담이 있었던 이곳을 바라보면서 한국어 오디오 가이드를 들으니 과거에 잘 몰랐고, 사실 예전엔 그렇게 관심도 없었던, 포츠담 회담의 당시 상황에 대해 잘 이해하는 계기가 되었다. 대략 1시간 정도 소요된 관람을 마치고 우리는 서둘러 체코 프라하로 떠났다.

DAY71
2017.12.6

[체코]

반가운 감독님과 함께한 프라하 탐방

어제저녁에 도착한 프라하의 에어비앤비 숙소는 감사하게도 아침을 제공해 주는 곳이다. 우리가 요청한 시간에 숙소 앞으로 과일과 쿠키, 여러 종류의 빵과 치즈, 소시지 등 정성이 담긴 아침을 보내 주셔서, 든든히 아침을 하고 10시쯤 숙소에서 나왔다.

오늘 점심에 전 직장에서 홍보팀 촬영 감독으로 일했던 이 감독님을 만나기로 했다. 이 감독님은 현재는 프라하에서 동유럽 전문 가이드로 일하고 있는데 남편도 잘 알고 있는 분이라 마침 프라하를 들르게 되어 뵙기로 했다. 오기 전 감독님께 한인 미용실 정보를 부탁하였더니 오늘 11시로 미용실 예약을 해 주었다. 세계 일주 시작한 지 2개월이 넘어가다 보니 이제 남편 머리를 깎아야 할 시간이 된 것이다.

숙소를 나와 어젯밤 걸었던 길을 다시 걸었다. 아침에 보니 건물들 색깔이 은은하니 참 예쁘다. 멀리 보이는 프라하성을 보니 진짜 체코에 왔구나 실감이 난다. 댄싱 빌딩, 카프카 동상 등 멋진 건축물들을 보며 감독님이 미리 예약해 주신 미용실로 이동했다. 미용실에 도착해서는 남편도, 주안이도 머리를 잘랐다. 우리가 세계 일주 중이라고 하니 자주 미용실을 다닐 상황이 아닌 걸 아시고 겨울 날씨지만 조금 짧게 잘라 주었다.

프란츠 카프카 조형물 앞에서

남편 먼저 자르고 너무 마음에 들어 주안이도 잘랐다. 머리를 자르고 있는데 우리 가족을 만나러 이 감독님이 들어왔다. 프라하에서 만나니 어찌나 반갑던지…. 작년에 한국에서 잠시 만났을 때 "나중에 프라하에 갈게요. 거기서 만나요!"라고 인사를 했었는데 1년 후 프라하에서 진짜 만나게 되니 마냥 이 상황이 신기하기만 하다. 여기는 내 구역이니 나만 따라오라면서 먼저 점심을 할 레스토랑으로 안내해 주었다.

광장 한구석 지하에 자리 잡은 레스토랑은 마치 동굴을 깎아 만든 것처럼 근사했다. 체코식 족발, 치킨윙, 오리고기와 샐러드까지…. 너무 맛있어서 엄청나게 먹었는데도 음식이 남을 만큼 푸짐한 점심이었다. 맛있는 음식에 즐거운 대화까지 더해지니 시간 가는 줄도 몰랐다. 벌써 3시가 다 되어 가니 더 늦기 전에 감독님과 함께하는 프라하 구경을 시작했다.

첫 번째로 들른 구시가지(올드타운) 광장에도 크리스마스 마켓이 열렸다. 유럽의 광장에는 특이하게도 대부분 성당이나 시청 건물이 근처에 붙어 있다. 성당도 사람이 많이 모이는 곳에 있어야 예배를 드리는 사람이 많아질 것이고, 시청도 새로운 정책 발표나 큰 행사를 할 때 사람을 모아야 해서 그렇다고 한다. 생각해 보니 룩셈부르크, 벨기에, 독일의 광장에 갔을 때에도 늘 광장 안에 성당이나 시청이 있었다.

친절한 이 감독님은 예쁜 배경만 보이면 우리 카메라를 달라고 하곤 매번 가족사진을 찍어 주었다. 카메라를 받자마자 무심하게 툭 찍어 주시는데도 찍는 사진마다 구도가 예술이다. 역시 클래스는 변하지 않는 것 같다. 덕분에 오랜만에 다양한 배경에서 원 없이 가족사진을 찍었다.

광장에는 마틴 루터보다 100년 먼저 종교개혁을 주장하다 화형을 당한 얀 후스 동상도 보였다.

구시가지 광장을 나와 존 레넌 벽으로 가기 위해 카를교를 건넜다. 카를교 위에는 멋진 조각상들이 많이 있는데 제일 처음 카를교에 세워진 조각상은 바로 십자가에 달리신 예수님 조각상이었다고 한다. 그 이후 체코의 성인이나 성경에 나오는 인물 조각상들이 계속 추가로 세워져 지금의 모습이 되었다고 한다. 프라하성은 해가 질 무렵이 제일 멋지니 우선 존 레넌 벽을 보고 다시 카를교로 오기로 했다. 아이러니하게도 존 레넌은 생전에 프라하에 한 번도 온 적이 없다고 한다. 공산정권이었을 당시 자유에 대한 갈망이 있던 사람들이 존 레넌 노래를 즐겨 부르며 벽에 자유에 대한 글과 그림을 그리기 시작했는데 마침 벽은 외교공관인 대사관 벽이라 강제로 허물 수가 없어서, 이후에도 계속 사람들의 그림과 낙서가 덧칠되고 있다고 한다.

존 레넌 벽을 둘러보고 다시 카를교에서 유독 사람이 많았던 다리 난간 위에 조각된 얀 신부 동상 앞으로 갔다. 유럽의 동상 중 머리에 별 5개가 있는 조각상은 모두 얀 신부의 조각상이라고 한다. 바츨라프 4세가 가장 사랑한 세 번째 왕비 소피아가 얀 신부를 찾아가 고해성사를 했는데, 왕이 얀 신부를 불러 왕비의 고해성사 내용을 묻자 끝까지 대답하기를 거부하여 말을 하지 않을 거면 혀도 필요 없겠다면서 얀 신부의 혀를 자른 후 얀 신부를 다리 밑으로 던졌다고 한다. 익사한 지 일주일 후 떨어진 그 자리에 시신이 떠올랐는데 육체가 전혀 훼손되지 않은 채로 발견이 되었고 이후 가톨릭에서 얀 신부를 성인으로 추대했다고 한다.

얀 신부의 흥미진진한 이야기를 듣고 나니 서서히 해가 저물고 있었다. 카를교를 건너오니 카를 4세 동상이 있었다. 카를 4세는 체코 사람들이 제일 존경하는 왕이라고 한다. 우리나라로 치면 세종대왕처럼 업적이 참 많은 분인데 우리가 건너온 카를교를 만들었고 프라하성 안에 있는 비투스 성당을 만들었으며, 프라하에 대학을 세운 분이라고 한다.

아름다운 프라하성 야경

저녁을 하러 가기 전 마지막으로 프라하 신시가지에 위치한 바츨라프 광장에 들렀다. 1968년 프라하의 봄으로 알려진 민주 자유화 운동이 열렸던 곳으로, 1989년 공산정권 붕괴를 가져온 벨벳혁명이 일어났던 장소이다. 피를 흘리지 않은 무혈혁명이라 부드럽게 진행되었다는 의미에서 벨벳혁명이라고 불리는데 바로 이 자리에서 일어난 벨벳혁명을 통해 체코는 체코 공화국이 되었다. 결국 프라하에도 봄이 온 것이다.

저녁으로 오래간만에 맛있게 한식을 먹고 헤어질 시간이 되었는데 고맙게도 이 감독님이 내일 오전에 프라하성 구경을 시켜 주려고 또 시간을 비워 두었단다. 주안이는 내일 삼촌을 또 만난다고 마냥 신이 났다. 우리 가족을 챙겨 주시려는 고마운 마음을 너무 잘 알기에 감사히 호의를 받았다. 이 감독님, 오늘 너무 감사했어요!

[체코]

프라하성의 비투스 성당과 체스키크룸로프의 멋진 야경

오전 10시, 프라하성으로 이동했다. 프라하성 옆에는 대통령궁이 있는데 건물 오른편에 깃발을 걸어 두면 대통령이 근무하는 날이고 깃발이 내려간 날은 여기 계시지 않는다는 뜻이라고 한다. 또한 다른 나라의 대통령이 방문하면 그 나라의 국기도 같이 걸린다고 한다. 오늘은 깃발이 펄럭이는 걸 보니 대통령궁에 계신가 보다. 정시에 한 번씩 근위병 교대식을 하는데 곧 11시가 되어 근위병 교대식을 구경했다. 영국 버킹엄 근위병 교대식에 비하면 매우 단출했지만 이색적이었다.

다음으로 프라하성 입장 전에 전 세계 스타벅스 매장 중 3대 뷰로 꼽힌다는 스타벅스에 들러 여유롭게 커피를 마신 후 프라하성에 입장했다.

프라하성 안에서는 비투스 성당이 제일 유명한 곳이다. 이 성당을 다 완성하는 데 거의 천 년이 걸렸다고 한다. 카를교에서 프라하성 사진을 찍을 때 제일 높이 뾰족하게 나온 건물이 바로 이 비투스 성당이다. 이 건물도 프라하성의 일부라고 생각했는데 감독님 설명으로 알게 되었다. 오늘은 우리가 프라하에 있었던 시간 중 날씨가 최고로 좋았다. 쨍한 맑은 하늘과 찌를 듯한 비투스 성당의 모습이 정말 장관이었다.

비투스 성당의 스테인드글라스는 다른 성당보다 더 색감이 좋고 아름다웠는데 이 스테인드글라스는 크리스털로 만들어서 그렇다고 한다. 스테인드글라스의 그림은 모두 성경에 대한 내용으로 글을 못 읽는 사람들을 전도하기 위해 성경의 중요 내용을 스테인드글라스에 담았다고 한다. 그동안 유럽의 여러 성당에서 봤던 스테인드글라스보다 그림의 느낌이 더 생생하고 아름다웠다.

프라하성 관람 후 중국 음식점에서 맛있는 점심을 대접했다. 어제, 오늘 우리가 감독님께 받은 호의를 생각하면 점심 한 끼는 턱도 없이 부족하지만, 내년에 한국에서 다시 만나면 그때 주안이까지 다 같이 거한 식사를 하기로 약속하고 아쉬운 작별을 했다.

이 감독님과 작별을 하고 2시에 프라하를 떠나 체코의 중세 모습을 간직하고 있는 체스키크룸로프로 출발했다. 내비게이션이 알려 준 길은 국도라서 속도를 빨리 내서 달리지는 못해도, 한적한 체코의 시골길 풍경을 즐길 수 있었다. 조용하고 평화로운 체코 시골길을 지나 6시가 다 되어서 체스키크룸로프성 바로 옆에 있는 숙소에 도착했다. 숙소는 성을 관리하는 기관에서 운영하는 아파트형 호텔로 시설도 깔끔하고 무엇보다도 성 바로 옆에 있어서 편리한 위치이다. 여기서 1박만 하고 내일 오후 오스트리아로 갈 거라서 탈린에서처럼 시간을 세이브하고자 올드시티 안에 있는 숙소를 잡았다. 짐을 풀고 미리 준비해 온 저녁과 과일을 먹고 약간의 휴식 후, 8시에 야경을 보기 위해 숙소를 나섰다. 야경을 보기 위해 올드시티 성 근처의 언덕으로 올라갔다.

성을 지나 다리를 건너 조금 더 올라가다 보면 야경을 제대로 감상할 수 있는 뷰 포인트가 나오는데 성벽의 자그마한 창으로 체스키의 야경이 펼쳐졌다.

체스키크룸로프 야경

오전 내 프라하성에서 구경하고 3시간 넘게 차로 이동해서 조금은 고단한 하루였는데, 숙소에서 쉬지 않고 올라온 보람이 있었다. 위에서 내려다본 마을은 탈린의 중세 도시와 룩셈부르크의 요새 도시와 비슷한 느낌을 주었다. 야경 뷰 포인트인 언덕을 내려와서 올드시티 거리를 걸었다. 워낙 작은 마을이고 관광객이 꽤 많아서 늦은 시간이었음에도 안전한 느낌이었다. 내일 아침 올드시티의 모습도 기대된다. 어서 쉬고 내일 조금 일찍 서둘러서 오스트리아 가기 전에 좀 더 둘러봐야겠다.

DAY73

2017.12.8

[체코/오스트리아]

고풍스러운 체스키크룸로프와 비엔나에서의 흥겨운 쿠어살롱 공연

아침 일찍 숙소를 나서서 체스키의 올드타운 이곳저곳을 둘러보았다. 중세 도시의 정취가 그

Restaurant
Coca-Cola

Tilia

대로 남아 있어 마을 전체가 고풍스럽고 세월의 흔적을 느끼게 한다. 여유롭게 둘러보았는데도 마을이 그리 크질 않아 오전에 대략적으로 둘러볼 수 있었다.

12시쯤 출발해 4시쯤 비엔나(빈)에서 2박을 할 에어비앤비 숙소에 도착했다. 저녁을 먹고 프라하의 이 감독님이 추천해 준 쿠어살롱(Kursalon) 음악회를 감상하러 갔다. 오스트리아에서 음악회는 필수 코스인데 쿠어살롱은 굉장히 재미있는 요소가 많은 공연으로 유명하다. 우리 숙소에서 지하철로 20분 정도 이동하니 쿠어살롱에 금세 도착했다. 마치 궁전 같은 멋진 쿠어살롱에 오니 그동안의 피곤함이 싹 달아나는 듯한 느낌이다.

오늘 공연은 모차르트와 스트라우스 곡으로 주안이도 한 번씩은 다 들어 본 친숙한 곡들이다. 우리 자리는 제일 앞에서 네 번째 자리였는데, 음악도 좋았고, 중간중간 발레 공연, 소프라노와 테너의 독창, 중창도 같이 있어서 전혀 지루하지 않았다. 지휘자는 First Violin 연주자가 연주를 리드했는데 독일어 외에 영어로도 연주곡에 대해 설명해 주고 재치 있고 유머스럽게 분위기를 이끌어 듣는 내내 유쾌했다. 2부 공연 역시도 발레와 오페라 가수들로 다채롭게 이어졌다. 마지막 곡을 듣고 모두 기립박수를 보냈다. 앙코르를 요청하는 박수에 2곡을 추가로 연주해 주었는데 주안이도 즐거웠는지 손바닥이 빨개지도록 박수를 치며 즐겼다.

10시가 되어 다시 지하철로 숙소에 오는 내내 아직 흥분이 가시질 않아 우리의 대화는 공연 내용으로 가득했다. 음악의 도시 오스트리아 비엔나에서 첫날밤 좋은 공연을 보니 뿌듯하고 뜻깊은 밤이다.

DAY74
2017.12.9

[오스트리아]
비엔나 둘러보기(성 슈테판 대성당, 벨베데레 궁전)

최근 며칠은 아침부터 밤늦게까지 야경 구경을 하다 보니 몸이 많이 피곤했었나 보다. 보통 저녁 6, 7시쯤 여행을 마무리하는 날에도 저녁 시간에 해야 할 일들이 많다. 숙소에서 밥 먹고, 씻고, 치우고, 빨래하고, 주안이 공부 도와주고, 사진 정리하고, 다음 여행 계획해서 호텔 예약하고, 예산 정리, 블로그 작성까지…. 남편과 나랑 둘이 이 모든 걸 밤에 하고 나면 11시가 훌쩍 넘어가곤 한다. 이 와중에 남편은 운전도 해야 하고 나도 옆에서 같이 내비게이션을 보고 길을 찾거나, 이동 중 차 안이나 늦은 밤 남는 시간을 쪼개 블로그를 쓰는 것도 만만치 않다. 최근엔 늦은 밤까지 여행이 이어져 재미는 있었지만, 몸이 많이 고단했는지, 모두 알람을 듣지 못하고 9시가 넘어서 일어났다.

오늘은 비엔나(빈) 구시가지를 중심적으로 돌아볼 건데 숙소에서 구시가지까진 지하철로 가고, 구시가지 안에서는 계속 걸으며 이동을 할 예정이다. 지하철에서 편도권을 구매하면 1시간 30분 동안은 자유롭게 환승할 수 있다. 숙소에서 구시가지까지 왕복 1회만 이용하고 나머지는 도보로 이동할 거라 24시간권을 구매하지 않고 편도로 지하철 티켓을 구매했다.

구시가지에서 오늘 첫 방문지는 성 슈테판 대성당이다. 성당이나 성은 유럽 여행 중 일주일에

3~4일씩 보고 있는데도 그 옛날에 이런 건물을 만들었다는 것이 보고 또 봐도 참 놀랍다. 성 슈테판 대성당은 12세기 중반에 건축을 시작해서 수 세기에 걸쳐 증개축되었다. 비엔나를 상징하는 성당이다 보니 사람들로 붐볐고 크리스마스 마켓도 열리고 있었다.

성당을 둘러보고 호프부르크 왕궁을 보기 위해 구시가지 거리를 지나갔다. 구시가지에는 참 근사한 건물들이 많은데 자세히 보니 거리는 명품 거리인 듯 롤렉스, 샤넬, 루이비통, 카르티에 등 명품 매장이 즐비했다.

다음으로 호프부르크 왕궁에 도착했다. 이 왕궁은 1220년에 건설된 궁전인데, 왕궁 앞에서도 역시 큰 규모의 크리스마스 마켓이 한창이었다. 이 시즌에는 유럽 어디를 가든 크리스마스 마켓이 열려 있는 것 같다. 크리스마스 마켓을 가게 되면 크리스마스를 느낄 수 있는 각종 장식품과 음식들도 좋지만, 장사하는 사람들이건, 시민이건, 관광객이건 모든 사람들의 표정이 밝아서 언제나 기분이 좋아진다. 11월, 12월 유럽은 그야말로 크리스마스 시즌이란 말을 체감하게 해 주는 것 같다.

비엔나 시청 앞 라타우스 광장에 오니 여기에도 크리스마스 마켓이 한창이다. 성당, 궁전, 시청 앞은 모조리 크리스마스 마켓을 여나 보다. 아까 슈테판 성당과 호프부르크 궁전 앞 마켓은 지나쳐 왔으니 크리스마스 마켓 속에 들어가 이곳저곳을 둘러도 보고 맛있는 핫도그도 사 먹었다.

마켓을 나와 또다시 걷다 보니 멀리 멋진 건물이 보였다. 구글을 찾아보니 보티프 교회라는 곳인데 세계에서 가장 중요한 네오고딕 양식의 건축물 중 하나라고 나와 있었다. 보티프 교회는 오늘 처음 방문한 성 슈테판 성당과 언뜻 비슷한 느낌을 받았다. 아까 성 슈테판 성당 내부를 가려고 했을 때 표 사는 줄과 입장 줄이 너무 길어 들어가지 않았는데 여기는 입장권도 없고 그냥 들어갈 수 있어서 교회 안에 들어가 보았다. 어두운 교회 내부 때문인지 화려하고 짙은 색감의 스테인드글라스들이 눈에 확 들어왔다. 교회에서 잠시 앉아 기도도 하고, 추위에 떨었던 몸도 녹일 수 있었다.

다음으로 오늘의 마지막 방문지인 벨베데레 궁전으로 향했다. 오늘 우리가 걸어서 다녔던 곳과는 거리가 많이 떨어져 있는 곳인데 이왕 하루 종일 걸었으니 마지막도 걷자 싶어서 30분 정도 걸어 벨베데레 궁전으로 이동했다.

걷는 중에 날이 점점 어두워지니 날씨도 더 추워지고, 다리도 아프기 시작했다. 주안이가 "비엔나에는 왜 비엔나소시지가 없을까?" 묻는 질문에 나는 "비엔나에는 비엔나커피가 있을까?"로 답해주었다. 시시콜콜한 이야기, 웃긴 이야기, 지금까지 몇 보 걸었는지 등 수다 삼매경에 빠져 걷다 보니 드디어 벨베데레 궁전 앞에 도착했다.

벨베데레 궁전은 사보이 왕가의 오이겐공이 여름별장으로 사용했던 곳으로 구스타브 클림트의 작품 〈키스〉가 전시되어 있는 곳이다. 겨울 벨베데레 정원은 제철이 지나 다소 삭막해 보였지만 어둑한 하늘과 대비된 궁전에서 나오는 은은한 불빛이 장관이었다.

오스트리아 비엔나(빈)는 음악의 도시라고만 알았는데 오늘 종일 걷다 보니 성당, 궁전, 박물관 등 볼거리가 참 많은 곳이었다. 아름다운 벨베데레 궁전을 끝으로 숙소로 돌아오는 길에 마트에 들러 장을 봤다. 추운 날씨에 하루 종일 걸은 우리를 위해 오늘의 메뉴는 'BBQ Rib'이다. 오전 11시부터 저녁 7시까지, 2만 5천 보를 넘게 걸었던 오늘 하루…. 저녁을 먹고 나니 눈이 저절로 감긴다.

DAY75
2017.12.10

[오스트리아/슬로바키아/헝가리]

(1일 3개국 여행) 아침은 오스트리아, 점심은 슬로바키아, 저녁은 헝가리

원래 생각했던 일정은 오스트리아 비엔나에서 헝가리 부다페스트로 곧장 가는 것이었다. 그런데 지도를 보니 오스트리아에서 슬로바키아의 수도 브라티슬라바까지 대략 50분에서 1시간이면 갈 수 있길래, 조금 서둘러 출발해서 슬로바키아의 브라티슬라바에서 점심을 먹고 중심가를 둘러본 후 헝가리 부다페스트로 가는 것으로 일정을 변경했다.

유럽에서는 자동차를 운전해 국경을 넘어갈 때 톨비를 내거나 비넷이라고 하는 고속도로 통행료를 내야 한다. 슬로바키아에 잠깐만 머물 예정이지만 슬로바키아 국경을 넘어갔다 와야 하니 국경 근처에서 비넷을 사러 잠시 멈추었다. 비넷은 국경 사무소에서 구매 후 차량 앞 유리에 붙여야 한다.

오스트리아에서 출발한 지 1시간 만에 슬로바키아에 도착했다. 국경을 지나온 건데 마치 서울 강남에서 분당으로 가는 것같이 금방 도착했다. 예정에 없던 짧은 일정이다 보니 슬로바키아에서는 브라티슬라바성을 중심으로 구시가지를 둘러볼 예정이다. 구글 지도를 살펴보니 브라티슬라바성까지 걸어갈 수 있는 위치에 대형 백화점이 있는 게 보였다. 시내를 둘러본 후 백화점 마트에서 헝가리에서의 첫날 저녁을 위한 장을 보기로 하고 백화점에 주차 후 성으로 걸어갔다.

어렸을 때는 학교에서 체코슬로바키아로 배웠는데 1993년 체코와 분리되어 독립국가가 된 슬로바키아. 성으로 가는 오르막길을 가기 위해 구시가지 입구로 가니 성 마틴 성당이 나왔다. 하얀색 건물에 할로윈 호박색 지붕인 성당은 멀리서 본 브라티슬라바성과 색감이 참 비슷했다. 그동안 보던 유럽 성당들의 으리으리한 외경과는 차이가 많았지만 소박하고 정감 있어 느낌이 좋았다.

성당 건너편으로 예쁜 골목길을 따라 쭉쭉 올라가니 브라티슬라바성에 도착했다. 성은 심플한 구조가 그동안 보아왔던 성들과는 다른 모습이었다. 성 주변을 돌아보고 내려가는 길은 아까 올라올 때랑 다른 길로 걸어 보기로 했다. 이번엔 구시가지를 통해 지나갔는데 길을 걷다 보니 〈Man at work〉 동상이 있었다. 동상은 마치 맨홀 밖으로 수리공이 얼굴을 내밀고 있는 모습으로 사람들이 줄 서서 찍길래 주안이도 한 컷 남겼다.

골목 안을 걷다가 핑크색의 예쁜 건물이 나와서 보니 프리메이트 궁전이었다. 왼쪽 핑크 건물의 프리메이트 궁전은 궁전이라고 하기에는 소박할 정도로 작고 다른 건물들과 어울려 있는 모습이 특이했다. 브라티슬라바성과 구시가지를 둘러보고 차를 세워 둔 백화점에 도착하니 이미 2시가 넘었다. 식당에 들러 점심을 먹고 출발하면 너무 출발이 늦어질 것 같아 서둘러 백화점 지하 마트에 들러서 점심으로 차에서 먹을 샌드위치와 저녁에 헝가리 숙소에서 해 먹을 저녁 장을 보았다. 다행히 마트에서 장을 보니 주차비가 무료다.

슬로바키아에서 3시에 출발해서 5시 30분에 헝가리 부다페스트에 도착했다. 부다페스트의 에어비앤비 숙소는 기대 이상으로 깨끗하고 훌륭했다. 내일 헝가리 일기예보를 보니 간헐적으로 비가 오는 거로 되어 있다. 헝가리는 야경이 최고라고, 야경은 무조건 봐야 한다는데 혹시나 내일 비가 오게 되면 야경을 제대로 보지 못할 수도 있을 것 같아 힘들지만 오늘 야경 구경을 가기로 했다.

어제, 오늘 추위에 너무 떨었던 나는 베를린에서 남편 친구 집에 갔을 때 선물로 받았던 두툼

한 기모 바지를 속에 입고 위에 매일 입고 다니는 여름 청바지를 입었다. 밖이 쌀쌀해서 기모 바지가 없었으면 오늘 밤 야경 구경이 너무 힘들었을 텐데…. 다시금 고마운 마음이 들었다.

지하철로 국회의사당에 찾아왔다. 국회의사당의 야경은 진짜 프라하 야경과 견주어도 전혀 손색이 없었다. 영국 국회의사당 다음으로 멋진 국회의사당이라고 하는데 내 눈엔 영국보다 더 멋있어 보였다. 국회의사당에서 다뉴브강 쪽으로 걸어 내려오니 강 건너편 어부의 요새와 부다성이 보였다. 헝가리의 야경이 이렇게도 멋있구나!

다뉴브강을 따라 야경을 보다 보니 종류와 크기가 다양한 구두와 신발들의 조형물이 강을 바라보며 길게 전시되어 있었다. 제2차 세계대전 때 유대인들을 이 강가에 세워놓고 신발을 벗게 한 후 총으로 쏴 학살한 곳이었다. 길을 걷다 보면 어린아이의 신발이 보여 다시금 베를린에서 유대인 추모비를 둘러보았을 때 생각이 나 마음이 아팠다. 주안이는 사람이 어찌 이런 일을 할 수 있냐며 화가 난다고 했다. 멋진 야경을 배경으로 당시 다급하고 절체절명의 상황을 표현하듯 헝클어져 놓여 있는 신발들을 보니 더 마음이 아려 왔다. 야경에 취해 있다가 이 신발들을 보니 괜스레 코 끝이 찡해 온다.

한참 동안을 다뉴브강 가를 걷다가 숙소로 돌아왔다.

아침은 오스트리아, 점심에는 슬로바키아, 그리고 저녁에는 헝가리로…. 오늘은 하루 동안에 3개국을 여행한 잊지 못할 날이다.

DAY76
2017.12.11

[헝가리]
금빛으로 수놓은 부다페스트의 밤

오늘은 어제 야경으로 본 부다성과 어부의 요새를 중심으로 부다페스트 시내를 돌아볼 예정이다. 다행히 날씨는 흐리지만 비는 오지 않았다. 오늘 우리는 부다페스트 1호선을 타고 이동할 건데 지하철역의 역사가 100년이 넘었다고 한다. 부다페스트 1호선은 세계 최초로 전기로 운행되는 지하철이고, 세계문화유산으로 등재된 최초의 지하철이었다. 짙은 노란색의 100년이 넘은 지하철을 타고 오늘의 목적지에 도착했다. 조금은 느리게 움직이지만 100년이 넘도록 달린 지하철을 타 본 것이 신기하기만 하다.

지하철에서 내려 계단을 올라가자마자 멋진 크리스마스 마켓이 나타났다. 그간 나라별로 너무 많은 마켓을 봐서 웬만해서는 감동을 받기 힘들었는데, 이곳은 낮인데도 불구하고 정말 예쁘게 꾸며져 있었다. 마켓도 너무 예쁘고 기념품 가게에 아이디어 상품들이 많아 볼거리가 참 많았다. 크리스마스 마켓은 밤에 다시 오기로 하고 다뉴브강 쪽으로 걸어가 어제 멀리서 본 부다성과 어부의 요새를 보기로 했다.

강을 따라 걷는데 길거리에 동상이 참 많아서 가던 주안이가 멈추고 구경하기에 바빴다. '부다페스트는 어디를 가나 다 이렇게 멋진 건가?' 부다페스트 거리는 참 정돈이 잘되어 있다. 세체니 다리는 부다 지구와 페스트 지구를 최초로 연결한 다리로 유명한데 이 다리 양쪽으로 사자상이 있다. 사자상이 세체니 다리를 지키고 있고 그 뒤로 부다성이 보인다. 다리에서 보는 풍경이 너무 예뻐 카메라를 내려놓을 수가 없었다. 다리를 건널수록 부다성이 가까워지고, 반대로 건너온 쪽을 바라보면 어젯밤에 방문한 국회의사당이 보였다. 어느 방향이든 세체니 다리 사이로 본 장면 모두 참 장관이다.

다리를 건너서 부다성까지 가려면 푸니쿨라를 타거나 옆길로 꼬불꼬불 걸어 올라가는 2가지 방법이 있다. 도착해서 푸니쿨라가 올라가는 높이를 보니 별로 높지 않아 보였다. 주안이가 보더니 "에이 별로 안 높네. 안나푸르나도 갔는데 이 정도는 걸어야지!" 하더니 먼저 옆길로 걸어간다. 푸니쿨라를 타지 않으니 올라가면서 도시 풍경을 여유롭게 볼 수 있다는 장점이 있다. 부다성까지는 멀지 않지만 완만하게 돌아서 걷는 코스이다. 주안이가 자기는 지름길로 올라가서 위에서 기다리겠다고 꽤 가파른 산길을 가로질러 올라갔다. 위에서 주안이를 보던 분들이 주안이가 다 올라가자 박수를 쳐 주었다. '정말 단숨에 올라간 아들! 젊음이 좋구나.' ☺

사진을 찍으며 올라왔는데도 금방 부다성에 도착했다. 멀리서 야경으로 봤던 부다성은 낮에 봐도 참 멋지다. 부다성에서 10분 정도 길을 따라 걸어가면 어제 본 어부의 요새가 나온다. 어부의 요새라는 이름은 19세기 시민군이 왕궁을 지키고 있을 때 강을 넘어오는 적들을 막기 위해 어부들이 요새를 지켰다는 데서 유래되었다고 한다. 가장 먼저 마차시 교회가 보였다. 마차시 교회 앞에는 헝가리 초대 왕인 성 이슈트반의 동상이 서 있었다.

곧 날이 저물 것 같아 어부의 요새 앞 카페에서 잠시 시간을 보내고 야경을 감상하기로 했다.

헝가리에 대한 정보가 많지 않아서 미리 자세히 찾아보고 오지는 못했지만, 우리가 생각한 것보다 헝가리는 훨씬 더 멋있고 좋은 곳이라는 생각이 들어서 내일 떠날 생각을 하니 아쉬웠다. 생각 같아서는 지금 숙소도 너무 편하고 좋고, 내일 하루 더 묵으며 온천도 하고 피로를 풀면 좋으련만 전체 유럽 일주 일정을 고려했을 때 헝가리에 하루 더 있어도 괜찮긴 하지만 곧 본격적인 겨울이 시작되기 때문에 이후 눈이 많이 올 경우 중간에 예상치도 못하게 발이 묶일 수가 있어서 나중에 여유를 부리더라도 지금은 예정대로 진행해야 한다. 남편도 여기 더 머물고 싶어 했지만 혹시 모를 상황을 대비해, 아쉽지만 원래 일정대로 내일 크로아티아로 이동하기로 했다.

날이 저물어 카페를 나오니 멋진 야경이 펼쳐졌다. 어부의 요새 야경도, 어부의 요새에서 바라본 국회의사당도 정말 아름다웠다. 강을 사이에 두고 양쪽에서 환상적인 야경이 펼쳐졌다. 이렇게 밤이 되면 부다페스트의 다뉴브강 가는 온통 황금빛으로 물든다.

어부의 요새를 나와 숙소에 돌아가는 길에 저녁 식사도 해결할 겸 오전에 들렀던 크리스마스 마켓을 다시 방문했다. 역시 크리스마스 마켓은 저녁 풍경이 더 멋스럽다. 헝가리 부다페스트는 조명을 참 멋있게 잘 쓰는 곳 같다. 마켓의 조명도, 트리 위 장식의 조명도, 어쩜 이리 멋있게 만들었을까. 나무 위의 크리스마스 볼 장식들에 불이 들어오니 크리스마스 분위기가 배가 되었다. 멋진 조명 아래, 맛있는 음식들, 생기 있는 사람들이 모여 축제의 장이 열렸다. 크리스마스 마켓에서 맛있는 저녁을 하고 나와서는 어제 찾아갔던 뷰 포인트를 다시 찾아갔다. 밤이 이렇게 아름다우니 숙소에 갈 시간이었지만 발이 떨어지질 않았다.

큰 기대 없이 온 부다페스트. 너무 아름다운 곳이었다. 지금까지 본 야경 중 최고였던 이곳에 꼭 다시 오고 싶다.

부다페스트 국회의사당 야경

DAY77
2017.12.12

[헝가리/크로아티아]

한적한 크로아티아 자그레브

오늘은 헝가리에서 크로아티아로 이동하는 날이다. 우리 일정상 크로아티아에서는 하루밖에 머물지 못하고 다음 날 슬로베니아로 가야 해서, 크로아티아에서의 시간을 조금이라도 더 갖기 위해 아침 식사하고 10시 30분에 헝가리를 떠났다. 헝가리에서 크로아티아는 차를 타고 3시간 30분에서 4시간 정도 걸리니 크로아티아에 도착하면 바로 짐 풀고 오후 여행을 하기로 했다. 헝가리를 빠져나와 고속도로로 진입한 지 40분 정도 지나 휴게소에 들러 주유를 했다. 남편이 주유하면서 핸드폰을 보니, 에어비앤비 호스트에게서 연락이 와 있었다. 우리가 카메라를 숙소에 두고 나왔다고! 출발한 지 얼마 안 돼 발견하길 천만다행이었다.

다시 오던 길을 거슬러 1시간이 걸려 헝가리 숙소에 도착해서 카메라를 전달받았다. 더 늦기 전에 이 사실을 알게 되어 너무 다행이면서도, 오늘 서둘러 준비해서 크로아티아에서 오후 시간을 보내기로 한 일정에 차질이 생긴 것과 무엇보다 남편 운전 시간이 더 길어진 것이 너무 속상했다. 다시 독일로 들어가기 전까지 당분간 매일 운전하면서 이동을 해야 해서 남편 컨디션이 제일 중요한데, 오늘 운전을 5시간 넘게 해야 하니 참 미안했다. 남편은 오히려 이미 벌어진 상황에서는 차라리 출발한 지 1시간 만에 알아서 카메라를 찾아온 게 참 다행이라고, 크로아티아 근처에서 알았으면 크로아티아 일정을 포기하고 카메라를 찾으러 다시 오지 않았겠냐고 긍정적으로 생각하자고 했다.

오후 12시 40분에 다시 헝가리에서 크로아티아로 출발했다. 크로아티아의 일정을 짤 때 고려했던 것이 크로아티아의 대표적인 관광지 방문이었다. 크로아티아 여행으로 유명한 곳은 플리트비체 국립공원과 두브로브니크, 그리고 스플리트, 자그레브이다. 처음 유럽 일주를 계획할 때는 최소한 두브로브니크와 플리트비체 국립공원에는 다녀오고 싶었지만 다른 계절에 비해 겨울 시즌에는 그리 많이 찾는 곳이 아니라서 고민하다가 다음에 다른 계절에 다시 들르기로 했다. 왜냐하면 크로아티아의 국토가 아드리아해를 끼고 길쭉하게 되어 있는데 북쪽인 자그레브에서 최남단인 두브로브니크를 찍고 플리트비체 국립공원을 거쳐 다녀오려면 최소한 2~3일은 잡아야 되기 때문이다. 기대했던 크로아티아 여행은 다음으로 기약하고, 오늘은 크로아티아의 수도 자그레브만 구경하는 것으로 만족하기로 했다.

자그레브가 가까워질수록 겨울비가 더 강하게 내렸다. 어렵게 에어비앤비를 통해 예약한 주인과 연락이 돼서 숙소에 체크인했다. 우리가 묵는 곳은 크로아티아 수도 자그레브에서 구시가지 안에 있는 복층으로 된 아파트이다. 밖에 겨울비가 내리고 쌀쌀해서 그런지 숙소 안은 따뜻한 온기 덕에 더욱 아늑하게 느껴졌다.

자그레브의 올드타운에도 다른 유럽 국가들과 같이 성당과 광장 안에 크리스마스 마켓이 열려 있었다. 크로아티아 크리스마스 마켓이 아름답기로 유명하다니 기대가 되었다. 밖에 비까지 내려 다니기가 조금 불편하지만, 그동안 다른 여행지에서 비가 안 와서 잘 다녔던 것에 감사하며 우산을 꼭 붙들고 운치 있는 자그레브 올드타운 거리를 거닐었다. 우리 숙소에서 5분 정도 걸으니 성 마르크 성당(St. Mark's Church)이 나왔다. 성 마르크 성당은 13세기에 지어졌는데 독특한 지붕으로 유명하다. 지붕은 파란색, 빨간색, 흰색 타일의 모자이크 디자인으로 되어 있는데 크로아티아와 자그레브를 상징하는 엠블럼으로 그 모양이 레고와 비슷하다고 해서 관광객들 사이에서는 레고 성당이라고도 불린다.

비가 오니 사진을 찍는 것이 편치 않아 잠시 둘러본 후 근처 크리스마스 마켓이 열리는 곳을 찾아갔다. 그런데 우리가 최근에 프라하, 체스키, 부다페스트처럼 야경이 너무나 멋진 곳들을 다녀서 그런 건지 아니면 막연히 크로아티아에 대한 기대가 커서 그런지 모르겠지만, 자그레브의 크리스마스 마켓은 생각보다 그다지 큰 감명은 받지 못했다. 더구나 비가 오는 관계로 사람들도 많지 않았다.

크리스마스 마켓을 잠시 둘러본 후 자그레브의 대표적인 광장인 반옐라치치 광장으로 걸어 내려왔다. 광장에서는 크리스마스 합창제가 열리고 있었다. 각 단체를 대표하는 사람들로 보이는 합창 팀들이 돌아가면서 크리스마스 캐럴을 부르고 있었다.

저녁이 되자 점점 더 빗살이 세져서 우리는 광장에서 합창제를 구경한 후 주변에 있는 자그레브 대성당에 들렀다가 숙소로 향했다. 돌아가는 길에 마트에 들러서 특산품인 자몽 맥주를 한 병 산 후 숙소에서 남편과 나눠 마시고 각자 정비하는 시간을 가졌다.

주안이는 아빠랑 우선 수학 공부를 하고 나는 블로그를 작성했다. 계속된 여행으로 고단한 날도 있지만 이렇게 매일매일 만들어 가는 재미가 있어 좋다. 크로아티아에서 빗소리를 들으며 오늘 하루도 이렇게 마무리된다.

[크로아티아/슬로베니아]

겨울 왕국 슬로베니아 블레드

아침에 자그레브 구시가지를 다시 돌아본 후 아름다운 호수와 성이 있는 슬로베니아의 수도 블레드(Bled)로 출발했다. 프라하의 지인분이 블레드에 가기 전 포스토이나 동굴도 너무 좋다고 추천을 해 주셔서 중간에 슬로베니아의 포스토이나 동굴에 들렀다가 블레드로 이동해서 블레드성을 관람하기로 일정을 짜고 슬로베니아로 향했다. 블레드는 얼마 전 〈흑기사〉(KBS2, 2017)라는 한국 드라마의 촬영지로도 알려진 곳이다.

슬로베니아 국경을 넘어 조금 달리니 정말 그림 같은 마을들이 보여, 슬로베니아 여행의 기대감을 더욱 높여 주었다. 운전하는 길이 예쁘니 남편도 피곤한 줄 모르겠다고 하면서 라디오에서 나오는 캐럴을 들으며 즐겁게 포스토이나 동굴로 향했다. 포스토이나 동굴을 가는 길은 산길로 올라가야 하는데, 포스토이나에 가까워지면서 갑자기 날씨가 급격하게 변하기 시작했다. 눈이 오나 보다 했는데 갑자기 폭설이 내리기 시작했다. 우리 차로는 아직 눈길 운전이 처음인 데

다가 스노타이어가 아닌 일반 타이어라 갑자기 쏟아지는 눈과 미끄러운 산길이 걱정이 되었다. 베를린에서부터 계속 스노체인을 사려고 대형마트마다 들어가 보았지만, 우리 차의 바퀴 사이즈에 맞는 체인을 구하지 못하였다. 그래도 다행인 것은 우리 차는 리스로 새 차를 받은 거라 타이어가 새것이니 남편은 천천히 앞차와의 거리를 두고 운전하면 괜찮을 거라고 했다. 갑자기 내린 눈이라 길이 미끄러우니 앞 트럭도 속력을 내지 못했고, 오히려 트럭을 천천히 따라가면 돼서 우리에게는 다행이었다.

눈길로 천천히 이동하다 보니 결국 12시가 조금 넘어 도착했다. 포스토이나 동굴은 동굴 기차를 타고 관람하기 때문에 입장 시간이 정해져 있는데 원래 입장하려던 12시를 넘겨 도착하는 바람에 입장할 수 없었다. 하는 수 없이 다음 입장 타임을 알아보는데 다음 타임은 3시라고 했다. 동굴에서 3시 타임을 관람하고 4시 넘어 나오면, 겨울이라 이미 해가 넘어갈 것이고, 다시 폭설이 내리는 길을 거슬러 올라가야 되는데 밤 운전은 너무 위험할 것 같아 우리는 아쉽지만 바로 블레드로 넘어가기로 결정을 했다. 어차피 슬로베니아에서 우리의 메인 여행지는 블레드이니 일찍 가서 블레드성에서 더 오래 시간을 보내기로 했다. 다행히 블레드로 가는 길의 도로 옆은 눈이 쌓여 있었지만 도로의 눈은 다 치워져 있었고 중간에 눈도 그쳤다. 호텔에서도 일찍 체크인을 해 줘서 방에 짐을 두고 바로 블레드성으로 향했다.

블레드성은 입구부터 온통 새하얀 눈이 쌓여 있었는데 다른 세계에 온 것 같은 느낌을 주었다. 눈을 좋아하는 주안이는 이내 신이 났다. 주안이는 〈Do you wanna build a snowman〉을 부르며 눈덩이를 뭉쳐 나랑 남편 등에 던지며 개구쟁이처럼 웃고 장난을 쳤다. 블레드성에 입장을 하니 탁 트인 마을과 호수가 한눈에 들어왔다.

블레드성에서 내려다보는 눈 덮인 마을과 호수의 모습이 그야말로 환상적이었다. 안개가 짙게 깔려서 실제 보는 풍경을 온전히 사진으로 담지 못하는 게 너무나 아쉬웠다. 눈도 그치고, 많이 춥지도 않아 블레드성에서 시간 가는 줄 모르고 이곳저곳을 둘러보았다. 늦지 않게 와서 참 다행이다.

구경을 마치고 내일 오전에 호수에서 배를 타고 블레드섬으로 들어갈 거라 배 타는 곳 위치를 확인하고 블레드 주유소 몇 군데를 들러 그동안 애타게 찾던 스노체인을 마침내 샀다. 그러곤 호텔 근처 중식당에서 맛있는 저녁 식사를 한 후 호텔로 돌아와 오랜만에 수영과 사우나를 하며 하루의 피곤을 풀었다.

[슬로베니아/오스트리아]

동화같이 멋진 블레드섬

오늘은 배를 타고 블레드섬으로 직접 들어가 볼 예정이다. 네덜란드 이후 근 2주 만의 호텔에서의 아침이다. 오랜만에 호텔 조식을 먹으니 아침 준비 시간이 들지 않아 좀 더 잘 수 있어 좋다. 호텔에 차를 두고, 어제 미리 알아 놓은 배 타는 곳으로 걸어서 갔다.

걸어서 30분 정도 거리인데 날씨가 좋아 산책하는 마음으로 걸으니 금세 선착장에 도착했다. 그러곤 바로 먼저 와 있던 슬로베니아 단체 관광객들과 같은 배에 승선했다. 연말을 맞이해 직장 동료들끼리 블레드에 같이 놀러온 그룹이었는데, 짧은 시간이었지만 마주 보고 앉게 되다 보니 자연스레 친해지게 됐다. 그들 눈에는 세계 일주 중이라는 우리 가족이 신기했던지 여러 질문이 오갔다.

슬로베니아는 어떠냐는 질문에 블레드가 너무 아름다운 곳이라 우리 모두 감탄하며 여행을 하고 있고, 최근 한국 드라마 배경으로 블레드가 나왔다고 하니 다들 깜짝 놀라 했다. 남편 옆에 앉은 남자분이 기분이 좋은지 가방에서 슬로베니아 전통술인 블루베리술을 꺼내더니 한잔 따라 권해 주었다.

유쾌한 대화를 나누다 보니 금세 섬에 도착했다. 우리에게 주어진 시간은 40분인데 워낙 작은 섬이라 두 바퀴를 돌아도 시간이 남는 곳이다. 배에서 내리면 계단을 따라 올라가고, 동그란 섬 중앙을 가로질러 다시 뒤편 계단을 따라 내려간 다음 옆으로 뻥 돌면 배 타는 곳이 나온다. 호수 물이 맑고 깨끗해서 아래를 보니 물 안으로 내려가는 계단이 보였다. 여름에는 이곳에서 수영도 하나 보다. 여름에 와서 깨끗한 호숫물에서 수영을 해도 좋을 것 같다. 어느새 40분여의 주어진 시간이 지났다. 다시 선착장으로 돌아와 오스트리아 할슈타트로 서둘러 출발했다.

블레드에서 오후 1시쯤 출발하면 4시쯤 할슈타트에 도착 예정이다. 겨울에 자동차로 유럽 여행을 하다 보니 차로 이동할 때마다 라디오를 들으면 각 나라의 캐럴을 듣는 재미가 있다. 유럽의 어느 나라 라디오든 어김없이 흘러나오는 머라이어 캐리의 〈All I want for Christmas is You〉. 오늘도 주안이와 나는 크리스마스 노래를 큰 소리로 따라 부르며 즐겁게 이동했다.

오스트리아 국경을 넘고 운전을 하던 도중 눈앞에 생생하게 알프스가 보였다. 할슈타트로 가는 길은 산을 넘어가야 하는데 산 위로 올라갈수록 많은 눈이 쌓여 있어 길이 매우 미끄러웠다.

끝도 없이 위로 올라가더니 다시 내려오는 길. 우리는 눈이 쌓인 산을 넘어가고 있었다. 눈 덮인 산길을 뚫고 4시가 조금 넘어 오스트리아의 할슈타트 숙소에 도착했다. 어느새 하늘은 어둑해져 있다. 짐을 풀고 근처 마트에서 간단히 장을 보고 나오니 눈이 펑펑 내리기 시작한다.

세계 일주를 준비할 때 기대가 높았던 곳 중의 하나가 할슈타트인데, 우리가 여기를 오는 시점이 한겨울이고, 이곳은 산악 지역이라 오기까지 망설임이 있었다. 그래도 다행히 남편은 운전하는 걸 많이 힘들어하지 않고, 미끄러운 도로지만 여기까지 안전하게 잘 와서 참 감사한 마음이다. 할슈타트도 블레드처럼 아름다운 호수마을인데, 내일 보게 될 겨울의 할슈타트는 어떤 모습일지 기대가 된다.

DAY80
2017.12.15

[오스트리아] 고요한 할슈타트 호수마을과 잘츠부르크

아침을 먹고 짐을 챙겨 나오니 차에 눈이 소복이 쌓여 있었고, 엄마는 추위를 많이 타니 차에 앉아 있으라며 주안이가 아빠랑 차에 쌓여 있는 눈을 치운다. 엄마 창문 깨끗하게 치워 주는 아들. 그새 많이 컸다.

9시쯤 숙소에서 출발해 15분도 걸리지 않아 할슈타트 마을에 도착했다. 블레드와 비슷하면서도 또 다른 멋이 있었다. 어제 숙소 주인분이 할슈타트에서 뷰 포인트를 알려 주었는데, 소금광산도 볼만하지만 지금 시즌엔 문을 닫았다고 알려 주었다. 할슈타트 전망대로 올라가서 버드 뷰(Bird view)로 할슈타트를 볼 수 있는데, 오늘은 안개가 아래까지 깔려 위에 올라가도 전망이 보이지 않는 날이라 호수 주변을 천천히 거닐며 돌아보았다. 길게 난 길을 따라 걸으면 오른쪽으론 고요한 호수가 있고 왼편으로는 아기자기한 가게와 예쁜 집들이 보인다. 걸으며 동화 속에 나올 법한 마을과 호수를 번갈아 보게 된다. 호수 저 멀리 백

조가 지나가는데 주안이가 휘파람을 부니 백조 한 마리가 방향을 바꿔 유유히 물살을 가르며 주안이에게 다가왔다. 신기하게도 우리 가족이 천천히 걸으며 멋진 광경을 보는 동안 계속 우리를 따라왔다.

마을 위로 올라가 걸으니 예쁜 마을과 할슈타트의 멋진 모습도 더 잘 보였다. 위에 올라가서 본 마을은 정말 그림처럼 아름다웠다.

호수 구경 후 계단을 올라가니 작은 교회 앞에 묘지가 있었다. 가족묘였는데 살아생전 부부였던 분들의 사진이 걸려 있었다. 사진 속 어르신들은 모두 웃고 계셨다. 오래 장수하신 부부, 남편을 보내고 20년 후에 돌아가신 할머니, 최근에 돌아가신 분들까지…. 그중 제일 기억에 남는 분은 같은 날에 돌아가신 부부 묘였다. 눈이 내려서 그런지 슬픈 느낌보다는 따뜻한 느낌이 들었다.

오전 내내 할슈타트 곳곳을 둘러본 후 이제 잘츠부르크로 이동할 시간이다. 할슈타트에서 12시에 출발해서 오후 2시 조금 넘어 잘츠부르크에 도착했다. 내일 아침엔 일찍 독일 뮌헨으로 떠나야 하니, 남편은 오늘은 욕심내지 말고 잘츠부르크의 크리스마스 마켓이랑 야경 위주로 보고 오자고 했다. 호텔에서 잠시 휴식을 취한 후 천천히 걸어서 잘츠부르크 중심가로 나섰다. 우리가 묵는 호텔에서 호엔잘츠부르크성까지는 걸어서 30분 정도 거리다.

구시가지가 가까워지자 크리스마스 분위기가 나기 시작했다. 예쁜 건물 사이를 지나 모차르트 박물관에 잠시 들렀다. 곧 문을 닫는 시간이라 박물관은 들어가 보지 못하고 반대편 문 옆에 있는 모차르트 생가를 둘러보았다. '모차르트도 지금 우리가 걷고 있는 이 길을 걸었겠지?' 모차르트 박물관 주변과 박물관 옆에 있는 트리니티 교회를 둘러보고서 우리가 올라가려고 하는 호엔잘츠부르크성으로 향했다.

호엔잘츠부르크성으로 가기 위해 다리를 건너고 있는데, 중학생처럼 보이는 예쁘장한 여학생들이 나에게 다가와 갑자기 부탁 하나만 들어 달라고 했다. 뭐냐고 물어보니 오늘 친구 생일인데 친구 생일 축하 목적으로 모르는 사람들과 왈츠를 추는 걸 촬영을 해야 한단다. 왈츠는 생전 춰 본 적도 없지만, 기대감에 차서 물어보는 여학생의 부탁을 거절할 수 없어 말도 안 되는 엉성한 스텝으로 최선을 다해서 생일인 여학생의 템포에 맞춰 왈츠를 춰 주니 옆에 있던 친구들이 촬영하면서 손뼉 치며 웃고 난리다. '친구에게 좋은 선물이 되었길!'

호엔잘츠부르크성을 가는 길에 엄청난 규모의 크리스마스 마켓이 열렸다. 거리부터 크리스마스 마켓이 펼쳐졌는데 잘츠부르크 대성당 안까지 마켓이 연결되어 규모가 굉장히 크고 멋진 크리스마스 마켓이었다. 크리스마스 마켓은 그동안 방문했던 어떤 마켓보다 많은 사람들로 붐볐다. 마켓 전체에 아이들의 천사 같은 목소리로 크리스마스 노래가 들리길래 광장 전체에 음악을 틀었나 보다 했는데 실제 아이들이 합창을 하고 있었다! 대성당 앞에서 한참 동안 합창을 감상하며 아카펠라로 멋진 화음을 들려준 아이들에게 큰 박수를 보내 주었다.

나시 발길을 돌려 호엔잘츠부르크성으로 향하는데 거대한 황금색 공 모양의 형상 위에 사람이 올라서 있는 조형물이 보였다. 알고 보니 모차르트가 젊었을 때의 모습을 담은 동상이었다. 조형물이 어찌나 큰지 앞에서 사진을 찍는 사람이 정말 작아 보였다.

호엔잘츠부르크성으로 올라가는 입구에 도착해 페스퉁스반이라는 등반 열차 매표소에 가니 곧 30분 후면 끝나는 시간이라고 했다. 이 등반 열차를 타고 올라가면 1분 만에 성 위로 올라갈 수 있지만, 30분 보려고 표를 사기엔 너무 비쌌다. 대신 어차피 야경을 보러 온 거니 성까지 이어진 골목길을 따라 호엔잘츠부르크성까지 걸어 올라가 구시가지의 야경을 감상하기로 했다. 비록 성안에 들어가지는 않았지만 성문 앞에서 보는 야경도 훌륭했다.

내려가는 길에 다시 크리스마스 마켓을 지나치니 이번엔 어른들 목소리의 아카펠라 노래가 들린다. 자동차로 이동할 때 외에는 거리에서 캐럴이나 크리스마스 성가를 라이브로 들을 일이 없었는데 오랜만에 크리스마스 칸타타를 들으니 기분이 좋아졌다.

독일 뮌헨으로 가기 전에 방문한 오스트리아의 할슈타트와 잘츠부르크는 짧은 시간에 다 보기엔 봐야 할 것이 참 많았던 곳이다. 이제 음악의 도시 잘츠부르크를 지나 주안이가 손꼽아 기다리던 자동차의 도시 뮌헨과 슈투트가르트로 떠난다.

DAY81 2017.12.16

[오스트리아/독일]

BMW의 도시 뮌헨의 BMW 박물관(BMW Welt)

오늘은 BMW 본사가 있는 독일 뮌헨의 BMW 박물관을 방문하는 날이다. 박물관에 가서 보는 것이 에너지 소모가 많아 아침을 잘 챙겨 먹고 아침 9시쯤 오스트리아 잘츠부르크에서 독일 뮌헨으로 출발했다.

2시간 남짓 달려 뮌헨의 BMW Welt(World라는 뜻의 독일어)에 도착했다. 차를 주차하고 입장권을 사고 관람 정보를 얻기 위해 우선 리셉션 쪽으로 향했다. 뜻밖에도 BMW 박물관의 리셉션에 독일 교민이신 한국 분이 근무하고 있었다. 너무 반가웠는데 그분도 한국말이 그리웠는지 잠시 얘기를 나눴다. 우리가 세계 일주 중이고 아들의 꿈이 자동차 디자이너라 이곳을 방문하게 됐다고 하며 주안이가 아디스아바바에서 그린 BMW 콘셉트카를 보여 드리니 정말 깜짝 놀라시며 주안이에게 여기에 정말 잘 왔다고 따뜻한 환영의 인사를 건넸다. 그러곤 BMW 박물관을 가장 효율적으로 보기 위해서는 그룹 투어에 합류하는 게 좋은데 마침 12시에 하는 영어 그룹 투어가 곧 시작이니 어서 가서 보라고 표를 끊어 주었고, 이따 다시 와서 이야기 나누기로 하고 우리는 서둘러 BMW 박물관으로 향했다.

이제부터 그룹 투어 시작!

그룹 투어는 BMW 역사부터 시대별로 BMW를 대표하는 모델들의 설명을 듣는 건데, 생각 이상으로 재미있었다. 설명을 다 듣고 이동할 때나 잠시 설명이 멈출 때면 나나 남편이 주안이에게 통역을 해 주었지만, 역시 자동차 마니아답게 꽤 어려운 내용들도 척척 알아듣고 있는 주안이가 참 신통방통했다.

가이드분이 BMW 본사 건물에 대한 설명을 해 주었다. BMW 본사 건물은 1972년에 건축을 완료한 건물인데 당시 이 건물을 제일 빠른 방법으로 짓기 위해 한 개 층을 만들고 위로 올리고, 그다음 층을 만들고 위로 올리는 식으로 건축해서 실은 가장 꼭대기 층이 제일 먼저 지은 층이라고 했다. 이렇게 빨리 지어야 했던 이유는 같은 해인 1972년에 뮌헨 올림픽이 개최되었기 때문에 헬리콥터로 뮌헨 상공에서 올림픽 상황을 촬영하면 BMW 로고가 TV에 잡히게 할 목적으로 서둘러 완공했다고 했다.

다음으로 디자인의 첫 시작을 의미하는 특이한 조형물 앞에 섰다. 낚싯줄에 구슬을 달고, 낚싯줄 하나하나를 모두 컴퓨터에 연결하여 BMW 자동차 디자인을 구연해 줬다. 7분 만에 BMW 한 대의 형태가 완성되었다. 이것은 디자이너의 머릿속 아이디어가 어떻게 변화하는지를 구슬로 된 조형물로 보여 주는 것으로 자동차 디자인의 첫 시작 단계를 의미하는 것이다.

다음은 BMW507 모델 설명이다. 설명에 앞서 가이드분이 자동차 문과보닛을 직접 열어 보는 지원자가 필요하다고 하니 주안이가 자기가 하겠다고 손을 번쩍 들었다. 설명을 다 알아듣지는 못하더라도 가이드 선생님 옆에 딱 붙어서 다니고 열심히 듣고 적극적으로 참여하려는 모습이 참 예쁘다. 가이드분이 차를 보호하기 위해 장갑을 껴야 한다며 주안이에게 장갑을 건네주었다. '설명을 들으면서도 꼼꼼히 보고 싶은 부분도 챙겨 보는 주안이. 좋은 경험을 하고 있구나.'

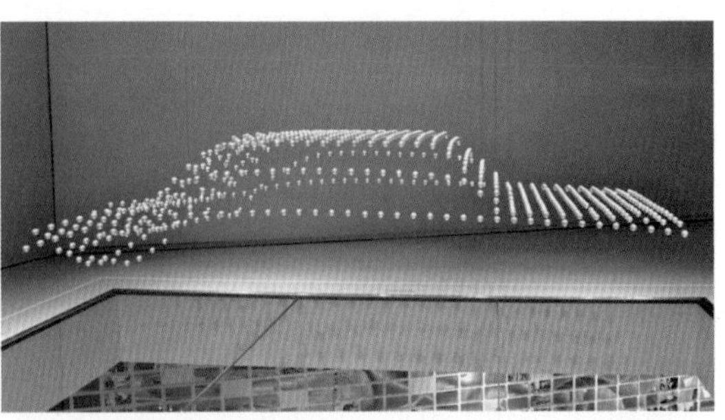

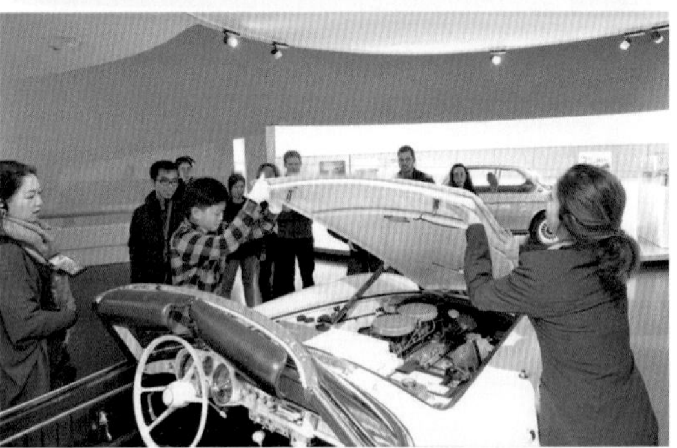

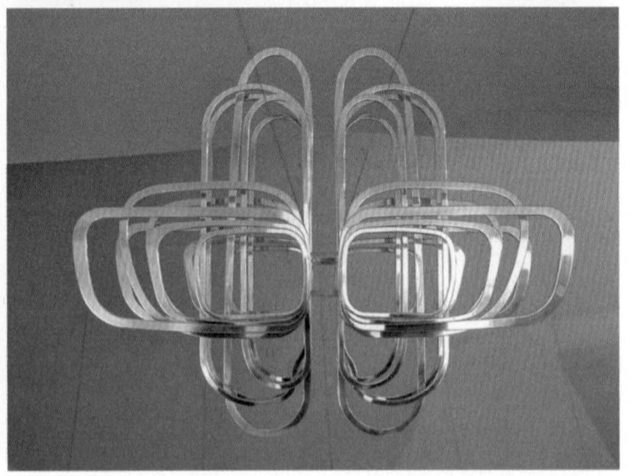

다음 설명을 들으러 이동하는 길에 남편과 가이드분이 나란히 대화를 하면서 걸어갔다. 가이드분이 우리 가족에 대해 물으니 남편이 소개를 하면서 선생님께 주안이가 그린 BMW를 보여주었나 보다. 나는 앞으로 걸어가면서도 이어폰을 끼고 있었는데 이어폰을 통해 선생님의 하이톤 감탄사가 들려온다. “이걸 진짜 이 아이가 그렸다고요? 진짜 대단하네!”

박물관 아래로 내려오니 저 아래 엘비스 프레슬리가 실제 소유했던 BMW507 모델이 LP판 모양의 공간에 전시되어 있었는데 가이드분이 이 차와 관련된 재미있는 일화를 소개해 줬다.

엘비스 프레슬리가 군 복무를 위해 독일로 파견 나와 있을 당시 BMW507 광고를 보고 반해 구입을 했다고 한다. 그런데 엘비스가 군 복무 중 살았던 집에 차고가 없어서 이 흰색 차를 밖에 주차를 했었는데, 엘비스 여성 팬들이 매일 찾아와 이 차에 립스틱 자국을 남겼고, 매일 차를 닦는 것도 일이라 나중에 엘비스는 이 차를 빨간색으로 도색을 해 버렸다고 한다. 전시되어 있는 차는 어렵게 수소문한 끝에 2014년 완전히 망가진 채로 다시 미국에서 뮌헨으로 이송되었는데, BMW 연구진들이 모여 이 차를 다시 최초 엘비스가 샀을 때의 상태로 복구했다고 한다. 정말 놀라웠던 점은 이 차를 1950년대와 똑같은 모습과 느낌으로 복원하기 위해 1950년대에 쓰던 기계를 다시 만들어 복원했다고 한다. 정말 독일 사람들의 치밀함과 장인 정신에 놀라지 않을 수 없었다.

어느새 한 시간 동안의 그룹 투어가 끝났다. 대략적인 설명을 들었으니 다시 천천히 감상하면 될 것 같다. 가이드 선생님이 아까 주안이가 낀 장갑을 다시 건네주면서 나중에 커서 BMW 디자이너가 되어 이 장갑을 끼고 자동차 연구하러 오라고 했다. 주안이는 미소 가득한 얼굴로 마치 보물처럼 잘 간직하겠다고 대답했다.

2시가 다 되어 주변 직원분께 점심 장소를 물어보니 박물관에는 간단한 스낵과 커피만 있고 아까 티켓을 산 BMW Welt에 식사가 가능한 곳이 있다고 했다. 직원이 즐겁게 잘 보고 있냐고 묻길래 남편은 너무 의미 있는 시간이라며 주안이 이야기를 했는데, 그 직원이 그렇지 않아도 아까 동료가 주안이 이야기를 해서 들었는데 우리 가족이냐고 물어보며 디자인은 본인이 관심 있는 분야라 잠시 우리에게 디자인 프로세스를 직접 설명해 주고 싶다고 하며 우리 가족을 디자인 방으로 안내했다.

디자인 방은 디자이너의 머릿속 디자인이 실제가 되는 과정을 보여 주는 곳이다. 방 전체가 네모 조각으로 멋지게 꾸며져 있는데 설명을 들어 보니 조각 그림들은 디자인이 되는 프로세스를 순서대로 설명하고 있었다. 직원분의 친절한 설명을 듣고 아침에 도착했을 때 그룹 투어를 추천해 주신 한국인 직원분께 다시 찾아가 감사 인사를 드렸다. 직원분은 BMW에는 Young 인턴 프로그램도 있으니 나중에 꼭 BMW에 주안이 그림을 보내 보라고 하셨다.

오늘 BMW Welt에서 참 많이도 걸었다. 그룹 투어 때 본 곳도 오후에 다시 처음부터 천천히 관람을 했더니 같은 복도만 몇 번을 걸었는지 모르겠다. 이렇게 주안이를 따라다니다가 나도 자동차 박사가 될 것 같다. 날이 어두워져도 나올 생각을 안 하는 아들. 마지막 콘셉트카를 보려고 이동하는데, 난 다리가 풀려 천천히 걸어 내려가는데 에너자이저인 주안이는 어느새 뛰어내려가 사진을 찍고 있다.

박물관에서 오후 6시에 나와 호텔에 체크인하니 어디 가서 저녁 먹을 힘도 없어 호텔에서 저녁을 주문해 방에서 먹었다. 밥 먹으면서 주안이에게 "아우토슈타트가 좋아? 아님 BMW 박물관이 좋아?"라고 물어보니 "엄마, 차 좋아하는 사람들한테는 둘 중에 뭐가 좋은지 묻는 건 의미가 없어. 다 좋은데 어떻게 둘 중에 하나를 골라. 이건 '엄마가 좋아, 아빠가 좋아?' 묻는 거랑 똑같아." 한다. 주안이는 오늘도 힘들지 않은가 보다. 똘망똘망한 눈으로 나를 쳐다보며 말한다.

'미래의 디자이너다운 답변이네. 맞아. 엄마도 사실 다 좋았어. ☺'

DAY82
2017.12.17

[독일]

자동차 산업의 메카 슈투트가르트의 포르쉐 박물관과 메르세데스-벤츠 박물관

포르쉐 박물관(Porsche Museum)

오늘은 아침에 뮌헨에서 출발해 포르쉐와 벤츠의 본사가 있는 슈투트가르트로 이동해 포르쉐 박물관과 벤츠 박물관 순으로 둘러볼 예정이다. 슈투트가르트에서 2박을 하며 하루에 한 군데씩 보려고 했는데 두 박물관 모두 월요일이 휴관일이고, 포르쉐 박물관은 규모가 작은 데다 두 박물관 거리가 서로 멀지 않아 오늘 하루 꽉 채워서 두 박물관 다 보고 내일은 종일 푹 쉬기로 했다.

뮌헨에서 출발해 11시쯤 포르쉐 박물관에 도착했다. 어른은 8유로, 아이는 무료 입장이다. 티켓을 사고 에스컬레이터를 타고 쭉 올라와서 관람을 시작하였다. 총 2개 층으로 된 포르쉐 박물관에는 80대 정도의 차가 전시되어 있어 다 둘러보는 데 그리 시간이 오래 걸리진 않았다.

자동차 박물관이니 시간 순서대로 전시가 되어 있다. 올라가자마자 1898년에 제작된 최초의 전기차가 보인다. 100년보다도 훨씬 더 전에 전기차 연구가 있었다는 사실에 놀라지 않을 수 없었다.

마차같이 생긴 전기차, 1900년도 초반에 디자인한 차라고는 도무지 믿기지 않는 세련된 포르쉐, 포르쉐 박사가 독일 국민차를 만들기 위해 디자인한 Beetle 등 단순한 자동차가 아니라 하나의 전시 작품 같다. 세련된 차들을 똘망똘망한 눈으로 하나씩 하나씩 관찰하는 아들 옆에서 남편과 나도 주안이를 위해 모든 차와 설명서를 사진으로 찍고 꼼꼼히 기록으로 남겼다. '나중에 한국 가서도 꼭 다시 보자꾸나.'

열심히 관람하고 있는데 갑자기 산타가 나타나 주안이에게 포르쉐 모형 미니카를 선물로 주었다. 크리스마스가 얼마 남지 않아서 어린이 관람객에게 포르쉐 자동차를 선물로 주나 보다. '아이들은 참 좋겠다!'

1950년대를 넘어가니 이제부터는 주안이를 통해 들어 본 차들이 보였다. 911 Carrera, 포르쉐 911 GT1, GT3 등 난 이 차가 저 차 같은데 주안이는 어쩜 딱 보면 명칭들이 줄줄 나오는지 모르겠다. 자동차 역사를 훑어보고 시승 차량에도 타 보았다.

어쩌다 보니 아우토슈타트부터 지금까지 자동차 박물관에만 오면 설명서, 안내판을 하나씩 다 읽어 보고 사진을 찍고 있다. 운전도 못하고 자동차에 대해 하나도 모르는 내가 나중에 주안이랑 이 세계 일주 중에 자동차 박물관에 와서 무엇을 보았고, 만들어진 배경에 대해 기억하려면 열심히 공부할 수밖에 없다. 재미있는 건 박물관에 와서 또 하나씩 배우거나 알게 되는 걸 어느 순간부터 나 스스로도 즐기고 있다는 것이다. 처음엔 자동차 박물관에서 주안이가 좋아하는 것을 보는 게 좋았는데 지금은 주안이가 좋아하는 자동차에 대해 조금씩 알아가니 주안이도 이제는 나랑 자동차 이야기할 때 말이 통해서 좋단다. 이런 내 모습이 남편 눈에는 신기하고 재밌었는지 세계 일주 끝나면 자동차 회사 인사팀에 가면 좋겠다고 했다.

자동차 박물관에 가면 꼭 들러야 하는 기념품 숍에 가서 주안이가 그토록 원했던 포르쉐 911 Turbo S 다이캐스트를 사 줬다. 다이캐스트 종류가 사이즈별로, 모델별로 정말 다양해서 주안이가 고르는 데 한참 걸렸다.

메르세데스-벤츠 박물관(Mercedes-Benz Museum)

2시간여 동안 포르쉐 박물관 관람을 마치고 오후 1시가 조금 넘어 메르세데스-벤츠 박물관에 도착했다. 주차장으로 들어가는데 멀리서 본 박물관 건물 규모가 엄청났다. 줄이 길지 않아 금방 표를 사고 엘리베이터를 타고 8층에서부터 관람을 시작했다. 8층부터 한 층씩 내려오면서 관람을 하게 되는 구조이다.

BMW에서 그룹 투어를 하면서 핵심적인 것을 단시간에 볼 수 있어서 참 좋았다. 벤츠 역시 그룹 투어를 하고 싶었는데 우리가 방문한 오늘은 이미 오전 11시에 영어 그룹 투어가 끝이 나서 더 이상 없다고 했다. 벤츠 박물관의 입장료는 어른 10유로, 어린이는 무료다. 오디오 가이드도 포함되어 있는데 아쉽게도 한국어가 없어 영어로 들어야 한다.

벤츠의 역사가 곧 자동차의 역사라고 해도 과언이 아니다. 벤츠 박물관의 시작은 벤츠와 다임러가 각자 최초로 개발한 자동차에 대한 이야기로 시작한다. 그리고 이후 각 층마다 주제와 연도가 적혀 있는데 참 이해하기 쉽게 되어 있다.

첫 전시실이 있는 제일 꼭대기 층의 정중앙에는 엔진과 2대의 자동차가 놓여 있다. 1886년 칼 벤츠가 개발한 자동차와 같은 해에 개발된 다임러의 자동차, 그리고 Grand Father Clock이라고 불리는 엔진이 함께 전시되어 있다. 같은 해, 같은 나라에서 거의 동시에 자동차가 개발된 것이 참 신기했는데, 둘 다 엔진을 활용한 자동차를 개발했다는 점에서 시작은 비슷했지만 이후 둘의 행보는 달랐다. 벤츠는 오로지 자동차에만 집중했다면 다임러는 자동차뿐만 아니라 엔진을 사용한 육지, 바다, 하늘을 다니는 교통수단에 더 집중했다.

한 층을 관람하고 걸어 내려오는 벽면에는 각 시기의 시대 배경이 되는 사건이나 인물들의 사

진과 설명이 전시되어 있었다. 계속 내려오면서 읽다 보니 이 사진과 사건만 모아도 한 권의 역사책이 나올 것 같았다.

다음 층은 1900년부터 1914년까지의 역사를 담은 곳으로 Mercedes 브랜드 탄생 배경에 대한 설명으로 시작한다. 에믹 엘리넥이라는 사람이 다임러사에 당시 가장 빠른 자동차를 만들어 달라는 요청을 하였고, 다임러사의 Chief Engineer인 마이바흐가 그의 요구에 따라 차를 개발했다. 엘리넥은 이 차를 자신의 딸의 이름인 메르세데스라고 불렀는데, 1901년 이 차가 거의 모든 레이스에서 우승하면서 이 메르세데스라는 이름이 많은 사람 입에 오르내리게 된 것이 새로운 브랜드의 탄생 배경이 되었다. 바로 옆에는 여행을 테마로 한 이동 수단의 차들이 소개돼 있다. 산업사회가 되면서 여행이 하나의 현상이 되었고, 자동차의 개발과 더불어 개인 스타일에 맞는 여행이 시작되었다. 여기엔 1930년대부터 60년대까지 사용된 버스, 리무진, 투어 버스 등이 소개되고 있다. 버스가 이렇게 멋질 수 있구나 싶다.

다시 한 층 아래로 내려가면 1914년부터 1945년까지 변화의 시대 속 벤츠를 볼 수 있는데, 이

시기에 벤츠와 다임러도 하나의 회사로 합병되었다. 한 바퀴 둘러보고 또다시 아래층으로 내려갔다. 이번 층에서는 주안이가 좋아하는 Gull Wing Door 최초 모델이 있다. Gull Wing Door는 주안이가 초등학교 2학년 때 집에서 그리는 걸 보고 이런 디자인도 있다는 걸 알았는데 이 모델의 시초가 1955년이라는 게 놀라울 따름이다.

벤츠 박물관에서 또 처음 알게 된 사실은 벤츠에서 ABS를 개발하여 1978년부터 사용하기 시작했고, 1981년 최초로 에어백(Air Bag)이 소개되었다고 한다. 세계 최초로 자동차 안전 테스트를 한 벤츠. 역사가 긴 만큼 최초라는 타이틀이 참 많았다.

마지막은 대망의 레이싱카 전시관이다. 아침부터 하루 종일 자동차 박물관을 내내 걸어 다니느라 힘들 텐데 주안이는 여전히 눈이 휘둥그레 커져서는 다양한 디자인의 벤츠를 보느라 정신이 없었다. '내가 봐도 이렇게 멋진데 주안이는 오죽하랴.' 주안이를 따라 박물관 왔다가 내가 더 자동차에 관심이 커지고 있다. 레이싱 전시관은 직접 앞에 가서 실물을 볼 수도 있고 벤츠 영상을 보면서 관람도 가능하다. 빡빡한 일정이었지만 오후 내내 자동차와 벤츠에 대해 좀 더 자세히 알게 되었다. 또한 각 층마다 내려오는 길에 시대별로 역사적 배경을 설명한 연도표를 보는 것도 흥미로웠는데 이번 유럽 여행을 하면서 직접 역사적 사건이 있었던 곳을 방문해서 그런지 기술된 역사적 사건들에 대해 더 잘 이해되고 공감이 되었다.

나가는 길에 기념품 숍에 들렀다. 아까 포르쉐 박물관에서 다이캐스트를 사서 이곳에서는 구경만 하려고 했는데 C-class 모델이 50% 세일 중이길래 그냥 가기 아쉬워 하나 사 주었다. '오늘은 영락없는 주안이의 날이구나!'

볼프스부르크의 아우토슈타트를 시작으로 뮌헨의 BMW, 슈투트가르트의 포르쉐와 벤츠까지 독일에서의 자동차 박물관 투어는 오늘로 끝이 났다. 이틀을 꼬박 자동차 박물관에서만 보내서 이젠 힘들 만도 한데 박물관을 다 보고 숙소로 가는 길에 이후 이탈리아에서의 자동차 박물관 일정을 챙기는 주안이를 보니, 자동차 사랑에 끝이 없는가 보다 '그래, 이탈리아에서도 또 가 보자. 아들!'

DAY84 [독일]
2017.12.19

디즈니 성의 모티브가 된 동화 같은 노이슈반슈타인성

어제 하루 오랜만에 푹 쉬는 일정을 통해 재충전을 하고, 오늘은 독일 퓌센의 아름다운 성 노이슈반슈타인성과 호엔슈방가우성을 보러 떠난다. 내가 짐을 싸는 동안 남편은 오늘 점심 도시락을 쌌다. 어제 마트에서 햄버거 만드는 재료가 있어 사 왔는데, 햄버거 빵에 치즈와 고기가 들어 있었다. 고기를 따뜻하게 다시 굽고, 추가로 계란, 양상추, 토마토를 잘라서 넣으니 정말 근사한 한 끼가 완성되었다. 역시, 우리 남편 대단해요~

슈투트가르트에서 2시간 30분 정도 운전해서 가는 길에 뒷자리에서 주안이가 자는 모습이 눈에 들어왔다. 뒤에서 재잘재잘 수다를 떨다가 조용해서 보면 어느새 자고 있는 주안이. 안전벨트를 꼭 매고 우리 부부의 패딩을 베개 삼아서 옆으로 비스듬히 기대서 편하게 자고 있는 우리 아들. 주안이는 오랜 유럽 자동

차 여행 중 편하게 자는 방법을 터득했나 보다.

퓌센에 들어서니 아름다운 설경과 저 멀리 노이슈반슈타인성과 호엔슈방가우성이 보인다. 도착하자마자 관람을 위해 바로 티켓 오피스로 향했다. 아직 오후 1시밖에 안 돼서 오늘 두 성 모두 방문하려고 했는데, 티켓을 사려고 보니 노이슈반슈타인성 입장이 가장 빠른 게 3시 55분이었다. 겨울 해가 일찍 지는 것을 고려했을 때 호엔슈방가우성까지 구경하는 것은 무리인 듯싶어서 내일 아침 호엔슈방가우성을 보기로 하고 남은 시간 호텔에서 쉬었다가 느긋하게 노이슈반슈타인성을 보기로 했다. 호텔에서 노이슈반슈타인성 입구까지는 걸어서 대략 30분 거리인데, 조금 일찍 가서 입구에서 사진을 찍으려고 3시에 호텔을 나섰다.

저 멀리 보이는 노이슈반슈타인성은 어려서 디즈니 만화에서 본 공주님들이 살던 바로 그 성의 모습이었다. 하늘 빛에 따라 올라갈수록 성의 모습이 달리 보인다. 노이슈반슈타인성은 1869년 바이에른 왕 루트비히 2세의 명령에 따라 짓게 되었는데, 전쟁에서 패한 뒤 은둔생활을 하면서 점차 자신의 환상 속에 갇혀 이 높은 산속에 짓게 되었다고 한다. 당시 이 높은 곳에 이런 아름다운 성을 지었으니…. 참 대단하다. 봄에서 가을까지는 성 위쪽에서 성을 가장 잘 볼 수 있는 마리엔 다리까지 갈 수 있지만, 겨울에는 눈 때문에 올라가는 길이 위험해서 아쉽게도 다리가 폐쇄된다. 입장권에 표기된 시간에 맞춰 입장해서 30분 정도 영어 오디오 가이드의 순서를 따라 성 내부를 둘러보았다. 아쉽게도 내부 관람 중에는 사진 촬영이 허락되지 않았다. 성 내부는 많이 어둡고 무거웠다. 더구나 많은 사람들이 그룹 지어 같이 방을 옮겨 다니며 설명을 듣다 보니 자세히 보기도 어려웠다. 동화 같은 외부 모습에 비해 성 내부는 생각보다 그리 볼거리가 많지 않았다.

관람을 마치고 성 밖을 나오니 4시 30분인데, 벌써 밖은 어둑어둑해졌다. 주안이가 8살 때 미국 디즈니랜드에서 디즈니 성을 보고 너무 좋아했었는데, 디즈니 성의 실제 모티브가 된 노이슈반슈타인성을 보니 참 인상 깊었다. 다음에 또 올 수 있다면, 가을에 다시 와 보고 싶다.

DAY85
2017.12.20

[독일/스위스]

바그너의 정취가 남아 있는 호엔슈방가우성

큰 기대 없는 아침이었는데 오랜만에 신선한 연어와 샐러드가 있는 조식을 참 맛있게 먹었다. 예쁜 레스토랑에서 배불리 식사를 하고 호텔 체크아웃을 한 후 어제 10시로 예약한 호엔슈방가우성으로 향했다. 어제 내린 눈이 새파란 하늘과 대조를 이루어 너무 예쁘고 올라가는 숲길이 맑고 차가운 공기로 더욱 상쾌했다. 호텔에서 걸어서 15분도 되지 않아 호엔슈방가우성에 도착했다.

10시에 입장을 하니 어제와 다르게 직접 해설 가이드분이 우리 그룹과 같이 다니면서 호엔슈방가우성 내부를 안내해 주었다. 호엔슈방가우성은 어제 다녀온 노이슈반슈타인성을 지은 루트비히 2세의 아버지가 지은 성이다.

노이슈반슈타인성보다 채광이 훨씬 좋아서 더 밝고 경쾌한 느낌의 성이었고, 방과 응접실마다 거대한 벽화가 참 멋졌다. 이 성에는 작곡가 바그너가 자주 방문을 했었다고 한다. 그래서 왕의 방에는 바그너가 직접 연주한 피아노도 그대로 전시되어 있었다. 30여 분 동안 해설사분의 안내에 따라 왕과 왕비의 방 등 성의 내부 구석구석을 모두 둘러보고 나왔다. 음악을 사랑했던 왕의 취향처럼 성 내부의 인테리어도 멋스러웠다. 성을 보고 나오니 반대편 산자락에 어제 가 본 노이슈반슈타인성이 마치 한 폭의 그림같이 눈에 들어왔다. 같은 퓌센이란 작은 동네에 이렇게 멋진 성이 둘이나 있다니…. 참으로 동화 같은 곳이다.

오늘은 오전에 성을 보고 오후에는 독일을 떠나 스위스 인터라켄까지 4시간 정도 달려야 하기에 아쉽지만 11시가 조금 넘어 성을 내려왔다. 유럽에서의 겨울 운전, 특히 산악지대가 많은 스위스에서의 겨울 운전은 예상치 못한 날씨 변화와 도로 사정을 고려해야 하기 때문에 가급적 낮 시간을 이용해 이동해야 한다. 스위스와 이탈리아는 12년 전 파리에 왔을 때 그룹 투어로 일주일 정도 다녀왔던 곳이다. 그때 주안이를 임신해 만삭이라 제약도 많았었는데 어느새 만 11살이 된 주안이를 데리고 우리가 갔던 멋진 풍경들을 같이 볼 생각을 하니 다시 옛날 생각이 나며 기분이 좋아졌다. 주안이랑 꼭 같이 가고 싶었던 곳 중 하나가 스위스의 융프라우였는데 드디어 융프라우가 있는 인터라켄으로 간다!

DAY86 2017.12.21

[스위스]

셋이 되어 다시 방문한 유럽의 정상 융프라우요흐

융프라우요흐 산악 열차를 타기 위해 인터라켄 오스트역으로 향했다. 융프라우요흐까지 올라가려면 기차를 2번 환승해야 하는데 기차에서 내리면 바로 옆 레일에 갈아탈 산악 열차가 금방 와서 갈아타는 게 어렵지 않았다. 산악 열차 창으로 보이는 멋진 설산의 모습에 2시간의 이동 시간이 참 짧게 느껴졌다. 두 번째 열차를 타고 올라가는데 산 위로 구름인지, 무지개인지 알 수 없는, 대낮의 오로라 같은 멋진 광경을 보았다. 무지개 구름인가…. 순식간에 산을 넘어간다. 노란-초록색인 두 번째 열차에서 내리고 이제 빨간색 산악 열차를 타면 유럽의 정상이라고 불리는 융프라우요흐에 도착이다. 정상에 가까워지니 창밖 풍경도 더 멋있어진다.

오후 1시에 드디어 융프라우요흐역에 도착했다. 100년 전에 레일 웨이를 만드신 분의 동상이 우리를 맞이했다. 이 열차 덕분에 스위스로 얼마나 많은 관광객이 오는지 생각해 보니 정말 이곳에 동상을 세울 만하다. 열차에서 내리면 Tour라는 표지판에 번호가 있는데, 아까 표 살 때 나눠 준 융프라우 여권에 나온 번호를 보며 따라가면 꼭 봐야 할 곳을 놓치지 않고 다 볼 수 있다. 융프라우요흐에 도착하니 점심시간이 되어 우리는 우선 매점에 들러서 출발 전 역에서 쿠폰을 제시하고 받은 신라면 교환권으로 융프라우요흐에서 신라면을 먹었다. 융프라우요흐에서 신라면이라니…. 참 기발한 마케팅 전략이다. 주안이가 스위스에서 제일 하고 싶어 한 것 중의 하나가 융프라우요흐에서 신라면 먹기였는데, 소박한 소원 하나를 성취했다.

오늘 날씨가 정말 맑고 깨끗해서 융프라우의 멋진 모습을 유감없이 볼 수 있었다. 파노라마처럼 펼쳐진 대자연의 웅장한 모습을 카메라로 어찌 다 담을 수 있을까? 12년 전 주안이를 임신했을 때 이곳에 와서 찍은 사진엔 남편과 나뿐이었는데 그때 배 속에 있던 아기가 이렇게 커서 같이 오니 감회가 새롭다. 날이 너무 좋아 햇빛이 만년설에 반사되니 눈이 너무 부셔서 선글라스 없이는 앞을 제대로 보기 어려울 정도로 맑고 좋았다.

융프라우요흐는 3,571m인데, 순간 우리가 걸어서 등반한 안나푸르나 푼힐이 3,210m이니 우리가 네팔에서 정말 대단히 높은 곳을 다녀왔다는 생각이 들어 융프라우요흐에서도 서로 "대단해요."라고 칭찬 한마디씩 했다.

융프라우요흐 구경을 한 후, 알파인 센세이션과 얼음궁전도 모두 돌아보고서는 가장 마지막 코스인 고원지대에 도착했다. 바람이 정말 세서 문을 열고 나가자마자 다시 들어와 가방에서 모자를 꺼내 쓰고 나갔다. 나가서 몇 발 걷지도 못했는데 날아갈 것처럼 거센 바람. 그럼에도 하늘은 맑아 알프스의 웅장한 모습은 마음껏 감상할 수 있었다. 엄청난 바람을 뚫고 걸어야 했던 고원지대. 저 앞에 있는 스위스 국기까지 걸어가서 사진 찍고 오려고 했는데 바람이 강한 데다 주안이가 걷는 게 힘들 것 같아 멀찍이 서서 기념샷을 찍고 전망대 안으로 들어왔다. 대신 눈에, 그리고 마음에 담고 다시 돌아간다.

5시 반쯤 다시 인터라켄 오스트역에 도착하니 벌써 캄캄한 밤이 되었다. 아까 지나왔던 길을 되돌아 걸어가는데 소박한 크리스마스 마켓이 열리고 있었다. 따뜻한 핫 와인이 생각났지만 뜨끈한 국물에 밥이 그리워 서둘러 숙소로 향했다. 오늘은 융프라우요흐 날씨가 너무 좋아 멋진 장관을 마음껏 볼 수 있어 참 감사한 하루였다.

DAY88 [스위스]

2017.12.23

베른, 유네스코 세계문화유산 속을 걷다

인터라켄에서 3박 편하게 쉬고 오늘 또 떠나는 날이다. 크리스마스 시즌이라 성수기에 호텔이 없을까 봐 베른에서 2박은 12월 초에 미리 예약을 했었다. 매일 이동은 그 자체로도 힘들지만, 2박 이상만 돼도 마음이 한결 편하다. 인터라켄 숙소는 10시 30분 체크아웃이고 에어비앤비 호스트를 직접 만나고 가는 게 숙소 방침이라, 짐 싸고 집 청소 다 끝내고 잠시 쉬고 있으니 호스트가 왔다. 집을 보더니 우리가 마치 자기 엄마처럼 집을 치운 것 같다면서 놀란다. 우린 언제나 호텔이든, 집이든 이렇게 치워 두고 나왔다. 우리가 체크인할 때처럼 깨끗하게 청소한 숙소, 에어비앤비 사이트에서 호스트가 고객을 평가할 수 있는데 우리는 늘 집을 너무 깨끗하게 정리해 주는 친절한 가족이라는 평가를 받았다. 우리가 머물다 간 곳을 깨끗하게 하고 싶은 마음이 들어 힘이 들어도 꼭 청소는 빼먹지 않는다. 설거지와 뒷정리, 분리수거도 모두 완료하고 이제 베른으로 출발!

인터라켄에서 베른은 차로 40분 정도밖에 걸리지 않아 오후 12시쯤 베른 노보텔 호텔에 도착했다. 초성수기 시즌의 유럽이라 가격도 가격이지만, 예약을 하는 게 쉽지 않고 더구나 주차 가능한 호텔을 찾다 보니 베른 구시가지에서 트램으로 15분쯤 떨어져 있는 노보텔로 12월 초에 일찌감치 예약을 했었다. 2시 이후부터 체크인 가능이라 호텔에서 지급하는 무료 교통카드를 받아 차를 호텔에 두고 트램으로 베른 구시가지로 이동했다. 오늘은 차 이동이 짧아 남편도, 우리도 컨디션이 좋다. 트램은 호텔 바로 앞에서 구시가지까지 연결돼서 매우 편했다.

베른 구시가지는 전체가 유네스코 세계문화유산 지역으로 등재된 곳이다. 탈린 구시가지, 룩셈부르크 요새 도시, 프라하 역사지구, 체스키 역사지구 등 도시 전체가 유네스코 세계문화유산 지역이었던 곳들을 이번 세계 일주를 하면서 참 많이 방문했다. 모두 우리가 감동받았던 곳이기에 베른 구시가지도 정말 기대가 된다. 트램에서 내리자마자 내게는 이 거리에서 가장 유명한 치트글로게 시계탑이 먼저 눈에 띄었는데 주안이에게는 시계탑 바로 옆 맥도날드가 눈에 들어왔나 보다. 맥도날드를 한눈에 알아보고 주안이가 내 손을 이끌고 맥도날드로 직진한다. 덕분에 오늘 점심은 자연스럽게 맥도날드에서 먹기로 했다.

맥도날드에서 점심을 마친 후 12시 50분부터 시계탑 앞에서 대기를 했다. 정시가 가까워지자 사람들이 많이 몰리기 시작한다. 매 정시마다 시계탑에서 곰과 광대들이 나와 춤을 춘다고 해서 기다렸는데, 막상 정시가 되니 종소리만 울리고는 특별한 시계쇼 없이 끝났다. 기다렸던 시계쇼를 보지 못해서 조금 아쉬웠지만, 그래도 베른 구시가지를 상징하는 13세기 초반에 만들어진 시계탑을 본 걸로 만족하고 우리는 다시 구시가지 거리를 천천히 걷기 시작했다.

돌길 양옆으로 건물 1층을 아치형으로 만든 아케이드가 6km 정도 이어지는데, 유럽 최장 길이의 아케이드다. 분수대와 더불어 구시가지의 명물인데 구시가지를 걷다 보면 아인슈타인이 젊은 시절 3년간 살았다는 집도 보인다. 조금 걷다 보니 베른 대성당이 눈에 들어왔다. 성당을 워낙 많이 보니 보자마자 이내 고딕 양식의 건물임을 알 수 있었다. 멋지고 웅장한 베른 대성당 마당은 내일이 크리스마스이브라 그런지 사람들로 북적였다.

다음으로 멋스러운 돌길을 따라 걷다 보니 Munster Plattform 공원에 도착했다. 이 공원에서는 구시가지를 위에서 아래로 내려다볼 수 있는데 그 모습이 참 독특했다. 집집마다 지붕 위의 굴뚝의 모습이 개성 있고 인상적이다. 공원 한쪽의 아랫마을로 내려가는 엘리베이터를 타고 공원을 나와 이번에는 Gerechtigkeits 거리 방향으로 걸었다. 수백 년은 족히 돼 보이는 돌길이 참 예쁜데 여기에도 어김없이 수백 년 전에 세워진 다양한 모양의 분수대가 있었다. 베른의 구

시가지는 중세 때의 모습을 느낄 수 있는 건축물들이 참 잘 보존되어 있는 것 같다.

베른 나들이의 마지막 코스로 베른 구시가지를 한눈에 조망할 수 있는 장미 정원을 향해 걸어갔다. 장미 정원 앞에 예쁜 카페가 있어 잠시 쉴 겸 들어갔다. 카페에서 내일 크리스마스이브 일정도 짜고, 이런저런 이야기를 하며 오래간만에 여유로운 시간을 보냈다. 카페를 나와 우리는 다시 아까 건너편에서 보았던 Untertor 다리를 건너 호텔로 돌아가는 트램을 타기 위해 구시가지로 향했다. 호텔로 돌아온 주안이는 오늘도 거의 걷는 일정을 소화해서 무척 피곤할 텐데도, 어제 그리다 만 로봇 그림을 완성하기 위해 열중하고 있다. 그러고선 세상 제일 편한 자세로 상상 속 로봇을 섬세하고 멋지게 표현해냈다. 드디어 완성한 주안이의 로봇 그림을 보니, 상상 속에 이렇게 멋지고 복잡한 로봇이 있었다는 것에 놀라고, 또 이렇게 디테일하게 표현한 주안이가 참 대단하고 기특하다.

DAY89 2017.12.24

[스위스]
고즈넉한 호수 도시, 루체른

오늘은 우리 가족이 1년 365일 중 가장 좋아하는 크리스마스이브다!

어제 베른 구시가지를 다 돌아봐서 오늘은 베른에서 멀지 않은 루체른을 방문하기로 했다. 12년 전에 왔을 때 루체른 카펠교가 정감 있고 예뻤던 기억이 있어 주안이에게 보여 주고 싶었다. 루체른 중심가에 도착하여 카펠교 근처 주차장에 차를 주차하고 근처에 있는 빈사의 사자상을 제일 먼저 찾았다.

빈사의 사자상은 1792년 프랑스 혁명이 한창이던 때 부르봉 왕가의 마지막 왕인 루이 16세와 왕비 마리 앙투아네트를 지키다가 숨진 스위스 용병들을 추도하기 위해 조각된 작품이다. 애통한 눈으로 죽어 가는 사자의 손에는 끝까지 사수한 방패가 들려 있었다. 안내문의 내용을 읽어 보니 충성스러운 스위스 용병을 상징한다고 쓰여 있는데, 조각상만 봐도 사자가 느끼는 슬픈 감정이 전달되는, 정말 정교한 조각 작품이다. 사자상을 보고 나와 기념품 가게를 찾았는데 가게들은 꽤 많은데 주변에 문을 연 곳은 단 한 곳뿐이었다. 기념 자석도 살 겸, 오늘 여행지 추천도 받을 겸 들어가 보았는데, 오늘은 토요일이면서 크리스마스이브라 대부분의 상점이나 레스토랑이 다 닫는다고 했다. 크리스마스이브에 루체른의 멋진 곳에서 식사하려고 했는데 아쉬웠다. 우리나라는 크리스마스이브에 거리와 레스토랑이 온통 사람들로 북적이는데, 기대했던 스위스에서의 크리스마스이브를 생각보다 매우 조용하게 지내게 되었다. 카펠교로 가는 중에 다행히 큰 베이커리 하나가 영업 중이었다. 점심도 못 먹을 거로 생각했는데 오픈한 곳이 있으니 간단히 피자로 점심을 때우고 오늘의 목적지인 카펠교로 향했다.

카펠교는 14세기에 지어진 200m 정도의 목조 다리다. 화려한 모습은 아니지만 주변 루체른 도시와 멋지게 어우러진 투박하면서 정감 있는 모습이 참 마음에 들었다. 주안이에게 여기도 엄마 배 속에 있을 때 왔었던 곳이라고 알려 주었다. 카펠교를 건너니 머리 위로 역사상 중요한 내용들을 담고 있는 그림들이 보였다. 12년 전에 왔을 땐 제대로 못 봤던 카펠교를 천천히 둘러보았다. 다리를 건너서 사진을 찍고 있는데, 예쁜 크리스마스 장식을 한 카약 몇 대가 카펠교 다리

아래를 지나간다. 크리스마스이브날 이벤트인 것 같은데 카약에 크리스마스 장식을 하였고, 산타 모자를 쓰고 경쾌하게 노를 젓는 모습이 참 재밌고 신선했다. 주안이가 이들을 향해 큰 소리로 "메리 크리스마스!" 하고 인사를 했다.

루체른을 조금 더 둘러보고 어두워지기 전에 다시 베른으로 향했다. 조금 피곤하기도 하고 베른 시내의 레스토랑이 닫았을 것 같아 오늘 저녁은 호텔 레스토랑에서 하기로 했다. 그런데 호텔에 도착하니 웬걸. 레스토랑 불이 다 꺼져 있었다. 리셉션에 물어보니 오늘과 내일 저녁은 레스토랑 운영을 하지 않는다고 하고 근처 레스토랑과 심지어 맥도날드도 닫는다고 했다. 어제 간 베를 구시가지 크리스마스 마켓은 열었냐고 물어보니 어제가 마켓 마지막 날이었다고 한다. 이럴 수가….

세계 일주 중에 보내는 근사한 크리스마스이브 저녁은 물 건너갔지만, 있는 것을 활용해서 재밌는 크리스마스이브 저녁을 만들어 보기로 했다. 자동차 트렁크에서 비상시를 대비한 음식들을 꺼내 호텔 방에서 즉석 우동, 당근, 고추장, 빵으로 소박한 저녁을 먹었다. 다행히 주안이도 어제 오늘 많이 걸어서 호텔 방이 레스토랑보다 좋다고 했다. 이른 저녁부터 호텔 방에 있게 되어 그동안 남편이랑 몇 번 이야기했던 크리스마스 동영상을 만들어 가족과 친지들에게 보내기로 했다. 그동안 우리가 찍은 사진들로 비디오를 만드는 어플에 넣는 건데, 해외 결제 등 몇 가지 어려움은 있었지만 남편의 수고와 노력 덕분에 동영상이 완성되었다. 그동안 찍은 사진이 2만 장이 넘으니 사진 고르는 것도 힘들었을 텐데, 내가 밀린 블로그 쓰는 동안 남편은 열심히 동영상을 만들었고, 한국에 계신 양가 부모님들과 친구들에게 우리들의 사진이 담긴 크리스마스 동영상을 보내드렸다. 호텔 방에서 나는 블로그를, 남편은 동영상을 만들 동안 주안이는 어제 그린 PARAGON MK2의 같은 편 동료를 또 하나 디자인했다. 크리스마스이브에 완성한 SNIP-3. 이름도 주안이가 지어 주었다.

2017년 12월 24일 크리스마스이브 저녁, 비록 멋진 레스토랑은 아니었지만 스위스 베른의 호텔 방에서 여유 있고 한가롭게 크리스마스이브 저녁을 보낼 수 있었다.

모두 Merry Christmas!

DAY90 [스위스/이탈리아]

2017.12.25

밀라노에서 보내는 특별한 크리스마스

크리스마스인 오늘은 이탈리아 밀라노로 떠나는 날이다. 스위스 베른에서 이탈리아 밀라노는 차로 4시간 거리, 체크인 시간에 맞춰 오전 10시에 밀라노로 출발했다. 초반에 안개가 심해 오늘 운전이 걱정이 되었는데 오래 지나지 않아 날이 좋아지면서 스위스를 떠나는 우리에게 알프스의 멋진 모습을 마지막으로 보여 주었다.

이탈리아 근처에 오니 기온이 온화해진 느낌이다. 한국은 한파주의보가 내렸다는데 이탈리아는 무려 영상 13도다. 그동안 눈이 많이 내리는 지역을 운전할 때는 신경이 많이 쓰였었는데 이제부터는 기온이 영상권인 지역을 통과하게 되어 눈길 걱정은 없을 것 같다. 밀라노에 도착해 부킹닷컴에서 예약한 아파트형 숙소에 짐을 풀고, 밀라노의 대표적인 건축물인 두오모 성당으로 향했다.

세계 일주하면서 성당을 워낙 많이 봤던 터라 큰 감흥은 없을 줄 알았는데 12년 만에 다시 찾은 두오모 성당은 그때나 지금이나 특별했다. 지하철에서 나와 바로 앞에 보이는 멋지고 웅장한 두오모 성당을 보자 바로 탄성이 나왔다. 조용했던 스위스와는 달리 밀라노는 사람들도 많고, 특히 크리스마스 날인 오늘, 완전 축제의 장이 열렸다. 예전에 이탈리아에

서 당한 소매치기 생각이 나서 많은 인파에 살짝 걱정이 되긴 했지만 사람들의 생기와 에너지가 넘쳐나는 이곳에 있으니 한편으로는 기분이 좋아졌다.

먼저 두오모 옆 비토리오 엠마누엘레 2세 갤러리아에 들어갔다. 아케이드형 대형 쇼핑몰인 이곳 역시나 사람들로 붐볐고 그동안 봐 온 쇼핑몰 중 단연 제일 화려하고 아름다워서 쇼핑몰이 아닌 궁전이라고 해도 손색이 없었다. 아케이드를 둘러보고 나오니 바로 스칼라 극장이 보인다. 세계 3대 오페라 하우스 중 하나인 스칼라 극장은 세계적인 성악가들의 꿈의 무대인데, 우리나라 최고의 성악가 조수미가 공연했던 곳이다. 규모는 그리 크지 않지만, 최고의 성악가만 무대에 설 수 있는 곳이라니 나중에 다시 오게 되면 멋진 공연도 봤으면 좋겠다.

스칼라 극장 맞은편에는 르네상스 시대의 이탈리아를 대표하는 천재 레오나르도 다빈치 동상이 있다. 모나리자를 직접 보고 와서 그런지 레오나르도 다빈치가 더욱 대단해 보였다. 다시 아케이드를 돌아 나오니 두오모 성당의 야경이 더 또렷이 눈에 들어왔다. 두오모 성당의 전면을 보고 싶어 크게 한 바퀴 돌아보았다. 역시 세계에서 세 번째로 규모가 큰 성당답게 한 바퀴 돌아보는 데도 꽤 시간이 걸렸다.

멋진 두오모 성당을 둘러보고 난 후 20분 정도 걸어서 스포르체스코성으로 이동했다. 스포르체스코성은 밀라노의 대표적인 르네상스 건축물인데 레오나르도 다빈치도 성의 건축에 참여했다고 전해진다.

성 앞에 도착하니, 성 입구에 있는 탑 전체에 레이저쇼가 한창이다. 크리스마스 캐럴에 맞춰 멋진 크리스마스트리 레이저쇼가 중세에 지어진 성에 펼쳐지는데 정말 장관이었다. 성안을 둘러본 후 성 근처에 있는 근사하게 보이는 레스토랑에 들러 피자와 스파게티와 함께 맛있는 크리스마스 저녁 식사를 했다. 오늘이 크리스마스 날이라 그런지 더 특별하게 느껴졌다.

식사를 마치고 오늘의 마지막 방문지인 산타 마리아 델레 그라치아 성당으로 이동했다. 성당은 건물 안에 레오나르도 다빈치의 〈최후의 만찬〉 벽화가 있는 곳으로 매우 유명한 곳이다. 도착하니 크리스마스 저녁이라 예배가 있는 듯했다. 동네 어르신들과 부모 손을 잡은 아이들이 성당으로 들어가길래 우리도 안으로 들어가 보았다. 아직 예배 시작 전이라 성당은 따뜻하면서도 차분한 분위기였다. 잠시 성당 안 벤치에 앉아 조용히 묵상을 했다.

성당을 나와 〈최후의 만찬〉 벽화가 있는 건물을 보았다. 예전에는 식당이 있던 곳이다. 프랑스 루브르 박물관에서 보았던 〈가나의 결혼식〉도 수도원 식당에 걸기 위해 그려진 그림이었는데, 과거 수도원 식당에서는 아무도 말하는 사람 없이 조용히 그림을 감상하며 식사를 하였다는 오디오 가이드 내용이 생각났다. 성당에 있는 〈최후의 만찬〉 성화를 보기 위해서는 미리 인터넷 예매를 해야 하고, 운이 좋으면 당일 취소된 표를 줄을 서서 구해 들어갈 수 있지만, 이탈리아는 25, 26일이 모두 공휴일이라 내일까지 휴관일이다. 세계 일주를 하다 보니 아쉽게도 방문하는 모든 장소에서 일정을 맞추는 건 힘든 일인 것 같다. 대신 벤치에 앉아 〈최후의 만찬〉이 있는 건물을 바라보았다. 그 옛날 이 벽화를 그리기 위해 레오나르도 다빈치도 이 거리를 다녔을 것이라고 생각하니 기분이 참 묘했다. 학창 시절 책으로 배웠던 세계사가 책이 아닌 내 앞에 현실로 다가온 느낌이 들었다. 이런 느낌은 유럽 여행을 하면서 여러 곳에서 느끼곤 했는데, 오늘은 특히 더 그런 기분이 들었다. 저 앞에 있는 문만 열면 〈최후의 만찬〉이 있다니….

성당을 마지막으로 오늘 둘러볼 곳은 다 둘러보았다. 아침에 스위스에서 출발해 밀라노에 도착한 이후로 쉼 없이 여러 곳을 둘러보았으니 성발 알차게 크리스마스를 보낸 것 같다. 시간은 어느새 8시 40분을 가리키고 있다. 숙소로 돌아가려고 근처 지하철로 가니 지하철 입구의 문이 닫혀 있었다. 지나가는 청년에게 물어보니 휴일인 오늘은 이미 저녁 7시 30분에 모든 대중교통이 다 끝났다고 했다. 전혀 예상치 못한 일이었다. 잠시 멘붕이 왔지만 남편이 기지를 발휘했다. 체코 프라하에서 샀던 유럽통합 유심이 그동안 연결이 되다 안 되다를 반복해서 핸드폰에서 빼서 따로 보관하고 있었는데, 남편이 유심을 교체해 보니 기적처럼 인터넷 연결이 된 것이다. 남편은 바로 우버를 통해 차를 불렀다. 잠시 후 BMW 한 대가 우리를 픽업하러 왔고 무사히 숙소로 돌아올 수 있었다. 유심카드가 작동이 안 됐다면 어림잡아 한 시간은 족히 걸었어야 했는데 정말 다행이었다.

여행이 끝나면 우리 가족의 평생 이야기 주제가 될 세계 일주! 크리스마스 날 스위스에서 이탈리아로 이동해 오후와 저녁을 알차게 보낸 하루였다. 감사한 마음 가득 안고 잠을 청한다.

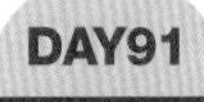

DAY91
2017.12.26

[이탈리아]
아름다운 수상 도시 베니스

오늘은 밀라노에서 베니스(베네치아)로 이동하는 날이다. 밀라노에서 베니스까지는 운전해서 2시간 40분 정도 소요됐다. 베니스는 바다 위에 만든 도시로 숙박시설이 많지 않고, 가격 또한 비싼 편이다. 우리처럼 자동차 여행자에게는 우선적으로 주차가 가능한 곳에 묵는 게 편리하다 보니, 우리는 베니스 근교의 호텔에 숙소를 잡았다. 오늘 숙박하는 호텔은 과거 대저택이었던 곳을 개조한 호텔로 고즈넉하고 평화로운 베니스 근교 시골에 위치해 있다. 호텔 앞에서 베니스까지는 20분이면 갈 수 있어서, 차를 호텔에 두고 대중교통을 이용할 생각이다.

체크인을 마치고 호텔 리셉션에서 얻은 지도를 가지고 버스를 타러 나섰다. 어제 밀라노에서 휴일 대중교통이 저녁 7시 30분에 모두 끝난 경험이 있어서 오늘은 버스 기사분께 돌아오는 마지막 버스 시간을 물어보니 새벽 12시까지 다닌다고 했다. 다행이다. 오늘은 시간에 구애받지 않고 구경할 수 있겠다. 베니스로 가는 버스를 타자마자 비가 내리기 시작했다. 어제 늦게까지 한 밀라노 여행이 고단했는지 주안이는 이내 잠이 든다. 베니스 나들이가 힘들지 않아야 할 텐데….

버스에서 내리니 여전히 비가 내린다. 나와 주안이는 점퍼에 모자가 있어 괜찮은데 모자가 없는 남편은 목도리를 머리에 두르고 걸었다. 비가 부슬부슬 내리니 베니스의 풍경은 더 운치 있게 느껴졌다. 베니스는 배가 주요 이동 수단 중 하나라 수상 택시나 곤돌라가 엄청 많다. 특히 운하를 따라 걸으며 지나치는 베니스의 모습이 굉장히 색다르고 멋있다. 베니스는 118개의 섬이 400개의 다리로 연결되어 있는데, 작은 다리 하나하나를 건널 때마다 주변 풍경이 참 인상적이다. 다리를 건너 섬 안쪽으로는 수없이 많은 상점들과 레스토랑들이 빼곡하게 모여 있었다.

기념품들도 너무 예쁘고, 특히 베니스의 상징이기도 한 다양한 디자인의 무도회 가면이 종류별로 참 많았다.

오늘 점심은 베니스 안 곳곳을 거닐면서 여러 간식거리로 배를 채우기로 했다. 우리의 첫 번째 간식으로 오징어튀김 낙점! 다리에서 내려와 베니스 본섬에서 유명한 오징어튀김을 맛보러 갔다. 현지인뿐만 아니라 한국인들에게도 정말 인기가 많았던 이곳은 아예 메뉴판에도 한국어가 쓰여 있었다. 주문을 하면 즉석에서 튀겨 주는데, 기다리는 시간 동안 고소한 튀김 냄새가 진동을 했다. 신선한 해산물을 바로 튀겨 주니 어찌 맛이 없을 수가 있으랴? 이미 간이 잘 배어 있어서 따로 간장을 찍어 먹지 않아도 맛있는데 튀김에 레몬을 짜서 먹으니 더욱 상큼하고 고소했다. 순식간에 한 봉투를 다 해치우고 다시 골목을 걸었다. 어디로 걸어도 크고 작은 운하들 사이로 다니는 곤돌라를 보는 재미가 쏠쏠하다.

골목골목 걸으면 걸을수록 멋진 풍경과 더불어 다양한 식당들이 눈에 들어왔다. 그냥 지나치질 못해 작고 아담한 피자집에 들러 조각피자를 주문했다. 보기엔 평범하지만 맛은 정말 일품이었다. 맛있는 간식거리를 먹으며 건물 사이 운하를 유유히 다니는 곤돌라를 바라보며 계속 걷다 보니 리알토 다리에 도착했다. 15세기에 만들어진 베니스 최초의 돌로 된 다리로, 모두 대리석으로 만들어졌는데 베니스 명소 중 하나다 보니 모인 사람들이 정말 많았다.

슬슬 어두워지기 시작했다. 멋진 광경을 보며 다시 산마르코 광장으로 발길을 옮겼다. 유럽 광장 중 가장 큰 산마르코 광장은 산마르코 성당 앞에 있다. 나폴레옹이 이 광장을 보고 유럽의 우아한 응접실이라고 했다는데 정말 다시 와서 봐도 멋진 곳이다. 광장 근처에는 탄식의 다리도 있다. 영국 케임브리지 대학 펀팅 때 보았던 탄식의 다리가 바로 이 베니스의 탄식의 다리를 본떠 만든 것이다. 과거 죄수들이 감옥으로 들어가는 길 중 마지막으로 건너는 다리라고 해서 이름이 '탄식의 다리'이다. 탄식의 다리를 끝으로 우리는 숙소로 돌아가기 위해서 다시 버스 정류장으로 향했다.

든든히 저녁을 먹고선 돌아가는 버스에서 주안이와 아름다운 베니스에 대한 이야기를 나누었다. 물의 도시 베니스! 오늘 하루 아름답고 색다른 풍경의 베니스에 푹 빠진 하루였다.

세계 일주 중 주안이가 그린 리알토 다리

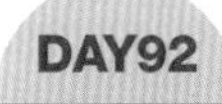

[이탈리아]

작은 시골 동네에 세계 최고 자동차 회사 본사가? (람보르기니 박물관, 페라리 박물관)

람보르기니 박물관(Lamborghini Museum)

오늘은 람보르기니와 페라리 본사가 있는 모데나의 람보르기니 박물관과 페라리 박물관을 모두 들르는 일정이다. 주안이에게 있어서 오늘은 이탈리아 여행 중 하이라이트가 될 것이다. 어젯밤 주안이는 피곤했을 텐데 오늘 람보르기니와 페라리 박물관 가는 게 신이 나서 밤새 기대된다고 늦게까지 자지 않고 들떠 있었다. 베니스에서 모데나까지 1시간 40분여를 달려 람보르기니 박물관에 도착했다. 모데나는 이탈리아 북부에 있는 조용하고 한적한 시골 동네인데, 이 조용한 시골 동네에 세계적인 럭셔리 자동차인 람보르기니와 페라리 본사가 있다는 게 참 신기하다.

드디어 주안이가 기대하고 고대해 왔던 람보르기니 박물관에 도착했다. 차에서 내린 주안이가 내 손을 자기 심장에 대더니 너무 좋아서 심장이 빨리 뛴다고 했다. 박물관 입구에는 우라칸과 아벤타도르가 전시되어 있었다. 아벤타도르와 우라칸은 주안이가 제일 좋아하는 모델인데 전시장에 들어가기도 전에 두 차를 보니 주안이의 얼굴이 활짝 피었다. 기쁜 마음을 감출 수가 없나 보다.

박물관 입장권을 사고 그렇게도 기대한 람보르기니 박물관에 들어갔다. 람보르기니 박물관은 총 2개 층으로 되어 있었는데 그동안 우리가 방문한 자동차 박물관 중 규모가 가장 작았다. 그도 그럴 것이, 슈퍼카를 생산하는 회사인 데다 1963년 5월 창립되었기 때문에 여러 차종을 보유한 다른 브랜드보다는 전시할 차가 더 적을 것이다. 람보르기니 회사를 세운 페루치오 람보르기니는 제2차 세계대전 후 트랙터 회사를 세워 큰돈을 벌게 되었다고 한다. 절대 고장이 나지 않는 트랙터를 만들겠다던 람보르기니는 자동차에도 관심이 많아 유명 브랜드의 자동차를 수집하였는데, 그중에서 페라리를 제일 좋아했다고 한다. 그런데 그 당시 본인이 소유한 페라리의 잦은 고장으로 여러 번 페라리에 편지를 보냈는데 답이 없어서 직접 본사를 찾아갔다. 거기서 엔초 페라리를 직접 만나 차 좀 제대로 만들라고 조언을 하였다는데, 페라리가 트랙터를 만드는 사람이 뭘 아냐는 듯 '당신은 트랙터나 만들라.'라고 말했다고 한다. 그 얘기를 듣고 자존심이 상하고 화가 나서 이후 페라리를 대적할 람보르기니 자동차 회사를 세웠다고 한다. 설립 배경이 페라리 때문이었다니 참 재밌다.

제일 처음 전시되어 있는 차는 1966년 제작된 미우라 P400이다. 1966년 모터쇼에 미우라가 발표되고 엄청난 이슈가 되었고, 최초로 람보르기니에 큰 성공을 가져다준 모델이었는데, 페라리도 이 모델에 큰 관심을 보였다고 한다. 규모가 크지 않으니 1층부터 시간을 충분히 가지면서 돌아보았다.

독일 볼프스부르크 아우토슈타트에서도 빨간 쿤타치를 보았는데 초록 쿤타치가 전시되어 있다. 아주 예전 모델인데도 주안이가 람보르기니에서 좋아하는 모델 중 하나다. 1970년대 스포츠카로 센세이션을 일으킨 쿤타치는 지금 봐도 멋지다.

주안이가 좋아하는 우라칸 시리즈 중 레이싱카도 보였다. 람보르기니 우라칸 GT3는 볼로냐 산타아가타에서 만들어진 최초의 레이싱카이고 2015년 데뷔 무대에서 우승을 차지했다. 2016년에는 총 18번의 우승을 했고 2017년에도 대부분의 GT Championship에서 우승을 했다고 한다.

1층에 전시된 차 중 제일 최근에 나온 차는 우라칸 퍼포만테다. 무광 주황색이 무척 튀면서도 멋지다. 주안이가 자동차 디자인만큼 좋아하는 것이 휠(Wheel)의 모양인데 주안이가 좋아하는 우라칸이니 클로즈업해서 휠만도 엄청 찍었다.

1층을 다 보고 나서 2층으로 올라오니, 여기엔 예전 모델보다 최신 모델이 더 많아 주안이의 눈이 왕방울만큼 커졌다. 볼프스부르크 아우토슈타트에서도 람보르기니관에 아벤타도르가 붙어서 전시되었는데, 여기도 벽에 붙어 있는 모델이 아벤타도르다. 벽에 붙어 있으니 잘 보기 어려웠던 실내 인테리어도 구경하기 편하다.

2층까지 다 둘러보았는데 주안이가 기대했던 에고이스타가 없었다. 그리고 내가 기대했던 레벤톤도 없었다. 주안이가 람보르기니 박물관을 검색했을 때 여기를 다녀온 어느 분이 에고이스타의 사진을 찍어 올렸다길래 직원한테 물어보니 주기적으로 박물관에 전시되는 차를 바꾸는데 지금 시즌엔 아쉽게도 에고이스타와 레벤톤은 없다고 했다. 주안이가 그린 레벤톤이 너무 좋아서 실물과 주안이 그림을 같이 보고 싶었는데 좀 아쉬웠다. 그래도 주안이는 "제일 좋아하는 아벤타도르와 우라칸, 베네노를 보았으니 그럼 된 거지." 하며 여전히 기분 좋아했다. 다시 1층으로 내려와 주안이가 좋아하는 모델들을 다시 이리저리 보고 나서 기념사진을 찍고 꼭 사고 싶었던 람보르기니 다이캐스트를 사러 기념품 상점으로 갔다.

기념품 상점은 촬영 불가라고 해서 눈으로만 보았는데 다이캐스트가 딱 4개밖에 없다. 포르쉐나 벤츠만큼은 아니어도 모델별로 하나씩은 있을 줄 알았는데…. 모델도 주안이가 원한 모델이 아니었는데 다이캐스트 가격은 135유로로, 15만 원이 넘었다. 크리스마스 선물로 람보르기니 다이캐스트를 사 준다고 약속을 했던 터라 여기까지 왔는데 그래도 골라 보라고 했더니, 딱 원하는 것도 아닌데 너무 비싸다며 이따 갈 페라리 기념품 상점에서 골라 보겠다고 하며 내가 이미 골라 둔 모자만 산다고 했다. 어려서부터 사 달라고 조르는 아이는 아니었지만, 자기가 정말 좋아하는 자동차 브랜드에 와서 참는다는 게 쉬운 일은 아닐 텐데 참 기특하다. "페라리에 가면 좋은 게 있을 거야."라고 말해 주고 람보르기니 박물관을 나왔다.

페라리 박물관(Ferrari Museum)

모데나의 람보르기니 박물관에서 40분 정도 운전해서 작은 도시인 마라넬로의 페라리 박물관에 도착했다. 마라넬로는 페라리 본사가 있는 곳이다. 빨간색이 페라리를 상징하는 색이다 보니 박물관 앞에 들어서자마자 건물 전체가 붉은색으로 아주 강렬한 인상을 주었다.

박물관에 입장을 하자 바로 앞에 'Ferrari UNDER THE SKIN' 전시관이 보인다. 우리가 영국에 있을 때 런던 디자인 박물관에서 Ferrari UNDER THE SKIN 전시를 보았는데, 이탈리아 페라리 박물관에서도 같은 전시를 하고 있었다. 페라리 창립 70주년 기념으로 전시 중이었다. 입장해서 벽에 붙은 설명을 보니 아니나 다를까 런던 디자인 박물관과 협업해서 하고 있다는 안내문이 보인다. 세계 일주 중에 영국과 이탈리아 두 곳에서 같은 내용을 보는 인연도 참 대단하다. 두 번째 방문이니 Ferrari UNDER THE SKIN의 대미는 라페라리라는 것을 이미 알 수 있었다. 영국에서는 흰색 라페라리가 전시되어 있었는데, 이탈리아에는 검은색 라페라리가 전시되어 있었다. 개인적으로는 검은색 라페라리가 더 멋졌다. 라페라리가 전시된 벽에는 라페라리를 디자인한 여러 스케치들이 붙어 있었다. 주안이가 자동차 디자이너가 되겠다고 한 그때부터 난 자동차 못지않게 이런 디자인 스케치들이 예사로 보이지 않았다. '자기가 스케치한 차가 실제로 출시가 되는 기분은 어떨까? 생각만 해도 짜릿하겠지?'

Ferrari UNDER THE SKIN 관람 후 페라리 레이싱에 관한 전시관으로 갔다. 자동차를 잘 모르는 나도 페라리 하면 떠오르는 이미지가 빨간색과 레이싱인데, 레이싱에 관한 전시가 정말 인상 깊었다. 안으로 들어가니 우와 하고 탄성이 나왔다. 레이싱카들이 반원형 대형으로 전시되어 있는 모습의 아우라가 정말 멋졌다. 정중앙에 배치되어 앞에 전시된 레이싱카를 바라보고 있는 건 F2008 모델로 제일 최근인 2008년도에 우승한 레이싱카이다. F2008 뒤로는 역대 F1에서 우승을 차지한 레이서들의 사진과 헬멧, 트로피들이 전시되어 있는데, 그중에서 가장 눈에 띄는 선수는 F1 역사상 가장 많은 기록을 경신하고 가장 많은 우승을 차지한 미하엘 슈마허이다. 연도별로 제작된 레이싱카들을 구경하기 바쁜 주안이를 위해 이 방에서만 얼마나 오래 있었는지 모른다. 나와 남편은 잠시 의자에 앉아 쉬고 있는 시간에도, 주안이는 이리저리 여러 번 돌아다니며 얼마나 열심히 보는지…. 어린이지만 자기가 좋아하는 것에 저렇게 집중하는 모습이 참 기특하고 참 멋있다.

마지막 전시관에는 레고로 만든 SF70-H가 전시돼 있다. 순간 지나치면서 보면 진짜 레이싱카 같은데 이 작은 레고 조각들로 엄청난 레이싱카가 만들어져 있었다.

레고 페라리를 끝으로 길을 따라 나오면 페라리 운전을 하는 게임기도 있고, 주안이가 좋아하는 기념품 상점도 있다. 기념품 상점이 람보르기니보다 훨씬 커서 주안이가 큰 기대를 하고 들어갔다. 마침 주안이가 원하는 모델을 찾았는데…. 가격이 람보르기니의 2배가 넘었다. 375유로로 원화 48만 원! 내 눈에는 포르쉐나 벤츠 다이캐스트와 별다를 것이 없어 보여 직원에게 왜 이렇게 가격이 고가인지 물어보니 여기에 판매하는 다이캐스트는 실제 페라리 자동차와 동일한 페인트 방식으로 색을 입혀서 그렇다는데 그래도 너무 비싸다! 람보르기니에서 135유로 가격에 놀란 주안이가 375유로나 되는 다이캐스트를 사 달라고 하지 못하겠고 얼굴에는 아쉬움이 가득했다. 기특하게도 너무 비싸서 어쩔 수 없으니 그냥 호텔로 가자고 말하는데 엄청나게 기대했던 람보르기니와 페라리에서 기념품을 아무것도 못 사 오니 내가 다 마음이 섭섭했다.

기념품 상점에서 별말이 없던 남편이 박물관을 나오자마자 주안이 손을 잡더니 씩 웃으면서 "주안아, 기념품 사러 가자." 한다. 무슨 말인가 했더니, 우리가 여기에서 원하는 다이캐스트를 구하지 못하는 동안 남편이 구글로 다이캐스트 파는 상점을 체크한 것이다. 게다가 위치가 박물관 나오자마자 첫 번째 건물이다! 남편이 찾은 기념품 상점은 자동차 마니아들의 천국이었다. 세상에…. 이렇게 많은 종류의 다이캐스트를 파는 곳은 처음이었다. 주안이가 구경하다 말고 나에게 와서 여기 몇 시까지 있을 수 있냐고 물었다. 주안이가 원하는 거 고를 때까지 있을 거라고 하니 상기된 얼굴로 방긋 웃는다. 세상 유명한 모든 자동차가 다 여기에 있구나! 저렴한 것부터 정말 비싼 것까지 종류가 다양했다. 자세히 살펴보다가 마침내 주안이가 제일 사고 싶다던 람보르기니 아벤타도르 로드스터 다이캐스트를 찾았다! 가격을 보니 여기도 만만치 않게 비싸다. 150유로인데 남편이 웃으면서 할인이 조금 될지 물어보니 10% 할인해서 135유로까지 최대한 해 줄 수 있다고 한다. 주안이가 손꼽아 기다린 슈퍼카 모델을 이탈리아 본고장에 와서 하나쯤은 사 주고 싶었는데, 그동안 잘 따라와 준 주안이의 늦은 크리스마스 선물을 겸해서 엄마, 아빠의 선물로 이 모델을 사 주기로 했다. 주안이가 함박웃음을 지었다. 좋아서 입이 찢어지면서도 계산 전에 모델에 흠은 없는지 꼼꼼히 살펴보는 주안이의 모습이 재밌다.

호텔은 페라리 박물관 근처로 어젯밤 남편이 예약을 해 두었다. 마라넬로 페라리 박물관에서 차로 5분 거리에 있는 호텔 마라넬로는 바로 앞이 페라리 공장이다. 1박이지만 요리가 가능한 아파트형 호텔이라 오늘 저녁은 오랜만에 집밥을 하기로 했다. 몸은 피곤하지만 근처 Coop 마트에 가서 저녁거리로 소고기와 홍합, 야채와 와인을 사 왔다. 남편이 후다닥 홍합탕을 끓이고 소고기 스테이크를 맛있게 구웠다. 오늘의 피로를 다 풀어 준 최고의 요리였다.

이로써 세계 일주 중 주안이의 꿈의 그릇을 키워 주기 위해 우리가 계획했던 자동차 박물관 방문은 모두 끝이 났다. 출발 전에는 계획에 없었지만 여행 중 알게 돼서 방문한 영국의 Ferrari UNDER THE SKIN과 벨기에의 오토월드, 스웨덴의 볼보

스튜디오, 독일 볼프스부르크의 아우토슈타트, 뮌헨의 BMW 박물관과 슈투트가르트의 포르쉐 박물관과 벤츠 박물관, 이탈리아의 람보르기니 박물관과 페라리 박물관까지 우리는 총 5개국 7개 도시의 9개 자동차 박물관을 모두 돌았다. 주안이 덕분에 덩달아 자동차 박물관을 갔던 나는 주안이가 좋아하는 자동차에 대해 조금 더 잘 알게 되었다. 주안이는 자신이 좋아하는 자동차 브랜드를 다 돌아보면서 본인이 그린 그림을 보고 좋아하는 사람들, 주안이의 꿈을 응원하는 사람들을 만나는 색다른 경험을 할 수 있었다. 또한 자동차 역사와 철학을 좀 더 심도 있게 알게 되었고, 디자이너의 개성에 따라 변화하는 디자인을 보면서 더욱더 자동차 디자이너가 되고 싶다고 했다.

주안이의 소중한 꿈의 실체를 좀 더 큰 무대에서 보여 줄 수 있어 그 자체로도 행복하다. 주안이가 정말 훗날에 자동차 디자이너가 될지, 전혀 다른 일을 하게 될지 알 수 없다. 하지만 주안이를 응원하는 엄마 아빠가 있고, 자동차로 유럽을 여행하면서 주안이가 좋아하는 자동차를 같이 보러 다니고, 여행을 통해 함께한 이 값진 경험이 훗날 주안이에게 무엇과도 바꿀 수 없는 무형의 자산이 되고, 어떤 상황에서든 용기와 자신감을 잃지 않는 멋진 청년으로 성장해 있으리라 믿는다. 매 순간이 너무너무 소중한 세계 일주다.

DAY93

2017.12.28

[이탈리아]

르네상스의 발원지 피렌체

아침에 일어나서 창문을 열어 보니 바로 앞에 페라리 공장이 보인다. 람보르기니와 페라리 공장 견학도 하려고 했는데 크리스마스 이후 공장 전체가 휴무라 못 간 것은 아쉽지만, 이렇게 페라리 공장 앞에서 숙박하는 것도 색다른 경험 같다.

오늘 이동하는 곳은 피렌체이다. 피렌체도 역사지구(구시가지) 전체가 유네스코에 등재된 곳이다. 피렌체 구시가지에는 ZTL이라는 구역이 지정되어 있는데 허가받지 않은 차가 들어가면

벌금을 내야 한다. ZTL 구역이 우리가 오늘 관람하는 역사지구이기 때문에, ZTL 구역 밖에 있는 주차장을 검색해서 차를 주차하고 늦은 오후까지 피렌체 관광을 하는 일정을 세웠다. 주차장에 차를 대고 신문 가판대에서 버스 티켓을 사서 피렌체 구시가지와 두오모, 베키오 다리를 한 번에 조망할 수 있는 미켈란젤로 광장으로 이동했다. 피렌체의 구시가지를 보려면 두오모의 쿠폴라나 조토의 종탑에 올라가서 봐야 하는데, 우리는 사전 예약도 못 했고, 보나 마나 입장을 하기 위한 줄이 엄청날 것이기에 상황을 보기로 하고 오늘 첫 방문지는 피렌체 시내를 조망할 수 있는 미켈란젤로 광장으로 정했다.

미켈란젤로 광장에서 바라보는 피렌체는 정말 그림처럼 아름다웠다. 단테와 베아트리체가 처음 만난 곳인 베키오 다리도 멀리 보인다. 풍경 사진도 찍고, 가족사진도 찍으며 한창 구경하고 있는데 갑자기 비가 내리치기 시작했다. 아, 오늘은 정말 날씨가 아쉽구나. 광장에는 비를 피할 곳이 마땅히 보이지 않았는데 마침 우리가 타고 내려갈 버스가 대기하고 있길래 바로 버스를 타고 비를 피했다. 버스가 출발한 지 15분쯤 지나 하차하니, 다행히 비가 그치기 시작하여 모자를 쓰고 다닐 만했다. 버스에서 내려 피렌체 중심을 흐르는 아르노강 쪽으로 걸어갔다. 아까 미켈란젤로 광장에서 멀리 내려다본 베키오 다리가 보였다. 베키오 다리는 1345년에 건설되었고, 아르노강 위에 세워진 다리 중 가장 오래된 다리이며, 로마 시대의 마지막 다리다.

베키오 다리를 둘러본 후 골목을 걷다가 맛있는 피자 냄새에 이끌려 간단히 요기를 했다. 그리고 다시 구시가지 중심가로 들어가니 베키오 궁전이 보인다. 현재는 시청으로 사용하고 있다고 하는 이곳은 1294년에 지어졌는데, 1540년에는 피렌체 예술가들의 든든한 후원자였던 메디치 가문이 머물렀다고 한다. 구시가지 내 관광지는 대부분 다 모여 있어서 걸어서 5~10분 정도만 걸으면 도착하니 참 편했다.

피렌체에 방문한 가장 큰 이유 중 하나가 두오모 성당이다. 20대 때 너무 재밌게 읽었던 〈냉정과 열정 사이〉의 배경이 되었던 곳인데, 좁다란 구시가지 골목길을 걷다 보니 어느새 눈앞에 나타났다. 12년 만에 다시 마주한 두오모 성당! 산조반니 세례당과 조토의 종탑이 양쪽에 같이 보인다. 두오모는 역시나 어마어마한 인파로 붐볐고 성당 안에 입장하기 위한 긴 줄이 늘어져 있다. 두오모 주변을 둘러싼 건물이 많아 사진 한 장에 이 거대하고 웅장한 두오모를 담을 수가 없었다. 이전에 왔을 때 들어가 보기도 해서 우리는 긴 줄에 합류하기보다는 두오모 주변을 돌면서 두오모의 멋진 외관을 감상하기로 했다. 밀라노에 있는 두오모와는 또 다른 독특한 매력이 있었다.

두오모를 나와서 걸어가는 길에 메디치 리카르디 궁전이 보였다. 메디치 가문은 이탈리아의 대표적인 귀족 가문으로 레오나르도 다빈치, 미켈란젤로, 보티첼리 등 수없는 예술가를 키워냈었다. 르네상스의 발원지 피렌체에서 메디치 가문을 빼놓고는 얘기할 수 없다고 하니 메디치 리카르디 궁전 앞에 잠시 머물러 구경했다.

어느새 하늘이 어두워져 가고 있었다. 해가 저무는 피렌체 좁은 거리를 걸으며 숙소로 가기 위해 다시 주차장으로 이동했다. 피렌체에서 한 시간 남짓 남쪽 방향으로 운전해 우리는 피렌체 외곽에 위치한 작은 마을에 있는 숙소에 도착했다. 옛 시골 대저택을 개조한 이탈리아의 전통을 느낄 수 있는 숙소다. 간단히 음식을 요리할 수 있는 주방이 있다고 해서 잡았는데 집도 엄청 크고 네스프레소 머신과 커피캡슐도 비치되어 있는 등 부엌 시설도 잘되어 있었다. Coop에서 사온 냉동피자를 오븐에 굽고 남편과 네스프레소 커피 한 잔을 하며 여유로운 저녁 시간을 보냈다. 집에 있을 때 매일 너무 당연하게 한 잔씩 내려마시던 네스프레소 커피였는데, 여행을 와서 네스프레소 커피 한 잔에 감동한 나를 보고 남편이 웃는다. 세계 일주를 하면서 작은 것에도 감사하고, 감동받는 일들이 더 많아지는 것 같다. 여행 자체가 매일의 감동이고, 또 감사다.

DAY94
2017.12.29

[이탈리아]

이탈리아 최고 아웃렛에서의 소확행과 로마 입성

오늘은 로마로 이동을 하는 날이다. 남편이 조식을 하면서 알려 주기를 피렌체에서 로마로 가는 일정을 짤 때 이탈리아에서 제일 유명한 더 몰(The Mall) 아웃렛을 들렀다 가려고 일부러 피렌체에서 로마 쪽으로 가는 방향에 위치한 시골 마을의 숙소를 잡았다고 해서 깜짝 놀랐다. 세계 일주 중 아웃렛 쇼핑이라니! 올 한 해 나에게 큰

변화도 있었고, 최선을 다했던 한 해가 가기 전, 고생했다고, 또 잘했다고 선물을 해 주고 싶다는 남편. 선물도 좋은데, 남편 마음이 더 고마웠다. 로마까지 3시간 정도 운전해야 하니 오늘 오전에는 아웃렛에서 시간을 보내고, 점심 후 로마로 이동하는 일정으로 잡았다. 호텔 체크아웃 후 10분 만에 도착한 아웃렛은 유명 브랜드에 사람들이 줄을 서서 입장을 기다리고 있었다.

우리는 상대적으로 줄이 짧은 곳을 먼저 둘러보고, 한국에 비해 엄청 싸다는 프라다에 들어가 보았다. 가격을 보니 반지갑이 180~200유로 사이로 한국에 비하니 참 쌌다. 게다가 여기에 추가 12% 정도 되는 Tax 리펀드를 받을 수 있는 것까지 계산을 하면 사람들이 왜 이탈리아에 오면 아웃렛을 와서 그렇게 쇼핑을 하는지 알 거 같았다. 아직 남은 일정을 고려하면 짐이 되는 물건은 살 수가 없고, 가지고 다니기 작은 물건만 봐야 하니 쇼핑 시간이 그리 오래 걸리지 않았다. 나는 남편에게, 남편은 나에게 서로 기념될 것들을 선물로 고르고 간단히 쇼핑을 마쳤다.

버스를 타고 몰려온 중국 관광객들로 인해 계산하는 줄이 길었는데 계산을 위해 서 있는 동안 내부가 답답한 주안이는 엄마 아빠 편하게 쇼핑하라고, 몰 앞에 의자에 앉아 우리를 기다려 주었다. 자기도 이탈리아 와서 람보르기니 다이캐스트를 사는 즐거움이 있었으니, 엄마 아빠도 즐거운 쇼핑 하란다. 참 말을 예쁘게 하는 우리 아들이다. 계산을 마치고, 사람이 없는 곳을 좀 둘러보다가 12시쯤 더 몰 내에 있는 중국집에 가서 간단히 점심을 먹고 로마로 출발했다.

정겨운 이탈리아 풍경을 감상하며 3시간 남짓 달려 오후 4시쯤 이탈리아의 수도 로마에 도착했다. 연말이라 어디든 관광객들로 붐비다 보니 로마에서 3박을 하면서 새해를 맞이하고 이동 인구가 많지 않을 거로 예상되는 1월 1일에 이탈리아 서해안을 거슬러 올라 피사로 이동할 예정이다. 연말연시 로마는 따뜻한 기후와 연휴 때문에 전 세계에서 온 관광객으로 붐볐다. 그래서 주차가 가능한 적절한 가격대의 숙소를 찾기가 쉽지 않은데 다행히 우리는 로마 근교의 노보텔에 묵게 되었다.

로마는 유적지가 몰려 있는 구역을 ZTL로 지정하고 있어서 진입이 쉽지 않을뿐더러 숙소와 별도로 내야 하는 주차비가 매우 비싸다. 그래서 로마에 머물 숙소를 시내 외곽에 잡았는데, 기차와 지하철로 갈아타더라도 30분 이내면 시내에 도착할 수 있고 주차가 무료이며 시내의 숙소에 비해 시설도 넓고 비교적 신축 건물이라 쾌적하다. 게다가 우리가 호텔스닷컴으로 10박 숙박을 했더니 1박 무료가 되어, 초성수기 시즌임에도 노보텔 3박을 17만 원 초반대로 예약을 할 수 있었다. 다만 로마의 City Tax는 다른 어떤 지역보다 비싸서 로마에서 3박을 하게 되니 가족 전체의 세금이 54유로(약 7만 원)가량 되었다. 보통 유럽의 다른 도시에서 어린이는 숙박세가 무료이고, 성인은 1~3유로 사이였는데 로마는 11세인 주안이도 세금을 내야 하고 그것도 하루당 6유로나 내야 한다. 체크인을 하면서 어린이 손님 선물이라며 호텔 직원이 주안이에게 거북이 인형을 선물로 주었다. 주안이는 인형이 이쁘다며 바로 자기 배낭의 고리에 달았다. 앞으로 남은 세계 일주 여행 동안 거북이 인형도 우리 가족과 함께할 것이다.

세계 일주를 시작할 때 각자의 생일날에는 어디를 지날 것이며 크리스마스와 새해는 어느 나라 어느 도시에서 보낼지 궁금했었는데, 남편의 생일날은 네팔에서 인도 뉴델리로 넘어가는 날이었고, 크리스마스 때는 스위스 베른과 이탈리아 밀라노, 그리고 새해는 로마에서 보내게 되었다. 돌아오는 내 생일에는 어디쯤 지나고 있을까? 궁금해진다.

DAY95
2017.12.30

[이탈리아/바티칸시국]
바티칸에서 만난 미켈란젤로

호텔 로비에서 바티칸 박물관을 방문하기 위해 가는 방법이나 티켓 구하는 것에 대해 물어보니 벌써 온라인으로 하는 박물관 표 예약은 매진이 되었고, 내일이 2017년 마지막 날이라 바티칸 박물관이 휴무라고 했다. 우리는 내일까지 로마에 머물고 모레인 1월 1일 떠나야 해서 오늘

또는 내일 중에 바티칸을 가려고 했는데 바티칸을 갈 수 있는 날이 오늘밖에 없는 것이다. 줄이 길어 들어갈 수 있을는지 모르지만 그래도 일단은 바티칸을 가 보기로 했다. 세계 일주 중에 몸에 밴 Just Do it!

바티칸시국은 우리나라 경복궁만 한 크기에 인구는 천여 명으로 로마교황을 원수로 하는 세계에서 제일 작은 독립국이다. 12년 전 주안이를 임신했을 때 바티칸에 있는 베드로 성당에서 소매치기를 당해 속상했었는데 그럼에도 미켈란젤로의 〈천지창조〉를 다시 볼 수 있기에 이번엔 주안이랑 꼭 같이 가고 싶었다.

바티칸시국이 있는 성 베드로 광장에 도착했다. 베르니니가 설계한 완벽한 대칭을 이루는 아름다운 광장이다. 사람들을 품에 안아 주는 따뜻한 느낌의 광장으로 광장 정중앙에는 오벨리스크가 있고 그 주변에는 성탄절을 기념하기 위한 인형들이 전시되어 있었다. 71세에 성 베드로 성당 공사의 전권을 받은 미켈란젤로는 하나님에 대한 사랑과 베드로에 대한 존경심으로 일체의 보수도 받지 않고 생을 마감할 때까지 성 베드로 성당의 공사를 맡았다고 한다. 성 베드로 광장 전체에 입장권을 사기 위해 줄을 선 사람이 대형 인간띠를 만들고 있었다.

이렇게나 많은 인파가 어디서 몰렸나 싶다. '몇 시간을 서야 우리 차례가 올 수 있을까?' 답이 안 나왔다. 그런데, 바로 그때 주변에 'SKIP THE LINE'이라는 팻말을 들고 그룹 투어를 소개하는 에이전트들이 보였다. 그들 중 한 명에게 가격과 시간을 물어보니, 영어 그룹 투어가 20분 후 시작인데 바로 합류할 수 있다고 했다. 비록 비용은 조금 더 들더라도 연말임을 감안해 여행사 프로그램을 이용하는 게 효율적일 것이다. 그래서 지체 없이 여행사에 가서 직접 결제하고 투어에 조인했다. 바티칸에서 주안이에게 제일 보여 주고 싶었던 것이 바로 미켈란젤로의 〈천지창조〉다. 12년 전에 보았을 때, 너무 놀라고 감동을 받았었는데 오늘 주안이가 어떻게 느낄지 궁금하다.

박물관 입구에는 바티칸 박물관을 대표하는 위대한 조각가인 미켈란젤로와 화가인 라파엘로 조각상이 보였다. 가이드가 누가 누군지 맞혀 보라고 했는데, 왼쪽 할아버지 모습을 한 분이 미켈란젤로이고, 오른쪽 젊은이가 라파엘로이다. 미켈란젤로는 89세에 사망한 반면, 라파엘로는 37세 젊은 나이에 사망해서 조각상의 얼굴의 모습만 봐도 쉽게 구분이 된다. 건물 내부로 들어가니 입장하려는 사람들로 장사진을 이루었다. 가이드가 준 박물관 입장권을 한 장씩 꼭 손에 쥐고 인파를 뚫고 이제 바티칸시국으로 들어간다.

가이드가 미리 나누어 준 리시버를 들고 초록색 이어폰을 귀에 꽂자 가이드의 생생한 설명이 들리기 시작했다. 바티칸은 세계에서 가장 작은 나라인데, 이 안에 약국도 있고 이번엔 볼링장도 생겼다는 소소한 이야기부터, 바티칸을 수호하는 군인들은 스위스 용병이라는 이야기도 해 주었다.

박물관 건물 안에 본격적으로 입장하기 전, 잠시 시스티나 성당에 그려진 미켈란젤로의 〈천지창조〉와 〈최후의 심판〉에 대한 설명을 해 주었다. 시스티나 성당 안에서는 촬영 불가는 물론 대화도 할 수 없기 때문이다. 당대 유명한 조각가인 미켈란젤로가 처음 〈천지창조〉 천장화를 요청받았을 때, 조각가에게 왜 그림을 그리게 하냐고 거절했다고 한다. 이후 교황청의 지속적인 설득 끝에 그림을 그리게 되었는데 미켈란젤로는 천장화를 그리는 동안 아무도 간섭하지 않아야 한다는 조건을 걸었고, 성당 문을 걸어 잠그고 누구의 도움도 없이 미켈란젤로 혼자 4년을 서서 성당 천장 전체를 모두 그려냈다고 한다. 규모가 방대하여 당시 공사 담당자가 돕는 사람을 보내겠다고 해도 본인 외에는 잘하는 사람이 없다고 생각한 미켈란젤로는 모든 도움을 다 거절했다. 그런데 지지대에 서서 그리다 보니 석회가 들어간 물감이 눈으로 들어가서 나중에는 미켈란젤로의 눈이 거의 실명되게 되었고 4년 내내 몸을 젖히고 몇 시간씩 그리다 보니 뼈가 뒤틀리는 고통도 받게 되었다. 4년 후 마침내 〈천지창조〉 천장화가 완성되었고 미켈란젤로는 너무 힘들어서 로마를 떠나 피렌체로 갔다.

〈천지창조〉 천장화에서 가장 마지막에 그린 아담의 창조 부분에서 하나님을 둘러싼 모습이 해부학적으로 뇌의 모양을 본뜬 거라고 한다. 조각가였던 미켈란젤로는 인체 해부학적 모습도 다 염두에 두고 그림을 그렸던 것이다. 사람을 창조하는 마지막 단계로 인간에게 지성을 넣어 주는 모습을 표현한 것이다. 〈천지창조〉를 그리고 23년이 지나 미켈란젤로에게 다시 시스티나 성당의 〈최후의 심판〉 벽화를 요청했을 땐 흔쾌히 수락을 했다고 한다. 성경의 시작 천지창조를 그렸으니, 마지막인 최후의 심판을 그리는 것에 동의하였으리라…. 하지만 이때에도 어떤 그림을 그려도 절대 간섭하지 않는 조건을 걸고 6년에 걸친 작업 끝에 대작이 완성됐다. 〈최후의 심판〉에 표현된 예수님은 이 박물관에 전시된 토르소 조각을 모델로 삼았고, 얼굴은 예술의 신 아폴로의 얼굴을 본떠 그렸다고 한다.

홍미로운 설명을 듣고는 이제부터 박물관 안으로 입장하여 멋진 조각상들을 감상하기 시작했다. 라오콘 군상이 있는 쪽으로 이동했다. 역시 유명한 작품에는 사람들이 많이 모여 있다. 1506년 부서진 채로 에스퀼리노 언덕에서 발견된 라오콘의 군상은 서양 미술사를 한 단계 끌어올렸다는 평가를 받고 있는 작품이다. 바티칸에서 이 조각을 보고 미켈란젤로에게 보여 줬는데 미켈란젤로가 이건 꼭 사야 한다고 주장해서 바티칸 박물관에서 구매했다고 한다. 신에게 벌을 받아 아들과 함께 두 마리의 뱀에게 물려 죽는 모습의 라오콘 군상은 근육과 표정이 굉장히 사실적이고 역동적으로 표현되었다.

가이드분을 따라 이어폰으로 설명을 듣고, 사진을 찍고 동시에 감탄을 연발하면서 참 숨 가쁜 관람이 이어졌다. 역시 그룹 투어는 족집게 과외처럼 핵심적인 내용만을 모아 놓은 투어 같다. 뮤즈의 방에는 기원전 1세기 작품으로 미켈란젤로의 수많은 작품의 모델이 되었던 토르소가 전시되어 있다. '기원전 1세기에 어떻게 이런 역동적인 조각을 할 수 있었을까?'

이후 태피스트리의 방과 지도의 방을 지나 그렇게도 기대하던 시스티나 성당에 진입했다. 성당은 바티칸에서 가장 인기 있는 곳으로 관광객이 떠밀리듯이 몰리는 곳이라 우리에게 감상을 위해 단 20분만 주어졌다. 이 거대한 작품을 보기엔 너무 부족한 시간이지만, 아까 박물관 입구에서 가이드분이 해 준 설명을 떠올리며 하나하나 작품을 살펴보았다. '도대체 이 큰 성당의 천장화를 미켈란젤로 혼자 다 그렸다는 게 정말 말이 안 된다.' 그림을 보려고 20분 동안 고개를 젖히는 것도 이렇게 목이 아픈데 4년을 천장 꼭대기에 올라가 떨어지는 물감을 눈으로, 얼굴로 맞으면서, 목과 허리의 뒤틀리는 고통 속에 작업을 했을 위대한 천재 예술가 미켈란젤로를 떠올리니 저절로 경외감과 존경심이 느껴진다. 20분이 어떻게 지나갔는지 모를 정도로 어마어마한 스케일과 환상적인 천장화에 몰두했다. 정말 말로 표현을 할 수 없는 위대한 작품이다.

시스티나 성당 관람을 마치고 성 베드로 성당 앞에서 열심히 설명을 해 준 가이드분과 작별을 하고 성 베드로 성당 내부는 각자 자유롭게 관람하기로 했다. 이제부터 오롯이 우리끼리 볼 수 있으니 시간에 구애받지 않아서 좋다.

성 베드로 성당의 하이라이트인 미켈란젤로의 작품 〈피에타〉. 〈피에타〉는 '신이여, 자비를 베푸소서.'라는 뜻으로 십자가에 달려 돌아가신 예수님을 마리아가 안고 있는 조각 작품이다. 미켈란젤로가 25세 때 조각한 작품으로 성 베드로 성당에서 제일 유명한 작품이다. 그래서 사진을 찍는 관광객이 많은데 12년 전 나도 사진을 찍던 순간 소매치기를 당해서 놀랐던 기억이 있다. 다행히 오늘은 여전히 인파로 붐볐지만 불미스러운 일은 없었다.

정신없이 사람들 사이에서 쉬지 않고 내리 3시간을 걸었더니 다리는 아팠지만 꼭 다시 와 보고 싶었던 이곳을 주안이와 함께 올 수 있어 의미 있는 바티칸시국 방문이었다. 하마터면 못 볼 수도 있었는데, 빠른 투어 관람 결정으로 예정대로 바티칸을 둘러볼 수 있어서 정말 좋았다.

3시간가량의 바티칸시국 관람을 마치고 나와 다음으로 판테온과 트레비 분수를 보러 이동했다. '판테온'이란 모든 신들의 신전이라는 뜻으로, 고대 로마인들이 당시 숭배하던 행성의 신에게 바치는 신전이다. 2천 년 전에 지어졌지만 여전히 온전한 모습을 간직하고 있는, 로마 건축 기술이 이룩한 위대한 업적 중 하나로 여겨지는 건축물이다.

오늘의 마지막 방문지 트레비 분수에 도착했다. 트레비 분수는 동전을 던지는 사람들과 사진 찍는 사람들로 엄청 붐볐다. 주안이에게 뒤돌아서서 이 분수에 동전을 던져 들어가면 다시 로마에 온다는 말이 있다고 알려 주었다. "12년 전 엄마도 여기 동전을 넣었는데, 그래서 주안이랑 다시 왔나 보네."라고 하니 주안이도 동전 던지기를 해 본다고 했다. 동전 던지는 사람이 많아 한참을 기다려 분수에 동전 넣기를 성공했다. 성공한 주안이는 나중에 엄마, 아빠랑 꼭 다시 올 거라며 씩 웃는다. 그리고 트레비 분수 옆 젤라또 아이스크림 가게에 들러 주안이에게 젤라또를 사 주었다. '12년 전 당시 소매치기를 당한 나를 위로해 주려고 남편이 젤라또를 사 주었었지….' 같은 가게에서 그 당시 배 속에 있던 주안이랑 다시 와 그때 그 아이스크림을 먹으니 기분이 묘하다.

이제 지하철을 타고 다시 호텔로 복귀할 시간이다. 온종일 걷는 일정이라 피곤한 하루였지만, 오늘 본 위대한 예술가 미켈란젤로의 작품을 본 감흥은 한동안 잊지 못할 것 같다.

DAY96
2017.12.31

[이탈리아]

고대 로마 속으로 (콜로세움, 포로 로마노, 팔라티노 언덕)

로마는 ZTL로 지정된 구역이 많고 주차비가 비싸서 관광객이 차를 가지고 이동하기가 불편한데 일요일인 오늘은 주차선이 있는 곳은 모두 무료 주차가 가능하다고 해서 호텔 직원에게 ZTL 밖의 구역으로 콜로세움과 가장 가까이 주차할 수 있는 곳을 물어보았다. 이탈리아에서는 차 안에 물건이 보이면 창문을 깨고 가져간다는 주의사항을 워낙 많이 들어서 차 안의 모든 짐을 호텔에 두고 콜로세움 근처의 안내받은 주차 구역에 차를 세웠다.

어제 바티칸에 갔던 사람들이 다 오늘 콜로세움으로 온 것같이 여기도 어제만큼 줄이 긴 것을 보니 역시 연말답다. 2017년 마지막 날인 오늘, 이제껏 살면서 이렇게 포근한 날씨에서 한 해를 마무리하는 것은 처음인 것 같다. 지금부터 거의 1900여 년 전 지어진 콜로세움은 로마 왕족과 귀족들의 호사스러운 여흥지로 사용된 곳으로 유명하다. 검투사들이 귀족들에게 즐거움을 주기 위해 서로 싸우고 죽이기도 했던 곳으로 예전에 보았던 〈글래디에이터〉 영화를 떠올리게 하는 곳이다. 원형극장으로 최대 5만 명까지 수용이 된다니, 규모에 놀라고, 사람이 이렇게 잔혹할 수 있다는 점에 또 놀라게 되는 곳이다. 많이 훼손이 되어 있지만 옆에 있는 포로 로마노와 더불어 고대 로마에 와 있는 듯 착각이 들기도 했다.

콜로세움을 먼저 관람할까 하다가 끝없이 늘어선 줄을 보고 계획을 바꿔서 팔라티노 언덕 앞 매표소로 갔다. 입장권은 콜로세움, 포로 로마노, 팔라티노 언덕을 모두 포함하는 통합권이라서 우리는 사람들이 많이 몰리는 콜로세움을 먼저 가지 않고, 팔라티노 언덕-포로 로마노-콜로세움 순으로 관람을 하기로 했다. 팔라티노 언덕 앞에 있는 입장권 판매소에 오니 콜로세움에 비해 줄이 정말 짧았다. 팔라티노 언덕 쪽으로 입장을 하면 바로 언덕을 올라가는 계단과 연결된다. 이곳은 로마 시대 황제의 궁전과 귀족들의 거주지가 있던 곳으로 로마 건설자 로물루스가 처음 도시를 만들었고, 아우구스투스 황제가 궁전을 세웠던 곳이다. 이집트 박물관에서 본 아우구스투스와 리비아의 집터가 이곳에 있다고 하니 참 신기하게 느껴졌다.

돌아보면 곳곳에 안내판이 세워져 있고 각각의 터가 어떤 곳으로 사용되었는지 쓰여 있는데, 이곳이 그 옛날 호화로운 궁전이었다는 생각을 하니 돌 하나하나가 예사롭지 않게 보였다. 정말 알고 보면 대단한 건물이고, 모르고 보면 그냥 돌인 것이다. 우리는 깊이 있게는 알지 못하더라도 이곳이 바로 로마가 시작된 곳이며, 황제들이 있는 궁전 터였다는 점을 떠올리며 천천히 관람을 시작했다.

팔라티노 언덕으로 오르는 곳으로 입장하면 Domus Augustana부터 보게 된다. 안내판을 보니 Domus Augustana라는 표시가 많아 구글에 찾아보니 로마의 9대 황제 도미티아누스의 궁전이라는 의미였다. 또한 유명하다는 플라비 궁전도 이 도미티아누스 궁전의 일부라고 쓰여 있었다. 꽤 높은 언덕 위에 고대 로마 황제들의 궁전을 짓고 살았다니, 자꾸 언덕 아래를 내려다보게 되고 또 훼손은 되었지만 엄청난 아우라를 뿜어내는 건축물들을 번갈아 보게 된다.

아침이라 그런지 관람하는 사람은 많지 않았다. 대부분의 관람객들이 콜로세움 쪽으로 몰려서 그런 것 같다. 시계를 보니 한국은 12월 31일 저녁 시간. 잠깐 시간을 내어 양쪽 부모님들께 신년 인사차 전화를 드렸다. 영상 통화를 하니 가족에 대한 그리움이 더 밀려왔다. 건강해 보이셔서 너무 좋았고, 연말과 신년이 되니 너무 뵙고 싶다.

아우구스투스 집터 근처와 아우구스투스가 사랑한 아내 리비아의 집, 주변의 아름다운 경관들을 보다 보니 팔라티노 언덕에서의 하이라이트인 포로 로마노의 모습이 눈에 들어왔다.

언덕에서 내려다보는 포로 로마노 모습은 소름 돋을 정도로 정말 장관이었다. 내려와서 포로 로마노를 걸어 보았다. 포로 로마노는 신전, 공회당, 기념비 등의 건물들로 구성된 도시공간으로 공공생활을 할 수 있는 기능을 갖췄던 곳이다. 나중에는 정치, 경제, 종교의 중심지로 발전하면서 약 1,000년 동안 로마제국의 심장 역할을 했다. 비록 많이 훼손되어 형태를 알 수 없는 조각들도 많았지만, 부서진 조각들도 그 자리에 그대로 전시되어 있는 점들이 참 인상 깊었다. 3시간 넘게 팔라티노 언덕과 포로 로마노를 둘러보았다. 오늘 하루는 과거로의 시간 여행을 하는 느낌이다.

어느새 시간이 점심시간을 훌쩍 넘어가고 있었다. 바로 콜로세움으로 입장하기 앞서서 시내에서 늦은 점심을 하고 콜로세움으로 들어가기로 했다. 점심 먹을 곳을 찾기 위해 베네치아 광장 앞으로 나왔다. 이곳은 1871년 이탈리아의 통일을 기념하기 위해 조성된 광장이다. 로마의 중심에 자리 잡고 있어 로마의 배꼽이라고도 불리는 곳이다. 로마는 몇 걸음 걸으면 나오는 게다 유적지인 것 같다. 광장에서 기념사진을 찍고 걸어나오니 거리에 있는 레스토랑은 오늘 휴일임에도 불구하고 모두 영업 중이었다. 레스토랑 앞 메뉴판을 살피고 있는데, 갑자기 남편이 지금 몇 시냐고 물어보았다. 지금은 3시 반이라고 하니 남편이 콜로세움 입장 시간을 구글에 확인해 본다.

어머나! 콜로세움 마지막 입장 시간도 체크 안 하고 온 거구나 싶어 깜짝 놀랐다. 유럽의 많은 관광지들은 종종 마지막 입장 시간을 지정해 놓는 곳들이 있는데, 콜로세움도 그중 하나였다. 다시 부지런히 콜로세움으로 걸어가니 시계는 3시 40분을 가리키고 있었다. 입구에 가서 보니 겨울 시즌에는 콜로세움이 4시 30분까지 오픈인데 마지막 입장 시간이 3시 30분으로 이미 입장이 끝났단다. 아침에 미리 안내문을 읽었어야 했는데…. 아… 왜 입장 시간을 체크를 안 했을까…. 표도 샀고, 오늘 시간도 많았는데…. 한편으론 줄이 너무 길었기 때문에 줄을 서 있었어도 못 들어갔을 수도 있겠구나 싶었지만 코앞까지 와서 못 들어간다니 많이 아쉬웠다. 남편이 이건 우리랑 인연이 아닌가 보다고 위로한다. 나중에 남부 프랑스 지방을 돌다 보면 콜로세움을 닮은 원형경기장이 여러 곳 있다고 하니 그때 제대로 보는 거로 하고 마음의 위안을 삼기로 했다. 대신 너무나 아쉬워 언덕 위에 올라가서 콜로세움 외부 사진만 수십 장 찍었다.

다시 호텔로 돌아와서 내일부터 다시 이동할 준비를 했다.

2017년의 마지막 날! 이탈리아 TV에서는 바티칸의 송구영신 예배와 각종 새해맞이 쇼와 불꽃놀이들을 생중계해 주고 있었다. 2017년은 돌아보면 우리 가족에게는 절대 잊을 수 없는 한 해

이자 큰 변화의 한 해였다. 작년 이맘때 난 무슨 생각을 하고 지냈나 생각해 보니, 연말과 연초가 회사에서 가장 바쁜 시즌이라 방학을 맞은 주안이를 친정 부모님께 보내고 매일 늦은 시간까지 일했던 기억만 있다. 하지만 1년 뒤인 2017년을 이렇게 가족과 함께 세계 일주를 하면서 마무리할 줄이야….

2017년 마지막 날 밤, 난 또 주안이에게 묻는다. "이렇게 여행 와서 어때?" 주안인 웃으며 답해준다. "내가 이미 말했잖아. 엄마 아빠랑 하루 종일 같이 있어 너무 좋다고. 그리고 맨날 여행하는 거 재밌어. 난 복 받은 아이야."

주안이를 엄마, 아빠 사이에 두고 주안이가 제일 좋아하는 샌드위치 허그를 하며 꼭 안아 주었다. 세계 일주 중에 새롭게 시작하는 2018년에는 어떤 일이 일어날까?

2018년 마지막 날에는 우리는 어떤 모습일지 너무 궁금하다. 분명히 2018년도 참 행복했다고 말할 것이다. 12시 자정이 되자 호텔 밖에서 폭죽이 터진다. Bravo 2018!

DAY97
2018.1.1

[이탈리아]

새해 첫날, 이탈리아 서해안을 따라 로마에서 피사로 Go Go!

새해 첫날 아침인 오늘도 우리는 다시 짐을 꾸려 호텔을 나섰다. 이탈리아반도를 로마까지 찍고 내려왔으니 이제 다시 거슬러 올라가는 여정 중에 오늘은 피사로 간다. 로마에서 피사는 360km 정도 거리이고, 이탈리아반도 서쪽 해안을 따라서 거의 4시간 동안 거슬러 올라가야 한다. 피사로 가는 고속도로에는 새해라 그런지 차가 많지 않았다. 왼쪽에 펼쳐진 이탈리아 서해안의 아름다운 풍경을 벗 삼아 이동하니 지루하지 않았다. 3시 넘어 오늘 숙소인 아파트형 호텔에 도착했다. 거실 하나에 큰 방 하나가 딸려 있는 숙소는 피사의 사탑까지 걸어갈 수 있어 마음에 들었다.

오랜 이동 시간으로 곧 해가 질 시간이 되어 짐을 내려두자마자 피사의 사탑을 보러 가기 위해 숙소를 나왔다.

피사의 사탑은 피사대성당 뒤편에 있는 종탑이다. 피사대성당 입구로 들어서면 성당 사이로 피사의 사탑이 얼굴을 빼꼼히 내놓고 있는 것같이 보였다. 1173년에 피사의 사탑을 착공할 당시에는 수직이었는데, 피사의 사탑의 무게를 지탱할 만큼 지대가 단단하지 못해서 건축 중간부터 서서히 기울기 시작했다. 5.5도까지 기울어진 것을 1990년부터 2001년까지 더 이상 기울어지지 않도록 보수 공사를 했는데, 그 결과 현재의 기울기인 3.99도가 되었다.

피사대성당과 피사의 사탑은 유네스코 세계문화유산이다. 안내판을 읽어 보니 보수 공사가 진행되어 피사의 사탑이 무너지지 않도록 잘 고정되었다고 하는데, 내 느낌에는 12년 전 봤을 때보다 더 기운 것 같은 느낌이었다. 관람하는 사람들 모두 피사의 사탑 앞에서 재밌는 포즈를 취하며 촬영하기 바빴다. 새해 첫날, 점프샷을 하고 싶었지만 너무 많은 인파 속에 하는 건 아닌 것 같아 우리도 피사의 탑 근처에 자리를 잡고 각자 재미있는 포즈를 취해 보았다. 주안이는 밀고 나는 당기는 포즈라서 동시에 2명이 각도를 맞춰야 하는데 아빠 감독님의 지시에 따라 어렵지 않게 성공했다.

개인 사진, 가족사진 등 여러 각도로 기울어진 피사의 사탑을 찍고 나서는 피사대성당을 따라 크게 돌아보았다. 어느새 피사의 사탑 위로 점점 붉게 물드는 노을 진 풍경이 참 낭만적이었다. 그리고 노을이 깊게 들어오다가 이내 어둠이 깔렸다. 오후에 도착하여 저녁까지 있으면서 재미있는 사진도 많이 찍고 멋진 풍경도 다 담아왔다. 피사의 사탑과 함께한 즐거운 새해 첫날이었다.

DAY98 [이탈리아/모나코]

2018.1.2

화보 속의 풍경, 5개의 어촌 마을 친퀘테레

오늘은 아름다운 어촌 마을 친퀘테레에 들렀다가 모나코로 넘어가는 날이다.

피사에서 친퀘테레까지는 차로 1시간 정도 걸리는데 불편한 도로 때문에 라스페치아역에서 기차를 이용해 방문하는 것이 제일 편리한 방법이다. 우리는 친퀘테레로 가는 기차를 타기 위해 라스페치아 기차역 근처 주차장에 차를 대고 기차역에서 표를 샀다.

이탈리아 북서부의 리구리아주에 위치한 라스페치아 지방의 5개 해안 마을을 친퀘테레라고 한다. 이탈리아어로 친퀘(Cinque)가 5개, 테레(Terre)가 마을이라는 뜻인데 친퀘테레 티켓을 사면 5개의 마을을 모두 방문할 수 있다.

총 5개의 마을을 라스페치아역에서 출발하는 순서로 보면,

1. 리오마지오레 Riomaggiore
2. 마나롤라 Manarola
3. 코니글리아 Corniglia
4. 베르나차 Vernazza
5. 몬테로소 알마레 Monterosso al Mare

이렇게 5개의 순서로 해안 마을이 펼쳐진다. 마을당 1시간만 잡아도 5시간이 넘게 걸리나, 우리는 선택과 집중을 위해 5개 중 유명하고 특징 있는 3개의 마을만 방문하기로 했다. 코니글리아는 기차역에서 뷰 포인트까지 너무 멀고, 몬테로소 알마레는 여름에 해수욕을 하는 곳이니 이 둘을 제외한 나머지 3개 마을을 방문할 예정이다.

라스페치아역에서 제일 멀리 떨어진 베르나차를 제일 처음에 방문했다. 기차역에서 내리니 파스텔톤의 그림 같은 마을이 눈앞에 펼쳐졌다. 파스텔톤의 예쁜 마을 사이 골목길을 지나 해안가로 걸어갔다. 해안가는 바람은 꽤 불었지만, 지중해의 온화한 날씨가 참 포근했다.

1월 겨울 날씨지만 기온이 영상 12도이다. 한껏 겨울바다를 감상했다. 바다가 주는 상쾌함이 참 좋았다. 마을 안 작은 골목으로 올라가 보니, 전망을 볼 수 있는 작은 성이 나왔다. 성 위로 올라서니 탁 트인 베르나차 마을의 모습이 한눈에 들어왔다. 인당 1.5유로의 입장료를 내고 조금 더 높은 전망대 위로 올라가 보았다. 그리고 보기만 해도 속이 후련해지는 지중해를 마음껏 감상했다.

다시 기차역으로 가서 오늘의 두 번째 마을인 마나롤라 마을로 향했다. 아까 기차역에 도착했을 때 다음에 출발할 기차 시간을 미리 확인하고 왔기에 다음 기차 시간에 맞춰 관람을 하고 기차역에 가니 기다릴 필요 없이 금방 기차를 타게 되어 시간이 절약됐다.

친퀘테레는 다 예쁜 곳이지만, 그중에서도 마나롤라는 아름답기로 손꼽히는 곳이라고 한다. 마나롤라역에 도착해 기차에서 내리니 마나롤라 마을의 색감도 근사했다. 마을 시작부터 기대감이 몰려온다. 해안 마을은 멀리서 봐야 더 멋지기 때문에 마을 반대편 언덕으로 올라갔다. 바다를 바라보며 길을 걸으니 정말 상쾌했다.

반대편 언덕에서 바라본 마나롤라 풍경은 정말 장관이었다. 아름다운 풍경에 수없이 사진을 찍으며 지금 이 순간을 충분히 즐기기로 했다.

1월 지중해의 햇빛은 겨울이 맞나 싶을 정도로 강렬했다. 주안이가 경량 패딩을 입었는데도 덥다고 겉옷을 벗었다. 그러곤 바다와 마주 서서 두 팔을 벌려 온몸으로 시원한 바닷바람을 만끽했다.

오랜만에 따뜻한 겨울 햇살을 듬뿍 받으면서 기차 시간에 맞춰 다시 언덕을 내려왔다. 내려가면서도 눈부시게 아름다운 해안 마을의 경관에 카메라를 내려놓을 수가 없었다. 중간중간 예쁜 마나롤라 마을을 배경으로 주안이 사진을 찍어 주었다. 햇빛이 강하면 저절로 눈을 감는 아들인데, 역시나 자연스럽게 두 눈을 감고 사진을 찍는다. 오늘 우리의 평화로움과 자유로움이 사진 속 주안이의 표정에서 다 보이는 것 같다.

세 번째 방문지는 리오마지오레다. 이곳도 마나롤라만큼 멋진 마을이다. 그중에서도 특히 빨간색 건물이 파란 하늘과 대비가 되면서 한 폭의 그림을 보는 것 같았다.

동네가 크지 않아서 금세 둘러보고 다시 기차역으로 향했다. 가는 길에베니스에서 맛보았던 오징어튀김 파는 곳을 발견했다. 다들 벤치에 앉아 먹고 있는데 어찌나 맛있어 보이던지 줄은 꽤 길었지만 우리는 1초의 망설임도 없이 줄을 섰다. 오늘도 주안이는 엄지를 흔들며, 온몸으로 맛있음을 표현한다.

기차를 타고 다시 라스페치아역으로 돌아왔다. 이탈리아를 떠나 이제 모나코로 이동해야 할 시간이다. 오전 10시에 라스페치아역에 도착해서 친퀘테레 3개 마을을 돌아보고 오니 벌써 3시가 넘었다. 라스페치아역에서 모나코까지는 275km로 3시간 운전해 6시 30분쯤 도착 예정이다. 너무도 많은 매력을 품고 있는 이탈리아에서의 일정은 그림 같은 친퀘테레 방문으로 끝이 났다. 이로써 8박 9일간의 이탈리아 일정도 무사히 잘 마치게 되었다. 이탈리아는 가는 도시마다 너무 멋있고, 어마어마한 문화유산을 간직한 곳이어서 더 오랫동안 기억에 남을 것 같다.

앞으로 모나코와 남부 프랑스, 스페인, 포르투갈 일정이 우리를 기다리고 있다. 남은 유럽 일정도 기대가 된다.

DAY99
2018.1.3

[모나코]
지중해의 진주, 그레이스 켈리의 나라 모나코

모나코는 바티칸시국 다음으로 세계에서 두 번째로 작은 나라다. 오늘 하루는 천천히 걸으며 모나코 곳곳을 둘러보기로 했다. 모나코는 물가가 비싸서 호텔 요금도 만만치 않은데, 다행히 모나코와 프랑스 경계선에서 불과 몇십 미터 떨어진 프랑스 쪽에 있는 아다지오 호텔로 숙소를 얻었다. 가격도 매우 합리적이고 주

방 시설도 갖춰져 있어 좋다.

호텔을 나와 해안가 쪽으로 몇 걸음 걸으면 프랑스에서 모나코 국경을 넘는다. 골목길을 사이에 두고 국가가 바뀌다니 오늘 우리는 모나코와 프랑스를 수시로 걸어서 넘어갈 예정이다.

유럽 남부 지역은 지중해성 기온이라 겨울에는 날씨가 참 온난하다고 한다. 추위를 엄청 타는 나도 오늘은 오랜만에 두꺼운 패딩 대신 경량 패딩을 입었는데도 전혀 춥지 않다. 마치 한국의 봄 날씨 같다. 바다 쪽으로 내려오니 아직 크리스마스 마켓이 열려 있었다. 마켓에 들러 우리나라 꽈배기랑 똑같이 생긴 빵이 있길래 먹어 보았는데 맛도 비슷했다. 바로 뒤편의 선착장에는 고급 요트들이 즐비해 있었다. 모나코는 세금이 없는 나라라 부자들이 모나코로 많이 온다던데 요트만 봐도 여기에 얼마나 부유한 사람들이 많은지 알 수 있을 것 같았다.

바닷길을 따라 걷다가 모나코 대공궁(Prince's palace of Monaco)으로 가기 위해 언덕길을 올랐다. 모나코 하면 제일 먼저 생각나는 사람이 할리우드의 유명한 여배우였던 그레이스 켈리다. 모나코 대공궁으로 올라가는 길에 우아하고 아름다운 그레이스 켈리를 왕비로 삼은 레니에 3세의 동상이 있고 다시 길을 따라 올라가면 언덕 위 평평한 곳에 모나코 대공궁이 자리 잡고 있었다.

모나코 대공궁 한편에 있는 기념품 상점에 들어가니 그레이스 켈리에 대한 다양한 사진 책들이 진열되어 있었다. 사진 책에서 젊었을 때부터 교통사고로 돌아가시기 전까지의 그레이스 켈리에 대한 사진들을 볼 수 있었는데 말로만 듣던 그레이스 켈리는 정말 동화책 속에 나올 법한 너무 아름답고 우아한 왕비였다. 할리우드 스타였다가 모나코의 왕비가 된 그녀의 인생은 어떠했을까? 화려한 20대 사진부터 중후한 50대 사진을 보니 갑자기 그녀의 삶이 궁금해졌다.

언덕 위에 자리 잡은 모나코 대공궁에서 보는 모나코의 풍경은 정말 멋졌다. 어젯밤 모나코로 들어오면서 보았던 야경도 참 멋졌는데 저녁 해가 지면 다시 올라와서 야경을 감상하기로 했다. 돌길을 따라 걷다 보니 모나코 대성당이 눈앞에 나타났다.

그레이스 켈리의 장례식이 거행되었던 곳으로, 이곳에 그녀가 잠들어 있다. 유럽의 다른 나라에서 본 성당보다 규모는 작았지만 디테일은 굉장히 섬세했다. 대성당을 보고 해양박물관을 지나 산책로를 끼고 걷는데 관람객도 거의 없어 주안이랑 조잘조잘 대화도 많이 하고 쉬엄쉬엄 길을 따라 내려왔다. 산책로를 내려와 바닷가를 끼고 걸으니 럭셔리한 고급 요트가 셀 수도 없이 많이 정박이 되어 있었다.

멋진 요트가 정박되어 있는 선착장을 끼고 우리는 다시 몬테카를로 카지노 쪽으로 향했다. 모나코 국가 수입원 중 가장 큰 비중을 차지하는 산업이 카지노이다. 그중 가장 유명한 카지노가 몬테카를로 호텔 카지노다. 가는 길에 명품 거리를 지나가야 하는데, 명품 쇼핑몰 아래 깔린 레드 카펫에 에이스 카드가 그려져 있는 모습이 역시 카지노 도시다웠다. 모나코 대공궁보다 더 화려한 카지노를 구경하고 나니 벌써 오후 4시가 되었다. 다시 숙소로 돌아가 간단히 저녁을 먹고 조금 휴식을 가진 뒤, 저녁 7시쯤 모나코 야경을 보기 위해 다시 숙소를 나왔다. 하루 종일 걸어서 다리는 많이 아프지만 막상 모나코의 아름다운 야경을 보니 모든 것이 보상되는 느낌이었다. 짧은 하루 일정이었지만 모나코의 매력에 푹 빠졌던 하루였다. 작지만 낭만 있는 부자 나라 모나코도 이제 안녕!

DAY100 [모나코/프랑스]

2018.1.4

낭만 가득한 프로방스 여행-니스, 칸, 마르세유

세계 일주 중 유럽 여행 일정은 3개월 정도인데, 그중 60일 정도는 자동차로 운전해서 여행 중이다. 프랑스 파리에서 차를 픽업해서 크게 원을 그리며 돌다가 오늘 다시 프랑스 남부로 들어왔다. 아침에 모나코에서 출발하여 1시간 정도 운전해서 니스에 도착했다. 따뜻한 햇볕이 내리쬐는 니스 해변에서 시원한 파도 소리를 들으며 산책하는 것만으로도 마음이 자유로워진다.

해변가를 따라 산책을 나온 사람들이 많았다. 반려견과 산책하는 사람들, 조깅하는 사람들, 돗자리를 깔고 쉬고 있는 사람들. 여기서는 바쁠 게 없다. 모두 느긋하게 따뜻한 태양을 한껏 느끼며 지중해를 바라보고 있는데 이런 모습을 바라보고 있는 나도 조급함이 없이 여유로움을 느낄 수 있어 참 좋다. 예전엔 이런 여유로움을 즐기는 사람들을 보면 참 좋겠다며 부러워했었는데 어느새 나도 이 사람들 사이에 앉아 있다. 니스의 연중 기온은 대략 15도다. 겨울이라고 하기에는 너무 따뜻한 기온이다. 추운 곳을 여행할 때는 패딩을 입고도 어깨를 움츠리고 다녔는데 얇게 입고도 춥지 않아 몸이 가볍다.

니스는 유럽인들이 가장 사랑하는 낭만적인 휴양지 중 한 곳이다. 파도 소리가 시원하게 들리는데 주안이는 벌써 해변 위의 조약돌을 주우며 놀고 있다. 어린이는 어디를 가나 알아서 놀 거리를 잘 찾는 것 같다.

바다를 따라 걷다가 다시 도로길로 올라가 걷고 있는데 길게 펼쳐

진 해변 위에 멋진 해변 레스토랑이 보였다. '해변 위에 레스토랑이라?' 누가 처음 아이디어를 냈는지 모르지만 상쾌한 지중해의 바다 내음을 느끼고 시원하게 펼쳐진 해변과 푸른 지중해 바다가 어우러져 더없이 이국적이다. 맛있는 피자 냄새가 여기까지 솔솔 난다. 레스토랑 앞에는 큼직한 선베드가 있는데 누우면 잠이 절로 올 것 같았다.

기분 좋은 산책을 마치고 다시 차로 이동했다. 니스에서 조금 더 가면 칸(Cannes)이다. 매년 5월이면 이곳에서 열리는 칸 영화제에 초대받은 전 세계에서 온 스타들이 레드 카펫 위를 걸어가는 모습은 참 유명하다. 영화제가 열리는 곳이라 굉장히 규모가 클 줄 알았는데 생각보다 한적하고 자그마한 곳이었다. 남편이 나를 위해 미리 깔아 놓았다는 레드 카펫을 밟아 보았다. 내가 세계 일주 중이라 드레스를 깜빡했다고 하니 주안이가 우리를 보고 웃는다. '아들, 이런 게 부창부수란다^^'

칸 영화제 행사장 주변에는 스타들의 핸드프린팅과 사인이 거리에 새겨져 있었다. 영화제가 열리는 이곳 주변으로 공원이 조성되어 있는데 군데군데 영화 포스터처럼 기념사진을 찍도록 준비되어 있었다. 이런 곳을 그냥 지나칠 일 없는 주안이 사진도 찍어 주고, 영화제 건물 뒤편에 있는 바닷길도 걸어 보며 시간을 보냈다. 바다 산책만 했는데 어느새 시간이 금세 흘러 오늘 우리가 숙박을 할 마르세유로 가야 할 시간이 되었다.

칸을 출발한 지 2시간, 마르세유에 도착했다. 마르세유에는 이미 붉게 노을이 지고 있었다. 어둑할 때쯤 마르세유 중심가에 있는 아파트형 숙소인 아다지오 호텔에 도착했다. 모나코에서 장을 본 야채가 많이 남아 있길래 야채와 계란 프라이, 고추장을 넣어 맛있는 비빔밥으로 저녁 식사를 해결했다. 식사 후 각각 남편은 다음 여행 일정을 짜고 나는 블로그를 정리했다. 오늘도 주안이는 열심히 수학 문제집을 풀었는데, 오늘로서 주안이가 5학년 2학기 수학 문제집을 다 마쳤다. 마지막 단원평가를 100점으로 마무리하고 주안이가 만족스럽다는 듯이 웃었다. 여행 중 매일 저녁 꾸준히 공부를 한다는 게 쉽지 않은데 참 기특하다. 문제집을 끝내면 과자 파티하기로 했는데, 주안이가 과자 대신 KFC 치킨으로 파티를 해 달라고 했다. '나중에 KFC가 보이면 꼭 사 줄게!' 함께 공부한 아빠에게도 박수 짝짝. ☺

오늘로서 우리 가족이 세계 일주를 시작한 지 꼭 100일이 지났고, 우리 여행의 절반이 흘렀다. 100일이 되면 자축 파티를 해야지라고 세계 일주 출발 전 막연히 생각했었는데, 막상 여행 와서 지내고 보니 매일이 우리에겐 파티다. 물 흘러가듯 살면서 40, 50대까지는 노후를 위해 열심히 일하고 60대가 되면 남편과 휴식을 할 수 있겠다 생각했었는데, 주안이가 다 크기 전에 이렇게 함께 여행을 다니고 추억을 쌓아가고 있다는 게 아직도 꿈만 같이 느껴졌다. 100일이 참 빨리 간 것 같은데, 앞으로 100일이나 더 남았다. 남은 100일도 우리 가족 모두 건강하게, 즐겁게, 행복하게 여행하길 기도해 본다.

DAY101
2018.1.5

[프랑스]

프랑스 제2의 도시 마르세유와 고흐가 사랑했던 작은 마을 아를

아침에 호텔 로비에 마르세유의 대표적인 상징물인 노트르담 드 라 가르드 성당에 가는 방법을 물어보니, 직원이 우리에게 관광 기차를 타고 올라가는 것을 적극 추천해 주었다.

호텔에서 20분 정도 걸어가면 요트 선착장 옆에 기차를 타는 곳이 있는데 멀리서도 기차가 잘 보여 쉽게 찾을 수 있었다. 이 기차를 타면 왕복으로 노트르담까지 갔다 올 수 있는데, 오고 가는 길에 마르세유 전경을 함께 볼 수 있어 일석이조다.

기차는 해안 도로를 따라 달리다가 골목을 통과해 언덕으로 올라가는 좁은 길에 들어섰는데, 이 긴 기차가 좁은 골목을 우회전, 좌회전하며 무리 없이 올라가는 게 놀라웠다. 생각보다 빠르고 거침없는 기차를 다고 달려 금세 노트르담 드 라 가르드에 도착하였다. 산꼭대기 봉우리 부분에 위치한 노트르담에 다다르니, 도시 전체를 내려다볼 수 있는 전망이 정말 장관이었다. 마르세유가 한눈에 빨려 들어오는 느낌인데 성당을 360도 돌면서 마르세유를 볼 수 있다. 가슴이 뻥 뚫리는 느낌이다.

주변의 멋진 풍경을 감상한 후 성당 안으로 들어가 보았다. 그동안 보았던 성당 내부와는 많이 달랐다. 보통 아이보리색 건물에 스테인드글라스로 장식된 성당이 대부분이었는데, 마르세유의 노트르담은 내부가 굉장히 화려하고 색감도 강렬했다. 성당에는 배의 축소판 모형들이 여러 개 달려 있는데 배가 출항하기 전 성당에 봉헌하고 진수식을 한 배들의 모형이었다.

노트르담을 모두 둘러보고 다시 출발지로 가기 위해 기차를 탔다. 놀이동산에 있을 법하게 생긴 기차가 마르세유 구시가지의 골목길 언덕을 가로지르며 미끄러지듯 내려가는데 올라갈 때보다 더 스릴 있게 느껴졌다.

다음으로는 짧은 마르세유 일정을 마치고 고흐가 사랑했던 곳이자 남프로방스 지역의 작은 도시인 아를(Arles)로 이동했다. 고흐는 1888년에 아를에 와서 1년간 머물면서 200여 점의 작품을 그렸는데, 고흐 작품 중 유명한 〈해바라기〉도 아를에 머물 때 그린 작품이다. 〈아를의 별이 빛나는 밤〉, 〈포럼 광장의 카페테라스〉 등 우리에게 익숙한 그림의 배경이 되었던 곳이 바로 아를이다. 과거 로마의 식민지였던 아를은 2천 년 전의 로마 유적을 간직하고 있는 도시로 곳곳에는 로마 시대 때의 원형경기장과 로마극장과 같은 유적들이 있다.

아를에 도착해 차를 주차하고 원형경기장이 있는 구시가지로 걸어갔다. 가는 길이 정감 있는 시골 느낌으로 고흐가 사랑한 도시답게 길 곳곳에 고흐의 그림들과 엽서들을 파는 상점들이 있었다. 아를에 있는 원형경기장은 로마의 콜로세움에 비하면 규모는 작았지만, 아를이라는 작은 소도시 안에 있다는 걸 생각하면 굉장히 큰 규모이고 로마의 콜로세움보다도 비교적 보존이 잘되어 있다.

원형경기장 안에 들어가 보니 밖에서 보는 것보다 그 규모와 크기가 훨씬 커 보였다. 다행히 평일 오후라 그런지 관람객이 거의 없어서 3만 명을 수용할 수 있는 이 큰 아레나가 오늘은 몽땅 우리 가족 차지가 되었다. 원형경기장의 제일 상단에서 경기장 밖으로 보이는 아를의 모습도 참 예뻤다. 경기장 꼭대기에서 밖을 바라보니 저 멀리 고흐의 작품 〈아를의 별이 빛나는 밤〉의 배경이 된 론강이 보인다.

원형경기장을 나와서 다음은 고흐가 자주 다녔던 카페를 찾아갔다. '카페 반 고흐'는 〈포럼 광장의 카페테라스〉 그림의 실제 배경이 된 곳이다. 그림의 색감이 너무 좋아 우리 집에도 걸려 있는 그림인데, 실제 배경이었던 카페에서 커피를 마신다니 생각만 해도 너무 설레었다. 그런데 막상 도착해 보니 문이 닫혀 있었다. 오늘만 영업을 안 하는 건지 아예 폐업을 한 건지는 정확히 알 수 없지만 빨간 문에 'Sorry, We are Closed.'라고 쓰여 있다. 아쉬운 마음에 카페 앞에서 기념사진을 찍었는데, 영업을 하지 않아서 사람이 없으니 오히려 사진 찍기는 편했다.

카페 반 고흐는 문을 닫았지만, 주변의 다른 카페들은 영업 중이었다. 카페 반 고흐 바로 옆에 노신사분께서 운영하시는 자그마한 카페가 있는데 반 고흐가 그린 그림에도 살짝 나와 있는 카페다. 아쉬운 대로 이 카페 야외 의자에서 반 고흐 카페를 배경 삼아 커피를 마셨다. 연세 지긋하신 사장님이 만들어 주신 카푸치노를 마셨는데, 카페의 역사만큼이나 깊은 카푸치노의 향기와 맛을 느낄 수 있었다. 반 고흐의 그림에 나온 카페에 앉아 있으니 어쩜 내가 있는 이 자리에도 반 고흐가 앉아서 그림을 그렸으리란 생각이 들면서 기분이 묘해졌다. 남편 사무실에도 〈아를의 별이 빛나는 밤〉 액자가 걸려 있었는데 꿈속으로만 그렸던 곳에 직접 와 보게 됐다며 기뻐했다.

DAY102
2018.1.6

[프랑스/스페인]

님(Nimes)의 로마 시대 원형경기장과 스페인 지로나 이동(축구 선수 백승호네 방문)

어젯밤 우리가 묵었던 님(Nimes) 숙소는 기차역 바로 앞에 있는데, 오늘 우리의 주요 일정인 원형경기장(아레나)과 가까이에 있다. 조금만 걸으면 어제 아를에서 본 것처럼 2천 년 전에 지어진 원형경기장에 도착한다. 님도 아를과 마찬가지로 과거 로마 시대의 영토였고 원형경기장 등 고대 로마 시대의 유적들이 잘 보전된 도시다.

1세기에 지어진 아레나는 현존하는 로마 시대의 원형경기장 중 가장 보존이 잘되어 있는 곳으로 글래디에이터와 짐승들이 경기를 펼치는 장소로 사용되었던 곳이다. 로마 콜로세움의 형태를 따서 만들었고 2만 4천 명을 한 번에 수용할 수 있는 곳으로 실제로 이곳에서 로마 시대 관련 영화가 많이 촬영되었다. 님 아레나의 입장권에는 영어 오디오 가이드도 포함이다. 오디오 가이드를 하나씩 귀에 대고 1번부터 차례로 설명을 들으며 이동하면 된다.

오디오 가이드를 들으며 이동을 할 때의 관람 순서는, 낮은 층부터 높은 층 순서로 점차 올라가면서 보다가 마지막에 원형경기장 안으로 들어가는 순서다. 아를의 원형경기장과 비슷한 모양이지만, 위로 올라올수록 경사가 더 심해지면서 아찔했다. 안내문을 읽어 보니 아레나의 타원형 구조와 의자 배열이 생동감 있는 관람을 가능하게 해 준다고 쓰여 있는데, 제일 앞자리에서든, 꼭대기에서든 경기장 구석구석이 잘 보이도록 만들어졌다. 아레나에서 님을 내려다본 풍경은 참으로 평화로웠다.

아레나 제일 아래층인 검투사들의 대결 장소였던 경기장 안으로 들어가 보았다. 제일 아래층의 어둡고 긴 복도를 걸어 나가면 경기장이 나오는데 로마 시대 때 검투사들끼리의 대결이나 짐승과 검투사의 대결이 있었던 장소다. 이런 경기는 하루에도 여러 번 열려 온종일 관객들의 함성이 끊이질 않았다고 한다. 지금은 콘서트나 투우 경기가 종종 열린다고 하는데 1세기에 지어진 아레나에서 열리는 콘서트는 굉장히 색다를 것 같다. 우리는 검투사들의 생생한 함성이 들릴 것 같은 경기장에서 마치 그 시절의 느낌을 느끼듯이 원을 크게 그리며 원형경기장을 거닐어 보았다. 이렇게 님의 원형경기장 구경을 마치고 구시가지 구석구석을 조금 더 둘러보았다. 그러고 나서 간단히 점심 식사를 하고 님에서 출발해 대략 3시간을 운전해 스페인의 지로나에 도착했다.

스페인 지로나(Girona) 도착

스페인 지로나에는 남편의 사촌 누님이 사신다. FC 바르셀로나 유망주로도 잘 알려진 백승호네 집이다. 승호의 아버지는 연세대학교의 교수님이신데, 때마침 방학이라서 스페인에 와 계신다고 했다. 댁에 도착하니, 형님 내외분이 반갑게 맞아 주셨다. 여기서 오래 쉬며 재충전 잘하고 가라고 하시며 얼마나 편하게 해 주시는지…. 너무 감사했다.

조카 백승호는 중학교 1학년의 나이에 FC 바르셀로나의 유소년팀에 한국인 최초로 입단했고, 스페인 진출 1년 만에 그 가능성을 인정받아 당시 아시아 선수로는 유일하게 5년이라는 파격적인 장기 계약을 맺었다. 현재(2021년 1월)는 대한민국 국가대표 축구 선수이자, 독일 분데스리가 다름슈타트 소속 선수로 활약하고 있다.

한국에서도 백승호를 알고 있었지만, 직접 형님을 뵙고 그동안 어떻게 자라왔고 성장했는지를 들으니 조카가 너무 대견하고 자랑스러웠다. 또한 축구 선수로서 앞으로 펼쳐 나갈 미래가 더욱더 기대가 되었다. 대화를 나누면서 점잖으시고 사려 깊으신 형님 내외분의 팬이 되어 버렸다. 승호가 이렇게 훌륭한 선수가 될 수 있도록 묵묵히 버팀목이 되어 주신 형님 내외분을 보면서 나는 주안이에게 어떤 엄마인지, 어떤 엄마가 되고 싶은지도 많이 생각하게 되는 밤이다. 늦은 밤까지 오랜 대화를 해도 전혀 피곤한 걸 몰랐던 오늘! 세계 일주가 아니었으면 우리가 어떻게 스페인에 와서 형님네 가족을 만났을까 싶다. 오래 붙잡고 싶은 밤이다.

DAY103 [스페인]

2018.1.7

중세의 멋을 품은 도시, 지로나

어제 새벽 내 천둥소리가 나더니, 집안 마당에 우박이 쌓여 있고 새벽부터 내리는 비는 그칠 줄을 모른다. 비가 많이 내려 오전에는 집에 머물면서 형님 내외분과 즐거운 대화 시간을 갖다가, 오후에 지로나FC와 마요르카의 경기에서 백승호가 선발이라 함께 경기를 보며 응원했다. 마요르카 원정 경기여서 쉽지 않았을 텐데 결과는 0 대 0 동점으로 마쳤다. 승호는 경기를 마치고 마요르카섬에서 비행기를 타고 바르셀로나로 와서 다시 차로 지로나로 오려면 늦은 저녁이 돼서야 얼굴을 볼 수 있을 것 같다.

일기예보처럼 오후 3시가 되니까 강하게 내리던 비가 그쳤다. 우리는 저녁 전까지 잠시 짬을 내 지로나 구시가지를 돌아보기로 했다. 비 온 후 상쾌한 찬 바람으로 기분이 좋아지는 날씨다.

지로나의 구시가지는 좁고 예쁜 골목이 많은데 사람이 많지 않아 산책하기 참 좋았다. 고즈넉하고 중세의 예스러움을 간직한 길을 따라 걸으니 마음이 편해진다. 골목길은 붐비지 않아 우리끼리 오붓하게 다닐 수 있어 참 좋다.

지로나 구시가지는 곳곳에 계단이 참 많았다. 걷다가 남편이 여기가 우리나라 드라마인 〈푸른 바다의 전설〉 촬영지라고 알려 주었다. 검색을 해 보니 〈왕좌의 게임〉에도 나온 곳이라는데 나는 둘 다 본 적은 없어 잘 모르지만, 높게 뻗어 있는 계단과 고풍스러운 중세 시대 건물들의 느낌이 참 근사한 곳이었다. 길을 따라 쭉 올라가니 구시가지가 한눈에 보이고 지로나 대성당이 나왔다. 성당에 들어가니 외관과 달리 규모가 엄청난 성당이었다. 중세 시대의 모습을 고스란히 간직한 성당은 오늘 바깥 날씨가 비도 오고 해서 그런지 다소 무겁고 엄숙한 느낌이었다.

조용히 성당을 둘러보고 다시 길을 걷다 보니 마치 이탈리아 베네치아에 온 것 같은 느낌을 주는 예쁜 마을을 만났다. 강 앞에 아름다운 색감의 네모진 집들이 장난감 마을 같아 보인다.

예쁜 마을을 둘러보고 있는데 다시 비가 내리기 시작하여 근처 카페에 들어갔다. 스페인 물가가 다른 유럽보다 싸다고 어제 형님께서 말씀해 주셨는데, 커피만 주문해도 알 수 있었다. '카푸치노 한 잔에 2유로라니?' 한국보다 훨씬 저렴하고 맛도 좋았다.

어느새 밖이 어두워지고, 저녁이 되어 형님 내외분께서 우리를 기다리고 계실 테니 서둘러 집으로 복귀했다. 어제 주안이가 맛있다고 모조리 다 먹은 새우와 각종 야채 쌈에, 고기와 해산물 볶음을 해 주셨는데 입에 들어가자마자 녹는다. 형님 댁에 와서는 매끼 과식 중이다. 우리가 너무 잘 먹으니 더 가져다주시는데 배가 불러도 자꾸 먹게 된다. 저녁을 먹고 거실에서 형님과 이야기하고 있는데 승호가 마요르카 원정 경기를 마치고 집에 돌아왔다. 실제로 본 백승호는 큰 키에 매우 훤칠한 외모에 무엇보다 예의 바르고 밝은 모습이 참 인상적이었다. 세계 일주를 떠나기 전, 남편이 회사에 있는데 주안이가 전화를 해서는 다짜고짜 "아빠, 승호 형이랑 나랑 가족 맞지?" 하더란다. 주안이 학교 축구부 아이들이 승호를 너무 좋아하는데 주안이가 우리 가족이라고 했더니 다들 거짓말이라고 해서 아빠가 친구들한테 진짜라고 말해 달라고 전화를 했었다나. 남편이 큰 소리로 우리 가족이 맞다고 하니 아이들이 "대박!"을 외치다 전화를 끊었다고….
☺

승호가 와서 주안이를 보고 웃으며 두 손으로 악수를 해 주었다. 주안이의 상기된 표정이 참 재밌다. 오늘 주안이가 온 것을 미리 안 승호가 원정 경기 때문에 마요르카섬에 간 김에 경기 전 비행기에서 내려서 미리 수분해서 사 온 마요르카섬에서 유명한 빵을 건네주었다. 마요르카 특산품인 엔사이마다는 돌돌 말려진 빵 속에 절반은 초코가, 나머지 절반은 화이트 초코가 들어 있어 달콤한 맛이 일품이었다. 경기를 앞두고 정신없었을 텐데 서울서 처음 보는 동생이 온다는 말을 듣고, 승호가 미리 주문했다니 마음 씀씀이가 참 예쁘다. 주안이가 그토록 보고 싶었던 승호 형도 만나고, 빵 선물도 받았다. 주안이에게 스페인은 승호 형으로 인해 더 특별한 곳이 될 것이다.

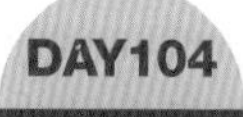
DAY104 [스페인]
2018.1.8

가우디의 도시 바르셀로나(사그라다 파밀리아)

아침 식사를 하고 한 시간 남짓 운전을 해 바르셀로나에 도착했다. 오늘은 바르셀로나를 둘러보는 일정이다. 미리 알아 둔 중심가의 주차장에 차를 세우고 시내 중심가를 둘러본 후 오늘 여행의 하이라이트가 될 사그라다 파밀리아 성당을 비롯한 안토니 가우디의 건축물을 돌아볼 예정이다. 주차장 근처에 있는 인포메이션 센터에 들러 도심 관광 지도를 받아 나오니, 바로 옆에 대형 통신사가 있었다. 남편보다 2일 먼저 데이터를 구매한 나는 오늘 아침부로 기간이 만료되어 데이터를 쓸 수 없었는데, 마침 유심을 구매할 곳을 바로 찾아 심 카드와 데이터를 구매했다. 상점에서 구매를 하고 나오려고 하는데, 한국인 여행객이 다급히 오더니 여기서 유심 구매가 되냐고 물었다. 막 여기서 구매했다고 하니, 방금 지하철에서 포켓 와이파이를 도둑맞아 유심을 사야 하는데 도와줄 수 있냐고 했다. 나도 지난 영국에서 소매치기를 당한 경험이 있어 이분들이 얼마나 놀라고 다급한지 알기에, 남편과 주안이에게 좀 더 기다리라고 하고 같이 가서 유심과 데이터 구매를 도와주고 유럽 유심은 처음인 것 같아 사용 방법을 알려 주고 나왔다. 상점을 나오면서 남편이 주안이에게 어려운 사람들 보면 엄마처럼 도와야 한다고 말해 주었다.

구도심의 구석구석을 계속 걷다 보니 바르셀로나 대성당이 나왔다. 유럽 여행을 하다 보면 이런 큰 성당이 나라도 아닌 도시마다 있다는 게 참으로 놀랍다. 앞에서 기념사진을 찍고 다시 걷기 시작하는데 카페가 보이니까 주안이가 배고프다고 빵이랑 주스를 사 달라고 했다. 아침도 든든히 먹었고 제대로 된 관광은 시작도 안 했는데 벌써 배가 고프냐니까 자기는 지금 성장기라서 키 크려고 자꾸 배가 고픈 거라고 한다. 이제 말로 아들을 못 이긴다. ☺ 주스와 크루아상으로 성장기 아들의 배를 채워 주었다. '어여 먹고 키 쑥쑥 크거라.'

사그라다 파밀리아를 보기 위해 지하철역으로 가는 중에 가우디가 건축한 구엘 저택을 둘러보았다. 구엘 저택은 가우디의 후원자이자 절친이었던 구엘을 위해 가우디가 건축한 저택이다. 가우디의 남다른 건축물을 보니 사그라다 파밀리아 성당이 더욱 기대가 된다.

지하철로 이동해 마침내 사그라다 파밀리아 성당에 도착했다. 아직도 건축 중인 이 성당은 가우디가 죽기 직전까지 근 40년 동안을 신앙의 힘으로 온 열정을 쏟아부었던 가우디의 역작이다. 가우디는 이 성당 안에 묻혀 있는데, 이 기대한 성당은 가우디의 서거 100주년에 맞추어 2026년에 완공이 될 예정이라고 한다. 사그라다 파밀리아 성당은 여태껏 유럽을 돌아다니며 수많은 성당을 보았지만 기존에 볼 수 없었던 형태의 성당이었다. 처음에 마주했을 때의 느낌은 그동안 많이 보아왔던 성당의 모습이 아니어서 그런지, 기괴하다는 느낌을 강하게 받았다. 가우디는 자연에서 영감을 주로 받았다는데, 어마어마하게 큰 규모에서 오는 압도감이 있는 데다 성당이 살아 움직이는 성 같은 느낌이다. 입장을 위해 매표소로 가니 줄이 길게 늘어서 있다. 그래도 여기가 바르셀로나에서 가장 기대를 한 곳이라서 다른 건 못 봐도 여기는 꼭 둘러보고 싶어 긴 줄을 서서 기다렸다. 기다리는 동안 주안이에게 안토니오 가우디에 대해 알려 주었다. 자연에 영감을 얻어 이 성당 내부가 숲처럼 꾸며져 있다고 하니 주안이는 얼른 들어가서 보고 싶단다.

드디어 입장! 성당 안은 정말 경탄을 금치 못할 정도로 아름다웠다. 성당을 받치고 있는 기하학적 디자인의 기둥과 스테인드글라스로 쏟아져 들어오는 빛들, 이 느낌은 아무리 찍어도 사진으로는 다 표현되지 못한다.

1882년에 건축이 시작되었다고 하는데 오히려 지금으로부터 100년 이후의 건축물처럼 세련되고 독특한 모습이었다. 숲을 연상시키는 성당 내부의 기둥은 나무로 표현되었다. 마치 살아 숨 쉬는 정글에 들어온 기분인데, 스테인드글라스로 들어오는 여러 색의 빛들이 경건한 마음을 들게 했다. 사그라다 파밀리아의 빛은 그동안 가 본 유럽의 어떤 성당에서도 본 적이 없는 찬란함 그 자체였다. 아름답다는 말로는 표현이 안 돼서 오랫동안 이 느낌을 기억하고 싶어 수없이 사진을 찍었다. 안내판을 보니 가우디는 여러 가지 색의 스테인드글라스를 통해 홍수처럼 쏟아지는 빛을 성당 안쪽 깊숙이 들어오게 만들어 성도들의 신앙심과 경건함을 더 끌어올리도록 설계했다고 한다.

벽과 천장의 곡선미를 살리고 섬세한 장식과 색채를 사용한 건축가 가우디! 그의 건축을 두고 천재라는 사람과 미치광이라는 의견으로 호불호가 나뉜다는데, 사그라다 파밀리아를 보고 어찌 가우디를 신이 내려 준 천재라고 아니할 수 있을까? 사그라다 파밀리아는 우리 가족에게 신선한 충격을 가져다주었다. 남편은 이 성당이 그동안 유럽에서 보았던 어떠한 성당보다 가장 아름답다고 여러 번 힘주어 말했다.

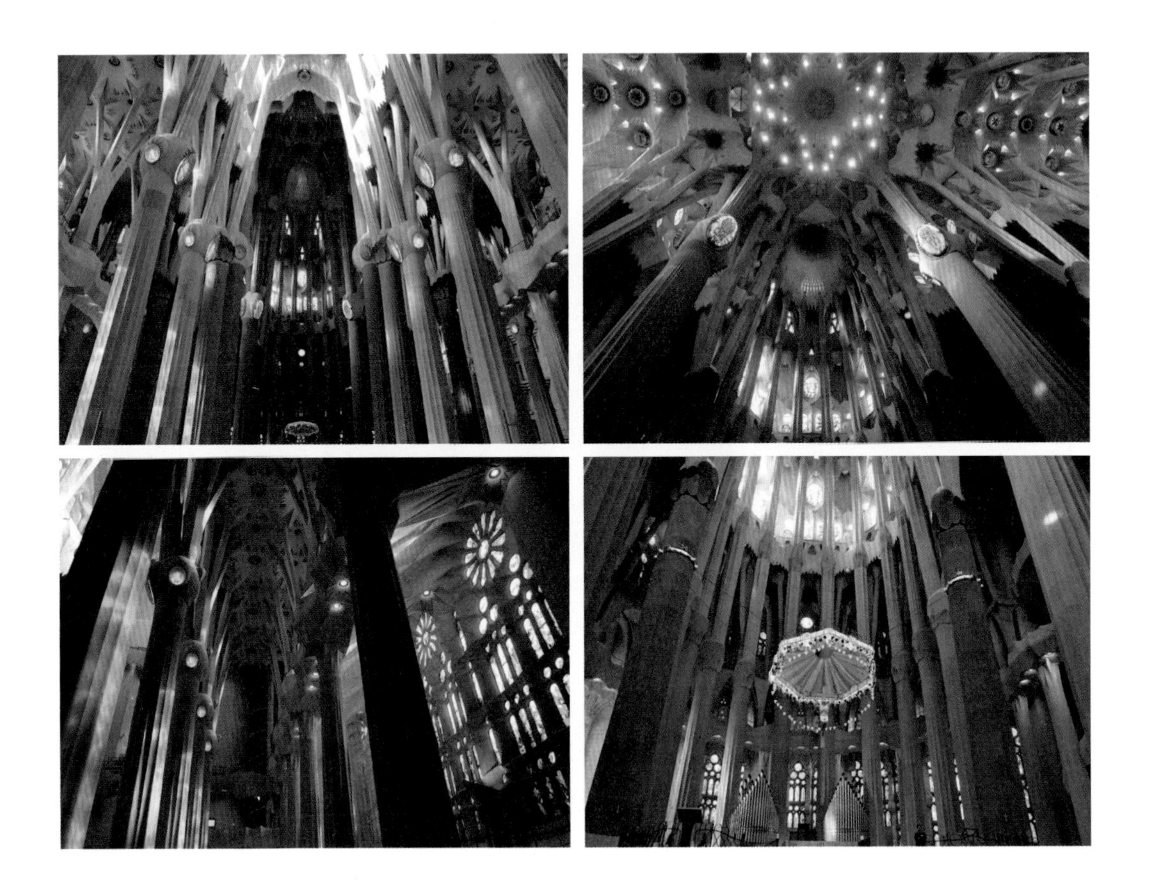

성당 밖에 나와 성당에 조각되어 있는 수난의 파사드를 설명한 안내판을 읽었다. 파사드는 총 14가지의 스토리로 조각되어 있다고 한다. 가우디는 예수님의 삶을 고난, 죽음, 부활, 승천이라는 테마로 드라마틱하게 표현하고 싶어 했는데 그의 뜻에 따라 1986~2001년에 만들어졌다고 한다. 14개 중 제일 첫 번째는 최후의 만찬으로 시작되고 가장 마지막에는 승천의 모습으로 완성된다. 설명을 읽고 의미를 이해하고 보니 조각품들이 달리 보였다.

세계 일주 중 주안이가 그린 사그라다 파밀리아

사그라다 파밀리아 성당 관람을 모두 마치고 나와 우리 모두 감탄사를 연발했다. 2026년 완공 예정이라는데 완공되면 꼭 다시 보러 오리라. 사그라다 파밀리아 성당을 관람하고 나니 바르셀로나 하면 가우디를 빼놓을 수 없다는 말이 이제 이해가 되었다.

성당을 둘러본 후 가우디의 또 다른 작품인 구엘공원도 가 보고 싶었지만, 성당에서 긴 시간을 보낸 관계로 근처에 있는 또 다른 가우디의 건축물인 카사밀라와 카사바트요를 보기로 했다. 지금도 사람들이 거주하고 있는 카사밀라는 건축된 지 100년이 넘었음에도 외관이 참 독특하고 재미있다. 산을 모티브로 만들었는데 주변에 있는 어떤 건물과 비교해도 매우 독창적이다. 지금 지었다고 해도 충분히 믿을 만큼 앞서간 디자인이다. 마지막으로 주차장으로 돌아오는 길에 바다를 모티브로 만들었다는 가우디의 카사바트요를 보았다. 해골 같은 느낌을 주는 발코니가 독특했다.

바르셀로나 하면 가우디라고 했던가? 오늘 하루 가우디에 의해 충격받고 가우디에 취한 하루였다. 온종일 돌아다니다 보니 허기가 진다. 우리는 형님이 차려 주시는 맛있는 집밥을 먹기 위해 지로나로 향했다.

부랴부랴 들어오니, 형님과 아주버님께서 한 상 준비에 바쁘셨다. 입안에서 살살 녹는 육회, 주안이가 너무 사랑하는 닭강정과 최고급 채끝살 구이까지! 오늘은 세계 일주 중 가장 많이 먹은 날이 되었다.

우리는 내일 오전에 정든 지로나의 형님 댁을 떠나 스페인을 좀 더 둘러본 후 프랑스 파리로 들어가야 한다. 늦은 밤까지 즐거운 대화로 가득한 저녁 만찬! 오래오래 기억될 것 같다.

DAY105 [스페인]

2018.1.9

신비로운 세계 4대 성지 몬세라트

형님 댁에서 3일을 잘 쉬고 오늘 오전 10시 30분에 집을 나섰다. 따뜻한 한식을 아침으로 챙겨 주시고, 가는 길에 차에서 먹을 간식과 과일을 한가득 싸 주셨다. 승호 팬인 주안이를 위해 형님이 승호가 어릴 때 입었던 옷 중에 잘 보관하신 아디다스 점퍼를 주안이에게 주셨는데 주안이에게 너무 잘 맞는다. 아주버님은 우리가 파리쯤에서 겨울 짐을 서울로 보낸다고 하니 한국 가서 입으라며 남편에게 잘 맞을 새 패딩과 신발을 선물로 주셨다. 형님네는 아낌없이 주는 나무처럼 3일 동안 우리에게 푸짐한 음식과 사랑을 주셨다. 큰 사랑에 마음은 더 따뜻해지고, 몸은 살이 오른 상태로 다시 길을 나섰다.

오늘 사라고사(Zaragoza)로 떠나는 우리에게 형님 내외분께서 중간에 몬세라트를 들를 것을 추천해 주셨다. 사라고사는 반나절이면 돌아볼 수 있으니 가는 길에 카탈루냐의 성지 몬세라트는 꼭 들러 보라고 알려 주셨다. 몬세라트는 톱니 모양의 산이라는 뜻으로 1,200m 산속 수도원에 블랙 마돈나(검은 마리아상)가 있는 곳으로 유명하다. 지로나에서 몬세라트까지는 125km

로, 1시간 30분을 달려 오후 12시쯤 도착했다. 꼬불꼬불 산길을 따라 올라 도착한 몬세라트는 정말 웅장했다. 이 높고 거대한 돌산 위에 지어진 수도원이 더 궁금해진다. 가우디도 몬세라트에 와서 영감을 많이 받았다고 하는데 거대한 자연이 내뿜는 기운이 있다. 그냥 산만 봤을 뿐인데 뭔가 마음이 경건해지는 느낌이다.

몬세라트 인포메이션에 가서 수도원 가는 길을 물어보고 바로 계단을 따라 걸어 올라가니 수도원이다. 마침 1시에 어린이 합창단 공연이 있다고 알려 준다. 아직 공연까지 시간이 있어 간단한 점심을 한 후, 몬세라트 수도원으로 들어갔다. 거대한 바위산 아래 자리 잡은 수도원은 화려하지는 않지만 자연 속에 어우러져 있어서 자연과 하나 된 모습이 참 인상적이었다. 정문으로 들어가니 그 안에 멋진 성당이 나왔는데, 성당 내부는 외형과 달리 매우 화려하고 웅장했다.

성당에 들어가니 저 멀리 블랙 마돈나가 성당 정중앙에 자리 잡고 있는 게 보였다. 특이하고 인상적이었다. 1시가 되자 에스콜라니아 소년 합창단의 공연이 시작되었다. 에스콜라니아 합창단은 매년 수천 명의 지원자 중에 한두 명만 선발되는, 세계 3대 소년 합창단이다. 몬세라트에 와서 운 좋게도 세계 3대 소년 합창단의 공연을 보게 되다니….

에스콜라니아의 아름다운 하모니를 듣고, 바로 블랙 마돈나를 보기 위해 밖으로 나가 줄을 섰다. 공연 직후라서 다행히 줄은 길지 않았고, 블랙 마돈나를 가까이서 볼 수 있었다. 12세기에 제작된 것으로 추정된다는 블랙 마돈나. 세계 일주를 떠나기 전에는 흑인 마리아상이 있을 거라곤 상상도 못 했는데 이번 여행을 통해 에티오피아뿐만 아니라 몬세라트에도 블랙 마돈나가 있다는 것을 알게 되었다. 참 신기하다.

멋진 소년 합창단 공연과 블랙 마돈나도 봤으니 다시 떠나야 할 시간이 되었다. 몬세라트에서 오늘의 종착지인 사라고사까지는 265km, 대략 2시간 45분 정도 운전 시간이 나온다. 지금부터 운전하면 5시 넘어 도착하겠다.

저녁쯤 되어 도착한 사라고사! 사라고사 중심가 필라 성모 대성당 근처에 있는 호텔에 체크인을 하자마자 비가 쏟아지기 시작했다. 사라고사는 1박만 머물 예정이라 오늘 밤에만 야경을 볼 수 있어서 비가 조금 수그러들 때를 기다렸다가 마트에 가서 간식도 사고 야경도 구경하기로 했다. 호텔에서 우산을 빌려 마트에 갔다가 나오니, 다행히 비가 그쳐서 야경이 더욱 운치 있게 느껴졌다. 밤에 본 안개 낀 필라 성모 대성당은 몽환적이고 아름다웠다. 이 멋진 광경을 못 봤다면 많이 아쉬웠을 텐데, 적당한 타이밍에 비가 그쳐서 다행이다. '내일 아침에 또 와야지!'

DAY106 2018.1.10 [스페인]

몽환적인 실루엣의 사라고사 필라 성모 대성당과 변화무쌍한 마드리드로 가는 길

오늘은 해가 반짝 떠서 걷기가 참 좋다. 어젯밤에 보았던 필라 성모 대성당 야경은 정말 멋있었는데 아침에 바라본 성당과 에브로강 가의 풍경 또한 옅은 아침 안개와 조화를 이뤄 실루엣이 몽환적이고 운치가 있다. 다리를 건너 필라 대성당 쪽으로 걸어갔다.

필라 성모 대성당 옆에 있는 라세오 성당을 먼저 둘러보았다. 벽에는 마치 레이스로 장식한 것 같은 조각이 성당을 둘러싸고 있다. 광장을 둘러본 후 필라 성모 대성당으로 들어가 보았다. 아쉽게도 멋진 내부는 촬영이 불가했다. 안에서 본 성당은 굉장히 화려하고 높은 천장 위 프레스코화가 인상적이었다.

성당을 구경하고 호텔로 돌아오는 길에 오후에 마드리드에 도착해서 요리할 식재료를 구입하러 호텔 근처에 있는 사라고사 중앙시장에 들렀다. 오전 11시 30분인데 정말 많은 손님들로 붐비고 활기찼다. 우리는 오늘 저녁 메뉴로 싱싱해 보이는 오징어 1kg와 새우 한 팩을 샀다. 오징어와 새우를 합해서 15유로다.

12시에 호텔을 체크아웃하고 마드리드로 출발했다. 마드리드에서는 에어비앤비로 예약한 아파트에서 2박을 할 예정이다. 사라고사에서 마드리드까지는 321km로, 3시간 30분 정도 이동해야 한다.

마드리드로 가는 길은 그동안 우리가 수없이 다녔던 도로 중에 가장 변화무쌍했다. 황량한 사막 같은 모습, 푸르름 가득한 광활한 목초지, 이후 갑자기 먹구름이 몰려오더니 세차게 비가 내리다가 산악지대로 올라가자 심한 안개와 눈까지 내렸다. 정말 순식간에 사계절을 경험한 것같이 지루할 틈이 없었다.

3시간 30분 넘게 운전해 마드리드의 에어비앤비 숙소에 도착했다. 다소 오래된 건물이지만 복층으로 된 구조에 분리된 부엌이 참 마음에 들었다. 장거리 운전으로 피곤해서 숙소에서 맛있는 저녁을 해 먹으며 쉬기로 했다. 근처 마트에서 오렌지, 레몬, 파프리카, 파, 상추, 양파, 계란, 닭 다리, 옥수수 등 마드리드에서 2박 할 동안 요리해 먹을 신선하고 맛있는 식재료를 샀다.

저녁 식사 준비로 사라고사 중앙시장에서 장을 봐온 오징어와 새우를 가지고 튀김을 하는데 오징어가 두툼한 게 양이 엄청나다. 다 튀기면 도저히 못 먹을 양이라 내일 다른 요리에 쓰려고 조금 남겨 두었는데도 양이 많다. 오징어 양이 많아 새우도 내일 먹기로 하고 아까 장 봐온 레몬을 오징어튀김에 뿌리니, 얼추 이탈리아에서 먹었던 오징어튀김과 비슷한 맛이 난다. 튀김가루 대신 빵가루를 사서 튀겼는데 고소하니 맛있다. 오늘 저녁도 대성공이다!

저녁을 먹은 후 남편이 마드리드에서 뭐 하고 싶냐고 묻길래 정열적인 플라멩코 관람을 하고 싶다고 했더니 저녁 후 열심히 검색을 한다. 내일 마드리드 일정도 참 기대된다.

2018.1.11

[스페인]

역사와 문학의 도시 마드리드와 잊지 못할 정열의 플라멩코

어제 플라멩코를 알아본 남편이 솔 광장 근처 2군데를 찜해 두었는데, 마드리드 시내를 구경하다가 잠깐 들러 보기로 하고 아침에 우선 숙소 근처에 있는 우체국에 들르기로 했다. 곧 자동차 유럽 일주가 끝나면 다시 짐을 들고 이동해야 하는데, 네팔에서 요긴하게 쓴 트래킹 지팡이와 침낭 3개, 우리 겨울 코트 등 앞으로 남은 일정에 크게 필요 없는 짐들을 한국으로 보내야 조금 가볍게 다닐 수 있기 때문이다. 배로 보내는 국제 우편을 확인해 보니 10kg 보내는데 대략 100유로 정도 한다. 내일 마드리드를 떠날 때 짐을 붙이면, 파리에서 일정이 수월할 것 같아 소포 부치는 박스를 사서 숙소에 갖다 놓았다. 오늘 밤은 한국에 보낼 짐을 박스에 싸고, 다시 캐리어 가방을 꾸려야겠다.

자~ 이제 마드리드를 구경하러 가자!

화창한 오늘, 숙소에서 멀지 않은 곳에 있는 알무데나 대성당(La Almudena Cathedral)으로 향했다. 성당 앞에는 요한 바오로 2세의 동상이 자리하고 있다. 알무데나 대성당은 1993년 교황 요한 바오로 2세가 방문해서 축성한 성당으로 마드리드 왕궁에 인접해 있다.

왕궁을 끼고 걷다 보니 오리엔테 광장에 군인 분장을 한 행위예술가들이 보인다. 그리고 조금 더 걸어가 보니 오리엔테 광장 앞에는 플라멩코 의상을 입은 얼굴 없는 마네킹들이 서 있다. 마드리드는 걷기가 편하고, 돌아볼 만한 곳이 다 걸어 다닐 수 있는 거리라 참 좋다. 오리엔테 광장 앞쪽 국립극장을 돌아본 후, 국립극장을 지나 조금 떨어진 데보드 신전으로 걸어갔다. 데보드 신전은 이집트 외부에 있는 유일한 이집트 신전이다. 데보드 신전은 기원전 2세기의 이집트 신전으로, 원래는 나일강 변에 위치했던 신전인데, 아스완 댐을 건설하던 중 부지가 파괴의 위험에 처하자 이집트가 과거부터 이집트 문화 보존에 도움을 준 스페인에 기증을 해서 스페인에 오게 되었다. 세계 일주를 하니 이집트 유물을 이집트 외에 영국에서도, 프랑스에서도, 또 스페인에서도 보게 되는구나.

다음으로 스페인 광장으로 이동했다. 스페인 광장에는 스페인의 문호 세르반테스의 기념비와 로시난테를 탄 돈키호테, 그 옆에 산초의 동상이 있다. 멀리서는 그리 크게 느껴지지 않았는데 동상에 가까이 가니 동상 크기가 생각보다 꽤 크다.

오전 내 걸었더니 벌써 2시쯤 되었다. 점심은 마드리드에서 120년 전통으로 유명한 산 히네스(San Gines)에서 추로스를 먹으며 간단히 해결하기로 했다. 초콜릿과 추로스 6개 세트가 4유로이고, 추로스 6개는 1.4유로. 생각보다 가격도 너무 좋다. 추로스에 초콜릿을 찍어 먹는데, 진짜 진짜 맛있네. 주안이와 내 손은 멈출 줄 모른다. 2인분 12피스를 순식간에 먹어 버리니 남편이 추로스 2인분을 또 사 온다. 허기만 면하려고 왔다가 추로스로 배를 빵빵하게 채우고 마요르 광장 및 푸에르타 델 솔 광장까지 연이어 걸어서 구경을 했다.

푸에르타 델 솔 광장에서는 오늘 일정의 하이라이트인 플라멩코를 알아보고 예약해야 한다. 길에서 플라멩코 전단지를 나눠 주길래 받아 보니 마침 남편이 찜해 둔 바로 그 집의 전단지였다. 전단지를 준 분이 우리를 공연장으로 안내를 해 주었고, 막상 가서 보니 작은 공연장이 참 마음에 들었다. 그리고 친절한 직원이 저녁 공연 때 제일 잘 보이는 좋은 자리로 예약해 주었다.

공연을 예약하고 가벼운 마음으로 숙소로 가는 길에 산미구엘 시장에 잠시 들러 구경을 했다. 사라고사 중앙시장과 비슷한 외형이었는데, 사라고사에서는 과일, 고기 등을 팔았다면 여기는 푸드코트처럼 조리된 음식을 파는 곳이었다. 타파스부터 해산물까지 종류가 참 많았다. 추로스로 이미 배가 찬 우리는 먹기보다 구경을 택했고, 주안이에게 그래도 먹고 싶은 거를 골라 보라니 먹음직스럽게 생긴 작은 타파스 하나를 골랐다.

다시 숙소로 돌아와서는 사라고사에서 구입한 새우로 맛있는 소금구이를 해 먹은 후, 플라멩코를 보기 위해 저녁에 다시 숙소를 나섰다. 밤 8시 30분부터 9시 30분까지 공연인데, 우리 티켓에는 음료가 포함이라 공연 전 우리는 샹그릴라를, 주안이는 환타를 마시며 공연을 기다렸다. 음료를 마시며 기다리는 동안 공연장에서 리허설하는 악기 연주 소리가 들려오는데 정말 환상적이다.

드디어 시작된 공연! 1시간 동안의 공연은 너무 황홀했다. 정열적인 집시의 춤과 구슬픈 노래, 힘차고 현란한 악기 연주. 어느 것 하나 부족함 없이 너무 멋진 공연이었다. 다행히 공연장은 자유롭게 촬영이 가능해서 기념으로 사진과 동영상을 남길 수 있었다.

공연이 끝나고 손바닥에 불이 나도록 박수를 친 것 같다. 스페인에서의 또 다른 잊지 못할 추억을 만들어 준 플라멩코. 최고의 선택이었다. 브라보!

DAY108 2018.1.12

[스페인] 돈키호테를 만날 것 같은 세고비아 알카사르성

에어비앤비 체크아웃 후 어젯밤 싼 국제소포를 실어 우체국으로 갔더니 총 12kg에 107유로가 나왔다. 친정 주소로 보냈는데 한 달 뒤에 도착한다고 한다. 지난 3달 반 동안 함께했는데 먼저 한국에 가 있거라, 정든 우리 짐들!

오늘의 주요 일정은 세고비아 알카사르성 방문이다. 세고비아를 보고 내일 빌바오로 가기 위해 부르고스에서 숙박을 하기로 했다. 1시간 반쯤 달려 알카사르성에 도착했다. 이 성 또한 디즈니 신데렐라 성의 모티브가 되었다고 하는데, 독일에서 본 호엔슈방가우 성과 비슷한 느낌이 있다. 입장권에 오디오 가이드가 포함인데, 한국어 오디오 가이드가 있어 반가웠다.

알카사르성은 규모가 꽤 크고 볼거리가 많은 성이다. 성 제일 꼭대기에 올라가면 멋진 세고비아를 감상할 수 있다. 성 꼭대기에서 바라보는 주변 경관도 정말 장관이었다.

알카사르성 지하에 있는 군사박물관을 끝으로 성 내부를 모두 둘러보고 간단히 요기를 하기 위해 성 앞 카페로 갔다. 간식과 커피 한잔 하고 나니 벌써 3시다. 세고비아에서 오늘 밤 묵을 부르고스까지는 205km로 2시간 거리이다. 다시 출발하려고 주차장을 나왔는데 알카사르성의 뒷모습이 눈에 들어왔다. 오히려 정문에서 보는 것보다 반대편에서 보니 노이슈반슈타인성과 닮은 모습이었다. 이제서야 왜 노이슈반슈타인성과 함께 디즈니 성의 모티브가 됐는지 이해가 됐다. 성의 앞과 뒤가 참 다른 느낌이다. 그냥 갔으면 아쉬웠을 것 같은데 멋진 성의 모습을 마지막으로 볼 수 있어 다행이다.

DAY109 [스페인]

2018.1.13

빌바오 효과를 탄생시킨 구겐하임 빌바오 미술관

부르고스에서 1시간 40분을 달려 도착한 곳은 구겐하임 빌바오 미술관이다. 쇠퇴하는 공업도시 빌바오를 연간 100만 명이 넘는 세계적인 관광도시로 만든 것이 바로 프랭크 게리가 건축한 구겐하임 빌바오 미술관이다. 이 때문에 빌바오 효과라는 말도 생겨났다고 한다. 건축물 하나로 쇠퇴하는 도시가 새롭게 세워지다니…. 디자인을 좋아하는 주안이에게도 좋은 교훈이 될 것 같다. 프랭크 게리는 우리가 체코 프라하에서 본 댄싱 하우스를 디자인한 사람이다. 그때도 댄싱 하우스를 보고 디자인이 참 재밌다고 생각했었는데 바로 그분의 디자인을 빌바오에서 또 보게 되다니.

구겐하임 빌바오는 안에 전시된 전시물보다 미술관 건물과 외부 설치미술 두 점이 더욱 유명하다. 우리는 미술관 입장 전에 박물관 주변을 돌면서 미술관과 설치미술을 먼저 돌아보았다. 미술관을 멀리서 조망하기 위해 박물관 옆 다리 위로 올라갔다. 다리 위에서 본 네르비온강 앞의 구겐하임 빌바오는 굉장히 입체적이고 살아 있는 듯한 느낌을 주었다. 다리를 내려가서 구겐하임 빌바오 미술관 주변을 가까이서 돌아보았다. 3만여 장의 티타늄 외피를 붙여 빛의 반사에 따라 색이 다르게 보인다. 건물 디자인이 보는 방향에 따라 360도 다 다르다.

구겐하임 빌바오 설치미술 중 유명한 작품 중 하나가 루이스 부르주아의 작품 〈Maman〉이라는 대형 청동 거미 조형물이다. 20세기를 대표하는 루이스 부르주아의 거미 시리즈가 유명한데,

우리나라 리움 미술관 앞에도 〈Maman〉이 설치되어 있다. 건물을 삥 도니 미술관 정문이 나왔다. 여기에 또 다른 유명한 설치미술인 제프 쿤스의 작품 〈Puppy〉가 설치되어 있다. 엄청나게 큰 대형 강아지가 꽃들로 예쁘게 장식되어 있다. 강아지를 너무 좋아하는 개띠 어린이 주안이는 이 앞에서만 여러 장의 사진을 찍었다.

이제 본격적으로 구겐하임 빌바오 미술관을 구경할 차례다. 미술관은 총 3층으로 되어 있는데, 아쉽게도 2~3층에 있는 그림들은 촬영 불가다. 입장을 하자 3층 건물 높이의 LED Sign이 눈에 띄었다. 빨강, 파랑의 강렬한 색의 글씨들이 비처럼 쏟아진다.

1층에 전시된 Richard Serra의 〈The matter of time〉은 8개의 대형 조형물로 높이, 넓이, 길이가 다 다른 돌돌 말린 듯한 원형 모양을 따라 안쪽으로 걸어갈 수 있는데, 8개 모두 다른 형태라서 이 길을 따라 걷는 게 꽤 재미있다. 이 조형물은 1층 전시관의 절반을 차지하는 엄청난 규모의 조형물이다.

2, 3층에 전시된 그림과 설치미술도 인상적이었다. 주안이는 특히 자동차나 비행기 모형 조형물들을 더 흥미롭게 관람했다. 전시물 중 어떤 작품들은 무슨 의미인지 작가의 의도를 파악하기 어려운 것도 있었고 독특한 분위기를 자아내는 작품도 많았다. 그중 특히 인상적인 작품은 앤디 워홀의 〈One hundred and fifty multicolored Marilyns〉이다. BMW 박물관에서 본 앤디 워홀의 페인팅 이후 두 번째로 그의 작품을 보게 되었다. 우리는 앉아서 여러 색으로 표현된 마릴린 먼로를 감상하고, 주안이는 150개가 맞는지 확인한다며 가로 세로의 마릴린 먼로 얼굴을 세어 보았다.

3시간 정도 빌바오 구겐하임 미술관 관람을 마치고 미술관 근처에 예약한 아파트형 호텔에 체크인했다. 에어비앤비가 아닌 아파트형 호텔치고 굉장히 넓고 쾌적했다. 큰 방 2개와 주방이 참 마음에 들었다. 며칠 전 5학년 2학기 수학 문제집 2권을 모두 다 푼 주안이는 6학년 1학기 수학을 시작했다. 이제부턴 학교에서 배우지 않은 내용이라 본격적으로 아빠의 가르침이 필요한데, 1단원은 쉽다며 술술 풀어낸다. 우리 아들 세계 일주 끝나고 6학년 올라가면 금방 잘 적응할 거다. 각 나라를 방문할 때마다 수학을 꾸준히 했으니, 4월에 학교 가서 수학을 배우면, '아 이건 스페인에서 아빠랑 했었지! 아 이건 브라질에서 배웠던 건데!' 하겠지? 강주안 오늘도 파이팅! ☺

DAY110 2018.1.14

[스페인/프랑스]

휴양 도시 산세바스티안과 보르도의 환상적인 미러도(Miroir d'eau)의 야경

오늘은 다시 프랑스로 들어간다. 이번에는 프랑스의 서쪽 해안을 따라 올라가는 코스다. 우리는 프랑스에서 며칠 더 지낸 후 이번 주말에 리스한 차를 반납할 예정이다. 유럽을 한 바퀴 돌고 다시 프랑스로 오니 사고 없이 다시 프랑스로 돌아온 것에 대한 안도감과 유럽 여행이 끝나가는 것에 대한 아쉬움이 같이 밀려왔다.

오늘 이동할 목적지는 와인으로 유명한 프랑스 보르도(Bordeaux)다. 스페인 빌바오에서 프랑스 보르도까지는 328km로 약 3시간 30분 거리인데 가는 길에 스페인 휴양지로 유명한 산세바스티안에 잠시 들러 해변 산책과 간단한 점심을 먹고 오후에 국경을 넘어 프랑스 보르도에 도착했다.

우리가 이틀간 보르도에서 묵을 호텔은 역시 아파트형 호텔이다. 단기 해외여행을 다닐 때는 주로 일반 호텔에 많이 묵었었는데 세계 일주 기간에는 매일 음식을 사 먹는 데도 한계가 있어서 신선한 현지 재료를 사서 요리도 하고 빨래 등을 해결할 수 있는 아파트형 호텔이나 에어비앤비를 선호하게 되었다. 숙소에 체크인하기 전에 동네 마트에 들러 오늘 저녁 장을 보면서 보르도산 와인도 한 병을 샀다. 마트에서 산 신선한 식재료와 보르도산 화이트 와인으로 맛있는 저녁 식사를 한 후 노곤하지만 보르도의 대표적인 명소인 '물의 거울'이라는 의미의 미러도(Miroir d'eau)로 저녁 산책 겸 야경을 보기 위해 숙소를 나섰다.

드디어 도착한 미러도! 넓은 광장 앞 마당에 잔잔하고 얕은 물이 고여 반사된 건물의 모습이 장관이라는데 오늘은 어쩐 일인지 물이 고여 있질 않았다. 사실 물이 없어도 그 자체로도 환상적인 야경이지만 아래에 물이 있으면 야경이 반영이 되어 정말 더 멋질 텐데 참 아쉽다. 물이 있어야 할 곳이 다 말라 있는 걸 보니 아마도 겨울 시즌이라 물을 채우지 않은 것 같다. 미러도의 진면목을 보지 못해 나는 너무 아쉬운데 옆에서 주안이는 그림자놀이 하기 좋은 곳에 왔다고 좋아했다. 물이 있었으면 내내 사진만 찍었을 텐데, 주안이랑 보르도 밤에 언제 또 미러도 앞에서 그림자놀이를 해 보겠나 싶어 물은 없어 아쉬웠지만 없으면 또 없는 대로 주안이와 즐거운 시간을 보냈다.

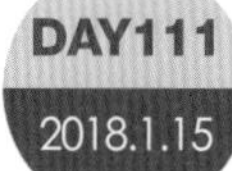

[프랑스]

와인의 성지 보르도 와인 박물관(La Cite du Vin)

느긋하게 아침을 먹고 천천히 준비하고 나와 트램을 타고 와인 박물관 La Cite du Vin을 찾았다. 술을 즐기는 편은 아니지만, 와인으로 유명한 보르도에 왔으니 한번 가 보는 것도 의미가 있을 거 같아 오늘 와인 박물관에 들르기로 했다. 트램에서 내리니 그리 멀지 않은 곳에 와인 박물관이 보였다. 주변 건물들에 비해 굉장히 세련되고 눈에 확 띄었다.

와인 박물관이면 돌아다니며 여러 와인을 맛볼 수 있겠다고 생각했는데, 막상 와서 보니 2층 박물관 관람 후 8층에서 와인을 한 잔만 시음할 수 있고 어린이도 입장료를 따로 받았다. 우리 가족 총 49유로, 그리 저렴한 금액은 아니었지만 와인 본고장에 왔으니 체험을 위해 쿨하게 내고 입장했다.

새로 개관한 박물관이라 그런지 입장하자마자 중앙에 보이는 원형 셀러와 벽면 가득한 와인 셀러에는 어림잡아 수천 병의 와인이 세련되게 진열되어 있어 참 고급스러워 보였다. 1층을 지나 2층 박물관으로 입장했는데 멋진 외관만큼 내부 인테리어도 정말 인상적이었다.

총 2개 층으로 나누어져서 와인에 대한 역사, 세계적으로 유명한 와이너리 소개, 음식에 맞는 와인 종류, 와인의 오감 체험 등 와인에 대한 모든 것을 알 수 있게 각 섹션별로 굉장히 공을 들여 만들었다. 나라별로 기후나 토양, 일조량에 따라 다른 맛의 와인이 생산되는데, 홀로그램 영상으로 각국의 와이너리 농장주가 나와 직접 와인을 소개한다.

생각보다 재밌어서 나라별로 다 살펴보았는데 잘 몰랐던 조지아산 와인이 블라인드 테스트에서 금상을 받았다고 하니 나중에 한번 마셔 봐야겠다.

각 코너별로 다양한 방식으로 와인을 소개하니 와인에 대해 조금은 배울 수 있는 시간이었다. 그리고 와인 박물관이라 주안이가 지루해할 줄 알았는데 생각 외로 재밌어했다. 2층 박물관 관람을 마치고, 8층 시음 장소로 이동했다. 큰 거울을 사이에 두고 시음 장소가 뒤편에 마련되어 있다. 20종류 내외로 시음이 가능한데 나는 스파클링으로, 남편은 화이트 와인을 마셨다. 어린이에게는 주스를 준다. 와인 박물관 관람 후 다시 숙소로 돌아와서 어제 아시아 마트에서 장 본 떡국떡과 굴 소스를 사용하여 매콤한 떡볶이와 라면으로 늦은 점심을 먹었다. 시음한 와인 때문인지, 오랜 여행이 고되었는지 우리 가족은 오랜만에 기분 좋은 낮잠을 잤다. 저녁이 되어서야 일어난 우리는 모처럼 오후부터 저녁까지 숙소에서 푹 쉬면서 에너지 충전을 했다.

DAY112 [프랑스]
2018.1.16

역사적인 낭트 칙령의 현장, 브르타뉴 공작성

프랑스 낭트(Nantes) 하면 생각나는 것이 학교 다닐 때 세계사 시간에 배웠던 낭트 칙령(Edict of Nantes)이다. 낭트 칙령은 위그노 전쟁을 끝내고 개신교와 가톨릭교도 간의 화합을 도모하고자 앙리 4세가 칼뱅주의 개신교 교파인 위그노의 종교적 자유를 선포한 칙령이다. 오전에 보르도를 출발해서 낭트의 호텔에 체크인 후 낭트 칙령이 선포된 역사적인 장소인 브르타뉴 공작성을 방문했다.

브르타뉴 공작성은 고딕 양식과 르네상스 양식으로 지어진 성으로 성 둘레는 적의 공격을 막기 위해 물을 채워 넣은 해자(Water Hazard)가 있다. 중세 시대 브르타뉴 지방을 다스렸던 공작이 살던 성으로 아직도 그 모습이 잘 보존된 견고하고 아름다운 성이다.

성 입장은 겨울 시즌엔 7시까지이고 따로 입장료는 없다. 몽생미셸을 가는 길목으로 큰 기대가 없이 낭트에 왔는데, 브르타뉴 공작성 성벽에서 바라본 낭트의 모습은 기대 이상으로 인상적이었다.

성벽을 따라 천천히 걸었다. 성벽 길을 사이에 두고 안쪽은 브르타뉴 공작성이 보이고 다른 한쪽으로는 낭트의 시가지가 보이는데 15세기에 만들어진 성 위를 걸으며 과거와 현재가 대비되는 풍경을 함께 바라보니 묘한 매력이 느껴졌다. 또한, 성벽 중간중간에 작게 난 네모난 창 사이로 낭트의 마을 모습을 바라보면, 마치 액자 속 그림과 같이 참 아름다웠다. 브르타뉴성을 나와서 성 외곽을 따라 걷는 길 역시도 참 운치 있었다.

오늘은 몽생미셸을 가기 전 경유지로 큰 기대 없이 들른 낭트에서 생각지도 못한 귀한 경험을 한 멋진 날이다.

[프랑스]

바다 위의 미스터리, 아름다운 몽생미셸

낭트에서 몽생미셸까지의 거리는 183km로 운전해서 2시간 정도 거리다.

몽생미셸 부근에 오니 비가 조금씩 계속 내리고 있다. 오늘 반나절 동안 둘러볼 예정인데 비가 오니 반갑지가 않다. 우리가 예약한 호텔은 몽생미셸섬까지 들어가는 무료 셔틀버스가 바로 앞에 있어 위치가 참 좋다. 호텔에 체크인하면서 날씨를 물어보니, 이 시즌에 몽생미셸은 오전에는 비가 많이 오는데 오후에는 해가 뜨니까 걱정하지 말라고 했다. 호텔 직원 말처럼, 호텔에서 30분 정도 쉬고 있으니 거짓말같이 비가 그치고 해가 나왔다. 1월의 몽생미셸은 바람이 정말 세고 차가웠다. 겨울 패딩이 없는 우리는 있는 옷을 다 꺼내 얇은 옷을 여러 겹 입고 호텔을 나섰다.

몽생미셸은 바다 위 바위섬에 만들어진 수도원으로 전체가 관광 코스다. 800년에 걸쳐 현재의 모습을 갖춘 몽생미셸 수도원은, 한때는 프랑스 군의 요새 역할을 하기도 하고, 프랑스 혁명 때는 감옥으로도 사용되었다. 몽생미셸의 역사는 8세기 몽통브 산상에 대천사를 기리는 성당을 세우면서 시작이 되었는데, 13세기까지 증축이 계속되었다. 그 시절 바위섬 위에 높이가 80미터나 되는 수도원을 지었다니 참 대단하다.

돌길을 따라 올라가다 보니 몽생미셸 수도원에 다다랐다. 수도원 입장료는 어른 각 10유로, 어린이는 무료다. 특별히 한국어로 된 오디오 가이드도 있는데 3유로다. 몽생미셸 수도원에 입장하면 수도원 성당, 테라스, 구내식당, 기도실 등 총 3개 층을 둘러볼 수 있다. 제일 먼저 들른 수도사들의 유골 안치소로 사용되었던 곳에는 거대한 수레바퀴가 있었다. 이 바퀴는 수도원이 감옥으로 바뀌었던 시절에 감금된 죄수들의 식량을 끌어올리기 위해 1820년경에 설치되었는데 죄수 6명이 이 바퀴 안에 들어가 한 방향으로 걸으면 도르래와 같이 작동해 무거운 물건도 들어올릴 수 있는 원리다. 언젠가 러닝머신 발명 아이디어가 과거 죄수들을 방앗간에서 쳇바퀴를 돌리게 한 것에서 착안되었다고 들은 적이 있는데, 죄수들이 끌었던 대형 수레바퀴도 비슷한 용도였던 것이다.

다음으로 방문한 곳은 생테티엔 예배당으로 유골 안치소 옆에 있는 예배당인데, 돌아가신 분들을 기리는 예배당으로 사용되었다. 산책장과 수도사들의 작업실이자 연구실이었던 기사의 방을 마지막으로 관람이 끝났다. 내려오면서 몽생미셸 앞으로 끝없이 펼쳐진 갯벌이 눈에 들어왔다. 날씨가 너무 추워 몸은 움츠러들어도 몽생미셸의 풍경이 너무 예뻐서 내려가지 못하고 조금 더 둘러보았다. 천천히 내려오다 보니 하늘이 붉게 물들고 있었다. 우리는 몽생미셸의 야경을 보려고 좀 춥지만 몽생미셸에서 해가 질 때까지 기다리기로 했다.

저녁 무렵이 되자 성 입구 앞 카페에서 긴 바게트 샌드위치를 떨이로 팔고 있었다. 야경을 보기 위해 출출한 배를 달랠 겸 맛있는 샌드위치를 사서 먹으며 기다렸다. 잠시 후 해가 지면서 몽생미셸이 또 다른 모습으로 옷을 갈아입었다. 짙은 검푸른 하늘과 대비된 따뜻한 색의 불빛들이 섬 이곳저곳에서 새어 나오면서 마치 거대한 크리스마스트리 같은 느낌이 들었다. 추웠지만 기다린 보람이 있었던 멋진 야경이었다.

열맨인 주안이도 꽁꽁 껴입었지만 추웠다고 할 정도로 쌀쌀한 날씨 속에 관람했던 몽생미셸! 그럼에도 주안에게도 몽생미셸이 참 아름다웠나 보다. 꼭 이 모습을 그리고 싶다고 했는데, 바쁜 여행 일정 중 오롯이 그림 그릴 시간을 갖지 못하다가 나중에 포르투갈에서 시간 여유가 생겨 드디어 몽생미셸을 완성했다. 주안이 그림 때문이라도 오래 기억될 몽생미셸이다.

세계 일주 중 주안이가 그린 몽생미셸 스케치

DAY115 [프랑스]

2018.1.19

명작들과의 설레었던 만남, 오르세 미술관

내일은 오를리(Orly) 공항 앞으로 숙소를 이동하고 출국 준비를 할 거라 오늘이 파리를 둘러볼 수 있는 마지막 날인 셈이다. 12년 전 루브르 박물관에 가려다 줄이 너무 길어, 대신 오르세 미술관을 갔었는데 참 좋았던 기억이 있다. 주안이가 좋아하는 고흐 작품을 볼 수 있으니 오늘은 늦은 아침 겸 점심을 하고 오르세 미술관을 방문했다.

오르세 미술관은 원래 기차역이었다. 1900년 만국박람회를 계기로 지어진 이 기차역 덕분에 프랑스 남동부 지역의 여행객들이 파리로 드나들 수 있었다. 하지만 철도 근대화와 함께 서서히 그 기능을 잃기 시작했고, 1977년 정부는 이 기차역을 미술관으로 개조하기로 결정하고 1986년에 오르세 미술관으로 탈바꿈이 되었다. 오르세 미술관은 0층부터 5층까지 대충만 훑어봐도 전시된 작품의 수가 장난이 아니다. 우리는 먼저 5층에 있는 인상주의 화가의 작품들을 보면서 위에서부터 한 층씩 내려오기로 했다.

5층 인상주의 작품에는 모네, 마네, 르누아르, 드가, 세잔 등의 작품들이 전시되어 있다. 주안이가 곧 학교 미술시간에 접할 화가와 작품들인데, 배우기도 전에 실제 작품을 보니 주안이에게는 훌륭한 산 교육이다.

제일 첫 작품은 모네의 연작 시리즈 〈수련〉이다. 모네가 좋아한 지베르니 정원에 있는 수련을 그린 연작으로, 청색으로 표현된 거대한 그림이 참 멋있었다. 인상주의 작품 중 가장 기억에 남는 작품은 발표 당시 엄청난 논란을 가져온 〈풀밭 위의 점심 식사〉다. 마네는 이 작품을 살롱전에 출품하였지만 낙선했다. 대낮에 숲에서 부끄러움 없이 혼자 알몸으로 앉아 있는 여인을 표현한 것이 당시 큰 논란을 일으켰던 작품으로 이후 낙선된 작품들만 모아서 전시한 낙선전에서 큰 반향을 일으킨 작품이다. 5층에서 세잔, 마네, 모네, 르누아르의 작품을 감상하는 데만 꽤 시간이 걸렸다. 엄청난 양의 미술 작품을 소장하고 있는 오르세 미술관임을 또 한 번 느낀다. 많은 관람객 사이에서 열심히 오디오 가이드를 들으며 자기가 관심 있는 작품 앞에서 진지하게 관람하는 주안이의 모습이 참 대견해 보였다.

5층 전시관 안쪽에는 오르세의 시그니처인 대형 시계가 있다. 그림 관람하는 사람만큼이나 여기서 사진 찍으려는 사람도 정말 많았다. 관람을 시작할 때는 작품마다 사진을 남길까도 생각했는데 그러면 시간만 금방 가고 제대로 관람을 못 하겠다 싶어 인상적인 그림 몇 가지만 찍고 나머지 시간은 눈으로 열심히 관람했다.

다음으로 오늘의 하이라이트 고흐 전시장으로 들어가니 주안이의 눈이 반짝였다. 제일 먼저 눈에 들어온 작품은 바로 〈아를의 별이 빛나는 밤〉이었다. 아를을 직접 다녀오니 그림이 달리 보이는 것 같았다. 우리가 아를 원형경기장에서 내려다본 론강이 바로 이 그림의 배경이 되었다고 이야기하며 신기해했다. 가난한 화가였던 고흐는 그림을 그리기 위해 모델을 고용할 돈이 많지 않아 거울을 보며 자신의 얼굴, 자화상을 많이 그렸다. 자신이 그린 자화상을 보며 건강 상태를 체크했다고 한다. 고흐가 그린 자화상 속의 그의 눈 속에는 깊은 고독감이 느껴지는 것 같아 작품을 보는 내내 마음이 무거웠다.

주안이는 색을 칠하는 그림보다 스케치를 좋아하는데, 고흐의 여러 작품을 보더니 붓 터치에 큰 관심을 보였다. 세계 일주를 떠나기 전에 주안이가 마커 펜 20종을 사 달라고 했는데, 여행 후 귀국하면 사 줘야겠다. 주안이의 그림에 색이 입혀지면 어떤 느낌일지 궁금하다. 미술에 대해 더 알았다면 더 많이 눈에 들어왔을 작품들인데 적은 시간에 많은 작품을 보려니 아쉬운 대로 마음에 담았다.

0층 전시관에 내려가 밀레의 〈이삭을 줍는 여인들〉이란 작품을 보았다. 이 작품은 노동자 계급으로서의 농민을 부각시킨 작품으로, 뒤에 있는 짚더미 사이에 있는 자작농과 고된 노동에 그을린 손과 구부린 여인들의 모습이 대비가 된다. 당시에는 수확을 다 한 이후부터 해가 지기 전까지만 땅에 떨어진 이삭을 줍는 것이 허용이 되었다고 한다.

밀레의 〈이삭을 줍는 여인들〉 작품 오른편에 비슷한 배경이지만 다른 느낌과 해석을 주는 작품이 걸려 있어 흥미로웠다. 바로 브르통의 작품인 〈이삭을 줍고 돌아오는 여인들〉이라는 작품이다. 밀레의 작품 속 여인들과는 대조적으로 이삭을 줍는 여인들의 손에는 수확물이 가득하며, 고단해 보이는 느낌은 거의 들지 않는 그림이다. 밀레의 작품이 부유층들의 마음을 불편하게 한 것에 반해, 이 작품은 부유층들의 마음을 편하게 하기 위해 그려졌다는 해설이 흥미로웠다.

여러 작품을 추가로 보고서는 5시가 넘어 오르세를 나오니, 어둠이 깔리기 시작했다. 많은 작품을 소화하기엔 5시간은 너무 짧은 시간이었지만, 주안이가 제일 좋아하는 화가인 고흐의 그림을 많이 볼 수 있어서 더욱더 좋았던 오르세 미술관 관람이었다.

DAY116 [프랑스]

2018.1.20

세계 일주 재정비의 날

오전에 에어비앤비 체크아웃을 하고, 오를리 공항 근처의 아파트형 호텔로 이동했다. 내일은 오전 비행기를 탑승해야 하는데 그 전에 차도 반납해야 하니 공항 근처에서 묵으며 하루 동안 정비를 하기로 했다. 숙소에 짐을 내려놓고 인근에 있는 큰 쇼핑몰로 새로운 캐리어를 구입하러 갔다. 세계 일주를 위해 두 개의 캐리어를 가져왔는데 보라색 캐리어가 잦은 이동으로 바퀴가 고장이 나서 차를 반납하기 전에 새로 구입해야 했다. 다행히 쇼핑몰 내에 있는 까르푸에 캐리어 매장이 있어 마음에 드는 캐리어를 저렴한 가격에 구매했다.

남은 기간을 책임질 새로운 캐리어를 샀으니 다시 호텔로 가서 짐을 싸고 남편과 나는 내일 차 반납을 위해 그동안 잘 탔던 차를 깨끗이 청소했다. 차에 붙어 있는 국경 통행권인 비넷도 기념으로 다 찍어 두고 차를 깨끗이 청소를 하니, 작년 11월 20일 늦은 밤 파리에 도착해 처음 차를 인수했을 때가 생각이 났다. 엊그제 같은데 시간이 이리도 빨리 흘러 벌써 두 달이 되었다니….

오늘 저녁은 그동안 산 모든 재료를 다 소진하기로 했다. 남은 감자와 계란은 모두 찌고 삶았고, 남은 야채와 고기, 가지볶음으로 파리에서의 마지막 식사를 했다. 신기하게도 양념들도 대부분 다 써서, 남기는 음식 없이 끝까지 맛있게 먹었다. 나중에 시간이 지나 세계 일주를 돌이켜 보았을 때, 소박하지만 매일 매 끼니를 함께 했던 이 시간들도 새로운 여행지를 탐험하는 행복만큼이나 소중하게 기억될 것이다.

DAY117 2018.1.21

[프랑스/포르투갈]

대서양을 품은 유럽 대륙 최서단 땅끝 마을 호카곶

지난 두 달 동안 유럽 대륙을 일주하며 10,636km를 함께 달렸던 시트로엥 Cactus를 반납했다. 신차를 받아서 지난 두 달 남짓 사고 없이 함께해서 감사했다. 여행 초기 짐을 싸고 들고 이동하는 것이 참 어려웠다면, 지난 2달 동안은 리스차를 빌려 이동해서 참 수월했는데, 이제부터 다시 짐을 들고 이동해야 한다. 정들었던 차와 작별을 하고 포르투갈로 가기 위해 오를리 공항으로 향했다.

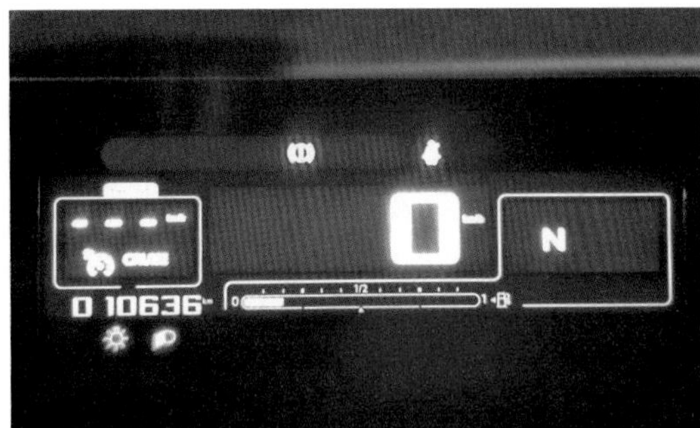

유럽 대륙 자동차 여행 총 이동거리 10,636km

파리에서 포르투갈은 비행기로 2시간 남짓 거리이다. 남편의 오랜 친구인 용민 씨네 가족이 8년 전 포르투갈에 와서 살고 있는데, 이번 우리의 세계 일주 중 포르투갈도 들를 거라고 하니 우리 가족을 위해 3일 휴가를 내셨다. 리스본 공항을 나오자 반가운 남편 친구분이 우리를 마중 나왔다. 남편의 첫 직장 동기이자, 나도 예전 직장에서 함께 일을 했었기에 오랜만에 포르투갈에서 다시 만나니 그렇게 반가울 수가 없었다. 오늘부터 3박을 친구분 집에서 머물기로 했다. 서로 불편할까 봐 따로 숙소를 잡으려고 했는데, 여기까지 왔는데 어딜 가냐며 우리는 따로 욕실과 큰 방 2개가 있는 3층에 묵을 수 있도록 준비를 해 주었다.

용민 씨네 가족도 주안이랑 1살 차이인 아들이 한 명 있는 세 식구 가족이다. 10년 전 한국에 살고 있을 때 만나고, 10년 후 포르투갈에서 다시 만났는데 마치 엊그제 만났던 것처럼 반갑고 편하다. 친구 집에 짐을 내려놓고, 두 가족이 함께 근처 해변 앞 레스토랑에서 맛있는 생선구이와 파스타로 점심 식사를 했다. 포르투갈은 해산물 요리가 무척 일품인데, 오늘 주문한 생선 요리 모두 정말 맛있었다. 주안이만 먹물 파스타를 주문했는데, 이 파스타에는 고수가 있는데 괜찮겠냐고 하니 고수가 있어 더 좋다는 아들…. 먹어 보더니 인생 파스타를 만났다며 제일 먼저 그릇을 싹 비웠다. 식사를 마치고 와인을 하면서 어른들끼리 대화를 하는 동안 아이들은 바다에 가서 신나게 뛰어놀았다. 주안이는 영어가 서툴고, 숀은 한국어가 서툴러서 둘이 잘 놀 수 있을까 했는데, 역시 어린이들 사이에서 언어는 전혀 중요한 것이 아니었다.

용민 씨 가족이 포르투갈에서 우리에게 제일 먼저 추천해 준 곳은 호카곶(Cabo da Roca)이란 곳이다. 이곳은 유럽 대륙 최서단인 땅끝 마을이다. 레스토랑에서 멀지 않은 곳에 있어, 저녁 전까지 여기서 시간을 보내기로 했다. Cabo da Roca의 뜻은 "Here, Where the land ends and the sea begins."이다. 여기는 유라시아 대륙의 최서단으로, 여기가 육지가 끝나는 곳이자, 바다가 시작하는 곳이다. 호카곶 앞바다를 가로질러 곧장 항해를 하게 되면 미국이 나온다. 여기가 유럽 대륙의 땅끝이라는 생각을 하고 바다를 보니 왠지 모를 뭉클함 같은 것이 올라왔다. 그동안 3개월 가까이 유럽을 여행했는데 이렇게 무사히 잘 마치게 된 것에 대한 감사함이 들어서였을까? 차갑지만 상쾌한 바람을 맞으며 이 아름다운 풍경을 바라보며 조용히 걷고 사색을 했다.

저녁은 집에서 용민 씨의 아내인 미키 언니가 정성스레 준비해 준 스페인 요리 파에야를 너무도 맛있게 먹었다. 미키 언니는 남아공 출신으로 한국에 있는 대학교에서 영어과 교수로 재직했었고 포르투갈에서도 얼마 전까지 대학에서 학생을 가르쳤다. 젊은 시절 한때 셰프도 했다는 언니의 음식 솜씨는 정말 훌륭했다. 스페인에서 제대로 못 먹고 온 파에야를 포르투갈에서 맛보다니! 주안이가 먹고 싶다고 노래를 부르던 랍스터와 해산물이 듬뿍 들어간 파에야에 포르투산 와인까지….

보고 싶었던 가족들과 함께해서 더 행복하고 즐거웠던 저녁이었다.

DAY118
2018.1.22

[포르투갈]

기괴한 상상력이 만든 헤갈레이라 별장과 동화 속의 성, 페나 국립 왕궁

오늘은 리스본 근교인 신트라를 둘러보기로 했다. 신트라는 1995년 유네스코 세계문화유산으로 지정된 곳으로 자연경관과 인간이 만들어 낸 건축물들이 조화롭게 어울리며 빼어난 경관을 갖고 있는 곳이다. 주안이가 좋아할 곳이라고 추천해 주신 헤갈레이라 별장(Quinta da Regaleira)과 동화 속 궁전이라는 애칭을 갖고 있는 페나 국립 왕궁 두 곳을 방문할 예정이다. 헤갈레이라 별장은 기존에 있던 성을 19세기 카르발류 몬테이루가 매입하여 여름 별장으로 사용할 목적으로 당시 최고의 건축가들을 고용해 재건축한 곳이다. 당시 유명한 건축가 루이지 마니니에게 1898년부터 1912년 완공 때까지 설계를 부탁하였다고 한다.

입장을 하고선 지도를 받았는데 헤갈레이라 별장의 정원은 너무 커서 지도 없이는 다니지 못할 큰 규모였다. 별장 주변 정원 이곳저곳에 재미있는 요소들이 참 많았다. 남편 친구와 함께 다니니 우리 가족사진도 많이 찍을 수 있었고, 알짜 코스로 안내해 주시니 오랜만에 편안한 여행이 되었다. 헤갈레이라 별장은 이곳저곳 올라가 볼 수 있는 탑도 군데군데 있고 정원 안에는 동굴이 참 많은데 동굴을 따라 나오면 징검다리를 건널 수 있는 곳도 있고, 다른 통로로 나갈 수도 있다. 마지막으로 헤갈레이라 별장에 있는 작은 성당에 들어가 보았다. 가족 성당이라 성당 내 규모는 작았다.

헤갈레이라 별장을 둘러보니 벌써 1시가 훌쩍 넘었다. 페나 국립 왕궁에 가기 전에 근처 현지 맛집에서 점심을 하기로 했다. 용민 씨네 가족들이 즐겨 찾는 이곳은 현지인들에게 인기가 많은 곳이었다. 애피타이저로 식전 빵과 절인 올리브, 차가운 염소치즈가 나왔는데, 염소치즈가 꼭 샤베트(셔벗) 같은 식감으로 치즈의 신세계를 만난 느낌이었다. 빵과 함께 먹으니 정말 맛있었다. 런치 메뉴로 치킨, 포크, 비프스테이크가 있었는데 우리는 포크를 주문했다. 부드러운 목살에 감자튀김과 소시지가 곁들어 나오는데 정말 맛이 일품이었다.

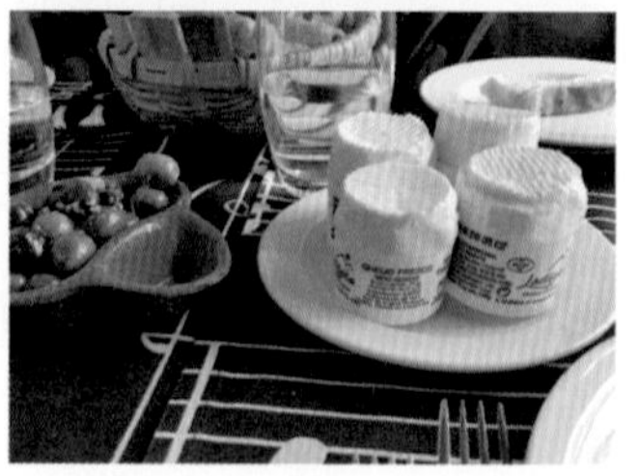

맛있는 점심을 먹고 페나 국립 왕궁을 찾았다. 차를 멀찌감치 주차장에 주차하고 왕국 입구까지 산길을 통해 걸어갔다. 유럽 여행 중 성당 다음으로 많이 방문한 곳이 성인데, 페나 왕궁은 마치 동화 속 궁전에 온 것처럼 색감이 다양하고 원색을 많이 사용한 곳이었다. 마치 놀이동산에 온 것 같은 느낌을 들게 하는 궁전이었다. 알록달록 예쁜 왕궁과 노란 옷을 입은 주안이가 참 잘 어울렸다.

페나 국립 왕궁은 입장료와 왕궁 내부 입장료가 따로 있다. 우리는 왕궁과 내부 모두 볼 수 있는 티켓으로 구매해서 왕궁 안으로 들어가 보았다. 왕궁 내부는 왕과 왕비의 침실, 화려한 내부, 주방 식기 등이 잘 보전되어 있었다. 이 외에 산 정상에 위치한 성에서 보는 주변 마을 풍경 또한 근사했다. 왕궁 내부를 다 둘러보고 왕궁을 나오니 왕궁 위로 깔린 구름과 저 멀리 대서양의 반짝이는 바다 빛이 마치 한 폭의 그림 같았다.

왕궁 구경을 마치고 용민 씨 집으로 돌아오니 그 사이 한식이 그리울 우리를 위해 미키 언니가 시원한 된장국과 각종 한식 반찬을 준비해 주었다. 된장국이 마치 한국의 맛집에서 먹는 요리처럼 맛있었다. 한국 사람보다 더 깊은 한식의 맛을 내다니…. 언니는 정말 능력자이다. 저녁을 먹고 주안이는 숀과 함께 방에서 나오질 않고 뭐가 재밌는지 웃음이 끊이질 않는다. 오늘도 용민 씨네 가족 덕분에 감사한 하루를 보냈다.

DAY119

2018.1.23

[포르투갈]
리스본 예수상(Cristo Rei)과 에그타르트 원조집

오늘의 첫 방문지는 리스본 예수상, 크리스토 헤이(Cristo Rei)이다.

곧 시작할 남미 여행 중 브라질 리우데자네이루의 예수상을 방문할 계획인데, 리스본에도 예수상이 있다는 것을 처음 알았다. 며칠 후 리우데자네이루에 가서 보게 될 리우의 예수상과 얼마나 비슷할지 잘 봐야겠다.

예수상에 도착해서 흥미롭게 읽었던 것이 바로 리스본 예수상의 건축 배경이었다. 리스본 예수상은 리우의 예수상을 본떠서 리스본을 끌어안는 듯한 예수상을 세운 건데, 이 건축물에 대해 논의가 시작할 때 제2차 세계대전이 발발했다. 당시 포르투갈에서는 이 전쟁에서 포르투갈이 영향을 받지 않고 안전할 수만 있다면 예수상을 세우겠다는 국민적 염원이 있었는데, 많은 사람의 기도대로 포르투갈은 제2차 세계대전의 영향을 받지 않았다고 한다. 이후 전쟁에 영향을 받지 않았던 포르투갈에서 전국적인 펀딩을 통해 1959년 5월 17일 리스본 예수상이 완공되었다. 리우데자네이루 예수상은 브라질이 포르투갈로부터 독립한 100주년 기념으로 세운 건데, 포르투갈에서 식민지였던 브라질의 리우 예수상을 보고 비슷한 걸 세웠다는 것이 흥미롭다.

예수상은 75m의 높은 기단 위에 28m 높이의 거대한 석상이다. 예수상을 자세히 보기 위해서는 건물 안에 있는 엘리베이터를 타고 상부로 올라갈 수 있는데, 상부에서 다시 좁은 계단을 따라 올라가면 아찔한 높이의 예수상에 한 번 놀라고, 앞에 펼쳐진 테주강과 425다리의 멋진 모습에 또 한 번 감탄하게 된다. 이른 아침이라 안개가 자욱하게 낀 모습이 더 운치 있었다. 425다리는 살라자르 독재를 몰아낸 4월 25일을 기념하여 425다리라 부른다. 425다리는 샌프란시스코의 금문교와 정말 닮았다.

예수상을 보고 난 다음 목적지는 벨렘탑과 발견 기념비다. 벨렘탑은 바스코 다가마의 세계 원

정을 기념하는 탑인데, 현대 항로 발전에 기여한 위대한 발견을 기념하는 건축물이다. 발견 기념비는 대항해 시대를 기념하는 기념비로 동, 서쪽으로 항해를 나간 사람들의 조각이 새겨져 있다. 기념비 양쪽으로는 함께 항해를 한 사람들을 조각한 형상들이 보였다. 발견 기념비 근처 바닥에는 세계지도가 새겨져 있었는데, 포르투갈이 새로운 영토 개척을 위해 항해한 루트와 정복한 나라들과 연도가 함께 새겨져 있었다.

오늘 점심은 포르투갈 하면 떠오르는 에그타르트로 결정했다. 내가 너무나 좋아하는 에그타르트! 마카오에 갔을 때에도 한 번에 6개씩 먹었던 나였는데, 에그타르트의 원조 집에 드디어 오게 되었다. 세계 일주 전 남편이 포르투갈에서 뭐 하고 싶냐고 물었을 때도 바로 에그타르트 먹기라고 대답한 나! 오늘 여행 일정 중 가장 기대된 것이 바로 에그타르트의 원조인 벨렘 에그타르트 방문이다. 입구에 도착해 안으로 들어가니 내부가 상당히 컸다. 그럼에도 사람들로 북적였다. 우리는 안쪽에 있는 테라스로 자리를 잡았다. 오늘 저녁은 해산물 식당에서 거하게 할 예정이라, 점심은 간단히 에그타르트와 카푸치노 한 잔으로 대신하기로 했다. 너무 맛있어서 정신없이 먹다 보니 네 명이서 총 22개의 에그타르트를 먹었다. 그야말로 에그타르트로 배를 두둑하게 채운 것이다. 마카오를 여행했을 때 포르투갈식 에그타르트를 먹어 보았지만, 역시 원조답게 벨렘 에그타르트가 단연 최고였다. 겉은 엄청 바삭하고, 속은 무진장 부드러운 이 에그타르트는 한국으로 가져가고 싶은 맛이다.

과거 수도원과 수녀원에서 계란 흰자로 옷깃에 풀을 먹여 빳빳하게 다리는 것이 유행이었는데, 남게 되는 노른자로 만든 것이 바로 에그타르트의 시작이라고 한다. 18세기 제로니모스 수도원에서 처음 만들어진 이 에그타르트는 1834년 수도원이 폐쇄되면서 이 레시피가 설탕공장에 팔렸고, 같은 해 벨렘지구 이름을 딴 Pasteis de Belem을 오픈하면서 지금까지 이 레시피만을 고

수하고 있다고 한다. 듣기로는 이 레시피를 아는 사람은 딱 두 명이고, 한 명이 세상을 떠나면 추가로 한 사람에게 레시피를 전수해서 100년이 넘는 시간 동안 이 에그타르트의 정확한 레시피를 아는 사람은 두 명밖에 없다고 했다. 지금은 반대로 이 많은 에그타르트를 만들고 남은 흰자는 어떻게 할지 궁금하다.

에그타르트의 원조 Pasteis de Belem

오늘의 마지막 일정은 제로니모스 수도원 방문이다. 아까 방문한 벨렘탑과 함께 유네스코 세계유산으로 등재된 곳이며, 이곳에 바스코 다가마의 묘가 있다. 제로니모스 수도원에 들어가 보니 화려하고 아름다운 외부만큼 내부 역시 엄청난 규모였다. 포르투갈이 가장 부유하고 잘 살았을 당시의 모습이 보이는 것 같다. 성당으로 들어가니 오른편에는 포르투갈의 시인 루이스 드 카몽이스가, 왼편에는 항해사 바스코 다가마가 잠들어 있었다. 바스코 다가마가 인도로 항해를 가기 전, 여기에 와서 기도를 드렸다고 한다.

5시쯤 집에 돌아와 우리는 잠시 휴식을 취하며 남미 일정을 짜고, 주안이는 남는 시간 동안 공부를 했다. 그러곤 저녁 약속 시간이 되어 해산물 식당으로 이동했다. 오늘 저녁은 특별히 용민 씨네 가족들과 오랫동안 알고 지낸 덴마크에서 온 가족분들과 함께하는 3개국 가족모임이다. 덴마크에서 온 가족분들도 용민 씨네처럼 부인이 한국 분이신 한·덴 국제 커플로 아이들도 주안이랑 또래다. 유쾌한 가족분들을 만나 웃고 대화하고 맛있는 음식을 먹으며 즐거운 시간을 보내고 있는데, 내 앞에 앉은 주안이가 살짝 신경이 쓰였다.

아이들도 오랜만에 만나 반갑다고 영어로 대화를 하는데, 알아는 들어도 아이들의 속도에 맞는 영어를 구사하기가 쉽지 않을 텐데…. 괜히 기가 죽을까 염려가 되었다. 그런데 웬걸. 아이들 떠드는 소리가 나서 보니 아이들이 함께 게임을 하는데, 강주안 어린이 목소리가 제일 크다. 역시 아이들에게는 아이들만 통하는 나름의 언어가 있는 것 같다.

늦은 시간까지 맛있는 해산물과 화이트 와인잔을 기울이며 유쾌한 대화가 끊이질 않았다. 어른들과 아이들 모두 즐거운 밤이다. 오늘 밤은 세 가족 모두에게 오랫동안 좋은 추억으로 남을 것이다.

DAY121
2018.1.25

[포르투갈]

유럽 여행 마지막 날-리스본 다운타운 나들이 (feat. 아빠의 주안이 머리 깎기)

어제 용민 씨네 가족들과 작별 인사를 하고 리스본 다운타운으로 숙소를 옮겨 다음 행선지인 남미 여행에 필요한 물품들을 구입하고 하루를 정비하는 시간으로 보냈다. 오늘은 유럽 일정의 마지막 날이다. 근처 카페에서 간단히 아침 식사 후 숙소 주변을 시작으로 리스본 중심가를 들러 보기로 했다. 오늘 날씨가 따뜻하고 햇볕도 참 좋아서, 스페인 지로나에서 승호 형한테 선물로 받은 아디다스 트레이닝복 재킷을 꺼내 주안이에게 입혔다. 주안이는 형이 입었던 옷인데 디자인이 너무 멋있다고 신이 났다.

숙소 근처에 있는 Santa Justa 엘리베이터 전망대를 둘러보고 물결무늬가 인상적인 로시우 광장에 도착했다. 광장은 13세기부터 리스본의 중심지로서, 리스본시의 많은 공식행사가 이곳에서 행해진다. 지도를 보니 광장 근처에 아시아 마트가 있어 들렀다. 중국 분이 주인인데 규모도 꽤 크고 한국 라면과 과자, 각종 양념이 꽤 다양하게 있었다. 남편이 어차피 남미부터는 당분간 세 끼를 사 먹어야 하니, 포르투갈 마지막 날인 오늘 한 끼만이라도 여기서 장을 봐서 해 먹자고 했다. 이미 양념은 다 소진해 없으니, 특별한 양념이 없어도 되는 야채와 문어, 쌀을 사서 숙소에서 해 먹기로 했다. 장기 여행을 하다 보면 밖에서 음식을 사 먹는 일이 다반사인데, 아이랑 함께 하는 여행이다 보니 가능하면 한 끼라도 집밥을 해 먹는 것이 중요하다.

늦은 점심으로 문어와 야채랑 고추장, 고추참치캔에 쌀밥을 지어 한 끼를 거하게 차려 먹었다. 숙소에 들어와 점심을 사 먹으러 나가기가 귀찮아진다. 어젯밤에 브라질 계획을 잡았으니 오후에는 페루와 볼리비아에서의 일정을 잡고 숙소와 비행기 편을 알아보기로 했다. 이렇게 오후 반나절 숙소에서 여유롭게 대략적인 남미 일정을 짜고, 리스본에서의 마지막 날 저녁 야경을 보기 위해 다시 저녁 산책을 나섰다. 우리 숙소의 위치가 리스본 구도심을 관광하기에 가장 좋은 위치에 있다 보니 숙소에서 10분 정도 정감 있는 골목길을 걷다 보면 아우구스타 개선문이 나오고, 그 개선문을 지나 들어가면 코메르시우 광장이 나온다. 코메르시우 광장은 리스본 최대 규모의 광장이다. 1755년 리스본 대지진으로 원래 있던 궁전은 파괴되었고, 퐁발 후작의 도시 계획에 의해 지금의 광장이 만들어졌다.

해가 지기 시작해, 리스본의 야경이 좀 더 잘 보이는 산타루치아 전망대 쪽으로 걸어 올라갔다. 그리고 가는 길에 리스본 대성당에 잠시 들렀다. 리스본 대성당은 1755년 대지진으로 수많은 사람들이 목숨을 잃었을 때에도 무너지지 않고 살아남은 건물로 유명한 곳이다. 성당을 간단히 둘러보고 오늘의 마지막 방문지인 산타루치아 전망대에 올랐다.

예상대로 리스본의 멋진 야경이 한눈에 들어온다. 전망대에서 야경을 보고 있는데 오늘이 무슨 날인지 저 멀리에서 폭죽이 터지기 시작한다. 유럽에서의 마지막 밤에 멋진 폭죽쇼도 덤으로 보게 될 줄이야…. 오늘이 우리 가족의 유럽 일정 마지막 날인데 마치 잘 가라고 인사하는 것 같다.

숙소에 돌아와 남미로 가기 전 더부룩한 주안이 머리를 남편이 손질해 주기로 했다. 남미로 가면 겨울에서 여름으로 계절이 바뀌니 땀이 많은 주안이를 위해 살짝 머리숱을 쳐 주기로 했다. 주안이가 절대 바가지 머리로 자르면 안 된다고 신신당부를 했다. 남편은 빙그레 웃으며 "오늘은 머리 길이는 줄이지 않고 숱만 치는 거야."라고 주안이를 안심시켰다. 오늘 오전에 열심히 이발 동영상을 본 아빠의 실력이 스톡홀름 때보다 늘었을까? 다행히 주안이의 걱정에도 불구하고 머리가 이쁘게 다듬어졌다. '이것도 다 추억이다, 주안아. 이때 아니면 언제 다시 아빠가 네 머리를 잘라 주겠니?'

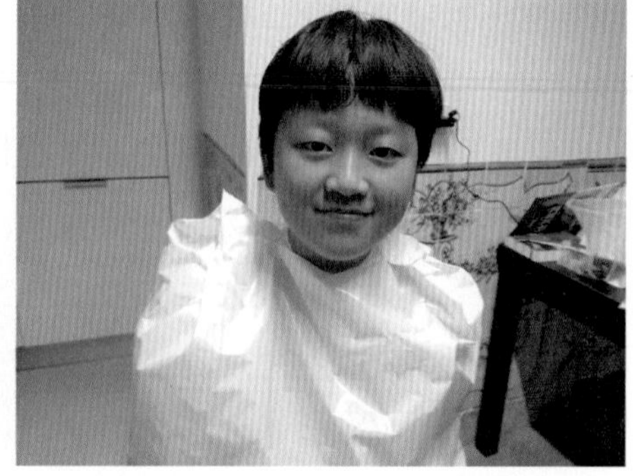

이로써 약 3개월간의 유럽 일주가 모두 끝이 났다.

세계 일주 일정상 가을-겨울 시즌에 유럽을 돌게 되니 겨울 날씨를 고려하지 않을 수 없어 겨울이 먼저 찾아오는 북유럽을 시작으로 유럽 일주를 시작했고, 영국, 프랑스를 거쳐 시계 방향으로 유럽 대륙을 크게 한 바퀴 돌았다. 총 87일, 21개의 국가와 49개의 도시를 방문했고, 그중 60여 일은 자동차를 운전하며 유럽을 일주하였다. 유럽에서는 그토록 보고 싶었던 지인, 가족, 친구를 만나 잊지 못할 추억을 함께 만들기도 하였고, 주안이의 꿈인 자동차 디자이너가 되기 전 유럽의 여러 자동차 박물관을 돌아보기도 했다. 엄청난 고대 유물과 유산들, 각 도시마다 지어진 성당들, 멋진 자연경관들을 보며 유럽의 역사를 다시 공부하는 계기가 되었다.

자주 숙소를 옮겨 다니는 고단함, 남편 혼자 운전해야 하는 어려움도 있었지만, 나라마다 도시마다 마트나 시장에 들러서 장을 보며 물가도 확인하고, 신선한 재료로 먹고 싶은 요리를 마음껏 해 먹는 소소한 즐거움도 많았던 유럽 일정이었다. 비록, 영국 지하철에서 소매치기를 당해 속상하기도 했지만, 오히려 이를 계기로 더 주의하고 조심해서 유럽 일정이 끝나는 오늘까지 아무 사고 없이 잘 마무리할 수 있어 정말 감사하다.

그리고, 드디어 내일! 우리 가족은 처음으로 남미 땅을 밟게 된다. 기대가 큰 만큼 걱정도 많은 남미지만, 남미에서도 안전하게, 좋은 추억 많이 쌓고 건강히 돌아올 거라 믿는다.

'유럽에서의 많은 추억들, 함께해서 더 좋았습니다. 우리 가족 마지막까지 파이팅!'

남미

남미 여행기간(총 32일)

2018년 1월 26일: 상파울루 IN

→ 2018년 2월 26일: 상파울루 OUT

방문국가/도시(21개국/55개 도시)

브라질3, 페루3, 볼리비아2, 칠레4, 아르헨티나3

상파울루 → 리우데자네이루 → 리마 → 쿠스코(마추픽추) → 라파즈 → 우유니 → 산 페드로 아타카마 → 산티아고 → 푼타아레나스 → 푸에르토 나탈레스(토레스 델 파이네) → 엘 칼라파테(모레노 빙하) → 푸에르토 이구아수 → 포즈 두 이과수 → 상파울루

남미 여행의 주요 테마

① 잉카제국과의 만남: 신비로운 공중 도시 마추픽추와 쿠스코 방문
② 세상에서 가장 아름다운 일몰: 볼리비아 우유니 소금사막
③ 태고의 신비를 품은 아름다운 파타고니아: 토레스 델 파이네 트래킹, 장엄한 모레노 빙하
④ 세계에서 가장 큰 이구아수(이과수) 폭포
⑤ 세계 7대 불가사의: 브라질 리우데자네이루의 예수상, 코파카바나 해변
⑥ 남미 최남단 남극으로 가는 전초 기지 푼타아레나스와 펭귄의 천국, 막달레나 섬

남미 이동 방법 및 수단

• 유럽(리스본)에서 브라질 상파울루로 입국해 브라질을 중심으로 반시계 방향으로 일주
- 스타 얼라이언스 세계 일주 항공권 여행 규정상 대륙을 In/Out 할 때 같은 도시를 지정해야 함
- 남미 대륙 내 이동시 국가 간 교통 인프라 차이가 있어서 상황에 따라 비행기와 장거리 버스를 섞어서 이용

• 비행기 이동(9회)
상파울루 → 리우데자네이루 → 리마 → 쿠스코 /라파즈 → 우유니/칼라마(아타카마) → 산티아고 → 푼타아레나스/엘 칼라파테 → 부에노스아이레스 → 푸에트토 이구아수/포즈 두 이과수 → 상파울루

• 장거리 버스 이동(국경 통과)
쿠스코(페루) → 라파즈(볼리비아) / 우유니(볼리비아) → 산 페드로 아타카마(칠레) → 푸에르토 나탈레스(칠레) → 엘 칼라파테(아르헨티나)

• 택시 이동(국경통과): 푸에르토 이구아수(아르헨티나) → 포즈 두 이과수(브라질)

(Tip) 남미 대륙 여행 방향 정하기

- **북미에서 LA를 경유할 경유해서 남미 대륙 입국 시:** 페루 리마를 시작으로 시계방향 혹은 반시계방향으로 일주
- **유럽에서 리스본 경유 입국시:** 상파울루를 시작으로 반시계 방향(시차적응 유리)

DAY122 2018.1.26

[포르투갈/브라질]
이제부터 남미, 브라질로 출발!

2주 전에 스페인에서 겨울옷 등을 챙겨서 보낸 소포가 잘 도착했다는 연락을 받았다. 배로 배송이 돼서 한 달 정도 소요된다고 했는데 생각보다 굉장히 빨리 도착했다. 남미로 출발 전에 소식을 들었으니 마음이 조금은 홀가분하다. 오늘 오전 10시 30분에 리스본에서 출발해서, 브라질 상파울루에 저녁 7시 도착, 총 10시간 30분 비행 예정이다.

우리는 브라질 상파울루로 IN/OUT 하는 세계 일주 항공권을 구매했는데, 상파울루는 남미 일정을 다 마치고 다시 들어올 때 둘러보기로 했다. 오늘 상파울루에서 1박을 하고 내일 아침 비행기로 리우데자네이루로 이동을 해서 리우데자네이루 → 페루 → 볼리비아 → 칠레 → 아르헨티나 → 브라질 순으로 한 달 동안 시계 반대 방향으로 남미를 둘러볼 예정이다.

오늘과 내일은 유럽 대륙에서 남미 대륙으로, 북반구에서 남반구로 이동하는 Moving Day다. '자, 가자 남미로!'

DAY124 2018.1.28

[브라질]
마침내 리우데자네이루의 예수상을 만나다 (feat. 코파카바나 해변, 슈거로프산)

리우데자네이루 호텔에서의 첫 조식! 호텔 리뷰에 조식이 보통이라는 평가가 많았지만, 생각보다 정말 맛있었던 아침이다. 과일도 많고, 상파울루에서 맛있게 먹었던 치즈빵도 있어, 느긋하게 아침 식사를 즐겼다. 리우데자네이루는 치안이 그리 좋은 동네가 아니라서 가급적 어두워지기 전에 일정을 끝내야 한다. 우리는 우선 리우데자네이루의 메인 일정인 예수상을 보기 위해 우버를 불렀다.

예수상에 가기 위해서는 Corcovado(Monte Christo) 산에 있는 인포메이션 센터에 가서 예수상이 있는 정상까지 가는 셔틀버스로 갈아타야 한다. 티켓 오피스에서 왕복 셔틀 표를 사고 표에 표시된 그룹의 탑승 시간에 맞추어 버스를 탔다. 오늘 날씨가 화창해서 그런지 인파가 몰려 대략 50분 정도 기다린 후 버스에 탑승할 수 있었다.

드디어 도착한 예수상!

이미 포르투갈 리스본에서 예수상을 보고 왔지만, 예수상의 원조격이라고 할 수 있는 리우데자네이루의 예수상은 아름다운 주변 경관과 어우러져 정말 놀라움 그 자체였다. 예수상 주변은 전 세계에서 온 관광객들로 발 디딜 틈 없이 붐볐다. 다들 예수상을 찍기 위한 최고의 자리를 찾기에 바빴고, 워낙 예수상이 크다 보니 그 모습을 다 담기 위해서 많은 사람들이 땅에 누워 사진을 찍는 모습이 재미있어 보였다. 덕분에 걷다가 누워 있는 사람을 밟기라도 할까 봐 조심조심 걸어 다녔다. 예수상 자체도 대단했지만, 예수상 위에서 내려다보는 세계 3대 미항(美港)인 리우데자네이루 풍경도 정말 멋졌다.

예수상 아래에 있는 기념품 가게에 들러 기념 자석을 사면서 시원한 망고 주스 한잔 들이켜고 다시 버스를 타러 뜨거운 길을 나섰다. 지금 기온이 36도 정도라 조금만 걸어도 땀이 주르륵 난다. 버스에서 내려서 우버를 부르니, 마침 근처에 빈 차가 있어 바로 우버를 타고 리우데자네이루가 자랑하는 또 다른 관광지인 코파카바나 해변으로 이동했다. 가는 중에 기사분께 코파카바나 주변의 점심 장소를 물어보았는데 다행히 친절한 우버 기사님 덕에 코파카바나 해변을 잘 볼 수 있고 현지인들이 많이 찾는다는 저렴하고 맛있는 현지 음식을 파는 해변가 식당을 소개받았다.

20분쯤 지나 코파카바나의 근사한 해변을 바라보면서 식사할 수 있는 절벽 옆에 위치한 해안가 식당들이 모여 있는 곳에 도착했다. 덥고 해가 쨍하니 많은 사람들이 해변에 나와 있었다. 멋진 경치와 이를 즐기는 사람들을 보니까 나도 마치 바다에 들어간 듯 시원한 느낌이 든다. 해변가를 따라 난 레스토랑을 둘러보다, 맛있어 보이는 생선튀김과 새우 요리를 하는 곳이 있어 들어갔다. 여유롭게 브라질 현지식 음식과 시원한 코코넛 주스를 먹으며 코파카바나 해변의 파도치는 소리와 아름다운 풍경을 감상했다.

아름다운 해변가 식당에서 맛있는 식사를 마치고 우리는 다시 우버를 불러 예수상과 함께 리우데자네이루의 빼놓을 수 없는 경관 중 하나인 팡지아수카르산으로 이동했다. 팡지아수카르산은 생긴 모습이 빵을 만들기 위해 쌓아 놓은 설탕가루 같다고 해서 슈거로프(Sugar Loaf)산이라고도 불린다. 슈거로프산을 올라가기 위해서는 보통 세계 3대 미항인 리우데자네이루항을 함께 구경할 수 있는 케이블카를 이용한다. 가격은 성인 한 명당 80헤알로 원화 26,000원 정도 한다. 이 티켓으로 올라갈 때 2번, 내려올 때 2번 총 4번의 케이블카를 탄다.

참 오랜만에 타 보는 케이블카다. 세계 일주 중에는 처음 타 보네…. 타자마자 사람들은 창가 쪽에 붙어 멋진 경관을 찍기에 참 바빴다.

슈거로프산 정상에 도착해 한 바퀴를 돌며 감상을 하는데 햇빛이 강렬하다. 뜨거운 햇빛을 피해 쉬면서 이런저런 이야기를 나누었다. 세계 일주를 계획할 때 브라질을 떠올리게 되면 리우데자네이루에 있는 예수상과 아름다운 코파카바나 해변, 그리고 시원하게 펼쳐져 있는 리우데자네이루항을

떠올렸는데, 지금 우리가 남미에 와서 슈거로프산에 올라와서 이 모든 것을 한눈에 보고 있다니…. 신기하고 묘하면서 마음 후련한 느낌이 든다.

DAY125 2018.1.29

[브라질] 남미의 바이브(Vibe)를 느낄 수 있는 셀라론 계단과 세상에서 가장 독특한 성당, 메트로폴리타나

오늘 우리의 일정은 호텔 근처에 있는 셀라론 계단과 리우데자네이루 성당 방문이다. 셀라론 계단은 우리 호텔에서 650m 거리에 있어 걸으면 금방이다. 낮에 무슨 일이 있겠냐마는 늘 조심해야 큰 탈이 없으니 난 아예 소매치기의 타깃이 되지 않기 위해 아무것도 지니지 않고 나갔다. 남미 여행 중이고 가는 길이 슬럼화된 동네를 지나쳐야 돼서 걷는 중 긴장이 되었는데, 중간중간 관광객을 많이 볼 수 있어서 조금은 긴장이 풀린다.

셀라론 계단은 칠레 출신의 예술가인 호르헤 셀라론이 1990년부터 2013년 사망할 때까지 세라믹 타일을 붙여 만든 계단이다. 호르헤 셀라론이 정착해서 살던 리우데자네이루 빈민가의 허물어진 계단을 개조하였는데, 처음에는 공사 현장이나 도시 폐기물에서 수거한 타일을 모아 수작업으로 붙이기 시작했지만 이후 방문객들의 기부로 이 계단이 완성되었다고 한다. 들어가는 초입부터 줄이 길었다. 줄을 서야 올라갈 수 있나 하고 봤더니 다들 계단 초입에 앉아서 사진을 찍으려고 줄을 서 있었다. 계단 초입이 이쁘다고 하지만, 조금만 올라가면 줄을 서지 않고 비슷한 느낌의 계단에서 편하게 사진을 찍을 수 있어 우리는 줄을 서지 않고 올라가면서 사진을 찍었다. 양쪽 빨간색 벽에 브라질 국기 색깔인 노랑, 초록, 파란색 계단이 대비를 이루어 더 아름다웠다. 쭉 올라갔다가 내려오는 건 시간이 별로 걸리지 않는데, 일단 셀라론 계단에 들어오면 시간 가는 줄 모르고 사진을 찍게 되는 것 같다.

셀라론 계단 구경을 마치고 아까 지나쳐온 카리오카 수도교를 지나 리우데자네이루 메트로폴리타나 성당으로 걸어갔다. 성당의 외형이 독특하게 피라미드 같은 모양인데, 우리가 늘 보았던 성당과는 많이 다른 외관이었다. 성당 내부는 외부보다 훨씬 멋있었는데, 특히 천장의 십자가 모양을 따라 길게 세워진 스테인드글라스가 정말 인상적이었다. 십자가를 보며 앉아 있는데, 피라미드 모양의 성당은 유리창이 없이 내부와 외부가 뻥 뚫려 있어서 밖이나 안이나 온도 차이가 전혀 없어 후텁지근했다.

성당을 나와 호텔로 돌아가는 길에 간단히 점심을 먹고 들어가기 위해 현지 음식을 파는 식당에 들어갔다. 직원분들이 영어를 아예 못 해서 어렵사리 주문을 했지만 세계 일주를 하며 얻은 필살기라고 할까? 말은 안 통해도 결국 주문을 하고 만다. 직원분들이 참 순수하고 친절해서 주문 또한 재밌는 경험이 되었다.

호텔에 들어와서는 오후부터 쭉 볼리비아 비자 발급에 몰두했다. 인터넷 연결이 매우 좋지 않아 몇 번의 에러가 났는지 모르겠다. 볼리비아 비자의 온라인 신청을 위해서는 여행 일정표도 만들고, 사진, 여권, 카드, 호텔 예약증도 첨부 서류로 필요해서 다 규격에 따라 준비를 해 두고 이제 온라인 신청과 서류 업로드만 하면 되는데 계속 인터넷 에러가 나니 참 속상했다. 오후에 시작해서 저녁까지 했는데도, 나와 남편 것은 완료가 되었지만 주안이 비자는 첫 화면부터 계속 에러가 났다. 내일 쿠스코에 도착하면 볼리비아 대사관에 가서 주안이 비자 문제부터 해결해야겠다.

내일이면 드디어 페루다.

페루와 볼리비아는 내가 정말 가고 싶었던 곳인데 하룻밤만 자면 간다니 믿기지가 않는다. 내일은 이른 아침 비행기로 페루의 수도 리마를 경유해서 마추픽추를 가기 위한 전초 도시인 쿠스코까지 가는 일정이다. 아무 사고 없이 좋은 추억만 쌓고 옵시다!

DAY126
2018.1.30

[브라질/페루] 잉카제국의 수도 쿠스코 입성

아침 비행기로 브라질 리우데자네이루를 출발해서 페루의 수도 리마를 거쳐 드디어 쿠스코에 도착했다. 쿠스코 공항은 몇 달 전 방문한 네팔 카트만두 공항과 느낌이 비슷했다. 사전에 호텔에 픽업을 요청해 우리를 픽업하러 나오신 기사분을 만나 편하게 호텔까지 이동할 수 있었다. 차 안에서 본 쿠스코는 이국적이면서도 네팔에서 받았던 느낌과 분위기가 비슷해서 그런지 낯설지가 않은 느낌이다. 가끔 숨을 쉬기가 벅찬 느낌이 들곤 하는데 그때마다 여기가 해발 3,400m 고지대임이 실감이 난다.

호텔에 도착해서는 원래 인터넷으로 예약한 것과는 다르게 일정 변경을 요청했다. 우리가 묵을 호텔에 원래 3박을 예약했는데, 최근 일정을 다시 짜면서 여기서 먼저 2박을 하고, 3일째는 마추픽추에서 숙박하고 다음 날 다시 이 호텔에 숙박하는 거로 변경 요청을 했더니 흔쾌히 변경을 해 주었다. 마추픽추에 가 있는 동안 짐도 맡아 준다니 참 고맙다.

쿠스코 도착부터 주안이가 숨을 쉬기가 힘들다고 했는데 호텔에 들어오니 주안이가 가슴이 답답하다고 했다. 고도가 갑자기 높아지니 주안이뿐만 아니라 나도 남편도 모두 숨이 가빠 온다. 우리 호텔은 겉은 자그마해 보였는데 안으로 들어가면 정원이 2개나 있는 꽤 큰 호텔이었다. 엘리베이터가 없는데 우리 방이 3층이라, 짐을 들고 올라가기만 해도 숨이 턱까지 차오는 게 좀 힘들다. 방으로 올라가는데 숨이 너무 가빴다. 방에 짐을 푸니 오후 5시가 넘었지만, 내일 일정을 세이브할 겸 쿠스코와 마추픽추의 여행 정보를 알아보기 위해 쿠스코의 중심가로 나섰다. 우리는 우선 호텔에서 1km 내외에 있는 아르마스 광장 쪽 근처에 있는 통신사 대리점에 들러 유심을 사고 아르마스 광장 쪽으로 넘어갔다.

아르마스 광장은 여행 출발 전 〈꽃보다 청춘〉이란 예능 프로그램에서 보고 참 생경한 곳이라 느껴졌던 곳인데, 오늘 우리 가족이 이곳에 오게 될 줄이야…. 광장에는 경찰들이 곳곳에 서 있고, 저녁이 되어 어둑했지만 관광객으로 붐벼서 매우 안전해 보여 우선 안심이 되었다.

광장 앞에 있는 파비앙 여행사에 들러 마추픽추 투어 정보와 금액을 알아보고 있는데 뒤에서 기다리던 주안이가 끙끙 앓는다. 여행사에 있던 다른 한국 여행객이 본인도 쿠스코에 와서 며칠을 고산병 때문에 심하게 아팠는데 주안이도 고산병 같다고 한다. 고산병이 얼마나 아픈지는 아파 본 사람만 안다고…. 심장 박동이 너무 빨라 답답하다고 해서 밖으로 데리고 나가 앉아서 시원한 바람을 쐬게 했다. 평소 꾀병이 없는 주안이가 아프다고 할 때는 정말 심하게 아플 때인데, 지금은 몸을 이리 비틀고 저리

비틀며 안절부절못하는 모습을 보니 안쓰러운 마음에 옆에서 손잡고 같이 큰 호흡을 해 주며 주안이가 편해지길 기다렸다.

남편이 오늘 한 끼도 제대로 못 했으니 주안이가 먹고 싶어 한 한식을 먹으면 좀 좋아지지 않겠냐고 해서 광장 근처에 있는 한식집 '사랑채'로 향했다. 오래간만에 들른 한식당이라 너무 맛있게 먹고 있는데, 옆에서 주안이 먹는 게 영 시원찮다. 아프리카 때부터 먹고 싶다던 설렁탕을 드디어 오늘 먹게 됐는데 조금 먹다가 속이 아프단다. 뭐든 복스럽게 잘 먹는 아들인데 자기가 좋아하는 음식도 못 먹을 정도로 힘든 것이다. 식당 사장님이 마트에서 산소를 사 보라고 메모지에 적어 주셔서 우리도 먹던 걸 멈추고 주안이를 데리고 숙소로 가기 위해 음식점을 나섰다. 숙소에 도착하자마자 우선 네팔에서 가지고 온 고산병 약이 있으니 먹여야겠다. 그런데 음식점에서 나오자마자 바로 주안이가 먹은 걸 다 토해낸다. 순식간에 벌어진 일이라 따로 봉투를 준비하지도 못한 터라 한식집 사장님께 청소 도구를 빌려다가 깨끗이 치워 주고 주안이 손을 잡고 천천히 숙소로 걸어갔다.

숙소 앞 마트에 들러 휴대용 산소통과 코카 사탕을 사 왔는데, 산소를 들이마시니 좋아졌다고 하다가도 이내 또 산소를 찾는다. 고산병 약을 먹였는데 언제쯤 효과가 날지 모르겠다. 그래도 네팔에서 우리 포터였던 비카스가 제일 좋은 고산병 약이라고 사다 준 거니 믿고 계속 먹여 봐야겠다. 고산병에는 뜨거운 샤워가 금물이라 세수와 양치만 살짝 하고 바로 재웠다. 고산병은 보통 2,500m 이상부터 찾아오는데 오늘 단숨에 3,400m 고지에 왔으니 힘든 게 어찌 보면 당연하다. 부디 내일은 주안이 몸이 고산지역에 빨리 적응하길 기도하고 또 기도한다.

DAY127 2018.1.31

[페루]

설마 했던 고산병이 나에게도…

어제는 주안이가 고산병으로 힘들어했는데, 오늘은 나에게도 고산병 증세가 나타나더니 새벽부터 아침까지 내내 아팠다. 어제 주안이를 간호하면서 차라리 내가 아팠으면 했는데 진짜로 아프기 시작한다. 대신 주안이는 오늘부터 아프지 않길 바라본다. 고산병 증세는 사람마다 다르고, 적응하는 시간도 사람마다 다르다. 어제는 괜찮았지만 예방을 위해서 고산병 약을 먹었음에도, 깨질 듯이 아픈 머리와 엄청난 복통과 메스꺼움이 계속 올라오는데, 주안이가 얼마나 아팠을지 내 몸으로 느껴지니 마음도, 몸도 같이 아프다. 아침에 일어나서는 괜찮다더니, 조식을 먹으러 내려가서는 바로 다 토해 내는 주안이. 먹은 게 없어 토할 것도 없을 텐데 주안이도 메스꺼움이 엄청 올라오나 보다.

주안이와 나는 수박 약간과 코카차 한 잔으로 아침을 대신했다. 고산병 증세가 있다 보니 머리가 울리고 속이 울렁거려 움직임이 느려지고, 자주 어지럽다. 캐리어에서 짐을 찾으려고 쭈그려 앉으면 다시 어지럼증이 심해져 짐 싸는 것도 느리고 걷는 것도 느려진다. 아침 먹고 신선한 공기를 마시며 천천히 한 바퀴 돌았다.

오늘 오전에는 페루 이후 다음 일정인 볼리비아에 입국하기 위한 볼리비아 비자를 쿠스코에 있는 볼리비아 영사관에 가서 받아야 한다. 남편과 나는 사전 온라인 신청도 다 했고 필요 서류도 모두 출력을 해서 문제가 없을 것 같은데 주안이는 온라인 신청 자체를 못 한 상태에서 영사관에 가니 혹시 비자 발급이 안 되면 어쩌나 걱정이 많이 되기 시작했다.

호텔 앞에서 택시를 잡아타고 볼리비아 영사관에 도착했다. 15분 정도 대기 후 우리 차례가 되어 영사관 직원에게 신청서를 제출하며 주안이는 온라인 에러가 나서 신청을 못 했다고 말하니 그럴 리가 없다고 했다. '아, 혹시 거절되는 것은 아닐지….' 걱정이 되었다. 그래도 부탁은 해 보자 싶어서 지금 우리가 세계 일주 중인데 볼리비아 우유니는 많은 나라 중에서 제일 가 보고 싶은 곳이라 아들 비자를 만들 방법이 없겠냐고 물어보니 잠깐 기다려 보라고 했다. 주안이 사진을 달라고 해서 전해 주니, 사진과 필요 서류를 다 스캔해서 온라인 서류 준비를 직접 다 해 주는 게 아닌가! 엄청 빠른 속도로 대신 신청을 해 주고 우리의 비자를 출력하곤 우리 여권에 붙이신 후, 한 명씩 두 손으로 여권을 전해 주며 "축하합니다! 볼리비아 비자가 발급이 되었으니 좋은 여행 되세요." 하며 전달해 주었다. 서류 준비물 중 하나라도 구비가 되지 않으면 거절된다고 들었는데 오늘 영사관에서 이렇게 친절하신 분을 만나게 되어 정말 다행이었다.

볼리비아 비자를 모두 받고 기쁜 마음으로 나왔다. 어제 한국 분들이 많이 이용한다는 파비앙 여행사에 알아본 1박 2일 마추픽추 투어는 인당 242불이다. 첫날은 성스러운 계곡 투어를 하고 기차로 아구아스칼리엔테로 이동 후 숙박을 하고 다음 날 오전 5시 30분부터 마추픽추에 오른 후 오후에 기차 및 버스로 쿠스코에 오는 것까지 포함된 금액이다. 성스러운 계곡 투어비 80솔만 불포함이다. 우리가 숙소에 와서 개인적으로 성스러운 계곡 투어, 기차표 구매, 호텔 예약, 마추픽추 입장료, 마추픽추 버스 예약을 다 따로 하는 걸 계산해 볼 때 파비앙 여행사나 우리가 따로 하는 거나 그렇게 큰 차이가 나지 않는다. 개인이 하면 $10~$20 정도 싸게 하거나, 같은 금액 대비 조금 더 좋은 숙소를 잡는 차이 정도이다. 다 따로 예약을 하는 수고와 시간을 아껴 파비앙 여행사에 맡기는 게 마음이 편할 것 같아 오늘 파비앙에 가서 예약을 하려고 하는데, 한 가지 마음에 걸리는 게 첫날 성스러운 계곡 투어가 오전 6시 55분에 단체 버스로 이동이라 혹시 주안이가 계속 오늘처럼 아프면 단체여행이 주안이에게 쉽지 않을 것 같아 걱정이다. 특히, 내일 성스러운 계곡 투어의 첫 방문지인 친체로가 쿠스코보다 고도가 더 높은 곳이라서 고산병에 아직 적응 전인 것도 마음에 걸린다.

점심은 어제저녁에 간 '사랑채'에 다시 가서 주안이에게 소고기 죽을 시켜 주었다. 어제부터 거의 먹은 게 없고 조금만 먹어도 토하니 부드러운 죽으로 속을 좀 달래 주면 좋겠다 싶었다. 사랑채 사장님께 마추픽추 여행과 내일 친체로 여행을 물어보니 마침 본인도 여행사를 운영하고 있다고 했다. 주안이가 아직 고산병 증상이 있기 때문에 단체 버스보다는 힘들면 누울 수도 있고, 높은 친체로의 고도 적응이 힘들면 바로 다음 장소로 갈 수 있는 택시투어를 소개해 주었다. 택시투어로 하면 우리 호텔에서 오전 9시에 출발을 해도 충분하다고 하니 그것도 마음에 든다. 어제는 괜찮았던 저도 고산병으로 힘드네요 하니, 네팔이나 다른 고산지대에 잘 적응하던 사람도 쿠스코에서는 많이들 아파한다면서 쿠스코에 있다가 마추픽추에 가면 고도가 낮아져 바로 괜찮아지는 데다가 다시 쿠스코에 돌아와도 대부분 아프지 않으니까 너무 걱정하지 말라고 해서 안심이 되었다.

택시투어를 예약했으니 좀 귀찮지만 이제 아르마스 광장을 돌아다니며 마추픽추로 가는 기차와 입장권을 직접 구매해야 한다. 우리는 잉카 레일에서 예약을 하러 갔는데 입구에 딱 들어서자마자 메스꺼움이 심하게 올라와서 나와 주안이는 들어가지 못하고 광장 앞에 쭈그리고 앉아서 남편이 예약을 하고 나올 때까지 기다렸다. 주안이는 자기도 아프면서 계속 내 등을 쓰다듬어 주며 엄마 괜찮냐고 한다. 주안이에게 우리는 둘 다 내일부터는 아프지 않을 거라고 하며 새끼손가락을 걸어 주었다.

남편이 잉카 레일표를 구매한 후, 같이 또 걸어 이번엔 마추픽추 입장권을 구매하러 갔다. 마추픽추의 외국인 입장료는 현지인보다 두 배가 더 넘게 비싸다. 카드로 계산하니 카드 수수료가 추가로 붙어 다 합해 384.11솔, 원화 126,000원 정도로 셋 모두의 입장권 구매를 마쳤다. 페루 현지 물가를 고려했을 때 마추픽추 입장료나 왕복 기차 비용이 많이 비싸다는 생각이 든다.

여기까지 예매하고선 호텔에서 쉬고 싶었지만, 마지막으로 볼리비아 비자를 받았으니 볼리비아 라파즈까지 가는 버스를 미리 예약해야 한다. 그렇지 않으면 우리가 원하는 날짜에 버스가 없을 수도 있다. 볼리비아는 우유니에서만 있을 건데, 쿠스코에서 우유니까지 가는 제일 좋은 방법이 쿠스코에서 라파즈까지 버스로 이동 후, 라파즈에서 우유니로 비행기로 가는 방법이다. 물론 버스를 타지 않고 쿠스코에서 우유니까지 한 번에 비행기로 가는 방법도 있지만 운항되는 비행기가 많지 않아서 기다리는 시간까지 합치면 버스로 가는 거랑 큰 차이가 없다. 하지만 항공료가 버스보다 10배 이상 비싸다. 고산병 증세로 몸은 힘들었지만 원하는 날짜에 버스표를 사기 위해 다시 아르마스 광장에서 택시를 타고 버스 터미널로 갔다. 그리고 라파즈까지 가는 버스를 $117에 구매를 하고 나서야 다시 호텔로 돌아왔다. 국경을 넘는 버스인데 세 명에 $117이면 참 괜찮은 가격이다.

호텔에 도착하자마자 주안이와 나는 로비에 비치된 산소를 마신 후 너무 힘들어 둘 다 침대에 기대서 쉬었다. 원래 계획은 오늘 쿠스코를 모두 돌아보고, 마추픽추 다녀온 다음 날 새벽 4시에 출발하여 비니쿤카라는 5,100m 높이에 있는 무지갯빛 산을 다녀오는 거였는데, 3,400m에서 겪는 심한 고산병에 놀란 우리는 고도 5,100m인 비니쿤카에 가는 것이 무리다 싶어 미련 없이 포기하기로 했다.

시름시름 침대에 기대 쉬다가 잠깐 잠이 들었나 보다. 소리가 나서 눈을 떠 보니 6시가 넘어 저녁 시간이 되었는데 남편이 우리 숙소 앞 시장에서 옥수수를 사가지고 들어온다. 오고 가면서 옥수수 파는 걸 봤는데 옥수수를 무척 좋아하는 나와 주안이를 위해 사 온 것이다. 고산병에 걸리면 입맛이 전혀 없고 밥을 먹지 않아도 배가 전혀 고프지 않지만, 남편의 정성을 생각해 먹어 본 옥수수는 생각보다 맛있고 또 먹어도 메스껍지가 않았다. 남편도 고산병 증세가 있었는데 우리가 워낙 아프니 본인은 계속 괜찮다고 한다. 얼굴 보니 남편도 아프구먼…. 옥수수 3개를 사 왔는데 우리 셋이 2개를 다 먹지 못하고 일찍 잠자리에 들었다. 내일부턴 고산병과 작별하고 싶다.

DAY128 2018.2.1

[페루]

잉카제국의 흔적을 찾아서-성스러운 계곡 투어 (친체로, 살리네라스, 모라이, 오얀따이땀보)

오늘은 어제 예약한 택시로 성스러운 계곡 투어를 가는 날이다. 고산병 약을 먹어도 전혀 좋아질 기미가 보이지 않으니, 오늘도 주안이와 나는 수박과 코카차로 아침을 대신했다. 호텔에 큰 짐을 다 맡기고, 남편과 나는 각각 배낭 하나에 1박 2일 짐을 꾸렸다. 몸이 무겁고 힘들어 캐리어 2개를 3층에서 로비로 내리는 것도 쉽지 않았다. 행동이 느려지니 9시 출발 시간에 겨우 맞춰 내려왔다. 단체 관광 말고 개인 투어로 예약하길 참 잘했다 싶다.

친체로(Chinchero)

첫 번째 방문하는 곳은 친체로라는 곳으로 해발고도 3,700m이며, 쿠스코보다 고도가 더 높다. 친체로, 모라이, 오얀따이땀보를 관람할 수 있는 통합권은 개인당 70솔(원화 23,000원 정도)이고 첫 방문지인 친체로에서 구매할 예정인데, 입장권 구매 전에 기사분이 알파카 직조 공방으로 우리를 먼저 데려다주었다. 페루에 오자마자 고산병과 볼리비아 비자 준비와 마추픽추 준비로 페루를 아직 제대로 돌아보지 못했는데 직조 공방에 오니 우리가 페루에 왔다는 것이 새삼 실감 났다.

전통 의상을 입은 인상 좋고 참한 페루 언니가 천연염료로 알파카 실에 물을 들이는 걸 시연해 주고, 직접 직조하는 모습도 보여 주었다. 짧게 설명을 마치고 주변에 예쁘게 전시된 물건들을 구입할 수 있는데, 그냥 나오기가 미안해서 우리와 함께 마추픽추를 여행할 라마 인형과 알파카 털로 만든 주안이 목도리를 하나 샀다. 마추픽추와 우유니에서 입을 판초를 하나 사고 싶었는데 가격도 꽤 비싸고 딱 마음에 드는 걸 보지 못해 판초는 마추픽추에 가서 사야겠다.

예쁜 전통 공예품 공장을 나와 본격적인 친체로 관광에 나섰다. 마을 입구에서 입장권을 사서 친체로 관광을 시작했는데 아직도 주안이는 컨디션이 좋지 않다. 주안이에게는 일부러 여기가 쿠스코보다 고도가 더 높은 곳이라고 말해 주지 않았다. 혹시 오늘은 고산병에 적응을 할 수 있는데 고도가 더 높다는 것을 알면 괜한 신경을 쓸까 봐 말을 해 주지 않았는데, 주안이 몸이 말해 주나 보다. 주안이가 점점 말이 없어지고 숨을 몰아쉬기 시작한다. 표를 구매하고 입구까지 올라오는 길이 100m도 안 되는 것 같은데 이걸 한 번에 올라오기가 쉽지 않다.

광장 앞에는 스페인 식민지 시절에 세워진 성당이 있는데 스페인은 현지의 전통 신앙을 말살

하기 위해 식민지 시절 신전을 허물고 그 위에 성당을 지었다고 한다. 성당 앞 예쁜 장터를 지나다 보니 넓은 공터 위에 잉카 시대에 세워진 석축물들이 보이고, 그 뒤로 계단식 논이 보인다. 예쁜 전통 마을을 둘러보나 생각했는데, 생각보다 어마한 잉카 시대의 유적을 보게 되었다. 마을을 지나니 넓은 공터가 나오고 주변으로 잉카 시대의 유적들이 보인다.

계단식 논도 실제로 보니 참 신기했다. 논 주위로 쌓아 둔 돌들도 어쩜 이리 틈 하나 없이 딱딱 맞아떨어지는지…. 마추픽추를 보기도 전에 친체로부터 감탄이 나오기 시작한다. 마을을 떠나려고 다시 마을 입구 성당 쪽으로 걸음을 돌리니 무슨 행사가 있는 건지 전통 의상을 입은 수십 명의 마을 분들이 다 모여 있었다. 허락을 받고 기념으로 함께 사진을 남겼다. 참 이국적인 풍경이다.

살리네라스(Salineras de Maras)

다음 방문할 곳은 첩첩산중 고지대에 위치한 잉카의 염전으로 내가 개인적으로 제일 기대한 곳인 살리네라스이다. 이제부터는 계속 내리막길 이동이다. 30분 정도 차로 이동하다가 도로 앞에 차를 세우시더니 기사님이 잠깐 내려서 사진을 찍으라고 했다. 나가 보니 살리네라스가 저 아래에 있다. 1억 1천만 년 전 지구의 지각판이 이동하며 안데스산맥이 만들어지고, 원래 바다였던 지대가 융기해 땅이 되면서 산 깊숙한 곳에서부터 소금이 함유되어 있는 지하수가 흘러 이 물로 소금을 만들게 되었다고 한다. 잉카 시대부터 소금을 만들어 냈던 살리네라스는 소금 지하수가 수로를 통해 고루 흘러내리도록 층층이 만들어졌다. 안데스산맥 언덕 비탈에 층층이 작은 연못들이 모여 있는데 이 소금 연못들이 대략 3천 개 정도 있다.

남편과 주안이는 흘러내리는 지하수에 손가락을 넣어 소금물을 살짝 찍어 먹었다. 소금이 맛있다고 몇 번 찍어 먹던 주안이는 소금물이 너무 맛있어서 삼겹살 찍어 먹고 싶다며 나도 소금물을 먹어 보라고 했다. 어! 그러고 보니 주안이 상태가 괜찮아 보인다. 지금 컨디션이 어떠냐고 물어

보니 본인도 놀라며 말한다. "엄마! 나 지금 안 아프네!" 주안이도 갑자기 좋아진 컨디션에 놀랐나 보다. 그 지독한 고산병이 고도가 낮아지자마자 바로 괜찮아지다니…. 정말 신기 방기하다.

컨디션이 회복되니 덩달아 기분도 좋아졌다. 주안이가 맛있다니 나중에 음식 할 때 사용할 살리네라스산 소금을 한 봉지 사서 다음 장소인 모라이로 출발했다.

모라이(Moray)

모라이는 고대 잉카인들의 계단식 농경지로 높이에 따른 온도 차이로 어떤 작물이 자라는지를 연구했던 곳으로 일종의 잉카 시대의 농업 R&D 센터였던 곳이다. 모라이에는 계단식 농경지가 3개가 있다. 멀리서 보면 각 층마다의 높이가 낮아 보이지만, 각 층의 높이가 허리까지 오는 정도로 꽤 높다. 마치 외계인들이 만든 것과 같이 독특한 지형으로 잉카인들의 지혜를 엿볼 수 있는 곳이다.

오얀따이땀보(Ollantaytambo)

성스러운 계곡의 마지막 방문지는 리틀 마추픽추라고 불리는 오얀따이땀보로 잉카 시대에는 태양의 신을 모시기 위한 신전이 있었던 곳이다. 오얀따이땀보 근처에 기차역이 있어서 관람 후 잉카 레일이나 페루 레일을 타고 마추픽추 근처에 있는 아구아스칼리엔테로 갈 수 있다. 우리는 1시간 정도 오얀따이땀보를 둘러본 후 4시에 역으로 가서 잉카 레일의 4시 30분 기차를 타면 된다.

오얀따이땀보는 입구 초입부터 시작하는 계단식 테라스를 올라야 한다. 열심히 올라가다 보면 맞은편에 보이는 산에 새겨진 위라코차 신의 얼굴이 보인다. 다행히 여기는 고도가 낮아 계단을 계속 올라가도 숨이 잘 쉬어지니 한결 수월하다. 관광객들이 많이 모여 있는 장소에 도착을 했다. 사람들이 벽 앞에 모여 있는데, 벽을 아무리 보아도 아무런 글도 그림도 없는데 다들 열심히 보고 있다. 궁금해서 찾아보니 원래는 뱀, 퓨마 등의 모습이 조각되어 있던 것을 스페인 침략 시기에 다 지워 버렸다고 한다. 높이 올라오니 뷰가 참 멋있다. 멋진 풍경을 바라보고 나니 벌써 내려갈 시간이 되었다.

잉카 레일로 아구아스칼리엔테까지는 1시간 40분 정도 거리이다.

저녁 6시 20분쯤 아구아스칼리엔테역에 도착하니, 어제 우리가 예약한 호텔의 젊은 사장이 우리를 숙소까지 안내하기 위해 마중을 나왔다. 사장님의 안내에 따라 나무다리를 건너고 코너 한 번 도니까 바로 우리가 1박을 할 아담한 호텔이 나왔다. 호텔 위치가 기차역과 마추픽추 버스 타는 곳 모두 매우 가까웠다. 생각보다 힘든 남미 여정이지만 마추픽추를 본다는 생각에 기분이 벌써부터 들뜬다. 우기인 페루는 날씨가 시시각각 바뀌는데…. 내일도 오늘처럼 해가 쨍하게 뜨길!

DAY129 2018.2.2

[페루]

잃어버린 공중도시, 마추픽추에 오르다

드디어 마추픽추에 오르는 날이다. 아침에 눈을 뜨자마자 창문을 열어 보니 새벽 내 비가 꽤 많이 왔었는지 땅이 젖어 있다. 놀라서 손을 창밖으로 내밀어 보니 다행히 지금은 비가 그쳤다. 아침 7시 반에 호텔 조식을 먹고, 8시에 마추픽추로 오르는 버스를 타기 위해 호텔을 나섰다. 버스는 금세 사람들로 꽉 차서 우리가 버스에 타니 얼마 지나지 않아 출발하였고, 20분쯤 지나서 마추픽추 입구에 도착했다. 입장 후 얼마간 산길로 트래킹을 하니까 마추픽추가 서서히 그 모습을 드러낸다.

1차 뷰 포인트에 도착했다. 마추픽추가 눈에 들어오자마자 절로 탄성이 나왔다. 주위를 빙 둘러 높이 솟아 있는 기암절벽들 아래, 잉카 최후의 요새 마추픽추가 자리 잡고 있다. 너무 감사하게도 오늘은 안개도 없고 날씨도 좋아 올라오자마자 웅장한 마추픽추의 모습을 감상할 수 있었다. 드디어 우리가 마추픽추에 왔구나!

바위에 앉아서 하염없이 바라보다가 조금 더 위쪽으로 올라가 보았다. 아직 9시 전이라 사람이 많지 않아 절경을 감상하기가 참 좋다. 어제 아침 친체로에서 산 라마 인형과 어제저녁 아구아스칼리엔테에서 산 알파카 인형을 놓고 마추픽추를 배경으로 사진을 찍었다. 그리고 이 둘의 이름을 고민하다가 먼저 산 라마 인형은 '마추', 알파카 인형은 '픽추'라고 지어 주었다.

마추픽추를 본 느낌을 말로 표현하기가 참 어려웠다. 해빌 2,400m에 있는 마추픽추 유석지는 여러 신전과 궁전을 중심으로 잉카인들이 살았던 주택, 곡식과 작물을 재배했던 계단식 경작지 등으로 이루어져 있다. 안데스산맥에 자리한 아름답고 신비로운 이곳은 잉카인들에 의해 세워졌고 그들이 살았다는 사실만 전해질 뿐 그들의 실제 생활상은 여전히 미스터리로 남아 있다. 바위산에서 돌을 잘라 수십 km를 운반해서 여기에 이런 도시를 만들었다는 게 봐도 봐도 믿기지가 않는다. 이곳에서 마추픽추를 보며 사진도 찍고, 가족들에게 보내는 영상도 찍으니 어느새 1시간이 훌쩍 지나갔다.

넋을 놓고 바라보게 만드는 마추픽추, 이제 내려가서 직접 이 공중도시 안으로 들어가 보자!

잉카인들이 살았던 옛터를 직접 걸으니, 마치 과거 잉카 시대로 돌아간 듯한 느낌이 들어 기분이 묘해졌다. 공중도시라는 말이 정말 잘 어울리듯 차곡차곡 잘 쌓아 놓은 돌담 벽들이 인상적이었다. 돌담 벽은 돌을 깎아 서로 맞물리도록 쌓아 놓아서 지진이 나도 무너지지 않게 만들었다고 한다. 스페인 침략 때 잉카인들은 이곳을 버리고 더 깊숙한 곳으로 숨어 버렸다고 한다. 워낙 산속 높고 깊은 곳에 세워진 이 도시는 스페인군의 눈에 띄지 않아 다행히도 크게 훼손되지 않고 보존될 수 있었다.

마추픽추에서 가장 많이 차지하는 것은 계단식 농경지이다. 여기서 옥수수 농사를 지었는데 그 양은 대략 1만 명 정도를 부양할 수 있는 양으로 추정되고 있다. 집터를 구경하고 다시 나가는 방향 쪽으로 걸어갔다. 마추픽추는 One-way라서 나가는 표지판을 따라 걸으면 이 마을을 한 바퀴 둘러보고 나갈 수 있다. 마지막으로 저층부의 유적지들을 돌아보니 마추픽추에 온 지 벌써 4시간이나 지나가고 있었다.

시간이 어떻게 갔는지도 모르게 지나갔다. 고산병으로 힘들었을 땐, 마추픽추고 우유니고 다 포기하고 그냥 칠레로 나가야 하나 고민도 되었는데, 지난 1박 2일 동안 성스러운 계곡과 마추픽추 여행을 하면서 거짓말처럼 고산병이 사라졌다. 마치 고산병이 마추픽추를 오기 위해 마지막으로 통과해야 하는 관문처럼 마추픽추에 다가오는 과정은 힘들었지만 고산병을 이겨내게 돼서 더 감사하게, 더 기쁘게 마추픽추를 볼 수 있었던 것 같다. 실제 눈으로 보고 발로 밟아 본 마추픽추는 대단하다는 표현으로는 부족한, 감동 그 자체였다. 세계 일주를 계획하기 전 tvN의 〈꽃보다 청춘〉의 쿠스코와 마추픽추 편을 보면서 마추픽추는 감히 우리가 가기에는 엄두가 나질 않는 곳이라고 생각하며, 마냥 부러워하면서 TV를 보았던 생각이 난다. 사람 일은 참 알 수 없는 것 같다. 그리고 인생도 마찬가지인 것 같다.

마추픽추 앞에서 다시 버스를 타고 호텔로 돌아오니 1시 20분쯤 되었다. 오얀따이땀보로 돌아가는 기차를 2시 40분에 탈 예정이라 숙소 근처에서 식사를 하고 숙소에 맡긴 짐을 찾아 기차를 타면 된다. 우리가 묵은 호텔은 착하게 생긴 두 젊은 부부가 얼마 전 시작한 소박하고 자그마한 호텔이다. 어제 판초를 구입해서 원래 입으려고 가져온 스웨터를 부인분께 선물로 드렸다. 지난겨울 독일 볼프스부르크에서 구매해 몇 번 안 입었던 깨끗한 스웨터였는데 너무 예쁘다고 기뻐하면서 받아 주니 나도 기뻤다. 기차역으로 가기 위해 짐을 찾아 호텔을 나서는데 부인이 예쁜 모자를 쓴 작은 알파카 인형을 선물로 주었다. 우리는 우리가 묵었던 호텔 이름을 따서 알파카 인형에 '만투'라는 이름을 지어 주었다.

잉카 레일을 타고 2시간여를 달려 4시 40분쯤 다시 오얀따이땀보역에 도착했다. 다행히 날씨가 참 좋아 감사한 오늘이다. 평생 간직하게 될 마추픽추의 아름다운 추억을 안고 다시 쿠스코로 향했다.

DAY130 [페루]

2018.2.3

세상의 배꼽 쿠스코 나들이

그동안 쌓인 피로가 몰려와 어제는 우리 모두 정말 푹 잤다. 9시쯤 조식을 먹으러 내려왔는데, 오늘은 특별한 일정 없이 쿠스코 주변을 돌아보고 밤 10시에 라파즈로 가는 버스를 타는 일정이라 마음이 참 여유롭다. 우리가 묵는 호텔 앞에는 큰 시장이 있다. 오고 가며 보긴 했는데 남편만 옥수수 사러 한번 가 보고, 주안이와 나는 고산병 때문에 방에만 있어서 떠나기 전에 한번 둘러보고 싶었다. 1박 2일간 마추픽추를 다녀온 관계로 오늘은 빨래해야 할 옷들이 꽤 많아서, 시장 주변을 둘러보다 빨래방이 보이면 가져다가 맡겨야겠다. 다행히 호텔 체크아웃은 오전 10시인데, 볼리비아로 넘어가는 심야버스를 타야 해서 추가로 오늘은 밤 9시 반까지 호텔에 더 머무르기로 했다. 감사하게도 친절한 호텔 직원의 배려로 $25의 추가 요금을 내고 그냥 묵고 있는 방을 밤까지 사용할 수 있게 되었다.

아르마스 광장에 도착해 제일 먼저 빨래방을 찾아 빨래를 맡겼다. 1kg당 4솔인데 우리 빨래가 3kg라 12솔, 원화 4천 원 정도에 빨래와 건조를 맡기고 오후 4시에 찾기로 했다. 오늘 하루는 손빨래에서 해방이다! 빨래를 맡기고 나오는 길에 길거리에서 곱게 전통 옷을 입고 관광객들과 사진을 찍고 팁을 받는 어린이들을 만났다. 나이를 물어보니 주안이 또래였다. 조카들 용돈 주는 마음으로 어린이들에게 각각 팁을 주고선 주안이랑 기념사진을 찍어 주었다.

쿠스코 아르마스 광장에서는 쿠스코 대성당과 예수회 교회가 제일 눈에 띈다. 쿠스코 대성당은 잉카 신화의 창조신 비라코차 신전 터에 건설되었다. 16세기 중반에 건설을 시작해서 17세기 중반에 완공되었는데 건축이 무려 100년이 걸려 완성된 곳이다.

아르마스 광장 중앙 분수대 위에 15세기 잉카제국의 9대 왕 파차쿠티의 동상이 있다. 잉카제국의 수도였던 쿠스코는 잉카의 언어로 추정되는 케추아어로 Qusqu 또는 Qosqo라고 표기하는데, 이는 '배꼽'이라는 뜻으로 세상의 중심을 의미하는 말이다. 어제 마추픽추를 다녀오고 잉카제국의 찬란했던 유적지를 보고 감탄을 했는데, 바로 여기 쿠스코도 얼마나 위대했을까 싶다. 스페인 침략 후 잉카 시대 신전을 모두 무너뜨리고 대신 그 자리에 성당을 건축했는데, 성당에 둘러싸인 잉카 시대 왕의 동상을 보니 기분이 참 묘하다.

잠시 벤치에 앉아서 쉬고 있는데, 수줍은 듯한 표정의 소녀 2명이 우리 주변을 맴돌며 사진을 찍는 게 느껴진다. 남편이 보니 자기들 사진을 찍으면서 동양에서 온 우리도 같이 찍는 거 같다며 그 소녀들에게 그냥 이리 와서 편하게 찍어도 된다고 하니 웃으며 우리 옆에 앉는다. 우리에게 한국 사람이냐고 해서 그렇다고 하니 "꺅!" 소리를 지르며 어쩔 줄 몰라 하는 소녀. 그러곤 뒤를 돌아 티셔츠 등 뒤에 큼직하게 쓰여 있는 'BTS 방탄소년단'이란 글씨를 보여 주며 BTS 팬이라고 했다. 한류열풍이 페루의 쿠스코까지 전해졌다는 게 참 신기하다. 방탄소년단 덕분에 우리도 잠시 인기인이 되어 보았다. ☺

쿠스코 대성당을 둘러보고는 이제 12각 돌이 있는 곳으로 향했다. 12각 돌은 잉카의 건축 방법의 진수를 엿볼 수 있는 곳으로 벽에 돌을 쌓을 때 촘촘히 돌을 연결하고자 12각으로 돌을 깎

아 끼어 맞췄다. 퍼즐을 맞춘 듯이 돌들이 촘촘하게 붙어 있다. 더구나, 그 옛날 돌과 나무로만 이 큰 돌들을 연마하여 이렇게 튼튼한 벽을 세웠다니 정말 놀라울 따름이다. 잉카인들의 솜씨와 재능에 놀라지 않을 수 없다.

이후 오후 시간은 호텔에서 짐도 다시 싸고 중간에 빨래도 찾아오고 다음 일정을 짜는 데 시간을 보냈다. 오랜만에 긴 자유 시간이 생긴 주안이는 어제 본 마추픽추의 감동을 안고 마추픽추를 그림으로 그렸다. 주안이의 그림을 보니 어제의 감동이 다시 몰려오는 듯하다. 1시간 넘게 집중해서 그린 그림을 칭찬하며 주안이에게 마추픽추 티셔츠를 선물로 사 주었다.

세계 일주 중 주안이가 그린 마추픽추 스케치

이제 오늘 밤, 12시간 넘게 버스를 타고 볼리비아 라파즈로 이동한다. 남미에서는 매번 비행기를 탈 수 없으니 처음으로 밤 버스로 국경을 넘게 된다.

다음은 드디어 나의 버킷리스트 1순위인 우유니다! 기대되고 떨리는 우유니를 향해!

DAY132 2018.2.5

[볼리비아]

세상에서 제일 큰 거울-형언할 수 없이 아름다운 소금사막 우유니

드디어 오늘! 우유니 소금사막에 가는 날이다. 남미에 오기 전 제일 기대되었던 곳이 마추픽추와 우유니였다. 우유니 사막은 3,600m가 넘는 고지대에 위치해 있다. 이곳에 오려고 우리는 그동안 고산병도 이겨내고 왔다. 우유니 소금사막은 우기에 그 진가를 발휘한다고 해서 세계 일주 일정을 잡을 때 방문 시기를 우유니에 맞추어 2월로 잡은 것이다. 남편은 너무 기대하면 실망을 할 수 있으니 기대 없이 가 보자는데 하늘이 너무 쨍하고 맑아서 하늘만 봐도 가슴이 두근거린다.

우유니는 눈부시도록 아름다운 자연환경과 독특한 지형구조를 활용한 다양하고 재밌는 콘셉트 사진을 찍을 수 있는 곳으로 유명한 곳이다. 우리는 가이드들의 사진 솜씨가 좋다고 하여 한국인 여행자들에게 인기가 많은 오아시스 투어에 들러 당일 데이 & 선셋 투어를 예약했다. 오기 전 여러 블로그를 찾아보니 멋진 우유니를 배경으로 멋진 사진과 재밌는 단체 사진을 찍으려면 한국인들과 한 조가 되어야 더 재밌게 찍을 수 있다고 하는데 오늘 우리 조는 누가 되었을지도 궁금하다.

오전 10시 45분에 집합하여 오늘 저녁 8시에 끝나는 데이 & 선셋 투어는 우리 가족 포함 총 7명이 한 그룹인데 4명은 모두 여대생들이었다. 친구와 같이 온 여대생들과 자매가 같이 온 그룹인데 다들 밝고 친근한 젊은 대학생들이었고, 만나서 몇 마디 대화에 금방 친해지게 되었다.

드디어 가이드와 함께 출발한다. 처음 도착한 곳은 기차 무덤이다. 기차 무덤은 폐기차를 모아 놓은 곳으로 사진 촬영 장소로 손색이 없었다. 여행하면서 사진 실력이 팍팍 늘고 있는 남편이 우리 조 메인 사진사로 맹활약하면서 같은 조 친구들 사진도 많이 찍어 주었고, 그 친구들이 우리 가족사진도 찍어 주었다. 기차와 파란 하늘의 조화가 기대 이상으로 멋지다.

주안이는 기차 이곳저곳을 옮겨 다니며 멋진 포즈를 취해 주었다. 기차 무덤을 지나 잠시 기념품 가게에 들렀다. 페루 시장이랑 거의 비슷한 물건을 팔고 있었는데 가격도 더 저렴하고 예쁜 게 많았다. 이곳에서 우리는 가이드가 준비한 고무장화로 모두 신발을 갈아 신고 본격적인 우유니 소금사막으로 투어를 위해 출발했다.

소금사막 중 첫 도착지는 점심 식사 겸 들른 곳인데, 물이 많이 차 있지 않아 소금사막에 하늘 반영이 썩 잘 비치는 곳은 아니었지만 그럼에도 불구하고 정말 멋졌다. 소금사막 초입이 이 정도면 물 찬 소금사막은 어떨지 너무 기대가 된다! 점심을 먹고 가이드분이 본격적으로 단체 사진을 찍어 준다고 해서 함께한 일행끼리 포즈 연습을 해 보았다. 다행히 함께한 그룹 멤버들이 마음도, 호흡도 척척 맞는다.

우유니 사막의 햇빛은 너무 강해 선글라스를 껴도 눈이 부시다.

멋진 이곳을 놓치지 않으려고 수백 장의 사진을 찍게 되는 매력적인 이곳, 우유니 소금사막! 가만히 서 있기만 해도 하늘과 땅이 다 알아서 멋진 풍경을 자아낸다.

자, 이제 소금사막 한가운데에서 먹는 점심시간이다. 가이드분이 우리가 타고 온 SUV의 트렁크 뒷문을 펴서 뷔페처럼 음식을 차려 주었다. 아무거나 먹어도 분위기에 취해 뭐든 다 잘 먹을 텐데, 차려 준 스테이크와 볶음밥, 야채가 너무 맛있어서 다들 2번씩은 가져다 먹었다.

다들 너무 좋다고 이야기하며 먹고 있는데 친절한 가이드분이 쉬지도 않고 멋진 360도 파노라마 동영상을 찍어 주었다. 배경음악은 Alan Walker의 〈Faded〉. 주안이가 제일 좋아하는 노래인데 어찌 알고 이런 선곡을 하셨는지! 맛있는 점심 후, 기대하던 1차 그룹 사진 시간이다. 여기에서는 가이드분이 지시하는 대로 잘 따라 하기만 하면 된다. 너무 즐겁게 촬영해서 시간 가는 줄 몰랐다.

재미있는 콘셉트 사진을 찍고 이제 본격적으로 물이 찬 우유니를 만나러 가는 시간이다. 우기인 우유니에 물이 차면 하늘과 땅이 구분이 되지 않는다. 함께 온 그룹과 재밌는 포즈의 단체 사

진을 찍고 개인별로 점프샷을 찍은 후, 이제부터 자유롭게 사진을 찍는다. 우리 셋 같이 뛰는 것이 얼마 만인가! 우리 가족 완전체 점프! 손을 잡고 사진을 찍는데 뭉클했다.

해가 지기 전에 선셋을 보기 위한 곳으로 다시 장소를 이동했다. 이동하는 차 안에서 종일 같이 있으며 서로 사진을 찍어 주다 보니 금세 정이 든 것 같다. 선셋 포인트에 도착하니 여기는 정말 물이 많이 차서 하늘이 땅이고, 땅이 하늘 같다. 너무나 환상적이고 우리가 마치 바다 위에 서 있는 기분이 든다.

그런데 갑자기 한쪽 하늘에서 먹구름이 순식간에 몰려왔다. 그리고 잠시 후 세차게 거센 비가 쏟아지기 시작했다. 소금사막이 검붉어지려는 찰나에 비가 오다니…. 순식간에 쏟아지는 비를 피해 우리는 차로 들어갔는데, 금방 그칠 비가 아니었다. 세차게 몰아치는 소낙비로 소금사막에 물살이 거세어지니 차가 움직이는 것도 힘들어 보였다. 좀 전까지 모습과 너무 다른 모습이다. 그러고 보니 이곳 우유니는 지금이 우기다. 선셋의 마지막을 보지 못해 아쉽지만, 안전한 귀가를 위해 오늘은 여기서 투어를 끝내고 돌아왔다.

너무 고생한 가이드분께 두둑한 팁을 드리고, 오아시스 투어에 들어가서 내일 오후 3시에 출발하는 선셋 & 스타라이트 투어를 바로 예약했다. 내일도 다시 멋진 선셋을 기대해 본다! 내일 또 만나! 우유니!

DAY133 [볼리비아]

2018.2.6

우유니에서 평생 잊을 수 없는 최고의 선셋을 보다

어젯밤부터 새벽까지 비가 와서 우유니는 사막이 아닌 호수 같은 모습을 하고 있다. 지나가는 투어 차를 달리는 차 안에서 찍기만 해도 자동차 광고 같은 느낌의 사진이 나온다. 하늘과 구름이 물 찬 사막에 그대로 반영이 된다. 오늘도 역시나 너무 좋은 분들과 한 팀이 되었다. 차 위에 올라가서 내려다본 우유니는 끝도 없이 하얀 하늘과 같았다.

조금씩 붉게 물들어 가는 우유니를 보니 너무 설렌다. 저녁 시간으로 접어드니 이제부터 우유니의 하늘이 빠르게 색을 바꾸기 시작한다. 본격적인 노을의 시작이다. 황금빛 해가 물에 투영되어 마치 해가 두 개인 것 같은 착각이 든다. 너무나 황홀한 순간이다. 하늘은 온통 황금빛으로 물들었다. 그렇게 한참 동안 해 지는 모습을 바라보며 감탄을 연발하였다.

눈이 부시도록 찬란한 황금빛 노을, 평생에 한 번 더 볼 수 있을까?

잠시 후 노을이 우유니를 붉게 물들인다. 저 앞에 사람이 없으면 여기가 하늘인지 땅인지 모르겠다. 여기가 지구인가 싶은 느낌이 든다.

너무 신비로운 이곳! 오늘 인생 최고의 노을을 선물 받았다.

DAY134
2018.2.7

[볼리비아]
평범한 우유니의 하루

우유니에 도착하여 우선적으로 칠레로 넘어가는 버스를 예약하려고 했었는데 버스 운전사 파업 때문에 차편이 부족해 부득이 하루 더 우유니에 묵게 되었다. 세계 일주처럼 장기 여행을 하다 보니 이런저런 일이 생기는데 우리는 이제는 그러려니 생각하고 그 나름대로 시간을 보내는 노하우가 생긴 것 같다. 내일 새벽에 칠레로 넘어가야 하니 오늘은 무리하지 않고 휴식과 정비를 하기로 하고, 모처럼 셋 모두 우유니에서 머리를 자르기로 했다.

우유니에는 이발소, 미용실이 거리에 참 많다. 어제 주안이 선글라스를 사 주기 위해 돌아다니다 보니 일반 가게보다 훨씬 많은 이발소를 보고 머리를 자르기로 결정한 것이다. 남편은 2달 전인 12월 초 프라하에서 머리를 자른 게 마지막이고 나는 여행 동안 한 번도 자르지 않아 꽤 머리가 자랐다.

미용실 앞에는 10년 전 인기를 끌었던 〈꽃보다 남자〉의 F4와 강동원 등의 한국 배우 사진이 붙어 있다. 우유니 이발소 앞에 우리나라 배우들의 10년 전 사진이 붙어 있다니 재미있고 신기했다. 그중 한 이발소에 들어갔다. 실내는 70년대 우리나라 이발소 느낌이다. 혹시 이상하게 자르면 어쩌나 싶어 첫 번째로 남편 먼저 잘라 보라고 했는데, 기대 이상으로 머리를 잘 만진다. 다음으로는 주안이와 내가 함께 옆에서 머리를 잘랐다. 남자 머리 커트에 15볼(원화 2,300원 정도), 여자 머리 커트에 20볼(원화 3,100원 정도)로 우리 가족이 머리를 자르는 데 모두 7,800원이 들었다. 이렇게 싸게 잘라 보긴 처음이다.

내 머리가 길어 머리에 물을 잔뜩 뿌리고 커트를 해 주었는데 드라이를 해 주시진 않으니, 호텔로 돌아가는 길에 머리에서 물이 뚝뚝 떨어진다. 누가 보면 머리 감고 바로 나온 줄 알겠다. 그래도 이런 경험이 참 재밌어서 호텔 도착할 때까지 남편이랑 웃으며 걸어갔다.

버스 티켓을 구하지 못한 관계로 뜻하지 않게 하루 휴가를 얻었는데 바쁜 여행 중에 이렇게 쉬어 가는 여유도 참 좋다. 더구나 무거웠던 머리도 커트하니 기분이 상쾌해졌다. 내일 또 장거리 버스를 타야 하니 여유로운 하루가 더없이 편하고 소중하게 느껴졌다.

DAY136 [칠레]

2018.2.9

화성을 옮겨 놓은 듯한 아타카마 달의 계곡 (Valle De La Luna)

어제 오후 비가 오고 날씨가 흐렸는데, 오늘 아타카마에 있는 작은 도시, 산 페드로(San Pedro)의 아침은 햇빛이 쏟아지며 하늘이 푸르고 참 맑다. 아침을 먹으러 나왔는데 햇살이 좋아서 호텔이 어제보다 훨씬 멋스럽게 보인다. 여행을 하다 보면 마치 조명에 따라 건물과 실내의 분위기가 달라지는 것처럼 날씨에 따라 분위기가 많이 좌우되는 것을 느낄 때가 있다. 오늘이 바로 그런 날이다.

어제 달의 계곡 투어를 예약한 Turis Tour. 사전 정보 없이 들어가서 이야기를 듣고 가격도 합리적이라 예약을 했는데 나중에 들으니 여행자 골목에서 제일 싸고 평이 좋은 곳이었다. 오늘 날씨도 좋아 소금호수 투어를 가고 싶었지만 소금호수 투어는 어제 많은 비 때문에 염도가 변해 오늘은 오픈을 하지 않고, 대신 달의 계곡 투어만 2시부터 5시까지 운영을 한다고 했다.

오후 2시 호텔 앞으로 투어 차가 와서 우리를 픽업해 줬다. 그리고 가이드분이 스페인어와 영어로 번갈아 가며 Valle De La Luna, 달의 계곡에 대한 설명을 해 주었다.

차 안에서 대략의 설명을 들으며 이동했는데, 아타카마 사막이 세상에서 제일 건조한 곳이라고 한다. 우리가 있는 산 페드로 데 아타카마 지역은 아타카마 사막의 제일 북쪽 부분에 있는 곳으로 여기에만 비가 오는 우기 시즌이 있다는데 그게 바로 지금 시즌이다. 아타카마를 보기엔 제일 좋지 않은 시즌에 우리가 온 것이라고. 그럼에도 좋게 생각하면 사막에 비가 오는 진귀한 풍경을 볼 수 있으니 이 또한 특별한 경험이지 싶다.

오늘 첫 번째 방문지는 세 마리아상이 있는 곳이다. 세 마리아상 주변에는 소금 결정들을 볼 수 있다. 쿠스코의 살리네라스의 염전, 우유니 소금사막에서도 보았는데, 아타카마 사막도 수백만 년 전에는 틀림없이 바다였나 보다. 남미에 와서 소금을 이렇게 많이 볼 줄이야.

호기심 많은 주안이는 소금 결정에 물을 살짝 뿌리더니 콕 찍어 맛을 본다. 살리네라스에서도, 우유니에서도 소금을 찍어 먹었는데 이번에도 맛보더니 역시나 짜지만 맛있단다.

오른쪽 세 개의 기둥이 세 마리아상으로 불린다. 왼쪽은 어려서 많이 보았던 게임 캐릭터 같았다. 지금은 거리를 두고 관람을 하는데 예전에는 가까이에 가서 만져 볼 수도 있었다고 한다. 그러다 한 관광객에 의해 마리아상 하나가 부서진 이후 더 이상 가까이 가지 못하게 막아 놓았다고 한다.

다음 방문지는 Big Dune이라는 곳이다. 아타카마에 있는 많은 사구들 중 제일 큰 사구다. 사구 Big Dune의 꼭대기까지는 10~15분 정도 걸어서 이동하는데 이집트 사막투어 중 샌드 보드를 탔던 곳과 매우 흡사한 기분이 들었다. 아타카마 사막 Big Dune 정상에 도착해 가족사진을 찍기 위해 셀카봉을 꺼내니, 우리 가이드분이 오더니 혹시 비가 오면 번개가 칠 수 있다며 셀카봉을 사용하지 않는 게 좋겠다고 하며 친절하게 우리 가족의 사진을 찍어 주었다.

잠깐 사이 구름이 몰려오더니 금방 비가 쏟아질 것만 같다. 서둘러 다음 행선지로 이동하기로 했다. 다행히도 오늘 우리의 마지막 행선지는 날씨가 좋단다.

차로 몇 분 가지 않아 코요테 스톤에 도착했는데, Big Dune에서 멀지 않은 곳이지만 여기는 해가 쨍하니 정말 뜨겁다.

코요테 스톤은 흡사 외계의 행성에 온 듯한 착각이 들 정도로 특이해서 우주영화의 배경으로도 종종 나오는 곳이다.

우리 가족에게는 아타카마 사막이 이집트 다음으로 찾은 두 번째 사막이다. 이집트에서 워낙

신기하고 말로 표현하지 못할 정도의 멋진 사막을 봐서 그런지 세 마리아상과 Big Dune이 멋지긴 했지만 큰 감흥은 없었다. 그런데 코요테 스톤에서는 감탄사가 절로 나왔다. 정말 달에 온 것과 같은 느낌이다. 만약 날씨 때문에 오늘 오지 못했더라면 정말 아쉬울 뻔했다. 강렬한 햇빛으로 덥긴 했지만 비가 오지 않아 참 감사한 생각이 들었다.

DAY137
2018.2.10

[칠레]

물 위에서 팔베개를 하다-신기한 소금호수, 라구나 세자르(Laguna Cejar)

어제는 다행히 비가 오지 않아서 오늘은 왠지 소금호수에 갈 수 있을 것 같은 기분이 드는 아침이다. 어서 아침을 먹고 여행자 거리의 여행사 투어 프로그램을 알아봐야겠다.

아침 식사 후 소금호수 투어를 알아보려고 여행사마다 다 들어가서 문의했다. 여행사 절반은 우리는 소금호수 투어를 취급하지 않는다는 답변이었고, 나머지 절반은 이미 예약이 끝나서 자리가 없다는 것이었다. 이 시즌의 아타카마 사막투어는 날씨 때문에 당일 오전에 투어 여부가 결정이 되는데 어제 오후나 저녁에 혹시나 하는 마음에 소금호수를 예약을 한 사람들이 많았다고 한다. 그도 그럴 것이 최근 날씨가 안 좋아서 소금호수 투어가 계속 클로징 되었기 때문에 관광객들이 몰린 것이다.

아타카마 여행자 거리에 있는 이 많은 여행사에 우리 자리 하나 없겠나 싶어 다시 힘내서 알아보기 시작했다. 아까 알아보러 갔을 때 아직 오픈 전이었던 여행사들을 다시 찾아가 결국 소금호수 투어에 자리가 있다는 곳을 발견했다! 우리가 오늘 가는 투어는 라구나 세자르(Laguna Cejar)라는 곳을 방문하는데 여행사에 인당 15,000페소(원화 27,000원 정도)를 내고 여기까지 가는 버스를 예약했다. 입장료는 거기서 직접 내야 하는데 인당 15,000페소로 다른 투어에 비해 입장료가 월등히 비쌌다. 라구나 세자르는 사해보다 염도가 높은 곳이고, 호수에 들어가면 가라앉고 싶어도 가라앉지 못하는 곳이라니 아타카마 투어 중 가장 비싼 투어에 속하지만 이런 진귀한 경험을 한다고 생각하면 충분히 가치 있는 투자란 생각이 들었다.

아타카마의 대부분의 투어 프로그램은 오후에 출발하는 일정이다. 오늘 출발하는 사람들과 함께 버스를 타고 드디어 소금호수로 출발! 라구나 세자르에 도착해서 입장료를 내는데 어른은 15,000페소, 어린이는 2,000페소이다. 예상과 달리 어린이 요금이 생각보다 싸다. 다른 투어사들에게 물어봤을 때 어린이 요금은 성인의 65%만 받겠다고 했는데, 와서 보니 어린이 요금은 성인의 15%도 안 됐다.

샤워는 해수욕장처럼 수영복을 입은 채로 밖에서 해야 하고, 옷은 탈의실에서 갈아입는다. 여기서는 비누와 샴푸 사용이 불가하니 몸에 묻은 소금기만 물로 씻어내야 한다. 단, 호수 주변에는 락커가 없어서 짐은 가방에 넣어 호수 근처에 두어야 해서 혹시 물놀이하다가 잠시 한눈파는 사이 가방이 없어질까 봐 카메라도, 내 핸드폰도 호텔에 두고 나왔다. 남편 핸드폰 하나로 찍어야 하니 남편과 주안이 먼저 들어가고 내가 사진을 찍어 준 다음 나도 호수에 들어가기로 했다.

남편과 주안이 먼저 호수로 들어갔다. 초반에는 물이 얕은데 호수 중앙으로 갈수록 파란색 빛이 짙어지고 금방 깊어진다. 얼마나 깊은지는 정확히 알 수는 없지만 남편이 똑바로 몸을 세워도 발이 땅에 닿지 않는다고 했다. 스르륵 미끄러지며 몸을 맡기면 신기하게도 둥둥 뜬다. 사해에서만 몸이 뜨는 줄 알았는데, 실제로 이곳이 사해보다 염도가 더 높다고 한다. 역시 새로운 것을 알아가고 경험하는 것이 여행이 주는 즐거움이다. 소금물에 둥둥 떠 있으니 가라앉지는 않지만, 중심을 못 잡으면 자칫 한 바퀴 휭 하고 돌아버릴 수가 있다. 차분히 들어가서 금방 소금물에 적응한 주안이와 남편은 금세 저 멀리 가고 있다.

열심히 사진을 찍어 준 후 나도 조심스럽게 소금호수로 들어가 보았다. 내 눈에 살짝 물이 튀어 소금물이 닿았는데 엄청 따가웠다. 먼저 적응을 마친 주안이가 내 옆으로 와서 편하게 소금호수 위에 떠 있는 노하우를 알려 주었다. 소금호수 위에 떠 있는 아들! 참 편해 보인다.

시간이 좀 흐르니 우리 모두 완벽하게 적응을 해서 여러 자세로 떠 있을 수가 있다. 어떤 포즈를 해도 둥둥 떠 있을 수 있으니 마치 무중력 상태에 있는 느낌이다. 뙤약볕의 소금호수에서 1시간 넘게 시간을 보내고 이제 돌아가야 할 시간이다. 시간이 참 금방 간다.

다음 방문지는 Ojos del Salar, 곧 사막의 눈이라는 호수다. 원하는 사람은 수영을 해도 된다고

하는데, 우리는 이미 옷으로 갈아입었고 여기는 탈의실이나 샤워 시설도 없어 호수 구경만 했다. 우리가 호수를 구경하는 동안 가이드분과 운전기사분이 버스 뒤에 피크닉 테이블을 만들고 맛있는 간식을 세팅을 하고 있었다. 점심을 잘 먹고 왔지만 소금호수에 들어갔다 와서 그런지 출출했었는데 마침 맛있는 간식을 주셔서 모두 맛있게 먹었다. 우리는 음료로 피스코 샤워라는 남미에서 유명하다는 칵테일을 마셨는데 달달하니 아주 맛있었다. 피스코 샤워의 알코올기 덕분에 돌아가는 내내 투어 버스 안에서 푹 잤다.

날씨가 좋지 않은 시즌에 왔지만, 아타카마에서 제일 하고 싶었던 달의 계곡과 소금호수 투어를 잘 마치고 뿌듯한 마음으로 내일은 산티아고로 떠난다. 굿바이, 아타카마!

DAY138
2018.2.11

[칠레]
안데스산맥이 품은 도시, 칠레 수도 산티아고 (산크리스토발 전망대)

아침에 아타카마의 칼라마 공항을 출발해 1시간 30분 비행 후 칠레 수도 산티아고 공항에 도착했다. 산티아고는 칠레 최남단에 있는 도시인 푼타아레나스에 가기 전에 들르는 경유지로서 1박만 할 예정이라 오늘 하루를 알차게 보내기로 했다. 산티아고에서 하루는 짧은 일정이지만 우리가 보고 싶은 중앙시장과 산크리스토발 전망대가 메인 일정이기 때문에 이 두 곳과 접근성이 좋은 곳에 위치한 아파트형 호텔로 숙소를 예약했다. 남미에 와서 드디어 2주 만에 주방 시설이 있는 숙소에 묵게 되었는데, 깨끗하고 모던해서 참 마음에 들었다.

호텔에서 산티아고 중앙시장까지는 걸어서 갈 수 있는 거리다. 아타카마 사막에 있다가 산티아고에 오니 도시로 상경한 느낌이다. 호텔에서 15분 정도 걸어서 산티아고 중앙시장에 도착했다. 시장에 들어서니 주말이라 그런지 사람들이 정말 많았다. 시장은 거대한 전시장같이 생겼고 시장의 초입에는 수산물 가게가 즐비해 있고 더 안으로 들어가니 다양한 해산물을 맛볼 수 있는 레스토랑이 있었다. 해산물 요리를 파는 레스토랑이 너무 많아서 막상 어디를 갈지 몰라 시장을 한 바퀴 둘러보고 메뉴를 탐색하다가 제일 괜찮아 보이는 레스토랑으로 들어갔다.

우리가 선택한 것은 해산물 수프 같은 음식인데 신선한 조개, 새우, 대구살, 게 등이 듬뿍 들어 있어 참 맛있었다. 자리에 앉으면 인원수대로 피스코 샤워를 무료로 준다. 주안이에게는 딸기 주스를 무료로 주었다. 식전 빵과 함께 나온 소스는 토마토 베이스 소스에 고수가 약간 들어가 있는데 오랜 세계 일주로 이 정도 들어간 고수는 이젠 맛있게 먹을 수 있게 되었다. 고수를 좋아하는 주안이는 오랜만에 고수를 먹는다며 엄청 신이 났다.

드디어 우리가 주문한 메뉴가 나왔다. 큰 뚝배기에 나온 뜨거운 해산물 요리와 큰 접시에 나온 차가운 해산물 요리. 조개가 너무 많아 다 먹지 못할 정도로 양이 많았다.

중앙시장에서 식사를 마치고 대형 쇼핑몰에서 환전도 하고 여행 중 떨어진 휴대용 저울의 수은 배터리도 구매한 후, 아르마스 광장으로 걸어갔다. 푹푹 찌는 날씨라 조금만 걸어도 땀이 쏟아졌다. 아타카마도 더웠지만 도심 속 태양은 더 뜨겁게 느껴졌다.

칠레 국토의 정중앙에 산티아고 아르마스 광장을 만들었다고 한다. 아르마스 광장은 산티아고의 중심지로 스페인 식민 시절에 아르마스 광장에 대성당이 세워졌다. 아르마스 광장 주변으로는 중앙 우체국, 국립역사박물관, 시청 등 여러 건물들이 모여 있다. 숙소로 돌아오는 길에 산티아고 농산물 시장에 들러 칠레산 포도를 1kg에 1,000페소(원화 1,700원)를 주고 샀다. 역시 포도의 본고장답게 저렴하고 양이 푸짐했다.

새벽 일찍 아타카마에서 출발해서 산티아고까지 왔기 때문에 시장에서 돌아와 잠시 숙소에서 휴식을 취했다. 그러곤 선셋을 보기 위해 5시 30분쯤 우버를 불러 산크리스토발 전망대를 올라가는 푸니쿨라역으로 이동했다. 그런데 직원이 올라가는 푸니쿨라는 있지만 내려오는 건 저녁 8시 이전에 끝난다고 했다. 구글에서 선셋 시간을 검색하니 8시 50분으로 되어 있는데, 8시에 내려오는 것은 아쉬울 것 같아 우선 편도 티켓만 구매하고 전망대로 올랐다.

전망대로 올라가는 길은 다소 덜컹거렸는데 올라갈수록 조금씩 아찔해지는 아래를 내려다보는 것이 재밌었다. 푸니쿨라에서 내려 전망대에 도착하니 눈앞에 안데스산맥에 둘러싸인 산티아고가 펼쳐진다. 주말 저녁이라 전망대를 찾은 사람이 참 많았고 자전거를 타고 올라온 사람들도 많았다. 우리는 선셋을 볼 거라 1시간 이상 기다려야 해서 오랜만에 벤치에 앉아 산티아고의 멋진 모습을 감상했다. 바쁜 여행 속 이런 여유와 편안함이 참 좋다.

시간이 지나 뜨거운 태양도 점점 사그라들면서 점차 세상이 붉어진다. 매일 24시간 붙어 있어도 할 이야기가 아직도 많은 우리. 시간의 구애 없이 1시간이 넘도록 앉아서 이야기를 나누다 보니 이제 곧 해가 질 것 같다.

해 질 녘 붉게 물들어 가는 산티아고

사람들이 슬슬 떠나는데 저녁 8시 30분이 되니 경찰들이 이제 모두 내려가라는 안내 방송을 한다. 일몰을 구경하고 늦은 시간까지 여기에 머물고 싶었는데 생각보다 빨리 내려가야 해서 조금 아쉬웠다. 내려가는 길에 붉어지는 산티아고의 모습을 보는 것으로 위안을 삼았다.

DAY140 2018.2.13

[칠레] 남극으로 가는 전초 기지인 칠레 최남단 도시 푼타아레나스(막달레나섬 펭귄투어, <무한도전> 신라면집)

푼타아레나스는 남미 대륙 서쪽으로 길게 뻗어 있는 칠레 최남단에 있는 도시로 남극에 들어가기 위한 전초 기지이자 남미 대륙을 남반구로 통과하는 배들이 중간에 정박하는 항구 도시로 유명한 곳이다. 푼타아레나스에 가면 꼭 하고 싶었던 2가지가 있었다. <무한도전>에 방송된 신라면집에 가서 남미 최남단에서 신라면을 먹어 보는 것과, 수만 마리의 펭귄이 사는 막달레나섬에서 직접 펭귄을 보는 것이다.

막달레나섬에 들어갈 배 티켓을 사기 위해 아침에 택시를 타고 항구에 있는 여객터미널에 갔는데 오늘 오후 기상악화로 배의 티켓 발권이 되지 않는다는 답변을 받았다. 남극 펭귄을 보러 이 먼 곳까지 왔는데, 그리고 내일은 푸에르토 나탈레스로 떠나기 때문에 오늘밖에 시간이 없는

데 이게 무슨 청천벽력 같은 답인지…. 남편과 이야기를 하는데 마침 직원 중에 영어를 하는 분이 있어 상황을 물어보았다. 요즘은 날씨가 좋지 않아 자주 캔슬은 되긴 하지만 오후에 날이 좋으면 배가 뜰 수도 있다는 팁을 알려 주었다. 여객터미널에서는 일단 티켓 구매가 안 된다고 하니, 직원이 알려 준 시내에 있는 여행사를 구글에서 찾아 항구 앞에 있는 콜렉티보 택시를 타고 무작정 여행사가 있는 시내로 향했다.

소개해 준 여행사에 가 보니, 다행히 오늘 오후 3시에 출항하는 배가 있기는 한데 예약이 모두 끝났다고 했다. 그래도 우리 세 명이 추가로 탈 수 없겠냐고 하니까 역시 불가능하다고 했다. 내일 출발하는 것으로 예약하라는데 일정상 내일은 떠나야 하고, 만약 펭귄을 보려고 하루 더 있는다고 해도 내일 바다 사정이 좋으리라는 보장도 없어서 내일 티켓은 고려하지 않기로 했다. 여행사를 나오기 전에 아쉬운 마음에 배 하나에 몇 명이 타냐고 물어보니 160명 정도 타는 배라고 했다. 남편이 160명이 타는 배이면 꽤 큰 배인데 혹시 다른 여행사에서 별도로 보유하고 있는 티켓이 있지 않겠냐고 조금 더 알아보자고 했다. 시내에 있는 거의 모든 여행사를 다 들러 보았다. 그렇지만 들르는 곳마다 오늘 막달레나섬에 가는 티켓은 모두 매진이라는 답변뿐이었다. 하지만 쉽게 포기하지 않는 우리 가족! 거리 맨 끝에 거의 마지막일 것 같은 작은 여행사가 보였다. 마지막으로 한번 가 보고 아니면 깔끔히 포기하자고 하고 들렀는데 웬걸, 표가 있다는 것이다! 막달레나섬 투어 티켓을 가지고 2시 30분까지 항구로 가면 된다고 했다. 현재 시간 12시, 출발까지는 2시간 30분의 여유가 있다. 시간 여유가 있으니 이제부턴 편하게 푼타아레나스의 주요 랜드마크를 둘러본 후, 〈무한도전〉에 나왔던 신라면집에서 점심을 해결하고 항구로 가면 된다.

먼저 푼타아레나스의 도심을 볼 수 있는 전망대로 향했다. 도심의 건물들이 전반적으로 높지 않아서 그리 높지 않은 곳에 위치한 전망대에서 탁 트인 푼타아레나스의 풍경을 볼 수 있었다. 전망대를 둘러보고 내려오는 길에 전봇대 같은 기둥에 다닥다닥 붙어 있는 표지판들이 보였다. 표지판에는 여러 나라의 도시 이름과 방향, 그리고 푼타아레나스를 기준으로 몇 km가 떨어졌는지 표시되어 있다. 우리는 그동안 우리가 들렀던 도시들을 찾으며 하나씩 읽어 내려갔다. 순간 아랫부분에 '평창(PYEONG CHANG)'이 보였다. '12,515km 지구 반대편에 있는 평창!' 세계 일주 중 가장 아쉬운 것은 한국에서 열리는 평창 동계올림픽에 가지 못하는 것이었는데 푼타아레나스에서 평창 표지판을 보니 가슴이 벅찼다.

푼타아레나스의 전경을 둘러보았으니 이제 신라면 먹으러 가자~!

우리가 가게를 들어가 "사장님, 안녕하세요?" 하며 인사드리니 사장님이 우리를 반겨 주었다. 〈무한도전〉에서 봤던 바로 그분이었다. "어디서 오는 거야? 이 먼 곳까지 왜 왔어?" 하시길래 "사장님 라면 먹고 싶어서 한국에서 왔죠." 하니까 크게 웃으신다. 실내가 좁고 긴 가게라 사장님 앞에 쪼르륵 앉아 우리가 세계 일주 중이라 하니 음식 주문은 안 받으시고 오래도록 우리의 여행 이야기를 물으신다. 사장님께서 여기에 정착한 이야기를 들으니 시간 가는 줄 모르겠다. 우리가 2시 30분까지 항구에 가야 한다고 하니 그제서야 사장님이 라면을 끓이기 시작한다. 오늘 일정이 없었으면 반나절 내내 여기 있으면서 사장님과 대화를 했을 것 같다. 원래도 맛있는 라면이지만, 푼타아레나스에서 먹는 신라면은 의미가 남달라서 그런지 정말 맛있었다. 사실 신라면이 맵기도 하고, 라면 가격이 현지 물가에 비해 상당한 편인데 현지인 손님들이 생각보다 많았다. 사장님께 그 이유를 여쭤보니, 처음 라면집을 열었을 때는 현지 사람들이 신기하고 궁금해서 가게를 찾았다가 매운맛에 놀라 울다시피 하며 라면을 먹었단다. 그런데 매운맛이 중독성이 강하다 보니 시간이 지나면 다시 생각나서 오기 시작했고, 어렸을 때 왔던 손님이 이제는 결혼해서 아이를 데리고 온다고 한다. 이렇게 대한민국 라면의 매운맛이 푼타아레나스에 전파된 것이다. ☺

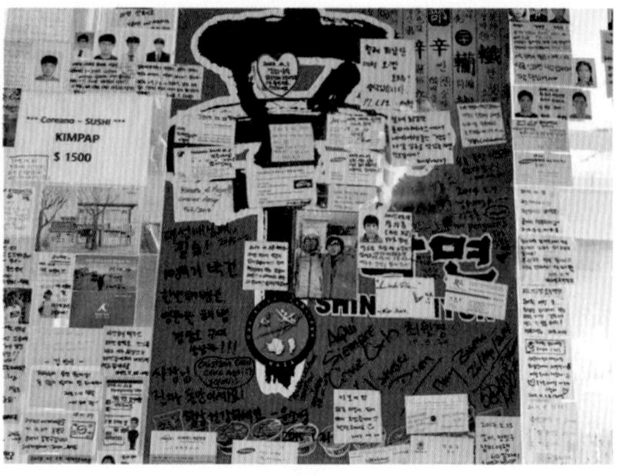

사장님이 종이를 주더니 주안이에게 메모를 써서 창문에 붙이라고 했다. 메모에다 '모든 가족이 다 함께 오고 싶다.'고 쓴 주안이…. 아들의 마음이 참 예쁘다. 나중에 이 메모를 보러 다시 와야 하나 싶다. 사장님과 즐거운 대화에 1시간이 훌쩍 지났다. 건강하시라고 인사드리고 나오니 밖에 비가 내린다. 비를 맞으며 뛰어나가 택시를 타고 오전에 갔던 항구로 달렸다. 항구에 도착해도 여전히 비가 내리고 있었지만, 오전에 강했던 바람이 누그러들어 다행히도 막달레나섬으로 정시에 출항했다.

총 5시간 투어 중 4시간이 배로 이동이다. 정작 막달레나섬에서는 1시간 정도 있고 편도가 2시간 거리이다. 이동 시간이 너무 지루하진 않을까 걱정도 했지만, 오랜 여행이 고단했는지 우리 모두 배 타서 내릴 때까지 꿀잠을 잤다. 출발한 지 1시간 40분 만에 막달레나섬에 도착했다. 막달레나섬에는 6만 마리의 마젤란 펭귄들이 서식하고 있다. 섬에 도착하면 사람이 걸어가는 길이 줄로 표시되어 있는데 섬을 천천히 한 바퀴 돌아 펭귄을 보면 딱 1시간이 걸린다.

우르르 배에서 사람들이 내리니, 우리는 펭귄을 구경하고, 펭귄은 우리를 구경하려고 뒤뚱거리며 걸어온다! 어마어마한 펭귄 무리에 압도되어 추운 것도 잊은 채 감탄과 사진 촬영을 반복했다. 펭귄을 너무 좋아하는 아들은 한 마리 데려다가 키우고 싶다 했다. 길을 걷고 있는데 갑자기 내 앞으로 펭귄이 지나간다.

펭귄을 보호하기 위해 관람객들이 걸어야 하는 길이 따로 정해져 있는데, 가끔씩 사람들이 지나

가는 길로 펭귄이 들어올 경우가 있다. 우리와 함께 걷던 가이드는 사람들이 가는 길에 펭귄이 들어오면 모두 가던 길을 멈추고 펭귄이 지나갈 때까지 기다려야 한다고 알려 주었다.

섬 주위를 돌며 한참 동안 펭귄을 관찰하다 보니 벌써 섬에 들어온 지 1시간이 지났다. 어느새 돌아가야 할 시간이다. 오전까지만 해도 펭귄섬에 못 오나 싶었는데, 끈질기게 여행사를 돌아다녀 결국 표를 구할 수 있었고, 그 사이 날씨까지 좋아진 덕분에 평생 잊지 못할 경험 하나를 추가할 수 있었다. 이게 다 끝까지 포기하지 않은 덕분이다. 하루하루 어떤 일이 생길지 몰라 더 짜릿한 세계 일주다.

DAY142
2018.2.15

[칠레]

순결무구한 남미 대륙의 보석, 파타고니아의 토레스 델 파이네

어제 기상예보처럼 아침부터 비가 온다. 숙소 앞 처마 밑에서 기다리다 정시에 맞춰서 온 투어 버스를 타고 토레스 델 파이네 국립공원으로 출발했다.

칠레와 아르헨티나 국경에 걸쳐 있는 파타고니아라는 지역은 경관이 아름답기로 유명한 곳이다. 오늘 우리가 가는 토레스 델 파이네는 칠레 국립공원으로 세계적으로 손꼽히는 아름다운 국립공원이다. 또한, 내셔널 지오그래피 트래블러에서 완벽한 여행자가 꼭 가 봐야 할 낙원 TOP

10에 선정된 곳이기도 하다. 여기에서 며칠씩 트래킹도 많이 하는데, 짧은 남미 일정에 트래킹은 어려울 것 같다. 나중에 남미만 따로 여행하게 되면 그때 시도해 봐야겠다. 대신 오늘 하루 알차게 토레스 델 파이네의 멋진 풍경을 잘 담아오리라!

토레스 델 파이네 국립공원에서의 첫 방문지는 그레이 호수(Lago Grey)다. 우리는 비가 내리는 숲길을 따라 걸었다. 빗소리와 땅에서 올라오는 신선한 흙냄새, 숲길을 따라 걷는 길이 운치 있다. 비는 멈추지 않고 계속 오지만 많이 춥지는 않아 걷기는 힘들지 않았다. 날이 좋았으면 더 좋았을 텐데…. 그래도 이 날씨에 트래킹 안 하고 데이 투어를 한 것은 참 잘한 결정이다. 다리를 건너 다시 숲길을 걸어 들어가니 몇 분 후 그레이 호수가 나타난다. 이름처럼 회색빛 가득한 호수는 마치 동양화에서 본 평화로운 호수 같았다. 더구나 비가 와서 낮게 드리워진 구름은 신선이 살고 있을 것만 같은 느낌을 주었다.

다음 장소는 Camping Pehoe라는 곳으로 점심을 위해 잠시 쉬어가는 장소다. 주변에 레스토랑과 간식거리를 파는 상점이 있다. 우리는 아침에 숙소에서 싸 온 샌드위치와 음료수를 꺼내어 대자연을 바라보며 맛있는 점심을 먹었다. 점심을 먹고 나니 슬슬 비가 멈추기 시작했다. 식사를 마치고 주변을 둘러보는데 눈앞에 펼쳐진 옥색 빛의 호수가 너무 멋있어 넋을 놓고 바라보았다. 어쩜 가는 곳마다 이렇게 환상적인 풍경인지 모르겠다.

식사를 마치고 다시 이동하다가 폭포를 보러 가기 전 건너편에 보이는 호수와 섬이 너무 아름다워 언덕에 올라가 사진을 찍었다. Pehoe 호수의 색이 너무 예뻐 눈으로 보고도 믿기지 않는다. 다시 버스로 Salto Grande로 이동했다.

Salto Grande의 뷰 포인트에 도착하니 멋진 폭포가 보인다. 며칠 후면 어마어마한 이구아수 폭포를 보겠지만 토레스 델 파이네의 폭포는 빼어난 주변 경관과 멋지게 어우러지며 눈을 떼지 못하게 하는 매력이 있다. 폭포 주변을 둘러싼 Paine Grande Hill 위로 만년설이 보인다. 그리고 서서히 구름이 걷히면서 산봉우리의 모습도 보이기 시작했다.

자리를 옮겨 토레스 델 파이네의 Paine Grande Hill, Cuernos del Paine뿐만 아니라, Almirante Nieto mount까지 볼 수 있어 최고의 뷰 포인트인 The Blue Massif에 도착했다. 조금 더 걸어가면 폭포의 물보라를 온몸으로 맞을 수 있는데, 남편과 주안이는 이게 바로 천연 빙하수로 된 미스트라며 신이 나서 물을 맞고 있다. 거세고 힘찬 폭포수 물보라를 맞으며 주안이가 신이 났다. 칠레 화폐 1000페소에 토레스 델 파이네의 멋진 경관이 들어 있다고 가이드분이 알려 주었다. 지갑에서 1000페소를 꺼내 보니 지금 실제 보고 있는 풍경이 지폐 안에 담겨 있었다. 큰 기대 없이 왔다가 토레스 델 파이네의 아름다운 자연에 흠뻑 빠져든 느낌이다. 토레스 델 파이네는 날씨의 변화가 매우 급격하기로 유명한데, 오전엔 비와 구름으로 투어하는데 불편했지만 점심 이후부터는 비도 그치고 서서히 구름도 사라져 풍경을 둘러보기에 너무 좋았다. 오늘 토레스 델 파이네 국립공원을 다니며 칠레 쪽 파타고니아의 자연의 아름다움에 반했는데, 아르헨티나 쪽의 파타고니아는 또 얼마나 아름다울지 벌써부터 기대가 된다.

DAY143 2018.2.16

[칠레/아르헨티나]

때론 앞이 안 보여도 용기 있게 Just do it! 숙소 예약 없이 국경을 넘다(엘 칼라파테)

벌써 남미에서의 다섯 번째 국가인 아르헨티나로 떠나는 날이다. 오늘 우리가 갈 목적지는 파타고니아 지역인 아르헨티나의 엘 칼라파테로 신비로운 모레노 빙하가 있는 아르헨티나 남부의 소도시이다. 그런데 어찌된 영문인지 며칠 전부터 엘 칼라파테에 숙소를 예약하려고 하면 평범한 숙소의 1박 가격이 40만 원에서 최대 250만 원까지 말도 안 되는 가격들뿐이었다. 사진으로만 봐도 4성급 호텔인데 하루 숙박비가 2백만 원이 넘는 건 도저히 이해가 가지 않는다. 2일 전, 푸에르토 나탈레스에 왔을 때 엘 칼라파테로 가는 사람이 급증해서 표가 매진이었는데 느낌상 지금 엘 칼라파테엔 무슨 특별한 일이 있나 보다. 경험상 이럴 때는 현지에 가서 직접 알아보는 것이 최선이다. 세계 일주 기간 중 처음으로 숙소를 예약하지 못하고 국가를 이동하는 일이 벌어졌다.

칠레를 출발한 지 30분 정도밖에 지나지 않았는데 벌써 칠레와 아르헨티나의 국경에 도착했다. 남미에서 벌써 다섯 번째 국가이니 이제 버스에서 내려 출입국사무소를 통과하는 것이 꽤 익숙해졌다. 페루나 볼리비아에 비해 시설도 좋고 속도도 빨라 아주 만족스러웠다. 순식간에 칠레 출국 심사를 마쳤으니, 다시 버스를 타고 아르헨티나 입국 심사를 하러 간다. 이제 곧 탱고의 나라 아르헨티나로 들어가는구나!

푸에르토 나탈레스에서 엘 칼라파테까지 출국과 입국 심사 포함한 이동 시간이 보통 5시간 정도 걸린다고 했는데, 이상하게 버스 가는 길을 구글로 보니 우리가 예상한 길로 가지 않고 더 멀리 돌아가는 것 같다. 5시간을 예상했던 버스는 7시간이 걸려 엘 칼라파테에 도착을 했다. 터미널에서 내려 인포메이션에서 중심가의 호텔이나 호스텔의 위치를 확인하고 나서 숙소를 찾아 터미널을 나섰다. 아직 이른 오후라서 숙소를 알아볼 시간은 충분하다. 만약에 그래도 정 숙소가 전혀 없다면 오늘 우리는 밤 8시 비행기 티켓을 구매해서 바로 부에노스아이레스로 가기로 비상 대책을 세웠다. 항공편은 아직 좌석 여유가 있었다.

터미널을 나와 캐리어를 끌고 호스텔이 많은 시내로 들어갔다. 터미널에서 시내까지 가는 길은 매우 덥고 길거리의 자갈 때문에 캐리어를 끌기가 쉽지 않았다. 살짝 오르막길에서 내가 조금씩 뒤처지자 주안이가 쪼르르 뛰어오더니 냉큼 내 캐리어를 가지고 저 멀리 간다. 아들 힘들까 봐 내가 끌고 간다고 하니 왜 아들의 마음을 몰라주냐고 한다. 여행 중 같이 다니며 어느새 주안이는 몸도 마음도 쑥쑥 큰 거 같다.

길을 가다가 호텔이 보여 물어보니 내일 엘 칼라파테에서 큰 페스티벌이 열린다고 했다. 그래서 며칠 전부터 이 동네 호텔 방은 대부분 다 만실이라고 했다. 우리가 오기 전에 찾아본 것은 호텔과 아파트형 호텔이었기 때문에 생각을 바꾸어 처음으로 숙소 가능성이 있을 것 같은 호스텔을 직접 다녀 보며 알아보기로 했다. 시내 근처까지 와서 여러 호스텔에 들러 확인해 보았지만 다 빈 방이 없다고 했다. 뜨거운 태양에 몸은 지치고, 짐 때문에 움직임이 둔해지니, 남편이 한 호스텔에 이야기해서 나와 주안이가 호스텔 로비 의자에 앉아 쉴 수 있도록 하고 우리가 모든 짐을 맡고 있는 동안, 남편은 이 동네에 있는 호스텔들을 다 둘러보러 나갔다.

남편이 돌아오기를 손꼽아 기다리기를 1시간이 되어 간다. 아르헨티나는 우리와 인연이 없나 하는 순간 웃는 얼굴로 우리를 찾는 남편. 정말 이 동네를 다 돌고 확인해서 오늘 1박이 가능한 호스텔을 찾아냈다. 원래는 엘 칼라파테에서 2박을 계획하고 왔는데, 1박밖에는 구하지 못하였으니 우리의 여행 계획도 수정을 해야 한다. 그래도 이렇게 도시 전체 숙소가 꽉 찬 시기에 1박이라도 구했으니 너무 다행이다.

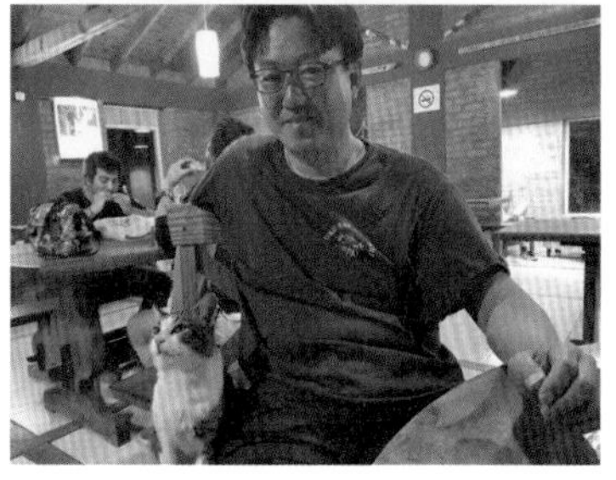

세계 일주 중 호스텔은 처음인데 방에는 와이파이도 안 되고 핸드폰을 충전할 콘센트도 없다. 그렇지만 공용 장소에서는 와이파이도 되고, 충전할 곳도 있고, 무엇보다 공용 주방이 있어 간단히 저녁을 해 먹을 수가 있다. 2인실인 우리 방은 원래 3인에게는 판매를 하지 않는다는데 남편이 워낙 간곡히 부탁해 우리 차지가 되었다. 꽤 방이 많은 호스텔인데 오늘 2인실 방 하나만 남았고 내일 방은 모두 만실이라고 했다. 다행히 우리 호스텔에서도 우리가 가고자 하는 모레노 빙하 투어를 취급하고 있어 내일 모레노 빙하 데이 투어와 저녁에 부에노스아이레스로 넘어가는 비행기를 동시에 예약했다.

내일 일정에 대한 모든 예약을 마치고 홀가분하게 시내 구경을 하기 위해 나갔다. 거리에 나오니 전 세계 관광객들이 다 모여 있는 듯 동네가 활기차고 북적였다. 칠레 아타카마 산 페드로의 여행자의 거리는 좀 투박하고 정감 있는 시골 느낌이었는데 아르헨티나 엘 칼라파테는 모던하고 정리가 잘된 느낌을 준다. 은행에서 아르헨티나 돈을 인출한 후, 내일 투어 중 먹을 간단한 간식을 사들고 다시 숙소로 돌아갔다. 호스텔의 공용 부엌에서 간단히 저녁을 해 먹고, 식탁에서 각자 할 일을 하는데 아까 주안이가 놀아 준 고양이가 이젠 남편 옆을 떠나지를 않는다. 동물들도 누가 자기를 예뻐하는지를 잘 아나 보다. 나한테는 잘 안 와도 주안이와 남편 곁에는 동물들이 한번 오면 잘 떠나지를 않는다.

밖은 어느새 어둑해졌고 피곤한 하루가 저물어 간다. 내일 모레노에서 볼 빙하를 기대하며 어서 쉬어야겠다.

DAY144 [아르헨티나]

2018.2.17

눈부시게 맑고 푸른 페리토 모레노 빙하에 압도되다

기대하던 모레노 빙하를 보기 위해 로스 글라시아레스 국립공원(Los Glaciares National Park)으로 간다. 국립공원 안에 그토록 보고 싶었던 페리토 모레노 빙하가 있다. 이곳은 1981년 유네스코 세계유산으로 등재되었고, 극지방을 제외하고 인간이 범접할 수 있는 빙하 중 가장 아름다운 곳으로 꼽히는 곳이다. 빙하를 눈앞에서 보는 기분은 어떨까? 어제 자칫 숙소를 구하지 못했으면 못 갈 뻔했던 곳이라, 너무나 감사한 마음으로 아침을 시작했다.

8시 50분에 호스텔 앞에서 투어 버스를 타고 15명 남짓 되는 투어 그룹에 합류해 로스 글라시아레스 국립공원으로 출발해서 10시쯤 로스 글라시아레스 국립공원에 입장했다. 오늘의 투어는 대부분 자유 시간인데, 10시부터 11시까지는 가이드와 함께 멀리서 빙하를 보러 숲길로 내려가는 미니 트래킹을 하고, 11시부터 오후 3시까지는 개인적으로 모레노 빙하 전망대를 둘러보고 나서 버스 앞으로 모이면 된다.

미니 트래킹 하는 장소에 내리니 멀리 모레노 빙하가 보인다! 비가 오고 구름이 살짝 있지만 가이드의 말로는 페리토 모레노의 빙하는 아름다운 푸른색을 띠고 있는데 태양이 너무 강하면 빙하가 태양빛을 흡수해 하얗게 보인다고 한다. 비가 부슬부슬 오긴 하지만 오늘처럼 약간 구름이 있는 날씨가 빙하의 원래 색을 볼 수 있어 좋다고 했다.

미니 트래킹을 마치고 이제부터 4시간 동안 마음껏 빙하 감상 시간이다. 투어 버스가 빙하를 가장 잘 볼 수 있는 전망대 입구까지 데려다주었다. 오기 전에는 빙하를 보는 전망대(영어로는 발코니)가 하나인 줄 알았는데, 와서 보니 빙하 주변을 계속 걸으며 보는 발코니가 마치 트레일 같아서 엄청 길다. 사진을 찍으며 천천히 둘러보면서 처음부터 끝까지 걸어가면 어른의 경우 2시간 반에서 3시간이 걸린다고 하니, 4시간 자유 시간 동안 처음부터 끝까지 천천히 다 걸어가 보련다. 빙하 발코니 지도에는 U 모양을 따라 여러 관람 포인트에서 빙하의 여러 모습을 관찰할 수 있는 뷰 포인트가 잘 나와 있다.

빙하를 보기 위해 첫 발코니에 도착했다. 참 신기하게도 자유 시간이 시작되니 비가 그치고 해가 뜬다. 전망대에는 빙하를 잘 볼 수 있도록 목재 발코니로 만들어 놓은 긴 둘레길 코스가 있는데 걸으면서 빙하를 볼 수 있도록 잘 조성되어 있다. 마침 날이 개고 하늘도 화창해져서 더없이 걷기 좋은 날씨다. 눈앞에 펼쳐진 빙하는 비현실적으로 느껴질 정도로 신비롭게 느껴졌다. 발코니를 걸으면 여러 뷰 포인트가 나오고, 매 뷰 포인트마다 표지판이 있는데, 표지판에는 현재 우리의 위치를 표시해 주고 빙하에 대한 설명도 같이 있어 개인이 투어하기 참 편하게 만들어 놓았다.

발코니에서 한참을 넋을 놓고 바라보는데 저 앞에서 빙하의 일부분이 호수 아래로 떨어지더니 물보라가 일어난다. 고요한 순간 일어난 일이라 어? 하는데 그 후 굉음이 나는데 마치 대포 소리

같았다. 아까 버스에서 가이드분 설명중에 빙하가 떨어져도 소리가 뒤늦게 들려서, 소리가 나고 쳐다보면 이미 빙하가 호수로 떨어진 이후라는 설명이 떠올랐다. 이 놀라운 광경을 보고 우리 모두 할 말을 잃었다. 멀리서 빙하 주위를 다니는 배를 보면 대략 빙하의 크기가 가늠이 된다.

페리토 모레노 빙하의 크기는 30킬로미터의 길이에, 5킬로미터의 폭, 40~70미터의 높이의 어마어마한 몸집을 자랑하는 빙하이다. 계속 걸으면서 빙하 주변을 보는데, 보는 위치에 따라 빙하의 색도 달라지고 점점 가까워지면서 그 웅장함에 압도당한다. 이 위대하고 거대한 자연 앞에서 받는 기운은 뭐라고 말로 표현이 안 된다. 걷다 보니 여러 차례 빙하가 떨어져 나가면서 나는 굉음이 들리고, 눈앞에서 집채만 한 빙하가 떨어질 때는 그 모습과 굉음에 전율이 느껴졌다. 발코니를 걷다 보면 뷰 포인트마다 표지판이 있는데 수면 위로 올라온 빙하의 높이는 보는 위치에 따라 40미터에서 70미터 정도 되는데 수면 아래부터 재 보면 160미터에 이른다고 한다.

모레노 빙하의 신비한 점 중 하나는 이 빙하는 지금도 계속 움직이면서 조금씩 커지고 있다는 것이다. 매년 지구 온난화로 빙하가 한쪽에서는 녹고 있지만, 동시에 안쪽 깊숙한 곳에서는 지하수가 계속 얼어서 빙하가 스스로 빙하를 만들어 내고 있어 모레노 빙하의 면적은 전 세계에서 유일하게 조금씩 늘어나고 있다. 몇 년 전쯤 찍었을 표지판 사진의 빙하는 호수에서 끝이 났는데, 지금 우리가 보는 빙하는 호수 쪽으로 이동을 해서 땅 위에 빙하가 올라가 있다.

전망대에서 3시간을 넘게 있었는데 시간이 어떻게 지나갔는지도 모르게 빠르게 지나갔다. 계속 감탄에 감탄을 하며 이곳에 와서 이렇게 위대한 자연을 볼 수 있음에 감사하는 시간이었다. 3시간 동안 빙하 주변을 돌아보고 밖으로 나가는 오르막길로 올라가면서 뒤돌아본 모레노 빙하의 모습도 정말 환상적이었다. 모레노 빙하의 환상적인 모습을 마음과 눈에 꾹꾹 담고 공원의 카페테리아에 들렀다. 카페에는 빙하를 넣은 위스키와 음료를 판매하고 있었다. 나는 위스키는 못 마시니 커피 한 잔을 시켰고, 남편은 빙하 위스키를 주문했다.

로스 글라시아레스 국립공원에서 잊지 못할 모레노 빙하를 보고 이제 아르헨티나 수도인 부에노스아이레스로 밤 8시 비행기로 떠난다. 파타고니아 지역의 토레스 델 파이네 국립공원과 로스 글라시아레스 국립공원은 지금껏 내가 보았던 국립공원 중 가장 최고였다. 큰 감동을 받았으니 남은 남미 일정도 힘내서 다녀 보자!

DAY145
2018.2.18

[아르헨티나]
부에노스아이레스-탱고가 탄생된 추억의 거리 라 보카(La Boca)와 낭만적인 탱고 포르테뇨(Tango Porteno) 쇼

지난밤 엘 칼라파테에서 출발해서 부에노스아이레스에 도착하니 밤 12시가 넘었다. 하루 종일 여행을 하고 밤 비행기를 타고 부에노스아이레스에 내리니 몸이 천근만근이었다. 빨리 에어비앤비에 가서 한숨 푹 자고 싶다. 짐이 나오길 기다리는데, 멀리서 나오는 우리 캐리어 상태가 심상치 않았다. 짐을 가지러 가서 보니, 캐리어가 뜯겨져 가방이 열려 있고, 짐이 캐리어 밖으로 삐죽이 나와 있는 게 아닌가! 하필 파리에서 산 새 캐리어가 망가지다니…. 아무래도 짐을 운반하면서 손잡이가 아닌 자물쇠를 잡고 들어 올렸나 보다. 캐리어는 멀쩡한데 지퍼가 뜯겨져 나가 잠글 수가 없게 되었다.

Baggage Claim에 가서 사고를 접수했다. 그런데 처리를 해 주는 부에노스아이레스 항공사 직원이 어찌나 배려가 없고 매너가 없는지…. 피곤한 상황에 짜증이 더해졌지만 여기서 이야기해봤자 직원의 태도를 보니 진척이 없겠다 싶어 사고 신고를 하고, 포카라에서 산 파란 포터 백에 고장 난 캐리어의 짐을 욱여넣고 공항을 빠져나왔다. 그러곤 새벽 1시가 넘어 에어비앤비 숙소에 도착했는데, 같은 아파트에 살고 있는 집주인은 고맙게도 우리를 기다려 주었다. 늦은 시간이었지만 숙소 주인이 30분 정도 여행할 곳, 탱고쇼 정보 등을 소개해 주고 나서 우리는 새벽 2시가 되어 잠들 수 있었다. 많은 일이 있었던 하루였다.

어제 너무 피곤해서 알람도 하지 않고 쓰러지듯 잠이 들어 아침 10시쯤 되어 일어났다. 오늘 오후는 부에노스아이레스 시내를 둘러보는 일정인데, 다행히 숙소가 부에노스아이레스 중심가에 위치해 있어 대부분 걸어서 다닐 수 있는 거리라 좋다.

숙소를 나와 조금 걸어 나오니 부에노스아이레스의 상징인 오벨리스크가 보였다. 이 오벨리스크는 1946년에 도시 400주년을 기념하기 위해 단 4주 만에 건축되었다. 부에노스아이레스는 거리가 참 깨끗하다. 일요일이라 사람이 많지 않아 거리가 한산하다. 계속 걷다 보니 오늘 첫 목적지인 대성당과 대통령궁에 도착했다. 대성당의 기둥은 총 12개로, 12사도를 의미한다고 한다. 깨끗한 흰 건물을 처음 봤을 땐 시청 같은 건물인 줄 알았다. 그동안 유럽에서 보았던 대성당과는 다른 느낌이다.

대성당 옆에 위치한 대통령궁은 온통 분홍색으로 칠해졌다고 해서 장밋빛 집(Casa Rosada)이라고 불리는데 페론 대통령 재임 당시 에비타와 함께 하는 연설을 듣기 위해 대통령궁 바로 앞 5월 광장에 10만 명의 인파가 몰렸다고 한다.

어제 호스트가 추천해 준 첫 번째 관광지가 일요시장이다. 일요일에만 열리는데 마침 오늘이 일요일이니 대통령궁을 보고 다시 걸어서 시장으로 왔다. 작은 시장인 줄 알았는데 와 보니 걸어도 걸어도 시장이 끝나지 않는다. 장기 여행 중인 우리에게는 특별히 살 만한 물건은 없었지만 예쁜 기념품들 구경하는 재미가 쏠쏠했다.

시장을 실컷 구경하고 나서 시원해 보이는 아이스크림 가게에 들어가 차갑고 맛있는 아이스크림을 먹으며 땀을 식힌 후, 택시를 타고 탱고의 발상지로 유명해진 라 보카(La Boca)로 이동했다.

라 보카는 작은 마을 이름인데, 탱고가 바로 이곳, 라 보카에서 시작되었다고 한다. 오늘 밤 탱고도 보는데 탱고가 시작된 이곳을 한번 둘러보기로 했다. 탱고의 본고장답게 탱고 댄서 복장을 한 사람들이 많았고, 주말이라 그런지 여기도 일요시장처럼 많은 사람들로 북적였다. 알록달록 원색으로 칠해진 예쁜 건물을 보니 남미의 정열 같은 것이 느껴졌다. 남편이 걷다가 시원한 맥주 한잔하자고 제안했다. 더위에 갈증이 심했는데 맥주 한잔을 들이켜니 세상 시원했다.

숙소에 돌아가는 길에 마트에서 장을 봐서는 맛있게 스파게티를 요리해 저녁을 먹고 잠시 휴식을 취했다. 밤 9시가 되자 아르헨티나의 대표적인 아이콘 중 하나인 탱고쇼를 보러 숙소를 나섰다. 탱고쇼는 밤 10시에 시작되는데 호스트가 추천해 준 쇼는 우리 숙소에서 걸어서 10분 거리에 있다. 우리 자리는 다행히 앞자리 쪽이라 공연이 잘 보였다. 다행히 마드리드 플라멩코 극장과 같이 이곳 극장에서도 플래시를 사용하지 않으면 카메라와 비디오 촬영이 가능하다. 마드리드에서 본 플라멩코는 소극장에서 집중하며 본 공연이었다면, 부에노스아이레스의 탱고쇼는 큰 무대 위에서 30여 명의 댄서들이 펼치는 화려한 탱고 공연이다.

수십 명의 댄서가 일제히 함께 추는 다이내믹한 탱고와 향수를 불러일으키는 복고풍의 댄디한 의상을 입은 댄서들의 동작 하나하나가 멋진 예술처럼 느껴졌다. 탱고쇼는 무대 중반부터는 낭만적인 연주와 노래가 라이브로 더해져서, 더 화려하고 멋스럽게 느껴졌다. 핀 조명을 받으며 깃털처럼 가벼운 춤사위를 보이다가 순간순간 정열적이고 환상적인 탱고를 보여 준 여주인공의 모습이 매우 인상적이었다.

오늘도 오후 내내 걷다가 늦은 시간에 시작한 공연이었음에도, 1시간이 정말 순식간에 지나갔다. 멋진 탱고와 함께한 부에노스아이레스의 멋진 밤이다. BRAVO!

DAY146 [아르헨티나]

2018.2.19

부에노스아이레스-세상에서 가장 아름다운 서점, 엘 아테네오와 에바 페론이 잠든 레골레타

주말이라 어제 구입하지 못한 통신사 유심칩을 구입하고 한국의 명동과 같이 쇼핑거리로 유명한 플로리다 거리에서 새로운 캐리어를 구입했다. 오후에는 우버를 불러 세상에서 제일 아름다운 서점이라 불리는 엘 아테네오로 이동했다.

엘 아테네오는 1919년 이후 오페라 극장으로 줄곧 사용하던 곳을 2000년도에 오페라 극장의 웅장함을 그대로 살려서 서점으로 재오픈한 곳인데, 스톡홀름에 있는 세계에서 가장 아름다운 도서관이었던 스톡홀름 시립도서관과는 또 다른 매력이 있었다. '이번 세계 일주 동안 세계에서 제일 아름다운 도서관과 서점을 다 가 보게 되는구나.' 주안이도 서점에 오랜만에 오니 책을 읽고 싶다는데 자동차 관련된 책을 집어 든다. 서점 1층에는 오페라 극장의 무대를 개조해 만든 카페가 있다. 서점을 나서기 전 무대 위에서 커피를 마시고 싶었는데 빈자리가 없어서 어쩔 수 없이 서점을 나왔다.

서점 맞은편 스타벅스에서 간단히 커피를 마시고 근처에 있는 에바 페론의 묘지를 둘러보러 갔다. 남편이 부에노스아이레스에 오기 전부터 아르헨티나를 여행할 생각을 하면 〈Don't cry for me Argentina〉라는 노래가 생각이 난다고 했는데, 어제 라 보카에서 숙소로 돌아가는 우버 안에서 큰 건물에 에바 페론의 얼굴이 그려진 것을 보았다. 건물에 에바 페론 얼굴이 있는 게 궁금해 지도를 찾아보니 그 건물은 노동조합 건물이었다. 에바 페론과 후안 페론에 대한 내용을 찾아 읽다 보니 자연스럽게 부에노스아이레스의 가장 비싼 땅에 있는 레골레타 공동묘지에 에바 페론의 묘가 있다는 것을 알게 되었다. 아르헨티나의 역대 대통령부터 수많은 유명 인사들이 잠들어 있는 레골레타는 공동묘지라는 느낌보다 거대한 조각 공원 같은 느낌이다.

사생아로 태어나 영부인의 자리에 오르기까지 평탄치 않은 삶을 살았던 에바 페론. 그녀는 영부인이 된 이후 노동자와 서민들을 위한 파격적인 복지 정책을 내놓아서 여전히 국민의 성녀라고 불리기도 하고 한편으론 대표적인 포퓰리즘으로 불리는 페론 정책으로 인해 아르헨티나를 몰락하게 만든 장본인이라는 상반된 평가를 받는 인물이다. 그럼에도 아직도 많은 아르헨티나 국민들이 사랑하는 영부인이기도 하다. 묘 앞에 꽂혀 있는 아름다운 꽃들을 보니 아직도 많은 사람들이 다녀간다는 것을 알 수 있었다.

에바 페론의 묘를 나와 다시 숙소 근처 마트에 들러 장을 보고 저녁 준비를 했다. 브라질과 아르헨티나 소고기가 좋다는 이야기를 들었는데 이제야 직접 고기를 사서 맛보게 되었다. 맛있어 보이는 소고기 안심과 등심 네 덩이를 샀는데 150페소로 7,800원 정도로 저렴하다. 이럴 수가, 오후에 마신 스타벅스 커피 두 잔 값보다 소고기가 더 싸다니…. 오늘 저녁은 우리 가족 소고기 회식 날이다!

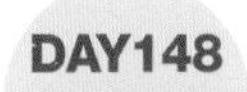

DAY148 [아르헨티나]

2018.2.21

아마존의 이구아수(이과수) 폭포에 흠뻑 젖다

아침에 일어나 점심에 먹을 샌드위치를 싸니 소풍 가는 기분이 든다. 이구아수로 출발하는 9시 30분 버스를 타기 위해 아침 일찍 식사를 마치고 부지런히 버스 터미널로 이동했다.

이구아수 폭포는 아르헨티나에 80%, 브라질에 20%로 두 나라에 걸쳐져 있어서 면적이 큰 아르헨티나 쪽의 이구아수를 보려면 종일 시간을 보내야 한다. 폭포의 아르헨티나 쪽 지역은 푸에르토 이구아수(Puerto Iguazú)이고, 브라질 쪽은 포즈 두 이과수(Foz do Iguaçu)이다. 즉, 스페인어로는 폭포를 이구아수(Iguazú)라고 부르고, 포르투갈어로는 이과수(Iguaçu)라고 부른다. 버스로 30분 정도 달리니 푸에르토 이구아수에 도착했다.

어른은 500페소, 어린이는 130페소로, 우리 가족 입장료가 총 6만 원 정도다. 아르헨티나 푸에르토 이구아수는 워낙 넓어 여기를 다 둘러보려면 5시간 이상 걸린다고 한다. 남편이랑 지도를 보고 동선을 짰는데, 제일 먼저 악마의 목구멍을 보고 Upper Trail, Lower Trail 순으로 보기로 했다. 제일 먼저 악마의 목구멍까지는 열차를 타고 이동할 수 있다.

열차에서 내리면 바로 악마의 목구멍이 나오는 줄 알았는데 여기서 1km 정도 다시 정글 속으로 걸어 들어가야 한다. 긴 다리를 건너 악마의 목구멍에 도착하니, 왜 이런 이름이 지어졌는지 알겠다. 거대한 폭포수가 끝을 알 수 없는 아래로 빨려 들어간다. 폭포가 떨어지는 아래의 모습을 보고 싶은데 엄청난 물보라 때문에 아래가 보이지 않는다. 계속 보고 있으면 내가 곧 빨려 들어갈 것 같은 느낌이 들 정도다. 모든 것을 다 삼키려는 듯한 엄청난 기세의 폭포다. 어마어마한 규모의 폭포와 귀를 얼얼하게 만드는 소리는 도저히 사진 안에 담아지지 않는다. 그도 그럴 것이 20층 높이의 폭포가 초당 6만 톤의 물을 쏟아낸다는데, 그 모습이 사진에 담길 리가 없다. 악마의 목구멍은 워낙 유명한 곳이라 관람객이 정말 많았다. 전망대가 관람객으로 꽉 들어차 사진 찍기도 쉽지 않았다.

악마의 목구멍을 보고 다시 열차를 타고 나와 점심을 하기 위해 야외 의자에 자리를 잡고 앉았다. 부드러운 빵 속에 소시지 2개를 넣고 양파와 양배추를 곱게 썰어 넣은 샌드위치. 케첩은 따

로 가져가서 먹을 때 뿌려 먹었는데 보기보다 진짜 맛있다. 많은 사람들이 식사를 하고 있으니 구아띠들이 음식 냄새를 맡고 몰려든다. 주안이는 귀엽다는데 나는 왜 이리 무서운지…. 샌드위치를 입으로 먹었는지 코로 먹었는지 모르게 후다닥 먹었다. 이제 여기를 나와 이구아수를 보러 가야 하는데 구아띠 무리가 내 앞으로 오는 것을 보고 "엄마야~!" 하며 몸이 얼음이 돼서 멈춰 섰다. 주안이가 와서 "엄마! 엄마가 그러면 얘들이 더 놀라. 그냥 지나가면 된다고!" 하면서 얼음이 된 내 손을 잡더니 나를 데리고 씩씩하게 구아띠 무리를 뚫고 지나간다. '아이고, 이럴 때 우리 아들 너무 듬직하구나.'

이제 Upper Trail로 올라가서 다시 이구아수를 만나러 가 보자. 숲길을 걸어가는데 길 옆으로 원숭이 무리가 눈길을 끈다. 이과수 폭포만 볼 줄 알았는데 그러고 보니 여기가 아마존 정글이라는 것을 새삼 깨달았다. 이과수에는 폭포만큼 많은 것이 나비다. 걸어가다 보면 우리 머리 위에 살포시 앉는다. 숲길을 따라 위로 오르는 길을 걷다 보니 어느새 우리 앞에 이구아수의 웅장한 모습이 서서히 보이기 시작한다. 세계 3대 폭포답게 그 규모와 높이가 대단하다. 이 많은 물이 매일 쉬지도 않고 쏟아져 내리는 게 신기할 뿐이다. Upper Trail의 한 전망대에서 Lower Trail 저 아래에 있는 사람들이 폭포수를 그대로 맞으

며 서 있는 모습이 보였다.

Upper Trail을 다 둘러보고 이번에는 Lower Trail을 돌아보았다. Lower Trail이니 당연히 쭉쭉 내려가는 길이 나온다. Lower Trail에서는 이구아수 폭포를 가까이서 볼 수 있어 개인적으로는 Upper Trail보다는 Lower Trail이 더 스펙터클했다. 거대한 이구아수를 더 가까이 보기 위해 또다시 정글 속으로 걸어 들어간다. 잠시 후 가던 길을 멈추게 하는 장관이 펼쳐진다.

위에서 볼 때보다 아래에 내려와서 보니 훨씬 더 멋진 이구아수!

물보라가 바로 앞까지 쏟아져 내렸다. 제일 앞으로 가면 금방 쫄딱 다 젖는다. 물을 좋아하는 주안이는 여기가 너무 좋다며 빨리 제일 앞으로 가자고 하는데, 뒤쪽에만 있어도 물이 엄청 튀는데 이걸로는 부족한가 보다. 여기까지 왔는데 이구아수 폭포를 온몸으로 느껴 보자 하는 마음으로 마치 물장난을 하듯 이구아수 폭포수 가까이 간 순간 엄청난 물보라로 순식간에 머리부터 발끝까지 다 젖었다. '옷은 젖는데 왜 이리 재밌지?' 날이 더워 잠시 폭포를 피해 있으니 옷이 금방 말랐다. 주안이는 재밌다며 혼자 여러 번 폭포 제일 앞에 서서 말린 옷을 다시 적셔 오며 "아~ 시원하다." 하며 좋아했다.

자연이 우리에게 주는 감동은 새삼 대단하게 느껴진다. 지치지도 않고 이렇게 많은 물을 쏟아내는 것을 직접 보니 뭔가 말로 표현하기 어려운 감격스러움이 느껴진다. 하루를 온종일 폭포만 보았음에도 전혀 지루하지 않은 오늘. 오히려 내일 브라질에서 바라볼 이구아수도 참 궁금해지고 기대가 된다. 지금도 멈추지 않고 거대한 물을 쏟아내고 있을 이구아수를 생각하니 또다시 마음에 감동이 느껴진다.

DAY149 2018.2.22

[아르헨티나/브라질] 브라질에서 바라본 이구아수(이과수) 폭포

어제 터미널에서 예약한 택시가 우리를 데리러 숙소 앞으로 왔다. 오늘은 푸에르토 이구아수와 국경을 맞대고 있는 브라질의 포즈 두 이과수로 넘어간다. 택시를 탄 지 10분 만에 아르헨티나 국경에 도착했다. 그런데 국경을 통과하는데 택시에서 내리지도 않고 차 안에서 출국 수속이 손쉽게 끝났다. 남미 통틀어 제일 빠르고 편한 출국 심사로 잠시 후 바로 브라질 국경으로 진입했다.

브라질 입국 심사를 받을 때는 택시를 주차장에서 기다리게 하고 직접 여권을 들고 입국 심사를 받기 위해 출입국 건물 안으로 들어갔다. 브라질은 남미 첫 여행지라 3주 전에 입국 심사를

받았는데 벌써 브라질 두 번째 방문이다. 거리도 가깝고 출입국 심사가 빨리 진행된 덕분에 아르헨티나 숙소에서 브라질 숙소까지 1시간이 채 걸리지 않았다. 11시쯤 도착한 호텔은 아직 체크인 시간이 한참 남아 우리의 모든 짐을 호텔에 맡기고 이과수 폭포로 가기 위해 근처 버스 터미널로 향했다. 우리 호텔에서 버스 터미널까지 걸어서 5분도 채 안 걸린다. 남편은 숙소를 예약할 때 이동 동선이랑 주변 식당 등을 종합적으로 고려해서 잡는데 역시 이번 숙소 위치도 최고다. 버스 요금은 차에서 내지를 않고 버스 터미널로 들어가는 입구에서 행선지를 알려 주면 그 자리에서 돈을 내고 들어가는 방식이다. 버스 출발지라 그런지 따로 티켓을 주지는 않고 터미널 정문에서 돈 내고 들어가면 버스가 오는 대로 타면 된다.

터미널에서 버스를 타고 40분 정도 가니 드디어 이과수 국립공원에 도착했다. 어제 아르헨티나에서는 우리 세 가족이 6만 원 정도 나왔는데 브라질에서는 4만 5천 원 정도 나왔다. 아르헨티나 쪽 이과수가 훨씬 커서 가격 차이가 나는가 보다.

어제 아르헨티나는 열차를 타고 악마의 목구멍으로 들어갔다면, 브라질에서는 2층 버스를 타고 가장 마지막 역에서부터 이과수를 보고 다시 2층 버스를 타고 내려오면 관람이 끝난다. 아르헨티나에 비해 무척 간단하다.

2층 버스를 타고 마지막 정류장에 내리니 저 멀리 폭포의 시원한 소리가 들린다. 브라질은 아르헨티나에 비하면 규모가 작다고 하지만 그래도 3시간은 봐야 하니, 본격적으로 관람 전에 아르헨티나 숙소에서 싸온 샌드위치로 간단히 점심을 먹었다. 오늘 샌드위치는 어제 샌드위치에다 계란까지 추가해 더욱 업그레이드가 되었다.

식사 후, 이제부터 본격적으로 이과수 탐방 시간!

식사하는 장소에서 조금 걸어 내려오면 이과수를 바로 앞에서 볼 수 있는 전망대 엘리베이터가 나온다. 엘리베이터를 타고 내려가면 이과수를 바로 앞에서 보고, 느낄 수 있다. 다들 우비를 입고 내려가는데, 어제 아르헨티나에서 우비 없이 갔어도 금방 옷이 말랐던 터라 브라질에서도 우비를 입지 않았다. 남편과 주안이는 폭포를 몸으로 느껴 보고 싶단다.

엘리베이터를 내려가자마자 엄청난 굉음 소리를 내며 이과수 폭포가 정신없이 쏟아져 내린다. 이과수 폭포는 아르헨티나가 훨씬 좋다는 글을 많이 봤는데 브라질 이과수도 어마어마하다. 어디가 더 좋고 아니고가 없다. 엄청난 이과수 폭포를 코앞에서 보고 우리는 또 할 말을 잊었다. 엘리베이터에서 내리면 바로 이런 장관이 펼쳐지는데 우리가 놀라지 않을 수가 있나?

전망대 근처에는 폭포와 폭포 사이에 긴 산책용 다리가 연결되어 있다. 이 긴 다리를 걸어가면 폭포수의 물보라 때문에 옷이 그냥 쫄딱 젖게 되는 구간이다. 우비를 입거나 아예 수영복 차림으로 걸어 들어가는 사람도 있다. 날이 이렇게 좋은데 옷이 젖는 건 전혀 문제가 안 된다. 주안이는 또 옷 젖는다면서 신이 났다. 산책용 다리가 엄청 길어서 한번 들어가서 사진 찍고 돌아오는데 시간이 꽤 걸린다. 병풍처럼 둘러싸고 있는 폭포 중앙으로 걸어가게 만든

다리는 스릴 있고 정말 재미있었다. 그냥 멀리서 볼 땐 폭포 바로 앞까지 들어가는 게 아니라서 어제만큼 옷이 젖겠나 싶었는데, 막상 안쪽으로 들어가니 양쪽으로 몰아치는 물보라가 바람을 타고 휘날려서 마치 장마에 우산 없이 길을 걷는 것 같다. 몇 걸음 걷다 보면 옷은 다 젖는데, 다들 소리를 치며 모두 활짝 웃고 있다.

다음으로 전망대 위층으로 올라가서 위에서 이과수를 조망해 보았다. 올라가서 보니 우리가 방금 전 걸어서 갔다 온 다리가 저 멀리 보이는데 진짜 긴 다리를 건넜구나 싶다. 이제는 걸어서 포즈 두 이과수를 돌아볼 시간이다. 트레일을 따라 보는 이과수 역시 참 멋있다. 브라질 이과수는 굉장히 많은 폭포들이 무리를 지어 있는데 걸어가면서 점점 이과수의 매력에 빠지게 된다. 3시간 동안 즐거웠던 이과수를 뒤로하고 이제는 돌아갈 시간이다. 어제오늘 뜨거운 태양과 시원한 폭포 속에서 까무잡잡하게 탔지만, 이틀에 걸쳐 멋진 이과수를 몸으로 체험하고 마음에 담아 간다.

DAY150 2018.2.23

[브라질] 남미 마지막 여행지-상파울루로 이동

오후 2시 40분 비행기로 브라질 상파울루로 이동했다. 남미 한 달 일정 중 마지막 3일을 상파울루에서 보낼 예정이다. 스타얼라이언스 세계 일주 항공권을 스케줄링 하는 규칙에 의해서 구매할 때 막연히 브라질 상파울루 IN/OUT으로 끊었는데, 한 달이라는 시간을 정말 알차게 보낸 것 같다.

마추픽추, 우유니, 막달레나섬, 모레노 빙하, 이구아수 폭포 등 정말 잊지 못할 경관들을 보고 온 터라 상파울루에서는 주로 재충전을 위한 휴식, 도심 관광을 적절히 섞어서 할 예정이다. 3일간 머물 우리 숙소는 모나코, 마르세유에서 묵었던 아다지오 아파트먼트 호텔이다. 그때에도 만족도가 높았던 곳이라 상파울루 숙소도 아다지오로 결정했다. 숙소에 관해 무엇보다 만족스러운 점은 호텔 TV에 스포츠 채널이 있어 평창 동계올림픽 방송을 해 준다는 점이다. 이제 곧 폐막식인데 여기서 폐막식을 생중계로 볼 수 있겠다.

호텔 근처에 있는 마트는 생각보다 정말 크고, 고기나 과일 가격이 참 싸고 좋다. 3일 동안 음식 걱정은 안 해도 될 것 같다. 마트의 아시아 코너에는 한국 라면과 장류들도 꽤 있었다. 가격은 한인마트보다 많이 비싸지만 한·중·일 기본 요리 재료들이 많이 구비가 되어 있어 기뻤다. 내가 마트 구경에 신이 나 있는 동안 남편은 오늘 저녁 메뉴를 고르고 있다.

고기를 좋아하는 우리를 위해 브라질 말로 된 소 부위를 확인하는 남편. 고기가 참 좋은데 가격 또한 너무 착하다. 잘라서 포장된 고기보다, 우리가 주문하면 잘라서 파는 고기가 더 좋아 보여 갈빗살로 2kg을 구매했다. 생 갈빗살 1kg이 27.65헤알로 우리 돈 9,000원 정도이다. 갈빗살 2kg, 수박, 포도, 망고, 상추, 양파, 오이, 우유, 계란, 간장, 오일 스파게티 재료 등을 구매했다. 보기만 해도 배부르다. 숙소에 들어와 남편이 고기를 손질하는 동안, 나는 공용 세탁실에서 그동안 입었던 옷들을 다 빨았다. 오랜만에 세탁기를 사용해서 빨래를 하니 속이 다 시원하다.

그사이 남편이 식사 준비를 다 마쳤다. 맛있게 구운 갈빗살을 레스토랑에 온 것처럼 예쁘게 세팅을 해 놓았는데, 주안이가 "어우 맛있어."를 연신 외치며 맛있게 먹었다. 브라질에서 먹는 소고기는 정말 맛있다!

이렇게 남미 마지막 일정은 값싸고 풍부한 식재료로 맛있게 요리를 해 먹는 일정으로 마무리되는가 보다. 오랜 여행 중 따뜻하고 맛있는 음식의 소중함과 감사함을 느낀다.

DAY151 [브라질]
2018.2.24

남미 최대 도시 상파울루 나들이

숙소에서 우버를 불러 상파울루의 금융거리로 유명한 파울리스타로 출발했다. 브라질 대도시답게 큰 대로변에 금융회사 건물들이 몰려 있는데 우리나라 여의도나 테헤란로에 온 것 같았다. 딱 전형적인 대도시 풍경이라 문득문득 한국에 온 듯한 느낌을 받는다.

비즈니스 거리라고도 불리는 이곳은 금융 건물뿐만 아니라 백화점과 쇼핑몰이 참 많이 있다. 우버에서 내려 파울리스타 거리를 쭉 걸으니 날이 무척 더웠다. 바로 앞에 쇼핑몰이 있어 더위를 잠시 식히기 위해 들어갔는데 마침 레고(Lego) 가게가 주안이 눈에 들어왔다. 레고를 보더니 직진하는 아들! 그래, 여기서 잠시 더위를 피해 보자.

아주 어려서부터 레고만 보면 그리도 좋아하더니 아직도 질리지 않나 보다. 세계 일주 중 레고는 늘 구경만 하는 대상인데도 보는 것만으로도 좋은지 눈을 떼지 못한다. 레고 구경 후 다시 나온 파울리스타 대로에 있는 상파울루 미술관으로 걸어갔다. 미술관을 들어가 볼까 하다가 이상하게 오늘은 미술관이 막 끌리지는 않는다. 유럽에서도 다녀왔고 미국에서도 한 번쯤은 갈 것 같아 브라질에서는 그냥 쉬는 걸로 하고 미술관 앞에서 외관과 주변 경관을 감상했다.

점심으로 치킨을 맛있게 먹고 쇼핑몰 앞에서 다시 우버를 불러 오늘의 가장 기대되는 일정인 한국 교민들이 많이 이용한다는 상파울루에서 가장 큰 한인마트인 오뚜기 마트로 이동했다. 슈퍼 입구 측면에 거대한 스크린이 있고 평창 동계올림픽 경기를 재방송으로 해 주고 있었다. 해외에서는 유튜브가 아니고서는 방송을 볼 수가 없어 늘 아침 혹은 밤에 숙소에서 평창 동계올림픽 소식을 기사로만 봤었는데, 브라질에서 큰 화면으로 방송을 보니 이렇게 반가울 수가 없다.

마트 내에는 주말이라 정말 많은 한인분들이 있었다 브라질 교민의 80%가 상파울루에 산다는 이야기를 들었는데 한인이 많은 만큼 한인마트의 규모도 엄청나다. 이 정도 규모의 한인마트가 있으면 한국 음식이 그리울 일이 없을 것 같다. 잠시 어떤 라면을 살지 고민해 보았다. 세계 일주를 오래 하니 고민의 주제가 이처럼 단순해진다. 매일 매일 무엇을 먹을지 고민하는 나, 다 사고 싶은데 모레 미국으로 떠날 예정이라 내일까지 먹을 것만 사야 한다. 많이 사지도 못하는데 한인마트 구경은 왜 이리 재밌는지…. 여기는 이걸 얼마에 파는지, 같은 물건인데 이건 독일에서는 얼마였고 프랑스는 얼마였지 하면서 가격 비교하는 재미도 쏠쏠하다. 세계 일주를 하면서 각 국가별로 마트 물가를 비교하는 데는 도사가 된 것 같다. 늘 제한된 양념과 요리기구 때문에 사 오는 음식은 거의 비슷하지만 그래도 오늘은 맛있는 김밥과 뜨끈한 쌀떡을 사 왔으니 좀 더 쫀득쫀득한 떡볶이를 만들 생각에 기쁜 마음으로 숙소로 돌아왔다.

숙소에 들어오니 여자 컬링 결승전을 TV에서 생중계하고 있었다. 네이버 기사에서만 보던 "영미!"도 들어 보았고, 오랜만에 열심히 응원도 했다. 비록 결승전에서 패하였지만 불모지라 할 수 있는 컬링 종목에서 은메달도 얼마나 값진 것인지…. 우리 대표 선수들이 경기가 끝나고 서로 안아 주며 다 함께 응원해 준 국민들께 인사를 하는데, 지구 반대편에서 보고 있는 내 마음도 찡해진다.

[브라질]

남미 여행 마지막 날-상파울루의 어느 멋진 날 (배트맨 골목의 벽화마을, 이비라푸에라 공원)

벽화거리로 유명한 상파울루의 배트맨 골목에 도착했다. 오늘은 이곳에서 벽화를 구경하고, 상파울루의 이비라푸에라 공원에 가서 여유로운 오후 시간을 보내고 들어올 예정이다. 크지 않은 동네지만 그 지역 전체 골목에 큰 벽화들이 즐비하다. 처음 배트맨 그라피티가 그려지면서 이후 골목에는 수많은 그라피티들이 그려지기 시작했다고 한다. 우리도 미술관에 온 것처럼, 벽화를 하나씩 감상하며 걷다가 재미있는 벽화 앞에서는 여러 포즈도 취하며 사진을 찍었다.

배트맨 골목에서 다시 우버를 타고 상파울루 시내에 있는 대표적인 공원인 이비라푸에라 공원으로 이동했다. 이비라푸에라 공원은 상파울루시의 400주년 기념으로 조성된 공원이라는데 그 규모가 상당하다. 날이 참 좋은 오늘, 가족들이나 연인들끼리 간식이나 샌드위치를 싸 와서 돗자리를 깔고 풀밭에 앉아 먹는 모습이 참 정겹다. 주말 오후 이런 멋진 공원을 걷는 것만으로도 기분전환이 된다.

계속 걷다 보니 호수 위를 유유히 유영하고 있는 블랙 스완(Black Swan)을 발견했다. 영국 세인트 제임스 파크에 이어 두 번째로 보게 된 블랙 스완이라 더 반가웠다. 남미의 마지막 일정을 이렇게 공원에서 여유롭게 쉬면서 정리하는 시간을 갖게 되어 기분이 한결 편해지고 지난 한 달이 너무 빨리 지난 느낌이다. 이제 내일이면 한 달간의 남미 일정을 끝내고 북미 일정이 시작된다.

남미는 아프리카 때처럼 너무 막연했고 걱정도 많았던 곳인데 무탈하게 마무리되어 너무 감사하다. 난 남미가 끝나 가서 너무 아쉬운데 주안이는 이제 미국에 간다며 신이 났다. 우리 미국에서도 신나게 여행하자!

북미

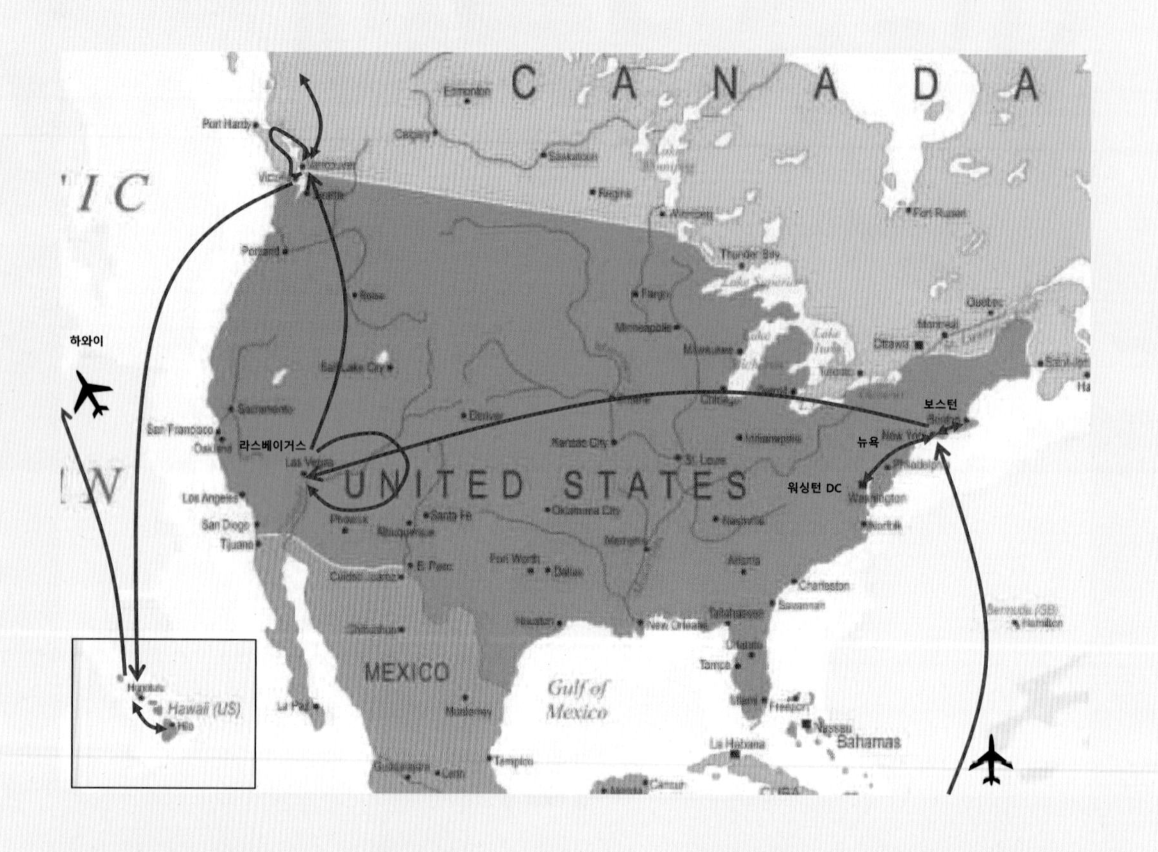

북미 여행기간(총 44일)

2018년 2월 26일: 뉴욕 IN

→ 2018년 4월 8일: 호놀룰루 OUT

방문국가/도시(2개국/15개 도시)

미국12, 캐나다3

뉴욕 → 뉴헤이븐(코네티컷) → 보스턴 → 뉴욕 → 워싱턴 DC → 뉴욕 → 라스베이거스 → 자이언 캐니언 → 브라이스 캐니언 → 앤털로프 캐니언 → 모뉴먼트 밸리 → 그랜드 캐니언 → 세도나 → 라스베이거스 → 밴쿠버 → 빅토리아 → 나나이모 → 밴쿠버 → 휘슬러 → 밴쿠버 → 호놀룰루 → 빅아일랜드 → 호놀룰루

북미 여행의 주요 테마

① 미국의 정치 경제 중심지인 뉴욕과 워싱턴 DC 및 동부의 주요 도시 둘러보기
② MIT, Harvard, Yale 등 동부의 명문 대학 방문
③ 광활하고 신비로운 서부의 국립공원 방문(네바다, 유타, 애리조나)
④ 3대가 함께 하는 여행(친정 부모님을 밴쿠버로 모셔서 함께 캐나다 여행하기)
⑤ 3대가 함께 하는 여행(시어머님을 하와이로 모셔서 함께 여행하기)

주요 Activities 및 이동 수단

• 미국 동부 여행
- IVY 리그 탐방, 박물관 방문, 워싱턴DC, 뉴욕

• 미국 서부 여행
라스베이거스를 기점으로 시계방향으로 캐니언 투어
라스베가스 → 자이언 캐니언 → 브라이스 캐니언 → 앤털로프 캐니언 → 모뉴먼트 밸리 → 그랜드 캐니언 → 세도나(벨락) → 라스베이거스

• 3대가 함께 하는 여행(부모님께 추억을 선사하다)
캐나다 (밴쿠버-빅토리아-나나이모-휘슬러)
하와이 (마우이섬-빅아일랜드)

DAY154 [브라질/미국]

2018.2.27

여름에서 겨울로-북미 여행 시작

상파울루에서 밤 10시에 출발한 비행기는 뉴욕에 인접한 뉴저지(New Jersey)의 Newark 공항에 새벽 6시에 도착했다. 총 10시간 비행인데 오랜만에 비행기에서 영화 2편을 내리 보고 3시간쯤 자고 일어나니 어느새 미국에 도착했다. 남편은 첫 직장을 다닐 때 미국으로 자주 장기 출장을 왔었고, 나 또한 여행과 출장으로 여러 번 왔었다. 주안이도 8살이 되던 해에 보름간 라스베이거스, LA, 샌프란시스코 등 미 서부 지역을 함께 여행했던지라 미국은 우리 가족에겐 참 친숙한 나라다. 매번 출장 올 때마다 타임스퀘어에 들러 주안이 장난감을 사면서 주변 사진을 찍어 보여 주었는데, 그때마다 주안이가 뉴욕에 가고 싶다고 했었다. 뉴욕은 여러 번 왔지만 주안이랑 같이 온 것은 처음이라 참 많이 설렌다.

공항에서 차를 픽업한 후 오늘 첫 일정은 바로 뉴저지에 있는 Woodbury Premium Outlet 방문이다. 여름 날씨인 남미로 오기 전, 마드리드에서 겨울옷을 한국에 보내서 날씨가 꽤 추운 동

부 일정을 위해 오늘은 도착하자마자 미국에서 입고 다닐 바람막이 점퍼와 청바지를 구매하기로 했다. 구글 지도를 보며 아웃렛으로 가는데 유럽에서는 km, m로 표시되던 내비게이션이 mile, ft로 안내가 되니까 처음에 많이 헷갈렸다.

칠레 토레스 델 파이네 트래킹 동안 비를 맞고 걸을 때 미국 가면 방수가 되는 바람막이 점퍼를 꼭 사야지 했었는데 정말 왔구나. 남편은 예전에 산 바람막이 점퍼가 있어 대신 경량 패딩을 사고 주안이는 플리스가 들어 있는 점퍼를, 나는 바람막이 점퍼와 키즈 XL 플리스를 구매했다. 오늘은 특히나 세일도 많이 해 주는데 VIP 쿠폰 추가로 10%를 더 할인해 주니 우리 세 가족 점퍼를 합쳐도 우리나라 점퍼 1개 가격보다 싸다. 예전엔 미국 아웃렛에 와도 The North Face는 눈에 들어오지도 않았는데 장기간의 세계 일주 중에는 이런 실용적인 옷이 너무 귀하다. 눈이 휘둥그레질 만큼 세일을 많이 하는 걸 보니까 그동안 꾹꾹 눌러두었던 구매욕이 슬금슬금 올라왔지만, 아직 여행 일정이 남아 있어 대부분은 눈으로만 구경하고 남편과 내 청바지를 하나씩 사고 쇼핑을 마쳤다.

우리의 미국 여행 첫 번째 일정은 동부에 있는 아이비리그 주요 대학 방문이다. 주안이가 나중에 커서 이쪽 학교에 진학을 할지 아닐지는 모르지만 내년이면 중학생이 되니 미리 세계 유수의 대학을 경험하는 것도 좋을 것 같아서 남편과 상의하여 미국 여행 일정에 넣었다.

뉴저지주의 우드버리에서 출발하여 예일 대학교가 있는 코네티컷주의 New Haven 숙소에 도착하니 어느덧 저녁이 되었다. 비행기에서 3~4시간만 자고 미국에 도착해서 바로 아웃렛을 갔을 땐 컨디션이 좋았는데, 숙소에 와서 씻고 나니 몸이 노곤해지고 피곤이 몰려온다. 긴 비행과 장거리 운전 탓에 오늘은 무리하지 않고 숙소 앞 마트에서 물과 이동 중에 먹을 간단한 간식거리를 산 후 숙소에서 쉬기로 했다. 그래도 미국은 남편이나 나나 자주 와서 그런지 집처럼 편한 느낌이다. 주안이는 전에 미국 서부만 다녀와서 동부는 처음이라 기대가 크단다. 내일부터는 신나는 미국 동부 탐방 시작이다!

DAY155 [미국]

2018.2.28

동부 명문 대학교 탐방-예일 대학교 캠퍼스 투어

오늘은 예일 대학교(Yale University) 캠퍼스를 둘러보는 날이다. 어젯밤 남편 사촌 동생네랑 통화하는 중에 예일대를 졸업한 매제가 예일대 캠퍼스 투어 프로그램이 있다는 것을 알려 줬다. 우리는 아침 일찍 일어나 호텔 조식을 먹고 바로 체크아웃하고 예일 대학교 방문객 센터로 출발했다.

호텔에서 확인했을 때는 예일대 캠퍼스 투어가 10시 시작이었던 것 같은데 투어센터에 들어가니 오늘 투어 시작은 10시 30분부터라고 했다. 방문객 센터에서 자원봉사 중인 친절한 재학생의 안내를 받고 간단히 투어 등록을 마쳤다. 10명 남짓한 사람들이 투어 출발 전 함께 안내 비디오를 보고 한 그룹이 되어 인솔자인 예일대 학생을 따라 1시간 동안의 예일대 투어를 시작했다. 오늘 우리 투어는 차분하면서도 웃음이 많은 예일대 1학년생이 맡아 주었다. 오늘이 투어 가이드로서 자원봉사 하는 첫날이라고 한다.

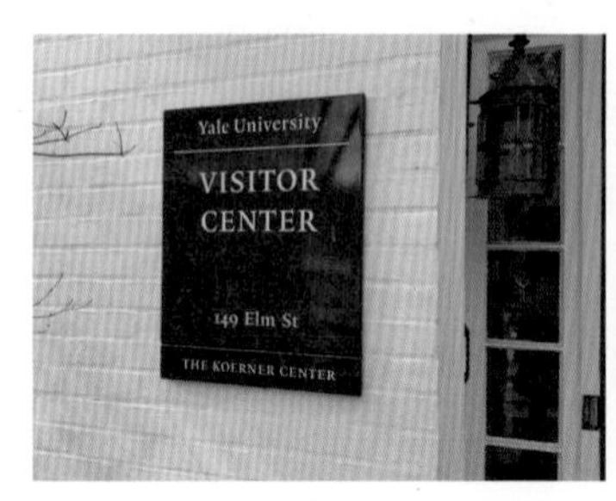

투어의 제일 처음은 Old Campus 방문이다. Old Campus는 예일대 신입생들이 1년간 다 같이 모여 사는 곳으로, 함께 있으면서 서로 친해지고 학교생활에 잘 적응하게 되는 곳이라고 한다. Old Campus에는 Nathan Hale의 동상이 있었다. 예일대 출신이자 미국 최초의 스파이로, 그가 영국군에 붙잡혀 죽음을 맞이했을 때 한 말이 이 동상에 적혀 있는데, 다음과 같다. “I only regret that I have but one life to lose for my country.” 영국군에게 교수형을 당했을 때 그가 마지막까지 가지고 있던 것이 예일대 졸업장과 성경책이었다고 한다. 그만큼 예일대 졸업생이란 자부심이 컸던 것이다.

다음으로 Branford College를 방문했다. 중세 시대 때 지어졌을 법한 느낌의 이 칼리지는 실제 지어진 지는 100년밖에 되지 않았는데, 건축 당시 오래된 건물처럼 보이도록 녹슨 느낌으로 건물을 지었다고 한다. 그래서 인지 실제 중세 시대 건축물을 보는 듯한 착각이 든다.

Branford College는 학생들이 기숙사 생활을 하는 Residential College다. 학교에서 기숙사를 배정해 줄 때 각 방마다 국적 등 배경이 다른 학생들을 골고루 섞어서 배정하는데, 이는 다름을 배우고 이해하라는 의도라고 한다.

다음 방문지는 Sterling Memorial Library이다. 도서관인 이곳은 유럽에서 많이 보던 성당과 너무 똑같은데, 사연을 들어보니 이 건축가가 성당 건축을 예일대에 제안을 했는데 학교에서 거절을 했고, 성당 대신 도서관으로 이름을 바꾸었다고 한다. 그래서 성당의 모습을 한 웅장한 도서관이 되었다.

도서관을 나와서 이젠 이번 투어 중 가장 인상에 남은 Beinecke Library로 이동했다. Beinecke Library에는 예일대가 소장한 진귀한 책들이 보관되어 있는 곳이다. 이집트 파피루스 등과 같은 희귀책들을 포함해 무려 67만 권이 보관되어 있다고 한다.

건물 안뿐만 아니라 건물로 들어서는 광장 아래에도 지하에 책들이 보관되어 있기 때문에 광장은 눈이나 비가 오면 바로 마를 수 있는 온열 시스템이 되어 있다. 이는 책들을 안전하게 보관하기 위해서라고 한다. Beinecke Library 외벽은 네모난 대리석들로 되어 있는데, 입장해서 보니 이 대리석을 통해 들어오는 빛이 도서관 내부를 은은히 밝히고 있었다. 밖에서는 평범한 흰 대리석이었는데 빛이 통과하는 내부의 대리석 모습이 신비롭고 멋있다.

도서관을 나와 예일대 마지막 코스인 Law School과 Residence College Morse와 Ezra Stiles를 지나 Yale Bookstore 앞에서 마지막 인사를 나누며 오늘의 투어가 끝났다. 짧은 시간이었지만 캠퍼스 투어 덕분에 일반인은 들어갈 수 없는 도서관들도 들어가 볼 수 있어 참 좋았다.

기대한 것보다 더 좋았던 예일 캠퍼스 투어를 하고, 기념품을 구경했다.

여기까지 왔으니 기념품은 사야 하지 않겠나! 방문객 센터에서 받은 15% 할인쿠폰을 사용해서 예일대 티셔츠와 모자를 기념으로 사고 근처 타코 레스토랑에서 점심으로 맛있는 타코를 먹었다. 취향대로 주문했는데, 바삭하니 맛이 있었다.

식사 후 다음으로 Yale University Art Gallery로 갔다. 일반인에게도 무료로 개방된 미술관은 1층부터 4층까지 모두 전시관으로 구성되어 생각보다 큰 규모에 깜짝 놀랐다.

제일 처음 1층에 있는 Ancient Art관부터 관람을 시작했다. 대영 박물관에서 본 앗수르 시대의 작품과 이집트 박물관에서 보았던 이집트 시대의 작품들이 전시되어 있었다. 다시 볼 수 있어서 반가웠다. 한편으로는 이집트 박물관이나 대영 박물관처럼 나라를 대표하는 박물관도 아닌 대학교 박물관에 이렇게 기원전 이집트의 유물들이 진열되어 있다는 것이 참 놀라웠다.

1층에 있는 Ancient Art 전시관을 쭉 둘러본 후 3층에 있는 Modern and Contemporary Art and Design으로 올라갔다. 그런데 놀랍게도 스페인 바르셀로나를 여행할 때 피카소 미술관이 휴관일이어서 보지 못했던 피카소의 다양한 작품들이 전시되어 있었다. 바르셀로나에서 주안이에게 피카소 작품을 직접 보여 주지 못해 아쉬웠는데, 기대하지 않고 방문한 예일대 아트 갤러리에서 피카소 작품을 직접 볼 수 있어서 웬 횡재인가 생각했다.

다음으로 2층 European Art 전시관으로 들어가니 시작부터 놀라웠다. 세상에나! 오르세에서나 볼 수 있을 줄 알았던 드가의 그림과 조각이 전시관 입구에 전시되어 있을 줄이야!

"우와! 우와!" 하며 사진을 찍고 있는데 먼저 앞서 걸어간 주안이가 나에게 다시 오더니 빨리 좀 와 보란다. 다가가 보니 앞에 반 고흐 작품이 걸려 있었다. 와! 여기서 빈센트 반 고흐 작품을 만날 줄이야! 반 고흐 그림 옆에는 고흐의 친구 폴 고갱의 작품 두 점이 전시되어 있다. '웬일이니?' 하며 뒤를 돌아보니 로댕의 〈생각하는 사람〉 조각이 떡하니 있네!

예일대 아트 갤러리는 마치 프랑스의 오르세 미술관을 조그맣게 축소해 놓은 듯한 착각을 불러일으키게 했다. 전시관을 돌아다니며 예상치 못하게 툭툭 튀어나오는 진귀한 작품들에 놀라지 않을 수가 없다. 한 번 둘러보고 아쉬워 다시 한번 돌아보니 2시간도 넘게 머물렀다. 큰 기대 없이 왔다가 엄청난 작품들을 보고 벅찬 마음으로 아트 갤러리를 나왔다.

DAY156 [미국]

2018.3.1

동부 명문 대학교 탐방-하버드 대학교, MIT 대학교 캠퍼스 투어

Part1. 하버드 대학교 캠퍼스 투어

오늘은 오전엔 하버드 캠퍼스 투어, 오후는 MIT 캠퍼스 투어를 하는 날이다. 하버드 대학 사이트에 들어가면 캠퍼스 투어 시간이 날짜별로 나와 있다. 어제 예일대 캠퍼스 투어가 너무 좋았던지라 하버드도 기대가 된다. 학교를 보는 재미도 있지만 실제 학교를 다니는 학생들의 에피소드나 생각을 들을 수 있어 참 좋다. 오늘은 두 학교를 다녀야 해서 준비를 마치자마자 숙소 앞으로 우버를 불러 바로 하버드 인포메이션 센터로 출발했다.

10시쯤 도착해서 투어 등록을 한 후 주변을 둘러보고 10시 50분에 다시 인포메이션 센터로 가니 10명 남짓의 사람들이 투어를 기다리고 있었다. 오늘 캠퍼스 투어 가이드는 빨간 후드티를 입은 호주 출신의 하버드대 2학년 학생이다. 환한 웃음으로 생소한 우리 가족을 반긴다.

하버드에서 가장 오래된 건물인 만큼 많은 역사적 사건이 있었던 매사추세츠 홀(Massachusetts Hall)부터 설명을 들었다. 매사추세츠 홀은 하버드 대학에서 가장 오래된 건물이고, 미국 전체에서는 두 번째로 오래된 대학 건물이었다. 독립전쟁 당시에는 이 홀에서 조지 워싱턴이 이끄는 독립군이 주둔을 했었는데, 그때에 이 건물 내부 인테리어를 독립군이 다 훼손을 했다고 한다. 인테리어를 위해 사용된 납, 구리, 철 등을 녹여 무기를 만들었기 때문에 건물 내부가 다 망가졌던 것이다. 전쟁 이후 하버드대는 미국 역사상 최초로 정부를 상대로 건물 손상에 대한 소송을 걸었다고 한다.

다음은 매사추세츠 홀 바로 옆에 있는 존스턴 게이트(Johnston Gate)에 대한 설명을 들었다. 하버드에는 총 25개의 게이트가 있는데 사실 26개가 될 뻔했다고 한다. 무슨 말인가 들어 보니, 하버드에 입학했던 빌 게이츠(Bill Gates)에 대한 이야기였다. 빌 게이츠가 하버드를 졸업했다면 상징적인 26번째 게이트(Gate)가 됐을 거라고 농담 삼아 가이드 학생이 얘기해 주었다.

이어서 매사추세츠 홀을 마주 보고 있는 하버드 홀(Harvard Hall)에 대한 설명이다. 하버드 홀이 최초에 설립된 것은 1677년으로, 하버드에서 가장 오래된 건물이 될 뻔했으나 1764년 화재로 이 건물과 여기에 보관된 모든 책들이 다 불타 없어졌다고 한다. 하버드에 책을 기증한 존 하버드의 책들 400권을 포함, 총 5,000권 정도의 책이 모두 불타 없어지게 된 것이다. 지금의 하버드 홀은 1766년에 재건축되었는데 가이드 학생의 설명을 들어 보니, 당시 한 학생이 하버드 홀의 책을 보며 리포트를 작성해야 하는데 도서관 밖으로 책을 가지고 나갈 수가 없어서 밤에 몰래 도서관으로 들어와 기숙사로 책을 가져가 숙제를 마쳤단다. 책을 찾으러 들어갈 때 촛불을 가지고 갔는데 미처 촛불을 끄지 못하고 나왔다가 이게 화재로 이어진 것이다. 도서관에 있는 모든 책이 다 불타 없어져서 큰 슬픔에 빠졌는데 학생이 자기가 빼낸 한 권의 책을 자진해서 학교에 돌려주었고 이 학생은 퇴학을 당했다고 한다.

다음 이동 장소는 Science Center 앞이다. 이곳은 학생들을 위한 재밌는 액티비티를 하는 곳이기도 한데, 맞은편에 아름다운 붉은 벽돌의 학내 소방서가 인상 깊다. 뒤이어 성당처럼 보이는 고풍스러운 느낌의 Memorial Hall Tower 안에 들어갔다.

남북전쟁에 참전했다가 죽은 하버드생을 기리기 위해 지어진 건물이다. 경건한 마음으로 둘러보았는데 벽에는 미국을 위해 참전했다가 아까운 목숨을 잃은 하버드생들의 이름이 적혀 있다. 하버드생이 되어서 가족들이 무척 자랑스러워했을 텐데, 젊은 시절 꿈도 채 펼치지 못하고 나라를 위해 목숨을 바친 젊은 청년들을 생각하니 마음이 아렸다.

Memorial Hall Tower를 나와서 와이드너 도서관을 마주보며 편하게 설명을 듣는 시간을 가졌다. 와이드너 도서관은 하버드에서 제일 큰 도서관이며, 미국 대학 전체에서는 두 번째로 큰 도서관이라고 한다. 오래전에 방영되었던 〈하버드 대학의 공부 벌레들(The Paper Chase)〉이라는 드라마의 배경이 되기도 한 장소이다. 요즘도 매년 졸업식 때 도서관 앞에서 졸업생들이 학사모를 던지는 모습을 볼 수 있다고 한다. 가이드 학생으로부터 이 멋진 도서관에 깃든 슬픈 사연을 듣게 되었다.

1912년 4월 15일 타이타닉호에 타고 있던 하버드 졸업생인 해리 엘킨스 와이드너(Harry Elkins Widener)는 타이타닉호의 침몰로 사망했다고 한다. 이후 그의 어머니가 고인이 된 아들을 잊지 못하고 그를 기리기 위해 하버드에 큰돈을 기부하여 이렇게 큰 도서관이 세워지게 되었다. 그리고 그때 아들이 좋아하던 책들도 다 도서관에 기부를 했다고 한다. 불의의 사고로 사랑하는 아들을 잃은 어머니의 아들에 대한 절절한 그리움이 나에게도 살짝 전달이 되어 설명을 듣는 내내 코 끝이 시려왔다.

투어의 마지막 방문지는 제일 처음 캠퍼스 투어를 시작한 Harvard Yard에 있는 존 하버드 동상이다. 존 하버드 동상에는 다음의 숨겨진 3가지 비밀이 있다고 한다.

첫째, 이 동상의 주인공인 존 하버드는 하버드 대학교의 설립자가 아니라 설립에 필요한 기금과 책을 기부한 사람이다. 물론 그가 기부한 모든 책은, 하버드 홀이 불에 탔을 때 모두 유실되었다. 둘째, 동상의 설립연도가 사실과 다르다고 한다. 동상에는 1638년으로 되어 있지만, 실제는 1636년이 맞다고 한다. 그리고 마지막이자 제일 놀라운 비밀은 이 동상이 실제 존 하버드의 모습이 아니란다. 하버드 홀이 불타 존 하버드에 대한 기록도 다 없어져서 이 동상을 만들 당시 하버드 재학생의 얼굴을 본떠 만들었다고 한다.

동상 옆에는 책 세 권이 함께 조각되어 있다. 존 하버드가 펼치고 있는 책 한 권과 의자 아래 책 두 권이다. 학문을 파고들어야 한다는 의미로 책 한 권은 펼쳐져 있고, 책에만 너무 몰두하지 말고 책을 덮고 더 넓은 세상으로 나가 배우라는 의미에서 나머지 두 권은 의자 아래에 덮인 모습으로 조각되었다고 한다.

정말 바쁘게 돌아다니며 설명을 듣다 보니 1시간이 후딱 지나갔다. 재학생의 설명을 들어 더욱더 실감 나는 캠퍼스 투어였다. 주안이도 가이드 형을 따라다니며 캠퍼스를 둘러볼 수 있어 좋았다고 한다. 캠퍼스 투어가 끝나고 나서 투어를 따라다닌다고 미처 사진을 제대로 찍지 못한 장소를 다시 되짚어 걸으며 기록으로 남겼다.

어느새 시계는 12시를 가리키고 있었다. 우리는 아까 투어 중에 보았던 Science Center 앞에 있는 푸드 트럭에서 파는 샌드위치로 간단히 점심을 해결했다. 하버드 교정 안에서 학생들과 함께 식사하는 것도 재밌는 경험이다. 점심을 먹고 하버드 스퀘어에 있는 Coop에 가서 기념품 구경과 쇼핑을 했다. 10년 전에 왔을 때보다 종류가 훨씬 다양해졌다. Coop에서 주안이가 들고 다닐 하버드 가방을 하나 사 주었다. 4월 말에 한국 가서 다시 학교에 갈 때 들고 다니면 되겠다.

Part2. MIT 박물관과 MIT 캠퍼스 투어

오후 2시 30분이 MIT 캠퍼스 투어의 시작이라 하버드 대학교에서 우버를 타고 부랴부랴 MIT 대학의 Visitor Information Center가 있는 건물 Lobby7로 향했다. 건물에 들어가 보니 오늘 캠퍼스 투어가 3시 30분으로 변경되었다고 한다. Visitor Information Center에 가서 물어보니 2시 30분에는 대학 입학과 관련된 세션이 고등학생과 부모를 대상으로 진행이 되고, 그 세션 이후 다 같이 3시 30분에 캠퍼스 투어를 한다고 한다. 안내하는 직원분과 얘기를 나누다 주안이 그림을 보여 주며 향후 자동차 디자이너가 꿈이라 들르게 되었다고 하니까 2시 30분에 진행되는 입학안내 세션보다는 이 근처에 있는 MIT 박물관을 먼저 구경하고 3시 30분 캠퍼스 투어를 할 것을 추천해 주셨다. 박물관 규모는 크지 않다고 하시니 1시간 동안 둘러보고 3시 30분 캠퍼스 투어 참석을 하기로 했다.

MIT 박물관 입장료는 어른 10불, 어린이 5불이다. 기대한 만큼, 박물관에는 주안이가 좋아하는 로봇들이 많이 전시되어 있었다. 주안이는 사실 미술관도 좋아하지만 이런 전시물들을 더 좋아한다. 어려서 주안이 그림을 보신 한 교수님께서 주안이 그림은 미대 그림보다는 공대 그림에 가깝다는 말씀을 해 주셨는데 주안이가 좋아하는 분야도 디자인, 로봇, 건축이라 이 박물관에 오니 정신없이 구경하기 바쁘다. 박물관에는 MIT에서 개발한 많은 로봇이 전시되어 있었다. 이 중에 사람의 7가지 감정을 이해할 수 있다는 로봇은 주안이가 예전에 유튜브에서 이미 본 건데 여기서 실제로 볼 수 있게 되었다며 반가워했다.

로봇 전시장뿐만 아니라 빅 데이터(Big Data) 관련된 전시도 참 흥미로웠다. MIT답게 인공지능(AI), 빅 데이터 등 제4차 산업혁명 관련된 내용이 많아 주안이도, 나도 흥미롭게 관람할 수 있

었다. 길거리에 버려진 담배꽁초를 주워다가 유전자 검사를 통해 나이, 몸집, 성별, 얼굴 모습 등을 유추할 수 있다는 내용도 있었다.

박물관을 쭉 돌아보고 한 층 내려갔더니 연구실 같은 곳이 나왔다. 빌딩 모형의 외벽을 바탕으로 관람객들이 테트리스 게임을 할 수 있는 작은 부스가 보인다. 주안이는 생각지도 못한 즐거움을 여기서 또 발견했다. 테트리스 게임을 마치고 코너를 돌아 걸으니 여기엔 아주 재밌는 연구실 같은 곳이 나온다. 〈백 투 더 퓨처(Back to the future)〉에 나온 괴짜 천재 과학자가 툭 튀어나올 것만 같은 곳이다. 시간 제약이 없었다면 더 머무르고 싶었지만, 3시 30분 캠퍼스 투어를 놓치면 내일 다시 와야 하니 서둘러 Lobby7 건물로 발길을 옮겼다.

3시 30분이 조금 지나 MIT 캠퍼스 투어를 시작했다. 빨간 MIT 티셔츠를 입은 대학교 1학년 남학생이 오늘의 투어 가이드다. MIT 캠퍼스 투어에는 예일대와 하버드대 캠퍼스 투어보다 훨씬 많은 사람들이 모였다. MIT의 건물은 건물 이름이 있긴 하지만 숫자를 사랑하는 MIT답게 건물마다 건물 번호가 따로 있었다. 다음은 가이드 학생으로부터 들은 재미있는 얘기다. MIT 대학과 연결된 하버드 브리지(Harvard Bridge)에 대한 얘기인데 이 다리를 걸어서 건넌다면 특이한 방법으로 다리를 측정해 마킹한 것을 볼 수 있다고 했다. 이 측정한 방식을 Smoot라고 하는데 1958년에 MIT 대학생인 Smoot라는 괴짜 학생의 이름을 따서 만든 측정 방식으로 학생의 신장인 5피트 7인치가 1 Smoot이다. 이 학생은 이 하버드 브리지에 눕고 기어가기를 반복하면서 길이를 측정했다는데 하버드 브리지의 총 길이는 364.4 smoots이며, 오차 범위는 +/- smoot에 귀 하나 차이라고 한다. 재밌게도 Smoot 학생은 이 독특한 방법으로 하버드 브리지의 길이를 측정하면서 오차 범위를 줄이기 위해 여러 번 반복적으로 실험을 했다고 한다. 한번 측정할 때마다 365번을 누웠다는 건데…. 참 대단한 친구다. 그때부터 지금까지 이 Smoot 단위는 MIT 학생들 사이에 전설처럼 비공식적인 측정 방식으로 아직도 회자되고 있다고 한다. 이러한 내용을 신나게 얘기하는 가이드 학생의 무뚝뚝하면서도 재치 있는 말투가 사뭇 예일과 하버드에서 만난 학생들과는 다르다. 남편과 나는 공대생은 딱 티가 난다고 이야기하며 웃었다. 우리 부부 눈에는 이 학생이 너무 재밌고 귀여워 보였다.

사진 촬영이 불가능한 Zesiger Sports & Fitness Center에 들어가니 수영장부터 헬스장까지 MIT 학생들의 체력을 강화시킬 수 있는 운동 시설들이 최신식으로 잘 갖춰져 있었다. 5시 이후에는 학교 수업을 하지 않으며 운동을 하도록 권하고 있다고 한다.

다음으로 도착한 곳은 Main Group으로 알려진 Maclaurin 빌딩으로, MIT 본관이며 이 앞에서 졸업식을 하며 학사모를 던지는 곳으로 유명하다. 건물 외관은 판테온 신전을 본떠 만든 것으로 이 건물의 돔 모양의 지붕이 MIT의 대표적인 상징물이다. 건물을 바라보면서 MIT Hacker에 대한 이야기를 해 주었는데, 과거 MIT 학생들이 자꾸 딱지를 떼는 경찰을 상대로 재밌는 Hacking을 했단다. 경찰의 심한 주차 딱지 단속에 항의하는 의미로 야밤에 경찰차를 MIT 본관 건물의 돔 위로 올렸다고 한다. '응? 어떻게 지붕 위에 경찰차를 올렸을까?' 'Hacking은 컴퓨터로 하는 거 아닌가?' 이게 농담인지 진실인지는 모르겠지만 MIT 학생들은 엉뚱하고 귀여운 천재들 같은 느낌이 든다(전시관에는 실제로 경찰차가 돔(Dome) 위에 있는 사진이 있다).

Main Group을 다 둘러보고 Hayden Memorial Library 건물로 들어갔다. MIT는 주로 과학, 수학, 엔지니어 쪽으로 유명하다고 생각했는데, 모든 MIT 학생은 전공과 상관없이 인문학, 예술, 사회과학의 분야 중에서 필수로 8과목을 이수해야 한다고 한다.

다시 건물 밖으로 나가 도착한 곳은 MIT에서 가장 높으면서, 보스턴 케임브리지에서 가장 높은 18층짜리의 그린 빌딩(Green Building)이다. 근데 이 건물, 눈에 익다 싶더니 아까 MIT 박물관에 갔을 때 주안이가 테트리스 하던 바로 그 건물이었다. 실제 이 건물 유리창으로 진짜 테트리스 하는 장면을 보면 엄청나겠다. 그린 빌딩이 세워졌을 당시 건물의 층수 제한이 있었다고 한다.

MIT 출신인 이 건물 건축가가 높이를 최대한 높이기 위해 아래에 2개 층 정도의 공간을 비워두었기 때문에 18층이지만 20층 높이의 건물을 세울 수 있게 되었다. 이렇게 높은 건물을 올리고 나니, 강에서 불어오는 강한 바람으로 인해 아래의 문을 열 수가 없었다고 한다. 그래서 바람을 분산시킬 수 있는 거대한 조형물을 그런 빌딩 앞에 세웠는데 그 조형물이 바로 The Big Sail이라는 40ft의 거대한 조형물이다.

이번 방문지는 Ray and Maria Stata Center라는 곳인데 건물 디자인이 독특하다. 딱 봐도 '이건 프랭크 게리의 디자인이 분명하다!'라고 생각하고 있는데 프랭크 게리의 디자인이라는 설명이 나온다. 프랭크 게리의 독특한 이 디자인은 체코 프라하에서도, 스페인 빌바오 구겐하임에서도 보았는데 MIT에서도 보게 될 줄이야…. 한국에 있을 때 전혀 몰랐던 건축가인데 세계 일주 6개월 차에 각기 다른 나라에서 프랭크 게리의 개성 있는 건축물을 보니 참 기분이 묘하다.

외관이 독특한 Stata Center 건물로 들어가니 아까 돔 위에 경찰차를 올렸던 사건에 대한 내용이 전시되어 있었다. 알고 보니 아까 이 학생이 이야기한 Hacking은 컴퓨터나 전화로 하는 Hacking이 아니었다. 여기서의 Hack의 의미는 똑똑하고 창의적이며 유머러스한 장난이라는 뜻으로, 누군가에게 피해를 주지 않는 상식선에서 내가 했다는 것을 들키지 않은 채 기발한 장면을 연출해 웃음을 선사하는 MIT의 지적인 장난이라고 하면 될 것 같다.

MIT 투어는 1시간 반 정도 진행됐다. 기숙사 이야기, MIT 음식 이야기 같은 소소한 이야기부터 건물에 대한 이야기까지 MIT 캠퍼스 생활에 대해 조금은 알 수 있었던 즐거운 시간이었다. 5시가 넘어 건물을 나오니 벌써 어둠이 깔렸다. 하버드, 예일, MIT 캠퍼스 투어를 한 건 주안이에게 세계적인 대학의 모습을 보여 주고 싶어서였는데 투어를 마치니 내가 다시 대학 시절로 돌아가고 싶어진다. 2일 동안의 캠퍼스 투어는 20여 년 전 대학생 시절을 그리워지게 하면서도, 7년 후 주안이의 캠퍼스 생활이 기대되게 하는 시간이었다.

DAY159 [미국]

2018.3.4

뉴욕 입성(타임스퀘어)

오늘의 주요 일정은 맨해튼의 타임스퀘어 주변을 둘러보는 것이다. 13년 전 남편과 둘이 여기를 온 이후에는, 줄곧 나와 남편은 각각 출장으로 따로 혼자서만 왔었다. 출장을 왔다가 타임스퀘어 근처만 나오면 주안이 선물과 기념품을 찾으러 돌아다녔었는데, 이렇게 주안이랑 같이 오니 기분이 너무 새롭다.

올 때마다 늘 사람으로 북적이고 정신없는 뉴욕!

거대한 전광판에 개성 강한 광고들이 쏟아져 내리는 이곳에 있으니 뉴욕에 온 것이 실감이 난다. 타임스퀘어 바로 앞에 있는 Minskoff Theater에 가서 우선 〈라이언킹〉 표부터 구하기로 했다. 직접 가서 알아보니 오늘 저녁 자리는 2층 좌석만 남아서 화요일 저녁 무대 제일 앞에서 두 번째 줄의 자리로 표를 샀다. 뮤지컬은 어린이 할인이 안 되니 우리 온 가족의 뮤지컬 1편 관람에 400불이 넘는 돈을 지불해야 하지만, 10년 전 처음 뮤지컬을 보고 받은 감동이 아직도 생생해서 남편과 주안이도 나만큼 좋아할 것이 확실하다. 우리는 오케스트라(Orchestra) 좌석 중 제일 앞에서 두 번째 줄이다. 무대 위 배우들의 표정을 하나하나 다 볼 수 있을 테니 너무 기대가 된다.

늦은 점심을 먹고 다시 타임스퀘어 주변을 걸었다. 바람은 조금 찼지만 1시간 정도 찬 바람을 맞으며 맨해튼의 이곳저곳을 걸으며 뉴욕 구경을 했다. 다시 타임스퀘어 쪽으로 걸어가는 길에 주안이가 좋아하는 토이저러스를 발견했다. 작년에 올 땐 없어져서 들르지 못했는데 그 사이 새로 오픈했나 보다. 잠시 들러 구경한 후 맨해튼과 저지시티를 연결하는 PATH를 타는 곳 주변에 한인마트가 있어 간단히 장을 보았다. 보스턴에서 들렀던 한인마트보다는 규모는 작았지만 이곳 역시도 꽤 크고 없는 게 없다.

숙소에 들어오니 어김없이 멋진 뷰(View)가 우리를 반긴다. 아무리 생각해도 이번 숙소는 정말 잘 잡았다. 49층에 위치한 숙소에서 환상적인 뉴욕의 야경을 보며 하루를 마감한다.

DAY160 [미국]

2018.3.5

뉴욕 나들이 (UN, Wall Street, 자유의 여신상, 9·11 Memorial)

오스트리아 비엔나에서 잠시 UN 사무소를 방문했었는데, 뉴욕에 UN 본부가 있으니 온 김에 주안이랑 가 보면 좋겠다고 생각해 알아보니 UN 안을 둘러볼 수 있는 투어가 있다는 것을 알게 되었다. 어제 부랴부랴 UN 투어를 예약했는데 한국어 투어도 아직 자리가 있어, 하루 전날임에도 운 좋게 오늘 10시 15분에 시작하는 UN 한국어 투어를 신청할 수 있었다.

온라인 예매를 하고 왔는데 먼저 길 건너편 방문객 센터에서 체크인을 해야 한다. 가족 대표가 혼자 들어가면 된다고 해서 남편이 대표로 들어갔는데 대기자가 많아 30분은 넘게 걸렸다. 남편이 받아온 손목 팔찌를 차고선 이제 UN 본부 입장이다. 보안검색대를 지나 UN 본부로 들어오니 이제부터 이 지역은 미국이 아닌 UN 영역이다.

UN 게이트 안으로 들어서자 낯익은 조형물인 지구 안의 지구(Sphere within sphere)가 보인다. 바티칸 박물관에서 보았던 이 조형물을 UN 본부에서도 다시 보니 참 반가웠다. UN 빌딩 건물 안으로 들어가려니 두근거렸다. UN 본부 건물 로비에 들어서자마자 반기문 사무총장님을 포함하여 역대 사무총장들의 사진이 걸려 있는 게 보인다.

잠시 로비에서 대기 후 시간이 되자 한국인 직원이 안내하는 UN 투어가 시작되었다. 10명 남짓 되는 인원이 모였는데 한국어로 가이드를 해 주셔서 주안이도 편히 들을 수 있어 참 편하다. UN의 공식 언어는 영어, 프랑스어, 스페인어, 러시아어, 아랍어, 중국어라고 한다. 오늘 우리가 UN 빌딩 안에서 직접 들어가 볼 수 있는 곳은 총 네 곳으로, 들어가는 시간에 회의가 있으면 입장이 불가하고, 회의가 없는 경우에만 들어가서 볼 수 있다. 가이드 해 주시는 직원분이 오늘 UN에 방문했으니 UN이 설립된 목적을 꼭 기억해 달라며 당부했다. UN의 설립 목적은 다음과 같다.

1) 국제 평화 및 안전 유지
2) 경제적, 사회적 개발
3) 인권보호

UN 본부 건물에서 우리가 제일 먼저 방문한 곳은 안전보장 이사회(Security Council)이다. 안전보장 이사회 상임국은 미국, 영국, 러시아, 중국, 프랑스 총 5개국이며, 비상임 국가 10개국은 2년에 한 번씩 총회에서 선출된다. 세계 평화 유지를 목적으로 설립된 UN이기에 안보리는 UN 기구 중에서 유일하게 법적 구속력을 가지고 있다. 총 15개국이 모여 회의를 하는데 상임국은 거부권을 행사할 수 있다.

다음은 신탁통치 이사회(Trusteeship Council)다. 신탁통치 이사회는 식민지들의 독립을 지원해 주는 곳이었는데 마지막 팔라우 독립을 끝으로 운영이 중단되었다. 지금은 상징적으로 남아 있는 곳으로, 현재는 다양한 회의 용도로 사용 중이다. 뒤이어 들른 곳은 경제 사회 이사회 회의장이다. 아쉽지만 곧 회의가 시작할 예정이라 회의실에 조용히 들어갔다가 다시 바로 나와야 했다. 건물 투어 중 유니세프가 지원하는 박스(School in a box)에 대한 설명을 잠시 들었다. 공부를 할 수 없는 상황에서 이 박스 하나만 있으면 어디서든 학교가 될 수 있도록 필요한 학습용품들을 넣은 박스로 20명 정도의 어린이가 함께 사용할 수 있게 박스 안에 각종 학용품이 담겨 있다.

다음 방문한 곳에서는 매일 하루에 전 세계에서 지출되는 군사비용을 보여 주는 화면이 있었다. 아직 오전 11시도 되지 않았는데 벌써 23억 달러가 집계되고 있다. 매일 밤 12시가 지나면 이 금액이 0이 되고 처음부터 집계가 된다니, 매일매일 지구촌 곳곳에서 전쟁과 관련된 군사비용에 어마어마한 돈이 사용되고 있음에 놀라웠다.

오늘의 마지막 방문지는 193개 회원국이 모두 참가하는 유엔총회가 열리는 곳인 General Assembly다. 좌석은 각 나라 알파벳순으로 앉는데, 2년에 한 번씩 알파벳을 뽑아 나온 알파벳순으로 앉는다고 한다. 예를 들어 D가 나오면 D로 시작되는 나라부터 순서대로 자리가 정해지는 것이다.

역사적인 장소인 General Assembly를 마지막으로 UN 투어는 끝이 나고, 지하에 있는 기념품 상점으로 갔다. 기념품 상점 안에는 UN 기념품도 많지만 회원국의 대표적인 상품들도 전시되어 있는데, 한 귀퉁이에 한국 코너도 있어서 참 반가웠다. 간단한 기념품도 사고, 스타벅스에서 간단히 샌드위치와 함께 점심을 한 뒤 UN 본부 투어를 마쳤다. UN 방문은 주안이뿐만 아니라 우리 부부에게도 유익한 시간이었다.

UN을 나와서 다시 뉴욕의 거리를 걸었다. 자유의 여신상으로 가는 길에 Wall Street을 먼저 돌아보기로 했다. 뉴욕증권거래소, 트리니티 교회, 미국 초대 대통령 조지 워싱턴 대통령의 취임식이 있었던 연방정부 청사 기념물을 돌아보고 Wall Street의 상징인 황소상을 보러 갔는데 사진 찍는 사람들로 정신이 없었다. 다시 자유의 여신상으로 가는 페리를 타기 위해 Battery Park로 이동했다. 지난번 왔을 때 보지 못했던 조형물이 보였다. 자세히 가서 보니 한국전쟁 추모비였다. 이 추모비 아래에는 한국전쟁에 참전한 국가와 사망자, 부상자, 실종자의 수가 적혀 있었다. 한국전쟁에 참여한 용사들을 추모하는 곳은 우리 세계 일주 중 에티오피아에서의 한국전쟁 추모관, 런던 웨스트민스터 사원에 이어 여기가 세 번째이다. 바닥에 적힌 희생자의 수를 보며 한 바퀴를 돌았는데, 지금 당연히 생각하며 누리는 이 자유를 얻기 위해 많은 사람들의 희생이 있었다는 생각에 마음이 참 먹먹했다.

공원 내 매표소에 가서 자유의 여신상 페리 티켓을 산 후 페리에 승선했다. 뉴욕 날씨가 정말 추운데, 배를 타고 바람을 맞으니 더 춥게 느껴졌다. 그래도 배에서 바라보는 뉴욕의 스카이라인 풍경이 아름다워서 춥지만 밖에 서서 한참을 사진 찍기에 바빴다.

잠시 후 배는 자유의 여신상이 있는 리버티섬(Liberty Island)에 도착했다. 바람이 부는 쌀쌀한 날씨였지만 자유의 여신상을 바로 앞에서 보니 기분이 남달랐다. 우리는 자유의 여신상을 중심에 두고 천천히 섬 한 바퀴를 돌아보았다.

자유의 여신상을 모두 둘러보고 다시 맨해튼으로 돌아와 숙소로 이동하는 길에 우연찮게 9·11 Memorial & Museum 앞을 지나게 되었다. 9·11 Memorial & Museum은 9·11 테러로 잃은 귀중한 생명들을 기리고 기념하며 9·11 테러의 극복과 치유 등을 위해 당시 월드 트레이드가 무너진 현장인 Ground Zero에 지어진 기념관과 박물관이다. Museum을 중심으로 양쪽에 North Pool과 South Pool이라는 큰 분수대가 있는데, 분수대마다 9·11 때 희생된 분들의 이름이 새겨져 있다. 큰 분수대 주변으로 희생자들의 이름이 새겨져 있는데, 이름 앞에 놓인 꽃을 보니 마음이 더 아프다. 오늘 UN에 다녀오면서 전쟁과 평화에 대한 생각을 많이 하게 되었는데, Battery Park 한국전쟁 추모비, 여기에 있는 9·11 추모비를 보니 더 마음이 착잡하고 아픈 것 같다. 우리 아이들 세대에는 이런 비참한 일이 더 이상 없길 바라본다.

DAY161 2018.3.6

[미국]

마사이 마라의 감동을 다시! 잊지 못할 브로드웨이 뮤지컬 〈라이언킹〉

오늘은 무척 기대가 되는 〈라이언킹〉 뮤지컬을 보는 날이다. 10여 년 전, 회사 출장 때 처음 보았던 〈라이언킹〉에 너무 감동을 받아 나중에 주안이랑 뉴욕에 오면 꼭 같이 봐야지 생각했던 뮤지컬을 드디어 오늘 다 같이 본다.

외출 전 성경 쓰기를 하는 주안이

하루 종일 참 잘 걷는 우리 가족! 뉴욕 거리를 걷다가 늦은 오후 타임스퀘어 근처에 도착했다. 어둠이 깔리기 시작하니 타임스퀘어가 정말 멋있게 빛난다.

뮤지컬 극장에 입장해서 자리에 앉았는데 심장이 두근거린다. 우리 자리는 제일 앞에서 두 번째 줄인데 우리 앞줄에 아무도 앉지 않아 정말 잘 보였다. 무대 중앙 아래 오케스트라도 살짝 보인다. 그렇게도 주안이에게 보여 주고 싶었던 〈라이언킹〉, 드디어 개봉 박두!

두 번째 보는 공연인데도 새로웠다. 끝날 때까지 눈을 떼지 못하게 신나고 감동적인 공연이 이어졌다. 동물들의 섬세한 표현, 춤, 노래 어느 것 하나 부족함이 없다. 더구나 무대와 객석을 오가며 다이내믹한 춤사위를 보여 준 댄서들과 무대에서 우리와 눈이 마주치면 웃어 주는 배우들의 연기까지 관객과 함께 호흡하는 무대였다. 남편은 마사이 마라 사파리에서 본 모습이 자꾸 생각나 더 좋았다고 한다. 그러고 보니 우리가 마사이 마라 사파리에서 수십만 마리의 누떼 이동을 보면서 같이 〈라이언킹〉의 주제곡인 〈Circle of Life〉를 불렀던 생각이 난다. 공연 때는 동영상이나 사진 촬영 불가인데 공연 끝나고 커튼콜 때 기념으로 한 장 남겼다. 우리 가족 모두 오랫동안 잊지 못할 멋진 공연이었다!

DAY163 2018.3.8 [미국]

워싱턴 D.C.(국회의사당, 워싱턴 기념탑, 링컨 기념관, 한국전쟁 참전용사 기념공원, 스미소니언 박물관)

어제는 뉴욕에서 워싱턴으로 이동한 날이었는데 폭설로 하루 종일 차에서 이동만 했다. 다행히 오늘 아침 워싱턴 D.C.의 날씨는 참 맑고 좋다.

숙소 근처에서 지하철을 타고 도착한 곳은 국회의사당이다.

국회의사당 맞은편에는 워싱턴 기념탑이 멀리 보이는데, 워싱턴 D.C. 건물이 다 낮다 보니 워싱턴 기념탑이 한눈에 확 들어온다. 국회의사당 주변을 크게 한 바퀴 돌고서 주변의 박물관과 링컨 기념관 등을 둘러볼 예정이다. 워싱턴 D.C.의 스미소니언(Smithsonian) 협회 산하에는 19개의 박물관과 미술관, 9개의 연구소, 1개의 동물원과 12개의 공원이 있으며 스미소니언 박물관은 세계 최대의 박물관으로 모두 입장료가 무료이다. 오늘, 내일 시간이 허락하는 대로 박물관을 가 보려고 했는데 오늘은 너무 추우니 여기서 제일 가까운 국립 아메리카 인디언 박물관(National Museum of American Indian)을 먼저 들르기로 했다.

아메리카 인디언 박물관은 콜럼버스가 아메리카라는 신대륙을 발견했고, 이로 인해 현재의 미국(United States of America)이 탄생했다고 배웠지만, 자신의 땅을 빼앗긴 인디언들의 입장이 어떠했을지를 생각하게 해 준 박물관이었다.

미국과 인디언들이 수백 년 전 어떤 협정과 과정을 통해 지금의 미국이 만들어져 왔는지를 알려 주는 전시관이다. 이 전시장을 구경하면서 수많은 조약과 협정에 의해 인디언들이 서서히 동화되어 가는 과정을 거쳤다는 것을 알게 되었다. 전시관을 둘러보면 서로 반목했던 시기에 초기 유럽 정착민들에 의해 자신들의 보금자리를 빼앗기고, 억압받은 내용도 볼 수 있어 참 안타까웠다. 박물관은 독특한 외관만큼 내부도 잘 꾸며 놓았다. 별 기대 없이 추위를 피해 들어간 것인데, 생각보다 볼 게 많아서 1시간 넘게 관람하고 나왔다.

이제 워싱턴 기념탑과 링컨 기념관으로 가자!

아까 멀리서 보자마자 주안이가 바로 알아본 워싱턴 기념탑. 어떻게 알았냐고 하니 〈스파이더맨〉에서 봤단다. 주안이 이야기를 듣다 보니 저 꼭대기에서 거미줄에 매달려 슝슝 날던 스파이더맨이 생각났다. 워싱턴 기념탑은 조지 워싱턴 초대 대통령을 기리기 위한 기념탑으로 1884년 완공되었을 당시 세계에서 제일 높은 오벨리스크였다.

워싱턴 기념탑을 둘러보고, 이제는 링컨 기념관으로 향했다. 가는 길에 링컨 기념관 앞에 있는 World War II Memorial부터 돌아보았다. Freedom Wall에는 4,048개의 별이 붙어 있는데 별 한 개에 100명의 소중한 목숨을 의미한다고 쓰여 있었다. 너무나 많은 소중한 생명들이 전쟁으로 떠나갔구나.

World War II Memorial을 지나 링컨 기념관에 도착했다. 링컨 기념관은 영화 〈포레스트 검프(Forrest Gump)〉에서 링컨 기념관에 세워진 거대한 링컨 대통령의 조각상과 기념관 앞에 있는 Reflection Pool을 가로질러 포레스트 검프를 만나기 위해 달려온 제니의 모습이 떠오르는 곳이다. '이곳에 드디어 와 보는구나!'

링컨 기념관은 파르테논 신전 같은 홀에 양 끝 벽에는 링컨 대통령의 역사에 길이 남을 명문장의 스피치가 적혀 있고 거대한 링컨 대통령 석상이 중앙에 근엄하게 자리 잡고 있다. 동상 오른편에는 링컨 대통령이 두 번째로 취임했을 때의 연설문이 일부 적혀 있고, 동상 왼편에는 게티즈버그 연설문이 적혀 있다.

"Of The People, By The People, For The People(국민의, 국민에 의한, 국민을 위한 정부)." 과거 고등학교 시절 배웠던 게티즈버그 연설문이다. 링컨 기념관에 와서 링컨 동상을 마주 보고 연설문을 읽어 보니 감회가 새롭다.

링컨 기념관을 둘러본 후, 한국전쟁 참전용사 기념공원으로 이동했다. 이제껏 몇 나라의 참전용사를 위한 추모관을 가 보았지만, 이렇게 동상을 세워 둔 곳은 처음이다. 당시 미군들이 한국전쟁에 와서 작전을 수행하는 듯한 모습을 보는 것처럼 군인들의 동상 하나하나가 정말 인상적이었다.

"Freedom Is Not Free." 기념비 벽에 새겨 있는 이 문구를 보며 우리가 살면서 당연히 누리고 있는 이 자유를 위해 누군가의 소중한 희생이 있었음을 잊지 말아야겠다고 다짐했다.

한국전쟁 참전용사 기념공원을 나와 이번엔 마틴 루터 킹 주니어 메모리얼로 발길을 옮겼다. 도착해 보니 거대한 바위가 공원 안에 놓여 있었다. 옆에 새겨진 문구가 멋있어서 읽고 있는데, 남편이 빨리 앞으로 와 보란다. 남편이 있는 쪽으로 가 보니, 세상에! 거대한 바위에 마틴 루터 킹의 형상이 새겨져 있었다. 마치 러시모어산에 조각되어 있는 대통령 조각상 같았다.

뒤이어 오늘의 마지막 방문지인 스미소니언 미국 국립 항공 우주 박물관(Smithsonian National Air and Space Museum)에 도착했다. 항공기 및 우주선에 관련된 자료를 전시하고 있는 박물관 중에서 세계 최대 박물관으로 꼽히는 곳이다. 입장하자마자 공중에 매달린 항공기들, 지상에 전시된 우주선들이 눈에 확 들어왔다. 우주선에 대해 알아보다 말고 위성에서 바라본 지구를 구현해 놓은 구글맵으로 주안이가 우리 동네를 찾고 있다. MIT 박물관에서도 집이 보고 싶다더니 여기에 와서도 지도로 집을 탐색해 본다. 여행도 즐겁지만, 집과 친구들이 많이 보고 싶은가 보다. 요리조리 눌러 보고, 구경하고, 설명도 듣고. 아빠와 아들은 신이 났다! 2층으로 올라가니 제1, 2차 세계대전의 항공기들, 아폴로의 달 탐사 우주선, 라이트형제의 비행기 등이 전시되어 있었다. 어느새 2시간이 훌쩍 넘어 끝나는 시간인 5시 30분이 되었다.

시간 가는 줄 모르고 보았는데 벌써 박물관이 끝나는 시간이 됐다. 아쉬움에 우주인들이 먹는다는 아이스크림을 주안이에게 하나 사 주었다.

아침 9시쯤 숙소를 나와 온종일 워싱턴 D.C.를 돌아보고 숙소에 돌아오니 7시가 다 되어 간다. 오늘 하루 3만 보 가까이 걸었다. 내일 하루 더 시간이 있으니, 오늘 보지 못한 백악관과 박물관을 다 둘러보리라.

DAY164 [미국]

2018.3.9

워싱턴 D.C. (백악관, 국립 자연사 박물관, 알링턴 국립묘지)

오늘의 첫 방문지는 백악관이다. 어제 워싱턴 D.C.의 National Mall 주변을 둘러봤는데 저녁 준비하면서 TV를 통해 백악관에서 정의용 국가안보실장이 대북 문제 관련 깜짝 발표를 하는 것을 보고 엄청 놀랐었다. 어제 우리가 바로 근처를 누비고 있을 때에 이런 중요한 발표가 있었구나. 우리는 철강 관세 서명만 진행되고 있다고 생각했는데 북미 회담이라니! 역사적인 이때에 우리가 역사의 장소에 있다는 게 정말 신기하다.

아침을 먹고 지하철로 어제 뉴스를 접하고 더 궁금해진 백악관에 도착했다. 워싱턴 기념탑 쪽에서 잔디를 밟고 백악관 쪽으로 향했는데 무슨 중요한 행사가 있는지 백악관 뒤편을 통제하여서 조금 더 가까이에서 볼 수 있도록 백악관 앞쪽으로 이동했다. 백악관 앞쪽은 관광객, 시위자, 견학 온 학생들, 경찰, 언론인 등 많은 사람들로 북적이고 있었다. 햇살 좋은 벤치에 앉아서 백악관을 마주 보며 사진도 찍고, 어제 뉴스 이야기도 나누며 여유로운 아침을 즐겼다.

점심시간까지 시간이 좀 남았지만 오늘은 본격적으로 걷기 전에 간단히 점심을 먼저 먹기로 했다. 11시를 갓 넘은 시간이었지만 어제 경험상 박물관에 한번 들어가면 시간이 너무 금방 간다. 어제 스타벅스에서 먹었던 크루아상 베이컨 샌드위치가 너무 맛있길래 오늘도 가는 길에 스타벅스에 들러 샌드위치로 점심을 해결했다.

점심 후 제일 먼저 들른 곳은 스미소니언 국립 자연사 박물관이다. 이곳은 영화 〈박물관이 살아 있다〉의 배경이 된 곳이기도 하다.

짐 검사를 마치고 입장을 하니, 입구에서 모아이 석상이 우리를 반긴다. 남미 한 달간 여행 때 이스터섬을 갈지 말지 고민을 하다가, 전체 일정상 산티아고에서 비행기로 5시간 거리인 이스터

섬을 다녀오기 어려울 것 같아 포기를 했었다. 이스터섬에 가고 싶었던 이유가 바로 이 모아이 석상을 보고 싶어서였는데 생각지도 않게 워싱턴에서 보게 될 줄이야.

박물관 안에 들어가니 중앙 로비에 영화 〈박물관이 살아 있다〉에서 보았던, 국립 자연사 박물관의 상징인 아프리카코끼리가 전시되어 있다. 무게 8톤짜리의 이 코끼리는 박제 기간만 18개월이 걸렸다고 한다.

제일 먼저 들어간 곳은 포유류관이다. 우리가 마사이 마라에서 직접 본 동물들은 여기 다 있는 것 같다. 아프리카에서 코앞에서 직접 본 동물들의 모습을 다시 보니 아프리카에 다시 돌아가고픈 생각이 든다.

Ocean Hall에서는 사람이 접근할 수 없는 깊이의 바닷속 세상에 대한 짧은 영상을 보았는데, 영상에서는 지금까지 우리가 바다에 대해 알고 있는 내용은 전체의 5%밖에 안 된다고 했다. 아직 바다에 대해 모르는 게 95%라고 하니 바다는 정말 무궁무진한 가능성이 있는 곳이란 생각이 들었다.

〈쥐라기 공원〉이라는 영화 이후, 또 아들을 키우면서 자연스럽게 공룡에 대해 관심을 갖게 되었는데 The Last American Dinosaurs관에서는 몸집이 큰 것부터 작은 것까지 10종의 공룡 화석이 전시되어 있다. 공룡관을 지나가다 보면 Fossil Lab이라는 곳에서 실제 화석을 연구하는 모습을 볼 수 있다. 큰 유리창을 통해 보니, 나이가 지긋한 연구원분이 현미경을 보면서 모래보다 작은 입자 중에서 무언가를 골라내고 있다. 무엇을 하나 궁금하기도 하고, 구경하는 우리는 재밌는데 실제 일하시는 분들은 많은 사람들이 쳐다보고 있어 일하기 쉽지 않겠다는 생각도 들면서 이런 모습을 직접 볼 수 있어 신기했다.

다음은 Gems and Minerals관이다. 자연사 박물관 인기 코너인 이곳에서는 아름다운 보석이 될 광석들을 볼 수 있다. 주안이도 예쁜 Gems를 참 좋아해서 하나씩 열심히 구경했다.

Gems and Minerals를 지나 Hope Diamond관으로 이동했다. 44.5캐럿의 다이아몬드를 비롯해 정말 진귀하고 아름다운 보석들이 많이 전시되어 있는데, 너무 감탄하며 구경했는지 나중에 집에 와서 보니 이곳에서는 아무도 사진을 찍지 않았네! 우리가 감탄만 하고 서로 너무 믿었나 보다.

뒤이어 간 Live Insect Zoo에는 내가 너무 질색하는 벌레들이 있어 후다닥 보고 빠른 걸음으로 나왔다. 주안이는 이 벌레들을 자세히 보면 참 귀여운데 엄마는 겁이 많다고 한다.
'나이 40이 넘어서도 벌레가 정말 싫으니… 어쩌란 말이냐.' ☺

이렇게 2층까지 둘러봤으니 이제 나가 봅시다!
외관이 멋지고 독특한 허시혼 미술관에서 현대미술을 구경한 후 우리는 오늘의 마지막 방문지인 알링턴 국립묘지로 이동했다. 알링턴 국립묘지는 군 복무를 카투사에서 했던 주안이 아빠

가 전에 워싱턴에 방문했을 때 들러 봤던 곳인데 의미 있는 장소라 주안이에게도 보여 주면 좋을 것 같다고 해서 들르기로 했다. 알링턴 국립묘지에는 남북전쟁, 제1, 2차 세계대전, 한국전쟁, 베트남 전쟁, 걸프전 등에서 전사한 22만 5,000명 이상의 미국 참전용사들이 잠들어 있다. 미국에 있는 국립묘지 중 뉴욕의 롱아일랜드 칼 버튼 국립묘지에 이어 두 번째로 규모가 큰 곳이다. 넓은 이곳에 여기서부터 저 멀리까지 하얀 묘비가 끝도 없이 펼쳐진다. 누군가의 귀한 가족이 나라를 위해 싸우다 잠든 곳이라고 생각하니 마음이 절로 숙연해진다.

알링턴 국립묘지는 참전한 전쟁에 따라 섹션별로 구분되어 있다. 말없이 이 길을 걷다 도착한 곳은 Memorial Amphitheater이다. 이 앞은 신원 파악이 안 된 용사들의 유해가 안치된 '무명용사의 묘'가 있는 곳으로, 50톤에 육박하는 대리석 묘비를 언제나 위병들이 경호하고 있다. 이곳에 도착하니 이미 많은 사람들이 위병 교대식을 보기 위해 자리하고 있었는데, 누구 하나 이야기하거나 소리 내는 사람이 없었다.

Memorial Amphitheater에 들어가면 한국전쟁에 대한 내용도 볼 수 있다. 세계 일주를 하다 보니 에티오피아에서도, 영국을 비롯한 유럽에서도, 여기 미국에서도 계속 마주하게 되는 한국전쟁 이야기. Memorial Amphitheater를 나오면 바로 근처에 한국전쟁에 참전했다 전사하신 분들이 영면하고 있는 Section48 구역이 있다. 잠시 벤치에 앉아 남편이 한국전쟁에 관해 주안이에게 자세히 설명해 주었다.

마지막으로 방문한 곳은 존 F. 케네디(John F. Kennedy) 대통령의 묘이다. 지도를 보고 찾아갔는데, 다른 묘보다는 약간 높은 곳에 위치해 있었다. 생각보다 굉장히 심플하고 깨끗하게 마련된 이곳에는 케네디 대통령과 재클린 여사의 묘가 함께 있었고, 그 뒤로 센 바람에도 꺼지지 않은 작은 불이 타오르고 있었다.

알링턴 국립묘지를 주안이와 손잡고 나오면서 말했다. 우리는 감사할 것이 참 많다고….

DAY165 [미국]

2018.3.10

다시 뉴욕으로-브루클린 동생네 집 방문

오늘은 워싱턴에서 뉴욕으로 다시 이동하는 날이다. 그동안 이동하는 날에 폭우 또는 폭설이 내려 이동하기가 불편한 날이 많았는데, 오늘은 오랜만에 날씨가 참 좋다. 특별히 오늘 저녁에는 뉴욕에서 디자이너로 일하고 있는 남편의 외사촌 동생이자 주안이에게는 고모인 선영이 고모네에 저녁 식사를 초대받았다.

워싱턴 D.C.에서 뉴욕까지 긴 시간을 운전해서 뉴저지 숙소에 짐을 풀고 잠시 마트에 들러 예쁜 꽃다발과 조카 선물과 과일을 사서 선영이 고모네에 도착했다. 고모네 집에 들러서 예일대 출신의 고모부에게 대학교 이야기도 듣고, 패션의 고장 뉴욕에서 쟁쟁한 경쟁자들 사이에서 당당하게 패션 디자이너로 활동 중인 고모의 생생한 이야기도 전해 들었다. 특히 의류회사의 수석 디자이너 겸 디렉터로서 요즘에는 영화배우 브룩 실즈와 함께 미팅하며 의류 브랜드 론칭을 준비 중이라고 했다.

10여 년 전 남편이랑 뉴욕에 왔을 때 그 당시 아직 미혼이었던 동생네 커플을 만났다. 그때는 둘 다 학교를 마치고 일을 막 시작할 때쯤이었는데 그동안 참 열심히 잘 살았구나 싶어 동생네 가족이 기특하고 대견해 보였다. 주안이는 선영이 고모네 가족을 만나면서 이번 세계 일주를 통해서 스페인에서 축구 선수로 활동 중인 아빠의 사촌 누나 아들인 백승호 형도 그렇고 세계 곳곳에서 잃어버린 가족들을 새롭게 만나는 기분이라서 좋다고 한다. 동생네 덕분에 이번 미국 동부 여행을 즐겁고 따뜻하게 마무리할 수 있었다. 이젠 미국 서부로 가 보자!

DAY168 [미국]

2018.3.13

서부 캐니언 투어 시작(자이언 캐니언, 브라이스 캐니언)

우리가 미국 서부에 온 이유는 유타주와 애리조나주에 걸쳐 있는 웅장하고 멋진 서부의 여러 캐니언(Canyon)들을 방문하기 위함이다. 남편은 이번이 세 번째 방문이지만, 나와 주안이는 처음이라 기대가 엄청 크다. 남편이 우리와 꼭 같이 가고 싶다던 모뉴먼트 밸리와 내가 예전부터 제일 가고 싶어한 그랜드 캐니언도 이제 곧 볼 수 있겠구나.

우리 가족이 첫 번째 방문할 캐니언은 자이언 캐니언이다. 9시에 라스베이거스의 호텔을 출발하여, 자이언 캐니언까지는 대략 2시간 30분 정도 걸릴 예정이다. 11시쯤 유타주에 들어서니 시차로 인해 1시간이 빨라져 오후 12시 15분쯤 자이언 캐니언에 도착했다. 자이언 캐니언에 대해서는 잘 몰랐기 때문에 큰 기대가 없었는데, 실제로 와서 보니 말문이 막혔다. 자이언 캐니언은 버진강 북쪽 지류인 North Fork에 의해 지난 400만 년간 깎이면서 만들어진 협곡이다. 병풍을 치듯 높고 웅장한 캐니언은 고요하면서도 위엄이 느껴졌다. 방문객 센터에 들러 지도를 받고선 자이언 캐니언 입장하는 곳까지 다시 차로 이동한다. 공원 입구에서 자동차당 입장료를 내는데 차 한 대당 30달러이고 7일 동안 사용이 가능하다.

자이언 캐니언의 Scenic Drive를 따라 운전을 하니 뭐라 말로 설명이 불가한 웅장한 캐니언의 모습이 나온다. 마치 수백만 년 전으로 빨려 들어가 시간 여행을 하는 기분이다. 공원 도로에는 잠시 주차를 하고 감상할 수 있는 장소가 곳곳에 있어, 운전하다 차를 세워 사진 찍는 걸 수십 번은 한 것 같다. 자이언 캐니언이 신들의 정원이라고 불리는 이유를 알 것 같다. 자이언 캐니언의 모습은 비슷한 듯하면서도 여러 다른 모습과 느낌을 가지고 있어 더 매력적인 곳이다.

조금 달리다가 다시 정차하고 이 멋진 곳을 눈과 마음에 다시 담아 보았다. 마치 칠레 아타카마 사막을 연상케 하였는데 세월의 하중으로 납작해진 붉은 사암들이 참 인상적이다. 이렇게 많은 층들이 쌓이기까지 얼마나 많은 시간이 흘렀을지 생각하면 거대한 자연 속에 고개가 절로 숙여진다.

오늘의 최종 목적지는 브라이스 캐니언이라 이제 자이언 캐니언을 떠나야 하는데, 가는 길마다 이 멋진 풍경에 발길이 잘 떨어지지 않는다.

자이언 캐니언에서의 감동을 안고 1시간여를 달려 브라이스 캐니언에 도착했다. 자이언 캐니언은 붉은색과 흰색의 조화가 멋있었는데 브라이스 캐니언은 전체적으로 붉은색으로 물들어 있는 곳이다. 오후 4시 20분쯤에 도착했는데, 공원 입구에 있는 매표소의 문이 닫혀 있다. 안내문에 4시 30분에 방문객 센터가 문을 닫는 거로 나와 있어 서둘러 근처 방문객 센터로 갔다. 도착하니 문을 닫을 준비를 하고 있었다. 다행히도 직원분이 우리까지는 응대를 해 주었다. 우리가 브라이스 캐니언의 일몰과 일출을 보러 왔다고 하니 친절하게 지도에 일몰, 일출 시간과 뷰 포인트를 표시해 주었다. 다행히 보고픈 풍경이 Bryce Amphitheater 쪽에 다 몰려 있어 차로 이동하면 그리 멀지 않다. 입장료를 못 냈다고 하니, 시간이 늦어서 공원 매표소가 문을 닫았고 캐니언은 24시간 오픈이니 그냥 편히 보라고 했다. 오! 우리의 계획이 브라이스 캐니언의 일몰과 일출의 모습을 보는 건데 운 좋게 우리가 원하는 시간대에는 입장료를 받지 않는다니 참 행운이다. 오늘 일몰 시간이 저녁 7시 33분이라 브라이스 캐니언 근처에 예약한 숙소에 먼저 가서 짐을 풀었다. 그리고 잠시 쉬었다가 5시 30분에 다시 브라이스 캐니언으로 향했다.

일몰을 보기 위해 처음 들른 곳은 브라이스 포인트(Bryce Point)다. 차에서 내려 브라이스 포인트 쪽으로 걸어가는데 멀리 보이는 풍경이 심상치가 않다. 지구가 아닌 듯하다. 정말 이런 광경은 평생 처음 보는 것 같다. 브라이스 캐니언이 다른 캐니언과 다른 점은 후두(Hoodoo)라는 특이한 모양의 지형이 있다는 점인데, 바다 밑에 있을 때 토사가 쌓여서 형성된 암석이 우뚝 솟은 후에 비와 물에 의해 약한 부분은 흘러내려 가고 단단한 암석만 남아서 생긴 것을 후두라고 한다. 촘촘하게 수없이 서 있는 후두의 모습이 바로 우리 눈앞에 보이는 풍경이 참 비현실적이다. 아직 일몰까지는 시간이 많이 남았지만 점점 시간이 지날수록 더욱 붉게 물드는 모습이 정말 장관이다.

브라이스 포인트에서 처음 본 광경에 놀라 한참 구경하다가 선셋 포인트(Sunset Point)로 자리를 옮겼다. 선셋 포인트에 있는 Navajo Loop Trail에 있는 트래킹 코스에서는 지금 우리가 멀리서 보고 있는 후두를 가까이서 볼 수 있다. Navajo Loop에는 트래킹 하기 편하게 작은 오솔길이 놓여 있는데 길을 따라 내려가니 멀리서만 보았던 후두가 얼마나 큰지 눈으로 확인할 수 있었다. 길은 잘 포장이 되어 있어 걷는 데는 문제가 없지만 난간이 없는 곳이라 늘 조심해야 한다. 선셋 포인트에서 가장 유명한 후두가 바로 Thor's Hammer이다. 천둥과 번개의 신 토르는 이미 마블 영화에 나와서 주안이가 매우 잘 알고 있는 바로 그 토르다. 진짜 망치처럼 생겼다! 일몰 시간 전까지 Navajo Loop Trail을 걷다가 저녁 7시가 넘자 우리는 다시 브라이스 포인트로 출발했다.

다시 방문한 브라이스 포인트! 이제 일몰이 시작된다. 워낙 붉은 곳이라 그런지 일몰의 느낌도 아까 오후에 보았을 때와 크게 다르지는 않았지만, 파랬던 하늘이 붉게 물든 모습이 참 장관이었다. 하늘도, 땅도 모두 붉은색 옷을 입었다. 해가 완전히 넘어갈 때까지 바라보다가 어둑해져서 숙소로 다시 들어왔다. 내일 일출을 보기 위해 오늘은 일찍 잠자리에 들어야겠다.

DAY169 [미국]

2018.3.14

고요한 브라이스 캐니언의 일출과 페이지의 아찔한 홀슈밴드

이른 아침에 일어나 6시 30분에 숙소를 나와 브라이스 캐니언을 다시 찾았다. 어제 방문객 센터에서 일출을 보려면 브라이스 포인트, 인스퍼레이션 포인트, 선셋 포인트에서 보라고 알려 주었는데, 아직 이른 시간이고 세 군데가 가까이 있으니 오늘 아침은 이 세 곳을 다 가 봐야겠다.

아직 어둠 속에 있는데, 바로 고개를 돌리면 반대편은 이미 해가 다 뜬 것처럼 환하다. 예정 일출 시간까지는 시간이 좀 남아서 서서히 밝아지는 하늘을 바라보며 최적의 장소를 찾기 위해 이동했다. 먼저 인스퍼레이션 포인트(Inspiration Point)를 잠시 둘러보고 선셋 포인트로 갔다.

브라이스 캐니언에서 맞이한 아침은 꽤 춥지만 공기는 정말 상쾌하다. 멋진 광경을 찍기 위해 카메라와 핸드폰으로 열심히 사진을 찍었다. 이른 아침에 일어나 한 시간 넘게 포인트를 돌아다니며 시시때때로 색이 변해 가는 브라이스 캐니언의 모습을 놓치지 않으려고 사진을 찍었더니 주안이가 심심하기도 하고 졸리기도 했나 보다. 우리 둘 다 사진 찍는다고 아무 말도 하지 않았더니 주안이가 구경하다가 서서 꾸벅꾸벅 졸고 있다.

자고 있는 주안이가 안쓰러우면서 너무 웃기다. 오늘 일출은 전체적으로 구름이 많아 환상적이진 않았지만, 이 또한 여행의 일부라 생각하고 앞으로 방문할 다른 곳에서의 일출을 기대하며 브라이스 캐니언에서의 일출 구경을 마쳤다.

일출을 보고 호텔로 들어와 아침을 먹고 여유롭게 서부 캐니언 투어의 후반부 일정을 다시 점검하고, 애리조나주의 페이지로(Page)로 이동하기 위해 11시에 숙소를 나섰다.

유타주의 브라이스 캐니언에서 출발해 애리조나주의 페이지까지 2시간 30분 운전을 했다. 애리조나주 경계로 접어들으니 새로운 시차가 적용되어 1시간 거꾸로 가 오후 12시 30분에 도착했다. 마침 피자헛이 보여 간단히 점심으로 피자를 먹고 페이지의 랜드마크인 홀슈밴드(Horseshoe Bend, 말발굽 협곡)로 향했다.

홀슈밴드는 콜로라도강이 휘감아 흐르고 있는 지형이 말발굽을 닮았다고 해서 이런 이름이 붙은 곳이다. 주차장에서 홀슈밴드까지 15분 정도 걸어 올라가는 길인데 꼭 물을 가지고 가라고 안내판에 쓰여 있다. 지금은 날씨가 선선하고 바람이 있어 걷기가 좋은데 여름에 뙤약볕을 쬐며 걸으면 힘든가 보다. 10분쯤 걸어서 마침내 홀슈밴드 뷰 포인트에 도착했다.

와! 하고 탄성이 절로 나온다. 300미터 정도의 깊이라고 하는데 아래를 내려다보면 정말 아찔했다. 이 정도의 큰 규모인지 몰랐는데 와서 직접 보니 정말 감탄하지 않을 수 없다. 진짜 특이하고 멋진 곳이다.

홀슈밴드의 웅장한 규모는 절벽 위에 바짝 붙어 사진을 찍는 사람과 비교해 보면 굉장히 크다는 것이 느껴진다. 절벽 끝에서 떨어질까 봐 엉금엉금 기어가듯 누워서 사진을 찍는 사람들의 모습을 보면 재밌기도 하고 아찔하기도 하다. 말발굽 모양 협곡이라고 해서 그냥 그런가 보다 했는데 나도 주안이도 웅장하고 장엄한 협곡에 푹 빠졌다.

홀슈밴드 구경을 마치고 숙소에 돌아와 저녁을 먹고 주안이는 또 열심히 공부를 한다. 여행하는 게 즐겁긴 하겠지만 매일 저녁 조금씩 공부하는 것도 힘들 텐데 꾸준히 잘 따라와 주는 주안이가 참 이쁘고 기특하다. 여행 중 공부한 것도 나중에 추억할 때가 오겠지.

DAY170 [미국]

2018.3.15

글렌 캐니언의 웅장한 일출과 전망대 (feat. 골프장 나들이)

숙소 근처의 글렌 캐니언(Glen Canyon)에서 일출을 보기 위해 오전 5시쯤 일어났다. 차로 20분을 달려 글렌 캐니언에 도착하니 아직 많이 어두웠지만, 시간이 지나면서 서서히 떠오르는 태양이 주변을 환하게 비추기 시작한다. 어제의 브라이스 캐니언과 비슷하게 구름이 많이 있었지만 구름을 뚫고 나오는 태양빛이 글렌 캐니언과 파월 호수(Lake Powell)를 붉게 물들여 장관을 연출했다.

이른 아침 힘차게 떠오르는 태양을 향해 '만세'를 외쳐 보았다. 그렇게 한자리에서 한참 동안 일출을 바라보고 있으니 곧 주변이 환해지기 시작했다. 서서히 어둠이 걷히고 글렌 캐니언의 신비로운 모습이 눈앞에 펼쳐졌다.

호텔로 돌아와 조식을 먹고 호텔 세탁 룸에서 코인 세탁기로 밀린 빨래를 돌리고선 오늘 일정을 짰다. 원래는 오늘 앤털로프 캐니언을 가려고 했는데, 일기예보를 보니 종일 구름이 끼고 비가 오는 거로 되어 있다. 앤털로프 캐니언은 빛이 들어와야 그 진가를 발휘하는 곳이니 대신에 맑은 날씨로 예보된 내일 오전 11시로 캐니언 투어를 예약했다. 그리고 비가 오기로 예보된 오늘은 그냥 하루를 릴랙스(Relax) 하며 보내기로 했다. 숙소 주변을 검색해 보니 마침 우리 호텔 근처에 골프장이 있어 남편이 모처럼 주안이랑 드라이빙 레인지(Driving Range)에서 골프 연습을 하자고 했다.

숙소에서 차로 10분도 안 걸려서 드라이빙 레인지 클럽 하우스에 도착했다. 연습용 골프공 한 버킷에 8불로, 2박스를 주문하니 총 16불이다. 골프채를 빌릴 수 있는지 물어보니 고맙게도 어른용과 어린이용으로 구분해서 여러 종류의 골프채를 무료로 빌려주었다. 작년 4월 발리 Club Med에 갔을 때 골프를 한번 해 봤다고 주안이가 곧잘 따라 한다.

1시간이 넘도록 쳐서 손바닥이 아플 텐데 너무너무 재밌단다. 옆에서 같이 치던 나는 힘들어서 쉬는데 주안이는 아빠의 코칭을 받고 진짜 진지하게 연습 중이다. 다행히 드라이빙 레인지에는 비가 많이 오지 않고 부슬부슬 오다가 그치다를 반복하고 있다. 앤털로프 캐니언은 오늘 안 가길 정말 잘한 것 같다. 1시간 반을 열심히 치고 난 후 이젠 퍼팅 연습이다. 한 홀씩 한 번씩 쳐 보고 여기선 개인전 퍼팅 게임을 하기로 했다. 승부욕이 강한 나는 절대 봐주지 않을 거라며 큰 소리를 쳤는데, 결과는 남편이 1등, 주안이가 2등, 내가 3등이다. ☺

오후 12시 30분쯤 우리의 골프 연습이 끝나고 정리하고 있는데 갑자기 장대 같은 비가 오기 시작했다. 서둘러 장비를 챙겨 반납을 하고 점심을 먹으러 근처 타코벨로 향했다. 주안이가 좋아하는 타코, 남편이 좋아하는 브리또 먹으러 가자! 점심을 먹기 시작하는데 비가 점점 거세지더니 폭우가 쏟아진다. 오전에 짬을 내서 골프 치기를 참 잘한 것 같다.

식사 후 오후는 호텔에서 느긋하게 휴식을 취했다. 오후 4시쯤 되자 비가 그치고 하늘이 맑아지기 시작했다. 비가 온 후라 공기도 상쾌해져서 우리는 아침에 둘러보려 했던 숙소 근처에 있는 Glen Canyon Dam Overlook으로 산책을 갔다. 언제 또 비가 올지 모르지만 이렇게 가까이에서 글렌 댐을 볼 수 있으니 참 편리하다.

Glen Canyon Dam Overlook에서 주변 풍경을 거의 다 둘러볼 때쯤 구름이 계속 몰려오는 게 심상치 않다. 서둘러 숙소로 발걸음을 재촉하니 아니나 다를까, 숙소로 거의 다 왔을 때 느닷없이 우박이 세차게 내려치기 시작했다. 변화무쌍한 서부 캐니언 지역의 날씨다. 후다닥 뛰어 들어가서 다행히 우박을 맞지는 않았다. 우리끼리 진짜 타이밍 끝내줬다면서 서로 보고 웃으며 이렇게 오늘 하루를 마감한다.

DAY171 [미국]

2018.3.16

억겁의 세월과 빛이 만들어 낸 최고의 걸작품, 앤털로프 캐니언과 압도적인 스케일의 모뉴먼트 밸리

어제 우박이 내리고 날씨가 안 좋았는데 아침에 일어나니 하늘에 구름 한 점 없고 햇빛이 쨍쨍하다. 11시에 시작하는 앤털로프 캐니언 투어 예약을 해서 30분가량 여유를 두고 예약한 Ken's Tours로 향했다.

앤털로프 캐니언은 인디언 가이드가 하는 투어로만 입장이 가능한 곳으로, Upper와 Lower 캐니언 투어가 있다. 보통 오전 10시에서 12시 사이가 사진 찍기에 채광이 제일 좋은 시간이라고 하여 Lower 캐니언에 오전 11시 타임으로 예약을 했다. 남편은 이전에 Upper에 다녀왔으니 더 잘되었다 싶다. 대기실에 앉아 있다가 시간이 되니 우리 조 가이드가 와서 여러 가지 주의 사항을 전해 주고 바로 캐니언 투어를 시작했다.

가이드와 함께 캐니언 아래로 내려가면서 투어가 시작되는데, 계단으로 내려가는 길에는 절대로 사진을 찍지 말라고 했다. 몇 년 전 관광객이 계단을 내려가면서 사진을 찍다가 큰 사고가 났었다고 한다. 생각보다 계단이 가파르니 사진 찍다가 크게 다칠 수도 있을 것 같다.

협곡 아래로 내려가면서 투어가 시작된다. 앤털로프 캐니언은 사암의 오랜 침식작용으로 마치 물이 흐르는 것과 같은 모양의 협곡이 만들어졌다. 협곡 사이로 빛이 어떤 각도로 들어오느냐에 따라 똑같은 장소에서 사진을 찍더라도 다른 느낌으로 색이 변하는 것을 볼 수 있다.

협곡 사이를 걷는 느낌은 마치 미지의 세계로 들어가는 기분이다. 보는 각도와 빛의 방향으로 인해 같은 장소가 다른 색, 다른 느낌으로 표현되는 것이 정말 신기했다.

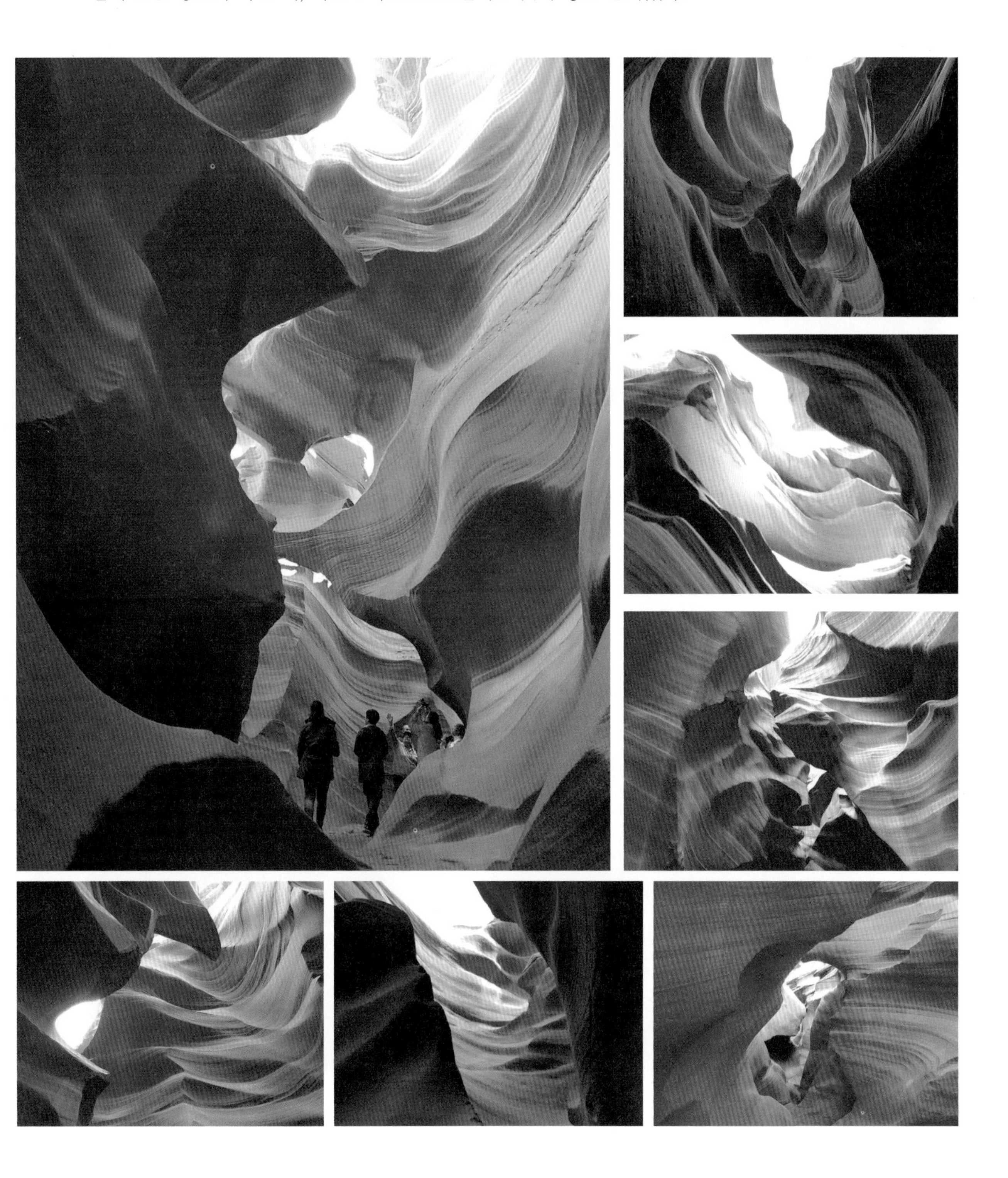

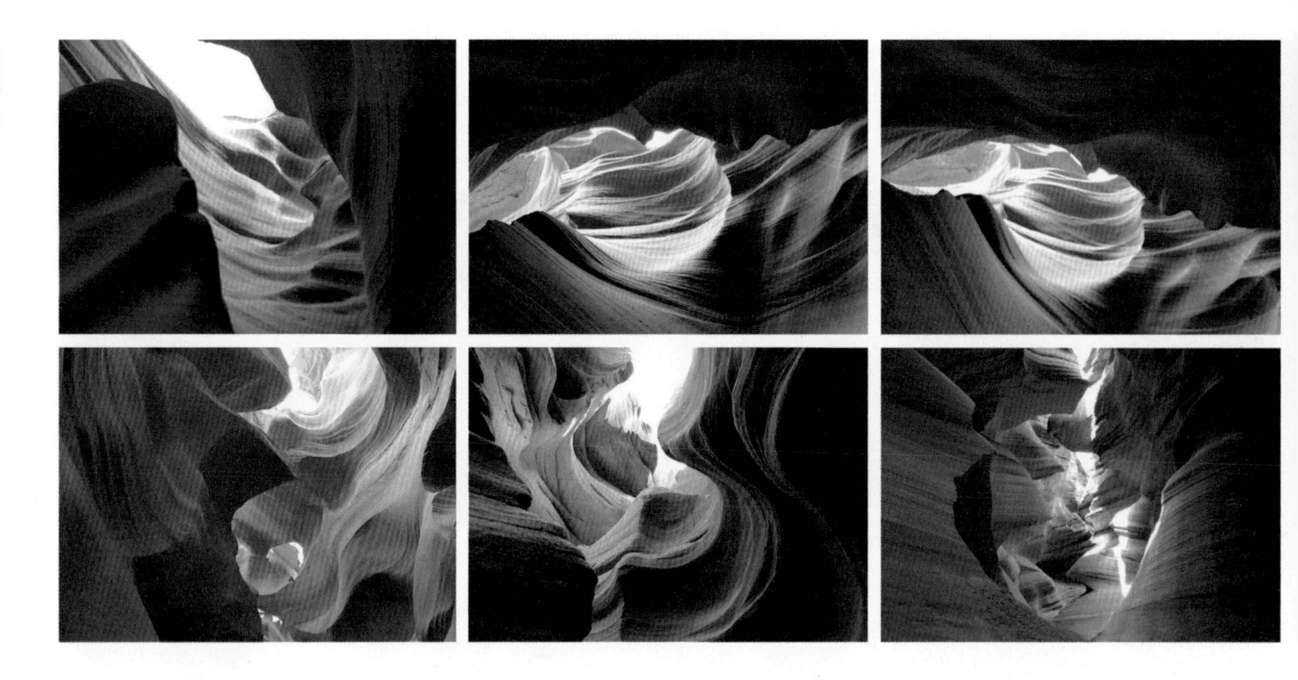

시시각각 사진 속 앤털로프 캐니언의 색이 변하는 것이 너무 신기해 끊임없이 사진을 찍게 된다. 왜 세계적인 포토그래퍼들이 이곳을 사진 찍기에 가장 멋진 곳으로 꼽는지 충분히 알 것 같다. 우리가 세계 일주 중 가지고 다니는 노트북 바탕화면도 앤털로프 캐니언 사진으로 되어 있는데 배경화면에서만 보던 곳을 우리가 직접 와 보니 너무 좋고 신비롭다.

이렇게 아름다운 곳이지만, 우기 시즌이 되어 급작스러운 홍수(Flash Flood)가 몰려오면 물이 이 협곡을 덮으면서 이 안에 물 소용돌이가 생기며 마치 세탁기가 돌아가는 것처럼 된다고 한다. 몇 년 전에도 이곳에서 홍수로 인해 하이킹 온 사람들이 순식간에 휩쓸려 갔다고 하는 설명을 들었다. 그래서 이곳은 비가 오는 날에는 모든 투어를 종료한다고 한다. 좁은 협곡이 많아 비가 오면 어떤 돌발 상황이 발생할지 모르기 때문이다. 한 시간 동안 계속 위를 바라보고 사진을 찍었더니 목이 다 아프다. 그래도 또 하나의 위대한 자연 속에서 내내 감탄하며 멋진 협곡의 지형과 형용할 수 없이 신비로운 자연의 색채를 온전히 눈으로 담을 수 있었던 멋진 경험이었다.

앤털로프 캐니언 투어를 마치고 다시 길을 나섰다. 자동차로 2시간 남짓 달리니 유타주와 애리조나주 경계선에서 유타주 쪽에 위치한 모뉴먼트 밸리에 도착했다. 유타주로 진입하니 시차 변경으로 인해 시간이 한 시간 빨라져서 핸드폰 시계가 오후 3시 50분을 가리키고 있었다. 남편이 예전에 출장 중 친구와 모뉴먼트 밸리에 왔을 때 사 온 마그넷(자석)과 500피스짜리 퍼즐을 집에 전시해 두어서 주안이와 내게도 정말 친숙한 곳이다. 기념품에 찍힌 모뉴먼트 밸리 사진을 봤을 때에는 광활한 땅 위에 거대한 돌기둥 세 개가 있는 곳인가 보다 했는데, 실제로 와서 보니 이 일대에 수백 미터 높이의 돌기둥과 거대한 암석들이 병풍처럼 펼쳐져 있다.

억겁(億劫)의 시간을 지나며 침식작용을 통해 형성된 모뉴먼트 밸리는 침식이 진행된 단계에 따라 메사(Mesa), 뷰트(Butte), 스파이어(Spire)라고 불리는 세 가지 지형으로 나뉜다. Mesa는 스페인어로 탁자라는 뜻으로 넓고 평평한 바위를 뜻하고, Butte는 Mesa 이후 단계에 형성된 지형으로 Mesa보다 작은 돌들을 의미한다.

모뉴먼트 밸리에는 West Mitten Butte, East Mitten Butte, Merrick Butte라는 세 개의 상징적

인 지형이 있다. 아메리칸 인디언들이 신성하게 여긴다는 모뉴먼트 밸리는 매우 웅장하고 장엄하고 고요하며 평화롭다. 직접 와 보니 남편이 서부의 캐니언 중 왜 모뉴먼트 밸리를 유달리 더 좋아하는지를 이해할 것 같다.

모뉴먼트 밸리를 배경으로 주안이가 엄마, 아빠 사진을 찍어 준다고 했다. 여행 중 가족사진을 찍을 땐 주변의 외국인들에게 부탁했었는데 주안이가 방금 찍은 사진을 보니 웬만한 외국인 어른들보다 훨씬 낫다. 여행을 하다 보니 주안이 사진 실력도 는 것이다. 이 멋진 곳을 배경으로 주안이가 찍어 준 우리 부부 사진이 참 마음에 든다.

감히 상상도 못 할 오랜 시간 동안 만들어진 곳 안에 들어와 있으니 우리의 인생이 찰나처럼 느껴진다. 황홀한 이곳에 있다 보니 시간도 빨리 흘러 벌써 5시가 넘어간다. 예약한 굴딩스 롯지(Goulding's Lodge)의 리셉션에 가서 키를 받고 조금 떨어져 있는 우리 숙소로 다시 차로 이동했다.

숙소는 부엌 시설이 갖춰진 독채로 되어 있는데 핀란드 로바니에미에 있는 산타마을처럼 작은 마을 속 집 한 채가 오늘 우리의 숙소다. 해가 곧 질 시간이라 숙소에 우선 짐만 내려놓고 영화 〈포레스트 검프〉에 나온 포레스트 검프 포인트(Forrest Gump Point)

로 향했다. 이곳은 영화에서 포레스트 검프가 추종하는 많은 사람들과 한참 뛰다가 다시 돌아간 장면을 찍은 곳이다. 포레스트 검프 포인트에서 영화 속 한 장면을 흉내 내며 모뉴먼트 밸리를 배경으로 멋진 사진을 찍었다. 사진을 찍다 보니 어느새 어둠이 내린다. 저 멀리 모뉴먼트 밸리의 하늘이 아름다운 노을빛으로 검붉게 물들어 간다.

DAY172 [미국]

2018.3.17

숨 막히게 아름다운 모뉴먼트 밸리 일출과 서부 캐니언의 최고의 끝판왕 그랜드 캐니언

새벽 6시에 일어나 모뉴먼트 밸리에서의 일출을 보기 위해 숙소를 나섰다. 새벽 공기는 차지만 상쾌했다. 이른 아침이라 어제보다 더 고요하다. 오늘도 아빠 옆에서 사진 찍는 것을 구경하는 아들이 예뻐서 "주안아~" 하고 조용히 아들을 부르니 날 보고 씩 하고 웃어 준다. 해가 조금씩 떠오르는 모습 역시 참 장관이다. 뜨는 태양을 배경으로 오랜만에 점프샷에 도전을 했는데, 이른 아침부터 껑충껑충 참 잘도 뛰는 우리 가족!

8시쯤 숙소로 돌아와서 아침을 하고 다시 1시간 정도 잠을 청했다. 요 며칠 사이 일출을 놓치고 싶지 않아서 매일 일출을 보려고 일찍 일어났더니 고단했나 보다.

오전 시간은 아침 식사 후 숙소에서 여유 있게 휴식을 취하고 11시 체크아웃 시간에 맞춰 다시 길을 나섰다.

다음 행선지는 서부 캐니언 투어의 백미인 그랜드 캐니언이다. 숙소를 출발해 남서쪽으로 4시간가량 운전해 그랜드 캐니언 국립공원에 도착했다.

20억 년 동안의 역동적인 지각 활동의 결과물인 그랜드 캐니언! 그동안 다녔던 미국 서부의 다른 캐니언들처럼 눈앞에 펼쳐진 위대한 자연을 보니 말문이 막혔다.

그랜드 캐니언에는 전망을 감상할 수 있는 수십 개의 뷰 포인트가 있는데, 안내판에 적힌 내용을 보니 그랜드 캐니언의 총 길이가 477km, 폭은 16km, 해발고도는 1.6~2km라고 한다. 길이로

만 보면 서울에서 부산 거리이니 그랜드라는 이름에 걸맞게 캐니언의 규모가 상상을 초월한다. 사진으로는 우리가 받은 감동을 담아낼 수가 없으니 아쉬울 뿐이다.

Desert View에 있는 Watch Tower에는 다음과 같은 성경 구절이 쓰여 있다. 'All the earth worships Thee; they sing praises to Thee, sing praises to Thy name(온 땅이 주께 경배하고 주를 찬양하며 주의 이름을 찬양하리라 할지어다).'

Desert View를 시작으로 그랜드 캐니언 방문객 센터까지 여러 뷰 포인트에 들러 그랜드 캐니언의 여러 모습을 감상했다. 처음엔 어느 포인트부터 가야 할지 고민했는데, 공원 입구에서 만난 친절한 직원분이 꼭 가 보라는 Desert View부터 사우스림(South Rim)에 있는 대부분의 포인트들을 거의 다 둘러본 것 같다. 그랜드 캐니언이 워낙 크고 웅장해서 어떤 포인트 할 거 없이 정말 멋지고 웅장하면서 또 비슷한 느낌이 든다.

어떤 말로도 이곳을 표현할 방법이 없다는 Grand View에 적혀 있는 문구가 너무 와닿았다.

미국에 올 일이 있다면 직접 와서 꼭 봐야 하는 곳이다. "No language can fully describe, no artist paint the beauty, grandeur, immensity and sublimity of this most wonderful production of Nature's great architect. [Grand Canyon] must be seen to be appreciated."

오후 5시가 넘어가니 급격히 날씨가 변한다. 내일 그랜드 캐니언의 날씨를 체크해 보니 오늘 밤부터 내일 오전까지 눈 예보가 있다. 날씨가 더 나빠지기 전에 오늘 밤 묵을 숙소로 향했다. 그랜드 캐니언에서도 일출을 보려고 했는데 내일 아침 날씨 상황을 봐야 할 것 같다.

그랜드 캐니언에 오기 전 서부의 환상적인 캐니언들을 이미 여러 곳 둘러보았기에 그랜드 캐니언의 감동이 덜하지 않을까 생각했는데 역시 그랜드 캐니언은 명불허전인 것 같다.

DAY173 [미국]

2018.3.18

세계에서 기(氣)가 제일 센 도시 세도나(성 십자가 교회, 벨락, 에어포트 비스타 오버룩)

어제저녁부터 내린 눈이 오늘 아침까지 계속 이어진다. 이른 아침에 일어났지만 펑펑 내리는 눈 때문에 일출을 보는 것을 포기하고 눈이 그치기를 기다렸다. 일기예보에는 오전 10시부터는 서서히 그친다니 믿고 기다려 봐야겠다. 일출은 못 봤지만, 눈이 쌓인 그랜드 캐니언을 보는 것도 의미가 있을 것 같다.

눈이 그치자 Mather Point를 다시 찾았는데 하루 사이 눈이 쌓이니 눈 쌓인 겨울 풍경의 그랜드 캐니언을 볼 수 있어 좋았다. 하루 사이에 두 계절의 풍경을 보게 된 것이다.

출발 전 서부 그랜드 서클을 계획할 때는 그랜드 캐니언 후 바로 라스베이거스로 복귀하려고 생각했는데, 도시보다 자연을 좋아하는 우리 가족을 위해 마지막 코스로 남편이 애리조나에 있는 세도나에 들렀다 가자고 했다. 남편도 전에 서부로 캐니언 투어를 올 때마다 들러 보고 싶었던 곳인데 그때마다 시간에 쫓겨서 오지 못했다고 한다. 세도나는 주변에 솟아 있는 붉은색의 거대한 사암 암벽과 봉우리로 유명한 곳으로, 세도나를 둘러싸고 있는 거대한 붉은색 사암 수파이층은 약 2억 7000만 년 전에 형성되었다고 한다. 세도나는 볼텍스(Vortex)라고 부르는 전기적인 에너지가 지구상에서 가장 강하게 발생하는 장소로도 유명하다. 종 모양의 거대한 바위 Bell Rock, Airport Mesa, Cathedral Rock, Boynton Canyon이 대표적인 곳인데 이곳에 오르면 머리가 맑아지고 마음의 평안을 느낀다고 알려져 있다. 특히 명상을 하기 위해 찾는 사람이 많은데, 류현진 선수도 이곳에서 재활 치료를 했다고 한다.

그랜드 캐니언에서 2시간 남짓 남쪽으로 운전해 세도나에 도착했다. 먼저 SEDONA Red Rock News Plaza에 있는 인포메이션에 들러 세도나 지도와 여행 정보를 얻었다.

세도나에서 첫 방문지는 성 십자가 교회(Chapel of the Holy Cross)이다. 운이 좋게 주차장에 자리가 딱 하나 남아 있어 주차를 하고 바위 위에 지어진 성 십자가 교회를 보러 올라갔다.

바위 위에 지어진 교회를 바라보며 올라가는데, 감탄이 절로 나온다. 교회의 외관은 붉은 황톳빛 바위 색과 어우러져 독특한 모습이다. 교회 안은 생각보다 훨씬 작았지만 참 아름답고 특별했다. 주일인 오늘, 우리 가족은 각자 자리에 앉아 잠시 기도를 했다.

교회를 둘러본 후 천천히 내려가는데 저 멀리 벨락(Bell Rock)이 눈에 들어왔다. 그리고 붉은색 바위들과 다양한 종류의 선인장들도 보인다. 불과 몇 시간 전에 눈 덮인 그랜드 캐니언을 보고 왔는데, 겨울에서 여름으로 건너온 느낌이다. 천천히 걸어 주변 경관만 봐도 힐링이 되는 것 같다.

다시 20분 남짓 차로 이동해 Bell Rock Climb 입구에 도착했다. 시간상 늦은 오후이기도 하니 끝까지 올라가 보기보다는 어느 정도 난이도인지 보고 내일 끝까지 올라가 볼지를 결정하기로 했다. 온통 바위로 되어 있어서 끝까지 올라갔다가 내려오는데 해가 지면 정말 위험할 것 같다. 봉우리가 저렇게 뾰족한데 어떻게 올라갈 수 있는지가 참 궁금해진다. 아니나 다를까 중간부터는 굉장히 가파른 길이 나오는데, 아까 방문객 센터에서도 벨락에서 사고가 꽤 난다고 하니 오늘은 중간까지만 오르고 내일 다시 방문하기로 하고 세도나의 유명한 선셋 포인트인 에어포트 메사로 출발했다.

곧 일몰 시각이다 보니 에어포트 메사 근처엔 주차할 곳이 없어 할 수 없이 계속 위로 올라가 보니 대형 주차장이 보이고 오히려 선셋을 보기 더 훌륭한 Airport Vista Overlook이 나왔다. 주차장도 여유롭고 주차비가 3불밖에 하지 않았다. 높은 곳에서 내려다본 세도나 모습은 칠레 산티아고의 전망대에 올라가서 본 모습과 많이 닮아 있었다.

서서히 세도나가 붉게 물들기 시작한다. 큰 기대가 없이 올라왔는데 세도나를 감싸고 있는 황토빛 바위산이 붉게 물들어 가는 모습을 보니 감동적이다. 기후도 온난해서 겨울에는 노인분들이 많이 오신다는데, 나중에 나와 남편이 은퇴한 후에 몇 달씩 머물며 살고 싶은 곳이 하나 더 추가됐다.

DAY174 [미국]

2018.3.19

세도나의 랜드마크 벨락에 오르다

숙소 체크아웃을 하고 나와 오전에 벨락을 올라가 보기로 했다. 봄 방학 시즌이어서 그런지 트래킹을 하는 사람이 많아 주차장이 여유가 없다. 벨락에서 조금 떨어진 곳에 차를 세우고 10분 정도 걸어 벨락에 도착했다.

Trail 표시를 따라 바위산인 벨락을 조심스럽게 올랐다. 경사가 심해 확실히 올라가는 것보다는 내려올 때 조심해야겠다는 생각이 든다. 올라가는 길이 어렵지만 무언가를 도전하는 기분이 들어 한편으로는 즐겁게 느껴졌다. 여행 중 매일매일 걷다 보니 나도 빨리 걷는 편인데, 주안이는 못 따라가겠다. 참 잘도 올라가는 우리 강아지. 펄펄 날아다니는 주안이는 평이한 산보다 경사가 진 이곳이 너무 재밌단다. 벨락이 볼텍스가 센 곳이라고 해서, 중간에 평평한 곳이 나오자 잠시 양반다리를 하고 앉아 명상을 해 보았다. 앉아서 세도나를 내려다보는데 참 기분이 좋다. 평화롭고 조용한 곳에서 이렇게 아름다운 풍경을 보고 있으니 머리가 맑아짐을 느낀다.

한쪽에서 돌탑을 쌓던 주안이가 조금 더 위로 올라가 본다고 했다. 트래킹화를 신었지만 이제부터 매우 가파른 곳이라 두 손, 두 발을 다 사용해야 하니 내려올 때를 대비해 나는 여기에 남아 남편과 주안이를 기다리기로 했다. 주안이는 올라갈 수 있는 제일 끝까지 올라가 쉬더니 얼마 시간이 지난 후 다시 내가 있는 자리로 내려왔다. 주안이가 내려오는 길에 살짝 삐끗해 넘어져 바지가 찢어졌지만, 그럼에도 벨락 등반이 너무 재밌었단다. 나중에 꼭 다시 오겠다고 한다. '그때도 엄마, 아빠랑 같이 올 거지?'

벨락을 내려와 곧장 4시간 넘게 운전을 해 다시 서부 캐니언 투어의 출발지인 라스베이거스에 일주일 만에 돌아왔다. 지난 일주일간 꿈꾼 것같이 웅장하고 멋진 캐니언 투어를 무사히 잘 마칠 수 있어 감사했다. 오랜만에 알람을 하지 않고 푹 잠이 들었다.

DAY176 [미국/캐나다]
2018.3.21

세계 일주 중에 밴쿠버에서 친정 부모님과 상봉

라스베이거스에서 10시에 체크아웃을 하고, 2주간 잘 사용한 렌터카를 반납했다. 오늘 캐나다로 넘어가는 일정인데, 비행기의 탑승 시간이 지연돼 오후 1시 15분에 출발해 밴쿠버에는 3시 50분에 도착할 예정이다. 우리는 오늘 밴쿠버 공항에서 우리보다 한 시간 먼저 도착하실 친정 부모님을 만나기로 했다. 이번 부모님과의 재회는 남미 여행 마지막 즈음에 결정되었다. 처음 세계 일주를 기획할 때는 언제, 어떻게 일정이 틀어질지 전혀 예상할 수 없어 생각만 하다가 남미 일정 후반부가 되자 어느 정도 이후의 일정을 확정 지을 수 있어서 평소 부모님이 오시고 싶어 하셨던 캐나다로 오시는 비행기 티켓을 끊어서 밴쿠버로 모시게 된 것이다. 부에노스아이레스에서 부모님께 전화드려 캐나다로 오시라고 말씀드렸을 때 너무 좋아하시던 부모님의 목소리를 듣고 얼마나 기분이 좋던지…. 세계 일주로 오랫동안 떨어져 있는 내내 우리 가족을 그리워하시던 부모님을 이제 오늘 캐나다에서 만날 생각을 하니 벌써부터 설레고 찡하다. 긴 여행이지만, 매번 한 나라를 떠날 때면 무사히 즐겁게 여행을 마쳤다는 안도감과 함께 우리 셋이 언제 다시 이 나라에 또 올까 하는 서운한 감정이 동시에 들었는데, 이번에는 친정 부모님 만날 생각에 서운한 감정보다는 그저 들뜬 마음이 앞선다.

밴쿠버 국제공항에 도착해 서둘러 출국장을 나오니 내 이름을 부르는 엄마 목소리가 들렸다! 얼굴을 보자마자 엄마랑 부둥켜안았다. 엄마도, 나도 눈이 빨개져서 툭 치면 눈물이 날 것 같았지만 눈물보다는 큰 미소로 서로의 안부를 물었다. 건강하게 살이 통통 오른 딸의 모습, 살이 많이 빠진 사위의 모습, 훌쩍 큰 손주의 모습을 보고 너무도 좋아하시는 부모님을 보니 기뻤다. '너무 보고 싶었어요!'

그간 하고 싶었던 이야기는 남은 9일 동안 매일 하기로 하고, 오래 기다리시느라 피곤하실 부모님을 모시고 미리 예약한 9인승 도요타 시에나를 픽업해서 버나비의 숙소로 출발했다. 숙소로 가는 차 안에서 예전부터 밴쿠버에 오고 싶으셨는데, 우리가 밴쿠버로 초대를 해 정말 놀랐다고 하셨다. 부모님이 너무 보고 싶어 하시는 교회분들이 밴쿠버에 여러 분 계시다고 하셔서, 밴쿠버 처음 5박 동안은 우리가 따로 스케줄을 잡지 않고 부모님이 만나고 싶으신 분들을 만나러 다니기로 했다.

에어비앤비로 렌트한 아파트에 도착해서 짐 정리하고 이야기하다 보니 벌써 저녁 시간이다. 라운지에서 간단히 먹었으니 출출한 데다 엄마가 싸 오신 밑반찬을 보니 군침이 절로 돈다. 주안이가 할머니께 요청했던 낙지 젓갈과 마늘장아찌. 엄마는 무슨 어린이가 마늘을 좋아하냐고,

편식 없는 주안이가 마냥 이쁘고 기특하시단다. 이런 밑반찬이 얼마나 그리웠는지!

늘 우리 블로그에서 우리가 어떤 곳에서 숙박하고, 어떤 음식을 먹고, 어떻게 장을 보는지 보셨는데, 이제는 우리와 함께 여행을 하시는 것이 너무 즐겁다고 하시는 부모님을 보니 참 뿌듯하고 기쁘다.

DAY178
2018.3.23

[캐나다]

아름다운 밴쿠버섬 여행 (부차트 가든, 빅토리아 둘러보기)

오늘은 밴쿠버섬에 있는 나나이모(Nanaimo)란 곳에 사시는 부모님 지인분들께서 우리 가족 모두를 초대해 주셔서 부모님과 함께 페리를 타고 밴쿠버섬으로 이동한다. 나나이모에서 1박을 하니, 아침 9시에 출발하는 페리에 차를 싣고 밴쿠버섬 남단에 있는 브리티시 콜롬비아주의 빅토리아로 들어가서 도시를 둘러본 후, 저녁 식사 시간에 맞춰 북쪽에 위치한 나나이모로 이동할 예정이다.

밴쿠버 Tsawwassen Terminal에서 빅토리아까지는 1시간 40분 정도 소요된다. 시차에 조금씩 적응 중이신 부모님이 잠시 눈을 붙이시는 동안, 우리는 따뜻한 아메리카노 한잔을 하면서 주변 풍경을 구경하다 보니 금세 빅토리아섬에 도착했다.

빅토리아에서 첫 번째 방문할 곳은 부차트 가든(Butchart Garden)이다. 4월부터는 꽃들이 흐드러지게 필 텐데, 지금은 3월이라 꽃이 어떨지 모르겠다. 그래도 비가 온다는 오늘, 아직 비 소식이 없는 것만으로도 감사하며 부차트 가든으로 향했다. 우리가 방문한 3월은 오전 9시부터 오후 4시까지 운영한다. 요금은 성인 CAD 24이고, 만 11세인 주안이는 CAD 2이다. 100여 년 전 채석장과 시멘트 공장 터였던 이곳은, Jenny Butchart란 분이 아름다운 정원으로 탈바꿈시킨 곳이다. 그 결과 황폐했던 이곳이 지금은 세계에서 가장 아름다운 정원 TOP 10에 들 정도로 잘 가꾸어졌다.

들어가는 입구에 있는 부차트 가든 안내도를 보니 생각보다 정원이 크다. 걱정과는 달리 날씨는 쌀쌀해도 꽃들이 피기 시작해서 아름다운 정원을 볼 수 있었다. 부차트 가든 내 여러 정원 중에서도 가장 아름답다는 선큰 가든(Sunken Garden)에 들렀다. 위에서 내려다보며 정원을 조망할 수 있는데 꽃들이 만개할 때 온다면 더욱더 예쁠 것 같다.

선큰 가든을 나오니 2개의 Totem Poles가 나온다. Totem Poles 주변 벤치에 앉아 잠시 쉬시는

부모님 뒷모습이 보인다. 두 분의 뒷모습이 참 아름다우면서도 보고 있으니 가슴이 아린다. 이렇게 모시고 같이 여행을 할 수 있다는 게 참 감사하다.

로즈 가든(Rose Garden)에 왔는데 장미가 보이지 않았다. 5월부터 개화 시기이니 장미가 없는 게 당연한데, 좀 아쉽긴 하다. 장미 정원을 걸어가고 있는데 비가 내리는가 싶더니 갑자기 우박이 내리기 시작했다. 마땅히 피할 곳이 없어 다들 모자를 쓰고 있는데, 이 와중에 주안이는 우박을 직접 맞아 본다며 우박을 손으로 받고 있다. ☺ 조금 걸으니 정원 입구 앞에 우산이 왕창 있다. 무료로 대여를 해 주는데 공원 나갈 때 나가는 문 앞에서 반납하면 된다. 섬세한 배려가 돋보인다. 일본 정원, 이탈리안 가든을 모두 둘러보고 다시 제일 처음에 방문했던 선큰 가든으로 돌아와서 아까는 그냥 구경만 했던 전망대에도 올라와 보았다. 늘 우리 셋 가족사진만 찍다가 부모님과 함께하니 사진이 더 꽉 찬 느낌이다.

부차트 가든을 다 보고 나와 점심을 먹으러 갔다. 오늘 점심 장소는 지난번 우리 숙소로 부모님을 뵈러 오신 분께서 추천하신 Island Wok이다. 우리가 라스베이거스에 있을 때 자주 갔던 중국 뷔페와 비슷한 곳이다.

배불리 점심을 먹고 아름다운 항구와 멋진 브리티시 콜롬비아주의 주의사당이 있는 Victoria Inner Harbor 쪽으로 이동했다.

이너 하버에 정박되어 있는 멋진 요트들과 수륙 양용 비행기의 이륙하는 장면을 멀찌감치 떨어져서 바라보고 주의사당으로 걸어가는데 주의사당 앞 잔디밭 위 동상에 한국전쟁에 대한 문구가 쓰여 있었다. 세계 일주 중 우연찮게 자주 마주치는 한국전쟁 참전용사들의 흔적을 이곳에서 다시 보게 됐다. 정말 이렇게 아름다운 동네에 살다가 그 옛날 태평양 건너편에 있는 한국의 평화를 위해 참전했다가 전사한 분들의 짧은 삶을 생각하니 감사하고 한편으로 뭉클하다. 밴쿠버 주의사당은 명성처럼 유럽풍의 위풍당당한 건물로 아름다웠다.

주의사당을 본 후 Fisherman's Wharf로 걸어갔다. 알록달록 여러 색으로 칠해진 그림 같은 상점들을 보니 이탈리아 친퀘테레가 떠오른다. 너무도 예쁜 Fisherman's Wharf를 보시고 소녀 감성 풍부하신 우리 엄마가 내내 너무 예쁘다고 감탄을 연발하셨다. 골목골목이 다 그림처럼 아름다웠다. 색감이 어쩌면 이렇게 좋을까?

나나이모로 출발하기 전 빅토리아의 마지막 코스로 Ogden Point Breakwater에 들렀다. 바다 풍경도 멋지고, 바다 위로 난 긴 다리를 건너며 바라보는 빅토리아의 아름다운 모습도 감상할 수 있는 곳이다. 바다 앞에 가자마자 주안이가 돌을 집어 들고 물수제비를 뜨기 시작했다.

남미의 토레스 델 파이네에서 아빠랑 3단 물수제비에 성공했는데, 호수가 아닌 바다에서는 파도가 있어 물수제비 뜨는 게 꽤 어렵다. 엄마는 물수제비를 난생처음 해 보신단다. 사위의 물수제비를 보시고 놀라시더니 주안이와 함께 물수제비를 뜨시는 엄마! ☺ 부모님이랑 오랜만에 앉아서 이런저런 이야기를 나누니 결혼 전으로 돌아간 것 같다. 우리 앞에서 물수제비를 뜨는 주안이를 보니 나도 초등학교 때 젊었던 부모님과 여행을 간 기억이 아직도 생생한데 언제 이렇게 시간이 빨리 갔나 싶다.

나나이모에서 저녁 초대를 받았으니 시간에 맞춰 가려고 5시 조금 넘어 출발했는데, 나나이모로 가는 길이 공사 중인 데다가 퇴근 시간이 겹쳐 교통체증이 심했다. 꽉 막힌 길을 뚫고 빽빽한 침엽수림 사이로 난 좁다란 도로를 따라 2시간 40분 만에 나나이모에 도착했다.

부모님께서 너무 보고 싶어 하셨던 지인분들과 드디어 재회를 하셨다.

정성스럽게 준비하신 월남쌈을 저녁으로 맛있게 먹으면서 우리의 세계 일주 이야기도 나누고 늦은 밤까지 그동안 못다 한 이야기꽃을 피웠다. 이 가족분들을 너무 만나시고 싶었지만 이 먼 나나이모까지 올 엄두를 내지 못하셨는데, 다 우리 덕분이라며 고마워하시는 부모님…. 이렇게 즐거워하시는 부모님을 보니 너무 뿌듯하다.

DAY179 [캐나다]

2018.3.24

나나이모에서의 한적한 아침

자녀분들이 결혼하고 독립해 아래층 방 2개가 모두 비어 있어서 지난밤 편하게 푹 자고 일어났다. 나나이모란 곳은 오기 전까지 이름도 몰랐던 곳인데, 여기 사시는 분들의 말씀을 듣고 보니 동네가 너무 아름다워서 나나이모 주민들은 따로 휴가를 내고 다른 곳을 갈 일이 많지 않다고 한다. 조금만 가면 바다와 숲이 있고, 다른 곳을 가 봐도 이곳만큼 아름다운 곳이 많지 않다며 나나이모에 대한 자부심이 대단하시다. 아쉽지만 오늘 우리는 다시 나나이모에서 밴쿠버로 오후 1시 배로 돌아가야 하니 시간이 너무 부족한 관계로 오전 시간에는 추천해 주신 Neck Point Park 한 곳에서 시간을 보내기로 했다.

Neck Point Park는 바닷길과 숲길을 따라 모두 트래킹을 할 수 있는 아름다운 공원이다. 오전 시간이라 사람도 북적이지 않고, 차가우면서도 상쾌한 바람으로 정신이 맑아지는 느낌이다. 탁 트인 경관을 말없이 감상하고 있을 동안, 주안이도 바닷가 쪽으로 걸어가더니 찰랑거리는 파도가 재미있는지 눈을 떼지 못한다. 깨끗한 공기, 아름다운 풍경을 바라보고 있으니 잡생각도 절로 없어지는 것 같았다. 바다를 바라보고 있는 벤치에 앉아 따뜻한 햇살을 맞으며 여유로운 시간을 보내는 것이 참 좋다.

다들 바다를 보고 걷고 있는데, 저 멀리 한 여성분이 큰 개 두 마리와 산책을 하다가 줄을 풀어 주니 개들이 번갈아 바다에 들어갔다 나왔다를 반복하며 신나게 논다. 세계 일주 중 허스키와 사랑에 빠진 주안이는 우리도 허스키를 기르자며 매일같이 조르고 있는데, 허스키만큼 큰 개들을 보니까 부러웠는지 한 발짝 물러서서 넋을 놓고 그 모습을 바라본다.

바다를 보면서 걸을 수 있는 산책로가 참 운치 있다. 바다 주변을 쭉 걸은 후 숲으로 들어가 보았다. 공기가 너무 좋아 힘껏 맑은 공기를 마셔 본다. Neck Point Park를 다 둘러보니 이제 슬슬 이동해 배 타러 가야 할 시간이다. 아쉽지만 나나이모에서의 짧은 여행을 마무리하고 다시 밴쿠버로 돌아갑니다. ☺

DAY180
2018.3.25

[캐나다] 밴쿠버 다운타운 나들이(Gastown, Canada Place)

오전에는 부모님과 함께 밴쿠버 교회에 가서 함께 예배를 드리고, 점심은 교인분의 가정집에 초대를 받아 함께 점심을 먹었다. 삼삼오오 둘러앉아 식사를 하면서 다들 우리 가족의 세계 일주 이야기에 푹 빠지셨다. 어느새 우리 주변으로 빙 둘러앉으셔서 세계 일주는 어떻게 시작하게 된 건지, 주안이 학교는 어떻게 하는지, 어디가 제일 인상 깊었는지 등등 다양한 질문이 쉴 새 없이 쏟아져 나온다. 우리의 경험담을 하나씩 들려드리다 보니 새삼 우리가 이렇게 많은 나라를 6개월간 돌아다니며 다양한 경험을 하고, 많은 것을 보고, 듣고, 먹으며, 우리 가족이 더 단단해지고 더 하나가 되었구나 싶어, 이야기를 하면 할수록 더 가슴이 뜨거워지고 감사함이 넘쳤다.

우리 세계 일주 이야기 중 제일 인기는 바로 주안이! 늘 어디를 가도 세계 일주 이야기의 중심에는 주안이가 있고, 만나는 사람마다 주안이를 대견해하신다. 뭘 먹어도 늘 맛있게 잘 먹고, 인사 잘하는 기특한 주안이를 예뻐해 주시고 남은 일정도 응원해 주셔서 참 감사했다. 이제 세계 일주도 한 달 남짓 남았구나.

우리 이야기로 꽤 긴 점심 식사를 하고 나와 숙소에 가기 전 밴쿠버 다운타운을 구경하기로 했다. 금방 비가 쏟아질 것처럼 구름이 많고 추운 날씨지만, 밴쿠버에 온 지 4일째인데 부모님 지인들을 뵙느라 아직도 밴쿠버 다운타운 구경을 못 했으니, 비가 오기 전까지라도 다운타운을 둘러보기로 했다.

먼저 밴쿠버의 발상지인 Gastown으로 갔다. Gastown에는 유명한 증기 시계(Steam Clock)가 있다. 15분 간격으로 시계에서 증기가 뿜어져 나온다는데 우리가 지나갈 때 마침 시계에서 증기가 나오고 있었다. 다음으로 Canada Place에 있는 밴쿠버 컨벤션 센터에 차를 대고 Canada Place 주변을 걸어 보았다. Canada Place 지붕은 하얀 돛을 단 배 모양을 하고 있다. 남편이 예전에 밴쿠버에 출장 와서 강의를 했던 곳이 바로 Canada Place에 있는 밴쿠버 컨벤션 센터라고 하니, 부모님이 우리 사위가 강의한 곳이라고 좋아하시며 컨벤션 센터를 둘러보신다.

Canada Place 주변을 다 둘러본 후 근처에 있는 스탠리 파크로 이동했다. 스탠리 파크는 밴쿠버에 도착하고 바로 오고 싶었던 곳인데 하필 비가 많이 와서 이제야 오게 되었다. 걷는 걸 좋아하시는 부모님께서도 좋아할 곳임이 분명한데, 오늘 역시 날씨가 따라오지 않아 참 안타깝다. 내일 밴쿠버를 떠나 휘슬러에서 2박을 하고, 마지막 2박을 다시 밴쿠버에서 할 예정이니 제발 그때는 날이 좋아 스탠리 파크에 다시 왔으면 좋겠다. 요즘 들어 날씨가 여행에서 얼마나 중요한지를 피부로 느끼는 중이다. '휘슬러 날씨야, 내일 부모님 모시고 처음 가는데 잘 좀 부탁한다.'

DAY181 [캐나다]

2018.3.26

밴쿠버 동계올림픽의 메카, 아름다운 휘슬러 리조트

버나비 아파트에서의 5박이 벌써 끝났다. 어제 부모님 모시고 체크인한 것 같은데 5일이 참 빠르기도 하지. 처음 캐나다 여행을 남편과 구상했을 때는 밴쿠버에서 로키를 다녀오는 것으로 계획을 했었는데, 부모님께서 만나고픈 지인분들이 너무 많으셔

서 밴쿠버에 5일을 머무는 것으로 변경을 하고 나서는 로키는 포기하고 휘슬러만 다녀오는 것으로 확정했다. 남편이 예전부터 나와 주안이와 꼭 가 보고 싶은 곳이 휘슬러라고 몇 번이나 이야기했던 곳이라 기대가 잔뜩 된다. 밴쿠버에서 휘슬러까지는 2시간 남짓 걸리는데, 휘슬러 숙소 체크인이 오후 3시부터라 오전 11시에 버나비 숙소에서 나와 중간 지점에서 간단히 점심을 먹었다. 미국에서 우리가 자주 갔던 웬디스에 들러 평소 우리가 주문한 메뉴를 그대로 시켜드렸다. 타코 샐러드, 치킨 샐러드, 햄버거 세트와 통감자 2개, 텐더스트립을 시켰더니 테이블이 꽉 찬다.

점심을 먹고 다시 달려 2시 10분쯤에 Whiski Jack Resort에 도착했다. 우리가 묵을 Whiski Jack Resort는 휘슬러 빌리지 안에 위치해 있는데, 숙소로 가기 전에 먼저 숙소와 차로 10분 정도 거리에 떨어져 있는 리셉션에 들러 체크인을 하고 우리 숙소의 방 키와 주차권을 받아 숙소로 가면 된다. 우리가 체크인 시간보다 좀 빨리 왔지만, 방이 다 치워져서 지금 가면 바로 체크인이 가능하다고 했다.

확실히 휘슬러의 숙박 비용이 여러 다른 나라들에 비해도 단연 비싸다. 우리가 버나비에서 5박한 숙박 비용과 휘슬러 2박 숙박 비용이 거의 비슷하다. 그래도 막상 와 보니 휘슬러 빌리지 안에 위치한 우리 숙소는 거실도 크고, 화장실도 2개고, 방도 여러 개에나 꽤 커서 부모님들과 함께 쓰기에도 매우 여유롭고 좋다. 게다가 내가 좋아하는 세탁기와 건조기, 그리고 벽난로도 숙소 안에 있어 너무 좋다!

숙소에서 바라본 눈 쌓인 휘슬러 모습이 참 장관이다. 엄마는 숙소가 너무 좋아 여기에만 있어도 좋겠다시며 마음에 들어 하시니 고심해서 숙소를 잡은 보람이 있다. 방에다 짐을 풀고 하얗게 쌓인 눈도 보고 휘슬러 빌리지 구경도 할 겸 밖으로 나갔다. 들뜬 우리의 마음을 아는지, 눈이 조금씩 내리기 시작했다.

휘슬러 빌리지는 동화마을처럼 아기자기하고 깨끗하게 참 잘 꾸며져 있다. 이 안에서는 늦은 시간에 빌리지 안을 돌아다녀도 전혀 걱정할 것이 없겠다. 스키 슬로프 쪽으로 가 보니 늦은 오후 시간이라 많이들 스키를 들고 내려오고 있다. 아직 스키를 타고 있는 사람도 몇 있는데, 엄마는 실제로 스키 타는 모습을 처음 보신다며 보는 것만으로도 재밌다고 하신다. 생각해 보니, 우리 부모님에게는 오늘이 스키장에 처음 오신 거였다. 휘슬러 빌리지를 한 바퀴 돌고 빌리지 안에 있는 슈퍼마켓에 들러 장을 봤다. 물도 한 통 샀더니 점원이 휘슬러 물은 1급수라서 본인도 텀블러에 수돗물을 받아서 마신다고 물을 사지 말고 그냥 수돗물을 마시라고 했다.

숙소로 돌아와 마트에서 구입한 스테이크용 안심과 등심을 맛있게 요리해 다 같이 저녁 식사를 했다. 눈 오는 밤, 따뜻한 벽난로의 온기가 가득한 숙소에서 도란도란 얘기를 나누는 따뜻하고 유쾌한 시간이었다. 저녁을 마치고는 아까부터 내리던 눈이 거세져서 밤에 다시 나가는 게 어렵게 되어 함께 식탁에 둘러앉아 각자 해야 할 일들을 하기로 했다. 벽난로 옆에서 남편은 다음 일정을 짜고, 나는 블로그를 쓰고, 주안이는 공부 중! 부모님은 옆에서 성경 공부를 하시니 오늘 휘슬러의 밤은 학구열로 넘친다. ☺

DAY182 [캐나다]

2018.3.27

휘슬러 마운틴과 블랙콤 마운틴의 정상에 오르다 (PEAK 2 PEAK)

엄마와 내가 아침 준비를 하는 동안 주안이는 할아버지와 아침 산책을 하고 돌아왔다. 건강 때문에 수시로 걸으셔야 하는 외할아버지를 위해 주안이가 동행을 했으니 오늘 산책은 더욱 즐거우셨겠다. 어제 눈이 온 것과는 달리, 오늘은 해가 보이는 날씨라 천만다행이다. 세계 일주 중 혹여 다치면 안 되기에 휘슬러에서는 스키는 타지 않고 PEAK 2 PEAK 곤돌라를 타며 설경을 보기로 했는데, 오늘 날씨가 어제보다 훨씬 좋다.

PEAK 2 PEAK는 휘슬러 마운틴과 블랙콤 마운틴을 잇는 곤돌라인데, 우리 숙소에서 보니 아직 휘슬러산 중턱 이후는 구름에 덮여 있어 지금 올라가도 풍경을 감상할 수 없을 것 같다. 아직 시간이 많으니, 아침 식사 후 다시 한번 휘슬러 빌리지를 둘러보았다.

2010년 밴쿠버 동계올림픽 경기를 했던 휘슬러, 벌써 8년이 흘렀다. 휘슬러 빌리지 안에 있는 Whistler Olympic Plaza 안에 눈으로 언덕을 만들어 놓고 주변에 썰매가 몇 개 놓여 있다. 어린 이들을 위한 놀이 공간인가 보다. 눈과 썰매를 보고 그냥 지나칠 강주안이 아니다. 도착하자마자 성큼성큼 걸어가 썰매를 집더니 눈썰매를 즐기는 아들. 펭귄처럼 뒤뚱뒤뚱 언덕을 올라가더니 긴 다리를 자랑하면서 코믹하게 내려온다. 오랜만에 눈썰매를 타니, 핀란드 사리셀카에서 평창 동계올림픽 파이팅을 외치던 주안이 모습이 떠오른다. 그러고 보니 우리 여행 중 평창 동계올림픽도 성공적으로 잘 끝났구나.

실컷 놀다 보니 하늘이 서서히 열린다! 자, 이제 우리가 휘슬러 마운틴을 올라갈 시간이 되었다. 표를 사고는 휘슬러 마운틴으로 올라가는 곤돌라에 탑승했다. 이 곤돌라는 스키 초보자 코스에서 중간에 한 번 정차를 했는데, PEAK 2 PEAK 곤돌라를 타는 우리는 내리지 않고 곤돌라로 정상까지 올라갔다. 지금까지 타 본 곤돌라 중에 제일 오랜 시간 동안 탄 듯하다. 처음 탄 곳에서 휘슬러 마운틴까지 대략 30분 정도 소요됐다.

예전에 남편 혼자 휘슬러에 와서 이 곤돌라를 탔을 때가 6월이었는데, 저 아래 휘슬러 마운틴을 어슬렁거리던 곰들을 꽤 많이 보았다고 해서 주안이와 같이 곰이 있나 한참을 내려다보았다. 하지만 3월 말인 지금도 산은 눈으로 덮여 있어서 곰들은 아직 동면 중인지 보이지 않는다.

드디어 휘슬러 마운틴 정상에 도착했다. 파란 하늘 아래 하얀 눈으로 덮인 휘슬러의 모습이 정말 멋있다. 차고 깨끗한 공기를 마시니 정신이 번쩍 든다. 카페, 식당 및 기념품 가게들이 입점되어 있는 라운드 하우스 롯지 근처에서 밴쿠버 동계올림픽 공식 로고였던 이눅슈크(Inukshuk)가 보였다. 친구라는 뜻의 원주민 언어인 이눅슈크는 '선의'와 '우정'을 상징한다고 한다. 두 팔을 벌리고 있는 모습이 친근하게 느껴지는데, 보기보다 그 크기가 상당했다. 마치 이눅슈크가 두 팔 벌리며 우리 가족을 환영해 주는 것 같았다.

다음 코스로 PEAK 2 PEAK를 타고 휘슬러 마운틴 정상에서 블랙콤 마운틴 정상으로 넘어간다! PEAK 2 PEAK는 2개의 기네스를 가지고 있다는데, 첫 번째는 지금까지 현존하는 세상에서 가장 높은 곤돌라이고, 두 번째는 케이블을 지탱하는 타워 사이가 제일 길다고 한다. 2017년에 Eibsee Cable Car가 189m 더 긴 타워를 만들어 이 부분 기네스에서는 밀렸지만 제일 높은 곤돌라로는 여전히 기네스에 이름을 올린 PEAK 2 PEAK. 이 높은 산 위에서 만약 고장이 나면 어쩌나 싶어 무섭기도 하지만, 이렇게 높은 곳에 산과 산을 연결하는 곤돌라를 만들었다는 것이 대단하게 생각됐다.

휘슬러 마운틴에서 블랙콤 마운틴까지 총 4km가 넘는 길이인데 10분 정도 소요됐다. 오는 내내 아래를 내려다보면 아찔아찔! 찌릿찌릿! 장난이 아닌데, 스릴을 느끼면서도 계속 내려다보게 된다. 블랙콤 마운틴에서도 스키와 보드를 타는 사람들이 많다. 곤돌라에서 보니 슬로프가 꽤 가파르던데, 여기서 타는 사람들은 다들 실력자들인가 보다. 잠시 정상에서 절경을 감상하고 다시 곤돌라를 타고 휘슬러 빌리지로 복귀했다.

8년 전인 2010년 6월, 남편 혼자 휘슬러에 와서 PEAK 2 PEAK를 타고 왔을 때 너무 아름다운 풍경에 반해 그 이후부터 캐나다에 가게 되면 꼭 휘슬러에 가자고 했었다. 남편 소원대로 이번엔 대가족이 함께 휘슬러에 와서 행복한 추억을 하나 더 만들었다.

DAY183 [캐나다]

2018.3.28

밴쿠버의 아름다운 도시 정원, 스탠리 파크

오늘은 다시 밴쿠버로 돌아가는 날이다.

어젯밤에 오늘부터 이틀 동안 묵을 밴쿠버 숙소의 에어비앤비 호스트가 아무 이유도 없이 갑작스럽게 우리 예약을 취소했다. 당장 오늘 묵게 될 숙소인데 급작스럽게 예약을 취소하다니…. 호스트가 통보 없이 예약을 취소하면 에어비앤비에서 우리가 지불한 금액과 추가로 다음 예약에 사용할 수 있는 크레딧을 지급하긴 하는데, 임박해서 다시 숙소를 구하는 게 쉽지 않다. 우리가 식구가 많은 데다 에어비앤비의 경우, 보통 예약은 24시간 이전에 해야 하기에 이렇게 하루를 남기고 급작스럽게 취소를 하면 정말 난처하다. 나는 호텔을, 남편은 에어비앤비를 폭풍 검색을 했는데, 남편이 공항 근처에 있는 저택 한 곳을 찾았다. 16명까지도 묵을 수 있다는 것을 보니 어마하게 큰 집인 듯하다. 호스트에게 연락해 보니, 너무 임박한 예약이라서 체크인인 오늘 저녁 7시부터 가능하다고 한다. 부모님을 모시고 저녁 시간까지 숙소에 못 들어가는 게 마음에 걸리지만 지금 우리가 선택할 수 있는 최선의 대안인 것 같아 저녁 7시에 체크인을 하기로 하고 부랴부랴 예약을 마쳤다. 부모님들과 같이 여행을 하면서 숙소에 제일 신경을 많이 썼는데 급하게 잡은 숙소가 오늘 제발 문제없이 체크인할 수 있길 바란다.

휘슬러에서 쉼 없이 달려 며칠 전 비 때문에 제대로 둘러보지 못했던 밴쿠버 스탠리 파크에 도착했다. 오늘은 특별히 해가 쨍쨍하진 않아도, 비가 오지 않아 천만다행이다. Park Drive 근처에 주차를 하고 스탠리 파크를 시계 반대 방향으로 한 바퀴 돌기로 했다. 걷는 걸 좋아하시는 부모님과, 이번 세계 일주를 통해 걷는 거라면 누구보다 자신 있는 우리 세 식구다.

스탠리 파크 입구에서 출발해서 바닷가 주위로 놓인 산책로를 따라 상쾌한 바람을 맞으며 시계 반대 방향으로 걸었다. 아름다운 바다를 보며 바닷가로 이어진 산책로를 따라 걸어 보니 공원이 진짜 크다는 것을 체험 중이다. 그 사이 햇살도 비추어 풍경이 훨씬 싱그러워 보였다.

한참을 걷다가 전망 좋은 벤치가 있어 점심은 여기서 먹기로 했다. 아침에 휘슬러에서 출발하기 전 오늘 스탠리 파크에서 먹으려고 준비해 온 우유와 빵과 간식거리를 꺼내 바다를 감상하며 먹으니 완전 꿀맛이다.

점심 이후에도 조금 더 걸어 약 2시간가량 바닷가 옆으로 난 산책로를 걸으니 공원의 3분의 2를 넘게 걸었다. 방향을 바꿔 공원 가운데에 있는 스탠리 파크의 원시림 숲속 길을 가로질렀다. 스탠리 파크는 인공적으로 조성된 숲이 아닌, 원시림 그대로 보존된 곳이라 더 인상적이었다. 스탠리 파크를 걷고 또 걸어 주차장에 도착해 시계를 보니 오늘 공원에서만 3시간이 조금 넘게 걸었다. 오래간만에 땀이 나게 걸었더니 몸이 가볍다.

스탠리 파크에서 나오니 거의 4시쯤이 되었다. 7시 체크인까지는 아직 3시간이 남았으니 밴쿠버 여행 첫날에 갔던 맥아더 글렌 아웃렛에 다시 들러 엄마께 배낭을 하나 사드리고, 간단히 저녁을 먹었다. 참고로, 아웃렛에서 우리 숙소까지는 차로 10분이 안 되는 거리다.

7시에 맞춰 숙소에 도착해 에어비앤비 호스트를 만났다. 우리가 도착하는 시간 바로 직전까지 정리를 했다고 한다. 밖에서 보는 것보다 집 안으로 들어가니 족히 100평은 훌쩍 넘는 대저택으로, 우리가 여태껏 묵었던 숙소와는 비교도 안 될 만큼 컸다. 부엌 옆으로 반 층 올라가면 큰 욕조와 옷방이 딸린 방이 있는데 여기는 부모님께서 쓰시기로 하고, 숙소 중앙으로 한 층 올라가면 방 2개가 있는데 이곳을 우리 셋이 나눠 쓰기로 했다.

방이 5개나 있고, 화장실은 4개나 있다. 대가족이 와도 전혀 좁지 않을 숙소를 보니 동생네가 생각이 났다. 부모님과 지내는 마지막 숙소가 잘 해결되어 참 다행이다.

어제 강제 예약 취소된 숙소는 스탠리 파크 근처 아파트인데, 처음에 묵었던 버나비 아파트보다는 훨씬 작은 사이즈였다. 강제 취소로 처음 지불한 금액과 에어비앤비에서 추가로 받은 크레딧으로 이런 큰 저택을 다시 잡았으니 그야말로 전화위복이다. 부모님은 아파트도 좋지만, 주택은 그 내부가 어떨지 궁금하셨다는데 마지막 2박을 주택에서 살아 볼 수 있어서 참 좋다고 하셨다. 마지막 남은 2박, 여기서 푹 쉬다 가세요!

DAY184 2018.3.29

[캐나다] 비 오는 날의 밴쿠버(Granville Island)

아침 식사를 마치시고, 부모님은 동네 구경차 산책을 다녀오셨다. 동네가 조용하고 깨끗해 마음에 든다. 시간이 빨리 흘러 어느새 내일 아침엔 부모님이 한국으로 귀국하시고, 우리도 내일 오후 비행기로 하와이로 떠나는 날이다. 우리 세계 일주도 막바지라 곧 다시 귀국해서 금방 만날 부모님인데도 내일 헤어짐이 아쉽고 또 아쉽다.

오후 1시에 부모님 지인분들께서 밴쿠버 다운타운에 있는 '수라상'이라는 한식집에서 우리 가족 점심을 사 주시고 싶으시다고 하셔서 점심시간에 맞추어 숙소를 나섰다. 밴쿠버 다운타운에 있는 수라상에서 한정식 코스로 풍성하게 대접을 받았다. 감사한 마음에 커피는 우리가 대접해 드리고 싶어 근처 카페에서 함께 커피와 차를 나눴다. 밴쿠버에서는 할머니, 할아버지께서 지인분들 만나실 동안 어른들 대화가 주안이에겐 지루한 시간일 수 있는데 고맙게도 찍소리 없이 잘 들어 주고 기다려 준 아들이 참 대견하다.

점심 식사 때부터 쏟아지는 비는 수그러들긴 하지만 그칠 기미가 보이지 않는다. 3월 밴쿠버 날씨는 비도 많이 오고 참 우중충한 거 같다. 그래도 여행 마지막 오후인데 이대로 숙소에 다시 들어가기 너무 아쉬워서 남편이 예전에 밴쿠버 왔을 때 종종 들렀다는 그랜빌 아일랜드(Granville Island) 퍼블릭 마켓으로 이동했다.

그랜빌 아일랜드는 한때 여러 공장들이 모여 있던 중공업 단지였으나 이후 쇠락하면서 슬럼화되자 공장 부지를 복합문화공간으로 탈바꿈시킨 도시재생의 대표적인 성공 사례로 손꼽히는 곳이다. 퍼블릭 마켓 안에는 신선한 과일과 야채를 비롯해 해산물, 육류, 모자, 옷, 기념품, 식당 등 볼거리가 참 많았다.

안쪽으로 들어가 보니 푸드코트도 있다. 우리는 한식당에서 코스를 워낙 거하게 먹어서 배는 너무 부른데, 푸드코트의 좋은 냄새가 유혹한다. 아빠(주안이 할아버지)가 어디 계시나 봤더니 대구 수프를 주문 중이시다. 아빠가 대구를 좋아하시는데 대구 수프는 참 생소해서 맛을 보시고 싶다고 주문해 오셨다. 난 생선은 좋아해도 수프는 이상할 것 같은데, 주안이가 쪼르륵 할아버지를 따라가 한 입 먹더니 맛있다며 할아버지 옆에 서서 할아버지랑 끝까지 다 먹는다. 푸드코트 옆 가게엔 내가 좋아하는 클램차우더 수프를 팔길래 이왕 대구 수프 드신 김에 클램차우더 수프도 맛보시도록 하나 주문했다. 입맛에 맞으시는지 한 그릇을 깨끗이 비우셨다. '한국에 가서도 맛있는 거 많이 먹으러 다녀요. ☺'

마켓 뒤편에 있는 문을 열고 나가니 비가 와서 흐리지만 밴쿠버 부둣가의 풍경이 분위기 있고 멋졌다.

숙소에 돌아와 밴쿠버에서의 마지막 저녁 식사를 하고 오랫동안 이야기를 나누었다. 좋은 추억 많이 만들고 가신다는 부모님. 당신들 때문에 더 많이 밴쿠버 구경을 못 한 거 아니냐며 마음을 쓰시는데, 우리는 이렇게 부모님과 해외에서 살아 보는 경험도 참 좋았다. 이때 아니면 언제 또 이렇게 하루 종일 같이 대화할 수 있을까? 세계 일주 중 부모님을 모시고 같이 여행한 것은 정말 잘한 결정이었다. 사고 없이 건강히 여행을 마치게 되어 감사하다.

DAY185 2018.3.30 [캐나다]

친정 부모님과의 아쉬운 작별, 이젠 하와이로

친정 부모님은 오늘 오전 11시 비행기로 한국으로 돌아가시고, 우리는 오후 5시 45분 비행기로 하와이로 떠나는 날이다. 남은 일정 잘 마치고 건강히 다시 한국에서 뵙기로 하고 공항에서 작별하고 다시 숙소에 오니 오전 8시 30분이다. 숙소랑 공항이랑 가까워 참 다행이다. 우리도 11시 체크아웃까지 시간이 있어서 집 안의 창을 다 열고 청소를 했다. 부모님과 함께 지내던 공간에 우리만 남아 있으니 마음 한구석이 허전하다.

11시에 숙소에서 나와 숙소 근처에 있는 드라이빙 레인지에 들렀다. 렌터카 반납이 오후 2시라, 3시간 정도 애매하게 시간이 남았는데, 미국 페이지 이후 주안이는 또 드라이빙 레인지에 가자고 노래를 했었다. 왕년에 골프를 진짜 잘 치셨던 할아버지랑 가고 싶어 했지만, 일정과 날씨가 받쳐 주질 않아 못 갔는데 오늘은 잠시 시간의 여유가 있으니 하와이 가기 전에 근처 골프 연습장에 가기로 했다. 골프공 2박스와 골프채를 빌리고 남편이 주안이에게 기념 선물로 흰색 골프 장갑을 사 주었다. 한국 가면 가르쳐 줘야 하나 고민될 정도로 골프에 흥미가 있는 거 같다.

2시간여를 골프 연습 실컷 하고 골프장을 나서는데 떠나는 오늘에서야 밴쿠버 날씨가 참 화창하다. 부모님이랑 여행할 때 날씨가 이렇게 좋았으면 얼마나 좋았을까? 해가 뜨니 온 천지가 다 아름답게 느껴졌다.

골프장을 나와 렌터카를 반납하고, 출국 심사 후 공항으로 들어왔다. 주안이가 몇 시간 비행이냐고 물어보길래 6시간 30분 비행이라고 알려 주니, 그 정도면 오래 가는 거 아니구나 한다. 오랜 여행으로 6시간 이동은 주안이에겐 그리 힘든 게 아닌가 보다. 이젠 하와이로!

DAY186 2018.3.31

[미국(하와이)]

하와이에서 재회한 반가운 시어머님(feat. 쿠히오 비치)

창문으로 깊게 들어오는 햇빛에 잠이 깼다. 아침에 어머니가 호놀룰루에 도착할 예정이시라 우리는 바로 공항 도착 터미널로 향했다. 캐나다에서 친정 부모님을 모시고 여행을 한 것처럼, 하와이에서는 시어머님을 모시고 여행을 할 계획이다. 하와이까지 혼자 오시게 되는 어머님은 비행기를 많이 타 보셨지만 혼자 여행하시는 건 처음이시고, 지금 몸 컨디션도 좋지 않으셔서 출발 전 남편과 시아주버님이 상의해서 아시아나 패밀리 서비스를 신청했다. 아시아나 패밀리 서비스는 처음 신청해 보는 건데, 이런 상황에서 더없이 고마운 서비스인 것 같다. 하와이에 도착하셔서 입국하실 때 어려움 없이 잘 오시길 바라며 게이트 앞에서 기다렸다.

40분이 지났을까? 드디어 저 앞에 어머님이 나오신다!

감사하게도 아시아나항공 직원분이 친절하게 어머님을 게이트까지 에스코트해 주시고 짐도 들어 주셨다. 직원분께 감사하다는 인사를 드리고 어머니 짐을 넘겨받았는데, 그동안의 안부를 서로 묻는다고 한동안 자리를 뜨지 못하고 가족 모두 얼싸안았다. 오시기 전에 몸이 편치 않으셨다는 어머님은 비행기에서 두 시간밖에 못 주무셔서 매우 피곤하실 텐데도 다행히 얼굴엔 미소가 가득하시다. 여행 중 살이 쏙 빠진 아들, 건강해진 며느리, 훌쩍 큰 손주를 보시니 어머님이 피곤함이 싹 가신다고 하셨다.

바로 어머님을 숙소로 모시고 가서 간단히 누룽지로 속 편한 아침 식사를 함께 나누고, 남편과 나는 지난밤 늦게 하와이에 도착해서 미처 구매하지 못한 유심과 간단히 장을 보기 위해 숙소를 나섰다. 장거리 여행을 하신 어머님은 숙소에서 눈을 좀 붙이시고, 주안이는 할머니 곁에 있기로 했다.

숙소에서 10분 남짓 거리에 있는 알라모아나 쇼핑센터로 이동했다. 쇼핑센터 안 통신사 대리점에 들러서 유심을 사고 장을 보러 마트를 찾아 걷고 있는데, 쇼핑센터 안에 설치된 특설 무대 위에서 하와이 전통 음악에 맞추어 훌라 댄서들이 전통춤 공연을 하고 있었다. '아! 어머님과 주안이랑 같이 봤으면 좋았을 텐데….' 잠시 공연을 보고 지하 마트에 가서 장을 보는데, 마트 한쪽 섹션에서 생화로 만든 꽃목걸이를 팔고 있었다. 어제 비행기에서 주안이한테 하와이에서 제일 하고 싶은 게 뭐냐고 물었더니, 첫 번째는 하와이 환영 꽃목걸이 걸어 보기, 두 번째는 수영하기, 세 번째는 모래성 쌓기가 하고 싶다고 했었다. 마침 주안이가 한 얘기가 떠올라 주안이가 좋아할 만한 꽃목걸이를 골랐다. '우리 주안이의 소박한 희망사항, 엄마 아빠가 바로 이뤄 주마. 주안아~ 꽃목걸이 사서 간다. ☺'

유심을 사고 마트에서 장 보고 돌아오니 벌써 세 시간이 후딱 지나갔다. 다행히 어머님은 장 보러 나간 사이에 단잠을 주무시고 일어나셔서 한결 컨디션이 좋다고 하셨다. 이제는 오후 반나절 잠을 참고 저녁에 푹 주무시면 내일부터는 바로 시차 적응도 가능하시겠다. 장 봐 온 재료들로 맛있게 점심을 해 먹고, 숙소 앞 와이키키 해변 주변을 돌아보기로 했다.

우리가 렌트한 아파트는 와이키키 해변 근처에 위치해 있어서 숙소에서 5분 정도 걸어가면 바로 아름다운 해변이 펼쳐진다. 오늘은 산책이 목적이라 수영복으로 갈아입지 않고, 천천히 경치를 구경하며 해변가를 걸었다. 주안이는 드디어 원하던 꽃목걸이를 목에 걸고 와이키키 해변을 거닐게 됐다며 신나했다.

해변 길 건너편에는 셀 수 없이 많은 기념품 가게와 식당 등이 즐비했다. 한 집 걸러 하나 있는 ABC Store에 들어가 보았다. 수영복부터 스노클링 장비까지 수영에 관한 모든 게 다 있었다. 나중에 스노클링 하러 가면 여기 와서 장비 사면 되겠다. 나온 김에 노을이 지는 모습을 보고 들어가기로 했다. 아직 해가 질 시간이 아니라서, 여유롭게 해변을 보며 어머님과 그동안 못다 한 이야기를 많이 나누었다.

여유로운 오후 시간, 눈앞에 수없이 많은 야자수를 보니 우리가 진짜 하와이에 온 것이 실감이 났다. 어머님도 우리와 여유롭고 즐거운 시간을 보내시며 조금씩 컨디션을 회복하고 계신 것 같다. 출발 전 우리의 세계 일주를 누구보다 응원해 주셨던 어머님이시다. 응원해 주신 마음이 큰 것만큼 우리의 여행 내내 안전과 건강이 많이 염려되어 늘 기도로 우리에게 힘을 보태 주셨는데

직접 오셔서 우리가 더욱 건강해지고 즐겁게 잘 지내고 있는 모습을 보시니 마음이 많이 놓이셨나 보다. 또한, 어머님도 예전부터 하와이에 오시고 싶어 하셨는데, 내일부터 본격적으로 시작되는 하와이 여행이 너무 기대가 되고 설렌다. 하와이에서 어머님과 함께 많은 추억을 만들어야겠다.

DAY187
2018.4.1

[미국(하와이)]

전쟁의 아픔이 서려 있는 진주만과 아름다운 쿠히오 비치에서의 물놀이

어젯밤 한 번도 깨지 않으시고 푹 주무신 어머님은 어제보다 훨씬 컨디션이 좋아지셨다. 한 달을 편찮으셨다는데 우리를 만나시곤 바로 컨디션을 회복하셔서 참 감사하다. 오전에 첫 번째 일정으로 와이켈레 아웃렛에 들렀다. 여행 초반이지만 어머님 필요하신 거 미리 사시라고 말씀드렸는데, 어머님은 우리를 포함해 아들, 며느리 선물부터 고르시기 바쁘시다.

남편이 주안이와 음료수 마시며 기다릴 동안, 어머님을 모시고 어머님이 좋아하는 브랜드에서 예쁜 가방을 어머님께 선물로 사드렸다. 어머님은 한사코 본인이 사신다시며 거절하셨지만, 앞으로 이 가방 들고 다니실 때마다 이쁜 며느리 생각하시라며 작은 선물을 드리니 정말 마음에 들어 하셨다. 사실 시어머님, 친정 부모님으로부터는 항상 우리가 해드린 것보다 훨씬 더 큰 것을 받아왔는데, 여행 중에 이런 작은 선물로 우리의 마음을 조금이나마 표현할 수 있어 참 좋았다. 와이켈레 아웃렛에서 쇼핑을 마치고 마침 우리 가족이 좋아하는 웬디스가 근처에 있어 간단히 웬디스에서 점심을 먹고, 오후에는 진주만을 들러 보기로 했다. 진주만은 와이켈레 아웃렛과 그리 멀지 않은 곳에 있는데, 어머님께서 진주만을 둘러보고 싶다고 하셨다. 유럽을 여행할 때 제2차 세계대전과 관련된 동상이나 기념관을 여러 번 갔었는데, 진주만도 주안이에게 교육적으로도 좋을 것 같다.

사실 이번이 나와 남편에게는 두 번째 하와이 방문이다. 지난번에 왔을 땐 진주만을 들르지 못해서 아쉬웠는데, 드디어 가보게 되는구나. 20분 남짓 차로 이동해서 진주만에 도착했다. 진주만의 전쟁 유적지를 둘러보면서 1941년 무자비한 일본군의 폭격으로 2천 명이 넘는 사상자가 바로 앞에 보이는 이곳에서 발생했다고 생각하니 영화에서나 나오는 일이 아닌, 역사라는 생각에 순간순간 소름이 돋는다. 주변 곳곳에 당시 상황을 자세히 설명해 주는 안내판들이 있어 하나씩 읽어 나가며 주안이와 어머니에게 설명해 드렸다. 당시 일본의 무차별한 공격을 받은 이 바다는 많은 희생자들을 품고 있는 듯했다. 아픔을 간직한 역사를 잊지 않겠다는 문구가 마음에 와닿는다. 아무래도 전쟁과 관련된 역사지구를 방문하다 보면 마음이 무거워진다. 아름다운 하와이에 깃든 아픈 역사를 후대에도 알리기 위해 참 잘 정비해 둔 것이 인상 깊다. 오늘 주안이는 여행 중에 또 하나의 역사체험을 하게 되었다. 어머님도 의미가 있는 곳에 잘 왔다고 하셨다.

진주만 관람을 마치고 숙소로 돌아와 잠시 휴식을 취하고, 다시 우리 숙소 앞에 있는 와이키키 해변으로 수영을 하러 나갔다. 숙소에 비치된 보드와 캠핑의자를 챙겨서 바다로 고고씽! 물개 주안이가 드디어 바다 수영을 한다고 신이 나서 아빠를 뒤따른다.

어머님과 모래사장에 앉아 이야기를 나누는 동안 남편과 주안이는 바다에 들어가 즐겁게 물장난을 하고 있다. 해변 앞쪽으로는 방파제가 있는데 높은 파도가 와도 크게 위험하지 않아 아이들이 놀기에 딱이다. 주안이는 방파제 바로 앞에 서서 보드를 안고 파도타기를 즐겼다. 한참 앉아서 남편과 주안이가 수영하는 모습을 보시던 어머님도 남편과 주안이의 성화에 못 이겨 물속으로 들어가셨다. 어머님이 바다에 들어가시니 남편과 주안이가 함박웃음을 짓는다.

슬슬 해가 지기 시작해 돌아가려고 하니 주안이가 금방 만드니까 잠시만 기다려 달라며 그때부터 모래성 쌓기를 시작했다. 바닷속에서 한참 동안을 놀아서 지칠 만도 한데 참 잘도 논다.

이로써 주안이가 비행기에서 얘기했던 하와이에서 해 보고 싶은 소원 세 가지를 이틀 만에 다 이루었다. '남은 기간에는 다른 해변에서도 수영하고 모래성 쌓기 하자~!'

DAY188 2018.4.2

[미국(하와이)]

오아후섬 탐방(다이아몬드 헤드 전망대, 한국 지도 마을, 하나우마 베이, 쿠아로아 공원)

오늘은 오아후섬의 뷰 포인트들을 차로 운전해서 둘러보기로 했다. 낮에는 푹푹 찌는 날씨라서, 오전엔 와이키키 해변 근처에 있는 다이아몬드 헤드 전망대를 시작으로 오늘 오후까지 해안선을 따라 쭉 오아후섬을 돌아볼 예정이다.

숙소에서 15분 정도 걸려 다이아몬드 헤드 전망대에 도착했다. 아직 오전 10시 전인데, 이미 주차장은 만석이라 10분 정도 대기를 한 후 주차를 했다. 다들 더운 날씨를 피해 이른 시간부터 트래킹을 왔나 보다. 주차장 입구에서 주차비 5불을 지불하니, 따로 트래킹 입장료는 없다.

다이아몬드 헤드 전망대로 올라가는 길은 주변 풍경도 이쁘고 정상 근처를 제외하고는 그리 가파르지 않아 도란도란 이야기하며 걷기 딱 좋다. 정상 근처에 다다르니 올라가는 길이 두 갈래로 나뉘었다. 한쪽은 완만하지만 돌아서 올라가는 길이고, 다른 하나는 가파른 계단을 따라 쭉 올라가는 길이다. 나는 가파른 계단으로 한 번에 올라가고 싶은 주안이와 동행을 하고, 남편이 어머님을 모시고 완만한 길로 천천히 올라가 정상에서 만나기로 했다. 주안이를 내 앞에 세워 올라가려는데, 주안이가 자기가 나보다 더 체력이 좋으니 엄마 힘들면 자기가 뒤에서 도와준다고 먼저 앞으로 올라가라고 했다.

'기특한 아들!' 주안이 말대로 내가 앞서서 올라가는데, 마지막 즈음이 되자 너무 숨이 차올랐다. 내가 헐떡거리며 잠시 멈추니, 주안이가 뒤에서 내 등을 토닥토닥 쳐 주며 진정이 될 때까지 기다려 줬다. '그 사이 많이 컸구나, 우리 아들.'

마침내 다이아몬드 헤드 정상에 도착했다. 정상에 올라와 바라본 와이키키의 바다색이 에메랄드빛으로 정말 환상적이었다. 전에 보지 못한 빛깔이었다. 그리고 해안선을 따라 시원하게 펼쳐진 와이키키 해변과 그 너머 호놀룰루 도심의 전망이 한눈에 들어왔다.

한참 동안 전망대에서 멋진 풍경을 감상하고 상쾌한 바닷바람을 맞으며 여유롭게 휴식을 취한 후 천천히 하산을 했다. 산을 내려오면서 펼쳐진 풍경 또한 근사했다. 오늘 아침에는 스콜이 내리고 하늘에 구름도 끼고 흐렸는데, 정상에 오를 때 즈음 하늘이 맑아지고 해가 쨍하게 내리쬐기 시작하더니 내려가는 길에는 하와이의 진한 코발트블루빛 바다가 눈앞에 펼쳐졌다. 가슴이 뻥 뚫리는 것같이 정말 시원하고 상쾌했다.

다음으로 하와이 카이 지도 마을을 들렀다. 구글 지도엔 코리아 지도 마을 전망대로 검색이 된다. 하와이 카이는 해안 안쪽까지 산호처럼 연결된 아름다운 바닷길로 유명한데 부촌으로 할리우드 스타들도 여기에 별장을 꽤 많이 갖고 있다. 저 멀리 산자락에 옹기종기 모여 있는 마을의 모습이 정말 한반도 지형을 닮아 있었다.

이어서 하나우마 베이 자연보호지역(Hanauma Bay Nature Preserve)을 방문했다. 이곳도 스노클링으로 무척이나 유명한 곳이다. 내일 오아후섬 서쪽에 있는 코올리나 비치공원에서 스노클링을 할 예정이라, 오늘 하나우마 베이에서는 가벼운 하이킹을 하며 둘러보았다.

한가롭게 시간을 보내고 차가 있는 쪽으로 돌아가려는데 갑자기 소나기가 쏟아졌다. 갑작스러운 폭우라 깜짝 놀라 우리는 나무 아래에서 비를 피하고, 남편이 달려가 차를 가져왔다. 스콜인 것 같은데 앞이 안 보일 정도로 비가 쏟아졌다. 조금 있으면 벌써 3시니, 점심을 먹으면서 비를 피하기로 했다.

구글에서 주변 음식점을 검색해 보니, 가까이에 Ono Steaks and Shrimp Shack이란 곳이 나왔다. 곧장 이동해 식당으로 갔다. 식당은 로컬 하와이안 레스토랑으로 하와이에 왔으니 '코코넛 슈림프'와 평이 좋은 '갈비와 데리야키'를 주문했다. 식당은 작고 아기자기했는데 늦은 점심시간인 데다가 갑자기 소나기가 내려서 그런지 비를 피하려는 사람들로 엄청 북적였다.

식사를 마치고 오늘의 마지막 방문지인 쿠아로아 리저널 공원(Kualoa Regional Park)으로 출발했다. 가는 길에도 계속 비가 왔는데, 도착 즈음부터 비가 그쳐 다행이다. 갑자기 변한 날씨 탓인지, 주차장이 텅 비어 있었다. 조금 전까지 비가 와서 안개가 짙고, 바람이 세서 기온이 꽤 쌀쌀했다. 궂은 날씨로 햇빛이 없으니 왠지 바다가 쓸쓸해 보였다. 앞으로 쨍한 날씨의 바다를 계속 볼 테니, 오늘같이 흐린 날의 운치 있는 바다 모습도 좋다.

숙소로 돌아오는 길에 근처에 있는 마트에 들러 와인과 과일, 리코타 치즈 등을 사서 와인과 함께 스테이크와 리코타 치즈로 만든 딸기 샐러드를 먹으며 오손도손 얘기를 나누었다. 오늘은 하루 종일 돌아다녔으니 내일은 수영을 하면서 여유로운 시간을 보내야겠다.

DAY189 [미국(하와이)]

2018.4.3

어머님이 생애 처음 튜브를 타신 날(코올리나 비치 스노클링)

어제 날씨와는 달리 오늘은 이른 아침부터 해가 쨍쨍 내리쬔다. 오늘은 코올리나(Koolina) 비치공원에서 수영과 스노클링을 하기로 했다. 코올리나 비치공원은 해안을 따라 4개의 라군이 있어서 파도가 심하지 않아 가족 단위로 수영과 스노클링 하기 참 좋은 곳이다.

코올리나 해변에 있는 주차장에 차를 세우고 숙소에서 가져온 파라솔과 우리 짐을 들고 해변가 나무 그늘 아래에 자리를 잡았다. 주안이는 빨리 수영하고 싶다고 아빠를 끌고 바다로 먼저 들어간다. 고급 리조트와 호텔이 모여 있는 코올리나 비치공원. 바라보는 것만으로도 진정한 힐링 휴양지다. 바다가 깊지 않은데도 들어가서 얼굴만 담그면 형형색색의 열대어들이 무리 지어 다니는 걸 쉽게 볼 수 있다. 저 멀리서 주안이가 스노클링을 하다 말고 "대박, 대박!"이라고 외치는 소리가 들린다. "엄마! 사진 그만 찍고 빨리 들어와!" 하고 외친다.

아들이 부르니 나도 첨벙거리며 바로 바다로 들어갔다. 11년 전 마우이섬에서 스킨 스쿠버를 하고도 열대어 한 마리도 못 보고 나온 경험이 있어서 그 후로 하와이 바다에 대해 실망을 했었는데, 여기는 얼굴만 담그면 각종 열대어를 다 볼 수 있으니 시간 가는 줄 모르고 시간을 보냈다. 즐거운 스노클링을 하고 해변가에 앉아 계신 어머님과 이야기를 하다 보니 평생 튜브를 타 보신 적이 없으시다고 했다. 바로 남편을 불러 어머님을 모시고 튜브를 태워드리기로 했다. 스노클링은 못하셔도 이 깨끗하고 아름다운 바다에 몸은 담가 보셔야 하지 않겠는가!

그런데 놀라운 일이 일어났다. 튜브를 타시자마자 즐기시는 어머님! 오늘은 어머님 75세 평생 처음 튜브를 타신 역사적인 날이 됐다. 재밌으신지 30분이 넘도록 튜브를 타셨다. 튜브 타시게 하길 참 잘한 것 같다. 어머님이 즐거우셨다며 다시 자리로 오셨는데 남편과 주안이는 여전히 해변가에 앉아 올 생각을 하지 않는다. 뭐 하고 있나 궁금해서 가 보니 모래로 터널을 짓고 있다.

오전 내내 스노클링, 튜브 타기, 모래성 쌓기를 반복하며 즐거운 시간을 보냈다. 그리고 점심 때가 다 되어 샤워장에서 간단히 씻고, 코올리나 비치공원을 나섰다. 오전부터 수영과 스노클링을 해서 그런지 슬슬 배가 출출해져 돌아오는 길에 KFC에 들러서 맛있는 치킨으로 허기를 채웠다. 내일은 오전에 하와이에서 제일 큰 섬인 빅아일랜드로 이동을 한다. 빅아일랜드에서 3박을 하며 천천히 섬을 둘러보면서 틈틈이 스노클링도 할 예정인데, 빅아일랜드에서는 바다거북을 볼 수 있는 해변이 많다고 해서 벌써부터 기대가 된다. 오늘 하루 동안 뙤약볕에서 물놀이를 하면서 가족 모두 엄청나게 탔다. 한동안 까무잡잡한 우리 얼굴을 볼 때마다 하와이가 생각날 것 같다.

DAY190 [미국(하와이)]

2018.4.4

빅아일랜드 카할루우 비치에서 바다거북이와 함께 수영을 하다

오전 10시 40분 비행기로 오아후섬에서 하와이섬, 곧 빅아일랜드로 넘어간다. 빅아일랜드는 하와이에서 가장 큰 섬인데 아직도 화산 활동이 활발하게 진행되는 섬으로 나와 남편도 처음 가 보는 곳이라 우리 가족 모두 큰 기대를 안고 빅아일랜드로 출발했다.

비행기에서 주는 음료수 한 잔을 마시고 좀 쉬다 보니 바로 빅아일랜드로 착륙이다. 이륙에서 착륙까지 딱 50분 걸렸다. 엄청난 관광객이 찾는 곳인 데 비해 빅아일랜드 공항은 아담하고 정감 있는 모습이었다. 빅아일랜드 공항에서 3박 4일 동안 사용할 렌터카를 픽업하고 숙소로 가는 길에 월마트에 들러 장도 보고 간단히 점심을 먹었다.

빅아일랜드에서 3일 동안 우리가 묵을 숙소는 코나 코스트 리조트란 곳이다. 숙소 내부도 쾌적하고 리조트 내 환경도 정말 깨끗하고 아름답게 잘 꾸며 놓아서 마음에 쏙 들었다. 오아후 숙소보다 훨씬 크고, 시설도 잘되어 있고, 무엇보다 천장이 높은 것이 마음에 쏙 들었다.

숙소에 짐을 풀고, 차로 5분 거리도 안 되는 카할루우 비치공원(Kahaluu Beach Park)으로 오후 스노클링을 하러 갔다. 카할루우 비치공원은 바다거북을 종종 볼 수 있는 곳으로 알려져 있어서 기대가 된다. 스노클링에 재미를 붙인 주안이는 도착하자마자 아빠랑 바다로 첨벙 들어가는데, 수심이 그리 깊지 않음에도 머리만 넣으면 열대어 천국이라며 즐거워했다. 남편과 주안이는 스노클링 하러 포인트를 찾아서 저 멀리 갔다. 어머님과 나는 바닷속 바위에 앉아 파도를 맞으며 이런저런 이야기를 나누었다. 바닷물이 너무 깨끗해서 우리 발 사이로 왔다 갔다 하는 열대어들도 볼 수 있다.

남편과 주안이가 스노클링을 하는 모습을 바라보며 갯바위에 앉아서 어머님과 이야기를 하는데, 저 앞 물속에서 무엇인가 검은 물체가 우리 쪽으로 오고 있다. 둥둥 떠 있는 건지, 수영을 하는 건지, 검은 물체가 내 옆으로 쓱 지나가길래 자세히 보니 말로만 듣던 바다거북이다! "어머, 어머! 거북이, 거북이!" 애타게 남편과 주안이를 불러 보아도, 둘 다 스노클링을 하니 내 목소리가 들릴 리가 없다. 여기 가만히 있어도 거북이가 오는데, 반대편에 있는 남편과 주안이는 그것도 모르고 열대어들 구경에 정신이 없다. 잠시 후 사람들이 거북이 보러 우리 주변으로 몰려든다. '거북아, 우리 주안이한테도 가 주렴.'

한 30분쯤 지나서, 스노클링 하던 주안이가 갑자기 흥분된 목소리로 우리 쪽으로 뛰어온다. 주안이 이야기를 들어 보니, 물속에서 열대어를 보고 있는데 거북이가 주안이 쪽으로 '쓱~' 유유히 헤엄쳐 오더란다. 남편과 주안이는 꽤 오랫동안 거북이 옆에서 거북이와 같이 수영을 하고 오는 길이라고! 아까 내가 본 거북이가 내 소원대로 주안이한테 갔나 보다. 5분 정도 쉬더니 주안이가 오아후 바다보다 여기에 열대어가 훨씬 많으니 꼭 봐야 한다고 스노클링 하자며 나를 잡아끈다. 그렇게 오후 내내 스노클링을 하고 6시가 넘어서야 스노클링을 끝냈다. 서서히 카할루우 비치공원에도 해가 지고 있었다. 빅아일랜드는 오늘이 첫날인데 벌써 참 마음에 든다. 오늘은 빅아일랜드의 스노클링의 매력에 푹 빠진 날이다.

DAY191 2018.4.5

[미국(하와이)]

빅아일랜드 여행(그린웰 커피농장, 사우스 포인트, 블랙 샌드 비치, 화산 국립공원)

아침에 식사 전에 리조트 주변을 산책했다. 리조트와 붙어 있는 골프장의 파릇파릇한 잔디밭과 그 너머로 넘실대는 코발트빛 바다, 그리고 새파란 하늘 풍경이 멋들어지게 어우러져 너무나 아름답고 상쾌하다.

오늘은 빅아일랜드 반대편 쪽에 있는 화산공원까지 해안선을 따라서 반 바퀴를 둘러볼 예정이다. 우리의 첫 번째 방문지는 세계적으로 유명한 코나(KONA) 커피의 산지 중 하나인 그린웰(Greenwell) 커피농장 방문이다.

커피농장에 도착해서 방문객 센터에 들르니, 무료 투어가 막 출발했다고 했다. 우리는 대신 농장에서 재배되고 로스팅 된 다양한 종류의 커피를 시음해 보기로 했다. 농장의 방문객 센터 건물에서는 여러 가지 향과 맛이 나는 코나 커피를 시음할 수 있는데, 마시는 것마다 다 깊은 커피향과 맛을 느낄 수 있었다.

어른들이 커피 시음하고 여러 종류의 커피를 구경할 동안 주안이는 작은 나무 아래 쪼그려 앉아서 계속 무엇인가를 바라보고 있었는데 가까이 가 보니 말로만 듣던 카멜레온이었다. 카멜레온을 하와이에 와서 보게 되다니. 먹이 사냥을 위해 목표물이 눈치채지 못하게 아주 서서히 움직이면서 몸 색깔을 바꾸는 카멜레온을 실제로 보게 되니 신기했다.

다음 행선지는 South Point로, 빅아일랜드의 최남단이면서 의미를 더하면 미국의 최남단이다. 이곳으로 가기 위해 카우시닉 하이웨이(KAU Scenic Highway)를 지나가는데, 도로 양옆에서 용암이 흘러 지형이 굳어진 곳이 보였다. 도로를 달리다가 잠시 뷰 포인트에 멈춰 섰다. 신기하게도 용암이 굳은 이 땅에도 식물이 자라고 있었다. 한 시간 남짓 빅아일랜드의 서쪽 해안을 따라 운전해 빅아일랜드의 남서쪽에 있는 South Point에 도착했다.

South Point 앞의 코발트블루 색깔의 바다와 새파란 하늘이 환상적인 풍경을 자아냈다. South Point의 절벽은 다른 곳에 비해 비교적 바다와의 높이 차가 크질 않았는데 절벽 위에는 다이빙대가 설치되어 있었다. 우리가 막 도착하자마자 많은 사람의 박수를 받으며 어떤 남자가 바다로 다이빙을 했다. South Point는 절벽의 높이가 그리 높지 않은 데다가 수심도 깊고 물이 맑아서 천연 다이빙 장소로 최적인 듯 보였다.

South Point를 둘러보고 나오는 길 양옆으로 드넓은 갈대밭이 펼쳐졌다. 코발트빛 바다와 갈대밭, 그리고 짙은 검은색의 용암이 지나간 흔적들이 어우러져 정말 신비로운 느낌을 주었다.

점심시간이 되어 중간에 레스토랑에 들러서 간단히 점심을 해결하고 블랙 샌드 비치에 도착했다. 블랙 샌드 비치는 굳은 용암이 수많은 세월 동안 파도에 의해 잘게 부서져서 검은 모래가 된 것으로 이름처럼 해변이 온통 검게 뒤덮여 있었다. 주안이와 함께 모래를 만져 보니 모래 입자는 꽤 큰데 생각한 것보다 훨씬 부드러웠다.

주안이가 황급히 움직이길래 '왜 그러지?' 하고 주안이 쪽을 돌아봤더니, 거북이가 있다고 소리쳤다. '우와~ 어제도 봤는데 오늘도 보는 건가?' 몇 미터 간격으로 바다거북이 두 마리가 갯바

위 사이의 얕은 물웅덩이에서 유유히 헤엄치며 놀고 있었다. 주안이는 이렇게 거북이가 있는 블랙 비치가 좋은지 갑자기 수영을 하고 싶다고 했다. 하지만 오늘은 수영복을 안 가져왔고 마지막 일정인 화산 국립공원으로 가야 해서 수영하겠다는 아들을 달래며 이곳을 나섰다.

오늘 일정의 하이라이트인 화산 국립공원에 도착하니 벌써 3시가 넘었다. 바로 방문객 센터에 들러 추천 코스를 확인한 후 지도를 받아들고 우선 방문객 센터에서 가까운 Steam Vent부터 방문해 보기로 했다. Steam Vent 장소에 도착하자 여기저기 땅에서 연기가 솟아오르고 있다. Steam Vent란 지하수를 이루는 층의 하단부에 용암이 자리 잡고 있어서 뜨겁게 가열된 물이 지반의 틈을 뚫고 수증기 형태로 배출되는 것이다.

"우리 발아래에 용암이 흐르고 있는 거야?" 주안이가 신기하다는 듯 묻는다. 얼굴을 너무 가까이 가져가면 델 수도 있을 것 같고 심하진 않지만 옅은 유황 냄새가 났다. 우리는 내친김에 Steam Vent 옆으로 난 오솔길을 따라 안쪽으로 들어가 보았다.

오솔길 안쪽으로 쭉 들어가니 어느새 탁 트인 평지가 나오는데, 여기저기서 새어 나오는 증기(Steam)가 보인다. 언뜻 보면 재만 남은 불 꺼진 산과 같은 모습이다.

다시 차를 타고 Thomas A. Jaggar Museum으로 이동했다. 밤에는 박물관 전망대에 있으면 끓고 있는 마그마를 또렷하게 볼 수 있다고 한다. 지금은 밤처럼 깜깜하지는 않지만 비가 오려는 듯 갑자기 흐려진 날씨 탓에 저 멀리 부글부글 끓고 있는 마그마가 보였다.

줌(Zoom)으로 당겨 찍어 좀 흐리지만 실제 육안으로는 굉장히 붉은 마그마가 끓고 있는 것이 보인다. 주안이가 부글부글 끓고 있는 마그마가 꼭 지옥불같이 보인다고 했다. '이렇게 역동적으로 움직이니 이러다 화산이 폭발하면 이 근처 사는 사람들은 어떻게 하지?' 하는 생각이 들었다. 그런데 놀랍게도 우리가 세계 일주를 다녀온 지 얼마 안 돼서 실제로 화산이 폭발했다. 불과 얼마 전에 우리가 직접 운전하고 다녔던 동네와 길 위로 마그마가 흐르는 걸 TV로 보고 너무 놀라서 걱정을 많이 했었다. 어쩌면 화산 분출로 인해서 운 좋게도 당분간 갈 수 없는 킬라우에아 화산을 우리 가족이 직접 보고 온 것이다.

마그마를 보고선 다음으로 Lava Tube로 향했다. Lava Tube는 용암이 흘러갔던 길이 동굴이 되어 남아 있는 곳이다. Lava Tube는 생각보다 짧아 금방 둘러볼 수 있다. 주안이랑 우리가 걷는 이 길로 용암이 흘러 지나갔대 하면서 동굴 위아래를 살피며 좀 걷다 보니 벌써 끝이다. 총 소요 시간은 대략 10분 정도로 좀 싱겁게 구경을 마쳤다.

마지막 코스로 편도 37km 정도 되는 Chain of Craters Road를 드라이브하기로 했다. 이 드라이브 코스는 해안까지 이어진 용암류 지대를 둘러보는 코스로 지금도 간헐적으로 활동하는 작은 화구와 분기공이 있고, 도로 양옆으로는 흐르다가 굳어진 꾸불꾸불한 용암의 모습도 볼 수 있는 곳이다. Chain of Craters Road 끝에는 Holei Sea Arch를 볼 수 있는데, 용암이 바다를 향해 흐르다가 온도차에 의해 아치형의 바위가 된 곳이다. 너무 어두워지기 전에 다녀올 생각으로 길을 나섰는데 달린 지 15분쯤 지났을까? 한 치 앞을 볼 수 없는 짙은 안개가 자욱하게 깔렸다. 달려도 달려도 안개가 걷힐 기미가 보이지 않는다. 이대로 가다가는 돌아오는 길에 해가 떨어져 밤이 되면 운전하기가 쉽지 않을 거 같았다. 그래서 하는 수

없이 안전을 위해 오는 길에 살짝 지나쳤던 과거 마그마가 분출되었던 지역을 대신 둘러보기로 했다. 분화 분출 지역은 곳곳에 있었는데 신기하게도 각각 분출 연도가 표시되어 있었다. 그 말은 빅아일랜드의 지하에서는 여전히 왕성하게 화산 활동이 이루어지고 있다는 것이다.

어느덧 날이 어둑어둑해지기 시작했다. 다시 숙소로 이동해야 한다. 화산공원에서 숙소까지는 다시 2시간 정도 되돌아가야 한다. 아일랜드 화산섬의 산기슭을 타고 가는 코스인데 산간지역이다 보니 가로등을 찾아보기가 힘들 정도로 길이 어두웠지만 다행히 숙소에 잘 도착했다.

오늘은 종일 이동하면서 하와이섬을 둘러보았는데, 이름대로 다양함과 스케일이 정말 빅아일랜드다웠다. 오늘 섬을 둘레 기준으로 반절을 둘러본 건데, 빅아일랜드는 아름다운 바다, 거대한 규모의 화산공원까지 하루에 다 보기에는 가 봐야 할 곳이 너무 많은 곳이다. 이렇게 아름다운 곳인 줄 알았다면 오아후 일정을 하루 줄이고 여기서 하루 더 있을걸 하는 생각이 들 정도로 빅아일랜드는 매력이 가득했다.

빅아일랜드에서의 마지막 날인 내일은 주안이에게 무얼 하고 싶냐고 물으니 1초의 고민도 없이 "수영! 스노클링!"을 외친다. 생각해 보니, 세계 일주를 출발한 이래로 태국에서도 주안이가 제일 하고 싶다는 게 수영이었구나. 그동안 주로 가을, 겨울 시즌 여행이라 아들이 그리도 좋아하던 수영을 잘 못했는데 7개월간 열심히 들고 다닌 수영복을 하와이에 와서 제대로 활용하기 시작했다. 그래, 내일도 지칠 때까지 수영해 보자!

DAY192 [미국(하와이)]
2018.4.6

스노클링 마니아가 되신 어머님과 빅아일랜드의 환상적인 선셋

아침에 눈뜨자마자 "엄마~ 스노클링~" 하는 주안이. 수영을 하면 금세 배가 고플 테니 후다닥 어제 맛있다고 극찬받은 고추장찌개를 다시 만들어 아침밥을 두둑이 먹고 엊그제 갔던 카할루우 비치를 다시 찾았다.

점심 이후엔 해가 너무 강렬할까 봐 일찍 갔는데, 모두 같은 생각인가 보다. 이른 아침인데도 벌써 많은 사람들이 스노클링을 즐기고 있었다. 아침이지만 해가 따갑다. 처음부터 밖에 앉아 있으면 심하게 탈 것 같아, 어머님과 지붕이 있는 곳에 자리를 잡고 앉았는데 오늘은 날씨가 좋아서 그런지 해안가 곳곳에서 나이가 지긋하신 노인분들이 그림을 그리는 모습을 볼 수 있었다. 우리 어머님도 공직에서 은퇴를 하시고 전시회를 몇 번 열었을 정도로 그림을 좋아하시는 분이라, 노인분들이 그림 그리는 모습을 보는 게 즐겁다고 하신다. 다들 개성 넘치는 색상과 붓 터치로 아름다운 해변을 화폭에 담고 있다.

한바탕 스노클링을 하고 돌아온 남편과 주안이를 따라 다시 해변가 갯바위에 자리를 잡고 나도 같이 스노클링을 즐기러 나갔다. 스노클링을 나가려고 하니 오늘도 거북이가 보인다. 평생 한 번 보기도 힘든 바다거북이를 3일 연속 봤다. 열대어도 그제보다 훨씬 더 많이 보였다. 더구나 오전이고 물이 맑아 그런지 각양각색의 열대어가 떼 지어 돌아다니는 모습이 한눈에 확 들어온다. 우리만 보기 너무 아까워 어머님을 모시고 나가 보기로 했다. 수심이 깊지 않아 숨만 참으시면 이 멋진 모습을 다 보실 수가 있기 때문이다.

며칠 전 생애 첫 튜브 타기에 이어서 오늘도 어머님은 평생 처음 하시는 스노클링을 너무 즐거워하셨다. 이거 안 해 보셨으면 어쩔뻔했나 싶을 정도로 물속에서 눈도 잘 뜨시고, 조금 연습 후 숨 참는 게 편해지신 이후로는 계속 물속에서 안 나오시고 스노클링을 하시며 열대어 구경에 푹 빠지셨다. 1시간 넘게 스노클링 후 잠시 쉬려고 앉았는데, 여전히 주안이는 쉴 생각이 없는 듯 보였다. 나도 바닷속으로 들랑날랑을 몇 번이나 반복하니 '이젠 좀 쉬어야지.' 하고 갯바위에 앉아서 바다를 보는데 오늘은 날이 워낙 좋아서 그런지 육안으로도 노란 열대어들이 너무 잘보인다. "내가 그냥도 잘 보여!" 하니까 남편과 주안이가 더 잘 보이게 해 준다면서 물속에서 양팔을 벌려서 수영하며 내가 있는 쪽으로 열대어들을 유인해 왔다. "우와~!"

오늘 그동안 못 한 스노클링을 원 없이 했다. 이름은 모르지만 노랑, 흰색, 보라, 주황, 줄무늬 열대어부터 새끼 복어까지 참 다양한 어종을 만났다. 정말 쿨(Cool)한 경험이었다.

오전 내내 지칠 때까지 충분히 스노클링을 하고 숙소에 와서 씻으니 몸이 기분 좋게 노곤노곤하다. 곧 점심시간이라 숙소 바로 앞에 있는 마트에 가서 오늘 점심, 저녁거리와 내일 아침에 간단히 먹을 빵 등을 사 왔다. 이제 이렇게 해 먹는 것도 오늘이 마지막이구나 싶으니 기분이 이상하다. 오늘 점심은 맛있는 스파게티와 아스파라거스 구이다. 브라질에 있을 때 스파게티를 해 먹은 이후로 정말 오랜만이다.

어제는 이른 아침부터 저녁 늦게까지 돌아다녔고, 오늘은 반나절 동안 스노클링을 했으니 눈꺼풀이 무겁다. 점심을 먹고 시원한 에어컨 바람에 뜨거워진 얼굴과 몸을 식히며 모두 꿀맛 같은 낮잠을 잤다. 푹 자고 일어나니 어느새 오후 4시가 되었다. 남은 오후 시간은 빅아일랜드를 드라이브하며 돌아보기로 했다. 우리 리조트에서 35분 정도 떨어진 곳에 마칼레이 골프 클럽이 있는데, 주안이가 좋아하는 드라이빙 레인지도 들러 보기로 했다. 숙소를 떠날 때는 날씨가 참 좋았는데 골프장이 있는 높은 지대로 올라가면서 비가 내리기 시작했다. 골프장 클럽 하우스에 도착해 드라이빙 레인지를 이용할 수 있을지 물어보니 비가 와서 다음에 다시 오는 게 좋겠다고 했다. 골프 친다고 주안이가 신이 나서 캐나다에서 산 골프 장갑도 끼고 왔는데, 아쉽지만 다음을 기약할 수밖에…. 어쨌든 산 위쪽까지 주변 경관을 감상하며 드라이브를 했으니 이걸로 위안을 삼고 대신 빅아일랜드에서의 마지막 저녁 시간은 우리 리조트에 있는 수영장에서 보내기로 했다.

신기하게도 바닷가에 있는 우리 리조트 근처로 내려오니 그사이 비가 그치고 하늘이 맑아졌다. 리조트 수영장에는 수영하는 사람들보다 수영장을 끼고 있는 레스토랑에서 식사하는 사람들과 일몰을 구경하기 위해 나온 사람들이 훨씬 많았다. 바다를 바로 마주 보고 있는 수영장에서 보는 하와이 바다의 일몰 모습은 정말 장관이었다. 수영장에 걸터앉아 야자수 사이로 붉게 물들어 가는 석양을 한참 동안 바라보았다. 정말 그림 같은 풍경이다.

어느새 하늘은 캄캄해졌지만 수영장에는 운치 있는 조명이 있으니 아쉬운 대로 우리는 수영장 옆 자쿠지에서 따뜻한 물에 몸을 담그며 도란도란 얘기를 나누었다. 맑은 날이라 그런지 하와이의 밤하늘에는 무수히 많은 별들이 떠 있었다. 아름답고 낭만적인 하와이의 밤이다.

DAY193 [미국(하와이)]

2018.4.7

빅아일랜드에서 다시 오아후로-하와이 마지막 날 잊지 못할 저녁 식사

오전에는 리조트에서 여유 있게 아침을 보내고 오후 비행기로 다시 오아후섬으로 넘어왔다. 저녁에는 우리 세계 일주가 끝까지 잘 마칠 수 있기를 응원해 주고 하와이에서의 마지막 밤을 기념하기 위해 어머님께서 근처 한식당에서 저녁을 사 주셨다. 불고기 전골 4인분과 주안이가 세계 일주 중 노래를 부르던 냉면을 주문했다. '어머님, 잘 먹겠습니다!'

아직 오세아니아 대륙 일정이 남았지만, 어머님은 지금까지 우리들이 세계 일주를 무사히 마무리하고 있는 것을 축하해 주셨다. 작년 6월, 세계 일주를 떠난다고 처음 말씀을 드릴 때부터 지금까지 우리의 든든한 지지자로 늘 응원해 주셨던 어머님! 회사를 그만두면 어떻게 하냐, 주안이 공부는 어쩌니, 세계 일주 후 계획은 뭐냐 등 이런 이야기 한 번쯤 하실 만도 하신데, 어머님은 조용히 우리의 계획을 들으시곤 긴 말씀 안 하시고 "난 너희를 믿는다."라는 묵직한 말씀으로 우리에게 용기를 북돋아 주셨다.

이 밤, 새삼 처음 어머님께 세계 일주 계획을 말씀드렸던 그때가 떠올라 뭉클하다. 우리에게 걱정하시는 마음을 한 번도 내비치지 않으셨던 어머님은 우리가 걱정되고 보고 싶으실 때마다 우리의 여행 일정 내내 기도로 우리와 함께하셨다. 아마도 세계를 돌고 있을 막내 아들네 가족을 위해 그 어느 때보다도 간절하게 기도하셨으리라….

'어머님, 그동안 응원해 주시고 믿어 주셔서 정말 감사합니다!'

오세아니아

오세아니아

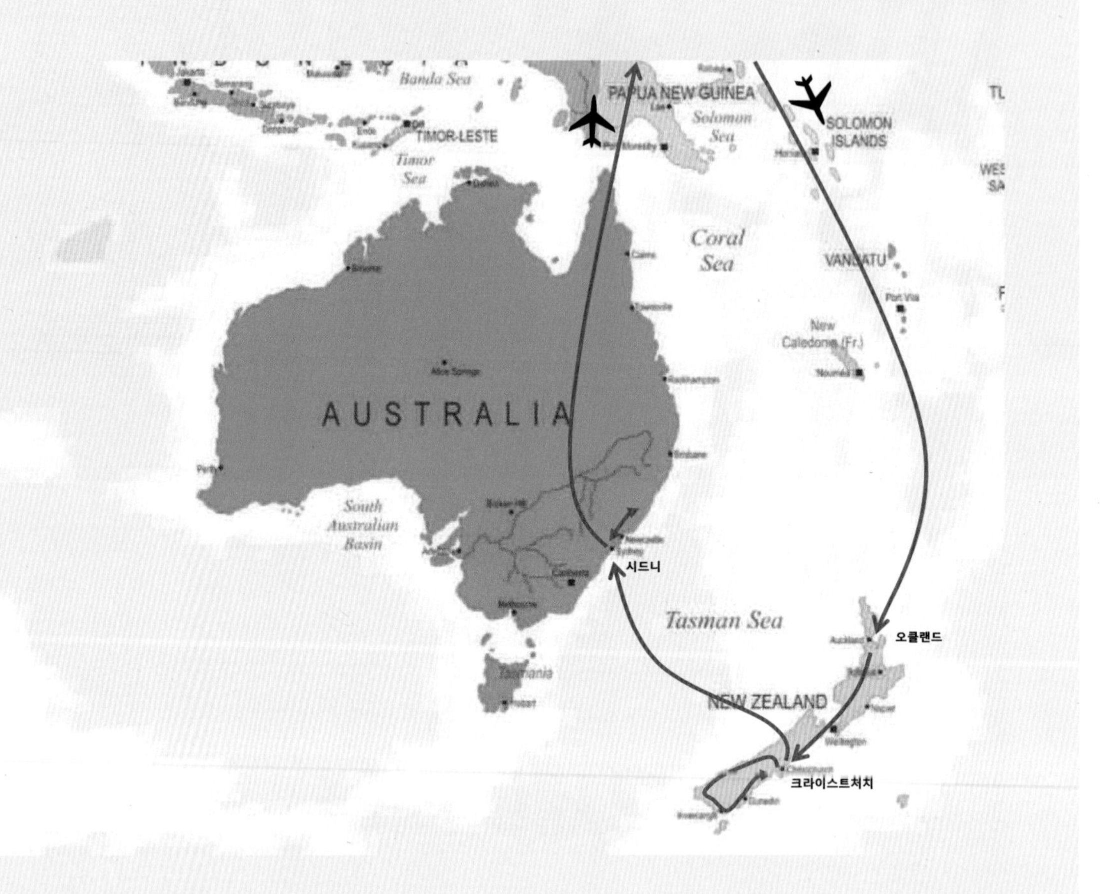

오세아니아 여행기간(총 14일)

2018년 4월 14일: 오클랜드 IN (베이징 경유)

→ 2018년 4월 26일: 시드니 OUT

방문국가/도시(2개국/15개 도시)

뉴질랜드, 오스트레일리아

오클랜드 → 크라이스트처치 → 테카포 호수 → 푸카키 호수 → 마운트 쿡 → 오마라마 → 퀸스타운 → 테아나우 → 밀퍼드사운드 → 더니든 → 티마루 → 크라이스트처치 → 시드니(블루 마운틴, 포트 스테판)

오세아니아 여행의 주요 테마

① 뉴질랜드 수도 오클랜드와 환상적인 풍경의 뉴질랜드 남섬 여행
② 시드니 오페라 하우스와 하버 브리지

주요 이동 수단 및 Activity

• 비행기(6회)
[하와이 → 인천 → 베이징] → 오클랜드 → 크라이스트처치 → 시드니 → 인천

• 뉴질랜드 남섬 여행 일정(4박 5일)
크라이스트처치 → 테카포 호수 → 푸카키 호수 → 마운트쿡 → 오마라마 → 퀸스타운 → 테아나우 → 밀퍼드사운드 → 더니든 → 티마루 → 크라이스트처치

• 시드니 도심 및 근교 여행
오페라 하우스 → 하버 브리지 → 보타닉 가든 → 서큘러키 → 달링 하버-블루 마운틴 → 페더데일 동물원 포토 스테판

2018.4.16

[중국/뉴질랜드]

오클랜드 둘러보기 (마운트 이든, 데본 포트, 마운트 빅토리아)

어머님과 하와이 여행을 마치고 어머니를 한국에 모셔다드리기 위해서 잠시 한국으로 귀국하여 5일간의 재정비를 마치고 다시 중국 베이징을 경유해 여행의 마지막 일정인 오세아니아로 이동.

어제 서울에서 베이징을 경유해 오클랜드로 오는 오랜 비행에 지친 우리는 저녁을 먹고 숙소로 들어와 10시쯤 바로 잠자리에 들었다. 아침 8시까지 한 번도 안 깨고 푹 자고 일어나니, 어제까지 으슬으슬 아팠던 몸살이 싹 사라졌다. 남편은 나를 보고 여행 체질이란다.

오늘은 뉴질랜드의 수도인 오클랜드를 둘러볼 예정이다. 오전에는 부슬부슬 오는 비를 뚫고 어제 도미노 피자를 먹었던 시내로 걸어 나갔다. 오클랜드 도심을 걷고 있지만 공원도 많고 나무도 많아서 공기가 정말 상쾌하다. 길을 걷고 있는데 맞은편에 있는 KFC를 발견하고는 주안이가 우리를 잡아끈다. 다른 세계 일주자들이 나라마다 맥주나 커피를 마셔 본다는 글은 본 것 같은데 우리 집처럼 각국의 KFC를 다녀 본 사람은 없을 듯하다. 치킨 사랑 주안이 덕분에, 북미와 유럽은 말할 것도 없고, 네팔과 아프리카에서도 KFC를 갔으니 말 다 했다.

KFC에서 아침 겸 점심을 먹고 그 자리에서 우버를 불러 마운트 이든(Mount Eden)을 찾았다. 마운트 이든은 우리말로는 에덴동산 정도가 되겠다. 다행히 우리가 KFC에서 나오니 비가 멈추고 해가 나오기 시작했다.

차에서 내려 동네 언덕을 오르듯 천천히 걸어서 20분 만에 정상에 도착했다. 마운트 이든은 오클랜드에 있는 60개의 사화산 중의 하나인데, 정상을 따라 걸어 올라가다 보면 어마어마한 크기의 분화구를 볼 수 있다. 오클랜드엔 높은 산이 없다 보니, 이렇게 나지막한 산에 올라와도 오클랜드 시내가 한눈에 다 들어온다. 정상에서 주변 경관을 구경하고 다시 내려갈 때는 분화구를 빙 둘러서 내려갔다. 주안이는 덥다며 점퍼도 벗고, 긴팔 셔츠도 벗어 허리에 묶고는 깡충깡충 잘도 내려간다. 우리 강아지!

다시 마운트 이든 입구에서 우버를 불러 데본 포트에 가기 위해 페리 터미널로 이동했다. 오늘 하루에 오클랜드를 돌아보려면 시간을 아끼기 위해 우버로 이동을 하는 게 제일 경제적이다. 페리 터미널에 도착해서 페리 티켓을 구매했다. 오클랜드에서 데본 포트까지 우리 세 식구 왕복 티켓이 뉴질랜드 달러로 32.5불, 원화로 24,000원 정도 한다.

페리 터미널을 출발한 지 15분도 채 안 돼서 데본 포트에 도착했다. 데본 포트에는 마운트 이

든처럼 나지막한 산인 마운트 빅토리아(Mount Victoria)가 있다. 산 정상에서 본 오클랜드의 전망이 일품이라고 알려진 곳이다. 드디어 올라선 마운트 빅토리아! 제일 위에 있는 벤치에 앉으니 바닷바람이 솔솔 불어 참 시원하다. 여기까지 빠른 걸음으로 올라온 주안이는 앞에 펼쳐진 멋진 풍경을 바라보며 쉬고 있다.

마운트 빅토리아에서 스카이 타워를 바라보며 한참 사진을 찍고 나서는 정상 주변을 돌아보았다. 정상 주변을 걷다 보니, 저 멀리 빨간 버섯들이 눈에 보인다. 마치 만화에 나온 버섯돌이 같이 생겼는데 산 정상을 찾은 사람들이 버섯 모양으로 된 환기구를 배경으로 재미난 사진들을 찍고 있다. 주안이는 버섯 모양의 환기구가 있는 잔디밭이 폭신폭신한지 뒹구르르 구르며 이리저리 신나게 뛰어논다.

데본 포트에서 다시 돌아가는 배는 30분 간격으로 있다. 마침 시간이 남아 페리로 가는 길에 있는 대형마트에 잠시 들렀다. 내일 비행기로 뉴질랜드 남섬으로 이동하니 간단히 먹을 간식과 과일을 사러 들어갔는데, 짙은 초록색의 홍합이 너무 신선하고 뉴질랜드산 소고기도 싱싱해 보여 남편이 오늘 저녁과 내일 아침은 숙소에서 해 먹자고 했다. 생각지도 못하게 데본 포트에서 장을 보고선 페리를 타고 숙소로 향했다. 다시 돌아오는 배에서는 갑판에 서서 내내 오클랜드의 멋진 도심 스카이라인 풍경을 바라봤다.

숙소에 도착해서 저녁으로 아까 산 스테이크와 홍합탕을 준비했다. 홍합이 너무 신선하고 맛있어서 별다른 것 없이 소금만 넣고 끓였는데도 냄비 하

나를 꽉 채운 홍합과 국물을 남김없이 다 먹었다. 오일이 없어서 스테이크는 비계를 떼어 프라이팬에 먼저 두르고 고기를 구웠다. 소금에 찍어 먹으니 입에서 살살 녹는다. 내일 남섬 크라이스트처치(Christchurch)로 출발하면 현지 투어에 합류해 남섬 일주를 하게 되니, 어디서 잘지, 뭘 먹을지, 어디로 갈지 당분간 고민할 일이 없어 편하다. 세계 일주 중 우리 가족 최초 패키지 여행이 시작되는 내일! 좋은 사람들 만나서 재밌게 여행할 수 있길 기대해 본다.

DAY199
2018.4.18

[뉴질랜드]

순수 자연의 서사시, 환상적인 남섬 여행 시작 (테카포 호수, 푸카키 호수, 마운트 쿡, 연어 낚시)

아침 7시 조식 후, 8시에 출발을 위해 이른 아침 기상을 했다. 오늘부터 뉴질랜드 여행의 하이라이트인 남섬 여행을 본격적으로 시작한다. 어제 오클랜드에서 크라이스트처치까지 1시간 40분가량 비행기를 타고 와서 투어 그룹에 합류했다. 우리 투어 그룹에는 호주에서 오신 부모님 연배의 부부와 어학연수를 왔다 투어에 합류한 20대 초반의 젊은이들까지 있어 연령대가 10대부터 70대까지 참 다양했다. 어제는 첫날이라서 다들 처음에는 어색했지만 가이드님의 재치 있는 입담 덕분에 다들 웃기 바빴다. 가이드분의 말에 따르면 지난주는 폭풍우로 투어 여행 내내 비가 와서 진짜 힘들었다는데, 이번 주는 날씨도 좋고 지금부터 일주일 동안은 단풍이 절정이라고 했다. 그리고, 4월 한 달 동안 중국의 모 기업에서 총 6,000명이 뉴질랜드 남섬 투어를 하기로 되어 있어서 매주 1,500명 이상씩 중국에서 오고 있기 때문에 현재 대부분의 호텔에 빈 방이 하나도 없다고 했다. 원래 남섬 투어를 처음 계획할 때 그룹 투어로 하지 않고 차를 렌트해서 이동할까 했었는데 예약하려는 곳곳마다 숙소가 없어서 이상하다 싶었는데 그 이유를 이제 알게 되었다.

크라이스트처치는 남섬에서 가장 큰 도시로, 총 54만 명이 살고 있는 도시이다. 한인도 최대 7,000명까지 늘어났다가 2011년 크라이스트처치에서 발생했던 대지진 이후 5,000명 정도가 도시를 떠나서 현재는 2,000명 정도 살고 있다고 했다. 벌써 7년 전 있었던 지진인데, 어제 버스로 크라이스트처치를 둘러보니 아직도 지진 피해를 받은 건물을 복구하고 있는 것을 볼 수 있었다.

가이드분의 구수한 설명과 창밖 아름다운 풍경 덕분에 버스 이동이 힘들지가 않다. 패키지 여행을 하면 버스에서는 푹 자거나 블로그를 쓰면 되겠구나 싶었는데, 이동 시간에도 계속 설명을 듣고 밖의 풍경도 구경하니 지루할 틈이 없었다. 이른 아침 식사를 하고 달리고 달려, 12시가 되기 전에 오늘의 첫 번째 목적지인 테카포 호수에 도착했다.

세상에! 호수 색깔이 에메랄드빛이다. 마치 이번 세계 일주에서 최고로 멋있던 곳 중 하나인 칠레의 토레스 델 파이네의 호수에 온 것처럼 호수의 풍경과 호수 빛이 환상적이었다. 비현실적인 듯한 현실이 앞에 놓여 있는 느낌이다. 이 멋진 광경을 보고 '아름답다! 멋지다!'라는 단어로는 다 표현이 안 된다. 여행을 하다 보면 이런 놀라운 자연을 볼 때마다 무언가 말로 표현하기 어려운 감동이 느껴진다. 이런 게 자연의 힘인가 보다.

점심으로 일식 연어 정식을 먹고, 남은 한 시간 동안 테카포 호수를 다시 둘러보았다. 만년설에 둘러싸여 있는 에메랄드빛의 테카포 호수는 마치 한 폭의 그림이었다.

다음으로 도착한 곳은 푸카키 호수다. 푸카키 호수는 이후 방문할 마운트 쿡(Mount Cook)이 발원지인 빙하호이다. 빙하가 녹은 물은 이렇게 푸른빛을 띠는데, 뉴질랜드 사람들은 이 호수색을 밀키블루라고 부른다. 뉴질랜드에서도 아름답기로 손꼽히는 호수로 SBS의 〈정글의 법칙〉을 촬영했던 곳이다.

푸카키 호수를 잠시 구경한 후 마운트 쿡으로 이동했다. 마운트 쿡은 해발 3,753m의 뉴질랜드 남섬 최고봉이다. 여기서 우리는 한 시간 남짓 트래킹을 할 예정이다. 단체여행에서 걸을 일이 많지 않아 몸이 근질근질했는데 걷는다니 우리 가족 모두 신이 났다. 걷는 걸 좋아하게 된 것도 이번 여행 중 큰 수확이다. 마운트 쿡의 후커 밸리 트랙에서 Kea Point까지 걸어갔다가 다시 돌아오는 건데, 왕복 1시간 정도 걸리는 코스다. 가이드분은 차에서 기다리고, 우리 그룹끼리 갔다가 시간에 맞춰 같이 돌아오면 된다. 우리 가족이 제일 뒤에서 시작했는데 걷다 보니 어느새 제일 앞으로 치고 가고 있다. 오랜만에 빠른 걸음으로 걸으니 너무 상쾌했다.

20분도 채 안 걸려서 Kea Point에 도착했다. Kea Point에서는 마운트 쿡 정상 부위에 있는 빙하와 만년설이 또렷하게 보였다. 그리고 전망대 앞으로 잔잔한 호수가 있었는데, 회색 빛깔의 호수는 다소 을씨년스러운 느낌을 주었다.

다시 돌아가야 할 시간이 되어 멋진 자연을 보고 감동을 느낀 나는 주안이 손을 꼭 잡고 걸었다. 좀 더 크면 이렇게 손잡고 걸을 일도 많이 없겠지?

다음으로 저녁을 먹기 위해 연어 농장에 들렀다. 연어 농장 안에는 여러 개의 연못이 있는데, 연못에서 연어를 기르고 있어서 개인적으로 원하는 사람은 옵션으로 연어 낚시를 할 수 있다. 한 마리를 낚는데 뉴질랜드 달러 90불로 원화 67,000원 정도인데, 낚시로 잡은 연어를 즉석에서 회로 손질해 준다니 주안이가 좋아하는 낚시 체험도 하고 저녁 후 숙소에서 우리 가족 모두 좋아하는 연어 회를 야식으로 먹을 수 있으니 망설임 없이 바로 신청했다. 낚시 시작한 지 얼마 되지 않아 바로 입질이 온다. "잡았다, 잡았다!" 주안이 얼굴에 귀엽고 개구진 미소가 번진다. 어려서부터 제주도만 가면 배를 빌려 낚시를 했었는데, 이게 얼마 만이냐며 신이 났다.

저녁을 먹고 숙소에 와서 짐을 풀고 근처 마트에 들러 와인 한 병을 사 왔다. 아까 포장해 주신 연어를 먹을 시간! 숙소에서 포장을 열어 보니 2팩이나 포장이 되었는데, 한 팩당 연어가 꽤 많다. 아까 손질하는 분한테 이거 몇 명이 먹으면 좋냐고 하니 성인 4명이 먹기 좋다고 했다. 우리 그룹 22명이 같이 나눠 먹으면 인당 2점도 안 될 것 같아 그냥 우리끼리 먹자고 가져왔는데, 2팩인 줄 알았으면 20대 젊은 친구들에게 나눠 먹으라고 한 팩 줄 걸 그랬다. 우리랑 다른 호텔에 묵고 있으니 찾을 수가 없어 아쉽네. 양이 많다고 생각했는데, 막상 먹기 시작하니 금세 2팩을 다 먹었다. 주안이가 직접 잡은 거라 더 쫄깃쫄깃하고 맛있었다. 연어 회와 함께 오랜만에 와인을 마셨더니 오늘은 더 잠이 솔솔 밀려온다. 내일 일정도 기대가 된다.

DAY200 [뉴질랜드]

2018.4.19

세계 최초의 번지점프 카와라우와 아름다운 퀸스타운

오전 첫 번째 코스로 세계 최초의 번지점프대로 유명한 카와라우(Kawarau) 번지점프장을 방문했다. 번지점프장 주변은 가을 단풍으로 가득해 도착하자마자 감탄이 절로 나왔다. 비록 번지점프를 직접 하지는 않지만 바로 앞에서 보는 즐거움도 있고, 번지점프 주변의 가을 느낌이 물씬 나는 풍경도 감상할 수 있어 좋다. 앞에서 번지점프 하는 모습을 보니 직접 뛰지 않는데도 왜 가슴이 콩닥콩닥 뛰는지 모르겠다. 번지점프 옆에는 굉장히 빠른 속도로 이동하는 집라이드(Zip Ride)도 있다. 이것도 무서울 것 같은데 탑승한 사람들은 다들 웃으며 돌아온다.

짜릿한 번지점프와 주변 경관을 구경한 후 다음으로 여왕의 도시라는 퀸스타운으로 이동했다. 퀸스타운에서는 스카이라인 전망대까지 곤돌라를 타고 올라가 도시를 내려다보며 점심 식사로 뷔페를 먹을 예정이다. 그런데 퀸스타운 전망대를 오르기 위한 주차장에 도착하니, 직원이 나와서 오늘 오전에 곤돌라가 갑자기 고장이 나서 오늘 단체로 예약한 전망대 관광과 점심이 모두 취소되었다고 했다. 아! 정말 아쉬웠다. 전망대도 아쉽고, 뷔페도 아쉽고, 무엇보다도 산 정상에서 자유 시간 동안 루지를 타기로 했는데…. 매우 당황스러웠다. 하지만 특이하게 전망대는 곤돌라가 아니면 올라갈 수 없는 곳이기에 수긍할 수 밖에 없었다. 다행히 경험이 많으신 가이드분이 부랴부랴 인근 한식당으로 식사 장소를 섭외해 주셔서 푸짐한 한식으로 점심을 먹을 수 있었다.

퀸스타운은 1시간이면 다 둘러볼 만큼 작은 도시이다. 원래 일정이 취소되는 바람에 퀸스타운에서의 오후 일정이 더 여유로워졌다. 더 시간을 보내야 하니 천천히 도심 곳곳을 둘러보았다. 퀸스타운은 아름다운 와카티푸 호수의 한편에 자리 잡고 있는데, 와카티푸 호수는 뉴질랜드에서 길이로는 제일 길고, 면적으로는 세 번째로 큰 호수이다. 전망대에 못 올라간 건 아쉽지만 이렇게 여유롭게 산책하듯이 한적한 도심 곳곳을 둘러볼 수 있어 상쾌하고 참 좋았다. 조용하고 아름다운 퀸스타운을 구경하고 다시 오늘 숙박할 테아나우로 출발했다. 6시가 다 되어 저녁을 먹고 숙소에 돌아와 주안이가 오랜만에 자동차를 그렸다. 자동차 팬인 주안이가 오늘 그린 자동차는 Nissan LB GTR-R35다. 디테일이 살아 있는 멋진 그림이다. '엄마가 오래오래 보관할게!'

[뉴질랜드]

남반구 최고의 피오르드, 밀퍼드사운드

오늘은 뉴질랜드 남섬 여행의 하이라이트라고 할 수 있는 밀퍼드사운드(Milford Sound)를 가는 날이다. 밀퍼드사운드는 남섬 피오르드랜드 국립공원 안에 위치해 있으며, 1만 2천 년 전 빙하에 의해 주위의 산들이 거의 수직으로 깎인 피오르드 지형이다. 밀퍼드사운드가 남반구에서 가장 아름다운 피오르드라고 하니, 날씨 때문에 가 보지 못한 노르웨이 송네 피오르드의 아쉬움을 여기서 달래 줄 것 같아서 이번 남섬 여행 중 가장 기대를 한 곳이다.

테아나우에서 아침을 먹고, 버스로 2시간 정도 달려 피오르드랜드 국립공원에 도착했다. 이 지역은 날씨가 수시로 변화무쌍하게 변하는데, 어제는 심한 폭우가 내려 밀퍼드사운드로 들어가는 크루즈가 취소가 되었다는데 오늘은 다행히 정상적으로 운행된다고 했다. 밀퍼드사운드 투어는 크루즈를 타고 피오르드 지형인 밀퍼드사운드를 2시간 동안 둘러보는 일정이다.

크루즈에 탑승하자마자 바로 점심 식사가 제공되었다. 뷔페식으로 함께 온 우리 투어 그룹 분들과 맛있는 점심을 먹었다. 식사를 마칠 때쯤 되자 배가 본격적인 뷰 포인트 지역으로 진입한다는 방송이 나왔다. 우리는 밀퍼드사운드를 좀 더 자세히 보기 위해 2층 갑판 위로 올라갔다. 저 멀리 우리보다 앞서 출발한 크루즈가 폭포 근처까지 접근하고 있는 모습이 보인다. '우와~ 어마어마한 양의 폭포수가 뱃머리에 쏟아진다! 우리도 저기 속으로 들어가나 보다.'

잠시 후 우리가 탄 배도 뱃머리를 폭포 쪽으로 돌린다. 멀리서 볼 때는 규모가 그다지 커 보이진 않았는데 폭포 근처로 가까이 다가갈수록 엄청난 양의 물보라가 튀면서 순식간에 옷이 푹 젖었다. 주안이는 이구아수 폭포 때처럼 젖어 보고 싶다고 선실로 안 들어가고 그냥 갑판 위에 있겠단다. 폭포수가 다가오자 사람들은 혼비백산 선실로 들어가기 바빴지만, 이구아수 폭포 유경험자인 우리 가족은 '폭포수는 이렇게 즐기는 거야.'라고 보여 주듯 앞으로 앞으로 전진했다. 잠시 후 폭포 바로 앞으로 다가가자마자 옷이 홀딱 젖었다.

이렇게 밀퍼드사운드 크루즈에서 단연 제일 신나는 건 크루즈가 폭포 아래로 접근할 때다. 이때는 어른이든 아이든 간에 다들 동심으로 돌아가 옷이 젖어도 크게 한바탕 웃게 된다. 자 또다시 폭포 속으로 들어간다! '점점 하이톤으로 변하는 내 목소리~' 역시 이번에도 우리 가족은 제일 앞에서 폭포수를 맞는다. '이왕 젖은 옷 재밌게 즐기자!' ☺

밀퍼드사운드에서 즐거운 시간을 보내고 오늘의 마지막 일정인 더니든으로 이동했다. 4시간이나 되는 장거리 이동인데, 크루즈에서 실컷 에너지를 발산했나 보다. 가는 내내 정신없이 푹 잤다. 더니든에 도착하니 밤이다. 간단히 여행사에서 제공한 도시락으로 저녁 식사를 하고 씻고 나오니 몸이 노곤하다. 벌써 오늘이 이번 남섬 여행의 마지막 밤이라니…. 투어 그룹 분들과도 꽤 정이 많이 들어서인지 내일 이별이 벌써부터 아쉽다.

DAY202 [뉴질랜드/호주]

2018.4.21

남섬 여행 마지막 날(모에라키 볼더스, 크라이스트처치)

오늘은 뉴질랜드 남섬 여행의 마지막 날이자, 우리 가족 세계 일주의 마지막 여행지인 호주 시드니로 출발하는 날이다. 늘 마지막이라는 단어는 아쉬움이 남기 마련이다. 우리도 이제 여행의 마지막을 맞이할 준비를 해야 한다. 오늘은 다시 우리의 남섬 여행 출발지인 크라이스트처치로 돌아간 후 밤 비행기로 호주 시드니로 넘어가는 일정인데, 크라이스트처치로 돌아가는 길에 몇 군데 관람을 하고 간다.

오늘의 제일 첫 번째 방문지는 가장 가파른 언덕으로 기네스북에 올랐다는 볼드윈 거리(Baldwin Street)이다. 기대를 많이 해서 그런가? 생각보다는 그렇게 가파르지 않아 보이는데 입구 초입에는 가장 가파른 거리라는 문구가 쓰여 있는 안내판이 세워져 있다.

다음 들른 곳은 뉴질랜드 최초의 대학인 오타고 대학이다. 뉴질랜드에서 손꼽히는 대학인데, 특히 의과대학이 세계적으로 유명한 곳이다. 주말 캠퍼스는 한적하고 조용했다. 특히 캠퍼스 교정이 멋진 가을 단풍으로 물들어 있어 운치 있었다.

버스로 또다시 이동해 이번에 도착한 곳은 모에라키 해변이다. 해변을 따라 외계에서 온 듯한 커다란 공 모양의 원형 암석이 깔려 있는 곳인데, 약 6500만 년 전에 형성된 방해석 결정체로 추정된다고 한다. 모에라키 볼더스의 해변을 내려가자 정말 해변가 앞에 공룡알 같은 바위들이 보이기 시작했다. 적어도 지름이 1미터는 넘을 듯 생각보다 크기도 컸다. 게다가 모양이 진짜 공룡알처럼 보였다.

마지막 방문지인 모에라키 볼더스 구경을 마치고 다시 버스를 타고 크라이스트처치로 돌아왔다. 이로써 4박 5일간의 남섬 일주가 끝이 났다. 세계 일주 중 아름다운 곳을 많이 둘러보았는데, 뉴질랜드의 남섬도 정말 손꼽힐 정도로 멋졌다. 특히, 자연이 아름다운 뉴질랜드에서 가을의 정취를 만끽할 수 있는 4월 뉴질랜드는 기대 이상으로 정말 아름다웠다.

이제 정든 우리 투어 그룹과 헤어질 시간이다. 5일 동안 같은 버스를 타고, 같이 이동하고, 같이 식사를 했으니 다들 정이 너무 들었다. 다들 우리 가족의 세계 일주를 축하해 주시며 끝까지 건강하게 잘 마치라고 응원해 주셨다. 이제, 오늘 밤 드디어 세계 일주의 마지막 국가인 호주로 떠난다!

DAY203
2018.4.22

[호주]

매력 가득한 시드니(달링 하버, 오페라 하우스, 하버 브리지)

4월 호주 시드니는 뉴질랜드 남섬보다 날씨가 따뜻하고 온화하다. 오늘은 숙소에서 가까운 달링 하버(Darling Harbour)를 시작으로 시드니 중심부를 걸어서 둘러보기로 했다. 오전에 나가서 야경까지 보고 들어올 예정이라 아침을 든든히 먹고 숙소를 나섰다.

열심히 걷다 보니 이제 슬슬 우리 눈앞에 하버 브리지(Harbour Bridge)와 오페라 하우스(Opera House)가 보인다. 먼저 하버 브리지 쪽으로 갔다. 예전에 시드니에 왔을 때가 한겨울이라서 그때 보았던 하버 브리지는 좀 삭막한 분위기였는데, 오늘 푸른 잔디와 함께 어우러진 하버 브리지는 17년 전 보았던 모습보다 훨씬 멋있었다. 해안선을 따라 놓여 있는 산책길이 하버 브리지 아래로 이어지는데 다리 아래에서 보는 하버 브리지의 모습도 장관이었다. 잠시 하버 브리지 아래의 벤치에 앉아 주변 경관을 둘러보고 오페라 하우스 쪽으로 걸어갔다. 뉴질랜드에서 많이 못 걸어서 그런지 오랜만에 오래 걸으니 몸이 더 가벼워지고 풀리는 것 같다.

잠시 후 오페라 하우스에 도착했다. 세계 3대 미항이라는 명성에 걸맞게 시드니 항구와 오페라 하우스는 떼려야 뗄 수 없는 관계인 거 같다. 만약에 오페라 하우스가 없다면 시드니 항구가 여전히 세계 3대 미항에 포함될 수 있을까? 하버 브리지와 오페라 하우스는 특히 같은 카메라 앵글 속에 함께 있을 때 더욱 멋진 거 같다.

어느새 5시가 넘어가고 있다. 일몰 시간이 얼마 남지 않아서 이왕 온 김에 일몰까지 보고 가기로 했다. 하버 브리지와 오페라 하우스의 일몰을 제대로 보기 위해 보타닉 가든(Botanic Garden)을 지나 미세스 맥쿼리 포인트(Mrs. Macquaries Point) 쪽으로 갔다. 미세스 맥쿼리 포인트에 도착해 여러 각도에서 사진을 찍기 위해 나는 높은 곳에 자리를 잡았고 남편은 아래쪽에 바닷가 쪽으로 내려가서 자리를 잡았다. 잠시 후 건너편 오페라 하우스 쪽에 불이 하나씩 들어오면서 환상적인 금빛 야경이 서서히 모습을 드러냈다. 그리고 조금씩 조금씩 어두워질수록 오페라 하우스와 그 뒤편의 하버 브리지의 야경이 더 또렷해지면서 야경의 절정에 다다른다! '이 멋진 야경을 한 번만 보기는 너무 아깝다.' 투어가 없는 이번 주 화요일에 페리를 타고 와서 다시 보리라!

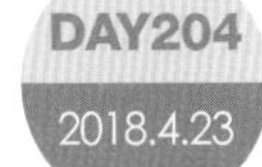

DAY204 [호주]

2018.4.23

유칼립투스의 군락지 블루 마운틴과 페더데일 동물원(feat. 코알라와 캥거루)

오늘은 이틀 전에 예약한 하루 코스의 블루 마운틴(Blue Mountain) 투어 날이다. 호주도 뉴질랜드와 마찬가지로 차량의 운전대가 한국과 반대 방향이라 단기로 여행할 경우에는 현지 한인 여행사를 활용하는 것이 편하다. 7시 50분까지미팅 장소로 걸어가니, 여행사들의 차량이 다 모여 있다. 우리는 여성 가이드분의 그룹인데, 뉴질랜드 때처럼 운전과 가이드를 동시에 한다. 블루 마운틴까지는 버스로 대략 2시간 동안 이동하는데, 이동 중 여러 가지 호주 여행에 대한 안내와 블루 마운틴에 대한 이야기를 해 주었다.

블루 마운틴의 면적은 서울, 경기와 충청도를 다 합친 것과 동일할 정도로 방대한 면적을 자랑한다. 산이 푸른빛을 띠어 블루 마운틴이라고 하는데, 이는 산 전체의 나무 중 70%가 유칼립투스이고, 나무의 알코올 성분 때문에 푸른빛으로 보이는 것이다. 전 세계의 유칼립투스의 14%가 블루 마운틴에 있다고 한다. 호주에는 총 19개의 유네스코 세계유산이 등재되어 있는데, 19개 중 18개가 자연유산이며 유일하게 건축물로 등재된 것이 오페라 하우스다. 블루 마운틴도 역시 유네스코 세계유산 중 하나인데, 선정된 이유 중 하나가 바로 쥐라기 시대에 살았던 공룡들이 먹던 나무가 1995년에 블루 마운틴에서 발견되었기 때문이라고 한다.

미국 그랜드 캐니언보다 형성 시대가 대략 2억 년이 빠르다는 블루 마운틴! 오늘 제일 첫 번째 방문지는 블루 마운틴의 전망을 잘 볼 수 있는 킹스 테이블 랜드 전망대다. 수백 미터 높이의 절벽 전망대인데 따로 펜스가 없으니 정말 조심해야 한다. 킹스 테이블 랜드는 오랜 세월 비와 바람에 깎여 이름과 같이 테이블처럼 평평하다.

버스로 이동해 블루 마운틴의 Echo Point에 도착했다. 도착하고 보니 불현듯 부모님과 함께 여기를 걸었던 20대 때의 추억이 떠오른다. 그때 부모님은 50대셨는데, 참 젊고 멋지셨다. 엊그제 같은데 세월이 새삼 빠르게 느껴진다.

뒤이어 Echo Point에서 제일 유명한 세 자매봉(The Three Sisters)에 도착했다. 원주민들의 전설에 따르면 카툼바 마을에 아름다운 세 자매와 그녀들의 마술사 아버지가 행복하게 살고 있었단다. 어느 날 마왕이 우연히 이 자매를 보고 아름다움에 반해 자신의 아내로 삼으려고 하자 마술사 아버지가 마술봉으로 딸들을 바위로 만들고선 마왕과 싸웠다. 마왕과 싸우기 위해 새로 변한 아버지는 부리로 물고 있던 마술봉을 그만 이 넓은 블루 마운틴 어딘가에 떨어뜨려서 다시 이 딸들을 사람으로 만들지 못해 이렇게 바위로 남았다는 전설이 전해지고 있다고 한다.

다음은 블루 마운틴의 Scenic World의 어트랙션을 이용하는 시간이다. 케이블카, 레일 웨이 궤도열차 등을 타고 블루 마운틴의 세 자매봉과 카툼바 폭포를 관람하게 된다. 입장료도 꽤 가격이 나가던데 우리는 투어비에 다 포함되어 있다. 제일 먼저 탑승한 것은 케이블 웨이다. 가파른 경사면을 오르락내리락하는데 창 아래를 내려다보니 생각보다 훨씬 아찔했다.

케이블 웨이에서 내리면 걸어서 쥐라기 시대의 열대우림 속을 걸어 다닐 수 있는 워크웨이와 연결된다. 워크웨이를 걸으며 깨끗한 공기를 크게 들이마셨다. 아까 가이드님 설명 중에 블루 마운틴 공기가 너무 맑고 깨끗해서 이 공기를 캔에 담아 판매도 하는데, 현재 중국으로 수출 중이라고 했다. 공기가 든 캔 하나가 우리 돈 18,000원 정도 하는데, 한 캔당 20분 정도 들이마실

수 있다고 한다. 한국도 미세먼지가 심각한데, 우리도 깨끗한 공기를 이렇게 사서 마셔야 하는 날이 오지 않을까 걱정이 된다. 공기 좋은 곳에 왔으니 깨끗한 공기를 실컷 들이마셔야겠다.

레일 웨이를 타고 다시 산 위쪽으로 올라가기 위해 정거장으로 갔다. 정거장에 도착하니 잠시 후 올라갈 레일 웨이가 관광객을 싣고 내려오는데 사람들의 비명소리가 장난이 아니다. 레일 웨이는 기울기가 52도로 세계에서 가장 가파른 철도이다. 의자 옆 스위치를 누르면 최대 64도로 기울기를 더 가파르게 조절할 수 있다. 주안이는 앉자마자 좌석을 64도 기울기인 Cliff Hanger 모드로 바꾸었다. 올라갈 때는 뒤로 올라가니 점점 더 블루 마운틴이 높아지는데, 올라가자마자 사람들 비명소리에 정신이 하나도 없다. 속도가 순식간에 빨라지니, 실수로 핸드폰을 떨어뜨린 사람도 있다. 소지하던 짐들을 잘 잡지 않으면 우르르 다 떨어진다. 마치 누가 우리 머리를 끌어당기듯 위로 빨려 올라가는데 이렇게 올라가는 것도 스릴 만점이다! 다음으로 스카이웨이(Skyway)를 탔다. 스카이웨이는 협곡 270미터 위를 지나가는데, 스카이웨이 중간 부분 바닥이 유리로 되어 있다.

이렇게 세 가지의 Scenic World 체험을 마치고 점심 식사를 위해 로라 마을로 이동했다. 호주는 스타벅스가 성공을 거두지 못한 나라라고 한다. 그 이유는 바로 호주 사람들이 즐기는 플랫화이트(Flat White) 커피 메뉴가 스타벅스에 없었기 때문이라는데 로라 마을에서 느긋하게 점심을 먹고 플랫 화이트를 마셔 보았다. 그런데 내 입맛에는 부드러운 라테 맛과 비슷했다.

다시 버스를 타고 한 시간쯤 이동해서 페더데일(Featherdale) 동물원에 도착했다. 주안이는 귀요미 코알라와 캥거루를 곧 만난다고 신이 났다. 페더데일에는 코알라와 캥거루 외에도 여러 종류의 동물들이 많이 있지만, 우리는 주로 코알라와 캥거루를 구경하는 데 시간을 보냈다. 보통 코알라는 하루에 20시간을 자기 때문에 깨어 있는 모습을 보는 게 더 어렵다는데 다행히 우리 앞에 코알라가 졸린 눈을 크게 뜨고 앉아 있다! '이야~ 안 자는구나!'

코알라를 보고 나선 캥거루를 보러 갔다. 캥거루 우리에 오니 캥거루과인 왈라비와 왈라루가 있었다. 일반 캥거루보다는 몸집이 작고 서식지도 다르다는데 내 눈엔 다 캥거루로 보인다. 캥거루와 왈라비 우리에서는 2불 정도 기부를 하면 캥거루가 좋아하는 풀을 한 컵 받을 수 있다. 동물들에게 먹이 주는 것을 좋아하는 주안이는 기부를 하고 먹이를 한 컵 받아왔다. 여기 말고 다른 쪽에 있는 캥거루들은 먹을 것을 주는 사람이 별로 없다는 이야기를 듣고 주안이는 그쪽으로 가 보겠다고 한다. 주안이는 캥거루 밥 줘야 한다고 마음이 바쁘다. 난 혹시 확 깨물면 어쩌지 싶은데 주안이는 아랑곳하지 않는다. 처음엔 주안이 손에 있는 풀을 먹더니 컵에 머리를 집어넣고 본격적으로 먹기 시작한다.

열심히 먹고 있는 왈라비가 몸집이 작아서 새끼인가 했는데, 왈라비 앞주머니에 아주 작은 새끼가 빼꼼히 나온다. 주안이가 주는 먹이를 먹고 있는데 앞주머니에서 새끼 왈라비가 얼굴을 쏙 내밀었다. 배를 자세히 보니 육아낭(앞주머니)이 밑으로 많이 내려와 있다. 진짜 신비롭다! 돌아오는 버스에서 우리가 본 대부분의 코알라가 안 자고 있었다고 가이드분께 말하니, 오늘 우리가 굉장히 운이 좋은 거라고 했다. 보통은 자고 있는 코알라만 보고 돌아간단다.

5시 30분에 다시 시드니에 도착했다. 버스를 타고 이동을 했을 뿐인데도 꽤 피로함이 몰려온다. 서둘러 숙소로 돌아와서 저녁을 준비했다. 오늘 저녁 메뉴는 어제 마트에서 사 온 양고기 구이다. 뉴질랜드와 호주는 초원에서 방목해 키운 양고기로 유명한데 키우는 양의 수가 많은 만큼 이곳 사람들은 주로 생후 6개월 미만의 부드러운 최상급 양고기를 먹는다고 한다. 그래서 그런지 양고기가 잡냄새도 없고 더욱더 부드럽고 맛있었다.

이렇게 오늘 저녁은 푸짐한 양고기와 신선한 야채에 리코타 치즈와 발사믹 드레싱을 곁들인 맛있는 샐러드, 그리고 어제 마트에서 사 온 호주산 와인을 반주 삼아 소박하지만 나름 근사한 저녁 만찬이 되었다.

DAY205
2018.4.24

[호주]

하버 브리지를 가로지르는 짜릿한 시드니 제트보트와 아름다운 시드니의 밤

오페라 하우스와 하버 브리지를 다시 찾을 예정이다. 오늘은 피어몬트 베이(Pyrmont Bay)에서 페리를 타고 오페라 하우스가 있는 서큘러 키(Circular Quay)로 이동하는 일정으로 오전에 피어몬트 베이로 가서 서큘러 키까지 가는 티켓을 편도로 구매했다.

이번 시드니 여행부터는 주안이에게 미러리스 카메라의 촬영을 담당하게 했다. 남편과 나는 핸드폰으로 사진을 찍고, 주안이가 카메라로 찍었는데, 엊그제 시드니 야경 사진을 보니 생각보다 꽤 잘 찍었다. 그 사이 엄마, 아빠가 사진 찍는 걸 보고 실력이 많이 는 것 같다. 뜨거운 태양 아래 시원한 바람을 가르며 배가 이동한다. 페리가 출발하자 갑판 위에서 주안이가 카메라를 목에 걸고 열심히 시드니의 멋진 모습을 찍기 시작했다. 페리는 시드니 사람들이 애용하는 일종의 수상 버스라 티켓 비용이 저렴한데, 특히 서큘러 키까지 가는 코스는 중간에 하버 브리지 아래를 통과해 오페라 하우스 쪽으로 향하기 때문에 바다 쪽에서 오페라 하우스와 하버 브리지를 배경으로 사진을 찍을 수 있는 훌륭한 관람 코스이기도 하다.

어느새 저 멀리 하버 브리지가 모습을 드러냈다. 이제부터 손이 카메라로 자꾸 가느라 바빠진다. 피어몬트 베이에서 오페라 하우스가 있는 서큘러 키까지는 대략 30분 정도 걸리는데, 시드니 하버의 풍경을 감상하고 사진 찍느라 시간 가는 줄도 모르고 금세 도착했다.

점심으로 서브웨이에 들러 샌드위치를 포장해 나왔다. 지난번 야경 사진을 찍으려고 보타닉 가든을 가로질러 걸었는데, 어제 블루 마운틴 투어 가이드의 설명을 들어 보니 여기가 공유의 카누, 수지의 K2 광고의 배경이 되었던 곳이라고 했다. 분위기도 내고 한가로운 공원을 즐길 겸 오늘 점심은 아름다운 보타닉 공원에 앉아 시드니의 시그니처인 하버 브리지와 오페라 하우스를 바라보며 먹기로 했다. 푸르른 잔디에 앉아 높은 하늘과 시원한 바다를 배경으로 오페라 하우스를 바라보며 샌드위치를 먹고 있으니 여기가 낙원인가 싶다.

여유 있는 점심 피크닉을 마치고 오후 첫 일정으로 시드니 투어의 명물인 제트보트의 탑승을 위해 예약 시간에 맞춰 탑승장에 도착했다. 간단한 안전 수칙을 듣고, 모두 동의서를 작성한 후 우비와 구명조끼를 착용했다. 신발도 다 젖을 수 있어 벗는 게 좋다고 해서 신발과 소지품을 모두 보관함에 넣었다. 보트는 대략 15여 명의 승객이 함께 타는데 제공받은 빨간 우비를 입으니 슬슬 기분이 업이 된다. 원래는 주안이가 타고 싶다고 한 건데, 오히려 내가 더 업이 된 거 같다.

배에 오르니 가슴이 콩닥콩닥 너무 흥분된다! 으라차차 파이팅! 가이드 겸 제트보트 드라이버가 제트보트 타는 모습을 앞에 설치된 고프로(Gopro)로 계속 찍어 준다고 했다. 그리고 몇 가지 재미있는 단체 제스처를 알려 주었는데, 제트보트 드라이버가 손으로 사인해 주면 다 함께 떼창으로 3, 2, 1을 외친 다음 바로 엄청나게 빠른 속도로 턴을 한다고 했다.

드디어 보트가 출발했다. 보트는 오페라 하우스 앞바다를 질주하듯이 시원하게 가로질렀다. 그리고 적당한 지점에 다다르자 드라이버가 앞에서 손을 휘저으며 신호를 보냈다.

"Three, Two, One!", "휘리리~ 쏴아악!" 수신호에 맞춰 구령을 하자 보트가 순식간에 턴을 하고 순간 마치 물기둥이 솟은 것처럼 물보라가 보트를 덮쳤다. "와~" 찌릿찌릿하고 짜릿짜릿하다. 보트는 이후에도 수차례 턴을 했는데, 그때마다 신나는 비명이 이어졌다. 그야말로 카타르시스를 느끼는 순간이다. 내일이 우리 세계 일주의 마지막 날인데, 제트보트의 유쾌한 에너지로 여행의 마지막이 환호와 기쁨으로 잘 마무리되는 것 같아 뿌듯했다. 정말 제트보트를 타기로 한 것은 좋은 선택이었다.

제트보트를 마치고 흠뻑 젖은 옷을 갈아입고 잠시 휴식을 취한 후 다시 오페라 하우스와 하버 브리지의 야경을 보기 위해 나섰다. 야경 투어도 역시 아침에 탄 페리를 다시 타고 피어몬트 베이에서 서큘러 키까지 가는 코스다. 오전에 바다에서 본 풍경이 환상적이었는데, 저녁 야경은 어떨까? 배가 서서히 물살을 가른다. 어두운 밤을 수놓은 건물들의 불빛이 잔잔한 바다에 반영이 되니 마치 한 폭의 그림 같았다.

감탄하다 보니 어느새 서큘러 키에 도착했다. 배에서 내려 오페라 하우스 쪽으로 걸어갔다. 오페라 하우스는 낮에도 멋있지만 조명이 더해진 밤 풍경 역시 근사했다. 오늘 밤은 오페라 하우스 아래에 있는 카페에서 차 한잔하면서 찬찬히 시드니의 밤을 느껴 봐야겠다. 카페는 엊그제 왔을 때는 주말이라 만석이었는데 오늘은 평일 저녁이라 그런지 자리가 있었다. 커피와 음료를 주문하고 그동안의 여행에서 경험했던 것과 느낀 것, 그리고 앞으로 우리의 미래에 대해 이야기를 나누었다. 세계 일주 마지막 밤은 내일이지만, 내일 종일 투어를 하고 돌아오면 저녁 시간이라, 귀국할 짐을 싸고 나면 이렇게 밤에 여유롭게 나와 볼 시간이 없을 것 같다. 그런 생각이 드니, 왠지 오늘이 우리의 세계 일주 마지막 밤인 것 같아 마음이 좀 이상하다.

세계 일주 루트상 오세아니아는 마지막 순서이고, 일정상 그리 긴 시간을 할애하지는 못했다. 짧은 시간이지만 남편은 시드니의 매력에 푹 빠졌고 언제가 될지는 모르겠지만 나중에 오게 되

면 다 같이 여유롭게 호주 전역을 여행해 보자고 했다.

일상으로 돌아가면 다시 치열한 삶을 살 것이다. '우리가 또다시 이렇게 여행을 할 수 있을까?' 란 생각이 들다가도, 세계 일주까지 했는데 짧은 여행은 또 못 할 것이 뭐가 있나 싶기도 하다. 오늘따라 내 앞에 있는 우리 가족들이 너무 자랑스럽고 참으로 고맙다. 지난 7개월간 함께 만든 수많은 추억들이 앞으로 살아가는 데 큰 활력소가 될 것이다.

주안이가 세계 일주 중 그린 오페라 하우스와 하버 브리지

DAY206 2018.4.25

[호주]

세계 일주 마지막 일정(포트 스테판의 돌핀 크루즈와 아나 베이 샌드 보딩)

세계 일주 일정의 마지막 날이 밝았다. 오늘 우리는 세계 일주의 마지막 일정으로 시드니 인근에 있는 포트 스테판이란 곳으로 1일 투어를 간다. 포트 스테판은 시드니 북동쪽에 위치한 아름다운 해양도시로 포트 스테판에 있는 포트 스테판 넬슨 베이에서 돌고래를 보는 돌핀 크루즈 투어를 하고 사막과 같은 느낌인 거대 해안사구 지역인 아나 베이(Anna Bay)에서 샌드 보딩을 한다.

특별히 오늘은 호주와 뉴질랜드의 공휴일인 ANZAC Day라서 도로에 차가 많았다. ANZAC은 Australian and New Zealand Army Corps의 약자로, 제1차 세계대전 시 희생당한 호주, 뉴질랜드 연합군을 기리는 날이다. 1915년 4월 25일 작전을 수행하던 중 총 1만 5천여 명의 호주, 뉴질랜드 군인이 사망을 했고, 참혹한 이 날을 잊지 않겠다는 의미로 호주와 뉴질랜드가 함께 기념일로 지정했다고 한다. 그러고 보니 ANZAC Day가 우리의 세계 일주 여행 마지막 날이 되었다.

오전 7시에 출발해 10시쯤에 넬슨 베이에 도착했다. 돌핀 크루즈를 타러 가는 길에 본 바다가 참 푸르고 맑았다. 드디어 돌고래를 보기 위한 돌핀 크루즈 배에 탑승했다. 어떤 날은 돌고래를 보지 못하고 돌아가는 날도 있다는데 오늘 돌고래를 볼 수 있을지 궁금하다. '그래도 여행 마지막 날인데, 피날레를 장식하기 위해 돌고래들이 얼굴 좀 보여 주면 얼마나 좋을까?' 배가 출발하고 내내 갑판에 나와 돌고래의 출현을 기다렸다. 주안이는 오늘도 카메라를 목에 걸고 배의 갑판에서 사진을 촬영할 준비를 했다.

'여행 중 사진 찍기에 재미를 느낀 주안이. 오늘도 작품 사진 기대할게!'

출항한 지 15분쯤 지났을까? 저 멀리서 돌고래 등지느러미가 보인다. 우와! 돌고래가 우리 배 근처로 다가온 것이다! 순식간에 돌고래가 나타나자 갑판 위에 나온 사람들이 웅성이기 시작했다. 이제부터 눈 크게 뜨고 찾아봐야지! 다시 돌고래가 나타나기까지 기다림이 필요하다. 어디서 나올지 모르니 우리 셋은 각자 다른 방향에 서서 핸드폰과 카메라를 들고 대기했다. 얼마간의 시간이 흐르고 갑자기 훅하고 돌고래가 나타났다. 워낙 순간적으로 모습을 드러냈다가 다시 바다로 들어가 버려서 사진 찍기가 쉽지 않았다.

돌고래가 지나가고 또 얼마간의 기다림 동안 무료함을 달래 주듯 어느 새 기러기들이 배 위로 날아들었다. 배의 속도에 맞춰 배 위를 나란히 비행하는 기러기는 파란 하늘과 대조를 이루어 마치 자유로운 영혼같이 편안해 보였다. 오늘 이 푸른 하늘 위에 아름답게 우리 크루즈 주변을 맴도는 기러기들을 보니 왠지 모르게 7개월간 자유로이 여행을 하던 우리의 모습 같기도 해서 자꾸만 쳐다보게 된다.

이번 세계 일주를 통해 우리 가족은 말로 다 할 수 없는 경험을 쌓았고 서로를 더 의지하고 더 많이 사랑했다. 분명히 이 경험을 통해 우리는 또 한 번 비상(飛上)하리라. 자유로운 기러기를 보며 이런 생각을 하니 마음이 뭉클해진다.

지루해지려고 하면 한 번씩 나타나 우리에게 기쁨을 주는 돌고래 덕에 어느새 1시간 30분간의 투어 시간이 끝났다. 이후 중식 뷔페에서 맛있는 점심을 먹은 후 사막과 같은 거대한 해안사구로 유명한 아나 베이에 도착했다. 투어 버스에서 내려 4륜 구동 셔틀버스로 갈아타고 모래사막을 달리는데 여행 초반의 이집트 사막투어가 자꾸 떠올랐다.

그런데 갑자기 차량 앞으로 길게 늘어선 낙타 무리가 유유히 지나간다. 의외로 호주에 낙타가 많아서 중동지역으로 수출을 하기도 한다는데, 여기서 보게 될 줄이야. 가이드 말로는 호주엔 낙타의 천적이 없기 때문에 왕성하게 번식을 해 생존율이 높기 때문이라고 한다.

어느새 샌드 보드를 타는 장소에 도착했다. 이집트 사막에서나 즐겼던 샌드 보드를 호주에 와서 하다니! 이집트 이후 주안이가 가끔 샌드 보드 이야기를 했었는데, 마지막 날인 오늘 원 없이 타 보게 해야겠다. 주안이가 먼저 출발했는데 덩치가 큰 남편이 가속력이 붙어 엄청난 속도로 한 번에 휭하고 내려간다! 이집트 모래언덕보다 낮다고 생각했는데, 남편을 보니 여기가 훨씬 속도감이 빨라서 더 짜릿하게 느껴졌다. 샌드 보드를 계속 타려면 보드를 들고 모래언덕을 걸어서 올라가기를 반복해야 하는데, 보통은 보드를 들고 모래언덕을 걸어 올라가는 게 힘들어서 2~3번 정도 타고 만다는데, 주안이는 한 시간 내내 한 번도 쉬지 않고 계속 반복해서 탔다.

투어를 마치고 7시가 넘어 시드니에 도착하니 몸이 천근만근이다. 원래는 피어몬트 베이 쪽에서 맛있는 시푸드를 먹으려 했었는데 이른 아침부터 시작된 투어에 모두 지친 것 같다. 숙소로 걸어오는 길 내내 고민하다가 결국 숙소 바로 근처에 있는 차이나타운에서 세계 일주 마지막 저녁을 우리 가족이 좋아하는 음식인 훠궈로 정했다. 매일 저녁 숙소로 돌아오는 길에 이 집을 지나갈 때마다 침이 고였는데, 지친 오늘 만장일치로 훠궈를 고른 것이다. 세계 일주 마지막 저녁 만찬이 훠궈가 될 줄이야. 전혀 상상도 못 했었다. 그런데 또 생각해 보면 우리 가족은 원래부터 훠궈 마니아들이었고, 남편이 예전 홍대 쪽에서 훠궈를 먹다가 훠궈를 소개하는 프로그램에 인터뷰를 하게 되어 방송에도 나왔었고, 세계 일주 출발 직전에 동생네 가족이 잘 다녀오라고 사준 저녁도 훠궈였다. 아프리카의 아디스아바바에서도 훠궈를 먹으며 한식의 그리움도 달랬었지. 오늘은 여행 마지막이니 먹고 싶은 재료는 모두 다 넣고 맛있게 먹자.

마지막 날 저녁을 맛있게 먹고 숙소에 돌아와 짐을 싸는 동안 조용히 방에 있는 주안이가 뭐 하나 봤더니 멋진 자동차를 그리고 있었다. 유치원 때부터 자동차 디자이너가 되겠다고 해서 주안이가 꿈의 그릇을 키울 수 있게 이번 세계 일주 일정 중 유럽에서는 유명하다는 자동차 박물관과 자동차 메이커를 대부분 다 돌아보았다. 시키지 않아도 저렇게 좋아서 틈틈이 자동차를 디자인하는 아들이 신기하고 또 예쁘다.

용기, 배려, 감사의 여행!

서로에게 정말 고마움이 가득한 여행이었다. 7개월 동안 하루 종일 같이 있었는데도 사소한 말다툼이 한 번도 없었다. 여행 내내 서로 배려해 주고 고맙다고 표현한 결과인 것 같다.

마지막 밤, 돌아가면서 서로에 대해 하고 싶은 말을 했는데, 모두 다 감사한 것에 대한 내용이었다. 이번 여행의 리더로 전체 일정을 계획하고, 예약하고, 혼자 운전하고, 요리하고, 주안이 공부까지 맡아 준 남편. 어려운 상황이 갑자기 발생해도 늘 긍정적인 점을 먼저 이야기해 주고 먼저 솔선수범해 줘서 여행을 더 즐겁게 해 주었다. 우리 복덩이 주안이는 여행 내내 어떤 음식이든 다 맛있게 잘 먹어 주고, 잠도 잘 자고, 힘들다 투정 한번 없이 잘 따라와 준 것만으로도 너무 고맙다. 매일 수학 공부에 영어 성경 암송을 꾸준히 하기가 쉽지 않다는 걸 잘 아는데도 참 잘해 줘서 유명한 명소마다 주안이가 영어와 한국어로 성경 암송한 것을 동영상으로 남겨 두었다. 엄마, 아빠가 지쳐 보일 땐 주안이가 자청해 짐도 들어 주었지. 속이 참 깊고 정도 많고 흥도 많은 아들. 7개월간 우리 부부의 엔돌핀이었다.

글 쓰는 데 소질이 별로 없는 내가 이번 여행의 기록을 담당했다. 처음엔 이 어마어마한 추억을 잊지 않기 위해 짧은 기록을 남기려고 시작을 했는데 점점 더 욕심이 나서 나중에는 종일 일정을 다 정리해 새벽까지 사진 정리하고 블로그를 쓰느라 참 바빴다. 그래도 나중에 시간이 많이 흘러도 이 블로그를 보면 다시 생생히 기억이 날 것 같아 힘들지만 참 잘한 것 같아 나도 뿌듯하다.

다 돌아가면서 이야기를 나누고 나니 주안이가 수줍은 듯이 볼이 빨개지며 우리에게 말한다. "엄마, 아빠. 저를 세계 일주에 데려와 주셔서 감사합니다." "아들아, 잘 따라와 주고 예쁘고 건강하게 커 줘서 우리가 더 고맙다."

DAY207
2018.4.26

[(마지막 날)-호주/대한민국]
대장정의 끝! 7개월간의 세계 일주를 무사히 마치다

오늘 오전 9시 30분 비행기를 타고 이제 완전히 한국으로 귀국하는 날이다. 어제까지는 여행이 끝나가는 아쉬운 마음이 가득하더니 막상 떠나는 오늘은 한국에서의 일상이 기대가 된다. 지금껏 아무 사고 없이 긴 시간 동안 즐겁게 여행을 마치고 돌아갈 수 있어 참 감사하다.

남편과 여행을 떠나오기 전, 우리 중 누구든지 건강에 문제가 생기면 뒤도 돌아보지 말고 다시 한국으로 돌아오기로 이야기했는데 우리 모두 출발할 때보다 더 건강해져 있으니 이 얼마나 감사한 일인지 모르겠다.

10시간 30분간의 비행을 마치고 우리는 드디어 대한민국 인천공항에 도착했다. 여행 중 앞서 걸어가는 남편과 주안이를 따라가다가 부자지간에 다정히 손잡고 눈 마주치고 이야기하는 뒷모습이 너무 소중하고 예뻐 자주 찍었던 남편과 주안이의 뒷모습 사진! 인천공항을 나오는 뒷모습을 찍는데 갑자기 울컥하며 뜨거운 감동이 밀려온다.

오늘 주안이의 뒷모습은 처음 출발할 때보다 훨씬 의젓하고 키도 많이 자랐다. 키가 자란 것 이상으로 주안이 마음이 자랐고 여행을 통해 많이 성장한 것이 느껴져 주책스럽게 눈물이 핑 돈다. 아빠랑 손도 잡고 눈 마주치며 이야기 나누는 모습이 난 왜 이리 뭉클한지 모르겠다.

세계 일주 출국 날

세계 일주 귀국 날

세계 일주를 떠난다고 처음 주안이에게 이야기했을 때가 작년 7월이었다. 엄마 아빠 다 회사 그만두면 어쩌냐고, 일주일 여행으로도 자기는 좋다던 주안이를 데리고 세계 일주를 시작했다. 여행 초반 너무 고생스럽게 올랐던 안나푸르나 등반을 하고 나서 이렇게 하루 종일 엄마 아빠랑 있는 게 너무 행복하다고 말하는 아들을 보고 이번 여행이 우리가 생각한 것 이상의 가치가 있을 거라는 것을 더 확신했다.

우리 부부가 그동안 함께 해 왔던, 그리고 앞으로 살아가면서 할 많은 결정 중에 세계 일주는 아마 우리 부부의 인생에 있어서 가장 잘한 결정일 것이다. 이 여행을 위해 내려놓고 포기한 것보다, 얻은 것들이 비교도 할 수 없을 만큼 크고, 이것들은 우리가 살아갈 인생에 큰 영향을 계속 미칠 것이기 때문이다.

사랑하는 주안이 나이 만 11살. 7개월간 부모와 함께한 추억과 경험을 평생 기억할 나이이기에 이 여행이 더 소중하고 값지다. 여행 중에 키도 8cm가 커서 이제 160cm가 넘었고, 어느새 엄마보다 발 사이즈도 커졌다. 이러한 육체적인 변화 이외에도, 7개월간 우리가 나눈 대화는 지난 12년간 나누었던 대화보다도 훨씬 많았고, 주안이가 그동안 무엇이 무서웠고 겁이 났으며, 어떤 음식을 좋아하고 친한 친구들은 어떤지 주안이에 대해서 몰랐던 것도 많이 알게 되었다. 반대로 주안이도 엄마, 아빠가 어떤 부모인지, 부모가 무엇을 좋아하고 어떤 것에 감동을 하는지 다 알았을 거다.

하와이에서 어머님이 해 주신 말씀이 생각난다.

"평범한 가족이 여행을 떠나 보물이 되어 돌아왔구나."라는 어머니의 말씀을 평생 잊지 못할 것이다. 세계 일주를 출발하는 날, 가족들과 친구들에게 전화를 돌리고 인사하느라 제대로 가족사진도 못 찍고 부랴부랴 게이트로 걸어가는 뒷모습을 찍었던 날이 정확히 7개월 전인 2017년 9월 26일인데 돌아오는 날 찍은 주안이와 남편의 뒷모습이 담긴 사진을 보니 새삼 주안이가 얼마나 컸는지 실감이 난다. 공항을 빠져나가기 전, 남편이 마지막이라며 셀카봉을 꺼낸다. 평생 찍을 셀카는 여행 중 다 찍은 것 같다. 마지막으로 세계 일주를 마무리하는 셀카봉을 들었다.

우리가 좋아하는 파이팅 포즈! '찰칵!' ☺

세계 일주는 끝나고, 이제 우리 가족의 일상은 다시 계속된다.

앞으로 어떤 어려움이 오더라도 가족이 함께 똘똘 뭉쳐 헤쳐나갈 것이고, 슬픈 일이 생기면 서로를 따뜻하게 감싸고 응원할 것이며 기쁜 일에는 진정으로 축하하고 기뻐해 주겠지.

"2017년 9월 26일 출국해, 전 세계를 한 바퀴 돌면서 돈으로도 살 수 없는 추억을 만들고 행복한 경험을 하였으며, 2018년 4월 26일에 무사히 세계 일주를 마치고 다시 일상으로 돌아오다."

(별첨 1) 세계 일주 중 찍은 점프샷

(별첨 2) John's Gallery

세계 일주 이후 주안이의 그림

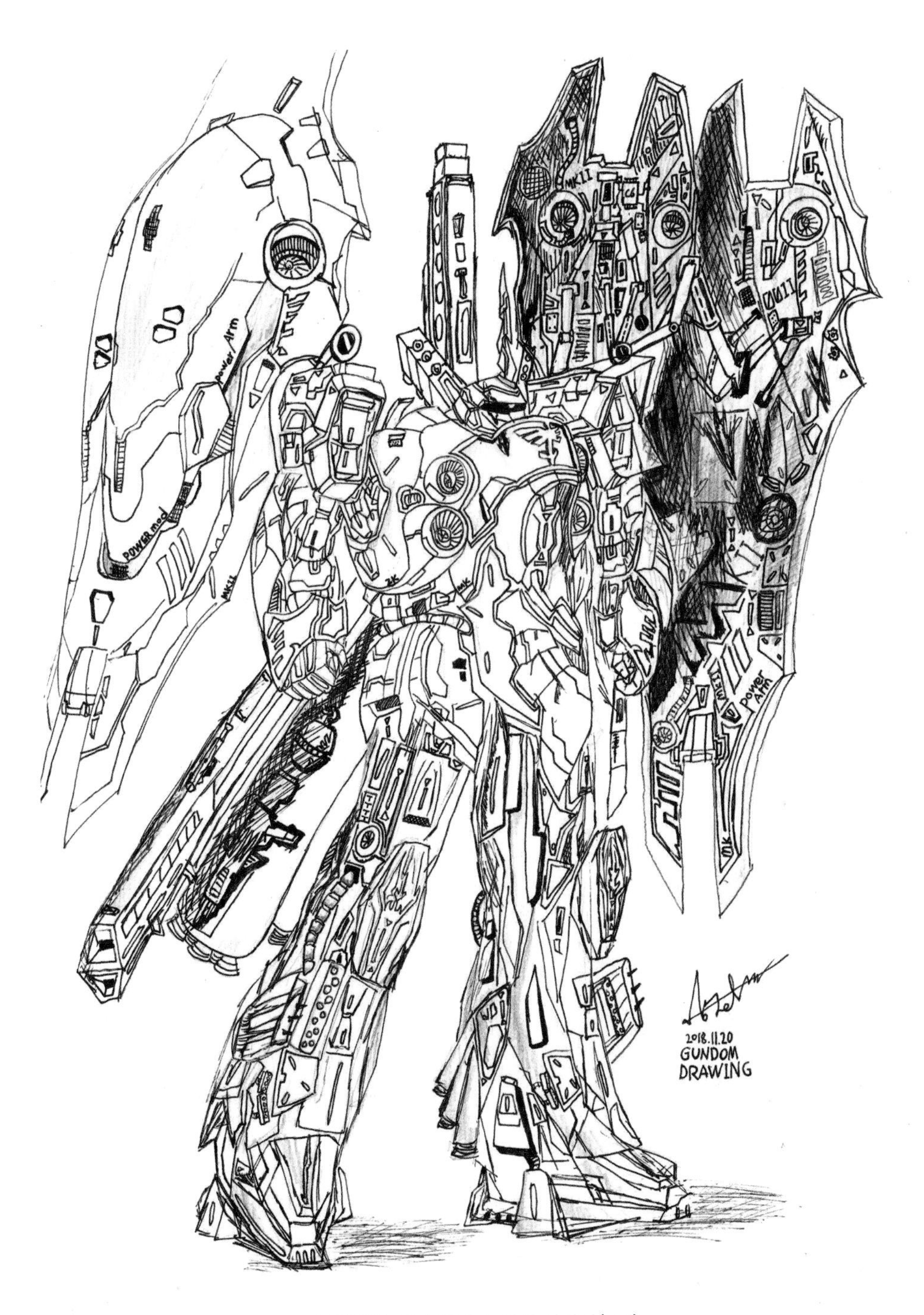

주안이가 그린 건담 스케치 상상화(초6)

색연필로 그린 라페라리(중1)

색연필로 그린 포르쉐 964(중1)

그림판으로 그린 메르세데스-벤츠(중2)

메르세데츠-벤츠 E63 AMG 드로잉(중2)

캐딜락 스케치(중2)

마커를 선물 받은 날 처음 그린 Ferrari 458(중1)

페라리 488 Pista(중2)

여행 후 더 정교해진 에펠탑과 오페라 하우스 스케치(중2)

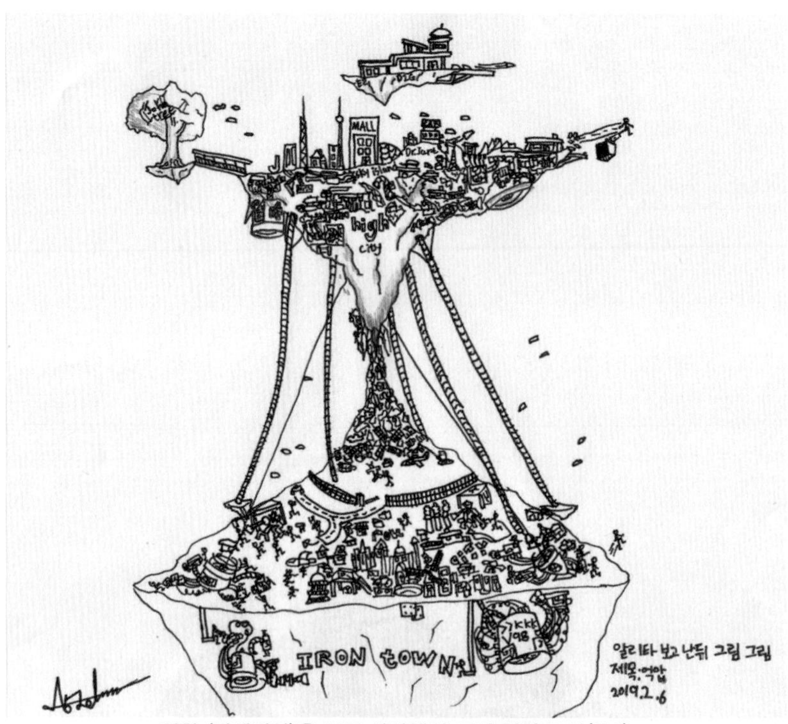

영화 〈발레리안〉을 보고 상상해서 그린 행성 도시(초6)

우주를 지키는 로봇 상상화(중1)

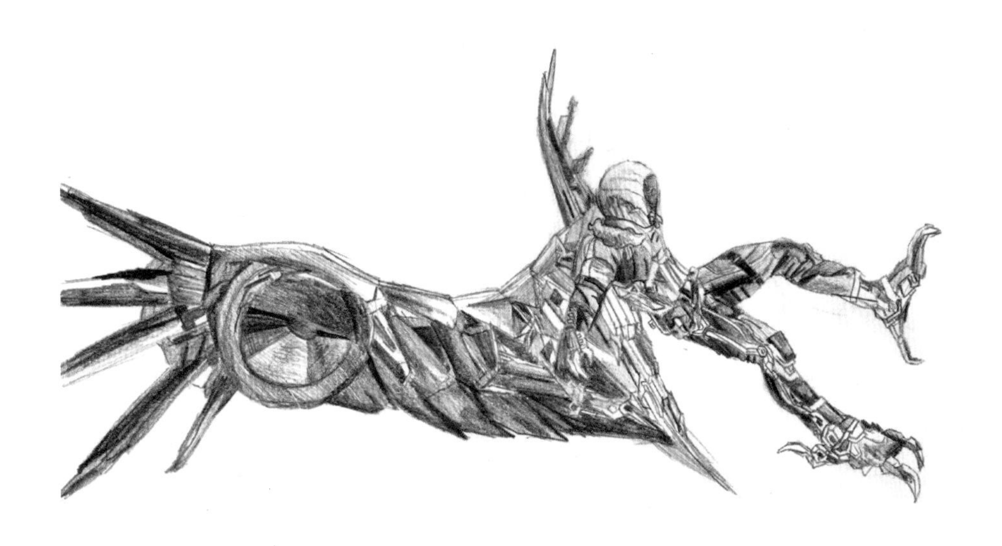

영화 〈스파이더맨 홈커밍〉 스케치(초6)

BMW 8시리즈 스케치(초6)

디자인을 공부하면서 더욱더 프로패셔널해진 주안이의 자동차 스케치 모음(중2)

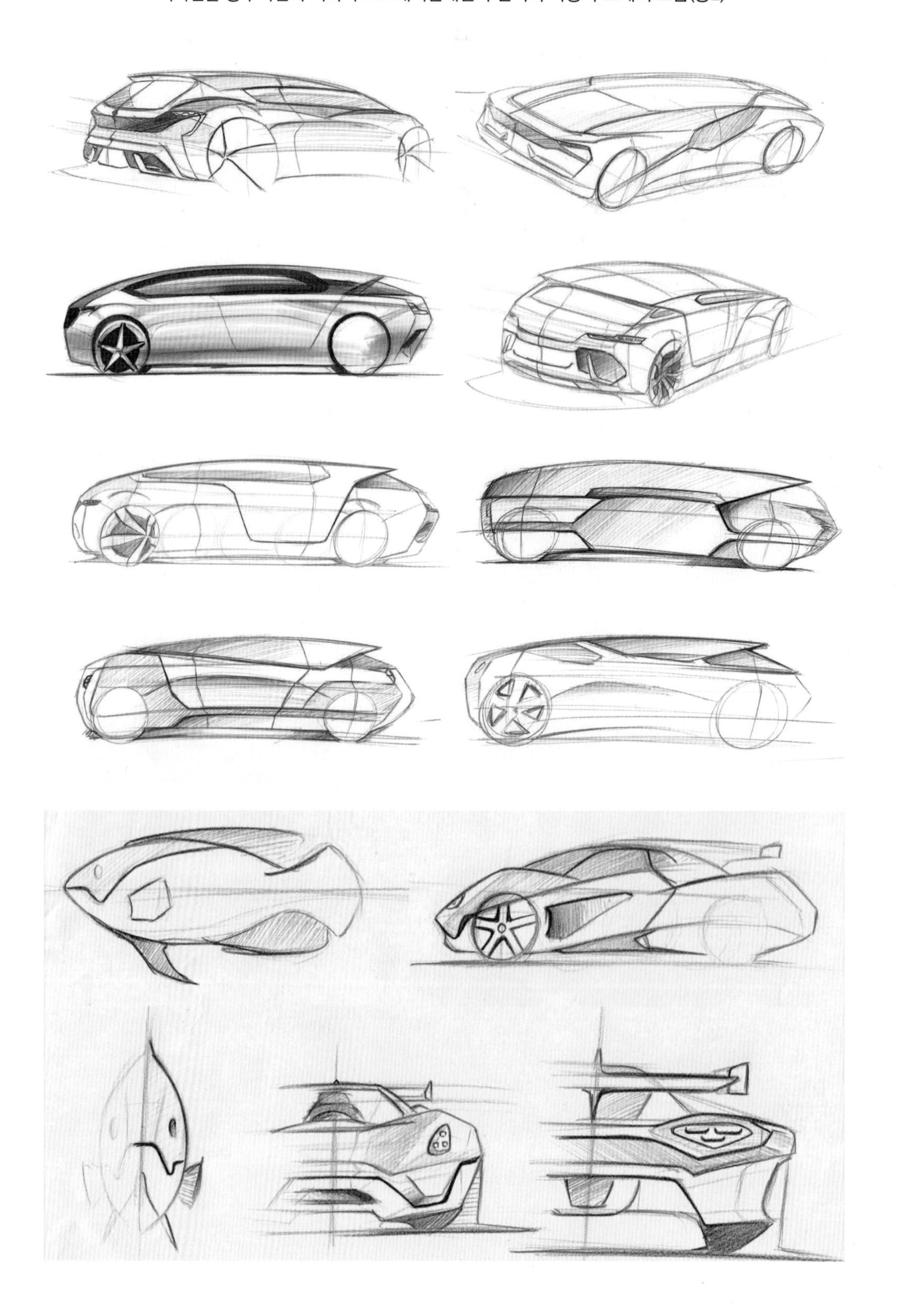

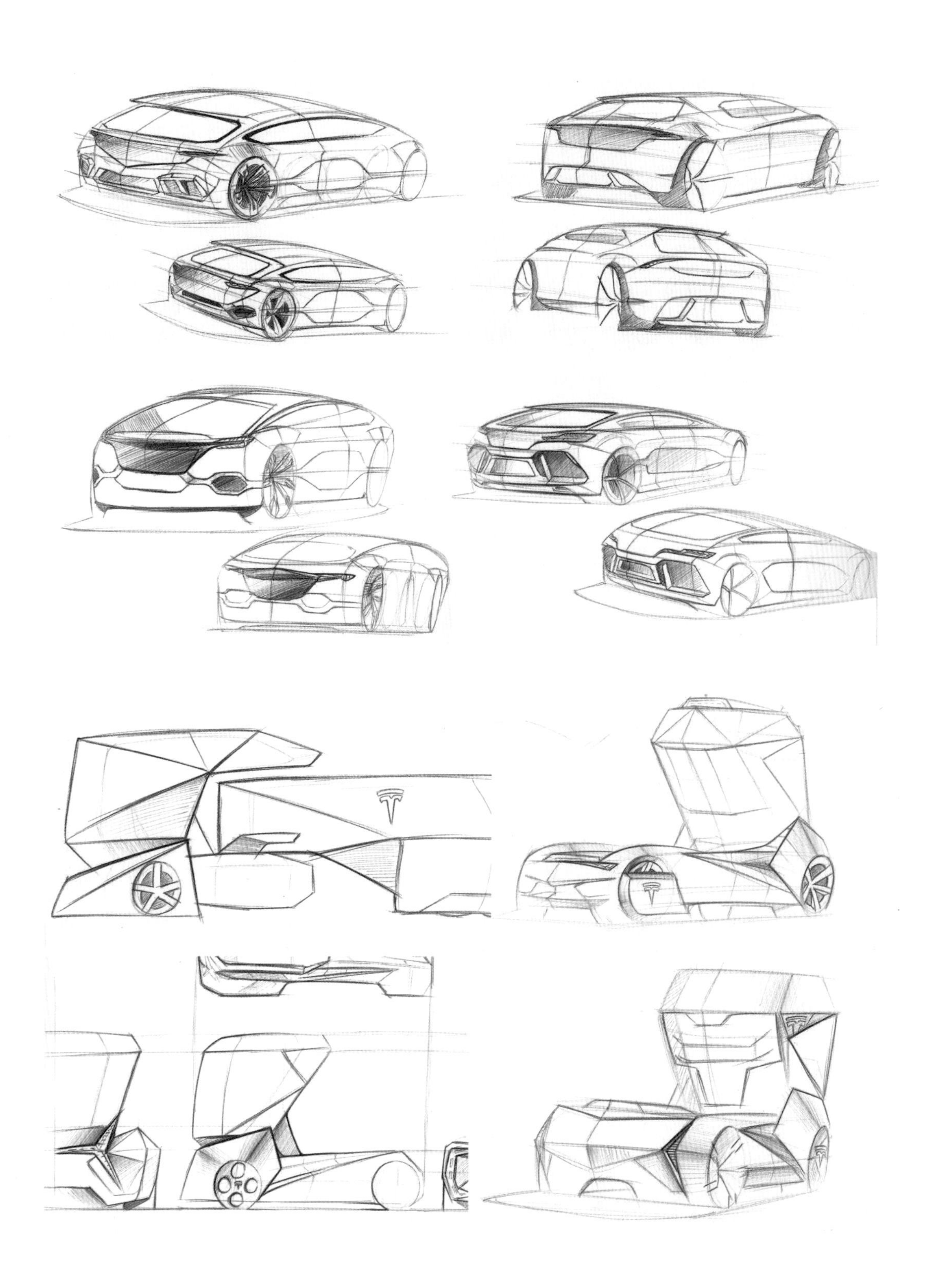

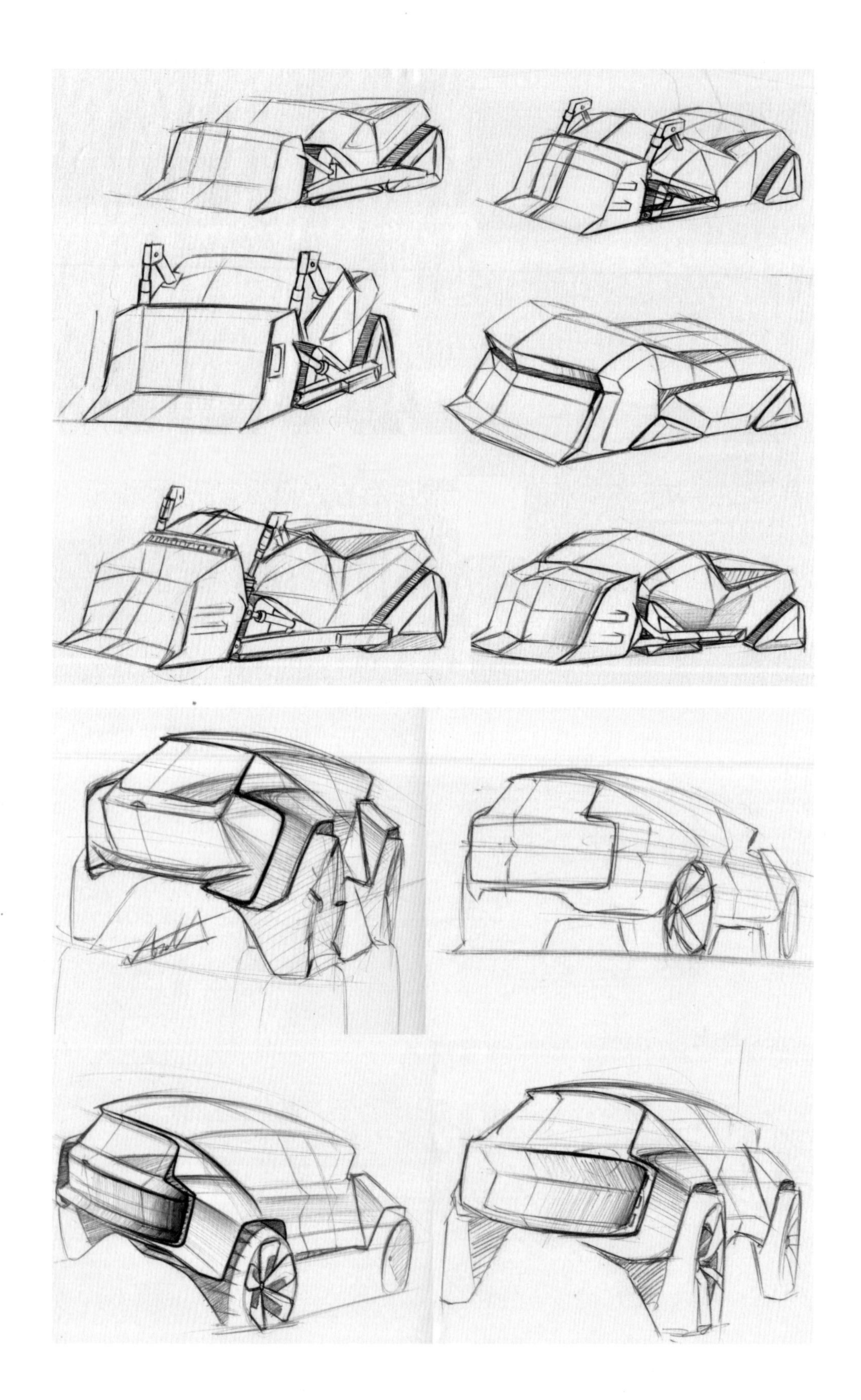

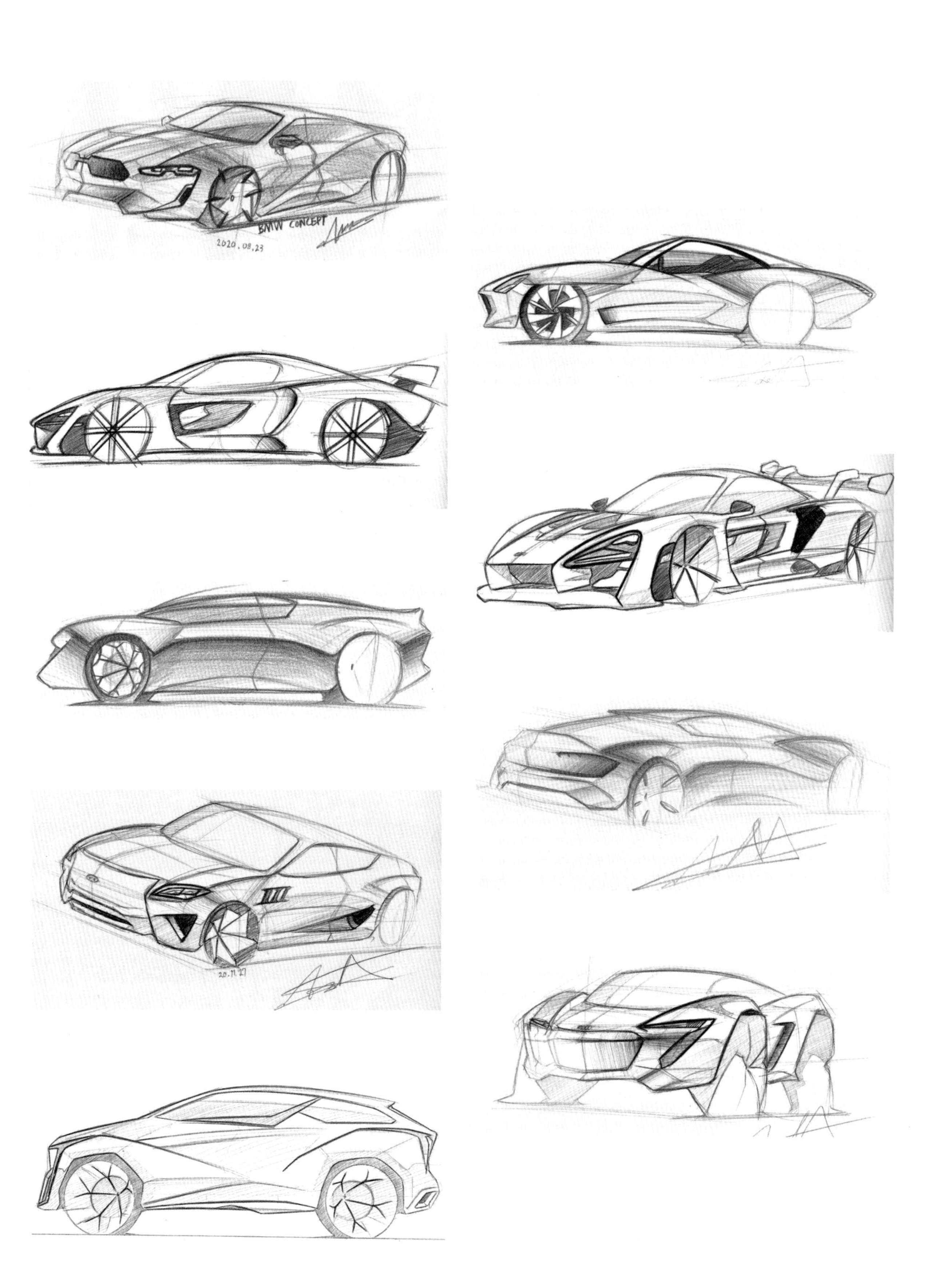
BMW CONCEPT
2020.08.23
20.11.27

더욱 프로페셔널해진 주안이의 자동차 스케치 모음(중3)

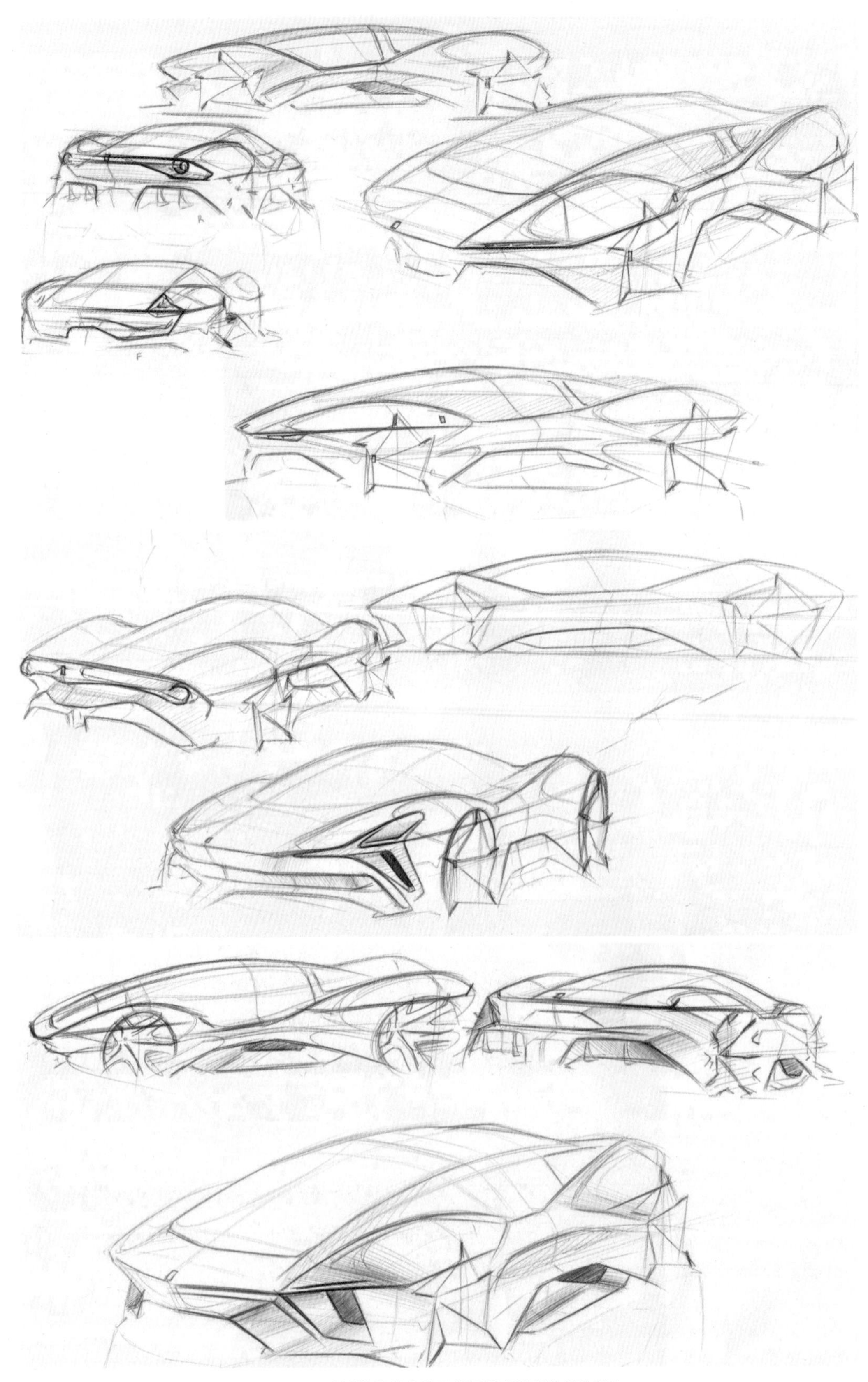